“101 计划”核心教材
物理学领域
U0328770

电磁学

孟 策 陈晓林 编著

北京大学出版社
PEKING UNIVERSITY PRESS

图书在版编目 (CIP) 数据

电磁学 / 孟策，陈晓林编著 . -- 北京 : 北京大学出版社，2024. 11. -- (“101 计划”核心教材).
ISBN 978-7-301-35604-3

Ⅰ. O441

中国国家版本馆 CIP 数据核字第 2024KD9108 号

书　　名	电磁学 DIANCIXUE
著作责任者	孟策　陈晓林　编著
责 任 编 辑	刘啸
标 准 书 号	ISBN 978-7-301-35604-3
出 版 发 行	北京大学出版社
地　　址	北京市海淀区成府路 205 号　100871
网　　址	http://www.pup.cn
电 子 邮 箱	zpup@pup.cn
新 浪 微 博	@ 北京大学出版社
电　　话	邮购部 010-62752015　发行部 010-62750672　编辑部 010-62754271
印 刷 者	北京市科星印刷有限责任公司
经 销 者	新华书店 787 毫米 ×1092 毫米　16 开本　24.75 印张　470 千字 2024 年 11 月第 1 版　2024 年 11 月第 1 次印刷
定　　价	73.00 元

出版说明

为深入实施科教兴国战略、人才强国战略、创新驱动发展战略, 统筹推进教育科技人才体制机制一体化改革, 教育部于 2023 年 4 月 19 日正式启动基础学科系列本科教育教学改革试点工作 (下称 "101 计划"). 物理学领域 "101 计划" 工作组邀请国内物理学界教学经验丰富、学术造诣深厚的优秀教师和顶尖专家, 及 31 所基础学科拔尖学生培养计划 2.0 基地建设高校, 从物理学专业教育教学的基本规律和基础要素出发, 共同探索建设一流核心课程、一流核心教材、一流核心教师团队和一流核心实践项目. 这一系列举措有效地提高了我国物理学专业本科教学质量和水平, 引领带动相关专业本科教育教学改革和人才培养质量提升.

通过基础要素建设的 "小切口", 牵引教育教学模式的 "大改革", 让人才培养模式从 "知识为主" 转向 "能力为先", 是基础学科系列 "101 计划" 的主要目标. 物理学领域 "101 计划" 工作组遴选了力学、热学、电磁学、光学、原子物理学、理论力学、电动力学、量子力学、统计力学、固体物理、数学物理方法、计算物理、实验物理、物理学前沿与科学思想选讲等 14 门基础和前沿兼备、深度和广度兼顾的一流核心课程, 由课程负责人牵头, 组织调研并借鉴国际一流大学的先进经验, 主动适应学科发展趋势和新一轮科技革命对拔尖人才培养的要求, 力求将 "世界一流" "中国特色" "101 风格" 统一在配套的教材编写中. 本教材系列在吸纳新知识、新理论、新技术、新方法、新进展的同时, 注重推动弘扬科学家精神, 推进教学理念更新和教学方法创新.

在教育部高等教育司的周密部署下, 物理学领域 "101 计划" 工作组下设的课程建设组、教材建设组, 联合参与的教师、专家和高校, 以及北京大学出版社、高等教育出版社、科学出版社等, 经过反复研讨、协商, 确定了系列教材详尽的出版规划和方案. 为保障系列教材质量, 工作组还专门邀请多位院士和资深专家对每种教材的编写方案进行评审, 并对内容进行把关.

在此, 物理学领域 "101 计划" 工作组谨向教育部高等教育司的悉心指导、31 所参与高校的大力支持、各参与出版社的专业保障表示衷心的感谢; 向北京大学郝平书记、龚旗煌校长, 以及北京大学教师教学发展中心、教务部等相关部门在物理学领域 "101 计划" 酝酿、启动、建设过程中给予的亲切关怀、具体指导和帮助表示由衷的感谢; 特别要向 14 位一流核心课程建设负责人及参与物理学领域 "101 计划" 一流核心教材编写的各位教师的辛勤付出, 致以诚挚的谢意和崇高的敬意.

基础学科系列“101 计划”是我国本科教育教学改革的一项筑基性工程. 改革, 改到深处是课程, 改到实处是教材. 物理学领域“101 计划”立足世界科技前沿和国家重大战略需求, 以兼具传承经典和探索新知的课程、教材建设为引擎, 着力推进卓越人才自主培养, 激发学生的科学志趣和创新潜力, 推动教师为学生成长成才提供学术引领、精神感召和人生指导. 本教材系列的出版, 是物理学领域“101 计划”实施的标志性成果和重要里程碑, 与其他基础要素建设相得益彰, 将为我国物理学及相关专业全面深化本科教育教学改革、构建高质量人才培养体系提供有力支撑.

物理学领域“101 计划”工作组

前　言

电磁学是基础物理学的重要分支，也是大学普通物理学课程的重要组成部分. 历史上，人们通过实验的手段逐渐加深了对电磁现象的理解，不但建立了电磁场理论，也开启了对物质微观电结构的探索和认识，而前者促使爱因斯坦发现狭义相对论，后者导致了量子力学的建立. 因此，电磁学的发展对从牛顿力学到现代物理理论的建立起着重要的承上启下的作用. 同时，电磁学理论的发展催生了电子学、电工学等实用学科，而且电磁学理论在现代通信技术、计算科学、信息技术等领域中均有重要的应用. 本书作为大学物理专业 "电磁学" 课程的教材，力图做到如下两点：(1) 交代清楚电磁学规律建立的历史脉络；(2) 建立电磁场理论的基本框架，使读者能够熟悉场论分析的基本图像和基本数学工具.

首先，电磁学理论的建立并不是一帆风顺的. 牛顿力学的建立以及莱顿瓶的发明促进了十八世纪后半段人们对静电现象的定量研究以及库仑定律的建立，而伏打电堆的发明使人们获得了持续的电流，这样才使得坚信电可以生磁的奥斯特在 1820 年发现了小磁针在电流作用下发生偏转. 奥斯特之前，几乎所有的物理学家都认为电和磁之间没有什么本质上的联系，而奥斯特的小磁针实验彻底改变了当时的观念，具有划时代的意义. 法拉第评价说："他突然打开了科学中一个一直是黑暗的领域的大门，使其充满光明." 奥斯特之后，电流激发磁场的定量规律 (毕奥 – 萨伐尔定律) 很快便得以建立. 同时，安培提出了分子环流假说，认为磁铁的磁场也是电流激发的，这被称为 "磁现象的电本质". 这样，电磁现象无非就是 (运动或静止的) 电荷之间相互作用引发的现象，这为后面电磁场的引入打下了基础. "电生磁" 的发现促使人们去寻找 "磁生电"—— 电磁感应. 法拉第最终在 1831 年发现了电磁感应现象，并试图用场的变化及传播来理解电磁感应，这是人类第一次在物理理论中引入场 (法拉第将场称为 "力线"). 麦克斯韦将法拉第的思想翻译成数学. 作为电磁场理论的集大成者，在引入了位移电流之后，麦克斯韦写下了著名的麦克斯韦方程组，并且预言了电磁波的存在，这样便实现了电和磁及光的统一理论. 此后，洛伦兹在十九世纪九十年代创立了经典电子论. 他认为宏观带电现象来自物质的微观电结构，并写下了著名的洛伦兹力公式. 1897 年，汤姆孙发现了电子，正式开启了亚原子物理的新时代. 从如上的电磁学发展简史可以看出，电磁学理论的创立过程本身就是人类科技史中的绚丽篇章，这期间的成功与失败对于现今时代的我们，仍然有着重要的参考价值.

其次, 电磁学是大学普通物理中第一门系统介绍场论的课程. 当然, 作为普通物理课程, 电磁学力求基于实验规律总结出麦克斯韦方程组. 例如, 在静电学中, 可以由库仑定律和叠加原理总结出静电场的麦克斯韦方程组 —— 静电场高斯定理及环路定理. 而另一方面, 库仑定律和叠加原理也可以作为静电场麦克斯韦方程组的解. 比如, 静电场叠加原理可以看作麦克斯韦方程组对源的线性依赖的直接推论. 为了能够形成对场论的基本认识, 本书加深了对场方程的讨论, 也引入了相应的唯一性定理, 这样可以丰富普通物理电磁学课程的可解模型, 如均匀极化介质球等, 同时也为磁介质理论中等效磁荷的处理方法做了背书. 对于作为数学手段的矢量分析公式, 在本课程进行的同时, 同学们在相应的高等数学课程上也开始有所接触. 我们的教学经验表明, 只要在物理图像上介绍清楚, 同学们对这些数学手段的掌握并不是十分困难的.

国内外有很多优秀的电磁学教材, 我们在教学和编写本书时都加以虚心借鉴. 编写本书的目的, 一方面是对我们多年来的电磁学教学加以总结, 另一方面是为了适应新时代国家重视基础科学人才培养的大政方针. 期望本书能为同学们学习电磁学课程以及后续课程带来便利. 本书的错漏之处, 也敬请读者批评指正.

本书有幸被选为 “101 计划” 核心教材, 在此对 “101 计划” 的 “电磁学” 课程组牵头专家, 清华大学安宇教授, 审稿专家中国科学技术大学叶邦角教授、南京大学吴小山教授、北京师范大学李晓文副教授表示感谢. 他们审读了全书, 提出了很多宝贵的意见.

在电磁学教学和编写本书的过程中, 我们得到了北京大学电磁学课程组前辈和同事们的指导和帮助, 深表感谢, 同时也感谢北京大学出版社的同事们为本书的出版所做出的努力和辛勤的工作.

孟策、陈晓林

2024 年 5 月

于北京大学物理学院

目　录

第一章　静电场

1.1　电　　荷

1.1.1　两种电荷

人类对电现象的认识由来已久. 在古代中国, 公元前十一世纪的西周青铜器上便出现了金文的“电”字. 在西方, 据文献记载, 古希腊人最早发现了摩擦起电现象, 比如说用毛皮摩擦过的琥珀可以吸引羽毛、头发等轻小物体①. 而若具有这种吸引轻小物体的性质, 我们便称该物体带了电, 具有了电荷, 成为带电体.

1733 年, 法国科学家杜菲 (Du Fay) 通过对不同带电体之间相互作用的考察, 将电荷分为两类: “玻璃电”和“树脂电”. 具体来说, 用丝绸摩擦过的玻璃棒带“玻璃电”, 而用毛皮摩擦过的树脂或橡胶棒带“树脂电”.

那么, 是什么促使杜菲将电荷分为两种, 并且仅是两种? 这种分类来自电荷相互作用的基本属性, 即“同种电荷相排斥, 异种电荷相吸引”. 具体来说, 我们将“玻璃电”记为 A, “树脂电”记为 B, 并且各自制备大量的样本. 实验上可以发现, A 带电体间是相互排斥的, B 带电体间也是相互排斥的, 但 A, B 之间总是相互吸引的. 此外, 我们还可以制备其他的任意带电体 C, 实验上发现, 若 C 与 B 相互排斥, 则 C 与 A 相互吸引, 即 C 与 B 属性相同, 可归为一类; 若 C 与 A 相互排斥, 则 C 与 B 相互吸引, 即 C 与 A 属性相同, 可归为一类. 由此可见, 存在且只存在两种电荷. 这也是当年杜菲将电荷分为两种的依据.

电荷之间是否可以累加或抵消? 验证这一点, 一定程度上需要定义电荷的量, 即对电量加以测量. 早期可以粗略测量电量的装置是验电器, 其结构如图 1.1 所示, 玻璃

图 1.1

---

①东汉王充在《论衡》中提到“顿牟掇芥”, 就是一种摩擦起电现象. 这里“顿牟”即玳瑁, “顿牟掇芥”是说摩擦过的玳瑁能吸引草屑.

瓶上有胶塞, 塞中插入金属杆, 杆上方连接有金属球, 下方悬挂有一对金箔 (或铝箔). 若带电体接触上方金属小球, 就有一定的电荷沿金属杆传至下方金箔, 两片金箔会因相互间的排斥力而张开, 张开的角度可以看作带电体电量的一种度量, 即张开的角度越大, 则电量越大. 这其实是按照相互作用的大小对电量的粗略测量.

借助验电器 (或其他可以检验电量的方式), 实验上可以发现, 同种电荷叠加起着相互增强的效果, 而异种电荷叠加起着相互削弱的效果, 甚至可以完全抵消. 这暗示着电量可区分为正、负, 而其代数和守恒. 这一点被称为电荷的相加守恒性. 关于电荷守恒的最早的实验验证, 是由美国物理学家富兰克林 (Franklin) 在 1746 年完成的. 他发现经相互摩擦而带电的两个物体, 各自分别的电效应 (如与金属间放电的电火花强度) 大致相同, 而将两者重新充分接触, 则两物体重新回到完全不带电的状态. 正是富兰克林首先提出了电荷守恒的概念, 并将 "玻璃电" 约定为正, "树脂电" 约定为负, 这样电量的求和可以看作一个代数和.

1.1.2 宏观电现象与物质的微观电结构

宏观物体的带电现象来源于物质的微观电结构. 我们现在知道, 宏观物体由大量原子或分子组成, 而原子或分子虽然整体为电中性, 但其内部具有电结构, 即含有带负电的电子及带正电的原子核, 其中原子核又可以细分为带正电的质子和整体不带电的中子. 宏观物体表面原子的部分电子在外界作用 (如摩擦、加热、光照等) 下可以被剥离, 不同物体表面原子的电子被剥离的难易程度是不一样的, 比如说用丝绸去摩擦玻璃棒, 玻璃相对容易失去电子, 故带正电, 而摩擦过后的丝绸因为得到多余的电子而带负电.

也就是说, 电子的电荷为负来自富兰克林不经意的约定, 其大小记为元电荷 e. 国际单位制中电量的基本单位为库仑, 记作 C, 相应元电荷被定义为②

$$1e = 1.602176634 \times 10^{-19}\ \text{C}. \tag{1.1}$$

物质的导电性也与其微观电结构密切相关. 可以导电的物体称为导体, 反之则称为绝缘体. 我们知道金属是导体, 那是因为金属原子对最外层电子 (价电子) 的束缚不强, 所以价电子有很大概率脱离单个金属原子的束缚, 而在大块金属内部 "自由行走", 成为所谓的自由电子. 正是因为有大量自由电子存在, 才使得金属成为导体. 类似地, 物体成为导体的条件是内部存在大量可自由移动的电荷 (称为自由电荷). 比如说电解质溶液中存在大量可自由移动的正负离子, 因此可以导电. 相对而言, 绝缘体内部的微观电荷通常被束缚在原子尺度, 这些微观电荷也被称为束缚电荷. 因为没有足够多的

②这也可以看作电量单位 "库仑" 的定义.

自由电荷, 所以我们说绝缘体宏观上没有导电性. 但在一定条件下, 绝缘体可以转变为导体. 例如, 氯化钠 (NaCl) 晶体中, 钠离子和氯离子之间相互束缚在大约 10^{-10} m 的尺度上, 紧密排列形成规整的晶格结构, 因此氯化钠晶体为绝缘体, 但如果加热氯化钠晶体以至于使其成为熔融状态, 则钠离子和氯离子可在熔浆中 “自由” 移动, 此时的熔浆便成为导体. 再如, 通常干燥的空气是很好的绝缘体, 但如果对其施加高电压, 则空气分子会发生电离, 电离出的电子在电场中被加速, 撞击中性空气分子使之进一步电离, 形成空气导电, 也称为空气的电击穿 (或放电). 以上是从物质的微观电结构上对其导电性的粗略分析, 更加定量的理论讨论需要用到量子力学的知识.

1729 年, 格雷 (Gray) 最早开始研究电传导现象, 发现了导体和绝缘体之间的区别. 图 1.1 所示的金属验电器也是利用了金属的导电性而制成的. 格雷也发现和研究了静电感应现象. 所谓静电感应, 粗略来说就是原本不带电的导体 (如金属) 在靠近带电体时出现的带电现象, 相应的导体上的电荷称为感应电荷. 准确意义上说, 静电感应是指在外电场的作用下自由电荷在导体中重新分布的现象. 例如图 1.2 中, 整体不带电的金属 A 与 B 相互接触并靠近带正电的小球 C, 金属内部自由电子被 C 的正电荷吸引而向 A 端集中, 形成符号为 “−” 的感应电荷, 相应 B 端形成符号为 “+” 的感应电荷. 此时, 若将 A 与 B 分离, 则 A 与 B 此后均带电, 这种起电方式称为感应起电.

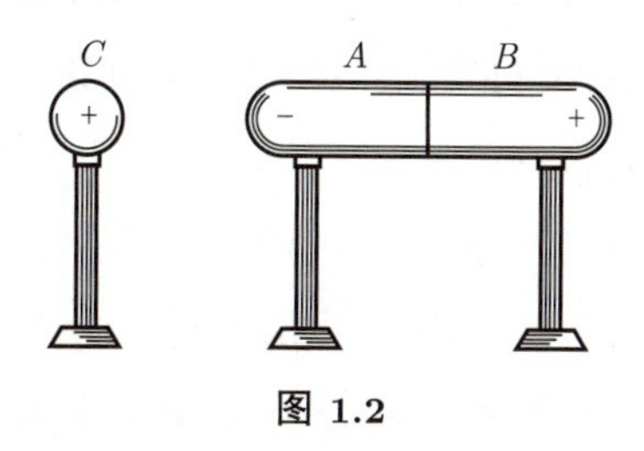

图 1.2

1.1.3 电荷的三种性质

实验上表明, 电荷具有三条基本的性质, 可以概括为: 量子性、相加守恒性和参考系不变性. 接下来, 我们逐条加以介绍和分析.

(1) 量子性.

量子性即电荷取分立值, 继承于电子的电量取分立值, 也即宏观测量得到的电量总是 (1.1) 式中元电荷的整数倍.

实际上按照现代的基本粒子理论, 粒子的电量可以取元电荷电量的分数倍. 所谓基本粒子, 是指无结构的点粒子, 可以是带电的, 例如电子, 也可以是中性的, 例如光子. 但质子和中子都不是点粒子, 它们是有结构的, 理论和实验均表明, 质子和中子分别由三个所谓 “夸克 (quark)” 组成. 组成质子和中子的夸克有两种 —— 上夸克 u 和下夸克 d, 其中上夸克电量为 $\frac{2}{3}e$, 下夸克电量为 $-\frac{1}{3}e$. 质子的结构式为 uud, 总电量为 e; 中子的结构式为 udd, 总电量为 0. 虽然夸克可以带分数电荷, 但理论和实验均表明, 宏观探测器是探测不到单个自由夸克的, 宏观能直接探测的含夸克的粒子也只是质子、中子等多夸克的束缚态, 它们的电量总是 e 的某个整数倍.

至于说电子的电量为何取特殊的分立值, 其在理论上的深刻原因我们并不确切知晓, 但我们暂时可以把它当作实验事实而接受下来.

(2) 相加守恒性.

电荷的相加守恒性是指它满足电荷守恒定律, 即电荷既不能被创造, 也不能被消灭, 它只能从一个物体转移到另一个物体, 或者从物体的一部分转移到另一部分. 在任何物理过程中 (从宏观到微观), 电荷的代数和守恒.

在牛顿 (Newton) 力学中, 我们学习了动量守恒、能量守恒和角动量守恒三大守恒定律. 其实这三大守恒定律都与动力学系统的某种对称性相关联. 具体来说, 空间的平移不变性 (或空间的均匀性) 导致孤立相互作用系统的动量守恒, 时间的平移不变性 (或时间的均匀性) 导致孤立相互作用系统的能量守恒, 空间的转动不变性 (或空间的各向同性) 导致孤立相互作用系统的角动量守恒. 或者说如上的三种时空对称性分别导致动力学系统普遍具有三个相加性守恒量 —— 动量、能量和角动量. 电荷守恒也是由带电系统电相互作用的某种对称性所带来的规律和事实, 这种对称性称为规范对称性 (或规范不变性), 这种对称性或不变性导致的一些结果会在后续的内容中加以介绍.

对于描述微观粒子电磁相互作用的量子理论③, 规范对称性仍然成立, 所以无论对于宏观还是微观过程, 电荷守恒定律都是严格成立的. 例如, 电子是目前发现的最轻的带电粒子, 因为电荷守恒, 它不会衰变到几个更轻的中性粒子 (比如说光子或中微子), 所以电子是稳定粒子, 不会自发衰变, 寿命为无穷长. 这一点原则上是可以由实验验证的. 再如, 缪子 μ 是一种和电子性质非常相似的基本粒子, 也带有一个单位的、负的基本电荷, 但其 (静) 质量约为电子的 207 倍, 所以它可以通过弱相互作用衰变到电子和一些中微子, 具体的反应方程式为

$$\mu^- \to e^- + \bar{\nu}_e + \nu_\mu, \tag{1.2}$$

其中 ν_μ 和 $\bar{\nu}_e$ 分别是 (中性的) 缪子中微子和反电子中微子. (1.2) 式中的反应过程满足电荷守恒定律. 电荷守恒定律在微观和宏观过程中的其他验证不可胜数.

(3) 参考系不变性.

参考系不变性也称为电量的相对论不变性, 即带电粒子 (或带电系统) 的电量不依

③这种理论通常称为量子电动力学 (quantum electrodynamics, 简称为 QED). 它是一种结合了量子力学和相对论性场论的理论, 也是迄今为止人类描述实验现象所应用过的最为精确的理论之一.

赖于其运动情况. 其实, 随着课程的深入我们会逐渐意识到, 电磁相互作用理论是相对论性的, 而电量是洛伦兹 (Lorentz) 变换下的不变量, 即电量不依赖于带电粒子的运动情况. 这一点很自然地保证了电荷守恒定律在任意参考系中都成立 (只须它在某个特殊参考系中成立). 例如, 如果静止的质子和电子的电量是相互抵消的, 那么运动的质子和电子的电量也是相互抵消的.

对于我们接下来要讨论的宏观电磁相互作用, 如上的电荷的三个基本性质可以作为实验事实而被接受下来. 但这三个性质其实对于宏观物体的稳定性是非常重要的. 设想宏观物体的微观电中性偏离 1%, 如人体内的电子数目突然减少 1%, 则人体带电量是多少呢? 作为估算, 人体的质量约有一半由质子承担 (剩下一半基本上是由中子承担), 故 70 kg 的成人体内约含有 3.5×10^4 mol 质子, 因此偏离电中性 1% 后的人体电量约为

$$1\%\times3.5\times10^4\times6.02\times10^{23}\times1.6\times10^{-19}\ \mathrm{C}\approx3.4\times10^7\ \mathrm{C},$$

此时两个相距 1 m 的 "带电人" 之间的排斥力可达 10^{25} N! 事实上这样的带电人在形成之初便会炸掉 (大概相当于 10^{15} 吨 TNT 当量的炸弹爆炸). 所以宏观物体的稳定性依赖于微观原子或分子极为严格的电中性, 而后者对于电荷的三条基本性质均有内在的要求. 例如, 氢原子的电中性, 要求其总电量守恒, 且守恒在零值. 而在氢原子内电子相对于质子是高速运动着的④, 所以任意参考系中氢原子的电中性需要由电荷的相对论不变性加以保证. 此外, 若电荷取值连续, 那么氢原子的总电量守恒在零值几乎是零概率事件, 而电荷的量子性, 保证了氢原子的总电量严格为零. 综上, 电荷的三条基本属性提供了原子或分子可以聚集成稳定的宏观物体的可能性.

1.2 库 仑 定 律

1.2.1 库仑定律

牛顿力学的建立为定量研究电磁相互作用提供了理论上的方法和借鉴. 类似于两个质点之间的万有引力定律是描述引力的基本规律, 静电相互作用的基本规律应该是两个静态点电荷之间的相互作用规律. 在十八世纪六十年代, 便有人猜测点电荷之间的静电相互作用满足平方反比律, 即作用力大小与距离的平方成反比. 1785 年, 英国物理学家库仑 (Coulomb) 通过实验证实了两个带电小球之间的静电相互作用满足平方反比律, 并且与它们的电量乘积成正比, 这就是库仑定律.

④按照氢原子的玻尔 (Bohr) 理论, 基态氢原子的电子运动速度约为真空光速的 $\frac{1}{137}$.

具体来说, 若真空中有两个静止点电荷 q_1 和 q_2, 其间相对位置矢量为 $\boldsymbol{r}_{12}(\boldsymbol{r}_{21})$, 如图 1.3 所示, 则其间的相互作用力为

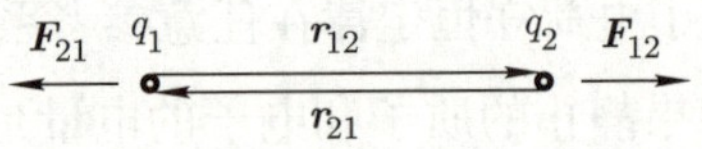

图 1.3

$$\begin{cases} \boldsymbol{F}_{21} = \dfrac{1}{4\pi\varepsilon_0}\dfrac{q_1 q_2 \boldsymbol{r}_{21}}{r_{21}^3} = \dfrac{1}{4\pi\varepsilon_0}\dfrac{q_1 q_2}{r_{21}^2}\widehat{\boldsymbol{r}}_{21}, \\ \boldsymbol{F}_{12} = \dfrac{1}{4\pi\varepsilon_0}\dfrac{q_1 q_2 \boldsymbol{r}_{12}}{r_{12}^3} = \dfrac{1}{4\pi\varepsilon_0}\dfrac{q_1 q_2}{r_{12}^2}\widehat{\boldsymbol{r}}_{12}, \end{cases} \tag{1.3}$$

其中 $r_{12} = r_{21}$ 为两个点电荷之间的距离, $\widehat{\boldsymbol{r}}_{12}(\widehat{\boldsymbol{r}}_{21})$ 为 $\boldsymbol{r}_{12}(\boldsymbol{r}_{21})$ 的方向矢量, $\boldsymbol{F}_{12}(\boldsymbol{F}_{21})$ 为 1 对 2 (2 对 1) 的作用力, ε_0 称为真空介电常量, 实验测量结果是

$$\varepsilon_0 \approx 8.85 \times 10^{-12}\ \mathrm{C^2/(N\cdot m^2)}. \tag{1.4}$$

这里我们已经默认了采用国际单位制. 通常也称 $k = \dfrac{1}{4\pi\varepsilon_0} \approx 8.99 \times 10^9\ \mathrm{N\cdot m^2/C^2}$ 为静电力常量.

库仑定律 (1.3) 提供了对电量的测量方式, 即当两个等量点电荷相距 1 m 时, 若它们之间的静电相互作用力为 8.99×10^9 N, 则它们的电量约为 1 C. 此外, 由 (1.3) 式可以看出, 同号电荷相互排斥, 异号电荷相互吸引.

1.2.2 静电平方反比律的检验

库仑定律和万有引力定律一样, 都是平方反比律, 即力的大小和距离的平方成反比. 库仑定律的平方反比律和 (自由) 光子的质量为零是有紧密关系的, 也就是说, 若光子的质量不为零, 则可预期两个点电荷的静电作用力会出现对于平方反比律的偏离⑤. 如果不考虑量子效应, 在原子分子尺度上的静电平方反比律得到了精确的验证. 如果不考虑广义相对论引起的时空弯曲效应, 静电平方反比律在 10^7 m 的尺度上也得到了直接的检验.

为了描述平方反比律检验的精度, 我们可以设待检验的力 F 对距离 r 的依赖关系为 $F \propto r^{-2+\delta}$, 显然 $|\delta| \neq 0$ 代表着对平方反比律的偏离, 而对 $|\delta|$ 取值上限的测量描述了对平方反比律检验的精度. 库仑当年 (1785 年) 用自制的扭秤完成了对平方反比律的检验, 得到的精度为 $|\delta| < 4 \times 10^{-2}$, 从而确立了库仑定律. 1772 年左右, 卡文迪什 (Cavendish) 在自己的实验室中完成了对静电平方反比律更为精确的检验, 得到的

⑤更小的尺度上 (如 $\leqslant 1\ \mathrm{fm} = 10^{-15}$ m), 量子效应变得明显, 即使光子质量为零, 也会出现对静电平方反比律的偏离, 但这种偏离完全可以由量子电动力学的理论加以说明.

精度为 $|\delta| < 2 \times 10^{-2}$. 卡文迪什在世的时候并没有发表自己的结果, 直到 1879 年, 通过麦克斯韦 (Maxwell) 的整理出版, 这些结果才被公众知晓. 需要说明的是, 与库仑直接测量两个点电荷之间的作用力不同, 卡文迪什采用的是较为间接的办法⑥, 不需要制备容易在空气中放电的 "点电荷", 所以容易控制并提高检验的精度. 后人继承了卡文迪什的思路并改进了其方法, 得到了 $|\delta| < 2.7 \times 10^{-16}$ 的实验检验精度⑦. 另一种检验平方反比律的方式是测量 (自由) 光子的质量 m_γ. 光子质量的上限在某种意义上可以转化为对平方反比律检验的精度, 目前得到的限制为 $m_\gamma < 7 \times 10^{-49}$ g.

1.2.3 库仑定律的适用条件及其拓展

前面我们提到, 库仑定律是 "真空中两个静止点电荷" 之间相互作用满足的规律, 所以作为静电相互作用的基本规律, 除了前面所讨论的平方反比律的适用条件之外, 严格的库仑定律 (1.3) 的适用条件还包括 "真空" "静止" 和 "点电荷". 接下来我们将分别分析这些适用条件的可拓展范围.

(1) 点电荷.

对于宏观带电系统来说, 点电荷是一个基本的、简化的带电模型, 如果有限的电量集中分布在空间很小的范围之内 (比如说一个带电的小球), 我们便可以在一定的近似程度上把这样的带电系统处理为点电荷. 微观的点电荷是真实存在的, 如果不考虑量子效应, 电子就是一个电量为 $-e$ 的没有结构的点电荷.

回到宏观带电系统, 最一般的情形是体分布型的电荷, 这时可以把带电系统分割成体元对应的电荷微元 $\mathrm{d}q$, 这样的结构是一个电量为微元的点电荷. 不仅如此, 1.2.4 小节将介绍的静电力叠加原理会告诉我们: 电荷微元之间的静电相互作用在叠加的意义上满足库仑定律. 这说明库仑定律结合叠加原理便可以处理一般静电系统的相互作用问题.

(2) 静止.

考虑点电荷 1 对点电荷 2 的作用力 $\boldsymbol{F}_{12}$, 实验上可以发现只要图 1.3 中施力电荷 q_1 一直保持静止, 那么即使受力电荷 q_2 速度不为零, 其受力 $\boldsymbol{F}_{12}$ 仍满足 (1.3) 式, 但此时 2 对 1 的作用力 $\boldsymbol{F}_{21}$ 不仅依赖于两个点电荷的瞬时距离和相对方位, 还依赖于点电荷 2 的运动情况 (包括其运动演化的历史), 一般不满足 (1.3) 式所示的库仑定律. 例如图 1.4 的情形, 相对于背景惯性参考系, q_1 一直保持静止, 而 q_2 始终以速度 $\boldsymbol{v}$ 做匀速直线运动, 图中瞬时位形下

---

⑥参见 2.1.4 小节.

⑦参见 Williams E R, Faller J E, and Hill H A. Phys. Rev. Lett., 1971, 26: 721.

$$\begin{cases} \boldsymbol{F}_{21} = \dfrac{1}{4\pi\varepsilon_0}\dfrac{q_1q_2\boldsymbol{r}_{21}}{r_{21}^3}\dfrac{1-v^2/c^2}{\left(1-\dfrac{v^2}{c^2}\sin^2\theta\right)^{3/2}}, \\ \boldsymbol{F}_{12} = \dfrac{1}{4\pi\varepsilon_0}\dfrac{q_1q_2\boldsymbol{r}_{12}}{r_{12}^3}, \end{cases} \tag{1.5}$$

其中 c 是真空光速, θ 是速度 $\boldsymbol{v}$ 与瞬时相对位置矢量 $\boldsymbol{r}_{21}$ 之间的夹角. 若点电荷 q_2 有更复杂的运动情况 (比如说具有加速度), 则 $\boldsymbol{F}_{21}$ 将会有更加复杂的表达式.

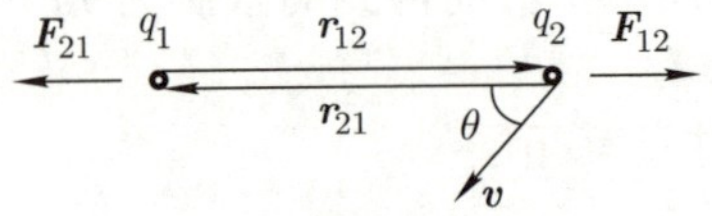

图 1.4

(1.5) 式的作用力 $\boldsymbol{F}_{21}$ 依赖于点电荷 q_2 的运动情况, 从而破坏了库仑定律, 其原因可归结为电磁相互作用是一种以有限速度传播的场相互作用, 满足狭义相对论的原理, 这种相互作用传播速度的上限便是参考系不变的真空光速, 这也是 (1.5) 式中出现了 c 参量的原因. 换句话说, 点电荷 q_1 感受到了其所在位置上 q_2 所激发的电场[⑧], 所以受到了作用力 $\boldsymbol{F}_{21}$, 而因为以有限速度传播, 这个电场和 q_2 的运动及其运动历史是相关的, 因此造成库仑定律的破坏. 考虑此情形下 1 对 2 的作用力, 因为 q_1 始终保持静止, 所以它所激发的场是稳定而不含时的 (称为静电场), 对于瞬时出现在 $\boldsymbol{r}_{12}$ 相对位置上的点电荷 q_2, 无论其运动与否, 感受到的 q_1 所激发的电场是相同的, 因此 q_2 的受力 $\boldsymbol{F}_{12}$ 满足库仑定律, 与 q_2 自身的运动状态无关. 在场相互作用的意义上, 我们将激发场的施力电荷称为源电荷, 而将受力电荷称为场点电荷.

如果承认电相互作用是以电场为媒介的, 那么我们可以重新看待一下 (1.3) 式. 按照场相互作用的观点, 因为图 1.3 中点电荷 q_1 和 q_2 一直静止在背景惯性系中, 所以各自激发的电场都是满足相同规律的、不含时且仅依赖于空间相对位形的静电场, 这种静电场的规律表现为相互作用力的库仑定律. 当然, (1.3) 式也可以被体会成相互作用是瞬时传播的, 因此是超距的, 这告诉我们在纯静态的情况下, 一般无法区分相互作用是瞬时超距的还是以有限速度传播的场相互作用. 若想区分两种相互作用传播机制, 需要让电荷动起来, 或者让场发生变化. 比如说如果让图 1.3 中的点电荷 q_2 突然产生加速而运动起来, 那么按照瞬时超距的观点, q_1 会瞬时感受到因 q_2 位置的变化而带来的受力变化. 但按照场相互作用的观点, 在 q_2 突然加速后的 $\Delta t < \dfrac{r_{12}}{c}$ 的时间段内, q_1 不会感受到 q_2 的运动. 这一点原则上是可以被实验检验的. 当然, 我们也可以换一个

⑧运动电荷 q_2 也可以激发磁场, 但因为此时 q_1 静止, 所以并不能直接感受到磁相互作用.

参考系来重新看待图 1.3 中的两个点电荷系统, 这时运动的点电荷之间还存在磁相互作用, 或者说运动的点电荷还可以激发磁场, 从而使得问题变得复杂. 但如果承认电和磁相互作用都是以有限速度传播的, 并且满足狭义相对性原理, 那么我们便可以得到一个统一描述电磁相互作用的理论 —— 麦克斯韦电磁场理论. 而在本章后面的内容中, 我们会集中讨论静电场满足的规律, 它可以被看作麦克斯韦电磁场理论在场源电荷静止时的特例.

(3) 真空.

"真空" 条件是指图 1.3 所示的空间中除了两个点电荷之外不存在任何其他的物体. 若图 1.3 中存在其他物体会怎样? 我们知道物体是具有微观电结构的 (即使物体整体不带电), 在 q_1 和 q_2 所激发的电场中, 物体内或表面上也会产生宏观电荷分布, 从而影响到空间的电场分布和点电荷 q_1 (或 q_2) 的受力. 例如图 1.5 中, 如果在电量分别为 $+q$ 和 $-q$ $(q>0)$ 的两个点电荷之间插入整体不带电的导体 A, 由于静电感应, 导体表面会出现感应电荷, 这时 $+q$ 点电荷的受力不仅来自 $-q$ 点电荷所激发的场, 还会来自导体 A 上感应电荷所激发的场. 在叠加原理的意义上, 无论是计算 $+q, -q$ 点电荷之间的作用力, 还是计算感应电荷微元 $\mathrm{d}q$ 与点电荷之间的作用力, 均须采用真空形式的库仑定律. 难道这时不需要额外考虑空间中还存在导体物质吗? 在划分好电荷分布后确实不需要考虑其余导体物质的存在, 这一点可以由实验加以精确检验.

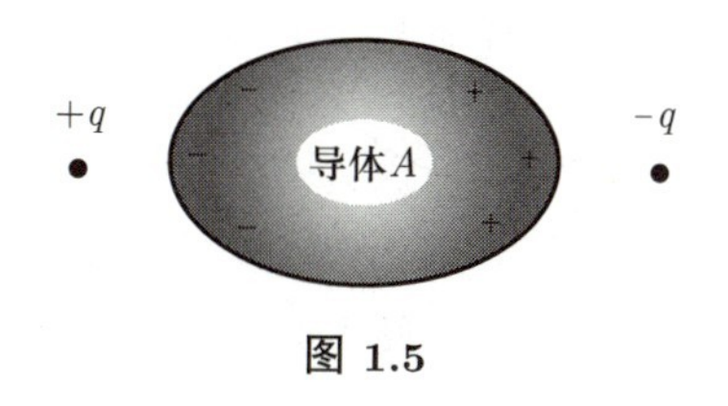

图 1.5

如果将图 1.5 中的导体 A 换作绝缘体 B, 则 B 的微观电结构 (原子或分子) 仍然会受到 $+q, -q$ 点电荷所激发的电场的影响而变形, 从而产生宏观带电现象, 这种现象称为极化, 相应 B 额外产生的宏观电荷分布称为极化电荷 (这是一种束缚电荷) 分布. 在叠加原理的意义上, 极化电荷微元之间或极化电荷微元与点电荷之间的作用力仍然满足真空形式的库仑定律.

1.2.4 静电力叠加原理

静电力叠加原理与我们在牛顿力学中常用的力的独立作用叠加原理是一致的. 设想真空中存在 n 个静止的源电荷 q_i $(i=1,2,\cdots,n)$, 则场点电荷 q_0 的受力可以看作

各个源电荷 q_i 按库仑定律对 q_0 施加的作用力 $\boldsymbol{F}_{i0}$ 的叠加, 即 q_0 受力为

$$\boldsymbol{F}_0=\sum_{i=1}^{n}\boldsymbol{F}_{i0}=\sum_{i=1}^{n}\frac{1}{4\pi\varepsilon_0}\frac{q_0q_i\boldsymbol{r}_{i0}}{r_{i0}^3}, \tag{1.6}$$

其中 $\boldsymbol{r}_{i0}$ 为 q_0 相对于 q_i 的位置矢量.

如图 1.6 所示, 当电荷连续体分布时, 可以定义电荷的体密度 $\rho=\dfrac{\mathrm{d}q}{\mathrm{d}V}$, 则电荷微元可记为 $\mathrm{d}q=\rho(\boldsymbol{r}')\mathrm{d}V'$, 其中 $\boldsymbol{r}'$ 为源点位置矢量, $\mathrm{d}V'=\mathrm{d}^3\boldsymbol{r}'$ 为源点附近的体元. 根据叠加原理, 场点 (位置矢量为 $\boldsymbol{r}$) 处电荷 q_0 受力为

$$\boldsymbol{F}_0=\frac{q_0}{4\pi\varepsilon_0}\iiint\frac{\boldsymbol{R}}{R^3}\rho(\boldsymbol{r}')\mathrm{d}V', \tag{1.7}$$

其中 $\boldsymbol{R}=\boldsymbol{r}-\boldsymbol{r}'$ 为源点指向场点的相对位置矢量. 若电荷面分布或线分布, 则可引入电荷面密度 $\sigma=\dfrac{\mathrm{d}q}{\mathrm{d}S}$ 或线密度 $\lambda=\dfrac{\mathrm{d}q}{\mathrm{d}l}$, 其中 $\mathrm{d}S$ 和 $\mathrm{d}l$ 分别是电荷分布区域的面元和线元, 这样便可类似于 (1.7) 式写出场点电荷受力的叠加公式.

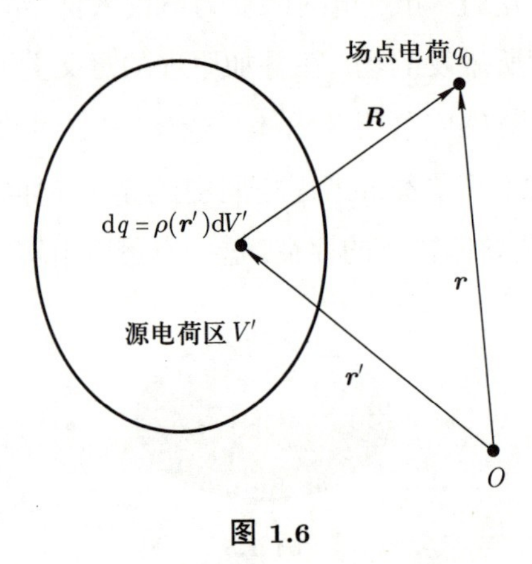

图 1.6

1.3 电场强度

1.3.1 电场强度的定义

在 1.2.3 小节中, 我们曾经讨论过电相互作用是以电场为媒介的, 即静止的源电荷激发静电场, 而场点电荷 q_0 直接感受到的是场点 ($\boldsymbol{r}$ 处) 的场, 进而发生相互作用, 且 q_0 受力 $\boldsymbol{F}_0(\boldsymbol{r})$ 满足库仑定律. 从如上的图像可以判断 $\boldsymbol{r}$ 处的静电场原则上与电荷 q_0 的存在与否是无关的, 自然与其电量无关. 根据库仑定律, $\boldsymbol{F}_0\propto q_0$, 所以在测量意义上可以定义 $\boldsymbol{r}$ 处的电场强度为

$$\boldsymbol{E}(\boldsymbol{r})=\frac{\boldsymbol{F}_0(\boldsymbol{r})}{q_0}, \tag{1.8}$$

这样我们便可以将电场作为一个独立的客体加以描述和研究了. 从定义电场强度的角度, 我们可以称场点电荷 q_0 为试探电荷. 从实际测量场强的角度, 通常我们要求作为试探电荷的实际带电体满足:

(1) 体积足够小, 以至于可以点对点地测量一个场 (空间位置的分布函数);

(2) 电量足够小, 以至于对待测量场的源电荷分布的影响可忽略[9].

按照场相互作用的观点, (1.8) 式定义的场不依赖于试探电荷 q_0 的运动情况. 但如果源电荷运动, 或者激发场的源电荷不是一个静态的分布, 可以预期这时的电场是含时的, 同时运动的源电荷或者变化的源电荷分布也可以激发磁场. 此时, 如果可以很好地定义试探电荷 q_0 所受的电场力 $\boldsymbol{F}_{e0}(\boldsymbol{r},t)$[10], 那么仍然可以按照 (1.8) 式的方式来定义含时的电场强度, 即

$$\boldsymbol{E}(\boldsymbol{r},t)=\frac{\boldsymbol{F}_{e0}(\boldsymbol{r},t)}{q_0}. \tag{1.9}$$

而本章我们仅限于讨论按 (1.8) 式定义的静电场.

例 1.1 点源电荷 q 激发的静电场分布.

如图 1.7 所示, 以点源电荷 q 所在位置为参考点 O, 则 $\boldsymbol{r}$ 处试探电荷 q_0 的受力由库仑定律给出:

$$\boldsymbol{F}_0(\boldsymbol{r})=\frac{1}{4\pi\varepsilon_0}\frac{q_0 q\boldsymbol{r}}{r^3}.$$

因此, 点源电荷 q 激发的静电场的场强分布为

$$\boldsymbol{E}(\boldsymbol{r})=\frac{\boldsymbol{F}_0(\boldsymbol{r})}{q_0}=\frac{q}{4\pi\varepsilon_0}\frac{\boldsymbol{r}}{r^3}=\frac{q}{4\pi\varepsilon_0}\frac{\widehat{\boldsymbol{r}}}{r^2}. \tag{1.10}$$

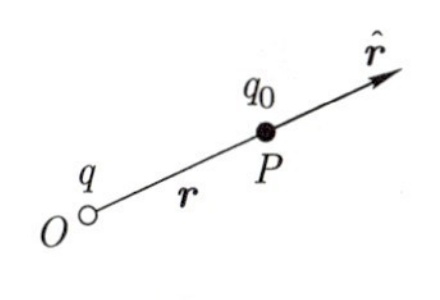

图 1.7

1.3.2 场强叠加原理与电场线

由静电力叠加原理可以给出静电场强叠加原理, 即场点场强为各个点源电荷 (或源电荷微元) 独自激发的场强的叠加. 例如, 对于如图 1.6 所示的源电荷体分布的情

---

[9] 待测量的电场经常是由带电的导体 (称为导体电极) 激发的, 试探电荷是可以通过静电感应改变导体电极上的电荷分布的, 从而会改变待测场.

[10] 根据后面将要引入的电荷在电磁场中受力的普遍公式 (洛伦兹力公式), 可以将不依赖于电荷运动状态的部分定义为电场力, 而将与电荷运动速度线性相关的部分定义为磁场力, 这种划分在测量意义上是完全可以实现的.

形, 由 (1.7) 式可得场点 ($\boldsymbol{r}$ 处) 的场强具有积分形式

$$\boldsymbol{E}(\boldsymbol{r})=\frac{\boldsymbol{F}_0(\boldsymbol{r})}{q_0}=\frac{1}{4\pi\varepsilon_0}\iiint\frac{\boldsymbol{R}}{R^3}\rho(\boldsymbol{r}')\mathrm{d}V', \tag{1.11}$$

其中 $\boldsymbol{r}'$ 为源点位置矢量, $\boldsymbol{R}=\boldsymbol{r}-\boldsymbol{r}'$ 为源点指向场点的相对位置矢量. 对于场源电荷面分布或线分布情形, 叠加场强也有类似的积分形式.

类似于流体力学中的流速场, 静电场 $\boldsymbol{E}=\boldsymbol{E}(\boldsymbol{r})$ 是一个矢量场, 可以引入静电场线来形象地描述电场分布的情况. 如果我们将各点场强方向用箭头表示, 然后将这些箭头的切向平滑地连接起来, 这样构成的电场分布区域的空间曲线族便是电场线分布. 比如说对于正 (负) 点源电荷, 它们形成的电场线如图 1.8 所示, 电场线分布的各向同性, 反映的是点电荷场强分布的各向同性. 图 1.9 给出了其他几种电荷系统激发的电场线结构. 对于图 1.9(a), (b) 情形, 显然电场分布具有关于两个点电荷连线的轴对称性, 而 (c) 情形具有左右对称性.

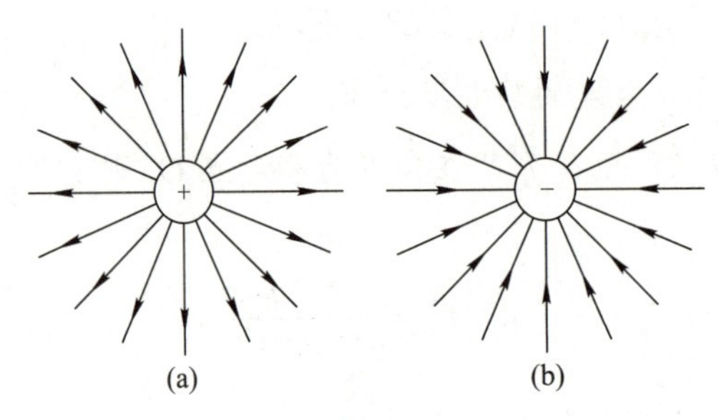

图 1.8

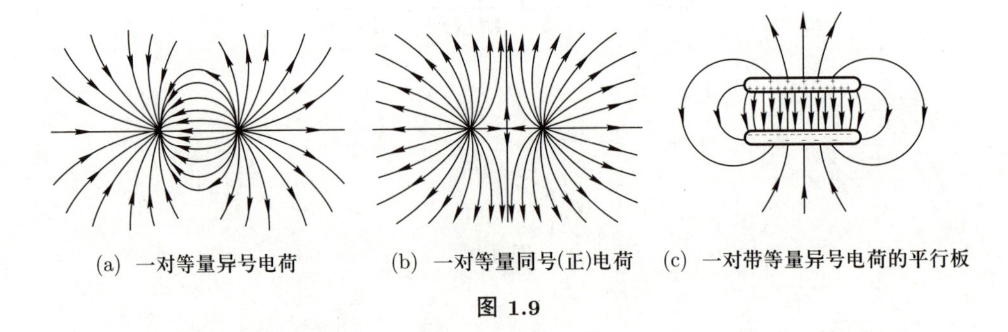

图 1.9

由电场线的定义可以看出电场线具有如下性质:

(1) 电场线的切线方向为该点的场强方向;

(2) 任意两条电场线不相交 (否则同一点处会有两个场强方向).

静电场 $\boldsymbol{E}(\boldsymbol{r})$ 是空间位置的连续分布函数, 但电场线的描画总是分立的. 我们定义场线的数密度 η 为空间某处穿过单位横截面积的场线数目, 即

$$\eta=\frac{\mathrm{d}N}{\mathrm{d}S_\perp}, \tag{1.12}$$

其中 $\mathrm{d}S_\perp$ 为法向沿场强方向的面元大小, $\mathrm{d}N$ 为穿过该面元的电场线数目. 给定静电场 $\boldsymbol{E}(\boldsymbol{r})$ 的分布, 其对应的场线图样依赖于我们对空间某处场线数密度的约定. 对于无电荷区域的空间场线分布, 可以证明此时一旦约定了空间某个局部的数密度 η, 那么全空间的场线图样便被决定下来, 而且这时空间各处的 $\eta(\boldsymbol{r})$ 正比于该处的场强大小 $E(\boldsymbol{r})$, 即场线越密集的地方场强越大, 场线越稀疏的地方场强越小. 比如说对于点电荷激发的场 (图 1.8), 如果约定好空间某处的数密度 η, 则场线分布由场强沿径向且各向同性而完全确定, 此时各处 $\eta \sim 1/r^2 \sim E(r)$, 其中 r 是场点到点电荷的距离. 如上结论的一般证明我们会在后面给出.

在电场线上某处线元 $\mathrm{d}\boldsymbol{l} = (\mathrm{d}x, \mathrm{d}y, \mathrm{d}z)$ 平行于该处场强 $\boldsymbol{E}(\boldsymbol{r}) = (E_x, E_y, E_z)$, 即

$$\frac{\mathrm{d}x}{E_x(x,y,z)} = \frac{\mathrm{d}y}{E_y(x,y,z)} = \frac{\mathrm{d}z}{E_z(x,y,z)}. \tag{1.13}$$

(1.13) 式便是电场线满足的微分方程组, 积分便可得到电场线曲线族方程

$$\begin{cases} f_1(x,y,z,C_1,C_2) = 0, \\ f_2(x,y,z,C_1,C_2) = 0, \end{cases}$$

其中 $C_{1,2}$ 为待定积分常量, 原则上可以由特定电场线穿过的某一点的坐标 (x_0, y_0, z_0) 来确定.

1.3.3 场强叠加原理的应用举例

接下来, 我们来看几个应用场强叠加原理求解静电场强分布的实例.

例 1.2 均匀带电圆环轴线上的场强分布.

解 设均匀带电圆环半径为 R、电量为 Q. 如图 1.10 所示, 在其轴线上设置以环心 O 为原点的 x 坐标轴. 由对称性容易判断, 轴线上场强沿轴线方向, 即

$$\boldsymbol{E}(\boldsymbol{x}) = E(x)\widehat{\boldsymbol{x}}.$$

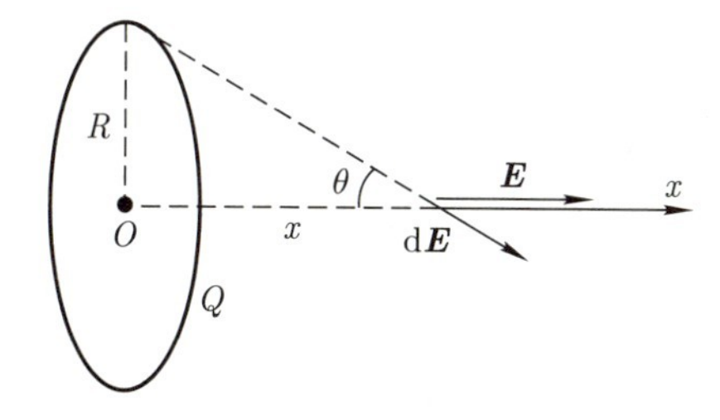

图 1.10

环上线元电荷 $\mathrm{d}Q$ 对轴上 x 处贡献的场强 (沿斜向)

$$\mathrm{d}E = \frac{1}{4\pi\varepsilon_0}\frac{\mathrm{d}Q}{R^2 + x^2}.$$

由叠加原理有

$$E(x)=\int \mathrm{d}E\cdot\cos\theta=\int\frac{1}{4\pi\varepsilon_0}\frac{\mathrm{d}Q}{R^2+x^2}\frac{x}{\sqrt{R^2+x^2}}=\frac{Q}{4\pi\varepsilon_0}\frac{x}{(R^2+x^2)^{3/2}},$$

即轴线上场强

$$\boldsymbol{E}(\boldsymbol{x})=\frac{Q}{4\pi\varepsilon_0}\frac{x}{(R^2+x^2)^{3/2}}\widehat{\boldsymbol{x}}. \tag{1.14}$$

讨论

(1) 对于环心 O 点 $(x=0)$ 处, 其场强为零, 这可以看作对称性导致的结果.

(2) 对于轴上远点, 即 $|x|\gg R$ 处,

$$\boldsymbol{E}(\boldsymbol{x})\approx\frac{Q}{4\pi\varepsilon_0}\frac{x\widehat{\boldsymbol{x}}}{|x|^3},$$

即领头阶近似下相当于点电荷所激发的电场, 这一点与我们的预期是一致的.

(3) 若电荷 Q 在圆环上并不是均匀分布的, 则轴线上场强的 x 分量 E_x 仍如 (1.14) 式所示, 但此时场强的 y,z 分量一般来说是不为零的.

例 1.3 均匀带电线段所激发的场强分布.

解 设均匀带电线段长为 l、电量为 $Q(>0)$, 则其电荷线密度为 $\lambda=Q/l$. 如图 1.11 所示, 以带电线段中点 O 为坐标原点, 建立平面直角坐标系 Oxy. 因电荷和电场分布关于该线段具有轴对称性, 故本问题中仅须考察图 1.11 中所示平面上的电场分布

$$\boldsymbol{E}=E_x\widehat{\boldsymbol{x}}+E_y\widehat{\boldsymbol{y}}.$$

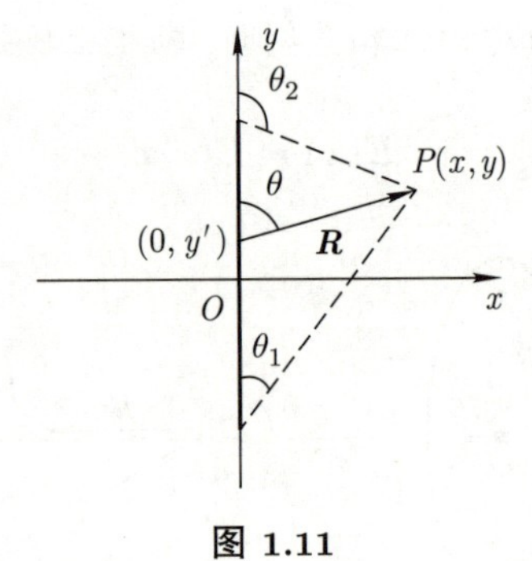

图 1.11

取 $y'\to y'+\mathrm{d}y'$, 电荷微元 $\mathrm{d}q=\lambda\mathrm{d}y'$ 在场点 $P(x,y)$ 处贡献的场强 x 分量的微元为

$$\mathrm{d}E_x=\frac{1}{4\pi\varepsilon_0}\frac{\lambda\mathrm{d}y'}{(y-y')^2+x^2}\frac{x}{|x|}\sin\theta=\frac{\lambda}{4\pi\varepsilon_0 x}\sin\theta\mathrm{d}\theta,$$

其中 θ 为矢量 $\boldsymbol{R}$ 与 y 轴的夹角. 上式的第二个等式已经利用了

$$y-y'=|x|\cot\theta,\quad \mathrm{d}y'=\frac{|x|\,\mathrm{d}\theta}{\sin^2\theta}.$$

P 处场强的 x 分量为

$$E_x=\int_{\theta_1}^{\theta_2}\frac{\lambda}{4\pi\varepsilon_0 x}\sin\theta\mathrm{d}\theta=\frac{\lambda}{4\pi\varepsilon_0 x}(\cos\theta_1-\cos\theta_2).$$

类似地, 可得 P 处场强 y 分量为 (请读者自己完成推导)

$$E_y=\int_{\theta_1}^{\theta_2}\frac{\lambda}{4\pi\varepsilon_0|x|}\cos\theta\mathrm{d}\theta=\frac{\lambda}{4\pi\varepsilon_0|x|}(\sin\theta_2-\sin\theta_1).$$

讨论

(1) 对于均匀带电线段中垂面上的场点 $(x,0)$, 场强分量

$$E_y=0,\quad E_x=\frac{2\lambda}{4\pi\varepsilon_0 x}\cos\theta_1=\frac{\lambda l}{4\pi\varepsilon_0 x\sqrt{x^2+l^2/4}}.\tag{1.15}$$

此时, 再令 $x\gg l$, 则场强

$$\boldsymbol{E}(x,0)\approx\frac{\lambda l}{4\pi\varepsilon_0 x^2}\widehat{\boldsymbol{x}}=\frac{Q}{4\pi\varepsilon_0}\frac{\widehat{\boldsymbol{x}}}{x^2}.$$

(2) 若 $l\to\infty$, 则 $\theta_1\to0$, $\theta_2\to\pi$, 而场强分量

$$E_y\to0,\quad E_x\to\frac{\lambda}{2\pi\varepsilon_0 x}.$$

这样的电荷分布模型称为无穷长均匀带电线模型, 模型下的场强分布为

$$\boldsymbol{E}=\frac{\lambda}{2\pi\varepsilon_0 x}\widehat{\boldsymbol{x}}=\frac{\lambda}{2\pi\varepsilon_0\rho}\widehat{\boldsymbol{\rho}},\tag{1.16}$$

其中 ρ 为三维柱坐标中的径向坐标, 代表场点到带电线的距离.

例 1.4 均匀带电球壳激发的静电场.

解 设球壳半径为 R, 电量为 Q, 则其电荷面密度 $\sigma=\dfrac{Q}{4\pi R^2}$. 如图 1.12 所示, 场点 P 与球心 O 的距离为 r, 根据对称性, 场强沿径向, 即有

$$\boldsymbol{E}(\boldsymbol{r})=E(r)\widehat{\boldsymbol{r}}.$$

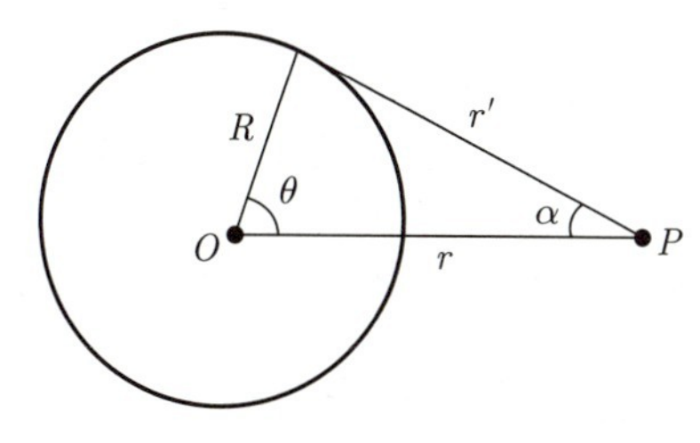

图 1.12

以 OP 为轴线划分环带, 面电荷微元 $\mathrm{d}q = 2\pi R^2\sigma\sin\theta\mathrm{d}\theta = Q\sin\theta\mathrm{d}\theta/2$, 其对 P 点的微元场强贡献为

$$\mathrm{d}E = \frac{Q\sin\theta\mathrm{d}\theta}{8\pi\varepsilon_0 r'^2}\cos\alpha. \tag{1.17}$$

注意到由

$$r'^2 = r^2 + R^2 - 2Rr\cos\theta$$

得

$$\sin\theta\mathrm{d}\theta = \frac{r'\mathrm{d}r'}{Rr},$$

而

$$\cos\alpha = \frac{r'^2 + r^2 - R^2}{2rr'},$$

代入 (1.17) 式则有

$$\mathrm{d}E = \frac{Q\mathrm{d}r'}{16\pi\varepsilon_0 Rr^2 r'^2}(r'^2 + r^2 - R^2) = \frac{Q}{16\pi\varepsilon_0 Rr^2}\mathrm{d}\left(r' + \frac{R^2 - r^2}{r'}\right).$$

积分得

$$E(r) = \frac{Q}{16\pi\varepsilon_0 Rr^2}\left(r' + \frac{R^2 - r^2}{r'}\right)\Bigg|_{|R-r|}^{R+r}. \tag{1.18}$$

因此, 球内 ($r < R$) 和球外 ($r > R$) 的场强分别为

$$E(r) = \begin{cases} 0, & r < R, \\ \dfrac{1}{4\pi\varepsilon_0}\dfrac{Q}{r^2}, & r > R. \end{cases} \tag{1.19}$$

讨论

(1) 对于均匀带电球壳, 由 (1.19) 式可知: 球内场强处处为零, 球外等价于所有电量集中于球心处所激发的场强. 如上结论均依赖于平方反比律, 这一点可以由后面将会引入的静电场高斯 (Gauss) 定理加以进一步明确.

(2) 对于半径为 R、电量为 Q 的均匀带电球, 以球心 O 为参考点, 对称性告诉我们场强沿径向, 即 $\boldsymbol{E}(\boldsymbol{r}) = E(r)\hat{\boldsymbol{r}}$. 将均匀带电球划分为球壳微元, 并利用均匀带电球壳激发场强的结论, 易得

$$E(r) = \begin{cases} \dfrac{1}{4\pi\varepsilon_0}\dfrac{Qr}{R^3}, & r < R, \\ \dfrac{1}{4\pi\varepsilon_0}\dfrac{Q}{r^2}, & r > R, \end{cases} \tag{1.20}$$

即球外等价于所有电量集中于球心处所激发的场强, 球内 ($r < R$) 等价于半径 r 之内的所有球壳电量和 $q(r) = \dfrac{Qr^3}{R^3}$ 集中于球心所激发的场强, 所以球内为场强大小与 r 成正比的线性场.

(3) 球壳面上场强.

(1.19) 式给出了球壳内、外的场强分布, 由此可见跨越带电球面, 场强值有跃变. 从叠加原理来看, 如上的跃变完全来自 $\theta \to 0$ 的面电荷元的贡献. 如果去除该面电荷元, 则场强在跨越相应 "孔洞" 时是连续变化的 (只不过变化得会很剧烈). 我们可以定义球壳面上场强 $\boldsymbol{E}_S = E_S \hat{\boldsymbol{r}}$, 它对应于如上面电荷微元感受到的场强, 也即除了该微元外, 其他所有电荷在该微元处所激发的场强. 在 (1.18) 式中代入 $r = R$, 并且考虑扣除 $r = R$ 处面电荷微元的贡献, 可得面上场强[11]

$$E_S = \lim_{\delta \to 0} \frac{Q}{16\pi\varepsilon_0 R^3}(r')\bigg|_{\delta}^{2R} = \frac{Q}{8\pi\varepsilon_0 R^2} = \frac{\sigma}{2\varepsilon_0}, \tag{1.21}$$

其中 $\sigma = \dfrac{Q}{4\pi R^2}$ 为电荷面密度. 如前所述, 这是 $r = R$ 处面电荷微元 $\mathrm{d}q = \sigma \mathrm{d}S$ 感受到的场强, 因此均匀带电球壳因为自身静电力的作用会感受到沿径向向外的静电压强, 其大小均匀, 为

$$P_{\mathrm{e}} = \frac{E_S \mathrm{d}q}{\mathrm{d}S} = \frac{Q^2}{32\pi^2\varepsilon_0 R^4} = \frac{\sigma^2}{2\varepsilon_0}. \tag{1.22}$$

例 1.5 电偶极子模型.

考虑相距 l、电量分别为 $q(>0)$ 与 $-q$ 的两个等量异号点电荷所构成的系统, 如果我们关心的场点与这个系统典型参考点 (如两个点电荷连线的中点 O) 的距离 r 远大于 l, 则可以预期场强按小量 l/r 做泰勒 (Taylor) 展开的非零领头阶为一阶项, 这是因为零阶项对应于 $l \to 0$, 这时正负点电荷相互重合, 故零阶项的结果必为零. 作为例子, 我们可以分别对两个点电荷延长线上及中垂面上的远场场强加以展开.

(1) 如图 1.13 所示, 对于延长线上的场点 P, 正负点电荷贡献的场强大小分别为

$$E_+ = \frac{1}{4\pi\varepsilon_0}\frac{q}{(r - l/2)^2} = \frac{1}{4\pi\varepsilon_0}\frac{q}{r^2}\left(1 + \frac{l}{r} + \cdots\right),$$
$$E_- = \frac{1}{4\pi\varepsilon_0}\frac{q}{(r + l/2)^2} = \frac{1}{4\pi\varepsilon_0}\frac{q}{r^2}\left(1 - \frac{l}{r} + \cdots\right),$$

因此

$$E_P = E_+ - E_- \approx \frac{1}{4\pi\varepsilon_0}\frac{2ql}{r^3}, \tag{1.23}$$

方向沿负电荷指向正电荷方向 (即图中 x 轴的正向).

(2) 如图 1.13 所示, 对于中垂面上的场点 P', 正负点电荷贡献的场强为

$$E_+ = E_- = \frac{1}{4\pi\varepsilon_0}\frac{q}{r^2 + l^2/4}.$$

[11] 它恰好是球壳内外临近处场强的平均, 对于带电面的面上场强来说, 这是一个有待证明的普遍结论, 参见 1.8 节的 (1.82) 式.

根据矢量叠加的平行四边形法则, P' 处场强沿 x 轴负向, 其大小为

$$E_{P'} = 2E_+ \cos\theta = 2\frac{1}{4\pi\varepsilon_0}\frac{q}{r^2+l^2/4}\frac{l/2}{\sqrt{r^2+l^2/4}} \approx \frac{1}{4\pi\varepsilon_0}\frac{ql}{r^3}. \tag{1.24}$$

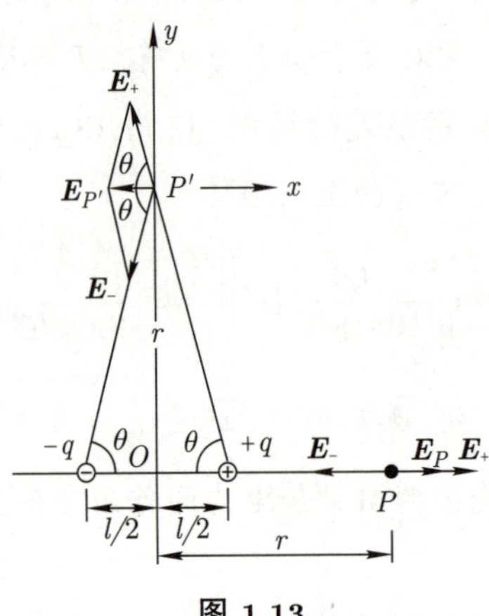

图 1.13

讨论

(1) 如我们预期, (1.23) 和 (1.24) 式的领头阶结果均为 l 的一次方项, 如果取领头阶近似 (即将 "≈" 替换为 "="), 则对应的电荷分布模型称为理想电偶极子模型, 或简称为电偶极子模型. 为了方便表示其场强, 可以引入该系统的电偶极矩 $\boldsymbol{p} = q\boldsymbol{l}$, 其中 $\boldsymbol{l}$ 为正电荷相对于负电荷的位置矢量. 如此, 对于理想电偶极子模型, 其延长线上和中垂面上的场强分别为

$$\boldsymbol{E}_P = \frac{1}{4\pi\varepsilon_0}\frac{2\boldsymbol{p}}{r^3}, \quad \boldsymbol{E}_{P'} = -\frac{1}{4\pi\varepsilon_0}\frac{\boldsymbol{p}}{r^3}. \tag{1.25}$$

(2) 如图 1.14 所示, 对于一般性的场点 P, 在理想偶极子模型下, 其场强为[12]

$$\boldsymbol{E}_P = \frac{p}{4\pi\varepsilon_0 r^3}(2\cos\theta\hat{\boldsymbol{r}} + \sin\theta\hat{\boldsymbol{\theta}}), \tag{1.26}$$

其中 $p = ql$ 为电偶极矩的大小, r, θ 为图 1.14 所示的极坐标. 可以验证 (1.25) 式为 (1.26) 式对应于 $\theta = 0$ 和 $\theta = \pi/2$ 的特例.

(3) 由 (1.26) 式可以看出, 电偶极子激发的场强因为正比于偶极矩, 所以是按距离三次方反比衰减的, 比点电荷激发的场衰减得要快, 这来自正负电荷激发场强的抵消效果. 如果正负电荷的效果进一步抵消, 例如图 1.15 所示的电四极子分布位形, 其中四个等量异号点电荷分布于长 l_1、宽 l_2 的矩形的四个顶点上, 对于距离为 $r(\gg l_{1,2})$ 的场点, 场强展开的领头阶必然正比于[13] $l_1 l_2 r^{-4}$, 因此是按距离四次方反比衰减的. 类

---

[12] 其证明参见本章习题 9.

[13] 无论是 $l_1 \to 0$, 还是 $l_2 \to 0$, 都对应于电荷完全被抵消的分布, 故场强展开的非零领头阶一定正比于乘积 $l_1 l_2$.

似地, 可以构造电八极子分布位形, 相应场强是按距离的五次方反比衰减的 …… 总之, 大量这样的等量异号电荷 (总电量为零) 的分布越是杂乱无章, 远场场强随距离增加就衰减得越快.

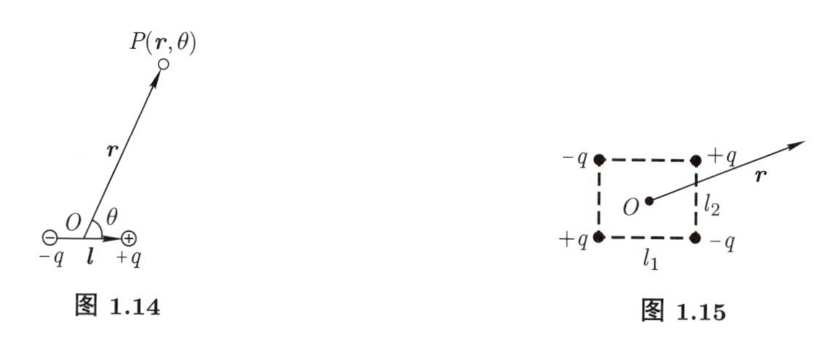

图 1.14 图 1.15

(4) 物质分子中如果正电荷与负电荷分布上有明显的分离, 便可以近似看作分子电偶极子.

比如说对于食盐晶体, 一对钠离子 Na^+ 和氯离子 Cl^- 可以构成一个电偶极子, 这相当于把两个离子分别看作正负点电荷. 而这样的分子电偶极子在食盐晶体中的排列是高度对称的, 如图 1.16 所示, 钠离子 Na^+ (代表正电重心)、氯离子 Cl^- (代表负电重心) 紧密排布构成交错的立方晶格, 相应每一对电偶极子都与最近邻的电偶极子有相互抵消的趋势. 可以想见, 氯化钠晶体周围的剩余电场会随距离增加而急剧衰减. 这样我们便可以理解, 固态物质相互接触带来的宏观的弹力或摩擦力是微观静电相互作用的剩余效果, 但它们均为短程力, 甚至是接触性力, 其典型作用距离为分子尺度.

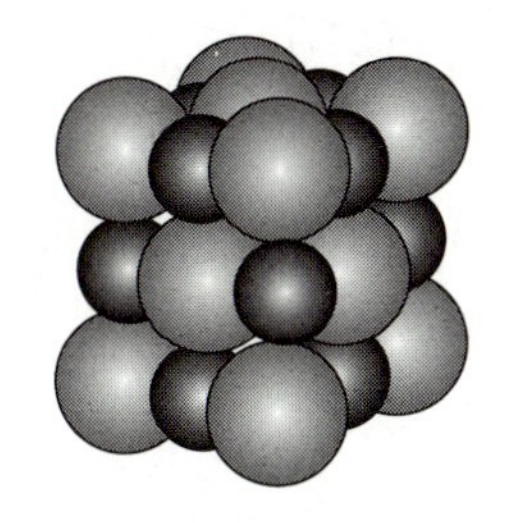

(a) 深色球代表Na^+,浅色球代表Cl^-

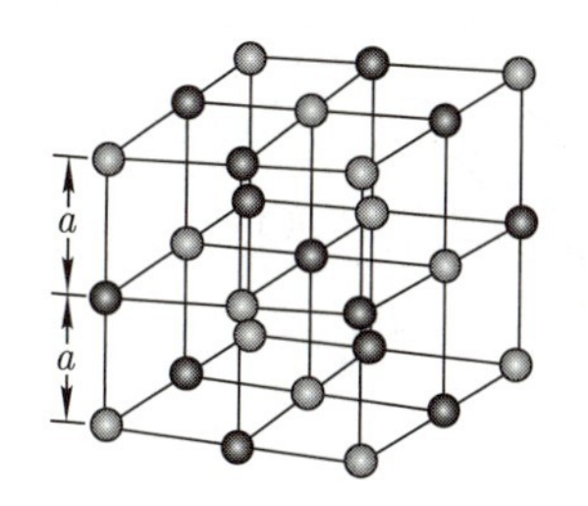

(b) 把离子看作点电荷

图 1.16

1.4 静电场高斯定理

1.4.1 立体角与通量

先来看平面角与立体角.

(1) 平面角.

如图 1.17(a) 所示, 平面上线元 $\mathrm{d}\boldsymbol{l}$ 对参考点 O 的张角可以用来定义平面角元 $\mathrm{d}\theta$, 此张角在平面上有顺/逆时针两种绕向, 故可定义平面角矢量微元

$$\mathrm{d}\boldsymbol{\theta} = \mathrm{d}\theta\widehat{\boldsymbol{k}} = \frac{\boldsymbol{r} \times \mathrm{d}\boldsymbol{l}}{r^2}, \tag{1.27}$$

其中 $\boldsymbol{r}$ 为线元 $\mathrm{d}\boldsymbol{l}$ 相对于 O 点的位置矢量. 平面角元的大小为

$$|\mathrm{d}\theta| = \frac{\mathrm{d}l_\perp}{r} = \frac{\mathrm{d}l'_\perp}{r'}, \tag{1.28}$$

其中 $\mathrm{d}l_\perp$ 为线元 $\mathrm{d}\boldsymbol{l}$ 在半径为 r 的圆弧上的投影长度, $\mathrm{d}l'_\perp$ 为同一角锥中半径为 r' 的圆弧长度, (1.28) 的连等式利用了同一平面角锥中不同半径的圆弧张角相同, 我们可以称这种性质为 "平面角的伸缩不变性".

有了平面角微元的定义, 则平面上一段有向曲线段 L 对 O 的张角为

$$\boldsymbol{\theta}_L = \theta_L\widehat{\boldsymbol{k}} = \int_L \frac{\boldsymbol{r} \times \mathrm{d}\boldsymbol{l}}{r^2}. \tag{1.29}$$

例 1.6 闭合曲线平面角.

如图 1.17(b) 所示, 平面内存在有向闭合曲线 L, 分别求 L 对曲线内的参考点 O 和曲线外的参考点 O' 所张成的总的平面角大小.

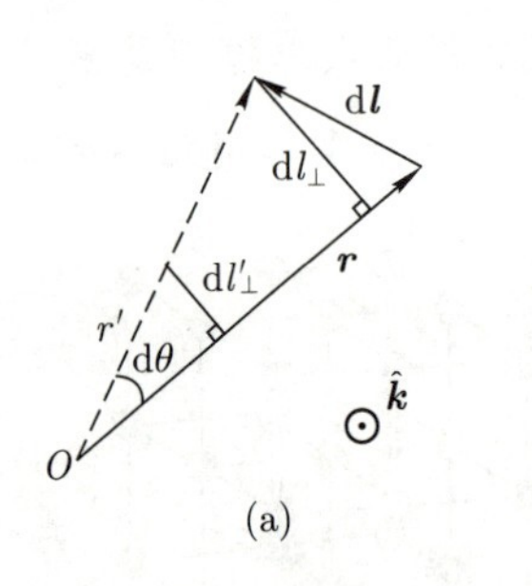

(a)

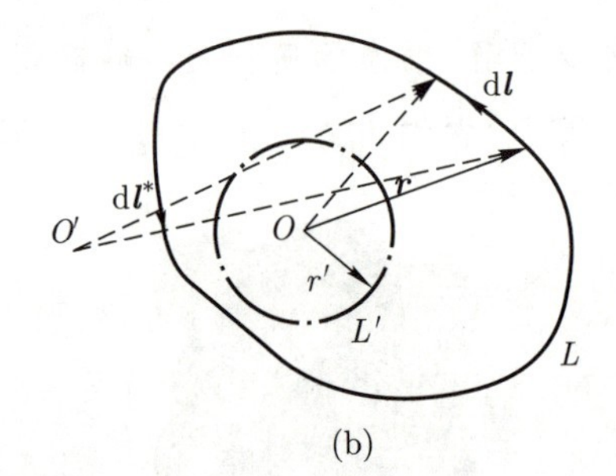

(b)

图 1.17

解 平面角积分式为

$$\boldsymbol{\theta}_{\mathrm{tot}} = \theta_{\mathrm{tot}}\widehat{\boldsymbol{k}} = \oint_L \frac{\boldsymbol{r} \times \mathrm{d}\boldsymbol{l}}{r^2}.$$

对于参考点 O, 利用 "平面角的伸缩不变性", 任意线元所贡献的平面角元都等价于半径为 r' 的圆周 L' 上对应圆弧所贡献的平面角元, 且圆周 L' 完全被 L 所包围, 如此则

$$\theta_{\mathrm{tot}} = \oint_{L'} \frac{\mathrm{d}l'_\perp}{r'} = \frac{\oint_{L'} \mathrm{d}l'_\perp}{r'} = 2\pi,$$

其中 $\oint_{L'} \mathrm{d}l'_\perp = 2\pi r'$ 为圆周 L' 的周长.

对于参考点 O', 闭合曲线 L 上任意线元 $\mathrm{d}\boldsymbol{l}$ 所贡献的平面角元都被对应线元 $\mathrm{d}\boldsymbol{l}^*$ 所贡献的抵消, 如图 1.17(b) 所示, 因此

$$\theta_{\text{tot}} = 0.$$

(2) 立体角.

三维空间中, 有两个球面角, 比如说地面上的纬度与经度, 也对应于球坐标中的两个角度 $\theta \in [0,\pi]$ 和 $\varphi \in [0,2\pi)$, 所以空间角有两个维度, 相应地可以定义立体角.

如图 1.18(a) 所示, 面元 $\mathrm{d}\boldsymbol{S} = \mathrm{d}S\boldsymbol{n}$ 对参考点 O 所张的立体角元定义为

$$\mathrm{d}\Omega = \frac{\boldsymbol{r}\cdot\mathrm{d}\boldsymbol{S}}{r^3} = \frac{\widehat{\boldsymbol{r}}\cdot\mathrm{d}\boldsymbol{S}}{r^2}, \tag{1.30}$$

其中 $\boldsymbol{r}$ 为面元 $\mathrm{d}\boldsymbol{S}$ 相对于 O 点的位置矢量. 如此, 立体角元也具有 “伸缩不变性”, 即立体角元大小

$$|\mathrm{d}\Omega| = \frac{\mathrm{d}S_\perp}{r^2} = \frac{\mathrm{d}S'_\perp}{r'^2}, \tag{1.31}$$

其中 $\mathrm{d}S_\perp$ 为面元 $\mathrm{d}\boldsymbol{S}$ 在半径为 r 的球面上的投影面积, $\mathrm{d}S'_\perp$ 为同一立体角锥中半径为 r' 的球面上的面元面积.

有了立体角微元的定义, 则空间中 (约定好面元法向的) 曲面 S 对 O 所张成的立体角为

$$\Omega_S = \iint_S \frac{\widehat{\boldsymbol{r}}\cdot\mathrm{d}\boldsymbol{S}}{r^2}. \tag{1.32}$$

例 1.7 闭合曲面立体角.

如图 1.18(b) 所示, 空间内存在闭合曲面 S, 分别求 S 对曲面内的参考点 O 和曲面外的参考点 O' 所张成的总的立体角.

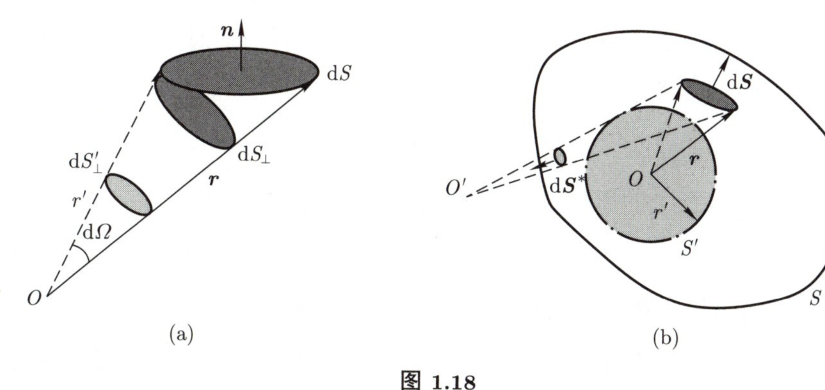

图 1.18

解 立体角积分式为

$$\Omega_{\text{tot}} = \oiint_S \frac{\widehat{\boldsymbol{r}}\cdot\mathrm{d}\boldsymbol{S}}{r^2}.$$

对于参考点 O, 利用 "立体角的伸缩不变性", 任意面元所贡献的立体角元都等价于半径为 r' 的球面 S' 上对应面元所贡献的立体角元, 且球面 S' 完全被 S 所包围, 如此则

$$\Omega_{\text{tot}} = \oiint_{S'} \frac{\mathrm{d}S'_\perp}{r'^2} = \frac{\oiint_{S'} \mathrm{d}S'_\perp}{r'^2} = 4\pi,$$

其中 $\oiint_{S'} \mathrm{d}S'_\perp = 4\pi r'^2$ 为球面 S' 的面积.

对于参考点 O', 闭合曲面 S 上任意面元 $\mathrm{d}\boldsymbol{S}$ 所贡献的立体角元都被对应面元 $\mathrm{d}\boldsymbol{S}^*$ 所贡献的抵消, 如图 1.18(b) 所示, 因此 $\Omega_{\text{tot}} = 0$. 综上, 有

$$\Omega_{\text{tot}} = \oiint_S \frac{\hat{\boldsymbol{r}} \cdot \mathrm{d}\boldsymbol{S}}{r^2} = \begin{cases} 4\pi, & \text{对曲面内的参考点 } O, \\ 0, & \text{对曲面外的参考点 } O'. \end{cases} \tag{1.33}$$

由 (1.31) 式可知, 给定半径 r 时, 球面面元 $\mathrm{d}S_\perp = \mathrm{d}\Omega r^2$ 正比于它对球心所张成的立体角元, 对照球坐标下的球面面元公式 $\mathrm{d}S_\perp = r^2 \sin\theta \mathrm{d}\theta \mathrm{d}\varphi$, 可知球坐标下立体角元的表达式为

$$\mathrm{d}\Omega = \sin\theta \mathrm{d}\theta \mathrm{d}\varphi.$$

例 1.8 角锥立体角.

求半顶角为 θ 的圆锥锥顶所张成的立体角.

解 采用球坐标积分, 有

$$\Omega(\theta) = \int_0^\theta \sin\theta \mathrm{d}\theta \int_0^{2\pi} \mathrm{d}\varphi = 2\pi(1 - \cos\theta). \tag{1.34}$$

可以验证 $\Omega(\pi) = 4\pi$ 即是全空间对中心所张成的总立体角 Ω_{tot}.

再来介绍矢量场的通量.

为了描述静电场分布对源电荷的依赖特征, 我们可以引入矢量场通量的概念. 对于矢量场 $\boldsymbol{A} = \boldsymbol{A}(\boldsymbol{r})$, 我们可以引入场线来表征其分布特征, 而对于给定面元法向的曲面 S, 面积分

$$\Phi_A = \iint_S \boldsymbol{A}(\boldsymbol{r}) \cdot \mathrm{d}\boldsymbol{S}$$

定义为 $\boldsymbol{A}$ 场在该曲面上的通量. 自然, $\boldsymbol{A}$ 场通量的微元为 $\mathrm{d}\Phi_A = \boldsymbol{A} \cdot \mathrm{d}\boldsymbol{S}$.

对于定常流速场 $\boldsymbol{v} = \boldsymbol{v}(\boldsymbol{r})$, 按照力学课程中曾给出的含义, $\Phi_v = \iint_S \boldsymbol{v}(\boldsymbol{r}) \cdot \mathrm{d}\boldsymbol{S} = Q_v$ 对应于体积流量, 即单位时间穿过曲面 S 的流体体积. 对于静电场, 其通量 $\Phi_E = \iint_S \boldsymbol{E}(\boldsymbol{r}) \cdot \mathrm{d}\boldsymbol{S}$ 不具有 "流量" 的含义, 形象上, 电场通量只具有正比于穿过曲面 S 的电场线 "根数" 的含义, 如图 1.19 所示.

矢量场的闭合曲面通量可以用来考察 "源" 对场分布的影响. 如图 1.20 所示, 对于流速场的源 (如水龙头) 和汇 (如漏斗), 流速场的流线分别是发散和汇聚的, 相应对于

包围源/汇的闭合曲面 S, 其通量 (即闭合曲面体积流量) 不为零, 且分别取值为正/负. 对于空间任意闭合曲面, 若矢量场 $\boldsymbol{A}$ 的闭合曲面通量皆为零, 则称矢量场 $\boldsymbol{A}$ 为无源场. 显然, 流速场是有源的, 称为有源场. 相应地, 我们可以称流速场的源为 “正源”, 汇为 “负源”, 因为它们分别带来符号为正和负的闭合曲面通量.

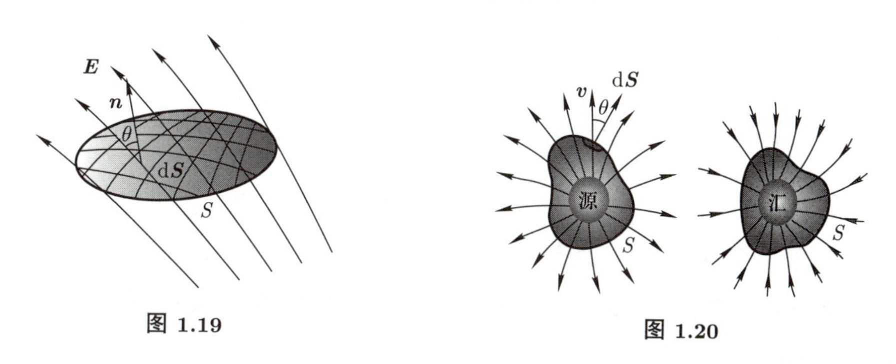

图 1.19　　图 1.20

静电场是有源的, 对应的源便是正、负电荷. 类似于流速场的源 (正源), 正电荷激发的场线是向外发散的, 所以对于包围正电荷的闭合曲面, 其通量为正; 类似于流速场的汇 (负源), 负电荷激发的场线是向内汇聚的, 所以对于包围负电荷的闭合曲面, 其通量为负. 此外, 静电场强满足 (按源电荷分布的) 矢量型的叠加原理, 则电场通量有对应的标量叠加原理, 即任意曲面的电场通量等于所有点源电荷 (或源电荷微元) 各自激发的电场通量的标量代数和.

1.4.2 静电场高斯定理

静电场是有源场, 而库仑定律为三维空间的距离平方反比律, 这导致静电场的闭合曲面通量正比于曲面所包围的总电量, 这便是静电场高斯定理. 具体的表达式为

$$\varPhi = \oiint_S \boldsymbol{E}(\boldsymbol{r}) \cdot \mathrm{d}\boldsymbol{S} = \frac{\sum\limits_{(S\ 内)} q}{\varepsilon_0}, \tag{1.35}$$

其中 $\sum\limits_{(S\ 内)} q$ 为闭合曲面 S 所包围的总电量 (求和).

为了证明静电场高斯定理, 我们先考虑点源电荷 q 单独激发的静电场 $\boldsymbol{E}_q = \dfrac{q}{4\pi\varepsilon_0}\dfrac{\widehat{\boldsymbol{r}}}{r^2}$, 其中 $\boldsymbol{r}$ 是以点电荷为参考点的场点位置矢量. 相应地, 对于给定闭合曲面 S, 其电场通量为

$$\varPhi_q = \oiint_S \boldsymbol{E}_q(\boldsymbol{r}) \cdot \mathrm{d}\boldsymbol{S} = \frac{q}{4\pi\varepsilon_0} \oiint_S \frac{\widehat{\boldsymbol{r}} \cdot \mathrm{d}\boldsymbol{S}}{r^2},$$

而最右边表达式中的积分对应于该闭合曲面对点电荷所张的总立体角. 利用 (1.33) 式

可得

$$\Phi_q = \frac{q}{4\pi\varepsilon_0}\Omega_{\text{tot}} = \begin{cases} \dfrac{q}{\varepsilon_0}, & q \text{ 位于 } S \text{ 之内}, \\ 0, & q \text{ 位于 } S \text{ 之外}. \end{cases}$$

进一步, 利用电场通量满足的叠加原理, 对于点电荷系统 $\{q_i\}$ 所激发的静电场, 若 q_i 位于闭合曲面 S 之内, 则贡献 q_i/ε_0 的通量, 反之则贡献零通量, 如此求和起来便是 (1.35) 式.

如果源电荷分布为连续的体分布, 则 (1.35) 式中的求和应替换为体积分, 即

$$\oiint_S \boldsymbol{E}(\boldsymbol{r}) \cdot \mathrm{d}\boldsymbol{S} = \iiint_V \frac{\rho}{\varepsilon_0}\mathrm{d}V, \tag{1.36}$$

其中 ρ 为体电荷密度, 积分区域 V 为 S 所包围的区域. 在高斯定理的含义上, 我们通常称闭合曲面 S 为高斯面.

从高斯定理的证明来看, 点源电荷场的闭合曲面通量之所以正比于闭合曲面立体角, 是因为库仑定律是平方反比律. 数学家高斯于 1839 年最先完成了该定理的证明, 并发表了著名的论文《关于平方反比律的引力和斥力场的普遍定理》.

如图 1.21 所示, 高斯定理告诉我们高斯面 S 的闭合曲面通量只决定于曲面内的电荷, 而静电场叠加原理告诉我们高斯面上每一处的场强决定于空间全部电荷. 也就是说, 如果我们在高斯面内或高斯面外移动某一个电荷, 则高斯面上场强分布会随之变化, 但平方反比律保证这种变化对高斯面电场通量的贡献精确抵消, 除非把一个电荷 q_k 由高斯面内移至面外, 此时通量变化为 $-q_k/\varepsilon_0$.

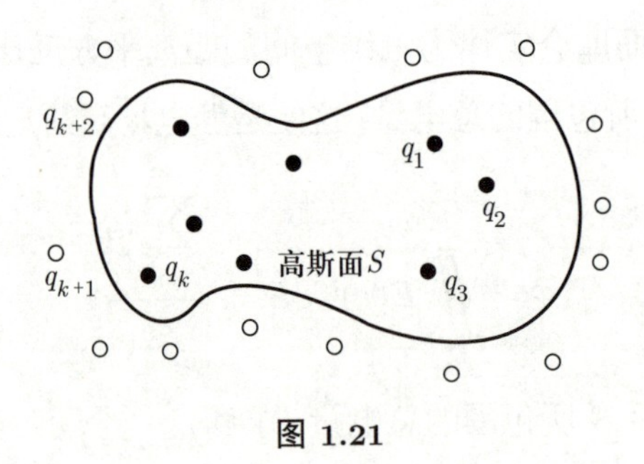

图 1.21

高斯定理表明了静电场的有源性, 即正负电荷分别是激发正负闭合曲面通量的源, 故电场线通常从正电荷出发, 到负电荷终止, 但不排除电场线起始或终止于无穷远的情形. 此外, 对于空间无电荷区域, 其闭合曲面通量为零, 相应区域或者无电场, 或者场线从闭合曲面某一侧穿入再从另一侧穿出, 而不会在此区域内中断. 概括起来就是: 电场线起始于正电荷或无穷远, 终止于负电荷或无穷远, 而不会在无电荷区域内中断.

类比于流速场中的流管, 可以引入静电场的电场线管, 即由电场线围成的假想管道. 如图 1.22 所示, 在无电荷区域, 取包围电场线管一段的闭合曲面为高斯面, 则其通量为零, 其中场线管侧面面元对通量没有贡献 (因其法向与场线垂直), 故两底面的通量互相抵消. 如果场线管无穷细, 则

$$\boldsymbol{E}_1 \cdot \boldsymbol{n}_1 \Delta S_1 + \boldsymbol{E}_2 \cdot \boldsymbol{n}_2 \Delta S_2 = E_1 \Delta S_1 \cos\theta_1 + E_2 \Delta S_2 \cos\theta_2 = 0,$$

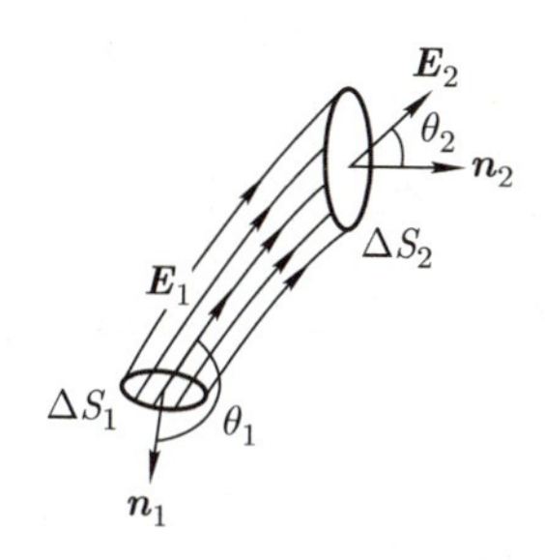

图 1.22

而 1, 2 无穷小底面两处的横截面积大小分别为

$$\Delta S_{1\perp} = -\Delta S_1 \cos\theta_1, \quad \Delta S_{2\perp} = \Delta S_2 \cos\theta_2,$$

所以有

$$E_1 \Delta S_{1\perp} = E_2 \Delta S_{2\perp}.$$

因此对于同一个电场线管, 粗的地方场强小, 细的地方场强大, 或者说电场线稀疏的地方场强小, 电场线密集的地方场强大. 因为穿过图 1.22 两个底面的电场线 "根数" ΔN 是相同的, 所以电场线密度 $\Delta N/\Delta S_\perp$ 与场强成正比. 此外, 无电荷区域电场线管各个截面的场强通量大小相同, 这个事实可以称为 "通量守恒".

例 1.9 如图 1.23 所示, 点电荷 $q_1(>0)$ 和 $q_2(<0)$ 所激发的电场中, 有一根电场线连接两个点电荷, 它从 q_1 处 "出发" 的方向与 1, 2 连线夹角为 α, 其 "扎入" q_2 的方向与 1, 2 连线夹角为 β.

(1) 已知 α, 求 β;

(2) 若 $q_1 > |q_2|$, 求 α 的极大值 α_{M}.

解 (1) 因为系统关于 1, 2 连线有轴对称, 故可将图 1.23 中的电场线绕 1, 2 连线旋转一周, 构成一个两头尖 (但不对称) 的 "橄榄球形" 场线管, 如图 1.24 所示. 由于该场线管内无电荷分布, 故通过每一截面 S 的通量相等.

如果把如上场线管的截面取在极其靠近 q_1 的地方, 则该处 q_2 贡献的场强可以忽略不计, 而 q_1 贡献的场强各向同性分布, 故该处截面的通量正比于截面对 q_1 所张的

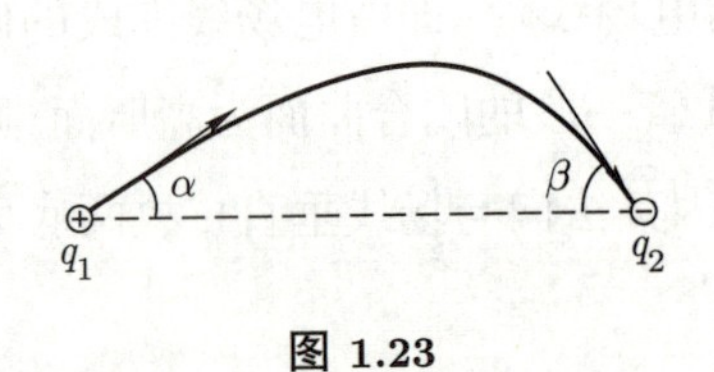

图 1.23

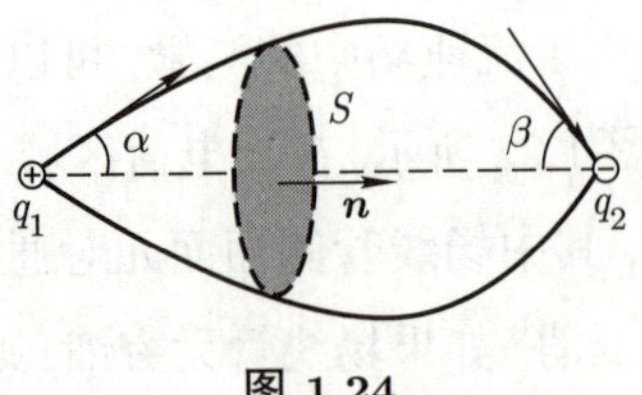

图 1.24

立体角. 利用角锥立体角公式 (1.34), 可得

$$\Phi_S=\frac{q_1}{\varepsilon_0}\frac{2\pi(1-\cos\alpha)}{4\pi}=\frac{q_1}{2\varepsilon_0}(1-\cos\alpha).$$

同理, 如果把截面取在极其靠近 q_2 的地方, 则可得

$$\Phi_S=-\frac{q_2}{\varepsilon_0}\frac{2\pi(1-\cos\beta)}{4\pi}=-\frac{q_2}{2\varepsilon_0}(1-\cos\beta).$$

联立可得

$$q_1\sin^2\frac{\alpha}{2}=-q_2\sin^2\frac{\beta}{2},$$

由此得

$$\beta=2\sin^{-1}\left(\sqrt{-\frac{q_1}{q_2}}\sin\frac{\alpha}{2}\right).$$

(2) 由上问结果得

$$\sin\frac{\alpha}{2}=\sqrt{-\frac{q_2}{q_1}}\sin\frac{\beta}{2}\leqslant\sqrt{-\frac{q_2}{q_1}},$$

所以

$$\alpha_{\mathrm{M}}=2\sin^{-1}\sqrt{\frac{|q_2|}{q_1}}<\pi.$$

由此可以看出, 并不是所有从 q_1 出发的场线都会扎入负电荷 q_2, 对应于 $\alpha_{\mathrm{M}}<\alpha\leqslant\pi$ 的场线必然终止于无穷远. 因为场线由 q_1 出发时是各向同性的, 所以最终扎入 q_2 的场线占比为

$$P=\frac{2\pi(1-\cos\alpha_{\mathrm{M}})}{4\pi}=\sin^2\frac{\alpha_{\mathrm{M}}}{2}=\frac{|q_2|}{q_1}.$$

这是一个十分自然的结果.

此外, 考虑到场线从 q_1 出发时是各向同性的, 而场线在无电荷区域的连续性使得空间各处的场线密度都可以通过某一场线管直接和 q_1 附近的场线密度加以比较, 这说明空间各处的场线密度可以进行比较 (不限于同一场线管内), 并且场线密度正比于场强的大小.

至此, 我们还不能说明静电场是否具有闭合的、无头无尾的涡旋场线. 这种涡旋场线在流速场中是常见的, 如果流体内存在漩涡, 便会有相应的涡旋场线. 对于静电场来说, 并不具有这种涡旋场线, 这一点可以由 1.5 节将要引入的静电场环路定理加以说明.

1.4.3 静电场高斯定理的应用

静电场高斯定理 (1.36) 通常并不能直接给出高斯面上场强的具体分布, 但如果强对称性告诉我们高斯面上的场强分布函数仅依赖于单一的几何参量 (如距离), 则有可能通过高斯定理来确定这个分布函数. 本节我们将考察几种特殊的强对称性的情形, 此时结合高斯定理便可求解场强分布. 这几种强对称包括球对称、无穷长轴对称和无穷大面对称.

如图 1.25 所示, 一个点电荷 q 激发的电场具有球对称, 即使我们不知道库仑定律的完整形式, 根据对称性我们也可以写下

$$\boldsymbol{E}(\boldsymbol{r}) = E(r)\hat{\boldsymbol{r}}. \tag{1.37}$$

接下来便可以利用高斯定理来确定分布函数 $E(r)$. 考虑到对称性, 我们取半径为 r 的球面 S 为高斯面, 利用 (1.37) 式, 可得闭合曲面通量

$$\varPhi = \oiint_S \boldsymbol{E}(\boldsymbol{r}) \cdot \mathrm{d}\boldsymbol{S} = \oiint_S E(r)\mathrm{d}S = 4\pi r^2 E(r). \tag{1.38}$$

代入高斯定理的结论 $\varPhi = q/\varepsilon_0$, 便可以得到

$$E(r) = \frac{q}{4\pi\varepsilon_0 r^2}.$$

这样便重新得到了库仑定律. 注意, 如果在图 1.25 的高斯面外添加一个点电荷 q', 则高斯面的通量不变, 但这时已经不能单独由高斯定理来确定球面上的场强分布了, 因为原来的球对称性已经被破坏.

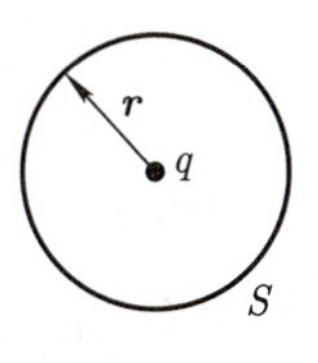

图 1.25

例 1.4 曾经考察的半径为 R、电量为 Q 的均匀带电球壳也是一个电荷球对称分布的系统, 以球心 O 为参考点, 其场强分布满足 (1.37) 式. 如图 1.26 所示, 取以 O 为中心、半径为 r 的球面为高斯面, 则其通量同样可以化简为 (1.38) 式的形式. 代入高斯定理的结论时需要考虑高斯面和带电面的相对位置关系, 具体有

$$\varPhi = \begin{cases} 0, & r < R, \\ Q/\varepsilon_0, & r > R. \end{cases}$$

联立 (1.40) 式, 便可复现 (1.19) 式的结果:

$$E(r)=\begin{cases}0, & r<R,\\ \dfrac{1}{4\pi\varepsilon_0}\dfrac{Q}{r^2}, & r>R,\end{cases}$$

即球内场强处处为零, 球外等价于所有电量集中于球心所激发的场强.

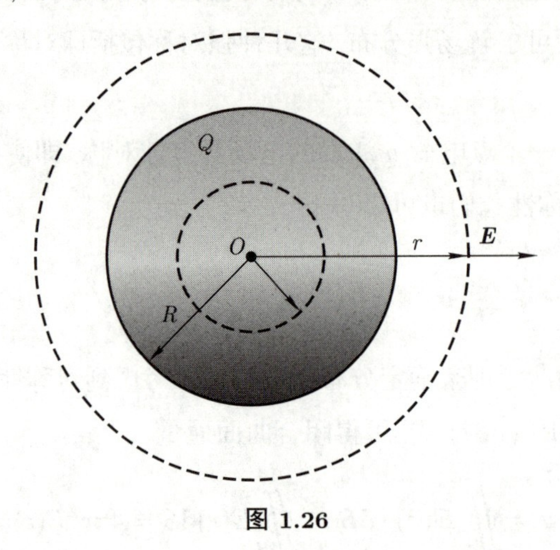

图 1.26

对于一般的球对称电荷分布系统, 以对称中心 O 为参考点, 电荷密度仅会依赖于该位置到 O 点的距离 r, 即 $\rho=\rho(r)$, 相应场强满足 (1.37) 式. 取半径为 r 的球面为高斯面, 由高斯定理及 (1.38) 式, 得

$$E(r)=\frac{1}{4\pi\varepsilon_0}\frac{Q(r)}{r^2}=\frac{1}{\varepsilon_0 r^2}\int_0^r\rho(r')r'^2\mathrm{d}r', \tag{1.39}$$

其中 $Q(r)=4\pi\displaystyle\int_0^r\rho(r')r'^2\mathrm{d}r'$ 为高斯面内的总电量. 若 ρ 为常量, 则有

$$E(r)=\frac{\rho}{3\varepsilon_0}r. \tag{1.40}$$

进一步代入 $\rho=\dfrac{3Q}{4\pi R^3}$ 便得到 (1.20) 式中均匀带电球内的线性场.

无穷长轴对称带电系统的一个典型例子是无穷长均匀带电线. 设其电荷线密度为 λ. 如图 1.27 所示, 该系统场强沿柱坐标径向轴对称分布[14], 且沿轴向具有平移不变性, 故有

$$\boldsymbol{E}(\boldsymbol{r})=E(\rho)\widehat{\boldsymbol{\rho}}.$$

取半径为 ρ、高为 l 的圆柱体表面为高斯面, 只有侧面 (圆柱面) 对通量有贡献, 相应通量为

$$\varPhi=\oiint_S\boldsymbol{E}(\boldsymbol{r})\cdot\mathrm{d}\boldsymbol{S}=\iint_{\text{侧面}}E(\rho)\mathrm{d}S=2\pi\rho l\cdot E(\rho).$$

[14] 注意区分柱坐标 ρ 与体电荷密度.

代入高斯定理的结果 $\varPhi = \lambda l/\varepsilon_0$, 可得

$$E(\rho) = \frac{\lambda}{2\pi\varepsilon_0\rho}.$$

这样便重现了 (1.16) 式的结果.

无穷大面对称电荷分布的典型例子是无穷大均匀带电面, 设其电荷面密度为 σ, 并设其位于 x-y 坐标平面上, 如图 1.28 所示. 系统关于 x-y, x-z, y-z 平面均有镜像对称[15], 故图中 P 点的场强方向只能沿 z 轴方向 (若 $\sigma > 0$), 记为

$$\boldsymbol{E} = E(z)\hat{\boldsymbol{z}}.$$

P 点关于 x-y 平面的镜像对称点 P' 处场强与 P 处场强大小相等, 方向相反. 基于此,

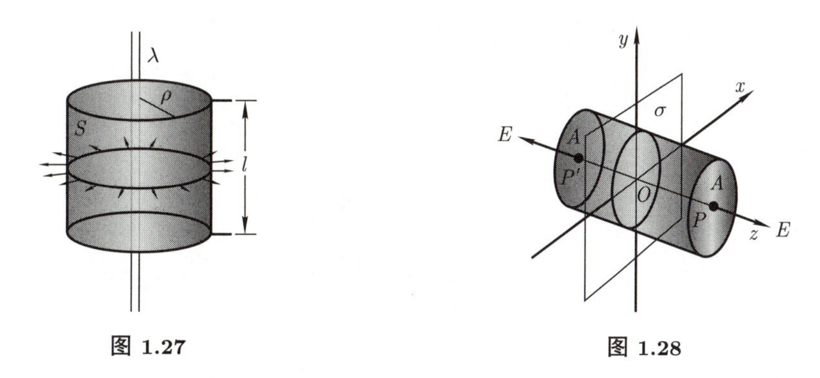

图 1.27　　　　图 1.28

取图 1.28 中柱体表面为高斯面 S, 其两底面与 x-y 平面平行且分别过 P 和 P' 点, 面积均为 A. 注意到仅有两底面对通量有贡献, 所以高斯面 S 的通量为

$$\varPhi = \oiint_S \boldsymbol{E}(\boldsymbol{r}) \cdot \mathrm{d}\boldsymbol{S} = \iint_{\text{底面}} E(z)\mathrm{d}S = 2AE(z).$$

代入高斯定理的结果 $\varPhi = \sigma A/\varepsilon_0$, 可得

$$E(z) = \frac{\sigma}{2\varepsilon_0}.$$

注意到 $E(z)$ 其实是一个不依赖于 z 的匀强场, 这个特殊结果来自平方反比律和量纲上的原因. 考虑到方向, 场强矢量的分布为

$$\boldsymbol{E} = \frac{\sigma}{2\varepsilon_0}\frac{|z|}{z}\hat{\boldsymbol{z}} \quad (z \neq 0). \tag{1.41}$$

这个结果可以和本章习题 6 和习题 7 中的特殊极限结果加以对照.

如上考察了几个特殊的、电荷分布具有强对称性的带电系统, 我们发现利用高斯定理可以得到这几个带电系统对应的场强分布, 并且相应的分布函数形式极为简单.

[15] 关于镜像对称的讨论, 参见附录 B.

这当然一方面得益于库仑定律是平方反比律, 另一方面也得益于系统电荷分布的对称性足够强. 接下来, 结合如上这些结果和叠加原理, 我们再考察几个特殊的电荷分布模型.

例 1.10 相互平行的正负无穷大均匀带电平面.

如图 1.29 所示, 两平面电荷面密度分别为 $\sigma(>0)$ 和 $-\sigma$, 各自激发的场强如 (1.41) 式所示. 对于正带电面, 其激发场强 $\boldsymbol{E}_+$ 背对自身; 对于负带电面, 其激发场强 $\boldsymbol{E}_-$ 指向自身. 场强在两平面之间为同向叠加, 在两平面之外是反向叠加, 故有

$$\boldsymbol{E}_{\text{内}} = \frac{\sigma}{2\varepsilon_0}\widehat{\boldsymbol{z}} + \frac{\sigma}{2\varepsilon_0}\widehat{\boldsymbol{z}} = \frac{\sigma}{\varepsilon_0}\widehat{\boldsymbol{z}},$$
$$\boldsymbol{E}_{\text{外}} = \frac{\sigma}{2\varepsilon_0}\widehat{\boldsymbol{z}} - \frac{\sigma}{2\varepsilon_0}\widehat{\boldsymbol{z}} = 0.$$

这个模型可以用作平行板电容器内部场强的近似解.

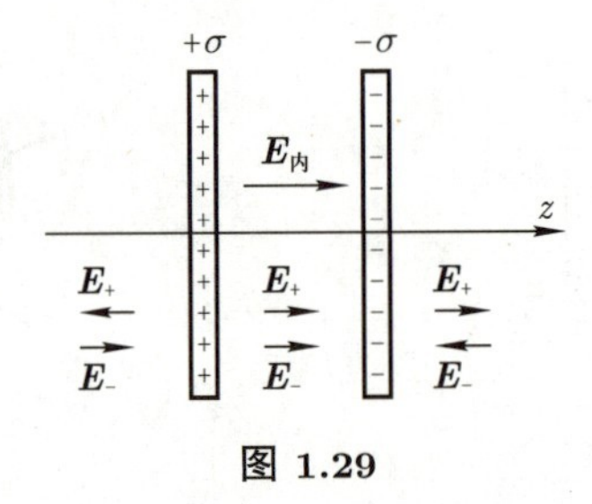

图 1.29

例 1.11 如图 1.30 所示, 电荷密度为 $\rho(>0)$、球心为 O 的均匀带电大球中完整挖除球心为 O' 的小球, 记 $\overrightarrow{OO'} = \boldsymbol{a}$, 求小球内的场强分布.

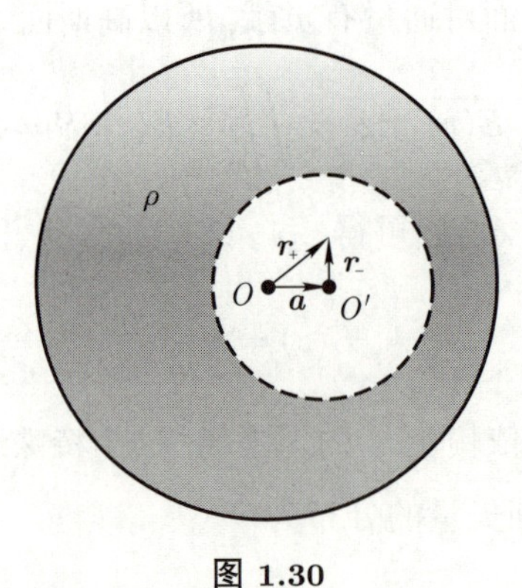

图 1.30

解 按照叠加原理的思想, 图中电荷分布等价于原 (完整的) 均匀带电大球与电荷密度为 $-\rho$ 的小球的叠加, 相应场强分布也完全等价于如上两个均匀带电球激发场强的叠加. 根据 (1.40) 式, 空洞区域场强为两个线性场的叠加, 即

$$\boldsymbol{E} = \frac{\rho}{3\varepsilon_0}\boldsymbol{r}_+ + \frac{-\rho}{3\varepsilon_0}\boldsymbol{r}_- = \frac{\rho}{3\varepsilon_0}(\boldsymbol{r}_+ - \boldsymbol{r}_-) = \frac{\rho}{3\varepsilon_0}\boldsymbol{a}.$$

因为 $\boldsymbol{a}$ 是常矢量, 故空洞区域内的静电场为匀强场, 方向沿 O 指向 O'. 空洞区域外的场强原则上也可以按如上模型采用叠加原理处理, 但相应分布函数的形式会变得复杂些.

例 1.12 余弦型球面电荷模型.

如图 1.31 所示, 半径为 R 的球面上分布有面电荷, 以球心为参考点建立球坐标系, 其电荷分布具有轴对称, 电荷面密度为 $\sigma = \sigma_0 \cos\theta$, 其中 σ_0 为常量. 求球壳内外的场强分布.

解 如图 1.32 所示, 我们先来构造一个半径均为 R、电荷密度分别为 ρ 和 $-\rho$、球心分别为 O_+ 和 O_- 的正负均匀带电球相互分离的模型, 其中 O_+ 相对于 O_- 分离的相对位置矢量为 $\boldsymbol{l} = l\widehat{\boldsymbol{z}}$, $l \ll R$. 两球交叠的区域电荷分布为零, 未被抵消的电荷在 $l \to 0$ 的极限下变成球面电荷. 在图中 θ 方向, 未被抵消的电荷区域径向厚度为

$$l_\perp = l\cos\theta,$$

故 $l \to 0$ 时的球面电荷密度为

$$\sigma = \rho l_\perp = \rho l \cos\theta.$$

令 $\sigma_0 = \lim\limits_{l\to 0} \rho l$, 便可得题目所要求的余弦型球面电荷分布. 其场强分布自然可以由图 1.32 中两个正负均匀带电球的场强叠加得到.

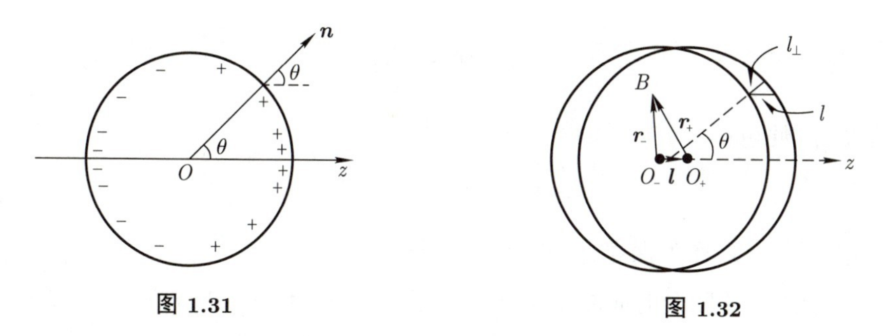

图 1.31 图 1.32

如图 1.32 所示, 球内场点 B 处的电场

$$\boldsymbol{E} = \frac{\rho}{3\varepsilon_0}\boldsymbol{r}_+ - \frac{\rho}{3\varepsilon_0}\boldsymbol{r}_- = \frac{\rho}{3\varepsilon_0}(\boldsymbol{r}_+ - \boldsymbol{r}_-) = -\frac{\rho}{3\varepsilon_0}\boldsymbol{l} \xrightarrow{l\to 0} -\frac{\sigma_0}{3\varepsilon_0}\widehat{\boldsymbol{z}}, \tag{1.42}$$

故球内为匀强场.

对于球外的区域, 因为正负均匀带电球各自等价于电荷集中于球心, 故整个带电系统在 $l \to 0$ 的极限下等价于球心处的一个电偶极子, 其电偶极矩为

$$\boldsymbol{p} = \frac{4\pi R^3}{3}\rho\boldsymbol{l} \xrightarrow{l\to 0} \frac{4\pi R^3}{3}\sigma_0\widehat{\boldsymbol{z}},$$

故球外 $(r > R)$ 场强为

$$\boldsymbol{E} = \frac{p}{4\pi\varepsilon_0 r^3}(2\cos\theta\widehat{\boldsymbol{r}} + \sin\theta\widehat{\boldsymbol{\theta}}) = \frac{\sigma_0 R^3}{3\varepsilon_0 r^3}(2\cos\theta\widehat{\boldsymbol{r}} + \sin\theta\widehat{\boldsymbol{\theta}}). \tag{1.43}$$

1.5 静电场环路定理和电势

1.5.1 静电场环路定理

根据库仑定律, 一个点电荷激发的电场不但满足距离的平方反比律, 而且是有心力场, 前者导致了我们在 1.4 节讨论的静电场高斯定理, 而后者将导致我们在本节讨论的环路定理. 具体来说, 点源电荷 q 激发的电场

$$\boldsymbol{E}_q(\boldsymbol{r}) = \frac{q}{4\pi\varepsilon_0}\frac{\boldsymbol{r}}{r^3} = \frac{q}{4\pi\varepsilon_0}\frac{\widehat{\boldsymbol{r}}}{r^2}.$$

它对试探电荷 q_0 的作用力为保守力 $\boldsymbol{F}_0(\boldsymbol{r}) = q_0\boldsymbol{E}_q(\boldsymbol{r})$. 对于任意的有向回路 L, $\boldsymbol{F}_0$ 的做功和为零, 即

$$q_0\oint_L \boldsymbol{E}_q(\boldsymbol{r})\cdot \mathrm{d}\boldsymbol{l} = q_0\oint_L \frac{q}{4\pi\varepsilon_0 r^3}\boldsymbol{r}\cdot \mathrm{d}\boldsymbol{r} = q_0\oint_L \frac{q\mathrm{d}r}{4\pi\varepsilon_0 r^2} = 0.$$

上式利用了 $\mathrm{d}(\boldsymbol{r}\cdot\boldsymbol{r}) = \mathrm{d}(r^2)$, 因而

$$\boldsymbol{r}\cdot \mathrm{d}\boldsymbol{r} = r\mathrm{d}r.$$

两边约去 q_0, 便可得

$$\oint_L \boldsymbol{E}_q(\boldsymbol{r})\cdot \mathrm{d}\boldsymbol{l} = 0, \quad \forall L. \tag{1.44}$$

(1.44) 式反映了 $\boldsymbol{E}_q$ 作为保守力场的基本特征.

矢量场 $\boldsymbol{A}$ 对于闭合有向曲线 L 的路径积分 $\varGamma = \oint_L \boldsymbol{A}\cdot \mathrm{d}\boldsymbol{l}$ 称为 $\boldsymbol{A}$ 场关于路径 L 的环量, 这是描述矢量场分布的另一个特征积分量. 对于静电场, 因为有场强的矢量型叠加原理, 易得环量的标量型叠加原理, 即关于给定环路 L, 各个点源电荷 (或源电荷微元) 贡献的环量可以直接进行标量叠加.

由 (1.44) 式可知, 点源电荷 (或源电荷微元) 关于任意环路 L 的环量叠加仍然为零, 即静电场 $\boldsymbol{E}$ 的环量满足

$$\oint_L \boldsymbol{E}(\boldsymbol{r})\cdot \mathrm{d}\boldsymbol{l} = 0, \quad \forall L. \tag{1.45}$$

这就是静电场环路定理, 这是静电力场作为保守力场的直接结果.

因为沿涡旋场线的环量积分必不为零, 所以环路定理说明静电场中不存在闭合的涡旋场线, 在这个意义上, 我们称静电场是无旋场. 作为对比, 流速场存在漩涡结构, 即存在涡旋场线, 故而是有旋的. 结合高斯定理表征的有源性, 静电场被称为有源无旋场, 而流速场被称为有源有旋场. 静电场的高斯定理和环路定理反映的是库仑定律和叠加原理的不同侧面, 它们之间不能相互取代, 而是相辅相成, 共同构成静电场分布的整体特征.

1.5.2 电势能、电势

静电场 $\boldsymbol{E}$ 的环路定理反映了其作为保守力场的特征, 自然可以为其中的试探电荷 q_0 引入电势能 W. 我们知道, 给定保守力场 $\boldsymbol{F}_0(\boldsymbol{r})=q_0\boldsymbol{E}(\boldsymbol{r})$, 物理上仅能确定任意两点的势能差值, 对应于保守力的做功值. 如图 1.33 所示, 在静电场 $\boldsymbol{E}$ 中, 试探电荷 q_0 在 Q 点和 P 点的势能差为

$$W_Q-W_P=-\int_P^Q \boldsymbol{F}_0\cdot\mathrm{d}\boldsymbol{l}=-q_0\int_P^Q \boldsymbol{E}\cdot\mathrm{d}\boldsymbol{l}, \tag{1.46}$$

其中右侧的负号反映的是保守力做功对应于势能的减少量. 进一步, 如果我们约定了

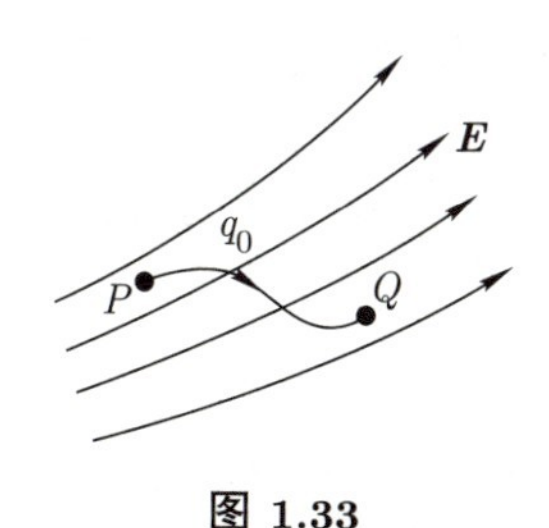

图 1.33

势能零点位置 $\boldsymbol{r}_0$, 即约定 $W(\boldsymbol{r}_0)=0$, 则空间任意位置 $\boldsymbol{r}$ 处的电势能为

$$W(\boldsymbol{r})=q_0\int_{\boldsymbol{r}}^{\boldsymbol{r}_0}\boldsymbol{E}\cdot\mathrm{d}\boldsymbol{l}. \tag{1.47}$$

从场的观点来看, (1.46) 或 (1.47) 式反映的是静电场的积分特征. 为此, 我们定义场点 $\boldsymbol{r}$ 处的电势为

$$U(\boldsymbol{r})=W(\boldsymbol{r})/q_0.$$

这是一个与试探电荷无关的标量场分布, 称为电势场. 由 (1.46) 式可知, 任意两点 P 与 Q 之间的电势差 (P 到 Q 的电压)

$$U_P-U_Q=\int_P^Q\boldsymbol{E}\cdot\mathrm{d}\boldsymbol{l}.$$

之所以可以由如上场强的路径积分来定义电势差, 从场的观点来看, 就是因为环路定理 (1.45) 保证了如上积分仅依赖于初末位置, 而与连接于其间的具体路径无关. 类似

地，如果约定了电势零点 $\boldsymbol{r}_0$，即约定 $U(\boldsymbol{r}_0)=0$，则由 (1.47) 式可知

$$U(\boldsymbol{r})=\int_{\boldsymbol{r}}^{\boldsymbol{r}_0}\boldsymbol{E}\cdot\mathrm{d}\boldsymbol{l},\tag{1.48}$$

电势场完全由 $\boldsymbol{r}$ 和 $\boldsymbol{r}_0$ 确定，而与积分路径无关. 注意，按照 (1.48) 式，沿着场强的方向，电势是依次降低的.

为了纪念伏打 (Volta)，国际单位制中电势的单位为伏特，简称 "伏"，记作 V，$1\ \mathrm{V}=1\ \mathrm{N}\cdot\mathrm{m}/\mathrm{C}$. 因此，电场强度的单位可以记为 "伏特/米" (V/m). 例如，干燥空气的击穿场强约为 $3\times10^6\ \mathrm{V/m}$，这意味着在 1 cm 的距离上加上 30000 V 高压，便可产生空气放电. 元电荷在 1 V 电势下的能量称为电子伏，记为 eV，是粒子物理中常用的能量单位.

(1.48) 式表明，电势可以看作场强的某种不定积分，或者说场强对应于电势的某种导数. 对 (1.48) 式两边取微分，得

$$\mathrm{d}U(\boldsymbol{r})=-\boldsymbol{E}\cdot\mathrm{d}\boldsymbol{r},\tag{1.49}$$

这表明前面所提到的导数就是 (负) 梯度，即 $\boldsymbol{E}=-\mathrm{grad}\,U$. 采用三维直角坐标系，$U=U(x,y,z)$，对 (1.49) 式两边展开，得

$$\frac{\partial U}{\partial x}\mathrm{d}x+\frac{\partial U}{\partial y}\mathrm{d}y+\frac{\partial U}{\partial z}\mathrm{d}z=-(E_x\mathrm{d}x+E_y\mathrm{d}y+E_z\mathrm{d}z).$$

逐项比较系数可得

$$\boldsymbol{E}=-\nabla U=-(\widehat{\boldsymbol{x}}\partial_x+\widehat{\boldsymbol{y}}\partial_y+\widehat{\boldsymbol{z}}\partial_z)U,\tag{1.50}$$

其中 $\nabla=\widehat{\boldsymbol{x}}\partial_x+\widehat{\boldsymbol{y}}\partial_y+\widehat{\boldsymbol{x}}\partial_z$ 称为哈密顿算符 (Hamiltonian).

若采用球坐标，则 $U=U(r,\theta,\varphi)$，相应线元 $\mathrm{d}\boldsymbol{r}=\mathrm{d}r\widehat{\boldsymbol{r}}+r\mathrm{d}\theta\widehat{\boldsymbol{\theta}}+r\sin\theta\mathrm{d}\varphi\widehat{\boldsymbol{\varphi}}$[16]，对 (1.49) 式两边展开，得

$$\frac{\partial U}{\partial r}\mathrm{d}r+\frac{\partial U}{\partial\theta}\mathrm{d}\theta+\frac{\partial U}{\partial\varphi}\mathrm{d}\varphi=-(E_r\mathrm{d}r+E_\theta r\mathrm{d}\theta+E_\varphi r\sin\theta\mathrm{d}\varphi),$$

逐项比较系数可得

$$\boldsymbol{E}=-\nabla U=-\left(\frac{\partial U}{\partial r}\widehat{\boldsymbol{r}}+\frac{1}{r}\frac{\partial U}{\partial\theta}\widehat{\boldsymbol{\theta}}+\frac{1}{r\sin\theta}\frac{\partial U}{\partial\varphi}\widehat{\boldsymbol{\varphi}}\right).\tag{1.51}$$

若系统关于坐标原点有球对称 (如均匀带电球等)，可以预期 $U=U(r)$，相应地 (1.51) 式简化为

$$\boldsymbol{E}=-\frac{\mathrm{d}U}{\mathrm{d}r}\widehat{\boldsymbol{r}}.\tag{1.52}$$

[16] 参见附录 A.

电势的取值依赖于零点的约定, 因此是非物理的, 只有两个场点电势的差值才是可观测量. 为了给出电势分布函数, 需要选定电势零点, 因为带有人为性, 所以可以针对具体问题便宜选取. 通常如果存在场强为零的地方, 那附近的电势变化比较平缓, 我们便可以选之为电势零点 (同时也是试探电荷电势能的零点), 预期相应电势分布函数的形式会简单. 例如, 对于点源电荷 q, 其激发的场强在无穷远处为零, 我们自然可以选无穷远点为电势零点, 相应的电势分布函数为

$$U(r) = \int_r^{\infty} \frac{q}{4\pi\varepsilon_0}\frac{\boldsymbol{r}}{r^3}\cdot \mathrm{d}\boldsymbol{r} = \int_r^{\infty} \frac{q}{4\pi\varepsilon_0 r^2}\mathrm{d}r = \frac{q}{4\pi\varepsilon_0 r}.$$

如果改变零点的选取, 电势分布函数会在上式的基础上增加一个常数项. 对 $U(r)$ 求负梯度, 利用 $\nabla\frac{1}{r} = -\frac{\boldsymbol{r}}{r^3}$ 或者 (1.52) 式, 便可还原点电荷激发场强 (库仑定律) 的结果.

对于有限空间范围内的电荷分布系统, 无穷远点自然是场强零点, 所以通常选之为电势零点, 如此则有

$$U(\boldsymbol{r}) = \int_r^{\infty} \boldsymbol{E}\cdot \mathrm{d}\boldsymbol{l}. \tag{1.53}$$

例 1.13 均匀带电球壳电势场. 球壳半径为 R、电量为 Q, 选取无穷远点为电势零点, 求全空间电势分布.

解 (1.19) 式已经给出球壳内外的场强分布

$$\boldsymbol{E}(\boldsymbol{r}) = \begin{cases} 0, & r < R, \\ \dfrac{1}{4\pi\varepsilon_0}\dfrac{Q}{r^2}\widehat{\boldsymbol{r}}, & r > R. \end{cases}$$

采用场强路径积分 (1.53) 式可得球壳内外的电势分布

$$U(r) = \begin{cases} \dfrac{Q}{4\pi\varepsilon_0 R}, & r < R, \\ \dfrac{Q}{4\pi\varepsilon_0 r}, & r > R, \end{cases} \tag{1.54}$$

其外部等价于电量集中于球心的点电荷电势, 其内部为等势体 (因为内部场强处处为零). 容易验证其场强与电势分布满足 (1.52) 式, 即 $E(r) = -U'(r)$. 需要说明的是, 电势分布函数 $U(r)$ 在 $r = R$ 处是连续的, 但它的一阶导数不连续, 对应于场强在跨越球壳时的跃变.

例 1.14 均匀带电球的电势场. 球半径为 R、电量为 Q, 选取无穷远点为电势零点, 求全空间电势分布.

解 (1.20) 式已经给出球内外的场强分布

$$\boldsymbol{E}(\boldsymbol{r}) = \begin{cases} \dfrac{1}{4\pi\varepsilon_0}\dfrac{Q}{R^3}\boldsymbol{r}, & r < R, \\ \dfrac{1}{4\pi\varepsilon_0}\dfrac{Q}{r^2}\widehat{\boldsymbol{r}}, & r > R. \end{cases}$$

采用场强路径积分 (1.53) 式可得球内外的电势分布

$$U(r)=\begin{cases}\dfrac{Q}{8\pi\varepsilon_0 R^3}(3R^2-r^2), & r<R,\\ \dfrac{Q}{4\pi\varepsilon_0 r}, & r>R.\end{cases}\tag{1.55}$$

容易验证其场强与电势分布满足 (1.52) 式, 即 $E(r)=-U'(r)$.

在选定了电势零点之后, 由场强叠加原理, 便可得电势叠加原理, 即空间某场点的电势等于各个点源电荷 (或源电荷微元) 分别激发的电势的叠加. 对于有限空间电荷分布系统, 通常选无穷远点为电势零点, 则源电荷系统 $\{q_i\}$ 激发的场点电势为

$$U=\sum_i U_i=\frac{1}{4\pi\varepsilon_0}\sum_i\frac{q_i}{r_i},$$

其中 r_i 为 q_i 与场点之间的距离. 对于源电荷体分布情形, 如图 1.34 所示, 场点电势为 (选无穷远点为电势零点)

$$U(\boldsymbol{r})=\frac{1}{4\pi\varepsilon_0}\iiint\frac{\rho(\boldsymbol{r}')}{R}\mathrm{d}V',\tag{1.56}$$

其中 $R=|\boldsymbol{r}-\boldsymbol{r}'|$. 其实, 将 (1.11) 式代入 (1.53) 式, 交换积分顺序[17]并且完成关于 $\mathrm{d}\boldsymbol{l}$ 的路径积分, 便可得到 (1.56) 式.

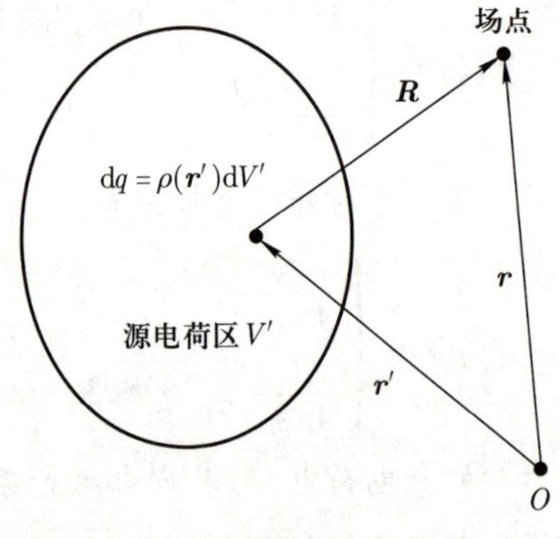

图 1.34

接下来, 我们来考察几个由电势叠加原理求解电势分布的例子.

例 1.15　均匀带电圆环轴线上的电势分布 (选无穷远点为电势零点).

解　设均匀带电圆环半径为 R、电量为 Q. 以环心 O 为原点在其轴线上设置 x 坐标轴, 如图 1.35 所示. 根据电势叠加原理, 轴线上电势为

$$U(x)=\int\frac{\mathrm{d}Q}{4\pi\varepsilon_0\sqrt{R^2+x^2}}=\frac{Q}{4\pi\varepsilon_0\sqrt{R^2+x^2}}.\tag{1.57}$$

[17] 数学上, 若两个积分分别收敛, 便可交换顺序.

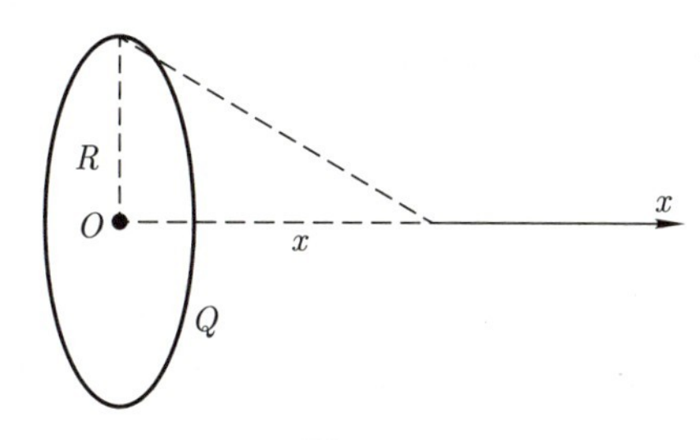

图 1.35

讨论 利用 (1.57) 式, 便可复现例 1.2 求得的轴线场强分布结果

$$\boldsymbol{E}(\boldsymbol{x})=-\frac{\mathrm{d}U(x)}{\mathrm{d}x}\widehat{\boldsymbol{x}}=\frac{Q}{4\pi\varepsilon_0}\frac{x}{(R^2+x^2)^{3/2}}\widehat{\boldsymbol{x}}.$$

对于非均匀带电圆环 (总电量仍为 Q), 其轴线电势的值仍为 (1.57) 式, 即

$$U(x,0,0)=\frac{Q}{4\pi\varepsilon_0\sqrt{R^2+x^2}},$$

故轴线场强的 x 分量为

$$E_x=-\partial_x U(x,0,0)=-\frac{\mathrm{d}U(x)}{\mathrm{d}x}=\frac{Q}{4\pi\varepsilon_0}\frac{x}{(R^2+x^2)^{3/2}}.$$

但因为没有轴对称, 所以轴线上 $E_{y,z}=-\partial_{y,z}U(x,0,0)$ 一般不为零.

例 1.16 均匀带电圆盘边缘上一点的电势 (选无穷远点为电势零点).

解 如图 1.36 所示, 设圆盘半径为 a、电荷面密度为 σ. 以边缘一点 P_2 为极点建立平面极坐标 (r,θ), 按极坐标线分割面元, 图中灰色小楔块面元大小为 $\mathrm{d}S=r\mathrm{d}r\mathrm{d}\theta$, 该面元对 P_2 点电势贡献为 $\mathrm{d}U=\dfrac{\sigma r\mathrm{d}r\mathrm{d}\theta}{4\pi\varepsilon_0 r}$, 则 P_2 点电势可由叠加原理写成二重积分形式

$$U=\int_{-\frac{\pi}{2}}^{\frac{\pi}{2}}\mathrm{d}\theta\int_0^R\frac{\sigma\mathrm{d}r\mathrm{d}\theta}{4\pi\varepsilon_0},$$

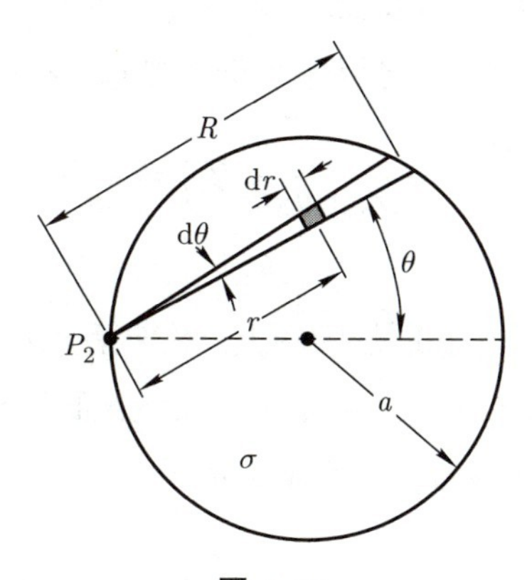

图 1.36

其中 $R=2a\cos\theta$. 依次完成如上二重积分, 可得

$$U=\frac{\sigma a}{2\pi\varepsilon_0}\int_{-\frac{\pi}{2}}^{\frac{\pi}{2}}\cos\theta\mathrm{d}\theta=\frac{\sigma a}{\pi\varepsilon_0}.$$

例 1.17 电偶极子 (偶极矩 $\boldsymbol{p}=q\boldsymbol{l}$) 电势分布 (选无穷远点为电势零点).

解 如图 1.37 所示, 取场点 P 相对于偶极子中点 O 的位置矢量 $\boldsymbol{r}$ 的极坐标表示 (r,θ), 其中 $r\gg l$. 根据电势叠加原理有

$$U=U_++U_-=\frac{q}{4\pi\varepsilon_0}\left(\frac{1}{r_+}-\frac{1}{r_-}\right),$$

其中

$$r_\pm=\sqrt{r^2+\frac{l^2}{4}\mp rl\cos\theta}\approx r\mp\frac{l\cos\theta}{2},$$

相应地

$$U=\frac{q}{4\pi\varepsilon_0}\left[\frac{1}{r}\left(1+\frac{l\cos\theta}{2r}+\cdots\right)-\frac{1}{r}\left(1-\frac{l\cos\theta}{2r}+\cdots\right)\right].$$

因此

$$U\approx\frac{p\cos\theta}{4\pi\varepsilon_0r^2}=\frac{\boldsymbol{p}\cdot\boldsymbol{r}}{4\pi\varepsilon_0r^3}.\tag{1.58}$$

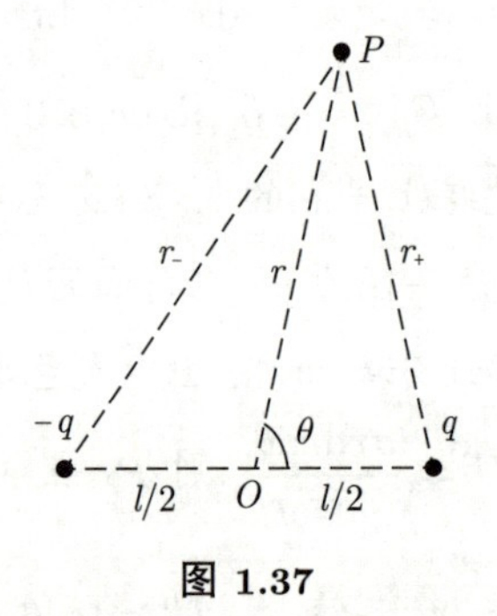

图 1.37

讨论 对于理想偶极子模型, (1.58) 中的 "≈" 将被改为 "=", 相应中间表达式可以看作球坐标下电势 $U(r,\theta,\varphi)$ 的表达式, 只不过因为有轴对称, 所以电势其实是不依赖于 φ 的. 将其代入 (1.51) 式, 便可得球坐标下理想偶极子场强分布为

$$\boldsymbol{E}=-\left(\frac{\partial U}{\partial \boldsymbol{r}}\widehat{\boldsymbol{r}}+\frac{1}{r}\frac{\partial U}{\partial\theta}\widehat{\boldsymbol{\theta}}+\frac{1}{r\sin\theta}\frac{\partial U}{\partial\varphi}\widehat{\boldsymbol{\varphi}}\right)=\frac{p}{4\pi\varepsilon_0r^3}(2\cos\theta\widehat{\boldsymbol{r}}+\sin\theta\widehat{\boldsymbol{\theta}}),$$

这样便重现了 (1.26) 式.

让我们重新回到电势零点选取的问题上. 对于无穷大带电系统, 并不适合选无穷远点作为电势零点, 尽管有些情况场强在无穷远处看似仍为零. 比如说对于电荷线密度为 λ 的无穷长均匀带电线模型, 其场强分布为

$$\boldsymbol{E}=\frac{\lambda}{2\pi\varepsilon_0r}\widehat{\boldsymbol{r}},\tag{1.59}$$

其中 r 为以带电线为轴线的柱坐标 (即场点到带电线的距离). 尽管 $E(r\to\infty)\to 0$, 但如果选 $r\to\infty$ 的地方为电势零点, 则有限 r 处的电势为无穷大, 这源自场强在其间的路径积分是对数发散的:

$$\int_r^{\infty}\frac{\lambda}{2\pi\varepsilon_0 r'}\mathrm{d}r'\sim\ln\infty.$$

实际测量上, 我们无法得到无穷大的电势差, 否则用这样的电场来加速带电粒子便可得到无穷大的能量. 这说明物理上, 如上对数发散与模型的适用范围是相关的. 回顾例 1.3, 对于实际的均匀带电线段, 只有在场点距离远小于线段长度 l 时, 无穷长均匀带电线模型才是适用的, 而当距离 $r\to\infty$ 时, 实际带电线段看起来更像一个点电荷, 故当 $r\gg l$ 时, 场强随距离衰减的行为不是 r^{-1}, 而是 r^{-2}, 这时场强到无穷远处的路径积分不会出现发散.

此外, 对于一般的线电荷模型也不适合将电势零点选取在带电线上, 这是因为只要足够靠近带电线, 其场强对距离依赖的行为就会趋近于 (1.59) 式, 这时场强 (到线上) 的路径积分同样是对数发散的:

$$\int^{0}\frac{\lambda}{2\pi\varepsilon_0 r}\mathrm{d}r\sim\ln 0.$$

这说明有限距离场点和带电线之间有无穷大的电势差, 或者说这里的对数发散也揭示了线电荷模型适用的一个边界. 事实上, 宏观电荷分布来自微观电荷分布的平均效果, 这种平均得到的是体电荷分布. 如果宏观电荷集中在某一曲线段的周围, 而我们在远处测量以至于分辨不出电荷分布的横向线度, 便可以采用线电荷模型对之加以描述. 但当我们靠近这条曲线段, 即当距离 $r\to 0$ 时, 便可以在一定程度上分辨实际电荷的体分布, 这时 “线电荷模型” 也渐渐地不适用了. 例如, 半径为 R、均匀带电的长圆柱体, 如果我们与它轴线的距离 $r\gg R$ 时, 可以仅采用线电荷模型来描述这一带电系统, 但当接近圆柱体以至于进入带电圆柱内部时, 线电荷模型不再适用, 这时场强在 $r\to 0$ 的行为不是 r^{-1}, 而是 r^{1}, 相应场强到轴线上的路径积分不会出现发散.

综上, 无穷长均匀带电线模型 (电荷线密度为 λ) 仅适用于讨论有限非零距离范围内的电势变化 (或试探电荷电势能的变化). 通常, 我们可以选取非零距离 r_0 处的场点电势为零, 这样得到的电势分布函数为

$$U(r)=\int_r^{r_0}\frac{\lambda}{2\pi\varepsilon_0 r}\mathrm{d}r=\frac{\lambda}{2\pi\varepsilon_0}\ln\frac{r_0}{r}. \tag{1.60}$$

对于无穷大均匀带电平面模型, 其一侧为无穷大区域的均匀电场 $\boldsymbol{E}$, 通常可以选取电势零点 O 为参考点, 如图 1.38 所示, 如此则场点 $\boldsymbol{r}$ 处的电势为

$$U(\boldsymbol{r})=-\boldsymbol{E}\cdot\boldsymbol{r}=-Er\cos\theta.$$

采用直角坐标, 很容易验证如上电势分布满足 $-\nabla U = \boldsymbol{E}$.

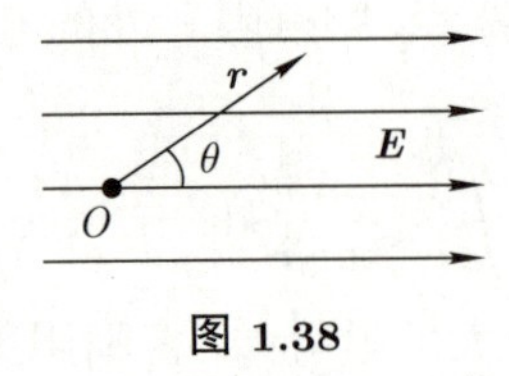

图 1.38

矢量场 $\boldsymbol{E}$ 的分布可以采用场线的方式加以图示, 类似地, 对于标量场 U, 我们可以引入等势面来图示其空间分布情况. 所谓等势面, 就是由空间电势相等的点联结而成的曲面, 比如说对于点源电荷激发的电势场, 其等势面无非是以点电荷为中心的一族同心球面.

图 1.39 展示了一些特殊电荷分布系统所激发的等势面 (实线) 和相应电场线 (虚

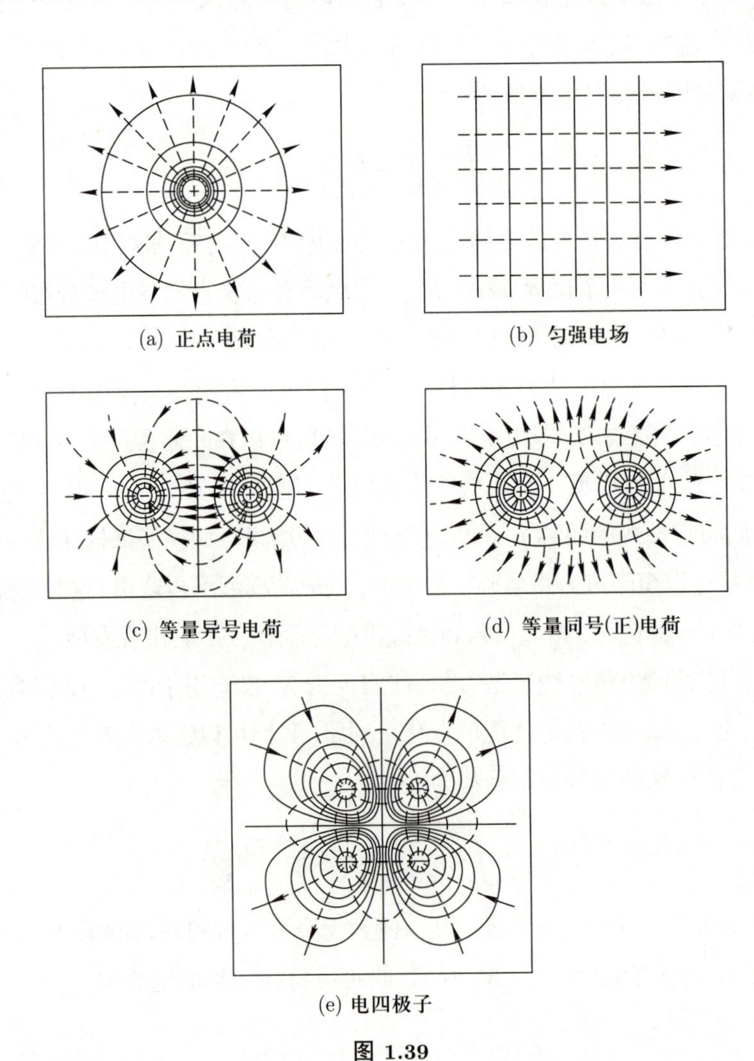

(a) 正点电荷

(b) 匀强电场

(c) 等量异号电荷

(d) 等量同号(正)电荷

(e) 电四极子

图 1.39

线) 的分布情况. 它们之间一般有如下关系:

(1) 电场线沿着对应等势面的法线, 指向电势减小的方向;

(2) 等势面越密集的地方场线也越密集, 相应场强也就越大.

如下我们来证明这两个关系. 首先, 设想沿某一等势面将一试探电荷 q_0 移动线元 $\mathrm{d}\boldsymbol{l}_{//}$ (下标 “//” 表示沿等势面切向), 相应静电力做功为零,

$$q_0\boldsymbol{E}\cdot\mathrm{d}\boldsymbol{l}_{//}=0,$$

即电场与等势面相互垂直, 故有如上关系 (1). 其次, 考虑如图 1.40 所示的两个电势分别为 U 和 $U+\mathrm{d}U$ ($\mathrm{d}U>0$) 的等势面与其间的一条电场线. 由 (1.49) 式,

$$\mathrm{d}U=-\boldsymbol{E}\cdot\mathrm{d}\boldsymbol{l}=E\mathrm{d}l_n,$$

其中 $\mathrm{d}l_n$ 为两等势面之间的法向距离. 由此得场强大小为

$$E=\left|\frac{\partial U}{\partial l_n}\right|=\left|\partial_n U\right|.$$

显然, $\mathrm{d}l_n$ 越小的地方, 等势面分布越密集, 场强也就越大, 这样便证明了如上关系 (2).

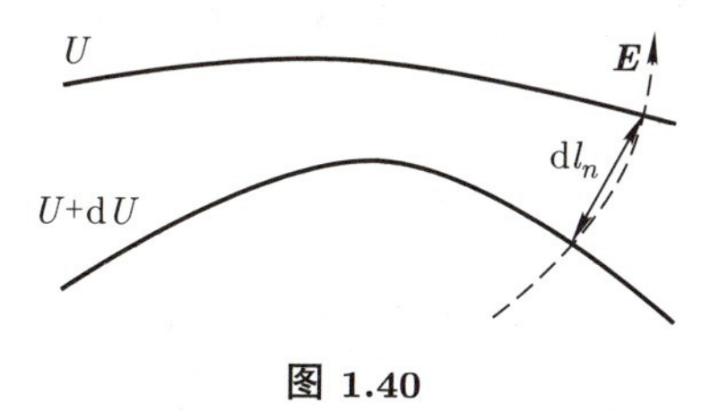

图 1.40

因为电场强度是电势的负梯度, 所以等势面和电场线之间的关系也可以看作标量场与其梯度分布之间的关系. 具体来说, 标量场 U 在某处的梯度的方向为该处附近具有最大增加率的方向 (等势面的法向), 而梯度的大小就是这个最大增加率 (U 的法向偏导数).

1.6 静 电 能

1.6.1 带电系统的外场能

在外电势场中, 试探电荷系统 (不包含源电荷) 的电势能可以被求和, 满足相应的叠加原理, 这部分能量称作 (试探) 电荷系统的外场能. 例如对于试探点电荷系 $\{q_i\}$, 在外电势场 U 中的外场能为

$$W=\sum_i q_iU_i,$$

其中 U_i 为 q_i 所在处的外场电势. 若试探电荷为连续体分布系统, 电荷密度为 $\rho(\boldsymbol{r})$, 则外场能为

$$W = \iiint \rho(\boldsymbol{r})U(\boldsymbol{r})\mathrm{d}V, \tag{1.61}$$

其中外场电势 $U(\boldsymbol{r})$ 中不包含任何试探电荷的贡献. 需要注意的是, 外场能作为电势能的求和依赖于势能零点的约定, 该势能零点自然也是外场电势的零点.

例 1.18 两个均匀带电球壳的外场能 (以无穷远点为电势零点). 如图 1.41 所示, 两个同心均匀带电球壳, 半径分别为 $R_1, R_2(> R_1)$, 电量分别为 Q_1, Q_2, 求两个球壳带电系统各自的外场能.

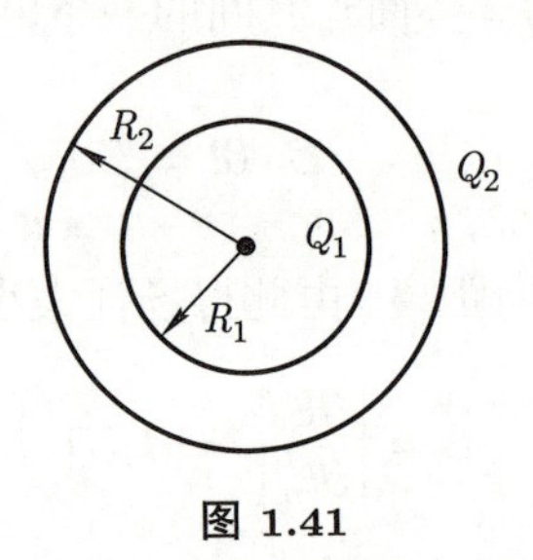

图 1.41

解 以 Q_1 为试探电荷, Q_2 为源电荷. 利用例 1.13 的结果, 可得球壳 1 感受到的外场电势为常量

$$U_2 = \frac{Q_2}{4\pi\varepsilon_0 R_2},$$

故球壳 1 在 Q_2 激发的电势场中的外场能为

$$W_{21} = Q_1U_2 = \frac{Q_1Q_2}{4\pi\varepsilon_0 R_2}.$$

以 Q_2 为试探电荷, Q_1 为源电荷. 利用例 1.13 的结果, 可得球壳 2 感受到的外场电势为常量

$$U_1 = \frac{Q_1}{4\pi\varepsilon_0 R_2},$$

故球壳 2 在 Q_1 激发的电势场中的外场能为

$$W_{12} = Q_2U_1 = \frac{Q_1Q_2}{4\pi\varepsilon_0 R_2} = W_{21}.$$

讨论 可以看出如果约定无穷远点为电势零点, 则这两个带电系统的外场能相等, 具有交互性, 也被称为两个带电系统的相互作用能, 简称为互能, 记为 $W_{\text{互}}$.

两个带电系统外场能的交互性是普遍的, 它本质上来自库仑定律的交互性, 即两个点电荷之间的相互作用正比于两者电量的乘积. 更普遍的结论称为格林 (Green) 互易定理, 它表明如果选取无穷远点为电势零点, 那么两个带电系统的外场能是相等的,

无论把哪一方当作试探电荷. 比如说, 我们记试探电荷体密度为 $\rho_1(\boldsymbol{r})$, 源电荷体密度为 $\rho_2(\boldsymbol{r}')$, 并约定无穷远点为电势零点, 则由 (1.56), (1.61) 式可知外场能

$$W_{21}=\frac{1}{4\pi\varepsilon_0}\iiint\frac{\rho_1(\boldsymbol{r})\rho_2(\boldsymbol{r}')}{|\boldsymbol{r}-\boldsymbol{r}'|}\mathrm{d}^3\boldsymbol{r}\mathrm{d}^3\boldsymbol{r}'=W_{12}\ =W_{\text{互}}.$$

显然, 两重体积分是可以交换顺序的, 故满足格林互易定理.

1.6.2 电荷的外场能及其受力与力矩

对于一个点粒子, 其势能与保守力之间的关系, 完全类似于电势与场强之间的关系, 即保守力为势能函数梯度的负值. 例如, 点电荷 q 在外电势场 U 中 $\boldsymbol{r}$ 处 (对应场强为 $\boldsymbol{E}$) 的外场电势能为

$$W(\boldsymbol{r})=qU(\boldsymbol{r}),$$

所受静电力为

$$\boldsymbol{F}=q\boldsymbol{E}=-\nabla W(\boldsymbol{r}).$$

具体地, 如图 1.42 所示, 两个点电荷构成的系统中, q 位于 $\boldsymbol{r}$ 处, q' 位于 $\boldsymbol{r}'$ 处, 其间相互作用能为

$$W_{\text{互}}=\frac{qq'}{4\pi\varepsilon_0 R},$$

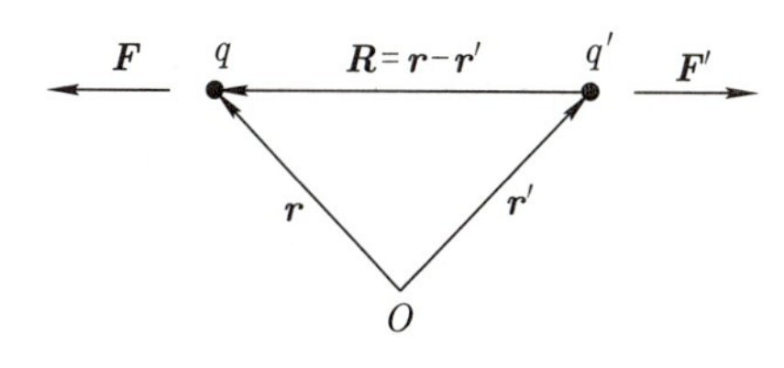

图 1.42

其中 $R=|\boldsymbol{r}-\boldsymbol{r}'|$ 依赖于两个位矢和六个坐标. 固定 $\boldsymbol{r}'$ (及其三个坐标), 我们可以定义微商算符 $\nabla=\widehat{\boldsymbol{x}}\partial_x+\widehat{\boldsymbol{y}}\partial_y+\widehat{\boldsymbol{z}}\partial_z$, 利用本章习题 22 的结果得电荷 q 的受力为

$$\boldsymbol{F}=-\nabla W_{\text{互}}=-\frac{qq'}{4\pi\varepsilon_0}\nabla\frac{1}{R}=\frac{qq'}{4\pi\varepsilon_0}\frac{\boldsymbol{R}}{R^3}.$$

同理, 定义微商算符 $\nabla'=\widehat{\boldsymbol{x}}'\partial_{x'}+\widehat{\boldsymbol{y}}'\partial_{y'}+\widehat{\boldsymbol{z}}'\partial_{z'}$ 并利用本章习题 22 的结果得, 电荷 q' 的受力为

$$\boldsymbol{F}'=-\nabla' W_{\text{互}}=-\frac{qq'}{4\pi\varepsilon_0}\nabla'\frac{1}{R}=\frac{qq'}{4\pi\varepsilon_0}\frac{-\boldsymbol{R}}{R^3}.$$

这样便可复现库仑定律的结果.

理想电偶极子也可以看作点粒子. 将偶极矩 $\boldsymbol{p}=q\boldsymbol{l}$ 的偶极子放在非匀强电场 $\boldsymbol{E}$ (对应的电势场为 U) 中, 如图 1.43 所示, 若实际偶极子的线度 l 远小于电 (势) 场变化

的典型尺度, 则偶极子的外场势能可以展开为

$$W = qU(\boldsymbol{r}_- + \boldsymbol{l}) - qU(\boldsymbol{r}_-) = q\boldsymbol{l} \cdot \nabla U + \cdots .$$

采用理想偶极子模型, 则有

$$W = \boldsymbol{p} \cdot \nabla U = -\boldsymbol{p} \cdot \boldsymbol{E}, \tag{1.62}$$

相应受力为

$$\boldsymbol{F} = -\nabla W = \nabla(\boldsymbol{p} \cdot \boldsymbol{E}(\boldsymbol{r}))\big|_p , \tag{1.63}$$

其中下标 p 强调的是对 $\boldsymbol{p}$ 不求导, 仅对 $\boldsymbol{E}(\boldsymbol{r})$ 求导. 这一点对于理想偶极子是自然的, 对于实际偶极子, 如食盐晶体中一对钠离子和氯离子, 它们的偶极矩是受外场影响的[13], 因此也是位置 $\boldsymbol{r}$ 的函数, 但受力仅依赖当下位形, 与实际移动中偶极矩受外场影响的细节完全无关. 所以对于实际偶极子, 得到 (1.63) 式 (或其近似表达式) 的方式是, 设想偶极子有一个整体的平移 $\delta\boldsymbol{r}$, 而偶极矩 $\boldsymbol{p}$ 不变, 如此静电力做功带来静电势能的减少, 即

$$\boldsymbol{F} \cdot \delta\boldsymbol{r} = -\delta W = \delta(\boldsymbol{p} \cdot \boldsymbol{E}(\boldsymbol{r})), \tag{1.64}$$

故可得 (1.63) 式. 显然 $\delta\boldsymbol{r}$ 与实际位移不同, 称为虚位移, 而类似于 (1.64) 式的表达式称为虚功原理. 利用静电场的无旋性, 在 1.7.3 小节中我们将证明 (1.63) 式等价于

$$\boldsymbol{F} = \nabla(\boldsymbol{p} \cdot \boldsymbol{E}(\boldsymbol{r}))\big|_p = (\boldsymbol{p} \cdot \nabla)\boldsymbol{E}. \tag{1.65}$$

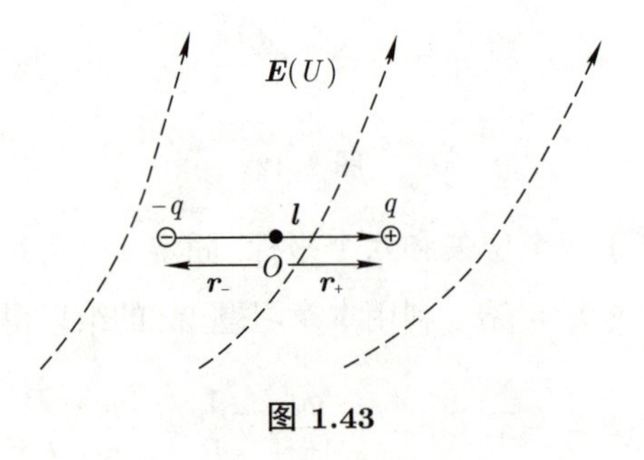

图 1.43

设想在图 1.43 所示的偶极子中点 O 处设置光滑的转动支点, 则偶极矩 $\boldsymbol{p}$ 倾向于转向 $\boldsymbol{E}$ 的方向, 以保证 (1.62) 式中的势能取值极小. 这当然是电场力施加于偶极子的力矩效果. 为了求解对 O 点该力矩的形式, 设想偶极子绕 O 有角位移为 $\delta\boldsymbol{\theta}$ 的虚拟转动, 相应矢量 $\boldsymbol{r}_\pm$, $\boldsymbol{l}$ 和 $\boldsymbol{p}$ 的变化量为

$$\delta\boldsymbol{r}_\pm = \delta\boldsymbol{\theta} \times \boldsymbol{r}_\pm, \quad \delta\boldsymbol{l} = \delta\boldsymbol{\theta} \times \boldsymbol{l}, \quad \delta\boldsymbol{p} = \delta\boldsymbol{\theta} \times \boldsymbol{p},$$

[13] 参见 2.4 节 “电介质的极化”.

电场力的虚功为

$$\begin{aligned}\boldsymbol{F}_{+}\cdot\delta\boldsymbol{r}_{+}+\boldsymbol{F}_{-}\cdot\delta\boldsymbol{r}_{-}&=\boldsymbol{F}_{+}\cdot(\delta\boldsymbol{\theta}\times\boldsymbol{r}_{+})+\boldsymbol{F}_{-}\cdot(\delta\boldsymbol{\theta}\times\boldsymbol{r}_{-})\\&=(\boldsymbol{r}_{+}\times\boldsymbol{F}_{+})\cdot\delta\boldsymbol{\theta}+(\boldsymbol{r}_{-}\times\boldsymbol{F}_{-})\cdot\delta\boldsymbol{\theta}=\boldsymbol{\tau}\cdot\delta\boldsymbol{\theta},\end{aligned}$$

其中 $\boldsymbol{F}_{\pm}$ 分别是正负点电荷的受力, $\boldsymbol{\tau}=\boldsymbol{r}_{+}\times\boldsymbol{F}_{+}+\boldsymbol{r}_{-}\times\boldsymbol{F}_{-}$ 为电场力对 O 点的力矩. 另一方面,

$$\delta(\boldsymbol{p}\cdot\boldsymbol{E})=\delta\boldsymbol{p}\cdot\boldsymbol{E}+\boldsymbol{p}\cdot\delta\boldsymbol{E}=\delta\boldsymbol{p}\cdot\boldsymbol{E}=(\delta\boldsymbol{\theta}\times\boldsymbol{p})\cdot\boldsymbol{E}=(\boldsymbol{p}\times\boldsymbol{E})\cdot\delta\boldsymbol{\theta},$$

其中利用了偶极子附近的场强变化可略, 即 $|\boldsymbol{p}\cdot\delta\boldsymbol{E}|\ll|\delta\boldsymbol{p}\cdot\boldsymbol{E}|$. 将如上结果代入 (1.64) 式, 得

$$\boldsymbol{\tau}\cdot\delta\boldsymbol{\theta}=(\boldsymbol{p}\times\boldsymbol{E})\cdot\delta\boldsymbol{\theta}.$$

利用 $\delta\boldsymbol{\theta}$ 的独立性和任意性, 便可得偶极子在外场中的力矩公式

$$\boldsymbol{\tau}=\boldsymbol{p}\times\boldsymbol{E}.\tag{1.66}$$

需要注意的是, 因为非匀强外场中偶极子受力不为零, 因此力矩是依赖于参考点的, (1.66) 式仅对偶极子自身参考点是成立的. 从 (1.66) 式的形式可以判断, $\boldsymbol{p}/\!/\boldsymbol{E}$ 的位形是转动的稳定平衡位置.

1.6.3 带电系统静电能

构造一个带电系统需要克服静电力做功, 从而把相互远离的电荷 (微元) 聚合在一起, 形成带电系统的位形 (目标位形). 这个过程显然伴随着带电系统和外界的能量交换, 即给定带电系统位形便具有一定的能量. 因为静电力是保守力, 所以这种能量也具有势能的属性, 依赖于能量零位形的约定. 通常我们约定所有电荷微元相距无穷远为能量的零位形. 如此, 将能量零位形的电荷微元彼此靠近而聚合成带电系统的目标位形, 外界通过克服静电力做功而输入系统的能量被定义为带电系统的静电能 W_{e}. 显然, 系统的静电能和系统的外场能含义不尽相同, 静电能中并没有单纯地将带电系统 (或其中的一部分) 当作试探电荷. 某种意义上静电能来源于带电系统自身的相互作用, 在这个意义上, 我们可以称静电能为带电系统的自能 $W_{\text{自}}$.

讨论点电荷系统的静电能首先遇到的问题是: 将本来分离无穷远的电荷微元聚合形成有限电量的点电荷, 外界是否需要克服静电力做功? 或者一个有限电量的点电荷是否具有自能? 后面我们会看到, 点电荷的自能不但存在而且是无穷大. 对于点电荷系统 $\{q_i\}$, 我们认为各个点电荷的电量不会改变, 所以它们携带的点电荷自能在系统位

形变化时不会发生变化, 这时可以和外界交换的那部分能量为点电荷系统的相互作用能, 即点电荷系统的互能. 自然, 互能的零位形为点电荷之间彼此相距无穷远的位形, 所以互能可以通过从零位形到目标位形过程中外界克服静电力所做的功来定义.

对于图 1.44 的两电荷系统, 如上定义的互能与 1.6.1 小节所定义的两带电系统的互能是一致的. 设想将 q_1 固定, 而将 q_2 从无穷远处移至图中目标位形处, 克服电场力的做功完全依赖于 q_1 所激发电势场的差值, 选取无穷远点为电势零点, 则互能为

$$W_{\text{互}} = q_2U_{12} = \frac{q_1q_2}{4\pi\varepsilon_0 r_{12}} = q_1U_{21} = \frac{1}{2}(q_2U_{12} + q_1U_{21}).$$

这里最后一个连等式的含义是: 互能相当于 1, 2 各自的外场能的平均.

接下来我们考虑三个点电荷的系统. 如图 1.45 所示, 将点电荷 q_3 从无穷远移至 q_1 和 q_2 的电场中, 需要克服的静电力做功为 (选无穷远点为电势零点)

$$A_3 = q_3U_{13} + q_3U_{23}.$$

它其实对应于 1, 3 间互能和 2, 3 间互能的求和, 故图中目标位形三点电荷系统的互能

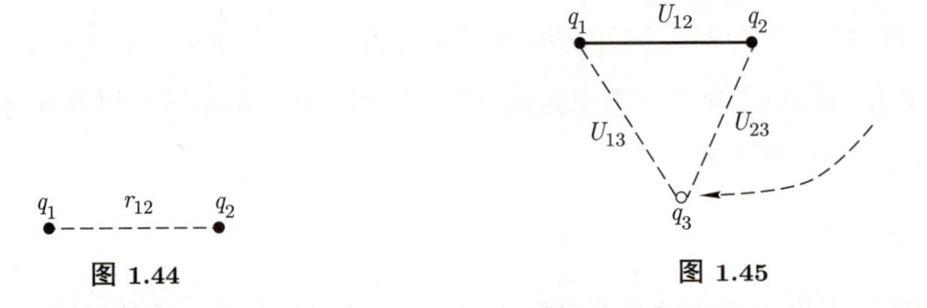

图 1.44　　图 1.45

为三对点电荷互能的求和, 即

$$W_{\text{互}} = q_2U_{12} + q_3U_{13} + q_3U_{23},$$

也可以写作目标位形各个点电荷外场能求和的一半, 即

$$W_{\text{互}} = \frac{1}{2}(q_1U_1 + q_2U_2 + q_3U_3),$$

其中

$$U_1 = U_{21} + U_{31}, \quad U_2 = U_{12} + U_{32}, \quad U_3 = U_{13} + U_{23}$$

分别为 q_1, q_2 和 q_3 各自感受的外电势场. 推广到 n 个点电荷的系统, 则有 (选无穷远点为电势零点)

$$W_{\text{互}} = \frac{1}{2}\sum_{i=1}^{n} q_iU_i, \tag{1.67}$$

其中

$$U_i = \sum_{j=1(j\neq i)}^{n} U_{ij} = \sum_{j=1(j\neq i)}^{n} \frac{q_j}{4\pi\varepsilon_0 r_{ij}}.$$

相应地 (1.67) 式也可以写作

$$W_{互} = \frac{1}{2}\sum_{\substack{i,j=1\\ i\neq j}}^{n} \frac{q_i q_j}{4\pi\varepsilon_0 r_{ij}},$$

其中 r_{ij} 为 q_i 和 q_j 之间的距离. 如上求和也等价于对每一对点电荷的互能求和, 故可写作

$$W_{互} = \sum_{\substack{i,j=1\\ i<j}}^{n} q_i U_{ij} = \sum_{\substack{i,j=1\\ i<j}}^{n} \frac{q_i q_j}{4\pi\varepsilon_0 r_{ij}}. \tag{1.68}$$

将点电荷系统互能公式 (1.67) 推广到连续体分布电荷系统 $\rho = \rho(\boldsymbol{r})$, 则静电能可写作

$$W_{\mathrm{e}} = \frac{1}{2}\iiint \rho U \mathrm{d}V. \tag{1.69}$$

但是, 按照我们推导点电荷系统互能的逻辑, 积分 (1.69) 式中应扣除电荷微元的自能贡献, 即 (1.69) 式的电势分布中应扣除电荷微元自身激发的部分. 实际上这部分电荷微元的自能贡献在 (1.69) 式中为零.

为了论证上述结论, 我们取电荷微元 $\mathrm{d}q = \rho\mathrm{d}V$, 并分解该处电势场为 $U = U_{他} + U_{自}$, 其中 $U_{他}$ 是电荷微元感受到的外场, 而 $U_{自}$ 是其自身激发的电势场. 作为尺度依赖的阶次估计, 电荷微元的尺度为 $\mathrm{d}r \sim \sqrt[3]{\mathrm{d}V}$, 故 $U_{自}$ 对尺度的依赖关系为

$$U_{自} \sim \frac{\mathrm{d}q}{\mathrm{d}r} \sim \mathrm{d}V^{2/3}.$$

这说明该电荷微元贡献的自能 $\mathrm{d}qU_{自}$ 相对于互能 $\mathrm{d}qU_{他}$ 而言是高阶小量. 因此, 在 (1.69) 式中积分的 "分割、求和再取极限" 操作下, 电荷微元的自能求和为零, 相应地, (1.69) 式也不需要扣除自能. 同样的道理, (1.69) 式给出的就是电荷微元由能量零位形过渡到目标位形过程中, 外部因克服静电力做功所输入的能量, 即为体分布带电系统的静电能.

类似于体分布带电系统, 对于电荷面分布的系统 $\sigma = \sigma(\boldsymbol{r})$, 同样可以论证其电荷微元的自能贡献为零, 故其静电能可以由点电荷系的互能公式推广而得到, 即

$$W_{\mathrm{e}} = \frac{1}{2}\iint \sigma U \mathrm{d}S. \tag{1.70}$$

需要强调的是, 无论是 (1.69) 式还是 (1.70) 式, 电势零点均取在无穷远点.

例 1.19 求半径为 R、电量为 Q 的均匀带电球壳的静电能.

解 选取无穷远点为电势零点, 利用例 1.13 的结论, 球壳上的电势为

$$U_R=\frac{Q}{4\pi\varepsilon_0 R},$$

故均匀带电球壳的静电能为

$$W_\mathrm{e}=\frac{1}{2}\iint\sigma U_R\mathrm{d}S=\frac{1}{2}QU_R=\frac{Q^2}{8\pi\varepsilon_0 R}.\tag{1.71}$$

例 1.20 求半径为 R、电量为 Q 的均匀带电球的静电能.

解 选取无穷远点为电势零点, 利用例 1.14 的结论, 球内的电势为

$$U_R=\frac{Q}{8\pi\varepsilon_0 R^3}(3R^2-r^2),\quad r<R.$$

代入 (1.69) 式, 得

$$\begin{aligned}W_\mathrm{e}&=\int_0^R\frac{3Q}{8\pi R^3}\cdot\frac{Q}{8\pi\varepsilon_0 R^3}(3R^2-r^2)\cdot 4\pi r^2\mathrm{d}r=\frac{3Q^2}{16\pi\varepsilon_0 R}\int_0^1(3x^2-x^4)\mathrm{d}x\\&=\frac{3Q^2}{20\pi\varepsilon_0 R}.\end{aligned}\tag{1.72}$$

从如上两个例题的结果可以看出, 两种特殊的球形电荷分布的静电能对半径的依赖均为 R^{-1}. 如果令 $R\to 0$, 则得到电量为 Q 的点电荷模型, 而根据 (1.71) 式或 (1.72) 式, 该点电荷的静电能为无穷大, 即点电荷的自能发散. 这说明点电荷模型适用的范围有一定界限, 即仅适合做外场的源, 不适合用来计算自身的静电能[19].

线电荷的自能也是发散的. 如果我们类似于 (1.69) 式构造线电荷静电能积分

$$\frac{1}{2}\int\lambda U\mathrm{d}l,$$

其中 U 是带电线上的电势 (零点在无穷远点), 则根据 1.5.2 小节对线电荷电势的讨论, 线上电势 U 本身是对数发散的, 因此线电荷的自能是发散的, 并不存在如上的线电荷静电能积分公式.

如图 1.46 所示, 将电荷分布的区域 V 形式上划分为两个区域, 即 $V=V_1+V_2$, 其中 $V_{1,2}$ 中的电荷分布分别为 $\rho_{1,2}$, 即总的电荷分布 $\rho=\rho_1+\rho_2$. 选无穷远点为电势零点, 将 V_1 区域的电势看作 ρ_1 激发的 U_{11} 和 ρ_2 激发的 U_{21} 的叠加, V_2 区域的电势看作 ρ_1 激发的 U_{12} 和 ρ_2 激发的 U_{22} 的叠加, 则整个带电系统的静电能 (自能)

$$\begin{aligned}W_\mathrm{e}&=\frac{1}{2}\iiint\rho U\mathrm{d}V\\&=\frac{1}{2}\iiint\rho_1 U_{11}\mathrm{d}V+\frac{1}{2}\iiint\rho_1 U_{21}\mathrm{d}V+\frac{1}{2}\iiint\rho_2 U_{12}\mathrm{d}V+\frac{1}{2}\iiint\rho_2 U_{22}\mathrm{d}V\\&=W_{\mathrm{e}1}+W_{\mathrm{e}2}+W_{\text{互}},\end{aligned}$$

[19] 对于宏观带电系统, 点电荷自能发散仅是一个模型适用边界的问题. 但对于电子, 作为带电的基本粒子, 它的自能发散在量子电动力学中是真实存在的, 这部分发散可以通过适当的方式剪除掉, 从而使得量子电动力学的理论预言具有足够高的精度.

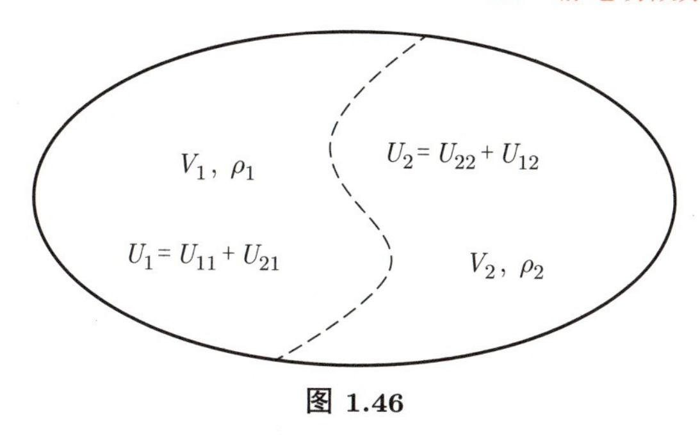

图 1.46

其中 $W_{e1,2}$ 分别为 $\rho_{1,2}$ 分布单独存在时系统的静电能, 自然可以分别称为 1, 2 系统各自的自能, 而利用格林互易定理的结论,

$$W_{互} = \frac{1}{2}\iiint \rho_1 U_{21}\mathrm{d}V + \frac{1}{2}\iiint \rho_2 U_{12}\mathrm{d}V = \iiint \rho_1 U_{21}\mathrm{d}V = \iiint \rho_2 U_{12}\mathrm{d}V$$

为 1, 2 之间的互能, 也可以看作 1 在 2 (或 2 在 1) 外场中的外场能. 这告诉我们如果形式上将一个带电系统看作两部分电荷分布的叠加, 则系统的自能等于两部分各自的自能和它们之间的互能的叠加. 从中也可以看出静电能积分式 (1.69) 中的 "1/2" 因子与外场能积分式 (1.61) 是一致的.

1.7 静电场微分方程和能量密度

1.7.1 静电场的基本微分方程

根据矢量分析中的高斯公式[20], 任意矢量场 $\boldsymbol{A}$ 的闭合曲面通量可以化作其散度 $\nabla\cdot\boldsymbol{A}$ 的体积分, 即

$$\oiint_S \boldsymbol{A}\cdot\mathrm{d}\boldsymbol{S} = \iiint_V \nabla\cdot\boldsymbol{A}\mathrm{d}V,$$

其中 V 为闭合曲面 S 所包围的区域. 将高斯公式应用于静电场, 进一步利用静电场高斯定理 (1.36), 得

$$\oiint_S \boldsymbol{E}(\boldsymbol{r})\cdot\mathrm{d}\boldsymbol{S} = \iiint_V \nabla\cdot\boldsymbol{E}\mathrm{d}V = \iiint_V \frac{\rho}{\varepsilon_0}\mathrm{d}V.$$

如上等式对于任意区域 V 均成立, 则有

$$\nabla\cdot\boldsymbol{E} = \frac{\rho}{\varepsilon_0}, \tag{1.73}$$

即静电场的散度正比于对应场点的电荷体密度. (1.73) 式也称为静电场高斯定理的微分形式.

[20] 参见附录 A.

根据矢量分析中的斯托克斯 (Stokes) 公式[21], 任意矢量场 $\boldsymbol{A}$ 的环量可以化作其旋度 $\nabla\times\boldsymbol{A}$ 的面积分, 即

$$\oint_L \boldsymbol{A}\cdot \mathrm{d}\boldsymbol{l} = \iint_S \nabla\times\boldsymbol{A}\cdot \mathrm{d}\boldsymbol{S},$$

其中 S 是以闭合有向曲线 L 为边界的任意曲面, 其面元的法向与环路 L 的绕向之间满足右手螺旋法则. 根据静电场环路定理 (1.45) 式, 进一步应用斯托克斯公式得

$$\oint_L \boldsymbol{E}\cdot \mathrm{d}\boldsymbol{l} = \iint_S \nabla\times\boldsymbol{E}\cdot \mathrm{d}\boldsymbol{S} = 0, \quad \forall L,$$

于是有

$$\nabla\times\boldsymbol{E} = 0. \tag{1.74}$$

上式也称为静电场环路定理的微分形式. 由 (1.74) 式可知, 静电场的旋度处处为零, 这是静电场被称为无旋场的一个来源.

(1.73) 和 (1.74) 式构成描述静电场的完备微分方程组, 称为静电场的基本微分方程组, 也是麦克斯韦方程组在所有场源电荷均静止时的特殊形式. 为了看清如上方程组的完备性, 我们可以利用环路定理 (1.74) 引入电势 U, 从而将场强表示为 $\boldsymbol{E} = -\nabla U$, 代入 (1.73) 式便得

$$\nabla^2 U = -\frac{\rho}{\varepsilon_0}, \tag{1.75}$$

其中 $\nabla^2 = \nabla\cdot\nabla = \partial_x^2 + \partial_y^2 + \partial_z^2$ 为拉普拉斯算符 (Laplacian). 方程 (1.75) 在数学上被称为电势 U 满足的泊松方程. 因为等价于 (1.73) 和 (1.74) 式的综合, 所以 (1.75) 式也称为静电场的基本微分方程. 数学上, (1.75) 式是标量场 $U(\boldsymbol{r})$ 满足的二阶线性偏微分方程, 可以证明在一定的边界条件下, 它是有唯一解的, 对应于电场有唯一解[22]. 在这个意义上, 我们称方程 (1.75) 是完备的, 因此静电场麦克斯韦方程 (1.73) 和 (1.74) 也是完备的.

1.7.2 无电荷区域静电势的一些性质

无电荷区域静电势满足所谓的拉普拉斯方程

$$\nabla^2 U = 0,$$

而拉普拉斯方程的解 $U = U(\boldsymbol{r})$ 通常被称为三维空间的调和函数. 同样可以定义二维和一维空间的调和函数. 比如说一维拉普拉斯方程

$$U''(x) = 0$$

---

[21]参见附录 A.

[22]参见 2.2 节 “静电场唯一性定理”.

的通解为

$$U = Ax + B, \tag{1.76}$$

其中 A、B 为常数, 故一维的线性函数便是一维调和函数.

调和函数 (看作电势) 具有重要性质: 无电荷区域中的电势没有局域的极大或极小值, 其极值仅可能出现在边界上.

对于 (1.76) 式所示的一维调和函数, 考虑区域 $x \in (x_1, x_2)$, 因为斜率恒定, 故区域内无局域的极值点, 极值仅可能出现在区域的边界上. 对于三维情形, 我们可以依照图 1.47 的方式来论证调和函数的如上性质. 图中无电荷区域 V 的边界为 S, 设想区域内有电场, 则场线不会在该区域内中断, 所以电势从边界上一点开始单调变化, 直至边界上另一点为止, 而不会在区域内取极值, 极值仅可能出现在边界上. 若区域内无电场, 则整个区域为等势体, 也没有局域的极值点. 所以该性质有两个明显的推论:

(1) 不能单纯靠静电力在无电荷区域构造稳定平衡位置, 这也被称为恩绍 (Earnshaw) 定理.

(2) 若无电荷区域的边界面为等势面, 则区域为与边界电势相同的等势体.

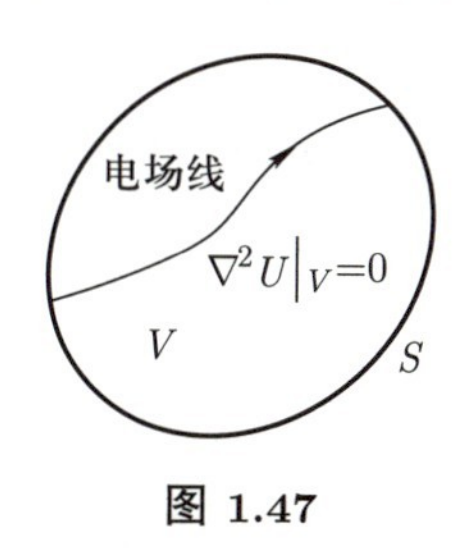

图 1.47

1.7.3 静电场能量密度

对于有限空间范围内分布的电荷系统 $\rho = \rho(\boldsymbol{r})$, 选取无穷远点为电势零点, 则该系统的静电能由 (1.69) 式给出, 即

$$W_{\mathrm{e}} = \frac{1}{2}\iiint \rho U \mathrm{d}V.$$

这个积分表达式似乎说明系统的静电能储藏在电荷分布中, 因为 $\rho = 0$ 的区域对于上式积分没有贡献. 其实这只是电场能量在场源电荷静止时的特殊表现形式, 一般情况下电场能量可以认为是储藏在电场分布的位形中的, 即可以一般性地引入仅依赖于场强的场能密度, 用其体积分来表示场能, 而这种场能在源电荷均静止不动时表现为 (1.69) 式给出的系统的静电能. 为了看清这一点, 对于静电场情形, 利用高斯定理微分形式 (1.73) 可知 $\rho = \varepsilon_0 \nabla \cdot \boldsymbol{E}$, 进一步代入 (1.69) 式得

$$W_{\mathrm{e}} = \frac{\varepsilon_0}{2}\iiint (\nabla \cdot \boldsymbol{E}) U \mathrm{d}V.$$

利用微商恒等式[23]

$$(\nabla \cdot \boldsymbol{E})U = \nabla \cdot (U\boldsymbol{E}) - \boldsymbol{E} \cdot \nabla U,$$

可得

$$W_{\mathrm{e}} = \frac{\varepsilon_0}{2} \iiint \nabla \cdot (U\boldsymbol{E}) \mathrm{d}V - \frac{\varepsilon_0}{2} \iiint \boldsymbol{E} \cdot \nabla U \mathrm{d}V.$$

再利用 $\boldsymbol{E} = -\nabla U$ 及高斯公式, 可得

$$W_e = \frac{\varepsilon_0}{2} \oiint_{S_\infty} U\boldsymbol{E} \cdot \mathrm{d}\boldsymbol{S} + \iiint \frac{1}{2}\varepsilon_0 \boldsymbol{E}^2 \mathrm{d}V,$$

其中 S_∞ 是半径 $r_\infty \to \infty$ 的无穷远处球面. 在无穷远处, 带电系统最低阶近似可以等价于一个点电荷, 故电势和场强在无穷远处的尺度依赖行为是

$$U_\infty \sim \frac{1}{r_\infty}, \quad E_\infty \sim \frac{1}{r_\infty^2}.$$

根据积分的中值定理,

$$\oiint_{S_\infty} U\boldsymbol{E} \cdot \mathrm{d}\boldsymbol{S} \sim U_\infty E_\infty r_\infty^2 \sim \frac{1}{r_\infty} \to 0,$$

于是有

$$W_{\mathrm{e}} = \iiint \frac{1}{2}\varepsilon_0 \boldsymbol{E}^2 \mathrm{d}V, \tag{1.77}$$

其中

$$w_{\mathrm{e}} = \frac{1}{2}\varepsilon_0 \boldsymbol{E}^2 \tag{1.78}$$

自然可以称为静电场的场能密度. 这样我们便证明了带电系统的静电能即是静电场能 (1.77) 式.

(1.77) 式是比 (1.69) 式更为普遍的能量 (密度) 形式. 如果源电荷运动, 那么一般来说它激发的电场是含时的, 相应地, 也会伴随着磁场出现, 这时如果补上适当的磁场能量密度, (1.78) 式作为变化电场的能量密度仍然成立, 而此时形如 (1.69) 式的积分便没有电场能量的含义了. 一个极端的例子是真空电磁波场. 电磁波 (如光波) 可以传输能量, 自然其自身也携带能量, 但真空中不存在任何源电荷, 故电磁波所携带的能量必然是储藏在电磁场中的.

例 1.21　利用 (1.77) 式, 计算半径为 R、电量为 Q 的均匀带电球壳的静电能, 并与例 1.19 的结果加以对照.

解　球壳内场强为零, 球壳外场强为

$$\boldsymbol{E}(\boldsymbol{r}) = \frac{Q}{4\pi\varepsilon_0 r^2}\widehat{\boldsymbol{r}},$$

[23] 参见附录 A 中的 (A.17) 式.

因此场能密度为

$$w_{\mathrm{e}} = \frac{Q^2}{32\pi^2\varepsilon_0 r^4}, \quad r > R,$$

静电 (场) 能为

$$W_{\mathrm{e}} = \iiint w_{\mathrm{e}}\mathrm{d}V = \int_R^{\infty} \frac{Q^2}{32\pi^2\varepsilon_0 r^4} 4\pi r^2 \mathrm{d}r = \frac{Q^2}{8\pi\varepsilon_0 R},$$

与例 1.19 的结果相同.

例 1.22 格林互易定理的另一种证明方式. 选取无穷远点为电势零点, 若电荷分布 ρ_1 单独激发的电势分布为 U_1, 电荷分布 ρ_2 单独激发的电势分布为 U_2, 求证:

$$\iiint \rho_1 U_2 \mathrm{d}V = \iiint \rho_2 U_1 \mathrm{d}V.$$

证明 ρ_1 和 ρ_2 激发的电场分别为

$$\boldsymbol{E}_1 = -\nabla U_1, \quad \boldsymbol{E}_2 = -\nabla U_2.$$

利用 $\rho_1 = \varepsilon_0 \nabla \cdot \boldsymbol{E}_1$ 得

$$\begin{aligned}\iiint \rho_1 U_2 \mathrm{d}V &= \varepsilon_0 \iiint (\nabla \cdot \boldsymbol{E}_1) U_2 \mathrm{d}V = \varepsilon_0 \iiint \nabla \cdot (U_2 \boldsymbol{E}_1) \mathrm{d}V - \varepsilon_0 \iiint \boldsymbol{E}_1 \cdot \nabla U_2 \mathrm{d}V \\ &= \varepsilon_0 \oint\!\!\!\oint_{S_\infty} U_2 \boldsymbol{E}_1 \cdot \mathrm{d}\boldsymbol{S} + \varepsilon_0 \iiint \boldsymbol{E}_1 \cdot \boldsymbol{E}_2 \mathrm{d}V = \varepsilon_0 \iiint \boldsymbol{E}_1 \cdot \boldsymbol{E}_2 \mathrm{d}V.\end{aligned}$$

同理, 利用 $\rho_2 = \varepsilon_0 \nabla \cdot \boldsymbol{E}_2$ 可得

$$\iiint \rho_2 U_1 \mathrm{d}V = \varepsilon_0 \iiint \boldsymbol{E}_1 \cdot \boldsymbol{E}_2 \mathrm{d}V,$$

因此

$$\iiint \rho_1 U_2 \mathrm{d}V = \iiint \rho_2 U_1 \mathrm{d}V.$$

例 1.23 试证明偶极子受力公式 (1.65).

证明 不失一般性, 我们取 $\boldsymbol{p} = p\widehat{\boldsymbol{z}}$, 则

$$\begin{aligned}\nabla(\boldsymbol{p} \cdot \boldsymbol{E}(\boldsymbol{r}))|_p - (\boldsymbol{p} \cdot \nabla)\boldsymbol{E} &= p(\partial_x E_z \widehat{\boldsymbol{x}} + \partial_y E_z \widehat{\boldsymbol{y}} + \partial_z E_z \widehat{\boldsymbol{z}}) - p(\partial_z E_x \widehat{\boldsymbol{x}} + \partial_z E_y \widehat{\boldsymbol{y}} + \partial_z E_z \widehat{\boldsymbol{z}}) \\ &= p[(\partial_x E_z - \partial_z E_x)\widehat{\boldsymbol{x}} + (\partial_y E_z - \partial_z E_x)\widehat{\boldsymbol{y}}].\end{aligned}$$

因为静电场无旋, 即 $\nabla \times \boldsymbol{E} = 0$, 故有

$$\partial_x E_z - \partial_z E_x = \partial_y E_z - \partial_z E_x = 0,$$

因此

$$\nabla(\boldsymbol{p} \cdot \boldsymbol{E}(\boldsymbol{r}))|_p = (\boldsymbol{p} \cdot \nabla)\boldsymbol{E}.$$

1.8 静电场的边值关系

在例 1.4 中我们看到, 跨越均匀带电球壳 (带电面) 时电场强度分布出现了不连续的情况, 这一点容易理解, 因为根据高斯定理的微分式 (1.73), 场强的散度正比于电荷体密度 ρ, 而在带电面上 $\rho \to \infty$, 故场强的导数发散, 导致场强分布的不连续性. 而例 1.4 中场强在球壳内外的跃变量是有限的, 故场强的路径积分 (电势) 在跨越球壳时是连续分布的 (参见例 1.13).

在带电面两侧, 静电场强分量的连续及跃变的定量关系被称为静电场的边值关系. 利用静电场高斯定理和环路定理的积分形式可以确定这些边值关系.

如图 1.48 所示, 带电界面电荷面密度记为 σ, 它将空间分为 1 (下) 和 2 (上) 两个部分, 各自靠近分界面的场强分别记为 $\boldsymbol{E}_1$ 和 $\boldsymbol{E}_2$, 取界面法矢量 $\boldsymbol{n}$ 指向上方. 如图 1.48(a) 所示, 跨越界面取所谓的 "高斯扁盒", 即其形状扁平, 厚度可略, 其底面面积 ΔS 远大于侧面面积 $\Delta S'$. 对该高斯扁盒应用高斯定理, 有

$$\frac{\sigma \Delta S}{\varepsilon_0} = \oiint \boldsymbol{E} \cdot \mathrm{d}\boldsymbol{S} = \iint_{\text{上下底}} \boldsymbol{E} \cdot \mathrm{d}\boldsymbol{S} = (E_{2n} - E_{1n}) \Delta S',$$

故跨越带电面电场的法向分量不连续, 其跃变量为

$$E_{2n} - E_{1n} = \frac{\sigma}{\varepsilon_0}. \tag{1.79}$$

如图 1.48(b) 所示, 跨越界面取所谓的 "矩形扁环", 其形状扁平, 高度可略, 即图中 $\Delta l \gg \Delta l'$, 其上方长边矢量记为 $\Delta \boldsymbol{l} = \Delta l \boldsymbol{\tau}$, 其中 $\boldsymbol{\tau}$ 为界面的某个切矢量. 对该矩形扁环应用环路定理, 则

$$0 = \oint \boldsymbol{E} \cdot \mathrm{d}\boldsymbol{S} = (\boldsymbol{E}_2 - \boldsymbol{E}_1) \cdot \Delta \boldsymbol{l}.$$

由此可知跨越界面时电场的切向分量是连续的, 即

$$\boldsymbol{E}_{1\tau} = \boldsymbol{E}_{2\tau}. \tag{1.80}$$

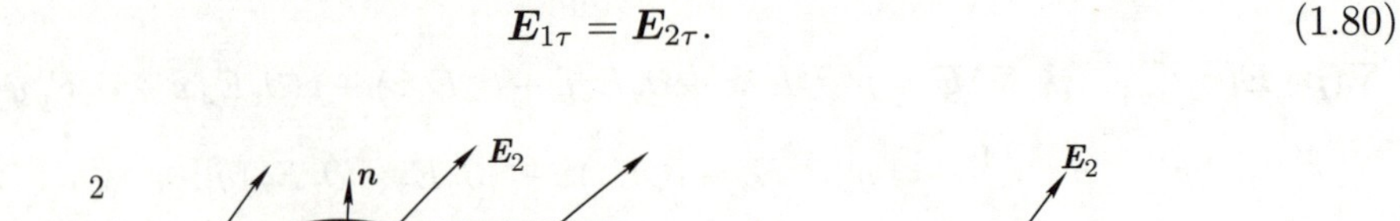
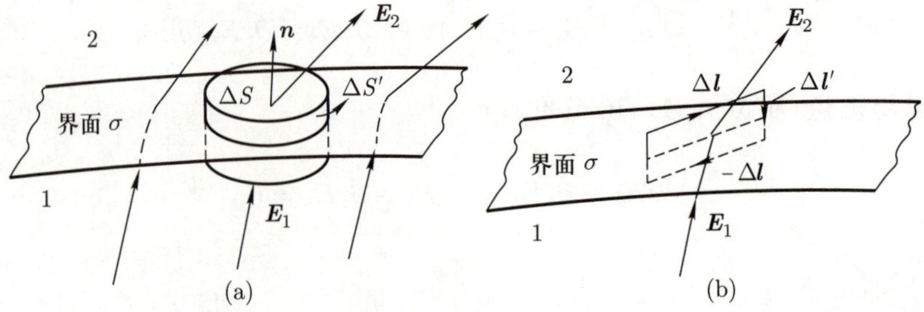

图 1.48

另一方面, 跨越带电面时场强的法向跃变量有限, 故电势在带电面两侧是连续的.

综合 (1.79) 和 (1.80) 式, 跨越带电面的场强跃变量为

$$\boldsymbol{E}_2-\boldsymbol{E}_1=\frac{\sigma}{\varepsilon_0}\boldsymbol{n}. \tag{1.81}$$

从电荷激发场强的叠加原理来看, 这个跃变量完全是由界面上该处面元 $\mathrm{d}S$ 上的电荷元 $\mathrm{d}q=\sigma\mathrm{d}S$ 带来的. 如图 1.49 所示, 我们把空间电荷分布拆分成 $\mathrm{d}q$ 和其余的部分, 空间其余的电荷部分贡献的场强在跨越带电面时是连续的, 其在界面上贡献的场强即是面上场强[24] $\boldsymbol{E}_S$, 如图 1.49(a) 所示. 而图 1.49(b) 中面电荷微元单独贡献的界面两侧场强分别为

$$\boldsymbol{E}_1'=-\frac{\sigma}{2\varepsilon_0}\boldsymbol{n},\quad \boldsymbol{E}_2'=\frac{\sigma}{2\varepsilon_0}\boldsymbol{n},$$

故由叠加原理得

$$\boldsymbol{E}_1=\boldsymbol{E}_S-\frac{\sigma}{2\varepsilon_0}\boldsymbol{n},\quad \boldsymbol{E}_2=\boldsymbol{E}_S+\frac{\sigma}{2\varepsilon_0}\boldsymbol{n}.$$

由此便可复现 (1.81) 式, 又可得到

$$\boldsymbol{E}_S=\frac{\boldsymbol{E}_1+\boldsymbol{E}_2}{2}, \tag{1.82}$$

即面上场强为界面两侧场强的平均值, 因此 (1.82) 式可以称为关于面上场强的平均值定理.

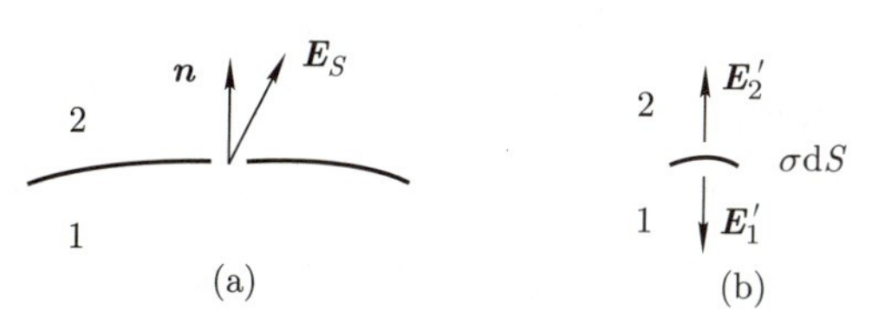

图 1.49

习　　题

1. 试比较两个质子之间的静电斥力和万有引力的大小, 并由此说明为什么万有引力是非常 "弱" 的力. 已知: 质子质量 $m_{\mathrm{p}}=1.67\times10^{-27}$ kg, 万有引力常量 $G=6.67\times10^{-11}\ \mathrm{m^3/(kg\cdot s^2)}$.
2. 如图 1.50 所示, 重力场中同一点上用长度同为 l 的轻细线分别悬挂两个电量相同的小球, 两小球质量同为 m. 平衡时两线夹角为 2θ. 求每个小球上的电量.

---

[24] 这里的面上场强与例 1.4 所定义的面上场强含义是一致的, 它便是面电荷微元 $\mathrm{d}q$ 所感受到的场强.

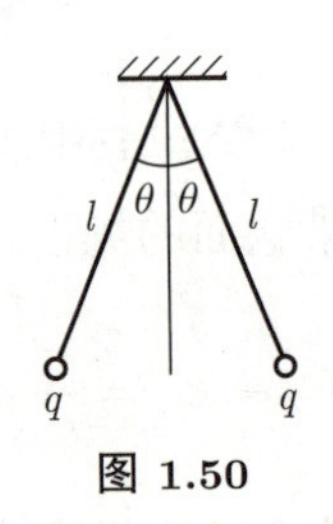

图 1.50

3. 两个相距 l 的点电荷, 电量分别为 $2q$ 和 q. 将另一个点电荷放在何处时, 它受到的合力为零?

4. 按照氢原子的玻尔理论, 基态电子绕着原子核 (质子) 以 5.29×10^{-11} m 为半径做匀速圆周运动, 求原子核在基态电子轨道上所激发的电场强度.

5. 对于相距为 $2a$ 的等量异号点电荷系统, 其连线中垂面上有与两点电荷连线相距 r_0 的 P 点, 利用场线微分方程 (1.13) 求解过 P 点的电场线方程. (提示: 因为有轴对称, 所以可以设 P 点与两点电荷构成的平面为 x-y 平面, 这样求解场线方程就变成一个二维问题)

6. 均匀带电圆盘轴线场强. 均匀带电圆盘半径为 R、电量为 Q, 以其盘心 O 为原点在其轴线上设置 x 坐标轴.

   (1) 求轴线上场强分布 $\boldsymbol{E}(x)$.

   (2) 对于上问结果分别求在 $x\gg R$ 和 $x\ll R$ 两种极限下的场强表达式.

7. 无穷长均匀带电平板宽为 b、电荷面密度为 σ.

   (1) 求宽边中垂面上距离平板为 d 处的场强 $\boldsymbol{E}(d)$.

   (2) 对于上问结果分别求在 $d\gg b$ 和 $d\ll b$ 两种极限下的场强表达式.

8. 半径为 R 的均匀带电半球面的电荷面密度为 σ, 求其轴线上的电场场强分布. (建议: 可以以球心为参考点在其轴线上设立 z 坐标轴)

9. 偶极子电场. 请利用小量展开证明 (1.26) 式, 并进一步证明该表达式等价于

$$\boldsymbol{E}_P=\frac{1}{4\pi\varepsilon_0 r^3}[3(\boldsymbol{p}\cdot\widehat{\boldsymbol{r}})\widehat{\boldsymbol{r}}-\boldsymbol{p}].$$

10. 理想偶极子在外电场中的受力与力矩. 偶极矩为 $\boldsymbol{p}$ 的理想偶极子处于外电场 $\boldsymbol{E}(\boldsymbol{r})$ 中.

    (1) 若 $\boldsymbol{E}(\boldsymbol{r})=\boldsymbol{E}_0$ 为匀强场, 求偶极子在外场中受到的合力 $\boldsymbol{F}$ 和力矩.

    (2) 若 $\boldsymbol{E}(\boldsymbol{r})$ 非匀强场, 即其空间偏导数 $\partial_x\boldsymbol{E},\partial_y\boldsymbol{E},\partial_z\boldsymbol{E}$ 不全都为零, 求此时偶极子在外场中受到的合力 $\boldsymbol{F}$ 的表达式, 并求偶极子受到的相对于其自身参考点的力矩.

    (提示: 可以设偶极矩 $\boldsymbol{p}=q\boldsymbol{l}$, 对小量 l 做展开后再取 $l\to0$ 的极限, 这样便回到了理想偶极子模型)

11. 图 1.51 所示是一种电四极子位形, 电量分别为 $+q$ 与 $-q$ 的四个点电荷依次排布在边长为 l 的正方形的四个顶点上, 正方形平面上的远场场点 P 与正方形中心 O 相距为 $x(\gg l)$, OP 连线与正方形一边垂直. 求 P 点的场强 $\boldsymbol{E}$ (结果保留到非零的领头阶).

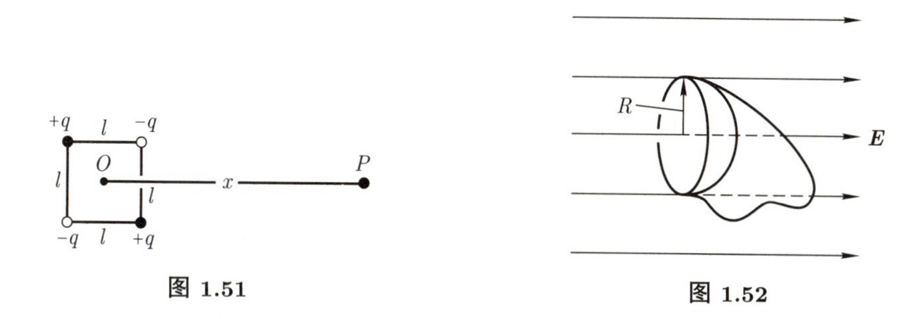

图 1.51　　图 1.52

12. 如图 1.52 所示, 匀强电场 $\boldsymbol{E}$ 与半径为 R 的半球面的对称轴平行, 图中所示区域并没有任何电荷分布, 求该半球面的电场通量. 若以半球面的边界线为边界构造任意形状的曲面, 则该曲面的电场通量为多少?

13. 利用无电荷区域内场线管的 “通量守恒” 重新求解第 5 题. (提示: 类似于例 1.9 的求解, 可以先构造连接两个点电荷的具有轴对称的电场线管, 而其每个截面的通量都可以看作正负点电荷贡献的叠加)

14. 一个半径为 R 的带电球, 球内电荷密度正比于到球心的距离, 即 $\rho=\alpha r$, α 为常量, 求球内外的场强分布.

15. 无穷长均匀带电圆柱场强. 半径为 R、电荷密度为 ρ 的无穷长均匀带电圆柱, 求圆柱内和圆柱外的场强分布. (建议: 柱坐标中的径向坐标采用记号 r, 以区别于电荷密度记号)

16. 根据量子力学, 基态氢原子中心是个带正电 e 的质子, 四周围绕着球对称的电子云 (即负电荷分布), 其电荷分布函数为

$$\rho=-\frac{e}{A}\mathrm{e}^{-2r/a},\quad r\in(0,\infty),$$

其中 r 是到质子的距离, a 常量是氢原子的玻尔半径, A 是待定常量.

(1) 试由氢原子的整体电中性, 确定 A.

(2) 试以径向向外为正向, 确定氢原子内场强分布函数 $E(r)$ (处理为静电场).

(3) 今对单个氢原子施加宏观外电场 $\boldsymbol{E}_0$, 平衡时电子云 (假定形状保持不变) 相对质子整体移位距离为 d, 设 $d\ll a$ $\left(\text{或 } E_0\ll\dfrac{e}{4\pi\varepsilon_0 a^2}\right)$. 试证: 领头阶近似下有

$$d=\beta E_0,$$

并确定常量 β 的形式. (参考积分公式: $\int r^2\mathrm{e}^{-2r/a}\mathrm{d}r=-\dfrac{\mathrm{e}^{-2r/a}}{4}(a^3+2a^2r+2ar^2)+C$. 参考展开式: $\mathrm{e}^x=1+x+\dfrac{x^2}{2!}+\dfrac{x^3}{3!}+\cdots$)

17. 考虑一个半径为 R 的假想球面 S, 其包围的球体区域记为 V. 点电荷 q 与球心的距离为 r. 分两种情况求解点电荷激发场强 $\boldsymbol{E}_q$ 的球面平均

$$\overline{\boldsymbol{E}}_S=\frac{1}{4\pi R^2}\oiint_S\boldsymbol{E}_q\mathrm{d}S$$

及球体平均

$$\overline{\boldsymbol{E}}_V=\frac{3}{4\pi R^3}\iiint_V\boldsymbol{E}_q\mathrm{d}V.$$

(1) 点电荷位于球外 ($r>R$).

(2) 点电荷位于球内 ($r<R$).

(提示: 可以设置均匀球面 (体) 电荷并利用牛顿第三定律加以求解)

18. 一厚度为 d 的无限大平板, 平板体内均匀带电, 电荷的体密度为 ρ, 求板内外场强的分布.

19. 轻原子核 (如氢及其同位素氘、氚的原子核) 结合成较重原子核的过程, 叫作核聚变. 核聚变过程可以释放出大量能量. 例如, 四个氢原子核 (质子) 结合成一个氦原子核 (α 粒子) 时, 可释放出约 28 MeV 的能量. 这类核聚变就是太阳发光、发热的能量来源. 如果我们能在地球上实现可控核聚变, 就可以得到非常丰富的清洁能源. 实现核聚变的困难在于原子核都带正电, 互相排斥, 而使它们结合在一起的强相互作用力程很小, 大概是 10^{-15} m 的量级, 所以在一般情况下原子核之间很难互相靠近而发生结合. 只有在温度非常高时, 原子核热运动的速度非常大, 才能冲破库仑排斥力的壁垒, 碰到一起发生结合, 这叫作热核反应. 根据统计物理学, 绝对温度为 T 时, 粒子的平均平动动能为 $\dfrac{3}{2}kT$, 其中 $k=1.38\times10^{-23}$ J/K 为玻尔兹曼 (Boltzmann) 常量. 已知质子质量 $m_\mathrm{p}=1.67\times10^{-27}$ kg, 若想要在温度为 T 的环境中, 质子之间可以靠近至 10^{-15} m 的量级, 试估算环境温度 T.

20. α 粒子的质量为 6.7×10^{-27} kg, 电量为 $2e$. 动能为 5.3 MeV 的 α 粒子从远处去轰击静止金原子核, 则它们之间可能达到的最小距离为多少? 已知金原子的核电荷数为 79, 金原子核可视为始终静止不动.

21. 如图 1.53 所示, $\overline{AB}=2l$, CDE 为以 B 为中心、半径为 l 的半圆弧. A 点放置正点电荷 q, B 点放置负点电荷 $-q$.

(1) 将点电荷 q_0 从 C 点沿半圆弧 CDE 移至 E 点, 电场力对它做了多少功?

(2) 将点电荷 $-q_0$ 从 E 点沿 AB 延长线移至无穷远处, 电场力对它做了多少功?

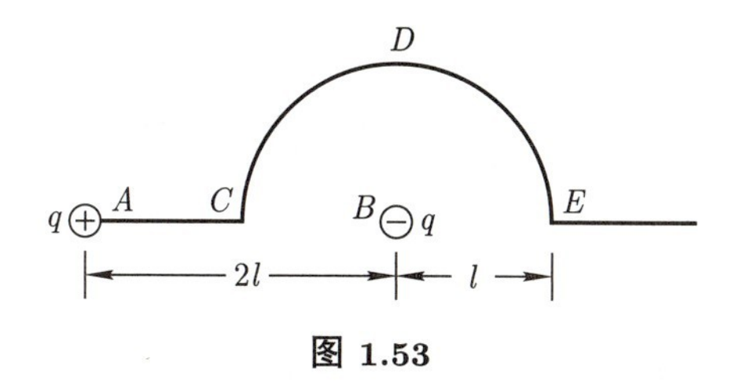

图 1.53

22. 图 1.34 中的 $\boldsymbol{R}=\boldsymbol{r}-\boldsymbol{r}'=(x-x',y-y',z-z')$, 依赖于六个坐标变量, 定义 R^{-1} 的两种梯度分别为

$$\nabla\frac{1}{R}=(\widehat{\boldsymbol{x}}\partial_x+\widehat{\boldsymbol{y}}\partial_y+\widehat{\boldsymbol{z}}\partial_z)\frac{1}{R},\quad \nabla'\frac{1}{R}=(\widehat{\boldsymbol{x}}'\partial_{x'}+\widehat{\boldsymbol{y}}'\partial_{y'}+\widehat{\boldsymbol{z}}'\partial_{z'})\frac{1}{R},$$

试证明:

(1) $\nabla\dfrac{1}{R}=-\nabla'\dfrac{1}{R}=-\dfrac{\boldsymbol{R}}{R^3}$;

(2) 对 (1.56) 式两边取负梯度便可得到场强叠加原理对应的 (1.11) 式.

23. 例 1.14 中我们利用场强路径积分得到均匀带电球内外的电势分布. 请将均匀带电球分割为球壳微元, 利用例 1.13 的结果和电势叠加原理重新得到 (1.55) 式.

24. 均匀带电圆盘轴线电势. 均匀带电圆盘半径为 R、电量为 Q, 以其盘心 O 为原点在其轴线上设置 x 坐标轴. 求其轴线上的电势分布 $U(x)$. 进一步利用 (1.50) 式求其轴线上的场强分布, 并与第 2 题的结果加以对照.

25. 两个异号点电荷 $nq(n>1)$ 和 q 相距为 a. 取无穷远点为电势零点, 试证明 (除了无穷远处之外) 电势为零的等势面为一球面, 并求该球面的半径.

26. 偶极线电势分布. 如图 1.54 所示, 电荷线密度分别为 $-\lambda$ 和 λ 的两条平行无穷长均匀带电线间距为 $2a$, 在垂直它们的平面内建立直角坐标系 Oxy, 其中 O 位于两者连线中点, x 轴沿连线方向. 以 O 为电势零点.

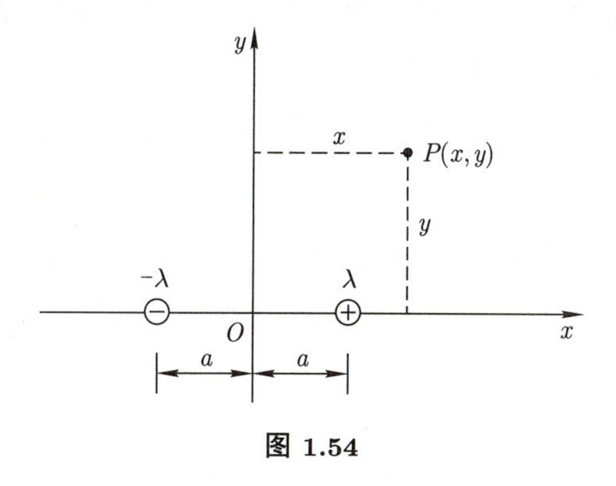

图 1.54

(1) 求电势分布函数 $U(x,y)$.

(2) 证明电势为 U_0 的等势面为柱面, 并求对应的柱面半径 R.

27. 如图 1.55 所示, 偶极矩分别为 $\boldsymbol{p}_1$ 和 $\boldsymbol{p}_2$ 的两个理想偶极子相距为 r, 相对垂直摆放.

    (1) 求它们各自的受力, 并验证是否满足牛顿第三定律.

    (2) 求关于 $\boldsymbol{p}_1$ 中心的 $\boldsymbol{p}_1$ 受力力矩及关于 $\boldsymbol{p}_2$ 中心的 $\boldsymbol{p}_2$ 受力力矩.

    (3) 求关于 $\boldsymbol{p}_2$ 中心的 $\boldsymbol{p}_1$ 受力力矩, 并与关于 $\boldsymbol{p}_2$ 中心的 $\boldsymbol{p}_2$ 受力力矩进行比较, 是否满足大小相等、方向相反?

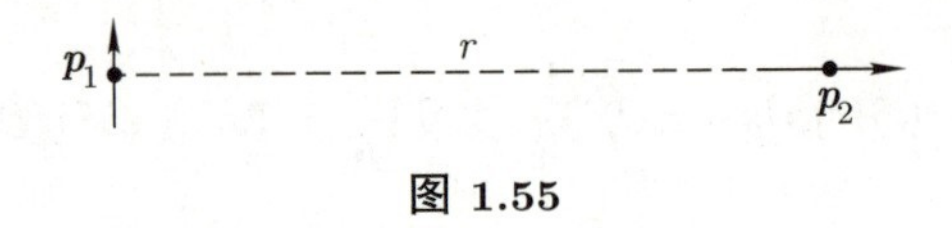

图 1.55

28. 点电荷系统如图 1.56 所示, 四个电量同为 q 的点电荷位于边长为 a 的正方形的四个顶点上, 电量为 Q 的点电荷位于正方形中心, 系统达成静电力平衡. 求

    (1) Q 与 q 的关系,

    (2) 系统的互能 (并分析你的计算结果).

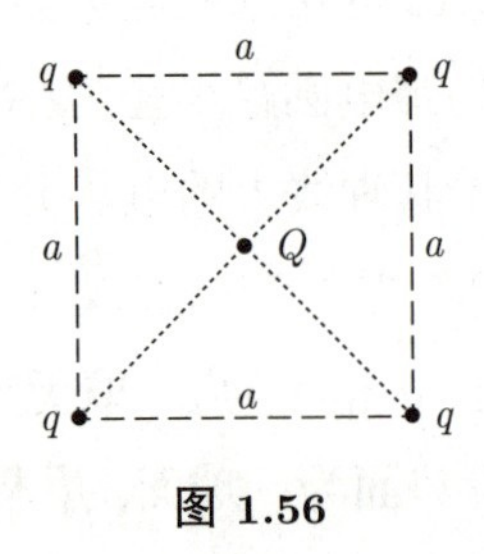

图 1.56

29. 半径为 R、电量为 Q 的均匀带电球静电能的另一种求解方法. 考虑电荷是从内向外一层层搭建的, 每次将无穷小电荷 $\mathrm{d}q$ 从无穷远处移来并使其均匀分布在厚度为 $\mathrm{d}r$ 的球壳上, 如此使球半径逐渐增加. 使半径增加 $\mathrm{d}r$ 需要做多少功? 积分求出构造如上均匀带电球所须做的总功.

30. 求半径为 R、电量为 Q 的均匀带电圆盘的静电能. (提示: 可以利用例 1.16 的结果)

31. 对于例 1.12 的余弦型球面电荷模型, 验证静电场边值关系 (1.79) 和 (1.80), 并求角位置 θ 处的局部球面电荷微元 $\mathrm{d}q$ 的受力 $\mathrm{d}\boldsymbol{F}$ 及北半球全体电荷的受力 $\boldsymbol{F}_{\mathrm{N}}$.

第二章　静电场中的导体与电介质

本章我们将讨论有物质存在时的静电场. 在上一章中, 我们把物质粗略分成导体和绝缘体两大类, 导体可以通过静电感应来影响宏观的电荷及静电场分布, 绝缘体也可以通过极化效应来影响宏观静电场, 在这个意义上, 绝缘体也被称为电介质 (dielectric). 电场影响物质 (导体或电介质) 的宏观电荷分布, 而物质的电荷分布反过来会影响宏观静电场, 这样耦合在一起的问题需要补充一些物质静电平衡的特性加以处理和解决, 比如说导体静电平衡时可以补充导体内部场强处处为零的条件, 电介质静电平衡时可以由其内部场强与其极化状态之间的关系定义其电极化率, 而电极化率对于每种材料来说原则上是可以测量的. 利用这些辅助的条件和参量, 物质存在时的静电场便成了可解问题.

需要补充说明的是, 如上我们谈论的物质静电平衡时所携带的宏观电荷分布和场强均是微观量的平均. 比如说, 设物质内部微观电场强度为 $\boldsymbol{e}$, 则宏观场强为

$$\boldsymbol{E}=\frac{1}{\Delta V}\iiint_{\Delta V}\boldsymbol{e}\mathrm{d}V, \tag{2.1}$$

其中 ΔV 应该被看作物质内部宏观无穷小但微观无穷大的区域的体元.

2.1　静电场中的导体

2.1.1　导体的静电平衡条件及性质

图 2.1 以金属为例, 显示了均匀导体在外场的作用下达成静电平衡的过程, 这里“均匀” 是指导体材质及其温度的均匀. 开始时 [图 2.1(a)], 金属导体内部的自由电子在外场 $\boldsymbol{E}_0$ 的作用下开始在导体内部移动, 直至金属导体边界的某个位置 [见图 2.1(b)], 图 2.1(c) 显示的是导体达成静电平衡的状态①, 这时空间电场由外场和导体表面感应电荷所激发的附加电场 $\boldsymbol{E}'$ 叠加构成, 即 $\boldsymbol{E}=\boldsymbol{E}_0+\boldsymbol{E}'$. 而达成静电平衡时, 金属内部的自由电子不再有宏观意义上的移动, 因此其内部宏观场强必然处处为零, 即

$$\boldsymbol{E}_{内}=0. \tag{2.2}$$

这可以看作导体静电平衡的动力学条件. 有了这个条件, 我们便可以分析导体静电平衡的其他性质.

---

①通常金属导体在外场中建立静电平衡的弛豫时间为 10^{-14} s 的量级.

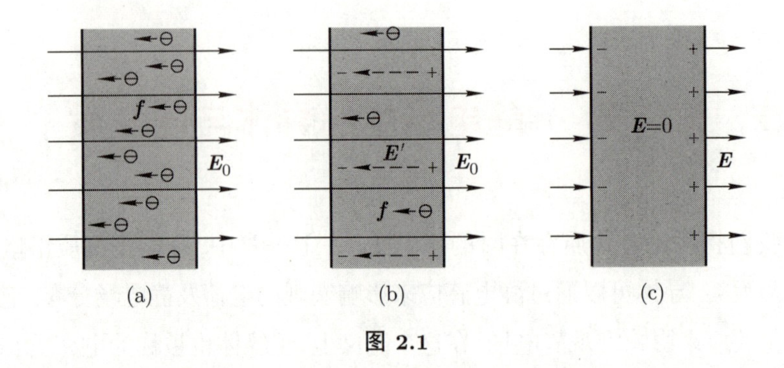

图 2.1

根据条件 (2.2), 可推知静电平衡的导体具有如下性质:

(1) 静电平衡的导体为等势体, 其表面为等势面.

因为静电平衡的导体内部场强处处为零, 故其内部任意两点电势差为零, 即内部等势.

(2) 导体静电平衡时内部电荷密度处处为零, 其电荷只能分布于表面.

静电平衡的导体内部场强处处为零, 则其内部电荷密度

$$\rho_{内} = \nabla \cdot \boldsymbol{E}_{内} = 0,$$

故其电荷只能分布于表面. 需要说明的是, 这里的表面是宏观意义上的表面, 微观上可以对应于几个原子直径的厚度.

(3) 导体静电平衡时, 表面外部附近的场强沿表面的法向, 其大小正比于该处导体表面面元的电荷面密度 σ.

导体表面为等势面, 故表面外部附近的场强沿表面的法向, 即 $\boldsymbol{E} = E\boldsymbol{n}$ (取 $\boldsymbol{n}$ 指向导体外部). 如图 2.2 所示, 跨越导体表面取 (导体外部) 上底面法向为 $\boldsymbol{n}$ 的高斯扁盒, 其两底面积 $\Delta S' = \Delta S''$ 远大于侧面积 ΔS, 对其应用高斯定理, 并忽略侧面的通量贡献, 则

$$\frac{\sigma \Delta S'}{\varepsilon_0} = \oiint \boldsymbol{E} \cdot \mathrm{d}\boldsymbol{S} = \iint_{上底} \boldsymbol{E} \cdot \mathrm{d}\boldsymbol{S} = E\Delta S',$$

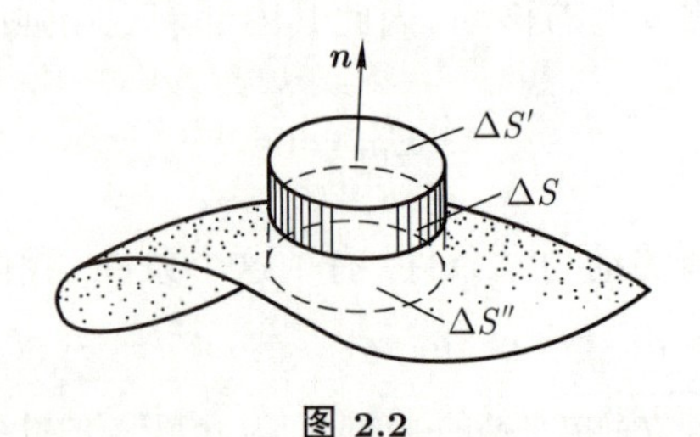

图 2.2

故表面场强为

$$\boldsymbol{E} = \frac{\sigma}{\varepsilon_0}\boldsymbol{n}. \tag{2.3}$$

考虑到导体内部场强为零, 故 (2.3) 式可以看作静电场边值关系 (1.81) 的特例.

由 (2.3) 式及面上场强的平均值定理 (1.82) 可知, 导体静电平衡时表面上场强为 $\boldsymbol{E}_S = \dfrac{\sigma}{2\varepsilon_0}\boldsymbol{n}$, 其切向分量为零保证了导体表面电荷不会再沿切向移动, 而稳定下来的表面电荷激发的附加场强 $\boldsymbol{E}'$ 与外场叠加又保证了导体内部场强处处为零. 是否可以由静电平衡条件和导体电量守恒唯一地确定导体静电平衡时表面电荷的分布? 这个问题的答案是肯定的, 它的证明将会在下一小节中给出②. 不过知道这一点, 我们便可以根据对称性猜出一些情形的静电场的解.

例 2.1 一个半径为 R、总电量为 Q 的孤立导体球静电平衡, 求其外电场分布.

解 根据球对称性, 可以猜测静电平衡时导体球表面电荷是均匀分布的, 这一点自然保证了导体球内场强处处为零的静电平衡条件. 电量守恒告诉我们球面电荷面密度为

$$\sigma = \frac{Q}{4\pi R^2},$$

因此球外场强分布为

$$\boldsymbol{E}(\boldsymbol{r}) = \frac{Q\widehat{\boldsymbol{r}}}{4\pi\varepsilon_0 r^2} \quad (r > R),$$

外表面场强为

$$\boldsymbol{E}(R) = \frac{Q\widehat{\boldsymbol{r}}}{4\pi\varepsilon_0 R^2} = \frac{\sigma}{\varepsilon_0}\boldsymbol{n}.$$

例 2.2 如图 2.3 所示, 将一个半径为 R、总电量为零的导体球置于匀强外场 $\boldsymbol{E}_0 = E_0\widehat{\boldsymbol{z}}$ 中, 求其静电平衡时表面电荷分布 σ 和球外场强分布 $\boldsymbol{E}_{外}$ (以图中球坐标表示), 进一步求球壳 θ 处的静电压强 $\boldsymbol{P}(\theta)$ (含方向).

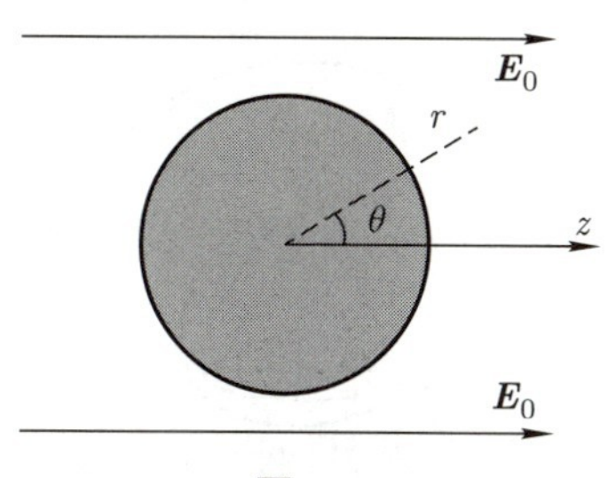

图 2.3

②这一点可以简单理解如下: 对于外场中的单一导体, 设其存在两种满足静电平衡和电量守恒的电荷分布 σ_1 和 σ_2, 将两种情形的电荷分布做差, 空间仅留存导体表面电荷分布 $\sigma' = \sigma_1 - \sigma_2$, 其总电量为零, 且此时外场为零. 若 $\sigma' \neq 0$, 则必然有电场线从该导体发出, 并终止于该导体, 如此便不能维持导体等势的条件, 故 $\sigma' = 0$ 或者说 $\sigma_1 = \sigma_2$. 对于多导体情形, 也可以类似地论证静电平衡时表面电荷分布的唯一性.

解 静电平衡条件要求导体球面电荷在球内产生的附加场为匀强场 $-\boldsymbol{E}_0$, 而根据例 1.12 我们知道, 余弦型球面电荷 $\sigma(\theta)=\sigma_0\cos\theta$ 可以在球内产生匀强场 $-\dfrac{\sigma_0}{3\varepsilon_0}\widehat{\boldsymbol{z}}$, 故选取 $\sigma_0=3\varepsilon_0E_0$ 便可同时满足静电平衡条件和总电量为零的条件. 因此, 由静电平衡时导体表面电荷的唯一性便可确定球面电荷面密度为

$$\sigma=\sigma(\theta)=3\varepsilon_0E_0\cos\theta,$$

并可确定球外附加场为偶极场, 根据 (1.43) 式得

$$\begin{aligned}\boldsymbol{E}_{外}&=E_0\widehat{\boldsymbol{z}}+\frac{\sigma_0R^3}{3\varepsilon_0r^3}(2\cos\theta\widehat{\boldsymbol{r}}+\sin\theta\widehat{\boldsymbol{\theta}})\\&=E_0(\cos\theta\widehat{\boldsymbol{r}}-\sin\theta\widehat{\boldsymbol{\theta}})+\frac{E_0R^3}{r^3}(2\cos\theta\widehat{\boldsymbol{r}}+\sin\theta\widehat{\boldsymbol{\theta}}).\end{aligned}$$

静电压强为

$$\boldsymbol{P}(\theta)=\boldsymbol{E}_S(\theta)\sigma(\theta)=\frac{[\sigma(\theta)]^2}{2\varepsilon_0}\widehat{\boldsymbol{r}}=\frac{9\varepsilon_0E_0^2}{2}\cos^2\theta\widehat{\boldsymbol{r}}.$$

讨论 若导体球的总电量为 Q, 综合例 2.1、例 2.2 的结果, 此情形同时满足静电平衡和电量守恒的导体球表面电荷分布为

$$\sigma=3\varepsilon_0E_0\cos\theta+\frac{Q}{4\pi R^2}.$$

确定导体静电平衡时表面电荷分布通常不是一件容易的事情③, 除非导体的形状规则且其排布有很强的对称性. 定性上, 容易判断静电平衡时导体表面曲率大的地方 (如尖端) 电荷面密度较大, 例如图 2.4 中, 三角形 (或正四面体形) 带电孤立导体静电平衡时, 其表面为等势面, 而远处等势面必然会过渡到近似的球面, 故该导体尖端部位附近等势面密集, 表面场强大, 电荷密度自然大.

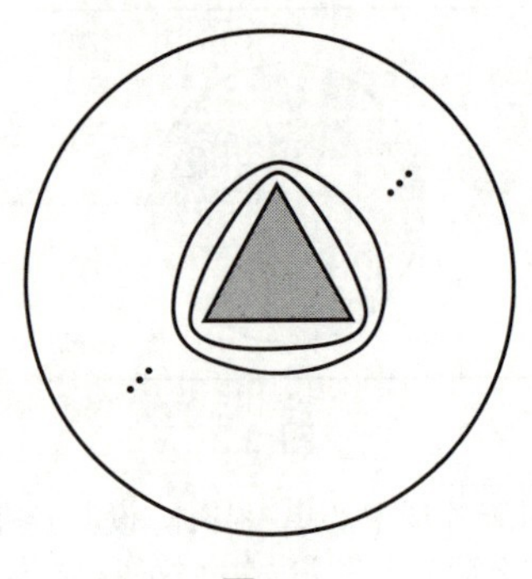

图 2.4

③通常要求解静电势 U 的泊松方程, 再由 (2.3) 式给出导体表面电荷分布 $\sigma=\varepsilon_0\,E_n|_S=-\varepsilon_0\,\partial_nU|_S$, 但是在一般情况下很难找到泊松方程的解析解.

再如, 用长为 l 的直导线连接半径分别为 r_1 和 r_2 的两个导体球, 静电平衡时设两导体球带电量分别为 Q_1 和 Q_2. 若 $l \gg r_{1,2}$, 则两导体球分别近似均匀带电, 且其电势分别近似为

$$U_{1,2} \approx \frac{Q_{1,2}}{4\pi\varepsilon_0 r_{1,2}} \approx \frac{\sigma_{1,2} r_{1,2}}{\varepsilon_0}.$$

两导体球等势, 故 $\sigma_1 r_1 = \sigma_2 r_2$, 即两球各自面电荷密度反比于半径, 正比于曲率. 这种简单的面电荷密度和曲率之间的关系并不是普遍的, 一般情形下, 它们之间并没有确定的函数关系, 例如图 2.5 中导体两处凸起的部分 A 和 B 的曲率相同, 但面电荷密度是不同的. 事实上, 如果导体在 C 处封闭形成空腔, 后面将会证明, 其内表面 (如 B 处) 是不带电的.

将导体放置于空气中, 由于导体表面尖端处电荷密度大, 表面场强大, 就容易击穿空气产生放电, 这种现象称为尖端放电. 持续的尖端放电会使尖端附近的空气分子不断被离子撞击而发光, 产生光晕, 也称为电晕. 夜间高压输电线附近有可能会产生电晕, 相应会有电力损耗, 称为电晕损耗. 为了避免电晕损耗, 要求高压输电线表面要光滑平整, 同时导线要有足够大的半径.

雨天空气潮湿, 容易产生云层之间或云层与大地之间的放电, 即雷电现象. 尤其是地面上的一些突起部位, 容易与云层导通, 产生雷击现象④. 地面上的高耸的建筑物 (如烟筒、高楼等) 是容易遭受雷击的 "尖端", 为了避免雷击, 高大的建筑物上通常安装有避雷针, 其顶部尖端通常高于建筑物, 底部有粗铜缆连接于地下的金属板, 保证其与大地有良好的接触, 如图 2.6 所示. 避雷针与建筑物有并联的关系, 但它与云层放电的临界电压更低, 这样在达到其临界电压时, 避雷针可以将云层的电量导入地下, 从而避免建筑物遭受雷击.

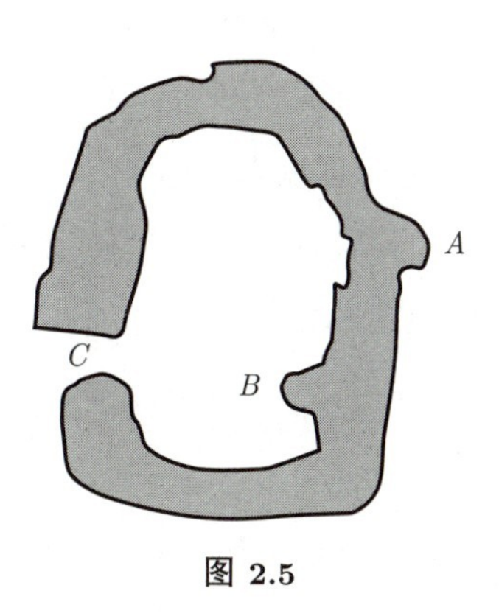

图 2.5

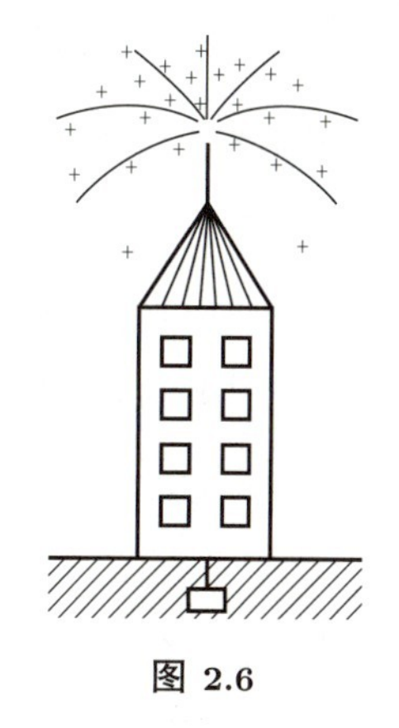

图 2.6

④所以雷雨天躲在大树下避雨并不是明智之举.

2.1.2　导体空腔的静电平衡

若导体空腔内无带电体, 则其静电平衡时额外具有如下两条性质.

(1) 空腔内表面处处不带电, 空腔内场强处处为零, 即空腔内与导体处处等势.

如图 2.7 所示, 取导体内部的高斯面 S, 其电通量为零, 故包围的总电量为零. 因为空腔内无带电体, 故空腔内表面总电量 $q_{内表}=0$. 进一步假设空腔内表面某处带正电, 则必有其他内表面部分带负电, 相应空腔内存在图中场线, 但如此会破坏导体的等势性, 故如上假设不成立. 因此, 导体空腔内表面处处不带电, 且空腔内场强处处为零⑤.

这条性质可以用于静电测量. 例如将图 2.8 中静电计 A 上方的小球替换成近似封闭的圆筒 B [称为法拉第 (Faraday) 圆筒], 当带电体 C 从圆筒外部移至内部并与内壁接触后, C 的电量转移至圆筒外表面, 并被静电计测量, 这样可以避免由于小球的残余电量造成的误差, 对电量乃至静电势加以精确的测量.

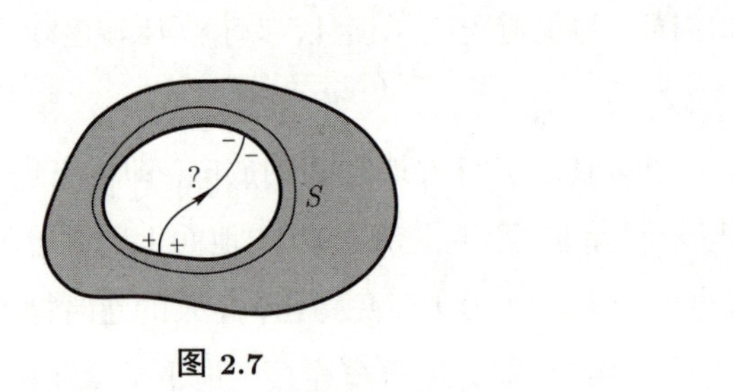

图 2.7

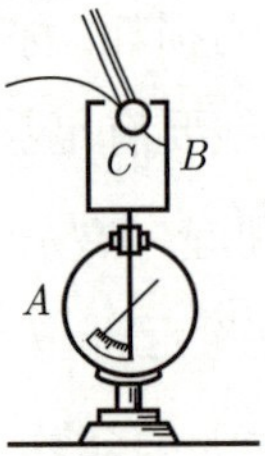

图 2.8

(2) 内部无带电体的导体空腔的静电平衡, 等价于实心导体的静电平衡.

这一点可以看作性质 (1) 的推论. 此时导体的全部电荷分布于外表面, 构成面电荷分布 $\sigma_{外表}$, 它与导体外部电荷分布 $\rho_{外}$ 组成的外电荷系统 $\{\rho_{外},\sigma_{外表}\}$ 所激发的场强完全被外表面屏蔽, 故等价于实心导体的静电平衡, 这个现象可以称作 "外屏蔽".

若导体空腔内有带电体, 则其静电平衡时额外具有如下两条性质.

(1) 若腔内带电体总电量为 $q_{内}$, 则空腔内表面面电荷总量为 $-q_{内}$.

如图 2.9 虚线所示, 取导体内部包围空腔内表面的高斯面 S, 因导体内部场强处处为零, 故 S 所包围的总电量为零, 即空腔内表面面电荷总量为

$$\oiint_{内表}\sigma_{内表}\mathrm{d}S=-q_{内}.$$

在给出性质 (2) 之前, 让我们先依次考察图 2.10 中 (a)、(b)、(c) 三种情形. 图 2.10(a) 情形中导体空腔总电量恰好为 $-q_{内}$, 且空腔外部没有其他带电体, 此时导体空

⑤事实上, 这一点正是三维调和函数的性质 (参见 1.7.2 小节).

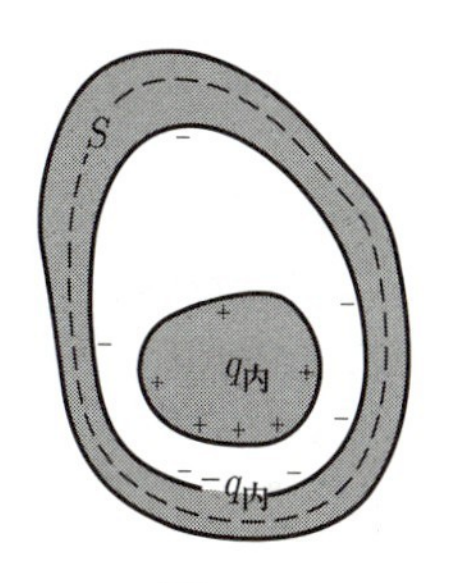

图 2.9

腔的外表面总电量势必为零, 而且可证明: 导体空腔外表面处处不带电且空腔外部电场处处为零. 这是因为若外表面某处有正电荷, 其他处必有负电荷, 这些电荷激发电场的场线或者从外表面正电荷直接回到外表面负电荷处, 或者先从正电荷到无穷远, 再从无穷远回到表面负电荷处, 无论哪种情况都会破坏外表面为等势面的导体静电平衡的要求, 因此如上假定不成立. 此时, 空腔导体和空腔外场强处处为零, 也就是说此时内表面电荷分布 $\sigma_{内表}$ 与腔内电荷分布 $\rho_{内}$ 组成的内电荷系统 $\{\rho_{内},\sigma_{内表}\}$ 所激发的场强完全被内表面屏蔽, 这个现象可以称作 "内屏蔽". 图 2.10(b) 情形对应于空腔内没有带电体时的 "外屏蔽", 即外电荷系统 $\{\rho_{外},\sigma_{外表}\}$ 所激发的场强完全被外表面屏蔽. 两者电荷分布叠加便得到图 2.10(c) 情形, 此时因为内、外电荷系统在导体内部贡献的场强 (图中阴影区域) 均为零, 故满足导体静电平衡的条件. 此外若令图 2.10(b) 情形的外表面电荷总电量为 $q_{导}+q_{内}$, 则图 2.10(c) 情形导体空腔的总电量为 $q_{导}$, 故图 2.10(c) 适用于任意给定导体空腔总电量的静电平衡的情形, 所以若给定导体总电量, 导体静电平衡的表面电荷分布是唯一的, 则导体空腔静电平衡必然具有下面的性质.

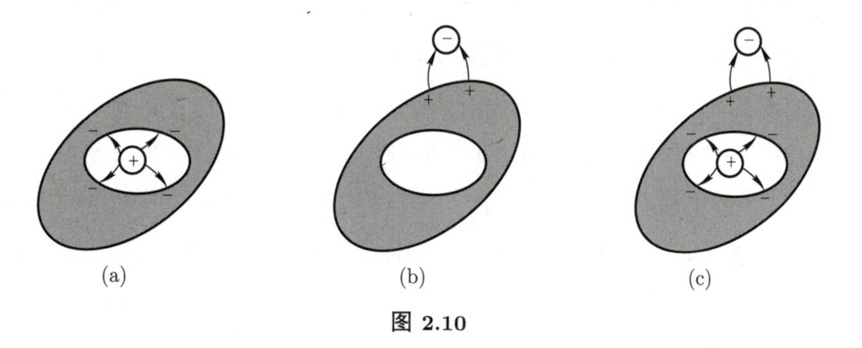

图 2.10

(2) 导体空腔静电平衡时同时具有内屏蔽和外屏蔽的特征, 即内电荷系统 $\{\rho_{内},\sigma_{内表}\}$ 激发的场强完全被内表面屏蔽, 外电荷系统 $\{\rho_{外},\sigma_{外表}\}$ 激发的场强完全被外表面屏蔽, 因此外部场强完全由外电荷系统激发, 内部场强完全由内电荷系统激发.

例 2.3 如图 2.11 所示, 一个半径为 R、总电量为 0 的外孤立 (外部没有带电体)

导体球, 球内有任意形状的空腔, 腔内有电量为 Q 的点电荷, 求静电平衡时球外的电场分布.

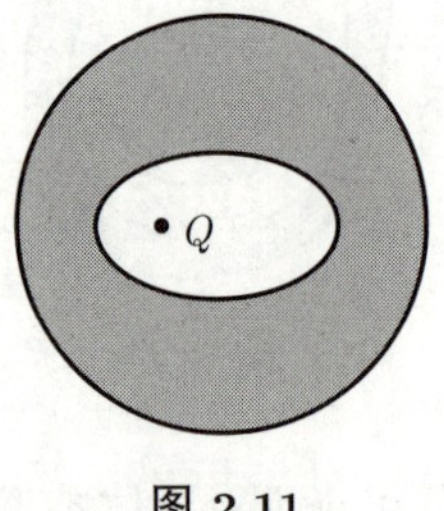

图 2.11

解 由导体空腔的静电平衡的性质可知, 球外表面总电量为 Q, 因为内电荷系统的场强被内表面屏蔽, 所以从外部来看, 这相当于是总电量为 Q 的孤立导体实心球, 故电荷在外表面均匀分布, 外部场强分布为

$$\boldsymbol{E}(\boldsymbol{r})=\frac{Q\widehat{\boldsymbol{r}}}{4\pi\varepsilon_0 r^2}\quad(r>R),$$

其中 $\boldsymbol{r}$ 为以球心为参考点的场点位矢.

思考 若本例中外部条件换作存在匀强外场 $\boldsymbol{E}_0=E_0\widehat{\boldsymbol{z}}$, 再求静电平衡时球外的电场分布.

由如上分析可知, 静电平衡时导体空腔的内部电场以及其内表面电荷分布 $\sigma_{\text{内表}}$ 完全由腔内电荷分布 $\rho_{\text{内}}$ 决定, 与腔外电场和外表面电荷分布无关. 类似地, 在给定外表面电荷总电量 $q_{\text{外表}}$ 时, 外表面电荷分布 $\sigma_{\text{外表}}$ 以及外部电场完全由腔外电荷分布 $\rho_{\text{外}}$ 决定, 与腔内电场无关. 需要注意的是, 在给定导体总电量 $q_{\text{导}}$ 时, $q_{\text{外表}}=q_{\text{导}}+q_{\text{内}}$, 故内部电荷分布可以以电量 $q_{\text{内}}$ 的形式影响外场.

外场的改变对导体腔内的电场没有影响, 这种现象称为静电屏蔽. 利用导体腔的静电屏蔽效应, 可以保护腔内的物体不受腔外电场及其变化的影响, 起到了静电防护的作用. 比如说静电敏感元件在储存或运输过程中有时会暴露于有静电的区域中, 用静电屏蔽的方法可避免外界静电场对电子元件的影响. 最常见的方法是用静电屏蔽袋或防静电周转箱作为保护, 这相当于给元件套了一层金属外壳或金属网⑥. 此外, 穿着镶有金属网丝的静电服, 电力工人可以进行高压带电作业, 高压线附近的强电场不会对静电服内的人体产生伤害.

电力仪器、仪表的金属外壳也起着静电屏蔽的作用, 但如果想屏蔽内部带电体 (如高压元件) 对外部的影响, 则必须将金属外壳接地, 如图 2.12 所示. 其原理如图 2.13 所示, 其中图 (a) 代表腔内无带电体, 图 (b) 代表导体空腔外部无带电体, 图 (c) 对应

⑥尽管金属网不完全封闭, 但还是可以在很大程度上起到屏蔽的作用.

两者电荷分布的叠加, 自然保证图 (c) 情形导体内部 (图中阴影区域) 的场强为零, 故图 (c) 情形的电荷分布为静电平衡时的唯一可能分布, 而此时内部带电体电量变化对外表面电荷的影响全都被接地条件消除 [参见图 (b)], 故接地导体空腔可以完成实用意义上的内外带电体的互相屏蔽.

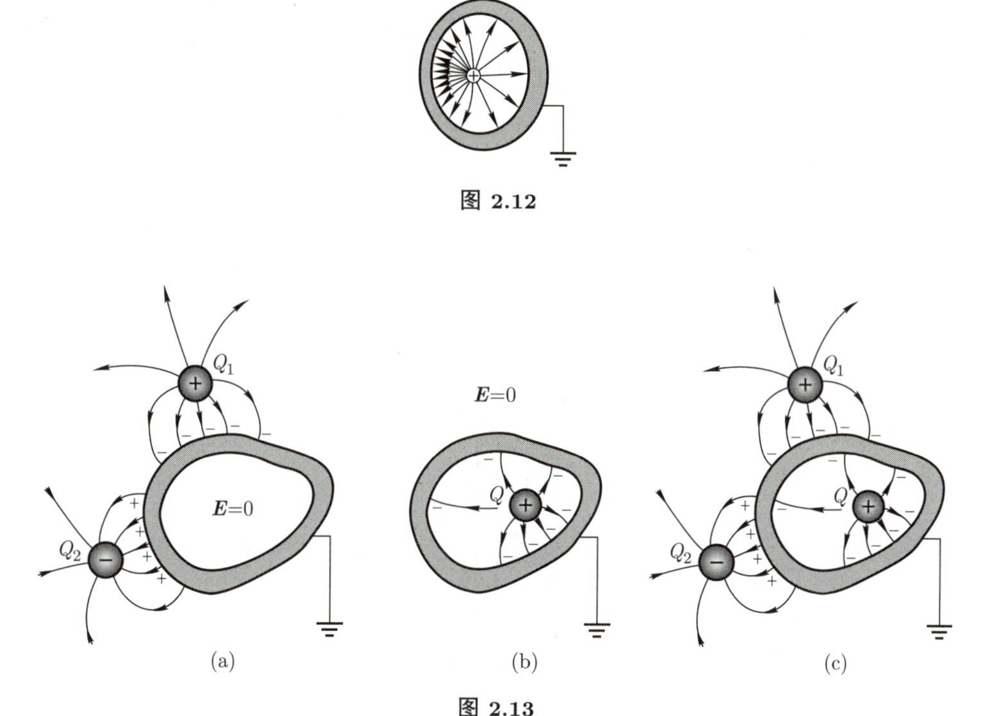

图 2.12

图 2.13

2.1.3 关于接地条件

接地相当于连接一个大导体, 也相当于把原导体的表面延伸为无穷大. 如果导体外部没有带电体, 接地会使原导体外表面电荷流入地下, 并将外表面电荷密度稀释为零, 如图 2.13(b) 所示. 但如果导体外部有带电体, 如图 2.13(a) 所示, 那么接地无非相当于调节了导体的形状及电势, 使得部分 (但不是全部) 外表面电荷流入大地.

此外, 文献或题目中经常会假定接地后便与无穷远处等势, 从而可将无穷远和接地导体同时选为电势零点. 其实, 地球带有一定量的负电荷, 这导致晴天时地面上方存在量级为 100 V/m 的电场, 所以大地自然与高空不等势. 但如果静电实验是在外部装有金属网的房间里进行, 那么地球带电的效应仅影响房间外部的电场, 此时接地相当于连接房间的金属网罩, 进一步若需要考虑的空间范围远小于房间的尺度, 这时接地可以看作导体与无穷远处等势的等价条件.

2.1.4 导体空腔静电平衡性质的应用

范德格拉夫 (van de Graaff) 起电机可以用来做对离子的静电加速, 也可以用来做高压静电的演示, 其装置如图 2.14 所示. 图中 1 为高压导体球壳 (直径为分米或米的量级), 它被支撑在绝缘柱 2 上. 图中 3 为绝缘的传送带, 4 为一对带动传送带的转轮. 图中金属背板 6 与金属尖端 5 之间加有几万伏的高压, 使其间空气放电, 而电荷 (图中为正电荷) 沾染在 5, 6 间的传送带上, 并被传送至导体球壳 1 的内部, 到达球壳内尖端 7 附近时, 再次发生尖端放电, 使得传送带的电荷被传导至导体球壳的外表面, 并使导体球壳电势逐渐增加. 在避免漏电的前提条件下, 导体球壳与地面之间的电势差可以达到几百万伏.

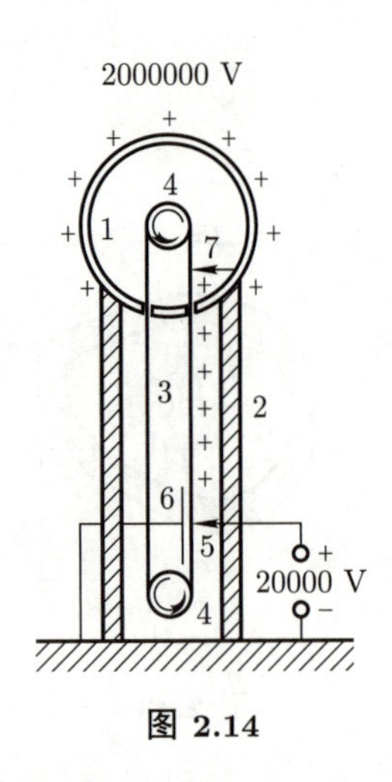

图 2.14

如果在高电压导体球附近安置正离子源并设置相应的加速管道, 则范德格拉夫起电机可以用作离子的静电加速器, 例如半导体工业中便可以利用小型的范德格拉夫起电机将离子注入相应的半导体材料中.

思考 范德格拉夫起电机的起电过程中, 伴随电量的增加, 其静电能也相应增加. 这个过程中能量是如何输入起电机的?

在 1.2.2 小节, 我们曾经提到过卡文迪什在库仑之前对静电平方反比律做了更为精确的检验, 他所采用的方法正是利用了平方反比律下导体空腔静电平衡的性质.

考虑由细导线相连接的两个半径分别为 R_1 和 R_2 ($R_2 < R_1$) 的同心导体薄球壳, 整体带电时, 内部球壳作为空腔内表面并不带电, 但这只是平方反比律的推论. 若平方反比律被破坏, 之前对于空腔内无带电体时内表面不带电的论证便不再成立 (为什么). 与 1.2.2 小节一样, 我们还是设待检验的点电荷间作用力 F 对距离 r 的依赖关系为 $F \sim r^{-2+\delta}$, 并设 $|\delta| \ll 1$. 在小量展开的意义下, 可以预期内球壳电量 Q_2 与外球壳电

量 Q_1 的比值正比于 δ, 即

$$\frac{Q_2}{Q_1} = \alpha\delta, \tag{2.4}$$

其中 α 是与 R_1 和 R_2 有关的常量 (卡文迪什的实验对应于 $|\alpha| = 50/57$).

图 2.15 是卡文迪什本人绘制的实验装置草图, 图中内球壳下方连接有木髓球验电器, 外球壳被分为两半, 分别由绝缘支架支撑, 合并外球壳并让其带电 Q_1, 然后用细丝牵动短导线让两球壳导通后断开, 再分开外球壳检验内球壳的带电量, 但卡文迪什没有发现任何木髓球验电器张开的迹象. 为了确定 $|\delta|$ 的上限, 卡文迪什也对木髓球验电器的精度做了检验. 他发现当内球壳带电量为 $Q_1/64$ 时木髓球验电器会微微张开, 而当其带电量为 $Q_1/128$ 时木髓球验电器已经没有肉眼可见的张开, 所以他给出了 $|\delta| < 0.02$ 的限制条件. 这个精度比十多年后库仑利用扭秤直接测量的精度还要高.

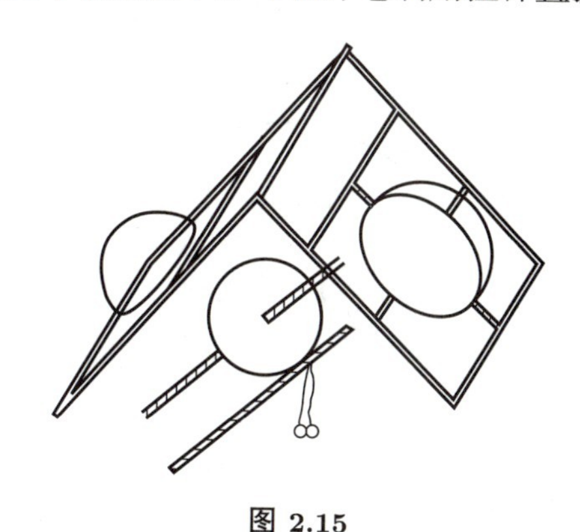

图 2.15

2.2 静电场唯一性定理

2.2.1 静电场唯一性定理

给定一定区域内电荷分布的静电场可以看作静电场微分方程组 (1.73)、(1.74) 或静电势泊松方程 (1.75) 在一定边界条件下的解, 静电场唯一性定理关心的是什么样的边界条件可以得到静电场的唯一解. 这样的边界条件也被称为静电场的唯一性边界条件.

事实上一般的微分方程都有一定的唯一性边界条件, 比如说对于简谐振动方程

$$\ddot{x} + \omega^2 x = 0, \tag{2.5}$$

如果我们关心 $t > 0$ 的时间演化问题, 则可以称 $V = \{t|t > 0\}$ 为解域. 若想唯一确定解域内的解 $x(t)$, 可以给定解域边界 $t = 0$ 上的条件

$$x|_{t=0} = 0, \quad \dot{x}|_{t=0} = v_0. \tag{2.6}$$

如此我们便称 (2.6) 式为微分方程 (2.5) 的一类唯一性边界条件.

静电场泊松方程的唯一性定理如下: 如图 2.16 所示, 考虑由边界 $S=\sum_i S_i(i=0,1,2,\cdots)$[⑦]所围成的解域 V, 给定 V 内的电荷分布 $\rho=\rho(\boldsymbol{r})$, 即建立起解域内的泊松方程

$$\nabla^2 U(\boldsymbol{r})=-\frac{\rho(\boldsymbol{r})}{\varepsilon_0}, \tag{2.7}$$

则唯一电场解对应的典型唯一性边界条件有如下两类:

(1) 给定边界面上的电势分布 $U|_S=\phi(\boldsymbol{r}|_S)$;

(2) 给定边界面上的电势法向偏导数分布 $\partial_n U|_S=\psi(\boldsymbol{r}|_S)$, 且满足[⑧]

$$\oiint_S \boldsymbol{E}\cdot \mathrm{d}\boldsymbol{S}=-\oiint_S \psi(\boldsymbol{r}|_S)\mathrm{d}S=\iiint_V \frac{\rho(\boldsymbol{r})}{\varepsilon_0}\mathrm{d}V. \tag{2.8}$$

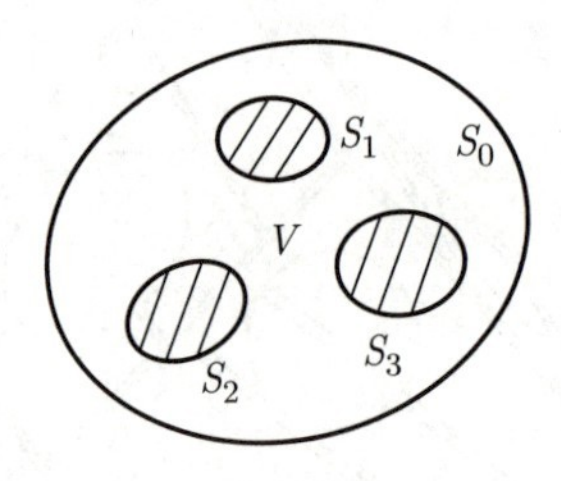

图 2.16

在证明静电唯一性定理之前, 我们先看一下它对于一维拉普拉斯方程的表现. 一维拉普拉斯方程

$$U''(x)=0$$

的通解为线性函数

$$U=Ax+B,$$

其中 A,B 为待定常量, 而电场强度 $E=-U'(x)=-A$. 取解域 $V=\{x|x_1<x<x_2\}$, 则第一类边界条件对应于给定

$$U|_{x_1}=U_1,\quad U|_{x_2}=U_2,$$

此时有唯一电场解

$$E=-A=\frac{U_2-U_1}{x_1-x_2},$$

---

⑦可以设想 S_0 为无穷大的球面或是导体空腔内表面, 而 $S_i(i=1,2,\cdots)$ 为导体电极的表面, 但这样的假设对此处的唯一性定理的证明并不是必要的.

⑧下式面元法向约定为指向解域外部. 可以设想有无穷小的圆柱形孔洞连接于原本不连通的曲面, 而这些孔洞贡献的面积分和体积分是可以忽略不计的.

而且这时也有唯一的电势解[9]，因为这时 B 也可以被确定. 如果取第二类边界条件, 可给定

$$\partial_n U|_{x_2} = U'(x)|_{x=x_2} = k,$$

则有唯一电场解

$$E = -k.$$

需要注意的是, $\partial_n U|_{x_1}$ 可由区域内无电荷来确定, 而不必单独给定, 即

$$\partial_n U|_{x_1} = -\partial_n U|_{x_2} = -k.$$

下面我们考虑三维情形静电场唯一性定理的证明. 为此, 我们设解域内有两组解 $U_1(\boldsymbol{r})$ 和 $U_2(\boldsymbol{r})$, 均满足方程 (2.7) 及边界条件 $U|_S = \phi(\boldsymbol{r}|_S)$ 或 $\partial_n U|_S = \psi(\boldsymbol{r}|_S)$, 其对应的电场分别为 $\boldsymbol{E}_1 = -\nabla U_1$ 和 $\boldsymbol{E}_2 = -\nabla U_2$. 引入差值分布 $U_0(\boldsymbol{r}) = U_1(\boldsymbol{r}) - U_2(\boldsymbol{r})$, 其对应的场强为

$$\boldsymbol{E}_0 = -\nabla U_0 = \boldsymbol{E}_1 - \boldsymbol{E}_2,$$

则 $U_0(\boldsymbol{r})$ 满足

$$V \text{ 内：} \quad \nabla^2 U_0 = 0, \tag{2.9}$$

$$S \text{ 上：} \quad U_0|_S = 0 \text{ 或 } \partial_n U_0|_S = 0. \tag{2.10}$$

现在我们只须证明解域内 $\boldsymbol{E}_0 = 0$, 便可得到电场解的唯一性, 为此我们构造积分

$$\oiint_S U_0 \nabla U_0 \cdot \mathrm{d}\boldsymbol{S} = \oiint_S U_0 \partial_n U_0 \cdot \mathrm{d}S = 0,$$

其中第二个连等式利用了 (2.10) 式. 另一方面,

$$\begin{aligned}\oiint_S U_0 \nabla U_0 \cdot \mathrm{d}\boldsymbol{S} &= \iiint_V \nabla \cdot (U_0 \nabla U_0)\mathrm{d}V = \iiint_V (\nabla U_0 \cdot \nabla U_0 + \nabla^2 U_0)\mathrm{d}V \\ &= \iiint_V (\nabla U_0 \cdot \nabla U_0)\mathrm{d}V,\end{aligned}$$

最后一个等式利用了 (2.9) 式. 因此有

$$\iiint_V \boldsymbol{E}_0^2 \mathrm{d}V = 0.$$

因为 $\boldsymbol{E}_0^2 \geqslant 0$, 故上式表明解域内 $\boldsymbol{E}_0$ 处处为零, 因此两类边界条件均可得到唯一电场解.

---

[9] 这显然是因为此情形的电势零点已经被约定好了.

用类似的方法, 可证明某些边界面上给定电势、其余边界面上给定电势的法向偏导数, 也可以得到静电场的唯一解. 这一类唯一性边界条件称为混合类边界条件.

对于物理带电系统 (不考虑一些无穷大的带电模型), 若给定全空间的电荷分布 $\rho=\rho(\boldsymbol{r})$, 相当于建立了以全空间为解域的泊松方程

$$\nabla^2 U(\boldsymbol{r})=-\rho(\boldsymbol{r})/\varepsilon_0.$$

进一步约定无穷远点为电势零点, 这相当于给定了第一类唯一性边界条件, 我们知道这时全空间的唯一解便是 (1.56) 式给出的

$$U(\boldsymbol{r})=\frac{1}{4\pi\varepsilon_0}\iiint\frac{\rho(\boldsymbol{r}')}{|\boldsymbol{r}-\boldsymbol{r}'|}\mathrm{d}^3\boldsymbol{r}',$$

相应静电场强 $\boldsymbol{E}=-\nabla U$ 便是由库仑定律及叠加原理给出的结果. 静电场麦克斯韦方程 (1.73) 和 (1.74) 与静电场泊松方程等价, 所以库仑定律及叠加原理可以看作静电场麦克斯韦方程组的解.

2.2.2 存在导体的情形

考虑导体电极系统的静电平衡时, 我们可以设想图 2.16 中 S_0 为无穷大球面或导体空腔内表面, 而 $S_i(i=1,2,\cdots)$ 为导体电极外表面, 这时给定第一类边界条件 $U|_{S_i}=U_i(i=0,1,2,\cdots)$[10], 电场 (及电势) 自然有唯一解.

导体系静电平衡时的第一类边界条件可以由不同电源连接导体电极 (但不构成通路) 来建立, 另一种方便建立的边界条件便是给定各个导体电极的电量[11], 可以证明这是导体系静电平衡的一类唯一性边界条件, 称为导体系第二类边界条件. 根据 (2.3) 式, 静电平衡的导体表面面电荷密度为 ($\boldsymbol{n}$ 指向导体外部)

$$\sigma=\varepsilon_0 E_n|_S=-\varepsilon_0\partial_n U|_S,$$

故导体系第二类边界条件为给定

$$Q_i=-\oiint_{S_i}\varepsilon_0\partial_n U\mathrm{d}S\quad(i=1,2,\cdots,n).\tag{2.11}$$

此时, 如 2.2.1 小节那样引入差值分布 $U_0(\boldsymbol{r})$, 它不但在解域内满足 (2.9) 式, 还要在边界上满足

$$\oiint_{S_i}\partial_n U_0\mathrm{d}S=0\quad(i=0,1,2,\cdots,n).$$

[10] 这里要求 U_i 分别为常量.

[11] 若 S_0 为导体空腔内表面, 则其上的电量由腔内总电量确定, 不必额外指定.

如此, 则积分

$$\oiint_S U_0 \nabla U_0 \cdot \mathrm{d}\boldsymbol{S} = \sum_{i=0}^{n} \oiint_{S_i} U_0 \partial_n U_0 \mathrm{d}S = \sum_{i=0}^{n} U_{0i} \oiint_{S_i} \partial_n U_0 \mathrm{d}S = 0,$$

其中 U_{0i} 为等势面 S_i 上的电势. 另一方面, 由 (2.9) 式仍可得

$$\oiint_S U_0 \nabla U_0 \cdot \mathrm{d}\boldsymbol{S} = \iiint_V \boldsymbol{E}_0^2 \mathrm{d}V,$$

故解域内 $\boldsymbol{E}_0$ 处处为零, 即导体系第二类边界条件具有唯一电场解. 这正是我们在 2.1 节中频繁利用的结论, 即给定各个导体电极电量时, 静电平衡时空间电场有唯一解, 自然导体表面电荷分布被唯一确定. 也就是说, 如果我们能找到 (或猜到) 满足 (2.11) 式和导体静电平衡条件 (导体内部场强为零) 的电荷分布, 那么它一定是唯一的、真实的分布.

对于某些导体给定电势, 其余导体给定电量的混合类边界条件, 也可以证明它带来唯一的电场 (及电势) 解, 故为导体系静电平衡的唯一性边界条件.

2.3 电容与电容器

2.3.1 孤立导体电容

根据静电场唯一性定理, 对于图 2.17 所示的, 以 S 为表面的孤立导体, 给定其电量 Q, 则外部电场 $\boldsymbol{E}$ 分布和表面电荷 σ 分布便可被确定. 如果进一步选择无穷远点为电势零点, 则外部电势分布也被确定, 因此导体电势 U 可以看作电量 Q 的函数. 若设定导体电量为 $2Q$, 我们可以猜测此时表面电荷为 2σ 分布, 如此总电量的条件自然得以满足. 而根据叠加原理, 导体内部场强为零的静电平衡条件也是满足的, 因此我们猜测的分布便是唯一的、真实的分布, 而此时的导体电势为 $2U$, 故孤立导体电势正比于其电量.

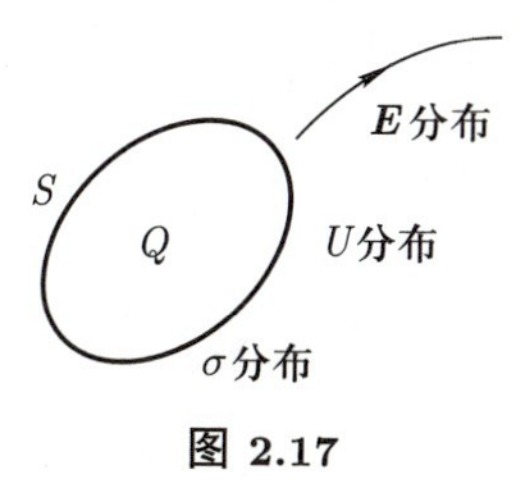

图 2.17

我们定义孤立导体电容为 (选无穷远点为电势零点)

$$C = \frac{Q}{U}, \tag{2.12}$$

它是一个与导体电量无关的量, 仅依赖于导体的几何参量. 国际单位制中电容的主单位为法拉, 记作 F, 1 F = 1 C/V. 常用单位还有微法 (1 μF = 10^{-6} F) 和皮法 (1 pF = 10^{-12} F).

例 2.4 求半径为 R 的孤立导体球的电容.

解 设该孤立导体球的电量为 Q, 则其电势 (无穷远点为电势零点)

$$U = \frac{Q}{4\pi\varepsilon_0 R},$$

相应电容为

$$C = \frac{Q}{U} = 4\pi\varepsilon_0 R, \tag{2.13}$$

不依赖于电量, 仅依赖于几何参量 R. 代入 $R = 6.37 \times 10^6$ m, 则可大致估计地球的电容[13]

$$C = \frac{6.37 \times 10^6}{8.99 \times 10^9}\ \text{F} \approx 700\ \mu\text{F}.$$

由此可以看出法拉是一个比较大的单位.

需要说明的是, 电容有电荷容纳能力的含义, 如果将孤立导体置于空气中, 导体荷载电荷所带来的电势存在上限 U_M, 超过这个上限便可造成空气的电击穿. 我们称 U_M 为孤立导体的最大耐压. 给定最大耐压时, 孤立导体的最大荷载电量 $Q_\text{M} = CU_\text{M}$ 由其电容决定, 电容越大则荷载电荷的能力越强.

2.3.2 导体空腔电容器

导体 "孤立" 的条件在实践上很难做到, 为了避免外界电场的干扰, 通常人们把电荷储藏在导体空腔内相对的导体电极表面上, 这样构造的电荷 "容器" 称为导体空腔电容器.

如图 2.18 所示, 为导体空腔 B 内导体电极 A 充电, 使其电量达到 $Q(>0)$, 此时 B 的内表面带电量自然是 $-Q$, 它与 A 构成导体空腔电容器, 其中 A 为电容器的正电极, B 的内表面为负电极. 利用唯一性定理可以证明, A, B 间电势差 $\Delta U = U_A - U_B$ 正比于电量 Q, 因此可以定义导体空腔电容器的电容为

$$C = \frac{Q}{\Delta U}. \tag{2.14}$$

若极板间的介质为空气, 则导体空腔电容器仍然存在最大耐压 ΔU_M, 对应的最大荷载电量 $Q_\text{M} = C\Delta U_\text{M}$, 所以电容仍然是电荷容纳能力的一种度量. 此外, (2.14) 式定义的电容值不依赖于电量, 仅依赖空腔的几何参量等.

[13] 实际上地球凹凸不平, 表面积大于 $4\pi R^2$, 其电容也相应大于此处的估计值.

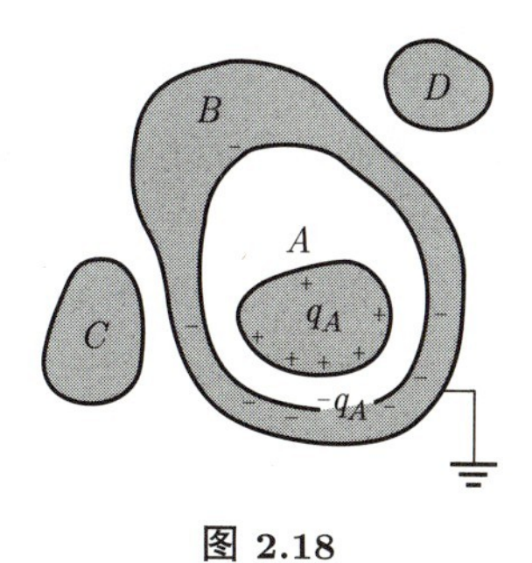

图 2.18

例 2.5 求平行板电容器的电容.

解 平行板电容器由横截面积均为 S、间距为 $d(\ll \sqrt{S})$ 的两块相同形状的平行金属极板 A, B 构成, 如图 2.19 所示. 令 A 极板带电量为 $Q(>0), B$ 极板带电量为 $-Q$, 忽略图中的边缘部分, 将两个极板看作无穷大导体平板, 则静电平衡时两个极板必然均匀带电, 电荷面密度分别为

$$\pm\sigma = \pm\frac{Q}{S}.$$

极板间场强近似为

$$E = \frac{\sigma}{\varepsilon_0} = \frac{Q}{\varepsilon_0 S},$$

两极板电势差近似为

$$\Delta U = Ed = \frac{Qd}{\varepsilon_0 S}.$$

实际上两个极板电荷分布并不均匀, 在极板边缘处尤甚, 此处场线也会出现明显的偏折, 如图 2.19 所示, 这些偏折称为边缘效应, 所以我们如上所做的近似, 便是忽略边缘效应的近似. 在同样的近似下, 平行板电容器可以看作导体空腔电容器, 其电容为

$$C = \frac{Q}{\Delta U} = \frac{\varepsilon_0 S}{d}, \tag{2.15}$$

正比于极板面积, 反比于极板间距, 而与电量无关.

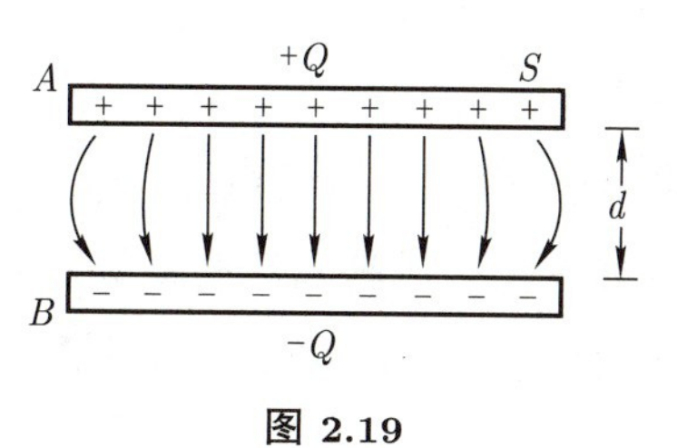

图 2.19

例 2.6 同心球形电容器的电容.

解 如图 2.20 所示, 由两个半径分别为 R_A 和 R_B 的同心导体球壳相对表面构成的导体空腔电容器便是同心球形电容器. 为了求其电容, 我们设定 A 球壳带电量为 Q, 则 A, B 间场强为

$$\boldsymbol{E}(\boldsymbol{r})=\frac{Q\widehat{\boldsymbol{r}}}{4\pi\varepsilon_0 r^2}\quad(R_B>r>R_A),$$

电势差为

$$\Delta U=\int_{R_A}^{R_B}\frac{Q}{4\pi\varepsilon_0 r^2}\mathrm{d}r=\frac{Q}{4\pi\varepsilon_0}\frac{R_B-R_A}{R_AR_B},$$

故其电容为

$$C=\frac{Q}{\Delta U}=\frac{4\pi\varepsilon_0 R_AR_B}{R_B-R_A}.\tag{2.16}$$

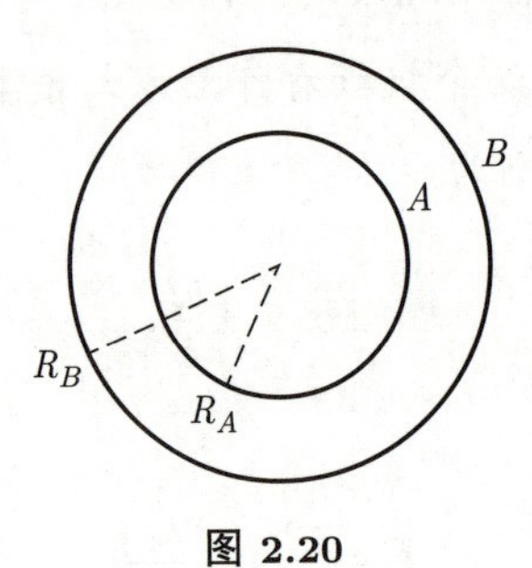

图 2.20

讨论 考虑如下两个极限:

(1) 若 $R_B\gg R_A$, 则 $C\to 4\pi\varepsilon_0 R_A$, 这相当于半径为 R_A 的孤立导体球电容.

(2) 如两个球壳间距很近, 即

$$d=R_B-R_A\ll\overline{R}=\frac{R_B+R_A}{2},$$

引入球壳平均表面积 $\overline{S}=4\pi\overline{R}^2$, 则

$$C\to\frac{4\pi\varepsilon_0\overline{R}^2}{d}=\frac{\varepsilon_0\overline{S}}{d}.$$

此时, 同心球形电容器与平行板电容器等价.

例 2.7 同轴柱形电容器的电容.

解 如图 2.21 所示, 由两个半径分别为 R_A 和 R_B、长度同为 $L(\gg R_B)$ 的同轴导体圆柱壳相对表面构成的电容器便是同轴柱形电容器. 为了求其电容, 我们设定 A 带电量为 Q, 忽略边缘效应, 则 A 均匀带电, 单位长度电量为 $\lambda=Q/L$, 相应 A 与 B 之间的电势差为

$$\Delta U=\int_{R_A}^{R_B}\frac{\lambda}{2\pi\varepsilon_0 r}\mathrm{d}r=\frac{Q}{2\pi\varepsilon_0 L}\ln\frac{R_B}{R_A},$$

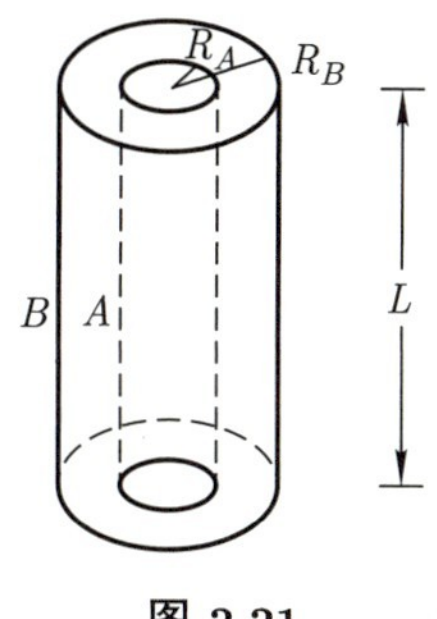

图 2.21

相应电容为

$$C = \frac{Q}{\Delta U} = \frac{2\pi\varepsilon_0 L}{\ln R_B/R_A}. \tag{2.17}$$

讨论

(1) 若极板间距很小, 即

$$d = R_B - R_A \ll \overline{R} = \frac{R_B + R_A}{2},$$

便有

$$\ln\frac{R_B}{R_A} \approx \ln\left(1 + \frac{d}{\overline{R}}\right) \approx \frac{d}{\overline{R}}.$$

引入极板的平均面积 $\overline{S} = 2\pi\overline{R}L$, 则 (2.17) 式近似为

$$C \approx \frac{\varepsilon_0\overline{S}}{d}.$$

此时, 同轴柱形电容器与平行板电容器等价.

(2) 电容正比于 L, 故电容表现为按长度的分布性量, 单位长度电容为

$$C^* = \frac{\mathrm{d}C}{\mathrm{d}l} = \frac{2\pi\varepsilon_0}{\ln(R_B/R_A)}. \tag{2.18}$$

事实上, 任意两个导体之间 (如导线和大地之间、人体和仪器之间等) 都存在分布性电容, 下面是分布性电容的一个算例.

例 2.8 平行直导线之间的分布性电容.

解 由半径同为 r、间距为 d ($d \gg r$) 且非常长的两根圆柱直导线构成的电容器如图 2.22 所示, 如令 A, B 导线带等量异号电荷, 则各自沿长度方向近似均匀带电. 设其电荷线密度分别为 $\pm\lambda$. 因为 $d \gg r$, 所以它们的电荷近似均匀分布在各自的表面上, 因此图中平面上 A, B 间的场强分布近似为

$$E(x) \approx \frac{\lambda}{2\pi\varepsilon_0 x} + \frac{\lambda}{2\pi\varepsilon_0(d-x)} \quad (r < x < d-r),$$

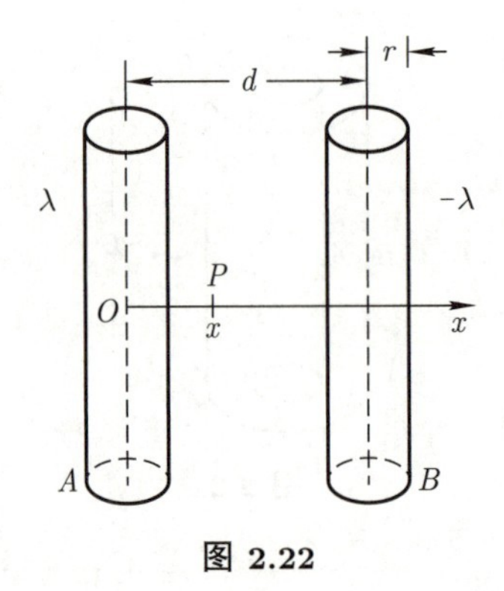

图 2.22

则 A, B 间电势差近似为

$$\Delta U \approx 2\int_{r}^{d-r} \frac{\lambda}{2\pi\varepsilon_0 x}\mathrm{d}x \approx \frac{\lambda}{\pi\varepsilon_0}\ln\frac{d}{r},$$

故单位长度电容为

$$C^* = \frac{\lambda}{\Delta U} \approx \frac{\pi\varepsilon_0}{\ln(d/r)}.$$

图 2.23(a) 所示的是电子线路中所用的电容器的一个样本, 其电容标称值为 1.8 μF, 相对标称精度为 5%, 最大耐压为 300 V, 可以适用于交流 (AC) 电路. 图 2.23(b) 为其内部结构示意图, 电极由铝箔或锡箔担当, 其间有绝缘的电容器纸, 它比空气介质更能提高电容值. 可以看出这是一个典型的平行板电容器.

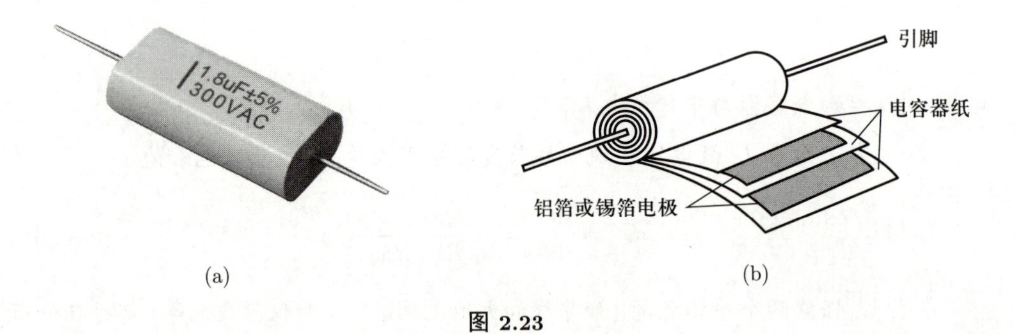

(a) (b)

图 2.23

接下来, 我们可以估计一下图 2.23 中的电容器的体积. 绕制电容器的锡箔和电容器纸的厚度大概为几个微米, 我们均可以按 $d \sim 5$ μm 来估计, 所以要绕制电容为 C 的电容器, 需要极板的面积 $S \sim dC/\varepsilon_0$. 若电容器纸等价于真空介质, 则电容器的体积估计为

$$V \sim \frac{2d^2C}{\varepsilon_0}.$$

若按 $C = 1.8$ μF 来估计, 则体积 $V \sim 10\ \mathrm{cm}^3$. 考虑到电容器纸的存在使得电容值比真空介质增大 5 ~ 10 倍 (参见 2.5.2 小节的例 2.10), 所以这个电容器的体积可以做到

1 cm^3 的量级.

2.3.3 电容器的串并联

图 2.24 所示的是电容器的串联位形[13]. 此时, 各个电容器的电量均为 q, 而电压满足叠加关系

$$U=\sum_{i=1}^{n}U_i=\sum_{i=1}^{n}\frac{q}{C_i},$$

因此, 串联的等效电容

$$C_{\text{串}}=\frac{q}{U}=\frac{1}{\sum\limits_{i=1}^{n}C_i^{-1}}. \tag{2.19}$$

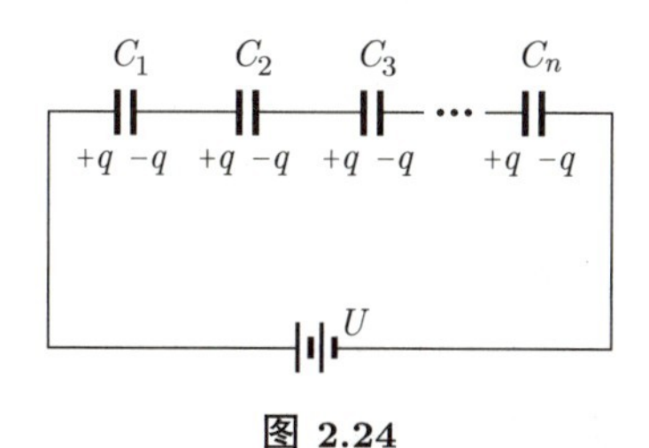

图 2.24

例如, 若 n 个电容为 C_0 的相同的平行板电容器串联, 有效电容 $C_{\text{串}}=C_0/n$, 从图 2.24 中可以看出, 这相当于极板面积不变, 但间距变大 n 倍, 故由 (2.15) 式可知, 其电容降低 n 倍. 串联可以降低电容, 但同时可以加大耐压.

图 2.25 所示的是电容器并联的位形. 此时, 各个电容器的电压均为 U, 而并联等

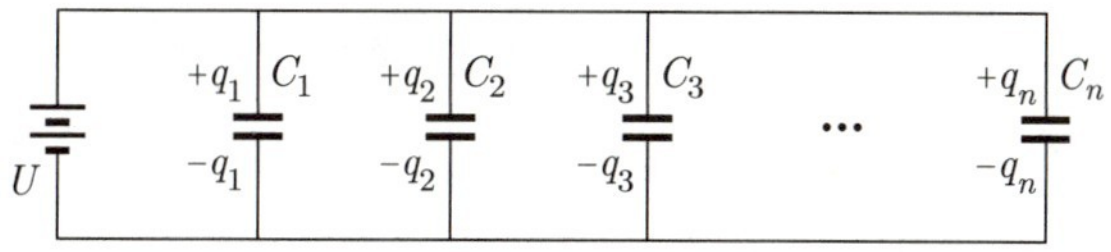

图 2.25

效电容器的电量满足叠加关系

$$q=\sum_{i=1}^{n}q_i=\sum_{i=1}^{n}UC_i,$$

因此, 并联的等效电容

$$C_{\text{并}}=\frac{q}{U}=\sum_{i=1}^{n}C_i. \tag{2.20}$$

---

[13] 为了简化, 这里仅考虑两个相邻电容器连接在一起的极板整体不带电, 否则不能简单地看作电容器的串联.

由此可见, 并联可以增大电容. 例如, 若 n 个电容为 C_0 的相同的平行板电容器并联, 有效电容 $C_{并} = nC_0$. 从图 2.25 中可以看出, 这相当于极板间距不变, 但面积增大 n 倍, 故由 (2.15) 式可知, 其电容增大 n 倍. 其实, 例 2.7 中电容按长度均匀分布也相当于电容并联的结果.

2.3.4 电容器储能

电容器可以储藏电荷, 自然在正负极板间也储藏了电场和电场能量. 对电容器的储能, 可以采用几种等价的方式加以定量考察.

首先, 为电容器充电的过程中, 电源需要克服静电排斥力将电荷微元从负极板搬运到正极板, 这是电容器储能增加的来源. 给定电容 C, 任意时刻电压 $u(t)$ 与电量 $q(t)$ 满足关系 $q = Cu$, 此时搬运电荷微元 $\mathrm{d}q$, 电源须做功

$$\mathrm{d}A = u\mathrm{d}q = \frac{q\mathrm{d}q}{C}.$$

因此, 该电容器电量为 Q 时储藏的电场能为

$$W_{\mathrm{e}} = \int_0^Q \frac{q}{C}\mathrm{d}q = \frac{1}{2}\frac{Q^2}{C} = \frac{1}{2}UQ = \frac{1}{2}CU^2, \tag{2.21}$$

其中 $U = Q/C$ 为正负极板的电势差.

此外, 由面电荷分布的静电能积分公式 (1.70), 也可得电容器储能公式

$$W_{\mathrm{e}} = \frac{1}{2}\iint \sigma U\mathrm{d}S = \frac{1}{2}(U_+ - U_-)Q = \frac{1}{2}UQ.$$

2.4 电介质的极化

2.4.1 极化的微观机制

在 1.2.3 小节中我们曾经提到, 电介质的微观电结构在宏观外场的影响下可以变形, 从而产生宏观带电效应, 并影响和改变宏观电场, 这便是极化现象. 考虑到电介质中的分子体积微小并且整体电中性, 同时也考虑到介质内部的宏观场是微观场的平均, 其实, 极化效应微观上仅来自在外场的影响下分子电偶极矩自身的变化及其排列方向的变化.

分子内部的微观电荷分布一般是很复杂的, 但仅考虑偶极矩时我们可以引入正负电中心的概念, 正电中心相当于原子核或正离子正电荷分布的 "重心", 负电中心相当于电子云或负离子负电荷分布的 "重心". 没有外场的影响时, 如果分子正负电中心不重合, 则具有电偶极矩, 称为分子的固有极矩. 这样, 分子按内部电荷排列的情况可以

分为两种 —— 无极分子和有极分子. 无极分子是指无电场时分子内部正负电“中心”高度重合, 因此没有固有电偶极矩, 而正负电中心不重合从而具有固有极矩的分子称为有极分子.

无极分子包括单原子分子 (如 C, He, Ne 等) 和具有对称结构的双原子分子 (如 H_2, O_2 等), 以及多原子分子 (如 CO_2, CH_4 等); 有极分子包括非对称结构的双原子分子 (如 HCl, NaCl 等) 和非对称结构的多原子分子 (如 H_2O, NH_3 等). 图 2.26 展示了 CO_2 分子和 H_2O 分子带电结构的差别. CO_2 分子中两个 C—O 键之间的键角为 180°, 因此是对称结构的无极分子, 而 H_2O 分子中两个 H—O 键之间的键角约为 105°, 因此是非对称结构的有极分子, 图中氧原子的重心相当于负电中心, 而两个氢原子的重心相当于正电中心. 水分子的固有电偶极矩大小约为 6.1×10^{-30} C · m, 相对于其他有极分子, 这是一个极大的固有极矩, 这正是水可以作为良好溶剂的原因所在.

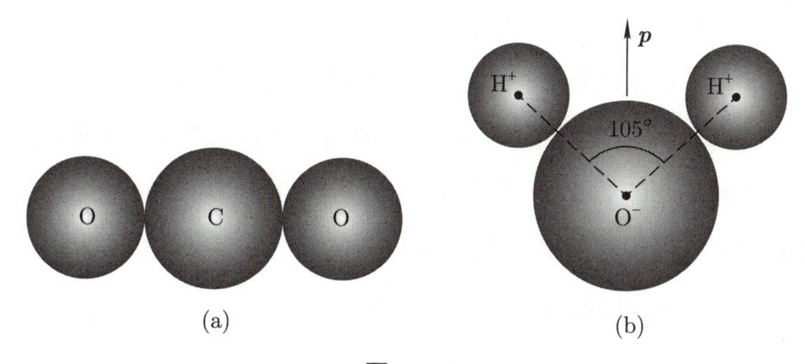

图 2.26

无极分子虽然没有固有极矩, 但在外场的作用下可以产生正负电中心的分离, 从而产生所谓的诱导分子极矩, 如图 2.27(a) 所示. 而这些诱导极矩在介质内部沿外场方向定向排列, 使得介质表面 (甚至内部) 出现宏观平均意义上的电荷分布, 产生极化. 这种极化机制称为无极分子的位移极化机制, 相应的介质表面和内部的宏观平均意义上的电荷称为极化电荷, 极化电荷在介质中仍然被束缚在分子的尺度上, 因此也被称为束缚电荷, 以区分导体内的自由电荷.

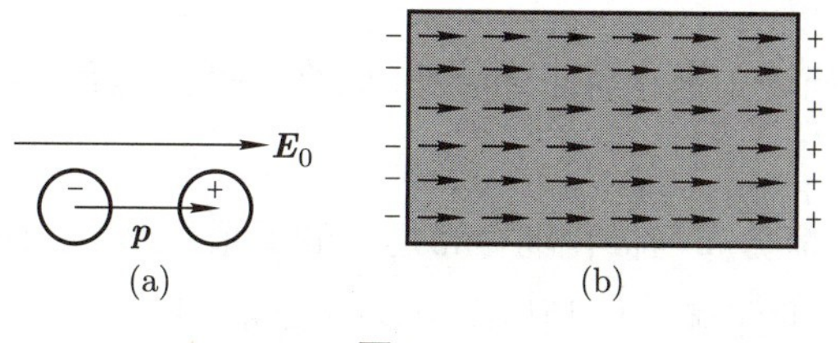

图 2.27

对于有极分子, 虽然有固有分子极矩, 但因为热运动, 所以在没有外场时, 通常分子极矩的方向在介质内部的分布杂乱无章, 故没有宏观带电性. 在有外场时, 与无极分子构成的介质类似, 有极分子构成的介质也存在位移极化效应, 但通常占主导的极化机制是有极分子固有极矩在外场中的转向效应. 如图 2.28(a) 所示, 固有极矩为 $\boldsymbol{p}$ 的分子偶极子在外场 $\boldsymbol{E}_0$ 中受到力矩 $\boldsymbol{\tau} = \boldsymbol{p} \times \boldsymbol{E}_0$, 从而使极矩方向发生偏转. 在库仑力矩和热运动的共同作用下, 极矩在介质内部有了定向排布的趋势, 如图 2.28(b) 所示, 从而产生极化效应和相应的极化电荷分布. 这种极化机制称为有极分子的取向极化机制.

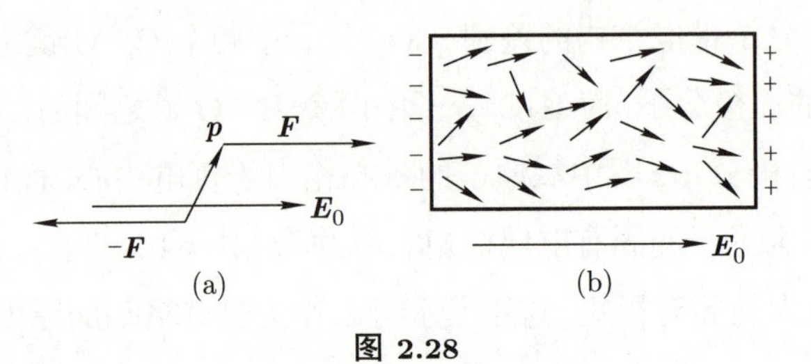

图 2.28

需要说明的是, 本章仅限于考察存在介质时静电场的性质, 故仅须考察介质在低频电场影响下的极化行为. 若考虑高频行为, 因为分子或原子核的惯性远大于电子, 所以此情形只须考察电子对高频电场的响应, 或者说无论是有极分子还是无极分子, 其对高频电场的响应均以电子位移极化机制为主.

2.4.2 极化强度与极化电荷分布

如果我们仅关心宏观平均意义上的场, 那么图 2.28(b) 的分子极矩分布和图 2.27(b) 是等价的, 或者说我们可以取宏观很小但微观很大的体元 $\mathrm{d}V$ 来定义分子极矩的体密度

$$\boldsymbol{P} = \frac{\sum\limits_{\mathrm{d}V} \boldsymbol{p}_{\text{分}}}{\mathrm{d}V}. \tag{2.22}$$

$\mathrm{d}V$ 微观很大以至于分子极矩微观分布的细节以及量子效应可以忽略不计, $\mathrm{d}V$ 宏观很小以至于我们定义的分子极矩体密度是一个宏观场, 这个场被称为极化场, 相应地 $\boldsymbol{P}$ 也被称为极化强度矢量.

宏观上, 极化场描述了极化状态的分布, 而给定极化状态, 原则上极化电荷分布也随之确定.

为了考察极化电荷分布与极化场分布之间的关系, 我们先如图 2.29(a) 所示, 考察由闭合曲面 S 所包围的区域 ΔV 的极化电荷总量 q'. 考虑到宏观平均的效果, 图中的分子偶极子可以统一由距离为 l、电量分别为 $\pm q$ 的正负微观点电荷来表示, 如此则 q' 均来自曲面 S 附近, 厚度约为 l 的一层中分子偶极子分布的贡献. 具体地说, 若图中边界层偶极子的黑色实心圆圈被切割入 S 内, 则贡献 $+q$ 于电量 q'; 若边界层偶极子

的白色空心圆圈被切割入 S 内, 则贡献 $-q$ 于电量 q'.

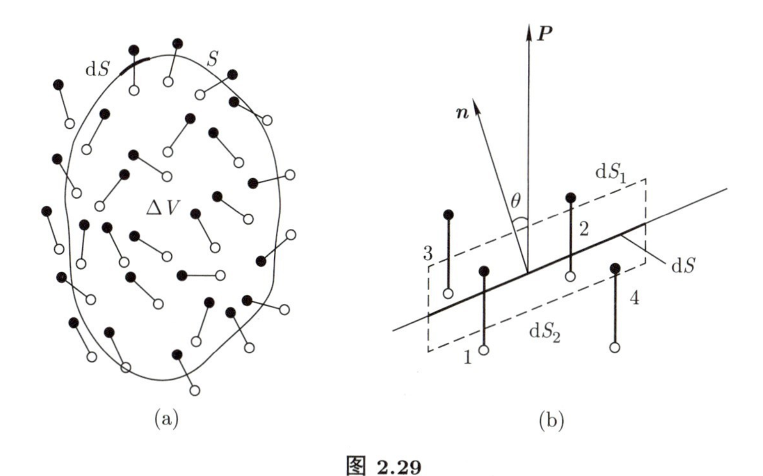

图 2.29

图 2.29(b) 为 S 的一处面元 $\mathrm{d}\boldsymbol{S}$ 附近分子极矩分布的示意图, 该处面元法向为 $\boldsymbol{n}$, 极化强度为 $\boldsymbol{P}$, 其间夹角为 θ. 图中虚线示意的是以 $\mathrm{d}\boldsymbol{S}$ 为中间截面的斜柱体, 其母线长为 l 且沿极化场方向, 若分子偶极子中心位于该虚线斜柱外 (如图中 3 或 4), 则对 ΔV 内 q' 没有贡献, 若分子偶极子中心位于该虚线斜柱内 (如图中 1 或 2), 则对 ΔV 内贡献极化电荷 $-q$ (若 θ 为锐角) 或 q (若 θ 为钝角), 故 $\mathrm{d}\boldsymbol{S}$ 附近分子偶极子贡献 $\mathrm{d}q' = -q \cdot n \cdot \mathrm{d}S \cdot l\cos\theta$, 其中 n 为 $\mathrm{d}\boldsymbol{S}$ 处分子的数密度. 按照定义 $P = nql$, 故

$$\mathrm{d}q' = -P\mathrm{d}S\cos\theta = -\boldsymbol{P}\cdot\mathrm{d}\boldsymbol{S},$$

因此

$$q' = -\oiint_S \boldsymbol{P}\cdot\mathrm{d}\boldsymbol{S}. \tag{2.23}$$

(2.23) 式可以看作极化场的 "高斯定理". 引入极化电荷体密度 ρ', 则 $q' = \iiint_{\Delta V}\rho'\mathrm{d}V$, 根据高斯积分公式可得

$$\rho' = -\nabla\cdot\boldsymbol{P}. \tag{2.24}$$

这便是极化电荷体密度与极化场分布之间的关系.

极化电荷面密度和极化场分布之间的关系可以由极化场的边值关系给出. 类似于 1.8 节中对电场边值关系的考察, 如图 2.30 所示, 我们在 1, 2 介质分界面上取高斯扁盒, 并对其应用 (2.23) 式, 得

$$(\boldsymbol{P}_2 - \boldsymbol{P}_1)\cdot\Delta S\boldsymbol{n} = -\sigma'\Delta S,$$

其中 $\boldsymbol{P}_2/\boldsymbol{P}_1$ 为分界面附近上/下方的极化场, 法矢量 $\boldsymbol{n}$ 指向上方, σ' 为分界面上的极

化电荷面密度. 因此, 介质分界面上

$$\sigma' = P_{1n} - P_{2n}. \tag{2.25}$$

尤其是当介质 2 为真空时,

$$\sigma' = P_{1n}.$$

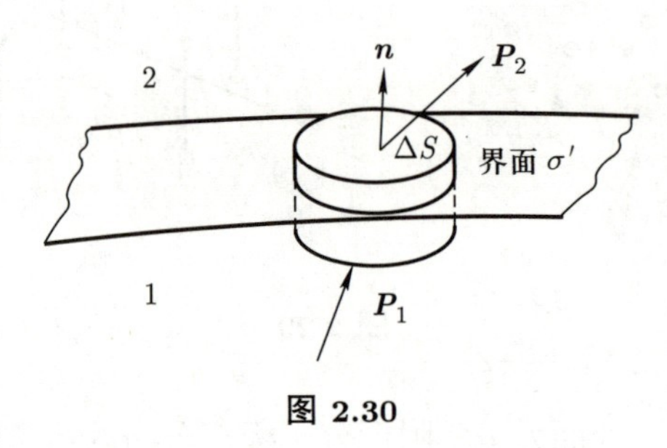

图 2.30

例 2.9 均匀极化球的极化电荷分布和附加电场.

解 如图 2.31 所示, 半径为 R 的均匀极化球, 其内部极化矢量 $\boldsymbol{P} = P\widehat{\boldsymbol{z}}$ 为常量, 以 z 轴为极轴建立球坐标系, 则图中法矢量 $\boldsymbol{n} = \widehat{\boldsymbol{r}}$. 相应极化电荷体密度

$$\rho' = -\nabla \cdot \boldsymbol{P} = 0.$$

球面上极化电荷面密度

$$\sigma' = \boldsymbol{P} \cdot \boldsymbol{n} = P\cos\theta.$$

这是一个余弦型球面电荷分布. 根据例 1.12 的结果, 可以得到极化电荷所激发的附加电场为

$$\boldsymbol{E}'(\boldsymbol{r}) = \begin{cases} -\dfrac{P}{3\varepsilon_0}\widehat{\boldsymbol{z}} = -\dfrac{\boldsymbol{P}}{3\varepsilon_0}, & r < R, \\ \dfrac{PR^3}{3\varepsilon_0 r^3}(2\cos\theta\widehat{\boldsymbol{r}} + \sin\theta\widehat{\boldsymbol{\theta}}), & r > R. \end{cases} \tag{2.26}$$

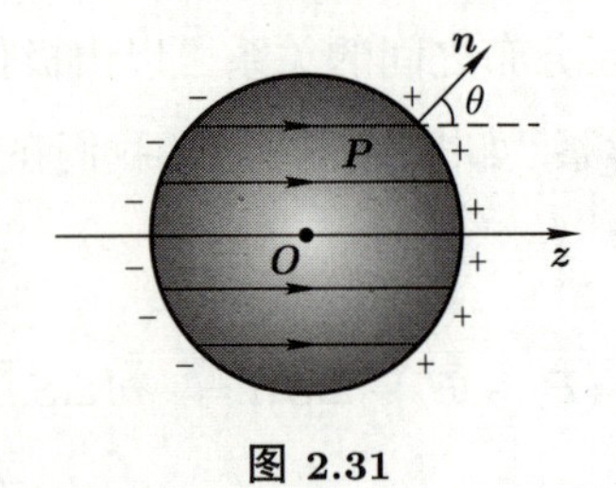

图 2.31

2.5 电介质存在时的静电场

2.5.1 静电场方程、电位移矢量

有介质存在时, 记外电场为 $\boldsymbol{E}_0$, 它是由介质外部电极上的自由电荷分布 ρ_0 所激发的. 此时空间电场强度

$$\boldsymbol{E} = \boldsymbol{E}_0 + \boldsymbol{E}',$$

其中 $\boldsymbol{E}'$ 为由极化电荷分布 ρ' 所激发的附加电场. 由例 2.9 可以看出, $\boldsymbol{E}'$ 在介质内部倾向与极化场的方向相反, 有退极化的趋势, 故也被称为退极化场.

本节仅考虑静电平衡的情形, 因此电场 $\boldsymbol{E}$ 满足的环路定理为

$$\nabla \times \boldsymbol{E} = \nabla \times \boldsymbol{E}_0 + \nabla \times \boldsymbol{E}' = 0,$$

故仍可以引入电势 U(通常选无穷远点为电势零点), 使得 $\boldsymbol{E} = -\nabla U$.

静电场的高斯定理为

$$\nabla \cdot \boldsymbol{E} = \nabla \cdot \boldsymbol{E}_0 + \nabla \cdot \boldsymbol{E}' = (\rho_0 + \rho')/\varepsilon_0. \tag{2.27}$$

这个形式的高斯定理并不方便应用, 因为尽管 ρ_0 作为输入量可以给定, 但 ρ' 分布是被动出现的, 需要与电场 $\boldsymbol{E}$ 一起求解. 利用 (2.24) 式, 可以将 (2.27) 式改写为

$$\varepsilon_0 \nabla \cdot \boldsymbol{E} = \rho_0 - \nabla \cdot \boldsymbol{P},$$

因此, 我们可以引入电位移矢量

$$\boldsymbol{D} = \varepsilon_0 \boldsymbol{E} + \boldsymbol{P}, \tag{2.28}$$

从而将 (2.27) 式改写为

$$\nabla \cdot \boldsymbol{D} = \rho_0. \tag{2.29}$$

显然, $\boldsymbol{D}$ 是一个辅助矢量, 而 (2.29) 式只是 (2.28) 式的等价形式, 通常也被称为电位移高斯定理. 其积分形式为

$$\oiint_S \boldsymbol{D} \cdot \mathrm{d}\boldsymbol{S} = \iiint_V \rho_0 \mathrm{d}V. \tag{2.30}$$

若作为输入的 ρ_0 分布有强对称性, 利用 (2.30) 式便可求解电位移的分布, 但这对于求解电场还不充分, 我们还需要 $\boldsymbol{D}$ 与 $\boldsymbol{E}$ 之间或 $\boldsymbol{P}$ 与 $\boldsymbol{E}$ 之间的关系, 其中后者被称为极化规律.

2.5.2 极化规律、相对介电常量

极化规律原则上可以通过考察极化的微观机制而在理论上建立, 也可以利用宏观静电场的规律对其加以实验上的测定, 我们这里采用宏观的方式加以描述. 实验上发现, 对于大多数均匀介质, 在宏观弱场的条件下, 满足线性且各向同性的极化规律, 即 $\boldsymbol{P}$ 与 $\boldsymbol{E}$ 之间成正比, 相应地,

$$\boldsymbol{P} = \chi_{\mathrm{e}}\varepsilon_0\boldsymbol{E}, \tag{2.31}$$

其中无量纲的常量 χ_{e} 称为介质的电极化率.

也存在各向异性的介质, 如晶体, 因为内部存在独立于电场 $\boldsymbol{E}$ 的特殊方向 (如晶轴取向), 故 $\boldsymbol{P}$ 与 $\boldsymbol{E}$ 的方向一般并不一致, 这种介质称为各向异性介质, 在弱场近似下通常满足的是线性但各向异性的极化规律

$$P_i = \varepsilon_0\sum_{j=1}^{3}(\boldsymbol{\chi}_{\mathrm{e}})_{ij}E_j, \quad i = 1, 2, 3,$$

其中 $\boldsymbol{\chi}_{\mathrm{e}}$ 称为电极化率张量, 可以证明它是一个对称张量.

有些材料即使在弱场下极化规律也是非线性的, 称为非线性介质. 本章中我们仅关心极化满足 (2.31) 式的线性各向同性介质, 简称线性介质.

对于线性介质, 将 (2.31) 式代入 (2.28) 式得

$$\boldsymbol{D} = \varepsilon_{\mathrm{r}}\varepsilon_0\boldsymbol{E} = \varepsilon\boldsymbol{E}, \tag{2.32}$$

其中无量纲常量 $\varepsilon_{\mathrm{r}} = 1 + \chi_{\mathrm{e}}$ 称为相对介电常量, 而 $\varepsilon = \varepsilon_{\mathrm{r}}\varepsilon_0$ 称为介质的介电常量. 显然, 真空 $\varepsilon_{\mathrm{r}} = 1$, 而介质的相对介电常量, 便是相对于真空而言的. ε_{r} 可以通过实验测定, 这样补充了方程 (2.32) 或 (2.31), 介质存在时的静电场问题便可以求解了.

表 2.1 中给出了一些典型介质的相对介电常量在 1 atm, 20°C 条件下的测量值, 从中可以看出水的相对介电常量是很大的, 这本身是因为水分子的固有电偶极矩很大.

表 2.1 一些典型介质的相对介电常量 (1 atm, 20°C)

材料	ε_{r}	材料	ε_{r}
真空	1	苯	2.3
氦	1.000065	石英玻璃	4.2
氢	1.00025	金刚石	5.7
氩	1.00052	硅	11.8
空气 (干燥)	1.00054	水	80.1

例 2.10 平行板电容器的介质填充问题.

如图 2.32 所示, 平行板电容器极板面积为 S、极板间距为 d ($d \ll \sqrt{S}$), 充满各向同性均匀介质, 其相对介电常量为 ε_{r}. 忽略边缘效应, 并设两极板自由电荷面密度分别为 $\pm\sigma_0$, 求极板间的电场 E 与电容器电容 C.

解 我们采用两种方法求解电场.

方法一. 忽略边缘效应的前提下, 如图 2.32 所示, 在介质内部设定 $\boldsymbol{E}, \boldsymbol{E}_0, \boldsymbol{E}', \boldsymbol{P}$ 的方向, 并设介质与正负极板分界面的极化电荷面密度分别为 $\mp\sigma'$, 如上五个未知量满足如下五个方程:

$$E_0 = \sigma_0/\varepsilon_0 \ (\pm\sigma_0 \text{ 分布的对称性});$$

$$E' = \sigma'/\varepsilon_0 \ (\pm\sigma' \text{ 分布的对称性});$$

$$E = E_0 - E' \ (\text{场强叠加原理});$$

$$\sigma' = P \ (\text{极化场边值关系});$$

$$P = (\varepsilon_{\mathrm{r}} - 1)\varepsilon_0 E \ (\text{极化规律}).$$

由如上五个方程解得

$$E = \frac{E_0}{\varepsilon_{\mathrm{r}}} = \frac{\sigma_0}{\varepsilon_{\mathrm{r}}\varepsilon_0}.$$

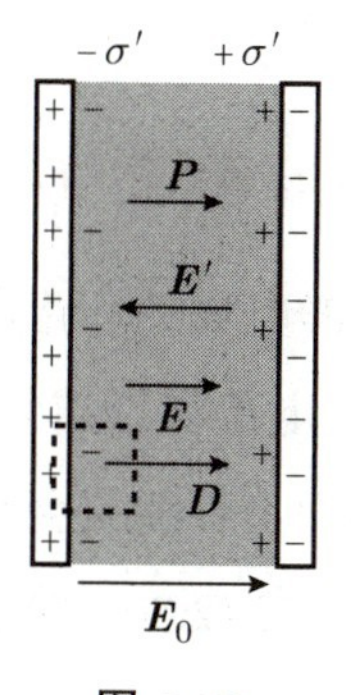

图 2.32

方法二. 利用电位移高斯定理和 $\pm\sigma_0$ 分布的对称性来求解. 首先根据对称性在图 2.32 中标定 $\boldsymbol{D}$ 的方向. 取底面平行于极板的柱状高斯面如图所示, 其深入正极板的底面感受到的电位移为零. 设高斯面底面积为 ΔS, 则应用电位移高斯定理得

$$D = \sigma_0,$$

再利用 (2.32) 式得

$$E = \frac{D}{\varepsilon_{\mathrm{r}}\varepsilon_0} = \frac{\sigma_0}{\varepsilon_{\mathrm{r}}\varepsilon_0}.$$

可见方法二思路上比方法一更加直接.

进一步, 填充介质后的电容为

$$C = \frac{\sigma_0 S}{Ed} = \varepsilon_r \varepsilon_0 \frac{S}{d} = \varepsilon_r C_0,$$

其中 C_0 为没有填充介质时的电容. 由此可以看出填充介质可以提高电容. 在这个意义上, $\varepsilon = \varepsilon_r \varepsilon_0$ 也被称为介质的电容率, 而 ε_r 也便是相对电容率. 这样, 将介质填充入平行板电容器, 测量前后电容的变化, 便可以测定介质的相对介电常量 ε_r.

例 2.11 试证明: 均匀线性介质中, 若 $\rho_0 = 0$, 则 $\rho' = 0$.

证明 设介质的相对介电常量为 ε_r, 则由 (2.28) 和 (2.32) 式, 得

$$\boldsymbol{P} = \frac{\varepsilon_r - 1}{\varepsilon_r} \boldsymbol{D}.$$

两边取散度, 并利用 (2.24) 和 (2.29) 式, 得

$$\rho' = -\frac{\varepsilon_r - 1}{\varepsilon_r} \rho_0. \tag{2.33}$$

因此, 若 $\rho_0 = 0$, 则 $\rho' = 0$.

对 (2.33) 式应该这样理解, 将带电的、微小的导体小颗粒密布于绝缘介质中, 便可构造介质中的 ρ_0 分布, 这样每个导体小颗粒都会包裹着一层与其电量成比例但符号相反的极化电荷, 形成 ρ' 分布.

2.5.3 静电场边值关系、有介质存在时的唯一性定理

跨越 1, 2 介质分界面时, 因为静电场的环路定理与无介质时相同, 故电场切向分量依然连续, 即 $\boldsymbol{E}_{1t} = \boldsymbol{E}_{2t}$. 相应地, 电势在跨越分界面时也是连续的.

若 1 和 2 均为绝缘介质, 则界面上一般仅会有极化电荷面分布, 而不存在自由电荷面分布. 根据电位移高斯定理积分式 (2.30), 跨越界面时电位移法向连续, 即

$$D_{1n} = D_{2n}.$$

若界面上既有极化电荷 σ' 分布, 又有自由电荷 σ_0 分布, 则有如下法向边值关系 ($\boldsymbol{n}$ 指向 2):

$$D_{2n} - D_{1n} = \sigma_0,$$
$$E_{2n} - E_{1n} = (\sigma' + \sigma_0)/\varepsilon_0.$$

由如上两个关系式, 可以重新给出 (2.25) 式.

例 2.12 相对介电常量为 ε_{r} 的绝缘介质与导体紧密接触, 界面上导体的自由电荷分布为 $\sigma_0=\sigma_0(\boldsymbol{r})$, 求界面上对应的极化电荷分布 $\sigma'=\sigma'(\boldsymbol{r})$.

解 取界面法矢量 $\boldsymbol{n}$ 指向导体一侧, 并设绝缘介质内部极化场为 $\boldsymbol{P}$、电位移场为 $\boldsymbol{D}$, 则

$$\boldsymbol{P}=\frac{\varepsilon_{\mathrm{r}}-1}{\varepsilon_{\mathrm{r}}}\boldsymbol{D}.$$

导体内部极化场和电位移均为零. 由边值关系得界面附近

$$D_n=-\sigma_0,\quad P_n=\sigma',$$

因此

$$\sigma'=-\frac{\varepsilon_{\mathrm{r}}-1}{\varepsilon_{\mathrm{r}}}\sigma_0. \tag{2.34}$$

如图 2.33 所示, 考虑由闭合曲面 S 包围的、分区均匀的解域 $V=\sum\limits_i V_i$, 其中分区 $V_i\ (i=1,2,\cdots)$ 中充满了介电常量为 ε_i 的均匀线性介质. 如果给定解域中自由电荷分布, 便可利用分区 V_i 中 $\boldsymbol{D}=\varepsilon_i\boldsymbol{E}=-\varepsilon_i\nabla U$ 及电位移高斯定理建立各个分区的泊松方程

$$\varepsilon_i\nabla^2U=-\rho_0\ \ (i=1,2,\cdots). \tag{2.35}$$

进一步, 若解域内介质分界面上满足静电场边值关系 ($\boldsymbol{E}$ 切向连续/$\boldsymbol{D}$ 法向连续), 则唯一电场解对应的唯一性边界条件典型地有两类:

(1) 给定边界面上的电势分布 $U|_S=\phi(\boldsymbol{r}|_S)$;

(2) 给定边界面上的电势法向偏导数分布 $\partial_nU|_S=\psi(\boldsymbol{r}|_S)$, 且满足[14]

$$\oiint_S\boldsymbol{D}\cdot\mathrm{d}\boldsymbol{S}=-\oiint_S\varepsilon\cdot\psi(\boldsymbol{r}|_S)\mathrm{d}S=\iiint_V\rho_0(\boldsymbol{r})\mathrm{d}V.$$

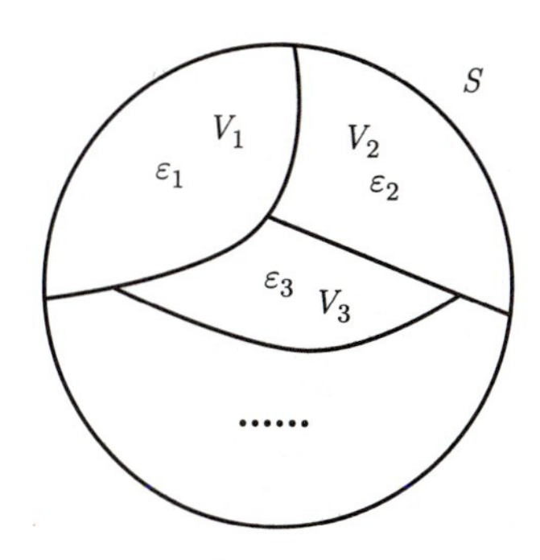

图 2.33

[14] 下式中介电常量 ε 要根据所在位置选取为合适的 ε_i.

如上便是有介质存在时的静电场唯一性定理. 当然, 混合类边界条件也具有唯一电场解. 若有导体电极存在, 则给定导体电极电量仍然可以唯一地确定电场, 相应地, 涉及导体和绝缘介质界面时, 上述定理中的边值关系要做相应的改写.

例 2.13 将半径为 R、相对介电常量为 ε_{r} 的均匀介质球置于匀强外场 $\boldsymbol{E}_0 = E_0\widehat{\boldsymbol{z}}$ 中, 求静电平衡时空间电场的分布.

解 如图 2.34 所示, 建立以球心为极点, z 轴为极轴的球坐标系. 为了求解这个问题, 我们假设此时介质球是均匀极化的, 并设 $\boldsymbol{P} = P\widehat{\boldsymbol{z}}$. 这个假定可以由唯一性定理加以证明. 在证明之前, 我们先来看看这个假定的推论有哪些.

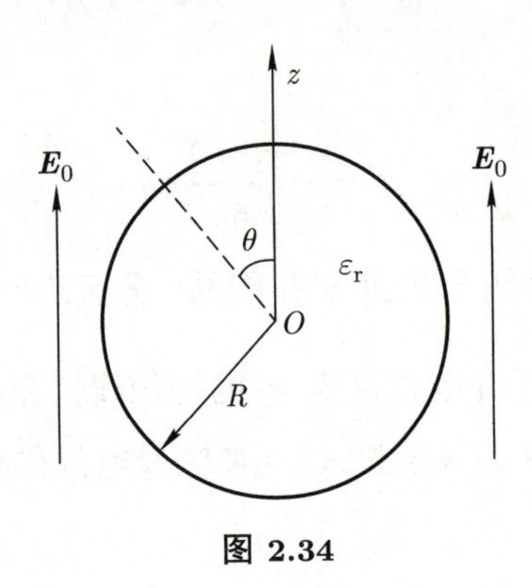

图 2.34

首先, 根据例 2.9 的结果, 球内附加电场

$$\boldsymbol{E}' = -\frac{\boldsymbol{P}}{3\varepsilon_0}.$$

代入极化规律, 有

$$\boldsymbol{P} = (\varepsilon_{\mathrm{r}} - 1)\varepsilon_0\left(\boldsymbol{E}_0 - \frac{\boldsymbol{P}}{3\varepsilon_0}\right),$$

解得

$$\boldsymbol{P} = \frac{3(\varepsilon_{\mathrm{r}} - 1)}{\varepsilon_{\mathrm{r}} + 2}\varepsilon_0\boldsymbol{E}_0,$$

故球内电场为

$$\boldsymbol{E}_{内} = \boldsymbol{E}_0 - \frac{\boldsymbol{P}}{3\varepsilon_0} = \frac{3}{\varepsilon_{\mathrm{r}} + 2}\boldsymbol{E}_0,$$

球外电场为

$$\boldsymbol{E}_{外}(\boldsymbol{r}) = \boldsymbol{E}_0 + \frac{PR^3}{3\varepsilon_0 r^3}(2\cos\theta\widehat{\boldsymbol{r}} + \sin\theta\widehat{\boldsymbol{\theta}}) = \boldsymbol{E}_0 + \frac{\varepsilon_{\mathrm{r}} - 1}{\varepsilon_{\mathrm{r}} + 2}\frac{R^3}{r^3}(2\cos\theta\widehat{\boldsymbol{r}} + \sin\theta\widehat{\boldsymbol{\theta}}).$$

讨论 本例中解出的 $\boldsymbol{E}_{内}$ 和 $\boldsymbol{E}_{外}(\boldsymbol{r})$ 分布满足

(1) 无穷远处的边界条件 $\lim\limits_{r\to\infty}\boldsymbol{E} = \boldsymbol{E}_0$,

(2) 解域内的场方程 $\varepsilon_i\nabla^2 U = 0(\rho_0 = 0)$,

(3) 介质分界面上的边值关系 $\boldsymbol{E}$ 切向连续, $\boldsymbol{D}$ 法向连续 (请自行验证),
故我们猜测的解便是物理解.

例 2.14 导体空腔电容器没有填充介质时的电容为 C_0, 试证明: 充满相对介电常量为 ε_r 的均匀介质后, 该导体空腔电容器的电容为 $C=\varepsilon_r C_0$.

证明 如图 2.35 所示, 设电容器正负极板的电量分别为 $\pm Q_0$, 我们记图 2.35(a) 中无介质填充时, 极板上自由电荷整体分布为 σ_0, 极板间的电场分布为 $\boldsymbol{E}_0$.

猜测图 2.35(b) 中自由电荷分布仍为 σ_0. 根据 (2.34) 式, 若想使得导体和介质分界面的边值关系得以满足, 则要求界面上与 σ_0 对应的极化电荷面密度为

$$\sigma'=-\frac{\varepsilon_r-1}{\varepsilon_r}\sigma_0.$$

如此总的界面电荷面密度分布为

$$\sigma_{\text{tot}}=\sigma_0+\sigma'=\frac{\sigma_0}{\varepsilon_r}.$$

由电荷激发场强的叠加原理可知, 图 2.35(b) 情形介质内部的 $\boldsymbol{E}$ 与 $\boldsymbol{D}$ 分别为

$$\boldsymbol{E}=\frac{\boldsymbol{E}_0}{\varepsilon_r},\quad \boldsymbol{D}=\varepsilon_r\varepsilon_0\boldsymbol{E}=\varepsilon_0\boldsymbol{E}_0.$$

此时介质内部场方程自然得以满足, 即

$$\nabla\times\boldsymbol{E}=\frac{1}{\varepsilon_r}\nabla\times\boldsymbol{E}_0=0,\quad \nabla\cdot\boldsymbol{D}=\varepsilon_0\nabla\cdot\boldsymbol{E}_0=0.$$

故我们猜测的解便是满足唯一性定理的唯一解. 如此图 2.35(b) 情形两极板的电势差为图 2.35(a) 情形的 ε_r^{-1} 倍, 故有 $C=\varepsilon_r C_0$, 而例 2.10 的平行板电容器只是其中一个特例而已.

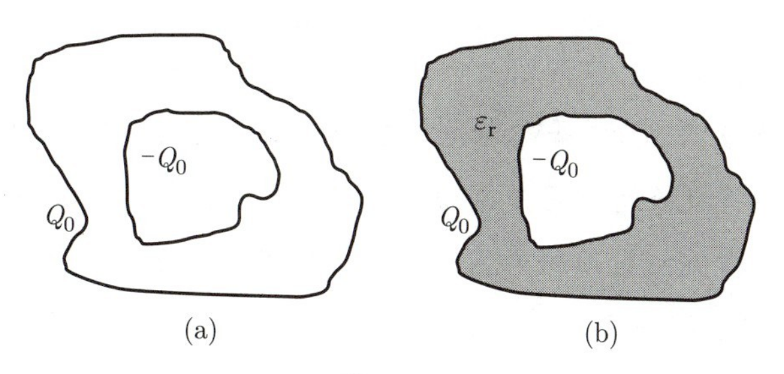

图 2.35

例 2.15 如图 2.36 所示, 平行板电容器极板面积为 S、极板间距为 d ($d\ll\sqrt{S}$), 其间充满两层厚度分别为 d_1 和 d_2、相对介电常量分别为 ε_{r1} 和 ε_{r2} 的均匀介质. 设定电容器正负极板的自由电荷面密度分别为 $\pm\sigma_0$, 忽略边缘效应, 求

(1) 每层介质中的场强 $\boldsymbol{E}_{1,2}$,

(2) 电容器的电容 C,

(3) 1, 2 介质交界面上的电荷面密度 σ'.

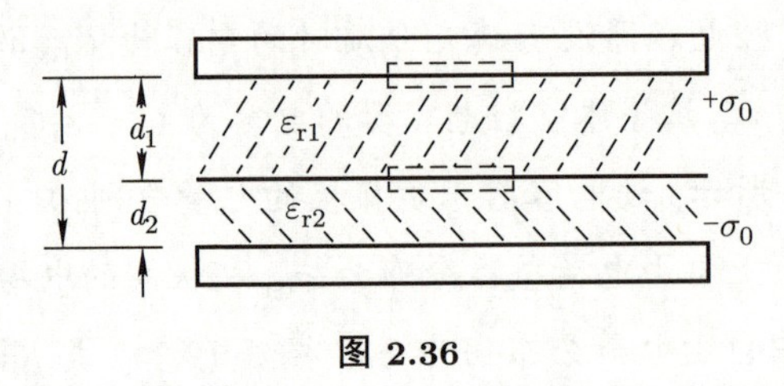

图 2.36

解 由对称性易判断 1, 2 介质交界面为等势面, 故本例等效于电容器串联问题, 即两层介质对应于两个电容分别为 $C_i = \varepsilon_{\mathrm{r}i}\varepsilon_0 S/d_i\ (i=1,2)$ 的电容器. 当然, 也可以利用求解场方程的办法重新证明这一点.

(1) 设定介质中电场、电位移的正方向均向下. 由电位移高斯定理易得

$$D_1 = D_2 = \sigma_0,$$

因此

$$E_1 = \frac{\sigma_0}{\varepsilon_{\mathrm{r}1}\varepsilon_0}, \quad E_2 = \frac{\sigma_0}{\varepsilon_{\mathrm{r}2}\varepsilon_0}.$$

(2) 极板电势差为 $\Delta U = E_1 d_1 + E_2 d_2$, 故

$$C = \frac{\sigma_0 S}{\dfrac{\sigma_0}{\varepsilon_{\mathrm{r}1}\varepsilon_0}d_1 + \dfrac{\sigma_0}{\varepsilon_{\mathrm{r}2}\varepsilon_0}d_2} = \frac{1}{C_1^{-1} + C_2^{-1}},$$

因而等价为 C_1 和 C_2 的串联.

(3) 利用边值关系, 有

$$\sigma' = \varepsilon_0(E_2 - E_1) = \frac{\varepsilon_{\mathrm{r}1} - \varepsilon_{\mathrm{r}2}}{\varepsilon_{\mathrm{r}1}\varepsilon_{\mathrm{r}2}}\sigma_0.$$

例 2.16 如图 2.37 所示, 平行板电容器极板面积为 S、极板间距为 d, 图中垂直于极板的介质分界面将极板间空间分割为左右两个区域: 左侧极板面积为 S_1, 充满介电常量为 ε_1 的介质; 右侧极板面积为 S_2, 充满介电常量为 ε_2 的介质. 其中 $S_1 + S_2 = S$, 且 $d \ll \sqrt{S_{1,2}}$, 忽略边缘效应.

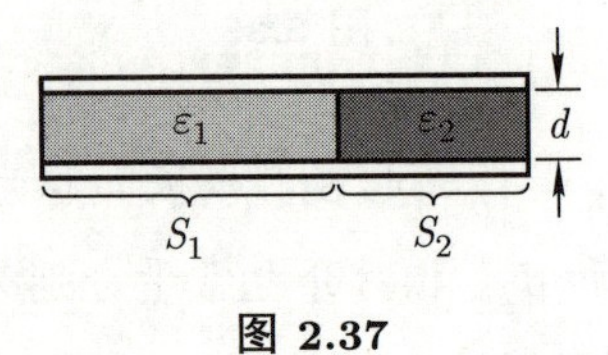

图 2.37

(1) 求电容器的电容 C;

(2) 若正负极板电量分别为 $\pm Q$, 求每层介质中的场强 $E_{1,2}$.

解 (1) 容易看出这等价于两个电容器的并联, 即

$$C = C_1 + C_2 = \frac{\varepsilon_1 S_1}{d} + \frac{\varepsilon_2 S_2}{d}.$$

(2) 设定场强和电位移方向由正极板指向负极板, 则由介质交界面上的场强切向连续得

$$E_1 = E_2 = E,$$

因此

$$D_1 = \varepsilon_1 E = \sigma_1, \quad D_2 = \varepsilon_2 E = \sigma_2,$$

其中 $\sigma_{1,2}$ 分别为正极板上左右两侧的自由电荷面密度. 由电荷守恒得

$$Q = \sigma_1 S_1 + \sigma_2 S_2 = (\varepsilon_1 S_1 + \varepsilon_2 S_2)E,$$

因此

$$E = \frac{Q}{\varepsilon_1 S_1 + \varepsilon_2 S_2}.$$

这相当于验证了 (1) 中的猜测是对的. 当然, 在 (1) 的前提下, 其实可以直接写出

$$E = \frac{U}{d} = \frac{Q}{Cd} = \frac{Q}{\varepsilon_1 S_1 + \varepsilon_2 S_2}.$$

注意 虽然 $D_1 \neq D_2$, 但 1 和 2 界面上电位移法向连续仍得以保证, 故如上解是满足边界条件的唯一解. 此外, $E_1 = E_2$ 意味着如果电容器两侧的边缘效应被忽略, 则 1 和 2 界面上便没有场线偏折的边缘效应.

例 2.17 球形电容器由半径为 R_1 的导体球和与它同心的导体球壳构成, 壳的半径为 R_2, 其间一半充满介电常量为 ε 的均匀介质 (见图 2.38). 求其电容 C.

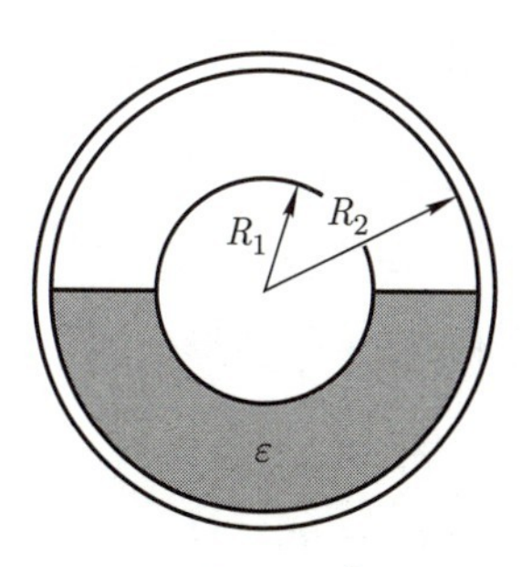

图 2.38

解 不妨设真空内的场 $\boldsymbol{E}_1(\boldsymbol{D}_1)$ 和介质内的场 $\boldsymbol{E}_2(\boldsymbol{D}_2)$ 均沿径向, 且分别具有上/下半空间的各向同性, 如此则真空 – 介质交界面的电位移法向连续自动被保证, 而

场强切向连续意味着

$$E_1(r) = E_2(r) = E(r),$$

其中 r 为与球心的距离. 于是得

$$D_1(r) = \varepsilon_0 E(r), \quad D_2(r) = \varepsilon E(r).$$

设导体球带电量为 Q, 由电位移高斯定理得 $(R_1 < r < R_2)$

$$Q = 2\pi r^2[D_1(r) + D_2(r)] = 2\pi r^2(\varepsilon_0 + \varepsilon)E(r),$$

因此

$$E(r) = \frac{Q}{2\pi(\varepsilon_0 + \varepsilon)r^2}.$$

读者可以自行验证如上解满足解域内的场方程, 因此满足唯一性定理的所有要求. 这时电场在球壳之间的分布是整体各向同性的, 这保证了两个球壳间的电势差是唯一的, 相应有

$$\Delta U = \int_{R_1}^{R_2} \frac{Q}{2\pi(\varepsilon_0 + \varepsilon)r^2}\mathrm{d}r = \frac{Q}{2\pi(\varepsilon_0 + \varepsilon)}\frac{R_2 - R_1}{R_1 R_2},$$

因此电容为

$$C = \frac{Q}{\Delta U} = \frac{2\pi(\varepsilon_0 + \varepsilon)R_1 R_2}{R_2 - R_1}.$$

对于电容器填充问题, 如例 2.14, 在介质中总是有

$$\boldsymbol{D} = \varepsilon_0 \boldsymbol{E}_0, \tag{2.36}$$

其中 $\boldsymbol{E}_0$ 为导体电极上自由电荷激发的外场. 这似乎是介质中场方程

$$\nabla \cdot \boldsymbol{D} = \rho_0 = \varepsilon_0 \nabla \cdot \boldsymbol{E}_0, \quad \nabla \times \boldsymbol{D} = \varepsilon \nabla \times \boldsymbol{E} = 0 = \varepsilon_0 \nabla \times \boldsymbol{E}_0$$

的必然结果. 其实不尽然, 比如说例 2.13 中, 均匀介质球中场方程仍满足上式, 但介质内

$$\boldsymbol{D} = \frac{3\varepsilon_{\mathrm{r}}}{\varepsilon_{\mathrm{r}} + 2}\varepsilon_0 \boldsymbol{E}_0 \neq \varepsilon_0 \boldsymbol{E}_0.$$

问题的关键在于边界条件. 对于例 2.14 的情形, 边界上 $\boldsymbol{D}$ 与 $\varepsilon_0 \boldsymbol{E}_0$ 满足相同的边值关系

$$D_n = \varepsilon_0 E_{0n} = \sigma_0, \quad D_t = \varepsilon_0 E_{0t} = 0,$$

故唯一性定理保证 (2.36) 式成立. 而对于例 2.13 的情形, 介质边界上 $\boldsymbol{D}$ 与 $\varepsilon_0 \boldsymbol{E}_0$ 的切向分量边值关系是不同的, 这意味着跨越边界时 $\boldsymbol{D}$ 环量并不为零, 因此没有形如 (2.36) 式的解.

对于非均匀的线性介质，其介电常量 $\varepsilon = \varepsilon(\boldsymbol{r})$ 为连续分布函数，此时 $\boldsymbol{D}(\boldsymbol{r}) = \varepsilon(\boldsymbol{r})\boldsymbol{E}(\boldsymbol{r})$，故此时一般 $\nabla \times \boldsymbol{D} = (\nabla\varepsilon) \times \boldsymbol{E} \neq 0$. 此外，泊松方程 (2.35) 也不再成立，但这时静电场微分方程仍然有类似的唯一性定理，不过这超越了本书的讨论范围.

2.6 线性介质中的静电场能量

2.6.1 均匀线性介质中的静电场能量

考虑空间充满相对介电常量为 ε_{r} 的单一均匀线性介质，假设我们可以移动自由电荷或改变自由电荷的分布. 类似于 1.6 节，我们约定所有自由电荷微元彼此相距无穷远为能量的零位形，如此，将能量零位形聚合成目标位形的自由电荷分布，外界通过克服静电力做功而输入系统的能量被定义为系统的静电能 W_{e}. 在这个过程中，极化电荷的分布及其改变是被动发生的，但它们的存在改变了静电场的结构及分布，所以会影响静电场的能量. 此外，需要注意，如上设想的移动自由电荷的过程，仅考虑静电力的作用，而不考虑因为介质存在而带来的其他机械应力 (如黏滞阻力、介质形变等) 的效应.

我们首先还是考察相距为 r_{12} 的两个自由点电荷 q_{01} 和 q_{02} 之间的互能，介质环境的相对介电常量为 ε_{r}. 如图 2.39 所示，一个被介质包围的自由电荷 (比如说 q_{01}) 所激发的场是有屏蔽效应的，根据电位移高斯定理和对称性可得

$$D_1 = \frac{q_{01}}{4\pi r^2},$$

故得到 “屏蔽电场”

$$E_1 = \frac{q_{01}}{4\pi\varepsilon_{\mathrm{r}}\varepsilon_0 r^2}.$$

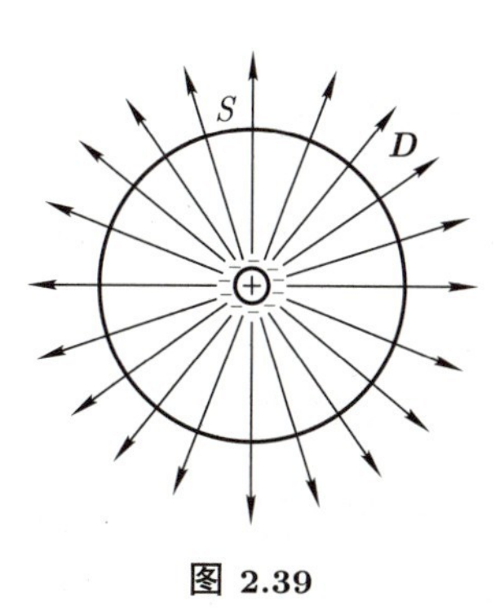

图 2.39

这来自电荷的屏蔽，因为显然 q_{01} 周围笼罩着一层总电量为 $q_1' = -\dfrac{\varepsilon_{\mathrm{r}} - 1}{\varepsilon_{\mathrm{r}}} q_{01}$ 的极化电

荷, 故屏蔽电场 E_1 相当于电量为 $q_1^* = q_{01} + q_1' = q_{01}/\varepsilon_{\mathrm{r}}$ 的点电荷在真空中激发的电场. 如此, 则 q_{02} 感受的电势为 (以无穷远点为电势零点)

$$U_{12} = \frac{q_{01}}{4\pi\varepsilon_{\mathrm{r}}\varepsilon_0 r_{12}},$$

因此两个点电荷在介质中的互能为

$$W_{互} = q_{02}U_{12} = \frac{q_{01}q_{02}}{4\pi\varepsilon_{\mathrm{r}}\varepsilon_0 r_{12}} = q_{01}U_{21} = \frac{1}{2}(q_{02}U_{12} + q_{01}U_{21}),$$

即互能仍然具有交互性, 且共属于一对点电荷.

推广到介质中的自由点电荷系 $\{q_{01}, q_{02}, \cdots, q_{0n}\}$, 其互能为

$$W_{互} = \frac{1}{2}\sum_{i=1}^{n} q_{0i}U_i, \tag{2.37}$$

其中

$$U_i = \sum_{j=1(j\neq i)}^{n} U_{ij} = \sum_{j=1(j\neq i)}^{n} \frac{q_{0j}}{4\pi\varepsilon_{\mathrm{r}}\varepsilon_0 r_{ij}}.$$

将点电荷系互能公式 (2.37) 推广至连续分布的自由电荷系统, 可得体分布 ρ_0 和面分布 σ_0 所分别对应的静电能积分公式 (无穷远点为电势零点)

$$W_{\mathrm{e}} = \frac{1}{2}\iiint \rho_0 U \mathrm{d}V, \tag{2.38}$$

$$W_{\mathrm{e}} = \frac{1}{2}\iint \sigma_0 U \mathrm{d}S. \tag{2.39}$$

介质存在的效应被隐藏在 (2.38) 或 (2.39) 式右侧的电势分布中.

如上的推导基于全空间充满单一、均匀的线性介质, 可以证明静电能积分公式 (2.38) 或 (2.39) 在介质分区均匀或不均匀分布时仍成立 (但要保证是线性介质).

由 (2.39) 式可知, 正负极板自由电荷电量分别为 $\pm Q$、电势差为 U 的导体空腔电容器所储藏的静电能为

$$W_{\mathrm{e}} = \frac{1}{2}\iint \sigma_0 U \mathrm{d}S = \frac{1}{2}(U_+ - U_-)Q = \frac{1}{2}UQ = \frac{Q^2}{2C},$$

形式上与 (2.21) 式相同, 介质存在的效应被隐藏在上式的电势分布或电容 C 的定义中.

2.6.2 介质中的静电场能量密度、极化能

在引入电位移 $\boldsymbol{D}$ 后, 介质中的静电能仍然可以被局域化, 即可以引入场能密度加以表达. 为了证明这一点, 首先我们把 $\rho_0 = \nabla \cdot \boldsymbol{D}$ 代入 (2.38) 式, 再利用

$$(\nabla \cdot \boldsymbol{D})U = \nabla \cdot (U\boldsymbol{D}) - \boldsymbol{D} \cdot \nabla U = \nabla \cdot (U\boldsymbol{D}) + \boldsymbol{D} \cdot \boldsymbol{E}.$$

做分部积分得

$$W_{\mathrm{e}}=\frac{1}{2}\oiint_{S_{\infty}}U\boldsymbol{D}\cdot\mathrm{d}\boldsymbol{S}+\iiint\frac{1}{2}\boldsymbol{D}\cdot\boldsymbol{E}\mathrm{d}V.$$

对于有限电荷分布系统, 无穷远处 $D_{\infty}\sim r_{\infty}^{-2},U_{\infty}\sim r_{\infty}^{-1}$, 故上式右边第一项 (表面项) 为零, 即

$$W_{\mathrm{e}}=\iiint\frac{1}{2}\boldsymbol{D}\cdot\boldsymbol{E}\mathrm{d}V. \tag{2.40}$$

因此我们可以引入线性介质中的静电场能量密度

$$w_{\mathrm{e}}=\frac{1}{2}\boldsymbol{D}\cdot\boldsymbol{E}=\frac{1}{2}\varepsilon_{\mathrm{r}}\varepsilon_0E^2. \tag{2.41}$$

(2.40) 式也适用于线性介质分区均匀或不均匀分布的情形.

考虑到 $\boldsymbol{D}=\varepsilon_0\boldsymbol{E}+\boldsymbol{P}$, (2.41) 式中的能量密度也可以拆分成两项:

$$w_{\mathrm{e}}=\frac{1}{2}\varepsilon_0\boldsymbol{E}^2+\frac{1}{2}\boldsymbol{P}\cdot\boldsymbol{E}, \tag{2.42}$$

其中 $w_{\mathrm{e0}}=\dfrac{1}{2}\varepsilon_0\boldsymbol{E}^2$ 与 (1.78) 式形式相同, 因此也经常被称为真空场能密度, 它对应的能量相当于把所有电荷 (含极化电荷) 微元从分离无穷远的状态聚合起来, 外界需要注入系统的能量. 但我们知道, 极化电荷是被动出现的, 伴随着微观分子电荷的拉伸和扭转等效应, 所以有介质存在时的静电能包含一部分微观分子的束缚能, 或其束缚能的变化量, 体现在场能密度中便是 (2.42) 式中的第二项 $w_{\mathrm{ep}}=\dfrac{1}{2}\boldsymbol{P}\cdot\boldsymbol{E}$, 我们可以称它为极化能密度.

为了更加深入地看清极化能的来源, 我们可以设想充满均匀线性介质的平行板电容器, 如图 2.40 所示. 忽略边缘效应, 正负极板的自由电荷面密度分别为 $\pm\sigma_0$, 相应正负极板界面处极化电荷面密度分别为 $\pm\sigma'$, 则介质中电场为

$$E=\frac{\sigma_0+\sigma'}{\varepsilon_0}.$$

这等价于电荷面密度为 $\pm(\sigma_0+\sigma')$ 的真空电容器中的电场分布, 而对于该真空电容器, 其内部的场能密度恰好为真空场能密度 w_{e0}. 与如上真空电容器不同, 图 2.40 中还存

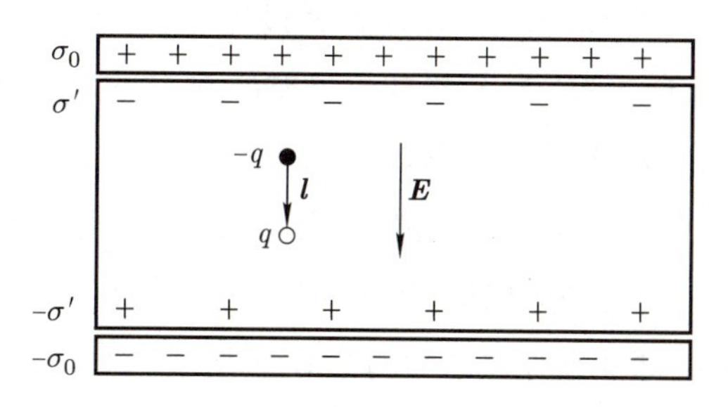

图 2.40

在介质的极化能. 为了看清这一点, 我们设想分子偶极子由电量分别为 q 和 $-q$ 的正负点电荷组成, 其间的微观束缚力等效为原长为零、弹性系数为 k 的小弹簧所施加的作用, 如此则受力平衡方程为 $q\boldsymbol{E}=k\boldsymbol{l}$, 其中 $\boldsymbol{l}$ 为 $-q$ 指向 q 的位矢. 设极化分子的数密度为 n, 则极化强度

$$\boldsymbol{P}=nq\boldsymbol{l}=\frac{nq^2}{k}\boldsymbol{E}.$$

如此, 自然给出线性的极化规律. 同时, 储藏在这些等效小弹簧中的能量密度为

$$\boldsymbol{n}\cdot\frac{1}{2}k\boldsymbol{l}^2=\frac{1}{2}\frac{nq^2}{k}\boldsymbol{E}^2=\frac{1}{2}\boldsymbol{P}\cdot\boldsymbol{E}.$$

这正是之前真空电容器内部所没有计入的极化能密度.

习　题

1. 如图 2.41 所示, 阴影区域为两个相互平行的无穷大导体板, 两个导体板相对的表面分别为 2 和 3, 相背的表面分别为 1 和 4. 令两个导体板分别带电并达到静电平衡, 试证明:

   (1) 2 和 3 表面的电荷面密度大小相等、符号相反;

   (2) 1 和 4 表面的电荷面密度大小相等、符号相同.

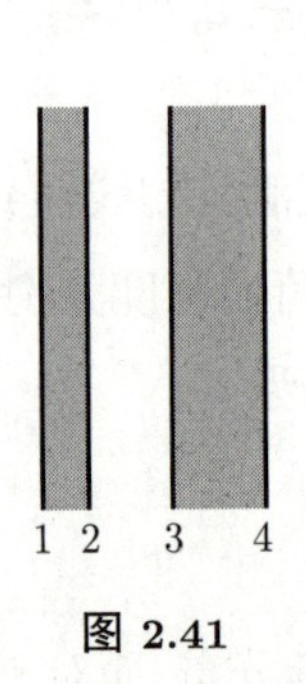

图 2.41

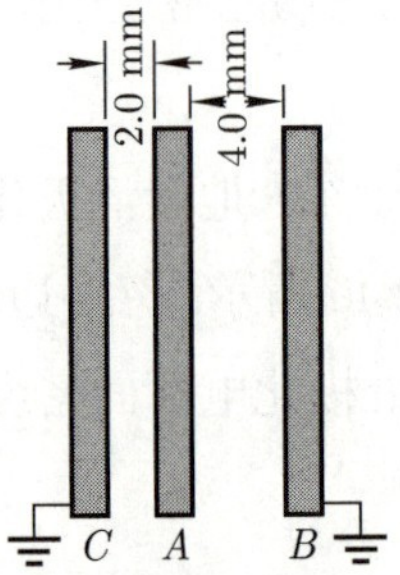

图 2.42

2. 如图 2.42 所示, 三个平行的金属板 A, B 和 C, 它们的面积都是 200 cm^2, AB 间距为 4.0 mm, AC 间距为 2.0 mm, B, C 两板接地, 所有边缘效应可忽略. 已知 A 板电量为 $Q_A=3.0\times10^{-7}$ C, 求 B 板和 C 板感应电荷的总电量 Q_B 和 Q_C. 进一步, 以大地为电势零点, 求 A 板的电势 U_A.

3. 如图 2.43 所示, 一个半径为 R 的导体球总电量为零, 其内部有两个半径分别为 a 和 b 的圆形空洞, 在 a 空洞的中心放有点电荷 q_a, 在 b 空洞的中心放有点电荷 q_b.

   (1) 求半径为 a, b 的球面和导体球面的电荷面密度 σ_a, σ_b 和 σ_R.

   (2) 求导体球外面的电场分布.

(3) q_a 和 q_b 各自受到的力是什么?

(4) 如果让点电荷 q_c 从外部靠近导体球, 如上所求结果哪些会发生改变?

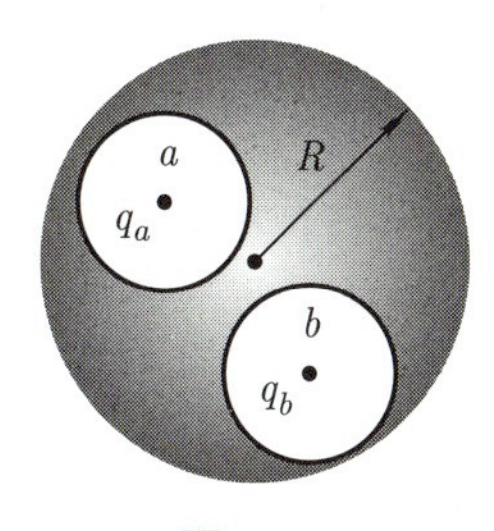

图 2.43

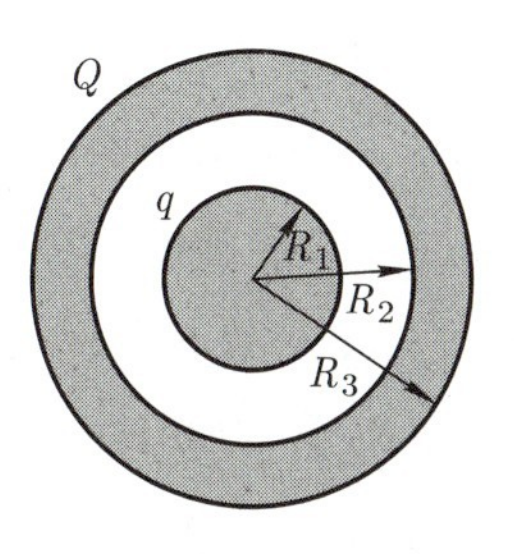

图 2.44

4. 如图 2.44 所示, 半径为 R_1 的导体球电量为 q, 与之同心的导体球壳内外半径分别为 R_2 和 R_3, 球壳总电量为 Q. 取无穷远点为电势零点.

(1) 求导体球电势 U_1 和球壳电势 U_2.

(2) 求如下几种情形的 U_1 和 U_2:

(i) 用导线将导体球和球壳相连;

(ii) 将球壳外表面接地;

(iii) 利用细导线穿过球壳 (但不与球壳导通) 使得内部导体球与远处大地导通.

(提示: “接地” 等价于与无穷远处等势)

5. 范德格拉夫起电机的球壳直径为 1 m, 空气的击穿场强为 30 kV/cm. 这个起电机最多能达到多高的电势? (取无穷远点为电势零点)

6. 如图 2.45 所示, 在极板面积为 S、极板间距为 d ($d \ll \sqrt{S}$) 的平行板电容器中插入厚度为 t 的导体板, 导体板面积同为 S 且完全与极板平行, 求该电容器的电容 C.

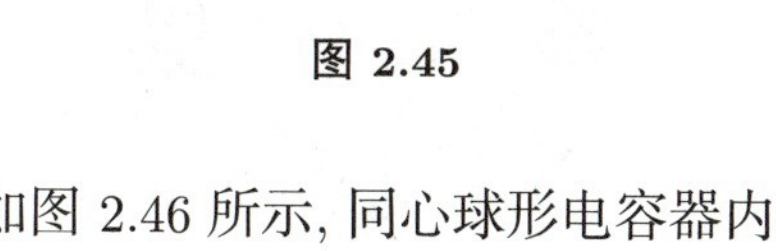

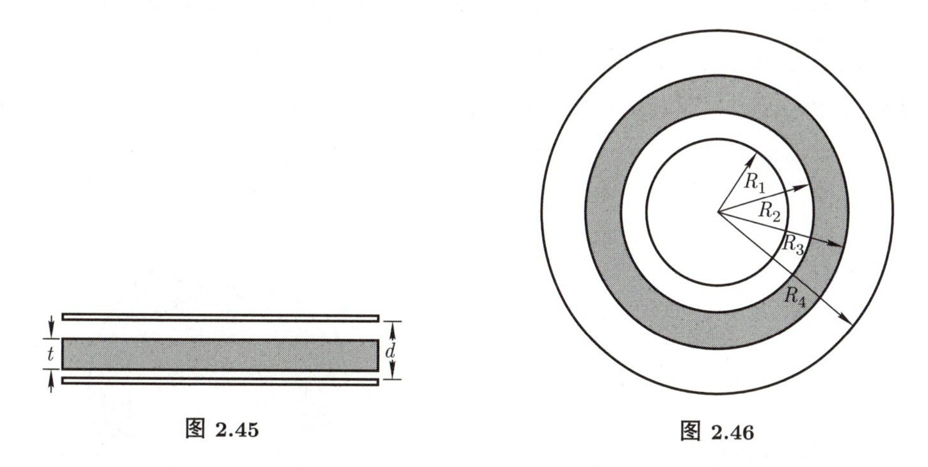

图 2.45

图 2.46

7. 如图 2.46 所示, 同心球形电容器内球壳半径为 R_1、外球壳半径为 R_4, 现将内外半径分别为 R_2 和 R_3, 整体不带电的同心导体厚球壳插入其间. 求此时电容器的电

容 C.

8. 真空中半径为 R_1 的导体球外套有一个与它同心的、整体不带电的导体球壳, 壳的内外半径分别为 R_2 和 R_3. 当内球的电量为 Q 时, 系统的静电能是多少? 如此时将内外球壳导通, 则系统的静电能是多少?

9. 对于电量为 Q, 横截面积均为 S, 间距为 $d(\ll \sqrt{S})$ 的平行板电容器, 其极板受力可以借助面上场强 (1.82) 式给出. 若极板间距增加小量 δd,

   (1) 先求极板受力, 再求过程中电场力所做的功,

   (2) 试由电容器储能公式计算过程中电场能量的增量, 并与 (1) 问的结果比较.

10. 一个半径为 R 的介质球的极化强度矢量 $\boldsymbol{P}(\boldsymbol{r}) = k\boldsymbol{r}$, 其中 k 为常量, $\boldsymbol{r}$ 为以球心为参考点的位置矢量. 求极化电荷体密度 ρ' 和面密度 σ' 及其激发的附加电场在球内和球外的分布.

11. 如图 2.47 所示, 半径为 R 的金属球带电量为 Q, 它被一个介电常量为 ε、外径为 R' 的均匀介质球壳包裹. 以无穷远点为电势零点, 求金属球的电势 U.

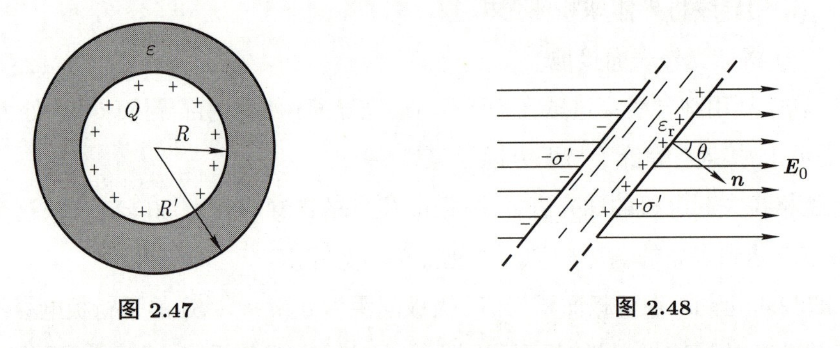

图 2.47　　　　图 2.48

12. 如图 2.48 所示, 均匀外电场 $\boldsymbol{E}_0$ 中, 放置有无穷大介质平板, 其相对介电常量为 ε_{r}, 平板法向与 $\boldsymbol{E}_0$ 方向夹角为 θ. 求平板表面上的极化电荷面密度.

13. 如图 2.49 所示, 一平行板电容器的两极板的面积为 S, 相距为 d $(d \ll \sqrt{S})$, 今在其间平行地插入厚度为 t、介电常量为 ε 的均匀电介质, 其面积为 $S/2$, 求电容器的电容 C.

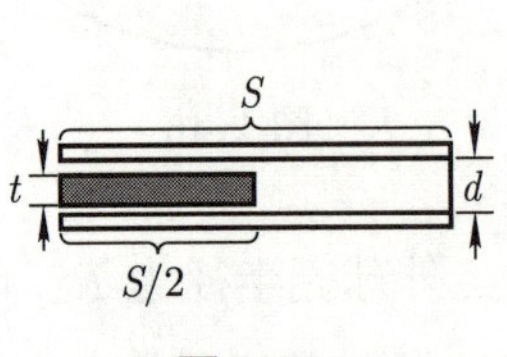

图 2.49

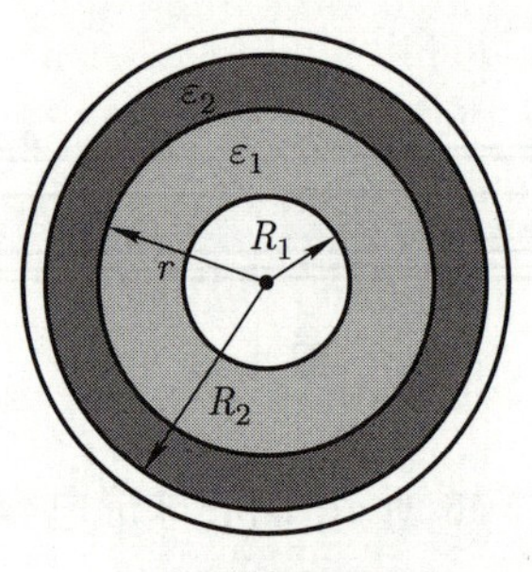

图 2.50

14. 如图 2.50 所示, 球形电容器由半径为 R_1 的导体球和与它同心的导体球壳构成, 壳的内半径为 R_2, 其间有两层均匀电介质, 分界面的半径为 r, 介电常量分别为 ε_1 和 ε_2. 求

   (1) 电容器的电容 C,

   (2) 当内球 (R_1) 带电量为 Q 时, 各个介质分界面上的极化电荷分布面密度.

15. 如图 2.51 所示, 长为 l 的圆柱形电容器是由半径为 a 的导线和与它同轴的导体圆筒构成的, 圆筒的内半径为 b, 其间充满了两层同轴圆筒形的均匀电介质, 分界面的半径为 r, 介电常量分别 ε_1 和 ε_2, 忽略边缘效应.

   (1) 求电容 C.

   (2) 若两层介质的击穿场强均为 E_m, 求导线与导体圆筒间最大可承受的电压 U_m.

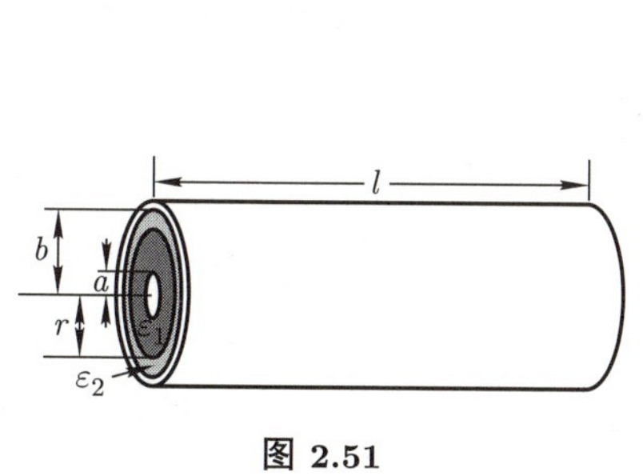

图 2.51

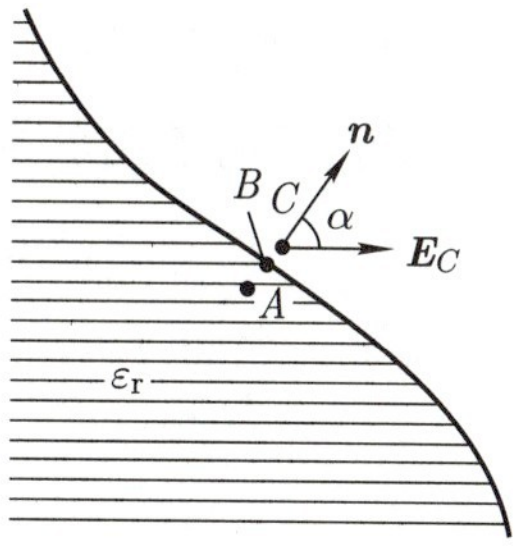

图 2.52

16. 如图 2.52 所示, 均匀介质与真空的交界面附近有三个极其靠近的点 A, B 和 C, 其中 B 位于交界面上, A 位于介质中, C 位于真空中. 已知介质的相对介电常量为 ε_r, C 处场强为 $\boldsymbol{E}_C$, 其方向与界面法向夹角为 α, 试求

   (1) A 处场强 $\boldsymbol{E}_A$,

   (2) B 处极化电荷面密度.

17. 将点电荷 q 镶嵌在均匀介质球 (半径为 R、相对介电常量为 ε_r) 的中心, 则球面极化电荷的总量为多少? 补偿球面总电荷的极化电荷位于何处?

18. 求第 11 题中带电系统的静电能.

19. 一个平行板电容器极板面积为 S, 间距为 d ($d \ll \sqrt{S}$), 接在电源上以维持其电压为 U. 将一块厚度为 d、介电常量为 ε 的介质板插入并填满电容器极板间的空隙. 考虑填充介质的过程, 试求

   (1) 系统静电能的变化,

   (2) 电源所做的功,

   (3) 介质板插入一半时, 它所受的电场力的大小及方向.

第三章 恒定电流场与直流电路

3.1 恒定电流场

3.1.1 电流和电流强度

电荷的运动便是电流, 所以电流形成的首要条件是具有可以自由移动的电荷. 在真空中, 电荷自然可以自由移动, 形成真空电流 (如真空二极管中的电流). 在物质中, 若想形成宏观的电流效果, 必须具有大量的微观自由电荷, 即要求电流介质为导体或半导体. 这些介质中形成电流的自由电荷也被称为载流子, 如金属导体中的自由电子、电解质溶液中的正负离子或半导体中的电子与空穴等.

我们这里不关心运动的带电粒子的属性, 而只关心它们的运动带来的电荷净迁移量, 此时可定义某一截面 S 的电流强度 I 为单位时间流过该截面的电量, 即

$$I = \frac{\mathrm{d}q}{\mathrm{d}t}, \tag{3.1}$$

其在国际单位制中的主单位为安培, 记作 A, 1 A = 1 C/s, 常用单位还有毫安 (mA) 和微安 (μA). 当然, 电荷的迁移具有方向, 而考虑电流强度时, 正电荷定向迁移完全等价于负电荷向相反方向的迁移, 所以我们定义正电荷迁移的方向 (或负电荷迁移的反向) 为电流方向.

如果我们希望描述细导线上的电流分布, 定义好每一点的电流强度已经足够, 但对于大块导体电流, 我们需要更细致地描述每一处的电量迁移情况, 即电流分布的情况. 考虑单一类型载流子, 其电量为 q, 数密度为 n, 运动速度为 $\boldsymbol{u}$. 如图 3.1 所示, 在载流子速度场中取一面元 $\mathrm{d}\boldsymbol{S}$, 其法向与速度 $\boldsymbol{u}$ 方向的夹角为 θ, 则 $\mathrm{d}t$ 时间段流过该

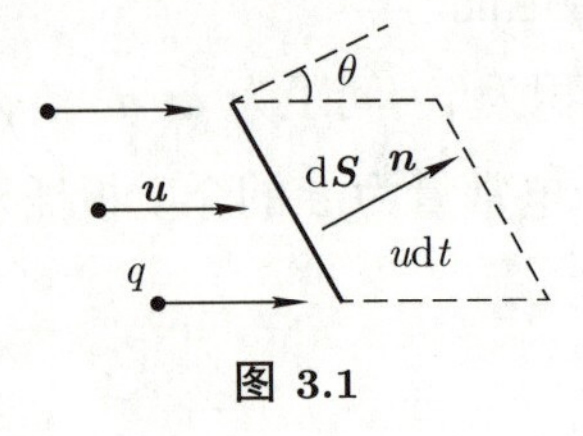

图 3.1

面元的电量对应于图中虚线斜柱体内的电量:

$$\mathrm{d}q = nq \cdot u\mathrm{d}t \cdot \mathrm{d}S\cos\theta = (nq\boldsymbol{u} \cdot \mathrm{d}\boldsymbol{S})\mathrm{d}t = \mathrm{d}I\mathrm{d}t,$$

其中 $\mathrm{d}I$ 为该面元上的电流强度. 定义电流密度矢量

$$\boldsymbol{j} = nq\boldsymbol{u}, \tag{3.2}$$

它的方向自然是形成电流的正电荷移动的方向, 即电流的方向, 它的大小是单位时间流经单位横截面积的净电量绝对值. 引入电流密度后, 流经面元 $\mathrm{d}\boldsymbol{S}$ 的电流强度便可以表示为 $\mathrm{d}I = \boldsymbol{j}\cdot\mathrm{d}\boldsymbol{S}$, 而相应任意截面 S 上的电流强度可以表示为面积分

$$I|_S = \iint_S \boldsymbol{j}\cdot\mathrm{d}\boldsymbol{S}. \tag{3.3}$$

注意到 (3.2) 式中 $nq = \rho$ 为载流子电荷密度, 所以 $\boldsymbol{j} = \rho\boldsymbol{u}$ 也是电流密度的常用表示. 如果图 3.1 中存在多种载流子, 我们可以对它们进行编号, 并分别用 $q_i, n_i, \boldsymbol{u}_i$ $(i = 1, 2, \cdots)$ 来表示它们的电量、数密度和速度, 则电流密度为

$$\boldsymbol{j} = \sum_i n_i q_i \boldsymbol{u}_i. \tag{3.4}$$

注意, (3.4) 式中负电荷 $q_i(< 0)$ 的贡献与其速度方向相反.

需要强调的是, 我们这里讨论的是宏观电流 I 或 $\boldsymbol{j}$, 如果载流子为微观粒子 (如金属中的自由电子), 那么 (3.4) 式对应含义为宏观体元范围内或宏观仪器响应时间范围内的平均, 所以 $\boldsymbol{u}_i$ 的准确含义为第 i 类载流子的平均定向迁移速度. 例如, 金属中自由电子在常温下平均热运动的速度约为 $v_\mathrm{e} \sim 10^6$ m/s, 这是一个很大的速率, 但是在没有外电场的情况下, 电子热运动速度 $\boldsymbol{v}_\mathrm{e}$ 的方向是随机的, 它的宏观平均值为零, 故此时没有宏观电流出现.

例 3.1 金属铜 (Cu) 中大致上每个铜原子会贡献一个自由电子, 试估算铜中的自由电子数密度 n_e. 若在横截面积为 1 mm^2 的铜导线上通以 1 A 的电流, 试估计导线中电子定向迁移的 (平均) 速率 u.

解 铜的摩尔质量为 63.5 g, 密度为 8.9×10^3 $\mathrm{kg/m^3}$, 因此铜中的自由电子数密度可以估计为

$$n_\mathrm{e} = 6.02\times10^{23}\frac{8.9\times10^3}{63.5\times10^{-3}}\ \mathrm{m^{-3}} \approx 8.4\times10^{28}\ \mathrm{m^{-3}}.$$

设电流在导线上均匀分布, 则 $j = 1\ \mathrm{A/mm^2} = 10^6\ \mathrm{A/m^2}$, 导线中电子定向迁移的 (平均) 速率为

$$u = \frac{j}{n_\mathrm{e}e} = \frac{10^6}{8.4\times10^{28}\times1.6\times10^{-19}} \approx 7\times10^{-5}\ \mathrm{m/s}.$$

这个速率远小于金属中电子热运动的平均速率, 但这正是宏观仪器测量到的电流所需的电子定向迁移 (平均) 速率.

例 3.2 电荷密度为 ρ 的均匀带电球, 绕某直径转轴以角速度 $\boldsymbol{\omega}$ 旋转, 求球内电流场的分布.

解 以球心为参考点、角速度 $\boldsymbol{\omega}$ 方向为极轴建立球坐标系, 则球内 (r 小于球半径) 电流密度矢量为

$$\boldsymbol{j} = \rho\boldsymbol{u} = \rho\boldsymbol{\omega} \times \boldsymbol{r} = \rho\omega r \sin\theta\hat{\boldsymbol{\varphi}}.$$

电流密度的分布 $\boldsymbol{j} = \boldsymbol{j}(\boldsymbol{r}, t)$ 称为电流场, (3.3) 式表明电流场的通量便是电流强度. 作为矢量场, 我们可以引入电流线来描述电流场的分布, 电流线的切向代表场点上电流的方向, 相应地, 由电流线包围的假想管道称为电流线管, 和流速场中的流管类似.

3.1.2 电荷守恒方程及恒定电流条件

电荷满足相加性的守恒定律, 同时它又是一个分布性的物理量. 电荷守恒意味着它不会在某处凭空产生或消失, 但它可以转移, 因此如果某个区域内的电荷减少, 那一定是有相应的电荷转移到了区域的外部. 考虑由闭合曲面 S 所包围的空间固定区域 V, 根据电荷守恒定律, 有

$$\oiint_S \boldsymbol{j} \cdot \mathrm{d}\boldsymbol{S} = -\frac{\mathrm{d}}{\mathrm{d}t}\iiint_V \rho \mathrm{d}V = -\iiint_V \frac{\partial \rho}{\partial t}\mathrm{d}V. \tag{3.5}$$

方程左侧代表单位时间从区域边界净流出的电荷量, 右边表示单位时间区域内的电荷减少量. (3.5) 式称为电荷守恒的连续性方程, 简称电荷守恒方程. 根据高斯积分公式, 微分形式的电荷守恒方程为

$$\nabla \cdot \boldsymbol{j} = -\frac{\partial \rho}{\partial t}. \tag{3.6}$$

不随时间变化的电流场称为恒定电流场, 这自然要求 $\boldsymbol{j} = \boldsymbol{j}(\boldsymbol{r})$ 或 $\partial_t \boldsymbol{j} = 0$. 考虑到导体中一般电荷定向移动会受到 “阻力”, 比如说金属中自由电子与晶格正离子的随机碰撞便相当于这种阻力 (参见 3.2 节), 所以恒定电流需要恒定电荷分布所激发的恒定电场来维持, 即恒定电流动力学上要求 $\partial_t \rho = 0$, 代入 (3.6) 式得

$$\nabla \cdot \boldsymbol{j} = 0. \tag{3.7}$$

我们称 (3.7) 式为恒定电流条件, 也对应于 $\boldsymbol{j}$ 场的任意闭合曲面通量均为零, 这时不但电流线和电流线管的分布是稳定的, 而且穿过给定电流线管每个截面的电流强度都相等. 例如, 在恒定电流电路 (通常也被称为直流电路) 中, 每一处导线截面的电流强度都是一样的.

为何有电流时可以维持电荷分布恒定不变? 虽然有电流时电荷载体 (带电粒子) 是在移动的, 但电流恒定时各处电荷处于恒定的替换位形, 因此电荷分布是恒定不变的.

恒定电荷分布 $\rho=\rho(\boldsymbol{r})$ 激发的电场称为恒定电场, 对 ρ 分布划分电荷微元, 它们激发的电场仍然满足库仑定律和叠加定理, 因此恒定电场的场方程仍然是

$$\begin{cases}\nabla\cdot\boldsymbol{E}=\dfrac{\rho}{\varepsilon_0},\\ \nabla\times\boldsymbol{E}=0,\end{cases}\tag{3.8}$$

与静电场微分方程相同. 此时可以引入电势 U, 使得 $\boldsymbol{E}=-\nabla U$, 并且为直流电路引入电压的概念. 与静电情形不同的是, 承载恒定电流的导体并非处于静电平衡状态, 导体内部存在电场以驱动自由电荷克服 "阻力" 来维持电流的恒定.

3.2 欧姆定律和焦耳定律

3.2.1 欧姆定律

1826 年, 德国物理学家欧姆 (Ohm) 通过实验发现, 恒定电路中一段导体的电流 I 正比于其两端的电压 U, 即

$$U=IR,\tag{3.9}$$

这便是欧姆定律, 其中比例常量 R 称为这段导体的电阻, 其在国际单位制中的单位为欧姆, 记作 Ω, $1\ \Omega=1\ \mathrm{V/A}$.

欧姆定律其实反映的是导体内电场和电流密度之间的线性关系, 即

$$\boldsymbol{j}=\sigma\boldsymbol{E},\tag{3.10}$$

其中 σ 称为电导率. (3.10) 式称为欧姆定律的微分形式, 相应地, (3.9) 式称为欧姆定律的积分形式.

例如, 一根电导率为 σ、长为 l、底面积为 S 的均匀直柱状导体, 其内沿长度方向有均匀的电场 $\boldsymbol{E}$, 则有均匀的电流密度 $\boldsymbol{j}=\sigma\boldsymbol{E}$. 流经该导体横截面上的电流强度 $I=jS=\sigma ES$, 而导体两端电压为

$$U=Ed=\frac{1}{\sigma}\frac{\mathrm{d}}{S}I.$$

因此我们得到了欧姆定律的积分形式, 并且得到该段导体的电阻为

$$R=\frac{1}{\sigma}\frac{d}{S}=\rho\frac{d}{S},$$

其中 $\rho=\sigma^{-1}$ 称为电阻率, 其在国际单位制中的单位为 $\Omega\cdot\mathrm{m}$, 而电导率的单位为 $\Omega^{-1}\cdot\mathrm{m}^{-1}$. 电阻率越大, 导电性越差, 如上一段导体的电阻也就越大. 表 3.1 给出了一些典型材料的电阻率, 其中左侧为导体, 右侧至硅为半导体, 纯净水之下为绝缘

体. 可以看出良导体和绝缘体的电阻率之间可以有十几到二十几个数量级以上的差异, 这主要来自于自由电荷数密度的不同. 对于金属良导体, 自由电子的数密度约为 $10^{28} \sim 10^{29}\ \mathrm{m}^{-3}$, 而绝缘体中自由电荷的数密度通常小于 $10^{15}\ \mathrm{m}^{-3}$, 半导体载流子的数密度介于导体和绝缘体之间.

表 3.1 一些典型材料的电阻率 (1 atm, 20° C)

材料	电阻率/($\Omega\cdot$m)	材料	电阻率/($\Omega\cdot$m)
银	1.59×10^{-8}	盐水 (饱和)	4.4×10^{-2}
铜	1.67×10^{-8}	锗	4.6×10^{-1}
金	2.21×10^{-8}	硅	2.5×10^{3}
铝	2.65×10^{-8}	水 (纯净)	2.5×10^{5}
铁	9.71×10^{-8}	木头	$10^{8}\sim10^{11}$
水银	9.58×10^{-7}	玻璃	$10^{10}\sim10^{14}$
镍铬合金	1.00×10^{-6}	石英	$\sim10^{13}$
石墨	1.4×10^{-5}	金刚石	$\sim10^{14}$

为了给出欧姆定律微分形式的一个合理的解释, 我们考虑金属导体的电阻产生机制. 常温下金属中自由电子的平均热运动速率 $v_{\mathrm{e}}\sim10^{6}$ m/s, 因此它与晶格正离子之间的碰撞或散射是极其频繁的, 两次碰撞的平均时间间隔 $\tau\sim10^{-14}$ s, 远小于宏观仪器的响应时间 (约 $0.01\sim0.1$ s), 这允许我们可以在后者的时间范围内采取统计平均的办法来处理如上碰撞对电子定向运动的影响. 此外, 自由电子与晶格正离子之间碰撞的冲击力方向是随机的, 如图 3.2 所示, 在统计的意义上可以认为电子经过碰撞后其定向运动信息完全消失, 即电子在电场 $\boldsymbol{E}$ 中的定向运动是走走停停的, 因此存在相对稳定的平均定向速度

$$\boldsymbol{u}=\frac{1}{2}\tau\boldsymbol{a}=-\frac{1}{2}\tau\frac{e\boldsymbol{E}}{m_{\mathrm{e}}}, \tag{3.11}$$

其中 $\boldsymbol{a}$ 为自由电子的加速度, m_{e} 为电子质量. 由此便可以得到欧姆定律微分形式

$$\boldsymbol{j}=-ne\boldsymbol{u}=\frac{ne^2\tau}{2m_{\mathrm{e}}}\boldsymbol{E}, \tag{3.12}$$

其中电导率被确定为

$$\sigma=\frac{ne^2\tau}{2m_{\mathrm{e}}}. \tag{3.13}$$

如上的统计模型称为德鲁德 (Drude) 模型, 是由德国物理学家德鲁德在 1900 年给出的一个经典模型, 尽管严格的金属导电理论必须考虑电子的量子属性, 但德鲁德模型可以给出金属电导率的一些主要特征, 比如说正比于自由电子的数密度 n. 如果取平

均时间间隔 $\tau = 10^{-14}$ s, 则由 (3.13) 式可以估计铜的电阻率为 $8 \times 10^{-8}\ \Omega \cdot \mathrm{m}$, 与实测数值 (见表 3.1) 在量级上是大致相符的.

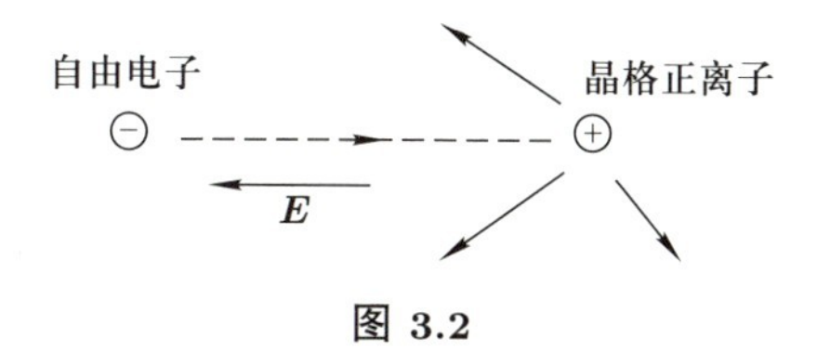

图 3.2

由 (3.11) 式可得

$$-e\boldsymbol{E} - \frac{2m_{\mathrm{e}}}{\tau}\boldsymbol{u} = 0,$$

所以自由电子在电场中获得稳定的平均定向速度, 相当于受到了一个与电场力平衡且正比于速度的阻力

$$\boldsymbol{f} = -\frac{2m_{\mathrm{e}}}{\tau}\boldsymbol{u} = -\gamma\boldsymbol{u}, \tag{3.14}$$

其中 $\gamma = 2m_{\mathrm{e}}/\tau = ne^2/\sigma$ 为阻力系数.

在推导 (3.12) 式时, 我们假定了 τ 与外电场 $\boldsymbol{E}$ 无关, 故电导率为常量, 这是因为 $u \ll v_{\mathrm{e}}$ (参见例 3.1), 因此电子在外场中的加速不会影响平均碰撞时间间隔, 此时我们称电流对电场的响应是线性的, 相应的导电介质称为线性导电介质, 也称为欧姆介质. 非线性介质是存在的, 而且即使对于弱场下的线性介质, 在强场的情况下也会出现非线性行为.

跨越两个电导率不同的导电介质分界面时, 因为有恒定电流条件

$$\oiint_S \boldsymbol{j} \cdot \mathrm{d}\boldsymbol{S} = 0, \quad \forall S,$$

故电流密度的法向分量 j_n 连续.

例 3.3 如图 3.3 所示, 圆柱形导体区域中间一段圆柱体电导率为 σ_2, 其余各段电导率为 σ_1, 通以电流密度为 j 的均匀恒定电流, 其方向向上. 忽略导体的极化效应, 求界面 $S_{1,2}$ 上的自由电荷面密度 $\sigma_{\mathrm{e}1,2}$.

解 电流密度 $\boldsymbol{j}$ 在整个圆柱导体内部分布均匀, 自然保证其跨越导体界面时法向连续的边值关系, 但因为不同区域电导率不同, 所以电场的法向分量在跨越介质分界面时不连续, 故有面电荷累积, 具体地有

$$\sigma_{\mathrm{e}1} = \varepsilon_0(E_2 - E_1) = \varepsilon_0\frac{\sigma_1 - \sigma_2}{\sigma_1\sigma_2}j = -\sigma_{\mathrm{e}2}.$$

若 1 介质为良导体 (导线材料), 2 介质为不良导体 (电阻元件材料), 则 $\sigma_1 \gg \sigma_2$, 相应 $\sigma_{\mathrm{e}1} = -\sigma_{\mathrm{e}2} \approx \varepsilon_0 j/\sigma_2 > 0$. 这样的电荷分布是完全必要的, 如此才可以使得 2 区电场得以额外地加强, 保证电流可以恒定且连续地通过电阻率大的区域.

需要说明的是，本例中忽略了介质在电场作用下的极化效果，如果考虑极化，如上计算的电荷面密度应该是包含极化电荷的总电荷面密度.

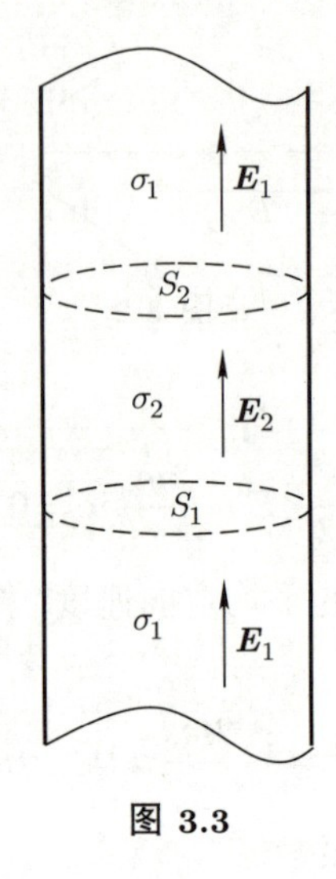

图 3.3

例 3.4 如图 3.4 所示，平行板电容器间充满相对介电常量为 ε_{r}、电导率为 σ 的均匀弱漏电介质，电容器极板是面积为 S 的良导体薄片，极板间距为 $d\ (\ll \sqrt{S})$. 对该电容器通过电流强度为 I 的电流，设电流在介质中均匀流过，忽略所有边缘效应. 求上极板电量 q_0.

解 设电场和电流场方向向下，则介质内 $j = I/S$，电位移

$$D = \varepsilon_{\mathrm{r}}\varepsilon_0 E = \frac{\varepsilon_{\mathrm{r}}\varepsilon_0 I}{\sigma S}.$$

而根据电位移高斯定理，上极板的自由电荷面密度 $\sigma_{\mathrm{e}0} = D$，因此

$$q_0 = SD = \frac{\varepsilon_{\mathrm{r}}\varepsilon_0}{\sigma} I.$$

此时介质分界面上存在极化电荷，在贴近上极板处的极化电荷面密度

$$\sigma_{\mathrm{e}}' = -\frac{\varepsilon_{\mathrm{r}} - 1}{\varepsilon_{\mathrm{r}}}\sigma_{\mathrm{e}0} = -(\varepsilon_{\mathrm{r}} - 1)\frac{\varepsilon_0 I}{\sigma S}.$$

如上求解过程用到了电流场、电位移场的边值关系，使得这个问题等效为如图 3.5 所示的 RC 并联电路，其中

$$R = \frac{d}{\sigma S}, \quad C = \frac{\varepsilon_{\mathrm{r}}\varepsilon_0 S}{d}.$$

恒定电流 I 全部流过等效电阻，相应地两端电压为

$$U = IR.$$

而题目所求的上极板电量便是图 3.5 中等效电容器的电量:

$$q_0 = CU = CRI = \frac{\varepsilon_r \varepsilon_0}{\sigma} I.$$

图 3.4

图 3.5

如图 3.6 所示, 电导率分别为 σ_1 和 σ_2 的介质分界面两侧的场强分别为 $\boldsymbol{E}_1$ 和 $\boldsymbol{E}_2$, "入射角" 和 "折射角" 分别为 θ_1 和 θ_2. 由电流场和电场的边值关系

$$\begin{cases} j_{1n} = j_{2n}, \\ E_{1t} = E_{2t}, \end{cases}$$

得

$$\begin{cases} \sigma_1 E_1 \cos\theta_1 = \sigma_2 E_2 \cos\theta_2, \\ E_1 \sin\theta_1 = E_2 \sin\theta_2, \end{cases}$$

故有电场线/电流线的 "折射定律"

$$\frac{\tan\theta_1}{\tan\theta_2} = \frac{\sigma_1}{\sigma_2}. \tag{3.15}$$

若 2 介质为良导体, 1 介质为不良导体, 即 $\sigma_2 \gg \sigma_1$, 则 (3.15) 式的典型实现方式是 θ_1

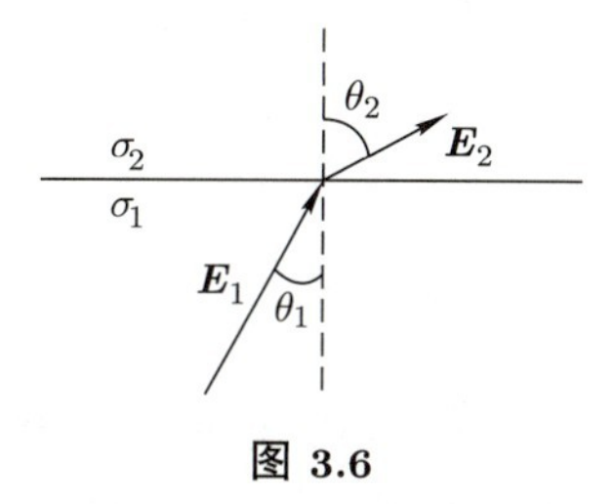

图 3.6

很小或 $\theta_2 \to \dfrac{\pi}{2}$. 尤其是当介质 1 绝缘 ($\sigma_1 = 0$) 时, $\theta_2 = \dfrac{\pi}{2}$, 此时电流线在 2 介质一侧平行于表面 (就像导线中的电流那样), 但介质 1 中存在电场 $\boldsymbol{E}_1$ 以保证电场切向连续的边值关系, 而且当 $\theta_1 \neq \dfrac{\pi}{2}$ 时, 界面上相应会有面电荷分布.

在均匀介质中, 若电流恒定, 则没有体电荷分布①. 这是因为由恒定电流条件 (3.7) 及欧姆定律 (3.10), 均匀导体内部自由电荷密度

$$\rho_0 = \varepsilon_0 \nabla \cdot \boldsymbol{E} = \frac{\varepsilon_0}{\sigma} \nabla \cdot \boldsymbol{j} = 0.$$

比如说在金属中自由电子定向移动形成电流, 但各处电子的电荷密度仍然被晶格上正离子构成的正电荷密度抵消. 再如电解质溶液中, 在外加电场的作用下正负离子沿相反方向运动形成电流, 但仍然保持各处正负离子的数密度相等, 因此净余电荷密度为零.

对于一块给定电导率分布的导体, 其电阻还依赖于电流场如何分布. 求解恒定电流场的问题, 可以通过欧姆定律转化为求解恒定电场的问题, 或者与恒定电场一同求解. 若导电介质分区均匀, 则有类似于 2.5.2 节的介质存在时的唯一性定理, 此时只须将 $\boldsymbol{D} = \varepsilon \boldsymbol{E}$ 换作欧姆定律 $\boldsymbol{j} = \sigma \boldsymbol{E}$, 并将 $\boldsymbol{D}$ 的边值关系换作 $\boldsymbol{j}$ 的边值关系即可.

例 3.5 如图 3.7 所示, 一块直柱体状均匀导体, 若两底面均为等势面, 且存在电势差 $U_0(>0)$, 试证明电流沿柱体的横截面均匀流过.

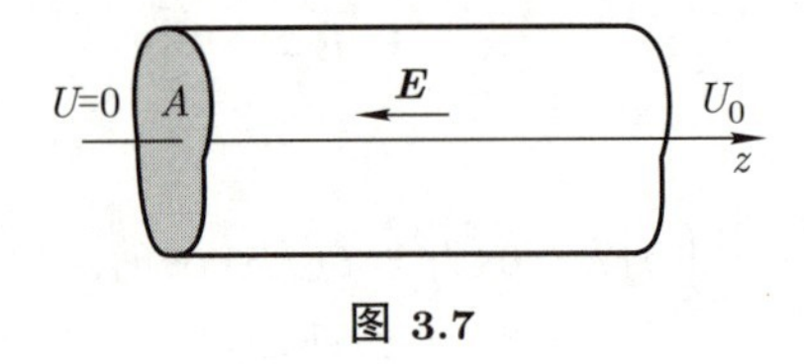

图 3.7

证明 设柱体长度为 d, 导体电导率为 σ, 则 $\boldsymbol{j} = \sigma \boldsymbol{E}$, 此时导体内部净余电荷为零, 故导体内部的电场方程为

$$\nabla \cdot \boldsymbol{E} = 0, \quad \nabla \times \boldsymbol{E} = 0, \tag{3.16}$$

相应电势 U 满足拉普拉斯方程 $\nabla^2 U = 0$. 给定的边界条件为:

$$\text{侧面:} \quad E_n = \sigma j_n = 0 \Rightarrow \partial_n U = 0; \tag{3.17}$$

$$\text{底面:} \quad U_{\text{左}} = 0, \quad U_{\text{右}} = U_0. \tag{3.18}$$

(3.17) 和 (3.18) 式构成混合类边界条件, 故有唯一解. 如果假设导体内部有沿 $-z$ 方向的匀强电场 $\boldsymbol{E}$, 则 (3.16) 和 (3.17) 式自然满足, 若想满足 (3.18) 式, 只须令 $E = U_0/d$ 即可, 所以唯一性定理保证此时导体内的电场和电流场是均匀的.

①此处仅考虑电相互作用. 注意电流场中存在着自身激发的磁场, 如果考虑这种磁相互作用, 恒定电流介质中的净余电荷并不为零, 但相对于载流子电荷密度, 净余电荷密度是被 u^2/c^2 压低的, 因此通常可以忽略不计.

如上结论并不像直觉那样平凡, 设想两底面间如果只是真空, 并没有导电介质, 相当于电源两极分别连接在两块形状相同、相互平行摆放的薄金属片上, 这时金属片之间的电场还可以轻易求解吗?

例 3.6 如图 3.8 所示, 半径为 a 的球形良导体电极 1, 一半嵌入电阻率为 ρ 的无穷大导电介质 2 中, 一半暴露于真空 3 中, 2 与 3 的界面为无穷大平面. 现用极细导线将电流 I 通入良导体电极, 达到稳态后, 求介质中的电流分布. 若取无穷远处为电势零点, 求良导体电极的电势 U.

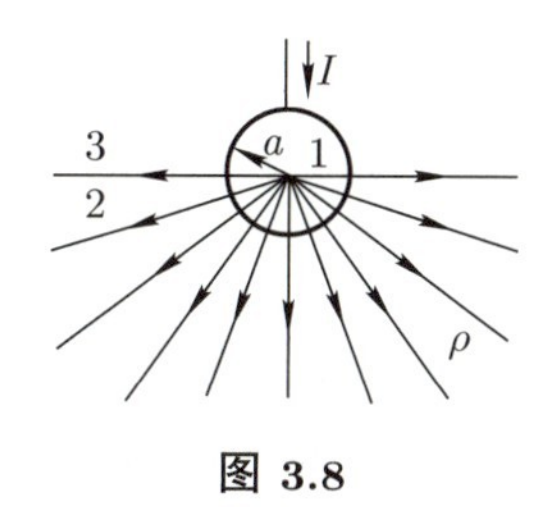

图 3.8

解 忽略良导体电极 1 的电阻, 则 1 等势, 进一步给定了 1 和 2 界面电流场的通量 I, 这类似于导体静电平衡时给定电量的边界条件. 而 2 和 3 界面没有电流穿过, 故界面上 $j_{2n} = j_{3n} = 0$. 此外, 在 2, 3 区域内没有自由电荷, 所以电势分布满足拉普拉斯方程.

我们可以猜测, $\boldsymbol{j}$ 在下半空间的分布是各向同性的, 则以导体电极球心为参考点, 电流连续性条件为

$$2\pi r^2 j(r) = I,$$

故介质 2 中电流场和电场分布为

$$\boldsymbol{j}(\boldsymbol{r}) = \frac{I}{2\pi r^2}\widehat{\boldsymbol{r}}, \quad \boldsymbol{E}(\boldsymbol{r}) = \rho \boldsymbol{j}(\boldsymbol{r}) = \frac{\rho I}{2\pi r^2}\widehat{\boldsymbol{r}}.$$

上半空间没有电流场, 但根据 2 和 3 界面的电场切向连续条件, 可以确定在 2 和 3 构成的全空间中电场的分布是各向同性的, 这非常类似于例 2.17 中的结果. 如上的电场解和电流解是由唯一性定理所保证的, 读者可以自行验证.

若取无穷远处为电势零点, 所求良导体电极的电势为

$$U = \int_a^{\infty} \frac{\rho I}{2\pi r^2}\mathrm{d}r = \frac{\rho I}{2\pi a},$$

所以介质 2 在电极和无穷远间的总电阻为

$$R = \frac{U}{I} = \frac{\rho}{2\pi a}.$$

在已知电流场分布的情况下, 电阻还可以直接由半球壳微元的贡献 $\mathrm{d}R=\dfrac{\rho}{2\pi r^2}\mathrm{d}r$ 积分得到.

利用如上结论, 如果在介质 2 中再以相同方式嵌入一个相同形状的良导体电极, 并且令两个电极间距 $d\gg a$, 则两电极之间的电阻近似为

$$R_{\mathrm{tot}}=2R=\frac{\rho}{\pi a}.$$

这样, 对两电极施加电压 U, 并测量相应的电极电流 I, 便可测定介质 2 的电阻率. 这种测量电阻率的方法称为“两针法”.

3.2.2 焦耳定律

根据欧姆定律, 电流在导体中的形成与维持需要电场的存在. 从能量角度来考察, 因为有电阻的效应, 所以即使电流恒定, 也需要电场力对载流子做功以抵消电阻带来的能量损耗.

对于一段电流为 I、两端电压为 U 的导体, $\mathrm{d}t$ 时间段将电量 $\mathrm{d}q=I\mathrm{d}t$ 从一端等效地转移至另一端, 电场力做功为 $\mathrm{d}A=U\mathrm{d}q=UI\mathrm{d}t$, 因此电路中电功率为

$$P_{\mathrm{e}}=\frac{\mathrm{d}A}{\mathrm{d}t}=UI. \tag{3.19}$$

从能量守恒的角度来讲, 电场力的做功在电路中会将电势能转化为其他形式的能量. 如果电路中没有电动机、电解槽等其他特定的能量转化装置, 电阻效应会将电势能转化为导体介质的内能或热能, 并以热的形式散发出去, 这被称为电流的热效应, 这种电势能完全转化为热能的电路则被称为纯电阻电路. 对于纯电阻电路, 德国物理学家焦耳 (Joule) 在 1840 年最先定量测量了其热效应, 并得到一段电流为 I、电阻为 R 的导体上的热功率 (单位时间的产热量) 为

$$P_{\mathrm{h}}=I^2R, \tag{3.20}$$

称为焦耳定律. 而如果代入欧姆定律 $U=IR$, 则可得 $P_{\mathrm{e}}=P_{\mathrm{h}}$, 这是能量守恒在纯电阻电路中的体现.

根据金属电导的德鲁德模型, 自由电子的定向运动因为不断被晶格正离子散射而走走停停, 这样电子的定向运动的动能不断地转化为晶格正离子随机热运动的动能, 这便是金属导体中焦耳热产生的微观机制. 从这个机制出发, 我们可以看出这种导体内部的能量转化在宏观上是随处发生的, 因此可以引入电功率体密度 p_{e} 和热功率体密度 p_{h}.

考虑电流场中电场为 $\boldsymbol{E}$ 的某处, 设载流子数密度为 n、载流子电荷密度为 ρ、定向移动平均速度为 $\boldsymbol{u}$, 则载流子所受电场力的体密度为 $\boldsymbol{f}_{\mathrm{e}}=\rho\boldsymbol{E}$, 电功率体密度为

$$p_{\mathrm{e}}=\boldsymbol{f}_{\mathrm{e}}\cdot\boldsymbol{u}=\rho\boldsymbol{u}\cdot\boldsymbol{E}=\boldsymbol{j}\cdot\boldsymbol{E}. \tag{3.21}$$

考虑到电阻效应, 从受力角度来看, 相当于单个载流子受到形如 (3.14) 式的阻力 $\boldsymbol{f}$, 所以热功率体密度为

$$p_{\mathrm{h}}=-\boldsymbol{f}\cdot\boldsymbol{u}=n\gamma\boldsymbol{u}\cdot\boldsymbol{u}=\frac{n^2e^2}{\sigma}\boldsymbol{u}\cdot\boldsymbol{u}=\frac{\boldsymbol{j}^2}{\sigma}. \tag{3.22}$$

这可以称为焦耳定律的微分形式. 如果代入欧姆定律 $\boldsymbol{j}=\sigma\boldsymbol{E}$, 便可得 $p_{\mathrm{e}}=p_{\mathrm{h}}$, 也就在微观机制上实现了纯电阻电路的能量守恒.

那么, 非纯电阻电路的能量转化是如何实现的呢? 首先, 在如上分析中我们可以发现, 若想实现电势能与非热能的其他形式能量 (如机械能、化学能等) 的转化, 则欧姆定律 (3.10) 的形式需要改写. 对于恒定电流所对应的恒定电场的情形, 通常我们把载流子受到的恒定电场力也称为静电力, 所以非纯电阻电路中一定存在所谓的非静电力, 它是一种可以作用于载流子的非静电场力, 其场强 $\boldsymbol{K}$ 定义为作用于单位正电荷上的力, 此时欧姆定律将被改写为

$$\boldsymbol{j}=\sigma(\boldsymbol{E}+\boldsymbol{K}). \tag{3.23}$$

这被称为全电路欧姆定律. 从能量的角度来看,

$$p_{\mathrm{e}}=\boldsymbol{j}\cdot\boldsymbol{E}=\frac{\boldsymbol{j}^2}{\sigma}-\boldsymbol{j}\cdot\boldsymbol{K}=p_{\mathrm{h}}+p_{\text{其他}}, \tag{3.24}$$

其中 $p_{\text{其他}}=-\boldsymbol{j}\cdot\boldsymbol{K}$ 为电路中其他形式能量转化所对应的功率密度. 如果 $p_{\text{其他}}>0$ (即 $\boldsymbol{j}\cdot\boldsymbol{K}<0$), 则 $p_{\text{其他}}$ 包含有由电路电势能转化的机械功率、化学功率等. 当然, 如果 $p_{\text{其他}}<0$, 则 (3.24) 应该理解为非静电力做功可以承担一部分热能转化的任务, 甚至可以额外转化为静电势能.

3.3 电源与电动势

3.3.1 电源与电动势

电源是将其他形式的能量转换成电能并向电路或电子设备提供电能的装置. 对于恒定电流电路, 每个截面通过的电流强度相等, 故电流场线形成闭合环线, 如图 3.9 所示. 因为恒定电场满足 $\oint\boldsymbol{E}\cdot\mathrm{d}\boldsymbol{l}=0$, 电场线不闭合, 所以不可能全电路满足 $\boldsymbol{j}=\sigma\boldsymbol{E}$ 形式的欧姆定律. 从能量的角度来看, 恒定电场力驱动载流子沿电路运行一周所做的

总功为零, 而这个过程中焦耳热损耗并不为零, 故整个电路需要额外的能源, 即电源. 在电源的内部 (图中长方框区域), 恒定电场与电流方向相反, 而额外驱动电流的是非静电力场 $\boldsymbol{K}$, 相应电流满足 (3.23) 式的全电路欧姆定律. 显然在图 3.9 情形, 电源内部的非静电力场强是强于恒定电场场强的, 这样可以维持电流的连续性, 同时也造成正、负电荷分别向电源的正、负两极集中, 而非静电力场强 $\boldsymbol{K}$ 是从负极指向正极的. 电源正负极板上的电荷以及分布于电源外部导线的电荷共同激发电源外部的恒定电场, 以驱动载流子在导线内流动.

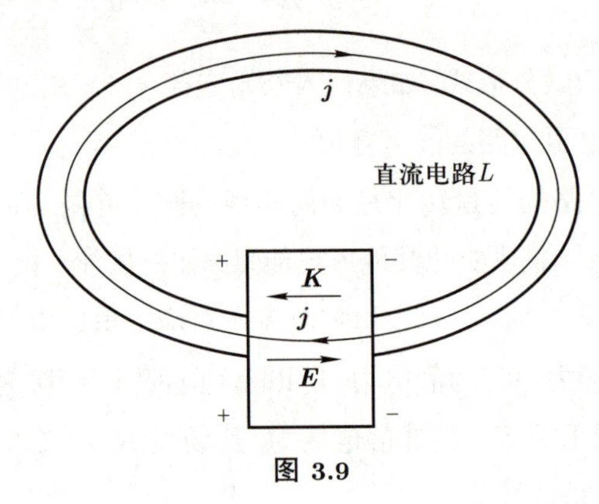

图 3.9

从能量的角度, 我们可以定义将单位正电荷从电源负极搬运至电源正极非静电力所做的功为电源的电动势 $\mathcal{E}$, 即

$$\mathcal{E} = \int_{-}^{+} \boldsymbol{K} \cdot \mathrm{d}\boldsymbol{l} = \oint_L \boldsymbol{K} \cdot \mathrm{d}\boldsymbol{l}, \tag{3.25}$$

其中第二个等式来自电源外部没有非静电力场. 当然, 它也适用于非静电力场分布于整个电路中的情形. 将 (3.23) 式改写为

$$\boldsymbol{E} + \boldsymbol{K} = \frac{\boldsymbol{j}}{\sigma},$$

两边分别对电路 L 做环量积分, 并考虑到恒定电场环量为零, 得

$$\oint_L \boldsymbol{K} \cdot \mathrm{d}\boldsymbol{l} = \oint_L \frac{1}{\sigma}\boldsymbol{j} \cdot \mathrm{d}\boldsymbol{l}.$$

若电路的电流强度 I 在每处横截面积 $S_\perp$ 上均匀分布, 则

$$\frac{1}{\sigma}\boldsymbol{j} \cdot \mathrm{d}\boldsymbol{l} = \frac{I\mathrm{d}l}{\sigma S_\perp} = I\mathrm{d}R,$$

其中 $\mathrm{d}R$ 为 $\mathrm{d}l$ 一段的电阻, 因此有全电路欧姆定律的积分形式[②]

$$\mathcal{E} = IR + Ir, \tag{3.26}$$

②在电源外部, 路径积分 $\int_{外} \frac{1}{\sigma}\boldsymbol{j} \cdot \mathrm{d}\boldsymbol{l} = \int_{外} \boldsymbol{E} \cdot \mathrm{d}\boldsymbol{l} = IR$, 可以看出积分 $\frac{1}{I}\oint_L \frac{1}{\sigma}\boldsymbol{j} \cdot \mathrm{d}\boldsymbol{l}$ 给出的即是电路 L 的总电阻.

其中 R 为电源外部的电路总电阻, 也称为负载电阻, 而 r 为电源的内阻.

由 (3.25) 式可得

$$I\mathcal{E} = I^2R + I^2r.$$

等式右侧是电路中焦耳热的总功率, 故我们可以称 $P = I\mathcal{E}$ 为电源的总功率, 其中对外部负载的输出功率为

$$P_{\text{出}} = I^2R = \frac{\mathcal{E}^2R}{(R+r)^2}.$$

给定电源电动势 $\mathcal{E}$ 和内阻 r, 调节总负载电阻可使得输出功率最大, 这需要 $R = r$, 这一点也被称为直流电路的阻抗匹配条件, 相应的最大输出功率为

$$P_{\text{出},\max} = \frac{\mathcal{E}^2}{4r}.$$

3.3.2 恒定电源

若电源内部非静电力场恒定, 则电源的电动势恒定, 这种电源称为恒定电源. 实用上, 只要电源电动势在一定时间内可以相对维持稳定, 便可以用作恒定电源. 下面介绍几种常用的恒定电源.

(1) 化学电源.

将化学能转化为电能的装置称为化学电源. 这种能量转化可以通过金属导体电极与电解质溶液之间的氧化还原反应来进行, 相应化学能释放的过程可以造成正负电荷在分布上的分离和转移, 从而可以等效地构造一种非静电力场. 通常将两种不同化学活性的金属放置于连通的电解质溶液中, 便可以构造化学电源. 这种构造也称为化学电池.

1891 年, 意大利解剖学家伽伐尼 (Galvani) 发现, 将具有生物活性的蛙腿置于铜盘上, 并令钢制的手术刀同时接触蛙腿和铜盘, 可以导致蛙腿抽搐, 产生电击反应. 伽伐尼错误地认为这里产生的电流来自蛙腿内部的带电结构, 其实蛙腿只是提供了一个电解质溶液的容器以及一个活体检流计, 而电流来自金属与电解质溶液化学反应的电化学过程. 最终, 意大利物理学家伏打意识到了这一点, 并于 1800 年发明了现代意义上的化学电源. 伏打发明的电源被称为伏打电池或伏打电堆, 由很多单元串联组成, 每一单元都有一个锌片和一个银片, 其间夹有用电解质溶液浸润的湿纸板. 因为锌的还原性比银要强, 使得 Zn^{2+} 离子从锌片上析出进入溶液, 而留在锌片上的电子使其带负电, 是为该电源的负极; 相应电解质溶液中的一些正离子会附着于银片上使其带正电, 是为该电源的正极. 如果导通正负极, 则电子会沿外部导线由锌片移动到银片上, 并与附着在银片上的正离子电荷中和, 从而完成相应的化学反应过程, 这样化学能便可以转换为电能, 并进一步转换为电路中所消耗的能量. 对于如上过程, 正负极导通时外部

导线电流的方向自然是从正极 (银片) 流向负极 (锌片), 而电源内部的电流由负极流向正极, 这主要是由电解质溶液中正离子的移动形成的.

电池的电动势取决于两个电极之间化学活性的差异, 也一定程度上依赖于电解质的浓度. 电池的放电过程使得电解质溶液中活性物质的浓度降低, 其电动势会缓慢下降, 进一步如果放电量达到一定值, 活性物质与非活性物质的浓度比不足以维持电池内部的氧化还原反应的进行, 则电池不能再为外部供电, 我们称电池的电量被耗尽. 如果电池内部的氧化还原反应在电化学中过程可逆, 则可利用外部电源使得电池内部电解质溶液中失去化学活性的物质重新具有化学活性, 这样的电池称为蓄电池, 可以进行重复的充放电并不断地被重复利用. 例如铅 – 硫酸蓄电池, 负极板为铅 (Pb), 正极板为二氧化铅 (PbO_2), 其间充满硫酸溶液. 放电时, 负极板处的铅被氧化, 其反应方程式如下:

$$\mathrm{Pb} + \mathrm{HSO_4^-} \rightarrow \mathrm{PbSO_4} + \mathrm{H^+} + 2\mathrm{e^-}.$$

电子会从铅板流向正极板, 使得正极板的氧化铅被还原, 其反应方程式如下:

$$\mathrm{PbO_2} + \mathrm{HSO_4^-} + 3\mathrm{H^+} + 2\mathrm{e^-} \rightarrow \mathrm{PbSO_4} + 2\mathrm{H_2O}.$$

正常情况下正负极板间存在约 2.1 V 的电动势, 但当硫酸溶液的浓度降低, 电动势会下降, 当电动势降低至约 1.7 V 时, 该蓄电池已经不能为外电路放电. 如果将该蓄电池的正负极分别接通电动势大于 2.1 V 的电源的正负极, 则电流与蓄电池放电时反向, 相应如上氧化还原反应分别在两极板处逆向进行, 这样便可以完成蓄电池的充电.

(2) 温差电源.

温差电源是将热能转化为电能的装置. 1821 年, 德国物理学家泽贝克 (Seebeck) 发现, 当两种金属 A, B 两端分别相连形成回路, 如图 3.10 所示, 并且两个接头温度不相等 ($T_1 \neq T_2$) 时, 便可形成回路电流. 这种效应称为泽贝克效应, 相应的装置称为温差电偶.

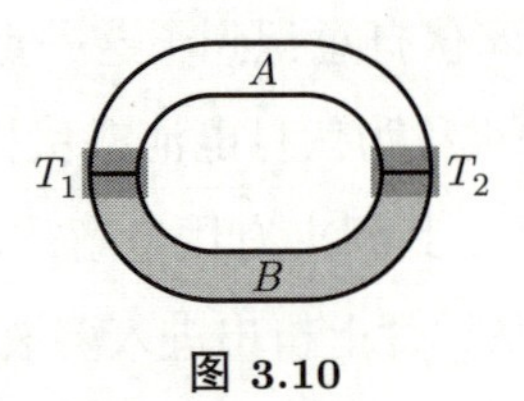

图 3.10

温差电偶回路中存在两种和热电转化相关的电动势. 首先, 图 3.10 中金属 A 或 B, 由于热扩散, 其内部自由电子会向高温端集中, 从而形成高温端为负极、低温端为正极的电动势, 也称为汤姆孙 (Thomson) 电动势. 此外两种金属的接触处, 因为各自电子的数密度不同, 所以可以形成与温度有关的接触电动势, 称为佩尔捷 (Peltier) 电动势. 整个温差电偶回路的电动势称为泽贝克电动势. 在温差不大的情形, 热力学理论可以证明泽贝克电动势是正比于温差的, 即

$$\mathcal{E} \approx (\epsilon_A - \epsilon_B)(T_2 - T_1),$$

其中 $\epsilon_{A,B}$ 分别称为材料 A, B 的泽贝克系数. 半导体材料的泽贝克系数通常比金属的大许多, 所以利用半导体材料制成的温差电偶可以获得相对更大的温差电动势.

由 A 和 B 材料组成的温差电偶电动势可以由图 3.11 中所示的电势差计加以测量. 图中导体 C 的接入并不影响整个回路的温差电动势. 首先, 因为 C 两端温度同为 T_0, 所以可以证明其上的汤姆孙电动势为零. 其次, 在温度同为 T_0 的条件下, 可以证明 A, C 间的佩尔捷电动势叠加上 C, B 间的佩尔捷电动势等于 A, B 间的佩尔捷电动势. 此外, 如果测定了 A, B 温差电偶的电动势和温差之间的关系, 并且给定一端的温度 T_0, 则图 3.11 中的装置可以用来测定待测温度 T. 这样的装置便是温差电偶温度计. 相比于气体温度计或水银温度计, 温差电偶温度计具有更大的测温范围 ($-200 \sim 2000$°C) 及更高的灵敏度 (误差在 10^{-3}°C 左右) 等方面的优势.

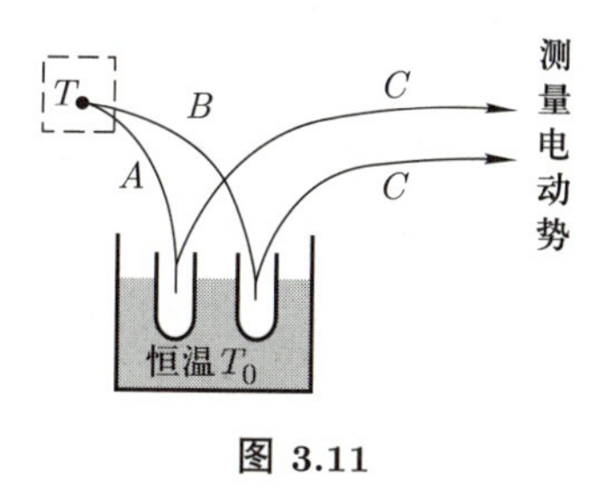

图 3.11

3.4 直 流 电 路

3.4.1 直流电路的基本元件和结构

若想维持电流恒定, 直流电路中必须存在恒定电源, 或者称为直流电源, 它一般具有稳定的电动势和内阻.

直流电路的用电器 (如电阻器、电灯、直流电动机、电解槽等) 一般具有两个端口, 给定流过两个端口的电流 I, 则在用电器稳定工作时两端具有确定的电压 U, 这说明这种两个端口的用电器可等效为一个电阻器, 其等效电阻为 $R = U/I$. 当然, 如上确定的等效电阻可以不是由用电器导体内部电阻率和电流分布所确定的直流电阻, 但仍然可以被标定.

综上所述, 直流电路的基本元件包含直流电源和 (等效) 电阻器, 而导线的直流电阻也可以归结为理想导线和一个电阻器串联所带来的效应. 这样直流电路的基本问题可以概括为: 已知元件参量, 求解流过各个元件的电流和分压.

例 3.7 电源正负极板间的电势差 U_{+-} 称为路端电压, 断路时 U_{+-} 便是其电动势. 如图 3.12 所示, 分别求 (a), (b) 两种情形下方电源的路端电压. 已知该电源电动势为 $\mathcal{E}$, 内阻为 r, (a) 情形外接负载电阻为 R, (b) 情形外接电源电动势为 $\mathcal{E}'$ ($\mathcal{E}' > \mathcal{E}$), 内阻为 r'.

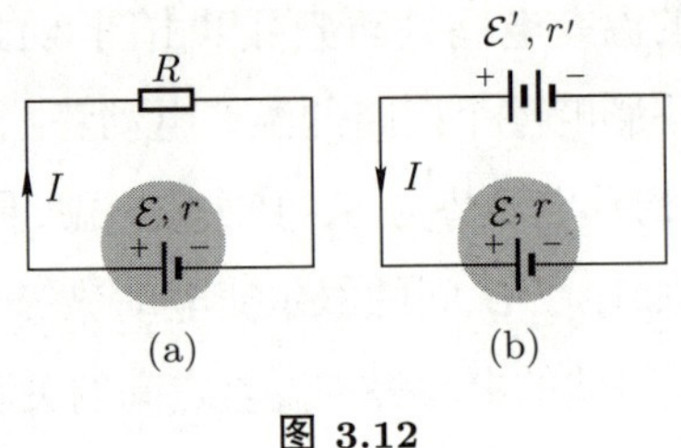

图 3.12

解 对于 (a) 情形, 设图中电流为 I, 根据全电路欧姆定律 (3.25), 有

$$U_{+-} = IR = \frac{\mathcal{E}R}{R+r}.$$

注意, 电势差也可以沿着逆时针方向 (与电流反向) 去计量, 这时会跨过电源, 根据 (3.25) 式, $IR = \mathcal{E} - Ir$, 故

$$U_{+-} = \mathcal{E} - Ir.$$

由此可以看出, 计量电压时:

(1) 实际电源可以看作无电阻的理想电源 $\mathcal{E}$ 与其内阻 r 的串联;

(2) 跨越任意电阻 R 时, 顺 (逆) 其电流 I 的方向则贡献 $IR(-IR)$;

(3) 跨越理想电源 $\mathcal{E}$ 时, 逆 (顺) 其电动势 $\mathcal{E}$ 的方向则贡献 $\mathcal{E}(-\mathcal{E})$.

对于情形 (b), 根据全电路欧姆定律 (3.25) 可确定图中电流

$$I = \frac{\mathcal{E}' - \mathcal{E}}{r + r'}.$$

按照如上总结的电压计量规则, 有

$$U_{+-} = \mathcal{E} + Ir = \mathcal{E}' - Ir' = \frac{\mathcal{E}'r + \mathcal{E}r'}{r + r'}.$$

例 3.8 如图 3.13 所示, 将两个电动势同为 $\mathcal{E}$, 内阻同为 r 的电源首尾相接连成回路, 求两个电源的路端电压.

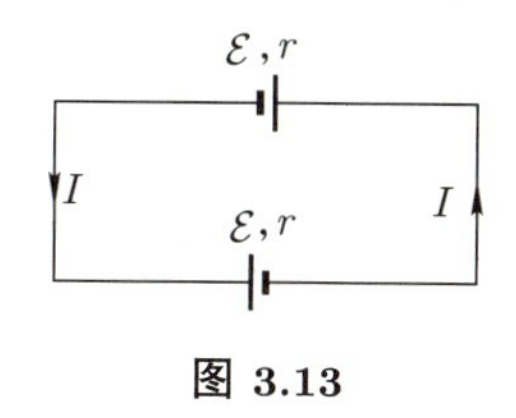

图 3.13

解 由全电路欧姆定律可得图中电流

$$I = \frac{2\mathcal{E}}{2r} = \frac{\mathcal{E}}{r},$$

故两电源路端电压同为 $U_{+-} = \mathcal{E} - Ir = 0$. 这一结果也适用于多个相同的电源首尾相接连成回路的情形.

按照元件连接方式的不同, 可以将电路分为简单电路和复杂电路. 简单电路一般对应于单一电源的电路, 而且电阻器的连接方式均可以化作串联、并联或串并联的组合. 电阻的串并联问题可以归结为串并联有效电阻的求解问题, 这里我们可以直接利用中学物理的结论. 对于 n 个阻值分别为 R_i $(i = 1, 2, \cdots, n)$ 的电阻器, 将它们串联或并联起来, 有效电阻分别为

$$R_{串} = \sum_{i=1}^{n} R_i, \quad R_{并} = \frac{1}{\sum\limits_{i=1}^{n} R_i^{-1}}.$$

一个电路若非简单电路, 便是复杂电路, 包含电阻连接不能化成串并联的情形, 也包括电路中存在多个电源的复杂连接情形. 对于复杂直流电路, 一般可以采用下一小节将要介绍的基尔霍夫 (Kirchhoff) 方程组加以求解.

3.4.2 基尔霍夫方程组

为了方便给出基尔霍夫方程组, 我们需要更仔细地讨论一下电路的拓扑结构. 类似于多面体含有低维的点、线、面等结构, 一般电路中也含有三种典型的低维拓扑结构: 节点、支路和回路. 支路是指电路中由导线和一些两端口元件仅依靠串联组成的一部分. 显然, 直流电路中每条支路上有单一的电流强度流过. 节点是指三个及三个以上支路的交点. 回路是由支路组成的单连通环路[3]. 例如, 图 3.14 中的直流电路, 具有

(1) 两个节点 B 和 C,

(2) 三个支路[4] CAB, BC 和 BDC, 对应有三个支路电流 (图中 I_1, I_2 和 I_3),

(3) 三个回路 $ABCA, BCDB$ 和 $ABDCA$.

---

[3] 这里, “单连通” 是指切断回路的任意一段支路, 则不再构成环路.

[4] 这里的支路是指两个节点之间的整条支路, 因此不同的支路一般具有不同的电流.

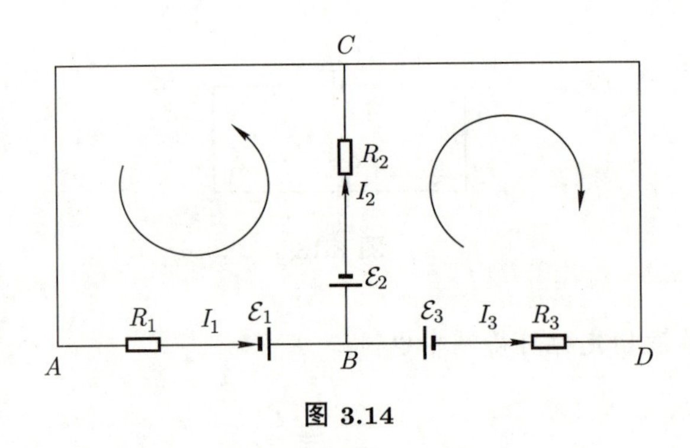

图 3.14

对于回路, 我们可以引入独立回路集合的概念, 这个集合的回路应该涵盖所有的支路和节点, 并且任意回路都存在一个与其他所有回路不同的支路. 例如对于图 3.14 中的直流电路, 独立回路集合可以选作 $\{ABCA, BCDB\}$, 此时回路 $ABDCA$ 不再独立. 可以证明, 对于一个电路, 其任意独立回路集合所包含回路的数目是一样的.

1847 年, 德国物理学家基尔霍夫根据电流的连续性及恒定电场的环路定理给出了求解直流电路的完备方程组, 称为基尔霍夫方程组. 这个方程组还可以细分为节点电流方程组和回路电压方程组, 也分别被称为基尔霍夫第一方程组和第二方程组.

首先, 恒定电流时, 包围一个节点的闭合曲面上电流场的通量为零, 故对于每一个节点, 其净流入的电流为零, 比如说对于图 3.14 中的直流电路的节点 B 有

$$I_1 - I_2 - I_3 = 0. \tag{3.27}$$

这样, 对于任意一个节点, 我们有节点电流方程

$$\sum_i (+/-) I_i = 0, \tag{3.28}$$

其中 I_i 为与该节点相连的支路电流, 求和遍历这些支路, 而式中 $+/-$ 分别对应于流入/流出的情形. 电路中所有节点对应的电流方程构成了节点电流方程组. 我们用 n 表示直流电路中节点的数目, 则独立的节点电流方程的数目为 $n-1$. 例如, 图 3.14 中节点 C 的电流方程为 $I_2 + I_3 - I_1 = 0$, 等价于 (3.26) 式.

另一方面, 由恒定电场的环路定理可知, 任意回路沿一定绕向的电压求和为零, 这便构成了所谓的回路电压方程组. 例如, 对于图 3.14 中电路的独立回路集合 $\{ABCA, BCDB\}$, 分别有回路电压方程

$$U_{ABCA} = I_1R_1 - \mathcal{E}_1 + \mathcal{E}_2 + I_2R_2 = 0, \tag{3.29}$$

$$U_{BCDB} = \mathcal{E}_2 + I_2R_2 - I_3R_3 - \mathcal{E}_3 = 0. \tag{3.30}$$

这时回路 $ABDCA$ 的电压方程 $U_{ABDCA} = 0$ 已经自动满足, 故该电路独立的回路电

压方程的数目为 2. 可以证明, 任意电路的独立回路电压方程的数目 b 便是其独立回路集合所包含回路的数目.

节点电流方程组和回路电压方程组构成完备的基尔霍夫方程组. 这里完备的含义是已知电路中各个电动势和电阻的值, 利用基尔霍夫方程组便恰好可以求解各个支路的电流. 例如, 方程 (3.26), (3.28) 和 (3.29) 构成的方程组恰好可以求解图 3.14 中的三个支路电流. 如果用 l 表示独立支路 (电流) 的个数, 基尔霍夫方程组的完备性意味着恒等式 $l \equiv b + n - 1$. 这一点可以简略地证明如下.

我们取电路的一组支路, 它们顺次相连, 恰好不重复地遍历所有的 n 个节点 A_1, $A_2, \cdots, A_n$, 如图 3.15(a) 所示, 此时取出的支路数目自然是 $n-1$, 对应于独立的节点电流方程的个数. 在图 3.15(a) 的基础上依次补充电路中的其他支路, 如图 3.15(b) 所示, 这时每增加一个支路, 则相应增加一个独立的回路电压方程, 最终, 若将完整的电路拓扑复现在图 (b) 中, 则独立支路的数目恰好等于独立的基尔霍夫方程的数目. 从如上论证过程也可以看出: 独立回路电压方程的数目便是其独立回路集合所包含回路的数目.

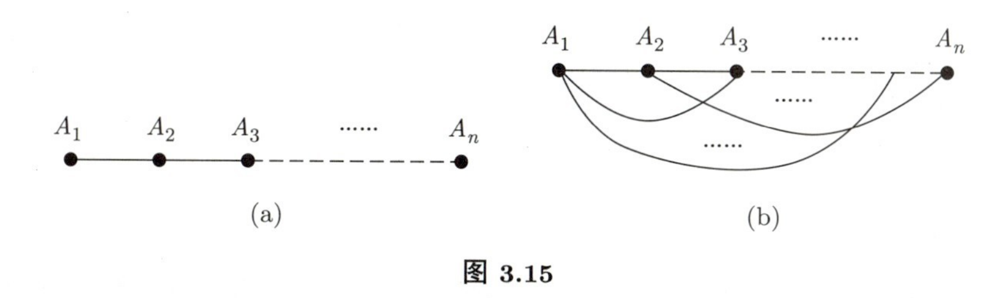

图 3.15

例 3.9 直流电桥. 图 3.16 所示的电路为直流桥式电路, 也被称为直流电桥. 电阻 R_1, R_2, R_3 和 R_4 连接形成四边形 $ABCD$, 其中 AC 间接有电动势为 $\mathcal{E}$ 的理想电源, BD 间接有内阻为 R_{G} 的检流计. 我们称接有检流计的 BD 为"桥", 而四个电阻器所在的支路为桥臂. 设流经桥臂电阻 R_1 和 R_2 的电流分别为 I_1 和 I_2, 流过检流计的电流为 I_{G}, 图 3.16 中已经应用节点电流方程标记了其他支路的电流及其方向.

(1) 求电流 I_{G}.

(2) 调节 R_4 的电阻值可以使 $I_{\mathrm{G}} = 0$, 我们称这时电桥达到了"平衡". 使用 R_2, R_3 和 R_4 来表示电桥平衡时的 R_1.

(3) 我们可以将第 (2) 问中构造的电桥平衡情形看作测量未知电阻阻值 R_1 的办法. 若检流计检验电流为零的误差为小量 δI_{G}, 试求由此所带来的 R_1 测量值的误差 δR_1.

解 (1) 选取 $\{ABDA, BCDB, ABCEFA\}$ 为独立回路集合, 则相应的回路电压

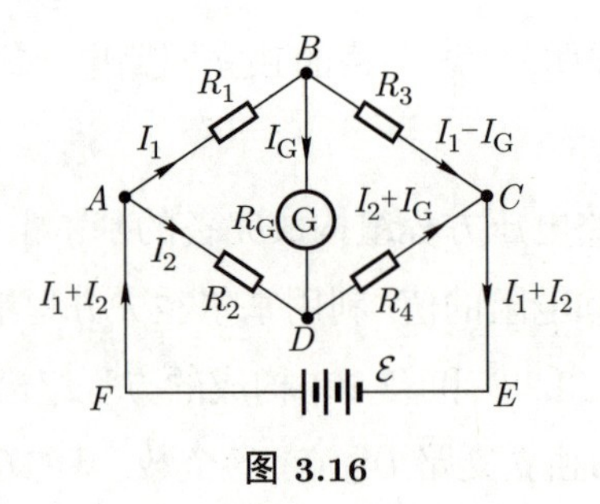

图 3.16

方程组为

$$
\begin{cases}
ABDA: \quad I_1R_1 - I_2R_2 + I_{\mathrm{G}}R_{\mathrm{G}} = 0, \\
BCDB: \quad I_1R_3 - I_2R_4 - I_{\mathrm{G}}(R_3 + R_4 + R_G) = 0, \\
ABCEFA: \quad I_1(R_1 + R_3) - I_{\mathrm{G}}R_3 = \mathcal{E}.
\end{cases}
\tag{3.31}
$$

解得

$$
I_{\mathrm{G}} = \frac{\Delta_{\mathrm{G}}}{\Delta},
$$

其中

$$
\Delta_{\mathrm{G}} = \begin{vmatrix} R_1 & -R_2 & 0 \\ R_3 & -R_4 & 0 \\ R_1 + R_3 & 0 & \mathcal{E} \end{vmatrix} = (R_2R_3 - R_1R_4)\mathcal{E},
$$

$$
\begin{aligned}
\Delta &= \begin{vmatrix} R_1 & -R_2 & R_{\mathrm{G}} \\ R_3 & -R_4 & -(R_3 + R_4 + R_{\mathrm{G}}) \\ R_1 + R_3 & 0 & -R_3 \end{vmatrix} \\
&= R_1R_2R_3 + R_2R_3R_4 + R_3R_4R_1 + R_4R_1R_2 + R_G(R_1 + R_3)(R_2 + R_4).
\end{aligned}
$$

因此

$$
I_{\mathrm{G}} = \frac{(R_2R_3 - R_1R_4)\mathcal{E}}{R_1R_2R_3 + R_2R_3R_4 + R_3R_4R_1 + R_4R_1R_2 + R_G(R_1 + R_3)(R_2 + R_4)}.
$$

(2) 电桥平衡对应于 $I_{\mathrm{G}} = 0$, 自然要求

$$
\Delta_{\mathrm{G}} = (R_2R_3 - R_1R_4)\mathcal{E} = 0.
$$

由此得

$$
R_1 = \frac{R_2R_3}{R_4}. \tag{3.32}
$$

这样, 如果 R_2 和 R_3 为已知的定值电阻, R_4 是阻值可调节的变阻器, 则可通过调节 R_4 使得电桥平衡, 进一步通过 (3.32) 式确定待测阻值 R_1.

(3) 由 (1) 问的结果可得

$$
\left.\frac{\mathrm{d}I_G}{\mathrm{d}R_1}\right|_{I_{\mathrm{G}}=0} = \left.\frac{\mathrm{d}(\Delta_{\mathrm{G}}/\Delta)}{\mathrm{d}R_1}\right|_{R_1=\frac{R_2R_3}{R_4}} = -\frac{R_4\mathcal{E}}{\Delta|_{R_1=\frac{R_2R_3}{R_4}}}.
$$

根据误差传递的公式, 得

$$\delta R_1=\left|\left(\left.\frac{\mathrm{d}I_G}{\mathrm{d}R_1}\right|_{I_G=0}\right)\right|^{-1}\delta I_G=\frac{\Delta|_{R_1=\frac{R_2R_3}{R_4}}}{R_4\mathcal{E}}\delta I_G,$$

其中 $\Delta|_{R_1=\frac{R_2R_3}{R_4}}$ 可以由第 (1) 问中 Δ 的表达式得到.

基尔霍夫方程组是关于支路电流的线性方程组, 利用节点电流方程消去一部分独立电流的数目, 则剩余的 b 个回路电压方程的一般形式为

$$\sum_j R_{ij}I_j=\sum_k \beta_{ik}\mathcal{E}_k,\quad i=1,2,\cdots,b,\tag{3.33}$$

其中 I_j 为待求的独立回路电流, R_{ij} 为固定的电阻组合系数[⑤], $\mathcal{E}_k$ 为各个 (理想) 电源的电动势, 系数 β_{ik} 仅有 3 种取值: $\pm1,0$.

若取方程 (3.32) 中 $\mathcal{E}_k=\mathcal{E}_l\delta_{kl}$ [其中 δ_{kl} 为克罗内克 (Kronecker) 记号], 这相当于除了第 l 个电源外, 电路中其余电源被短接, 相应第 j 个回路电流记为 I_{jl}, 即

$$\sum_j R_{ij}I_{jl}=\sum_k \beta_{ik}\mathcal{E}_l\delta_{kl}.$$

对于实际多源电路, 对上式 l 指标求和, 并利用 $\sum\limits_l \mathcal{E}_l\delta_{kl}=\mathcal{E}_k$, 可得

$$\sum_j R_{ij}I_{jl}=\sum_k \beta_{ik}\mathcal{E}_k.$$

利用方程 (3.32) 的解的唯一性便知 $I_j=\sum\limits_l I_{jl}$. 这意味着, 多源电路各个支路的电流为各个单源电路支路电流的求和, 这一点被称作多电源电路的叠加定理.

例如, 联立方程 (3.26), (3.28) 和 (3.29), 可以解得图 3.14 电路中

$$I_1=\frac{\mathcal{E}_1(R_2+R_3)-\mathcal{E}_2R_3-\mathcal{E}_3R_2}{R_1R_2+R_1R_3+R_2R_3}.\tag{3.34}$$

如果按照叠加定理, 则单源电路化为简单电路, 可以根据电阻串并联公式加以分别求解, 具体地有

$$\begin{aligned}
I_{11}&=\frac{\mathcal{E}_1}{\dfrac{R_2R_3}{R_2+R_3}+R_1}=\frac{\mathcal{E}_1(R_2+R_3)}{R_1R_2+R_1R_3+R_2R_3},\\
I_{12}&=\frac{-\mathcal{E}_2}{\dfrac{R_1R_3}{R_1+R_3}+R_2}\frac{R_3}{R_1+R_3}=\frac{-\mathcal{E}_2R_3}{R_1R_2+R_1R_3+R_2R_3},\\
I_{13}&=\frac{-\mathcal{E}_3}{\dfrac{R_1R_2}{R_1+R_2}+R_3}\frac{R_2}{R_1+R_2}=\frac{-\mathcal{E}_3R_2}{R_1R_2+R_1R_3+R_2R_3}.
\end{aligned}$$

---

⑤ R_{ij} 是各个电阻的线性组合, 其中每个电阻的系数也只能是 $\pm1,0$.

显然有 $I_1 = I_{11} + I_{12} + I_{13}$.

二端网络是指有且仅有两个引出端的电路网络部分, 例如图 3.17(a) 中的电路[6], 如果在 N_1 和 N_2 两点切断电路, 则左右两部分分别对应二端网络 A 和 B. AB 间在连接处关联的信息仅是图 3.17(a) 中所示的连接电流 I 与端口电压 $U = U_{N_1} - U_{N_2}$, 所以如果想求解 B 网络的电流分布, A 网络的部分可以在一定程度上做等效处理, 反之亦然.

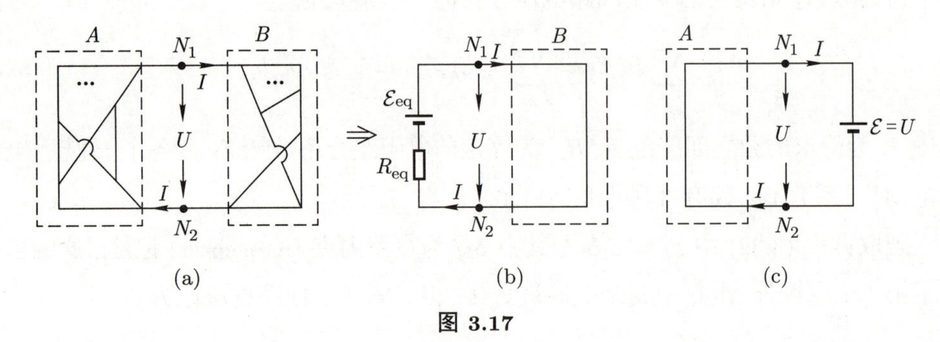

图 3.17

可以证明在求解 B 网络时, A 网络等效为一个理想电源与电阻的串联, 如图 3.17(b) 所示, 等效电路中理想电源电动势 $\mathcal{E}_{\text{eq}}$ 为 A 网络的开路电压, 相应电阻 R_{eq} 为 A 网络的 "除源电阻"[7]. 如上结论便是等效电压源定理, 也称为戴维南 (Thevenin) 定理.

我们可以对戴维南定理简要地说明如下. 基于 A 网络, 给定端口电压 U, 则各个支路电流及连接电流 I 便可求解. 这是因为给定 U 求解 A 网络等价于求解图 3.17(c) 中的电路, 或相当于将整个 B 网络替换为一个电动势为 $\mathcal{E} = U$ 的理想电源, 这显然是一个可解问题. A 网络内部的各个电阻记为 R_i $(i = 1, 2, \cdots)$, 各个电源电动势记为 $\mathcal{E}_k$ $(k = 1, 2, \cdots)$, 对于图 3.17(c), 根据方程组 (3.32), 可得连接电流解的形式为

$$I = \sum_k a_k \mathcal{E}_k - aU, \tag{3.35}$$

其中系数 a 及 a_k 具有电导 (电阻倒数) 的量纲且仅依赖于 $\{R_i\}$. 不妨设

$$R_{\text{eq}} = a^{-1}, \quad \mathcal{E}_{\text{eq}} = \frac{\sum\limits_k a_k \mathcal{E}_k}{a},$$

则有

$$R_{\text{eq}} I = \mathcal{E}_{\text{eq}} - U.$$

---

[6] 为了简化, 图中仅示意性地给出了一些支路的连接方式, 而没有具体画出电阻或电源元件.

[7] 除源电阻是指将 A 网络中所有电源电动势取为零 (但保留内阻) 所得到的两端点之间总的有效电阻.

这便是用 A 网络参量表达的 I 与 U 的关系, 其中 R_{eq} 仅依赖于 A 网络的电阻及其分布, $\mathcal{E}_{\text{eq}}$ 还依赖于 A 网络中电动势的分布. 有了 (3.35) 式的关系再联立 B 网络内部的节点电流及回路电压方程, 便可求解 B 网络, 而 $U=\mathcal{E}_{\text{eq}}-R_{\text{eq}}I$, 这完全等价于求解图 3.17(b) 中的等效电路, 因此有戴维南定理成立.

那么, 如何确定 R_{eq} 和 $\mathcal{E}_{\text{eq}}$?

注意到 (3.35) 式的形式与 B 网络的结构没有任何关系, 所以 (3.35) 式对任意的 I (或 U) 都成立. 若取 B 网络为断路, 即 $I=0$, 则有 $\mathcal{E}_{\text{eq}}=U$, 故有效电动势 $\mathcal{E}_{\text{eq}}$ 为 A 网络的开路电压. 此外, R_{eq} 与 A 网络自身的电动势分布也是无关的, 故可取各个 $\mathcal{E}_k=0$, 自然 $\mathcal{E}_{\text{eq}}=0$, 于是便得 $R_{\text{eq}}=(U/I)_{\text{无源}}$, 故等效电阻为 A 网络的除源电阻.

作为戴维南定理的一个应用, 我们可以利用它重新求解图 3.14 所示电路中的支路电流 I_1. 这时我们可以将节点 B 和 C 以及它们右侧的部分看作等效的二端网络, 所以等效电路图如图 3.18(a) 所示. 等效的二端网络的等效电阻为

$$R_{\text{eq}}=\frac{R_2R_3}{R_2+R_3}.$$

如图 3.18(b) 式所示, 等效的二端网络的开路电压为

$$\mathcal{E}_{\text{eq}}=-\mathcal{E}_2-I'R_2=-\mathcal{E}_2-\frac{\mathcal{E}_3-\mathcal{E}_2}{R_2+R_3}R_2=\frac{-\mathcal{E}_2R_3-\mathcal{E}_3R_2}{R_2+R_3}.$$

再由等效电路图 3.18(a) 得

$$I_1=\frac{\mathcal{E}_1+\mathcal{E}_{\text{eq}}}{R_1+R_{\text{eq}}}=\frac{\mathcal{E}_1(R_2+R_3)-\mathcal{E}_2R_3-\mathcal{E}_3R_2}{R_1R_2+R_1R_3+R_2R_3},$$

与 (3.33) 式结果一致.

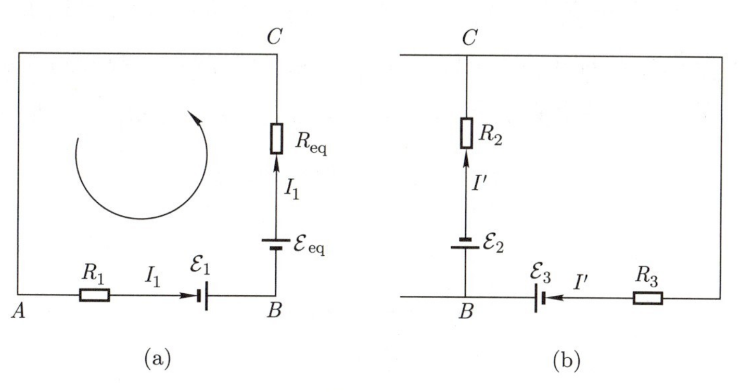

图 3.18

习　　题

1. 图 3.19 中两边为电导率很大的导体, 中间两层是电导率分别为 σ_1 和 σ_2 的均匀导电介质, 其厚度为 d_1 和 d_2, 导体的截面积为 S, 通过导体的恒定电流为 I, 求

(1) 两层介质的场强 E_1 和 E_2,

(2) 电势差 U_{AB} 和 U_{BC},

(3) A, B, C 三界面上的电荷面密度.

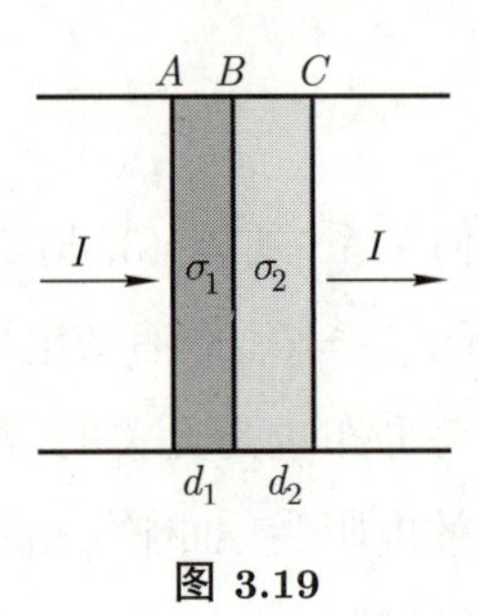

图 3.19

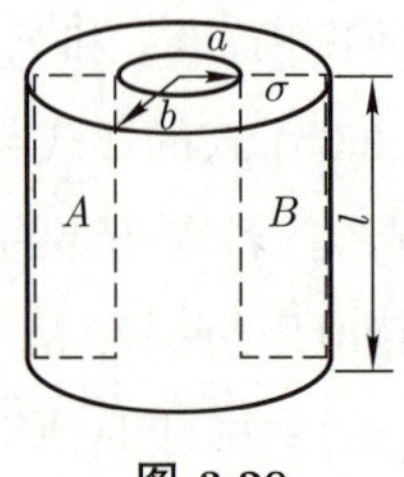

图 3.20

2. 如图 3.20 所示, 长度为 l 的厚圆柱壳弱导电介质的内、外半径分别为 a 和 b, 电导率为 σ.

   (1) 若在圆柱壳内壁和外壁分别设置良导体金属片, 并在其间施加电压 U, 可以证明此时电流场分布沿 (柱坐标) 径向并具有轴对称, 求此时的电流场 $\boldsymbol{j}(\boldsymbol{r})$ 及介质的总电阻.

   (2) 过圆柱壳轴线做纵剖面, 其介质内的截面分别为 A 和 B, 在 A, B 处分别设置良导体金属片, 并在其间施加电压 U, 可以证明此时电流场分布沿 (柱坐标) 角向并在两个分区内分别具有轴对称, 求此时的电流场 $\boldsymbol{j}(\boldsymbol{r})$ 及介质的总电阻.

3. 如图 3.21 所示, 间距为 d 的两平行大金属板间填充有电导率为 σ (注意其与面电荷密度的区别) 的弱导电介质, 其中下方金属板有半径为 $a(\ll d)$ 的半球突起, 金属板及半球状突起的电导率可以看作无穷大. 今在两金属极板间施加电压 U_0, 求流经半球突起表面的电流 I (介质的介电常量为 ε_0). (提示: 请对照例 2.2 的结果)

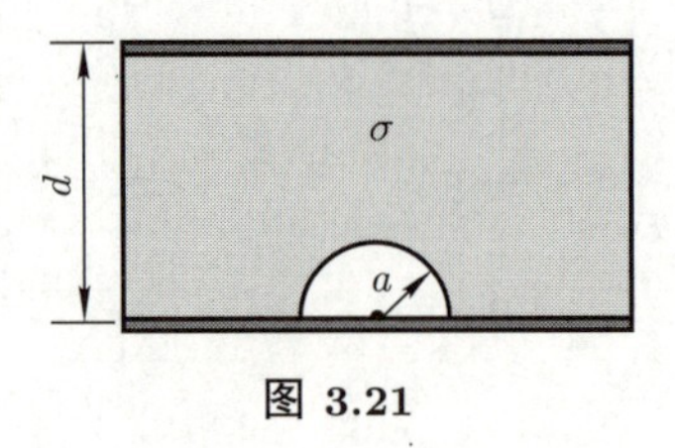

图 3.21

4. 如图 3.22 所示, 在电动势为 $\mathcal{E}$、内阻为 r 的电池上连接一个 $R_1 = 10.0\ \Omega$ 的电阻时, 测出 R_1 的端电压为 8.0 V, 若将 R_1 换成 $R_2 = 5.0\ \Omega$ 的电阻时, 其端电压为 6.0 V, 求此电池的 $\mathcal{E}$ 和 r.

5. 在如图 3.23 所示的电路中, 求 (1) R_{CD}, (2) R_{BC}, (3) R_{AB}.

图 3.22　　　　图 3.23

6. 判断一下, 在图 3.24 所示各电路中哪些可以化为串并联电路的组合, 哪些不能. 如果可以, 就利用串并联公式写出它们总的等效电阻.

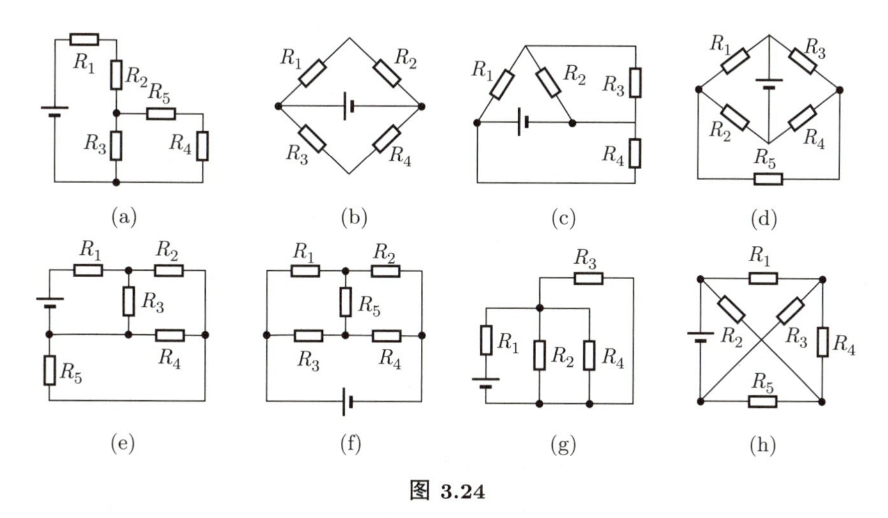

图 3.24

7. 如图 3.25 所示的电路中, $R_1 = R_2 = R_3 = R_4 = 1.0\ \Omega$. 求下列四种情况下的等效电阻 R_{ab}:

(1) K_1, K_5 合上, K_2, K_3, K_4 断开;

(2) K_2, K_3, K_5 合上, K_1, K_4 断开;

(3) K_1, K_3, K_4 合上, K_2, K_5 断开;

(4) K_1, K_2, K_3, K_4 合上, K_5 断开.

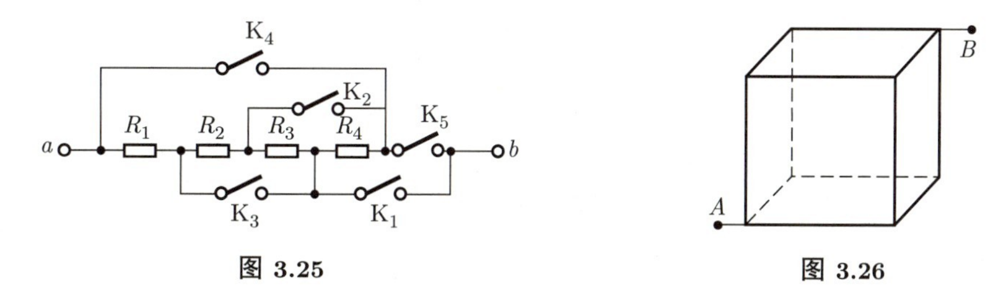

图 3.25　　　　图 3.26

8. 如图 3.26 所示, 12 根长度相同的导体棒组成一个立方体, 每根导体棒的电阻均为 1 Ω, 试求 A, B 之间的电阻.

9. 甲乙两站相距 50 km, 其间有两条相同的电话线, 有一条因在某处触地而发生故障. 甲站的检修人员用如图 3.27 所示的办法找出触地点到甲站的距离 x, 让乙站把两条电话线短路, 调节 r 使通过检流计 G 的电流为 0. 已知电话线每千米的电阻为 6.0 Ω, 测得 $r = 360$ Ω, 求 x.

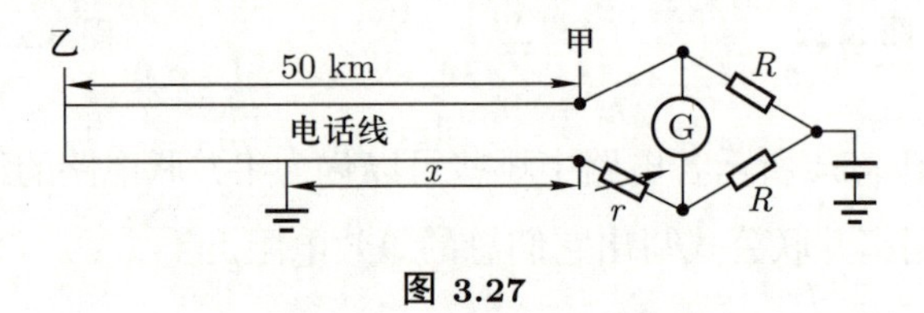

图 3.27

10. 分别求出图 3.28 (a), (b), (c) 中点 a, b 之间的电阻.

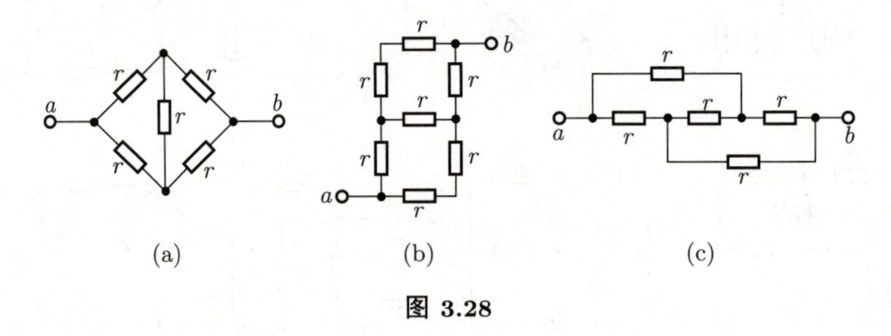

图 3.28

11. 如图 3.29 所示, 电路中电源电动势分别为 $\mathcal{E}_1 = 3.0$ V, $\mathcal{E}_2 = 1.0$ V, 电源内阻分别为 $r_1 = 0.5$ Ω, $r_2 = 1.0$ Ω, 电阻 $R_1 = 10.0$ Ω, $R_2 = 5.0$ Ω, $R_3 = 4.5$ Ω, $R_4 = 19.0$ Ω. 分别采用如下三种方法求解图中支路电流 I_1:

(1) 利用基尔霍夫方程组;

(2) 利用多源电路的叠加定理;

(3) 利用等效电压源定理.

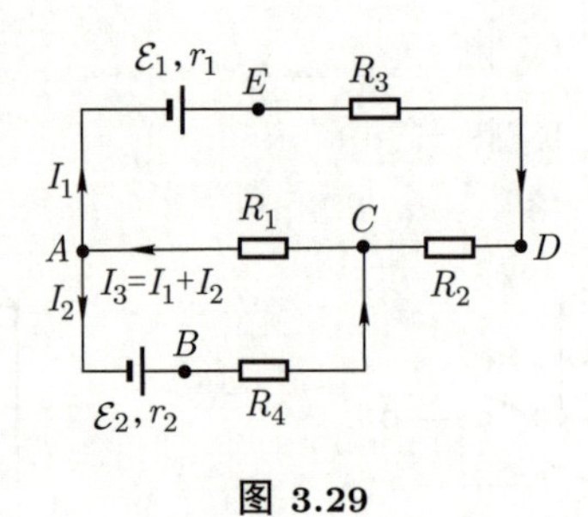

图 3.29

第四章 恒定磁场

4.1 磁现象及其与电现象的联系

4.1.1 早期对于磁现象的认识

人类对磁现象的认识最早可以追溯至上古时代的中国, 据传那时在中国已经发现了天然磁石. 这是一种以四氧化三铁 (Fe_3O_4) 为主要成分的矿石, 一般情况下它可以吸引周围的铁质物体, 即具有磁性. 战国时代的中国, 人们已经能用 “司南” 来确定方向, 这是指南针的雏形.

天然磁石也被称为磁铁. 将条形磁铁置于铁屑中然后取出, 人们发现铁屑主要附着在磁体的两端, 故两端磁性最强, 被称为条形磁铁的两个磁极. 进一步人们发现, 不同的条形磁铁 (或小磁针) 磁极之间相互作用或为排斥、或为吸引, 若将两磁极分别命名为南极 (S) 和北极 (N), 则同 (极) 性相斥、异 (极) 性相吸. 这种命名的规则来自指南针的指向, 用作指南针的小磁针的北极便指向北方的磁极, 磁针南极自然指向南方. 这说明地球及其周围具有磁场, 使指南针可以工作, 这种磁场称为地磁场. 地磁场本身也具有两个磁极, 在地面上, 地磁南极大致在地理北极附近, 而地磁北极大致在地理南极附近.

4.1.2 磁库仑定律

磁铁两极之间的相互作用规律与点电荷之间的类似, 满足 “同性相斥、异性相吸” 的准则, 类比于点电荷, 我们可以引入点磁荷的概念, 它只具有一种极性, 所以也被称为磁单极子. 这样小磁针的 N/S 极可以分别被假想成由 N/S 磁荷构成. 磁荷量记为 q_{m}, 我们约定 N 磁荷为正, S 磁荷为负.

在十八世纪八十年代, 库仑通过小磁针相互作用的实验发现如上假想的磁荷之间的相互作用满足距离的平方反比律①, 即 “磁库仑定律”, 可以表述为磁荷 q_{m2} 对磁荷 q_{m1} 的磁作用力为

$$\boldsymbol{F}_{21}=k_{\mathrm{m}}\frac{q_{\mathrm{m1}}q_{\mathrm{m2}}}{r_{21}^2}\widehat{\boldsymbol{r}}_{21}, \tag{4.1}$$

其中 $\boldsymbol{r}_{21}$ 是 2 指向 1 的相对位置矢量, k_{m} 为比例常量. 根据 (4.1) 式, 磁荷间的相互作用自然遵从同性相斥、异性相吸的规律.

① 当然, 当时的实验精度并不高.

类似于电场强度的定义方式, 我们可以定义磁场强度 $\boldsymbol{H}$ 为单位正磁荷所受的磁场力, 即

$$\boldsymbol{H} = \boldsymbol{F}_{\mathrm{m}}/q_{\mathrm{m}0}, \tag{4.2}$$

其中 $q_{\mathrm{m}0}$ 为试探点磁荷的磁荷量, $\boldsymbol{F}_{\mathrm{m}}$ 为其所受的磁场力. 例如, 真空中静止点磁荷 q_{m} 所激发的磁场强度为

$$\boldsymbol{H} = k_{\mathrm{m}}\frac{q_{\mathrm{m}}}{r^2}\widehat{\boldsymbol{r}}, \tag{4.3}$$

其中 $\boldsymbol{r}$ 为以点磁荷为参考点的场点位置矢量.

然而, 与电现象不同, 人们并没有发现单独存在的磁荷或磁单极子. 每个条形磁铁都同时具有相异的两极, 若我们将条形磁铁从中间截断, 得到的两个小条形磁铁仍分别同时具有两极, 而不会得到仅具有一个极性的磁铁. 这种现象背后的真正原因在库仑之前的年代并没有被正确地认识, 基于这种现象, 库仑认为基本的磁结构是同时具有 S, N 两极的微观 “磁分子”, 这种分子在结构上不能被进一步分割, 这被称为库仑的 “磁分子模型”. 而按照磁荷观点, 这种磁分子便是正负磁荷构成的不可分割的磁偶极子. 如果小磁针足够小, 便可以近似看作这种磁偶极子.

4.1.3 “电生磁”: 简要的历史回顾

电流或电荷的移动可以激发磁场, 这种现象我们可以概括为 “电生磁”, 而人们关于这一点的认识, 有一段较为曲折的历史. 其实, 在 1730 年代, 就有人发现被雷电击中后的铁质刀叉具有磁性. 1751 年, 富兰克林也发现莱顿瓶 (Leyden jar) 放电时可以磁化附近的缝衣针. 但在 1820 年之前, 人们并没有对 “电生磁” 现象的本质有所认识.

这期间比较具有代表性的是库仑的观点, 基于 “电” 可以被传导, 而 (磁铁的) “磁” 不能被传导, 库仑认为 “磁流体” 和 “电流体” 是完全不同的实体, 相应电和磁并不存在本质上的联系. 库仑的观点影响着那个时代的物理学家, 并在很长一段时间内成为物理学界的主流观点, 但丹麦物理学家奥斯特 (Oersted) 却始终坚信电和磁有着本质的联系. 经过近十年的努力, 奥斯特终于在 1820 年发现通电的导线可以使周围的小磁针发生偏转, 史称奥斯特的 “小磁针实验”. 这个实验结果说明, 电流和磁铁一样可以对磁体产生作用, 从而揭示了电和磁之间具有内在的联系. 按现代的观点, 奥斯特的小磁针实验结果说明电流可以激发磁场. 这一发现具有划时代的意义, 法拉第评价说: “他突然打开了科学中一个一直是黑暗的领域的大门, 使其充满光明.”

奥斯特在 1820 年 7 月公布了小磁针实验的结果, 这带来了人们观念上的巨大改变. 此后半年内, “电生磁” 的基本规律便被建立起来了. 这期间法国物理学家起了主要的推动作用. 首先, 法国物理学家阿拉戈 (Arago) 在 1820 年 9 月 11 日的法国科

学院的例会上报告了奥斯特的发现. 9 月 18 日, 法国物理学家安培 (Ampère) 报告了长直导线电流所激发的磁场方向环绕导线, 并与电流方向之间满足右手螺旋定则 (即安培定则), 如图 4.1 所示. 当天的报告中, 安培也指出螺线管激发的磁场应与条形磁铁磁场等效. 9 月 25 日, 安培报告了两条平行直导线电流相互作用的结果: 同向电流相吸引, 反向电流相排斥. 10 月 9 日, 安培报告了对环形电流及螺线管磁场的细致研究的结果, 并进一步确定了条形磁铁磁场与螺线管激发的磁场之间的等效性, 它们各自的外部磁场分布如图 4.2 所示. 此后, 安培在菲涅耳 (Fresnel) 的帮助下提出了分子环流假说, 即磁体的磁性来自内部 "分子环形电流" 的定向排列. 比如说对于条形磁铁, 其内部的分子环流如图 4.3 所示, 而考虑到内部电流有相互抵消的效果, 故等价于电流分布于外壁, 这样便自然解释了条形磁铁磁场与螺线管激发的磁场之间的等效性, 同时也解释了条形磁铁被分成两半后, 每一半仍分别具有两个磁极的现象. 若磁单极子并不存在, 则按照分子环流假说, 磁现象完全来自电流或运动电荷之间的相互作用, 这一点被称为 "磁的电本质". 按照现代场相互作用的观点, 电磁现象可以概括为电荷 (运动或静止) 激发电磁场, 而电磁场又可以作用于电荷, 这便是电磁相互作用的基本模式.

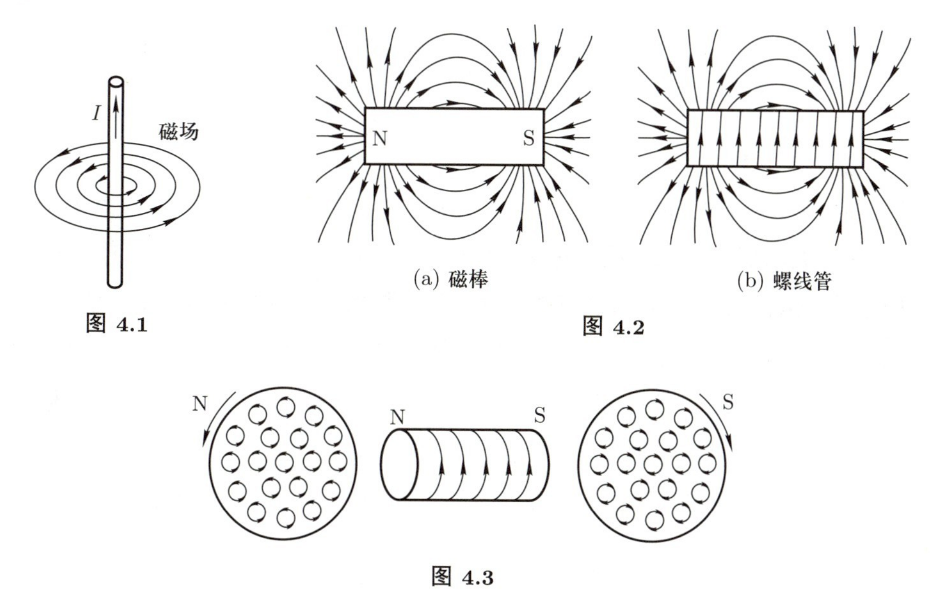

(a) 磁棒　(b) 螺线管

图 4.1　图 4.2

图 4.3

1820 年 10 月 30 日, 法国物理学家毕奥 (Biot) 和萨伐尔 (Savart) 报告了他们对长直导线电流激发磁场的测量结果. 他们发现其磁场强度 H 正比于其电流强度 I, 反比于场点到导线的距离 I, 即

$$H = K\frac{I}{r}, \tag{4.4}$$

其中 K 为常量. 很快, 通过他们进一步的实验结果, 以及法国物理学家和数学家拉

普拉斯在他们实验结果基础上给出的数学分析, 恒定电流激发磁场的基本规律—— 毕奥 – 萨伐尔 – 拉普拉斯定律便被建立起来. 这个定律也通常被称为毕奥 – 萨伐尔定律.

4.2 毕奥 – 萨伐尔定律

4.2.1 磁感应强度的定义

关于磁场的描述, 历史上人们最早如 (4.4) 式那样引入磁场强度 $\boldsymbol{H}$, 并采用小磁针作为探针对 $\boldsymbol{H}$ 进行测量, 这相当于将小磁针看作正反磁荷组成的磁偶极子, 并认为基本的磁相互作用是点磁荷之间的相互作用. 在安培揭示了 "磁的电本质" 之后, 我们知道基本的磁现象是运动电荷激发磁场以及磁场对运动电荷的作用, 而后者对应的磁作用力称为洛伦兹力, 其定量表达式最早由荷兰物理学家洛伦兹给出, 称为洛伦兹力公式. 根据洛伦兹力公式, 电量为 q、运动速度为 $\boldsymbol{v}$ 的点电荷在磁场中受力为

$$\boldsymbol{F} = q\boldsymbol{v} \times \boldsymbol{B}, \tag{4.5}$$

其中 $\boldsymbol{B}$ 被定义为磁感应强度. 该运动电荷在电磁场中受到的电磁力则为

$$\boldsymbol{F} = q\boldsymbol{E} + q\boldsymbol{v} \times \boldsymbol{B}. \tag{4.6}$$

这样通过测量该运动电荷受力便可以直接测定电场强度和磁感应强度. 具体来说, 受力与运动无关的部分可用来测量 (或定义) 电场强度 $\boldsymbol{E}$, 受力与运动速度有关的部分可用来测量 (或定义) 磁感应强度 $\boldsymbol{B}$. (4.6) 式是带电粒子在电磁场中受力的普遍形式, 通常也被称为洛伦兹力公式, 这样 (4.5) 式可以特指磁洛伦兹力公式. 需要指出的是, 磁感应强度是基本的磁场可观测量, 所以本书后面提到磁场大小或方向时一般是泛指 $\boldsymbol{B}$ 的大小或方向, 而涉及 $\boldsymbol{H}$ 时, 均特指为磁场强度②.

在国际单位制中, 磁感应强度 $\boldsymbol{B}$ 的主单位为特斯拉, 记作 T, 其定义为

$$1\ \mathrm{T} = 1\ \mathrm{N \cdot s \cdot m^{-1} \cdot C^{-1}} = 1\ \mathrm{kg \cdot s^{-1} \cdot C^{-1}}.$$

需要指出的是, 特斯拉是一个较大的单位, 通常条形磁铁 ($\mathrm{Fe_3O_4}$) 两极附近的磁场也仅是百分之几特斯拉, 而目前实验室中能够获得的稳定磁场最大也不过几十个特斯拉. 磁感应强度的另一种常见单位是高斯, 记作 Gs, 1 Gs = 10^{-4} T, 比如说地表的地磁场一般在两极附近比较强, 约为 $0.6 \sim 0.7$ Gs, 在赤道附近比较弱, 约为 $0.3 \sim 0.4$ Gs.

---

②其实一直有人建议将 "磁场强度" 这个名称还给 $\boldsymbol{B}$.

4.2.2 毕奥 – 萨伐尔定律

类似于恒定 (静态) 电荷分布可以激发恒定 (静) 电场, 可以预期恒定电流分布可以激发恒定磁场, 前者的基本规律 (1.11) 式可以由库仑定律和叠加原理给出, 而后者对应于毕奥 – 萨伐尔定律. 对于真空中电流为 I 的一个恒定电流回路 L, 如图 4.4 所示, 根据毕奥 – 萨伐尔定律, 它在场点 P 处激发的磁感应强度为

$$\boldsymbol{B} = \oint_L \mathrm{d}\boldsymbol{B} = \frac{\mu_0}{4\pi}\oint_L \frac{I\mathrm{d}\boldsymbol{l}\times\boldsymbol{r}}{r^3}, \tag{4.7}$$

其中 $\mu_0 = 4\pi\times 10^{-7}\ \mathrm{N/A^2}$ 称为真空磁导率. (4.7) 式中 $I\mathrm{d}\boldsymbol{l}$ 称为电流元, 类似于电荷微元是激发静电场的最小结构, 在叠加原理的意义上, 电流元是激发恒定磁场的最小结构, 它在场点 P 处激发的磁场微元为

$$\mathrm{d}\boldsymbol{B} = \frac{\mu_0}{4\pi}\frac{I\mathrm{d}\boldsymbol{l}\times\boldsymbol{r}}{r^3}, \tag{4.8}$$

其方向已在图 4.4 中示出, 其大小满足距离的平方反比律, 这也说明电和磁之间有着更加深刻的关联. 此外, 在叠加原理的意义上, (4.8) 式可以称为毕奥 – 萨伐尔定律的微分形式.

将图 4.4 中的电流线元还原为体电流分布, 引入其体电流分布密度 $\boldsymbol{j}$ 及横截面积 $\mathrm{d}S$, 如图 4.5 所示, 则电流元

$$I\mathrm{d}\boldsymbol{l} = j\mathrm{d}S\mathrm{d}\boldsymbol{l} = \boldsymbol{j}\mathrm{d}V,$$

其中 $\mathrm{d}V = \mathrm{d}S\cdot\mathrm{d}l$ 为电流场中的体元. 因此, (4.8) 式在体电流分布的情形可以被改写为

$$\mathrm{d}\boldsymbol{B} = \frac{\mu_0}{4\pi}\frac{\boldsymbol{j}\mathrm{d}V\times\boldsymbol{r}}{r^3}. \tag{4.9}$$

相应地, 体电流分布 $\boldsymbol{j}$ 在场点 $\boldsymbol{r}$ 处所激发的磁感应强度为

$$\boldsymbol{B}(\boldsymbol{r}) = \frac{\mu_0}{4\pi}\iiint \frac{\boldsymbol{j}(\boldsymbol{r}')\times\boldsymbol{R}}{R^3}\mathrm{d}^3\boldsymbol{r}', \tag{4.10}$$

其中 $\boldsymbol{R} = \boldsymbol{r}-\boldsymbol{r}'$, 而 $\boldsymbol{j}(\boldsymbol{r})$ 的分布满足恒定电流条件 $\nabla\cdot\boldsymbol{j} = 0$.

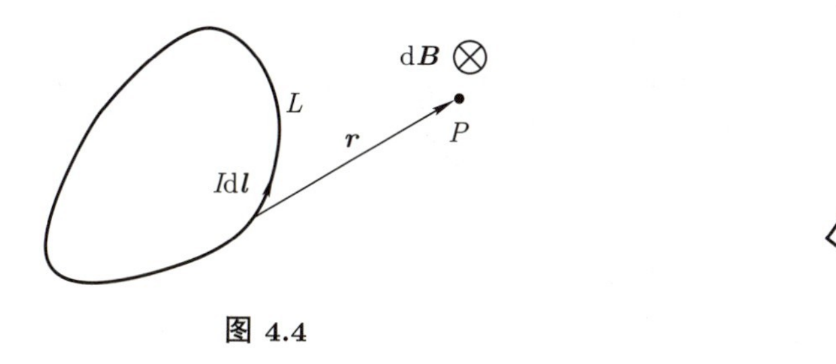

图 4.4

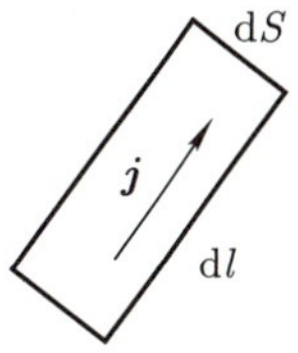

图 4.5

如果引入图 4.5 电流体元中载流子的电荷密度 ρ 及其速度 $\boldsymbol{v}$, 则电流元

$$\boldsymbol{j}\mathrm{d}V=\rho\boldsymbol{v}\mathrm{d}V=\mathrm{d}q\cdot\boldsymbol{v}.$$

这说明一个以速度 $\boldsymbol{v}$ 运动的点电荷 q, 其等效电流元为 $q\boldsymbol{v}$. 但需要注意的是, 一个单独的运动点电荷无法构成恒定电流场, 所以毕奥–萨伐尔定律并不适用于这种情形. 但当 $v\ll c$, 且加速度不大时, 如上运动的点电荷激发的磁场可以近似表示为毕奥–萨伐尔定律的形式, 即

$$\boldsymbol{B}(\boldsymbol{r})\approx\frac{\mu_0}{4\pi}\frac{q\boldsymbol{v}\times\boldsymbol{r}}{\boldsymbol{r}^3}.$$

下面介绍毕奥–萨伐尔定律的几个应用.

(1) 载流直导线磁场.

如图 4.6 所示, 场点 P 相对于电流为 I 的载流直导线的一段 A_1A_2 的位置, 可以由坐标 (a,θ_1,θ_2) 描述, 其中 a 为 P 到导线的距离, θ_1 和 θ_2 分别是导线两端相对于 P 的张角. 根据 (4.8) 式, 图中电流元贡献

$$\mathrm{d}\boldsymbol{B}=\frac{\mu_0}{4\pi}\frac{I\mathrm{d}l\sin\theta}{r^2}\widehat{\boldsymbol{\varphi}}=\frac{\mu_0}{4\pi}\frac{I\sin\theta}{a}\mathrm{d}\theta\widehat{\boldsymbol{\varphi}},$$

其中 $\widehat{\boldsymbol{\varphi}}$ 为以直导线为轴线的柱坐标角向矢量, 上式中已经代入了 $l=-a\cot\theta$ 及 $r=a/\sin\theta$ 并进行了化简. 进一步积分可得导线段在 P 点处激发的磁场贡献为

$$\boldsymbol{B}(a,\theta_1,\theta_2)=\frac{\mu_0}{4\pi}\frac{I}{a}(\cos\theta_1-\cos\theta_2)\widehat{\boldsymbol{\varphi}}.\tag{4.11}$$

若所考虑的导线段长度远大于距离 a, 对应于 $\theta_1\to0$ 及 $\theta_2\to\pi$, 则

$$\boldsymbol{B}=\frac{\mu_0}{2\pi}\frac{I}{a}\widehat{\boldsymbol{\varphi}}.\tag{4.12}$$

这样的模型称为无穷长直载流导线模型.

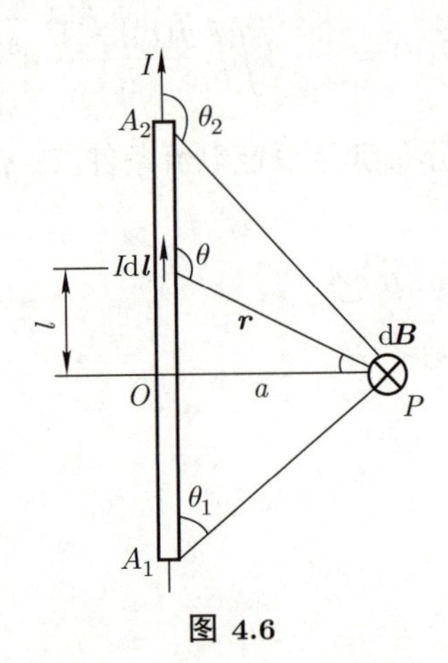

图 4.6

1820 年, 毕奥和萨伐尔完成了一个重要的实验测量, 而拉普拉斯在这个实验结果的基础上给出了毕奥 – 萨伐尔 – 拉普拉斯定律的微分形式 (4.8). 如图 4.7 所示, 毕奥和萨伐尔将电流强度为 I 的直导线打折, 折角为 2θ. 在导线平面内, 折角角平分线延长线上与顶点 A 相距为 r 的场点 P 的磁场方向测得如图所示, 其大小与 I, r 和 θ 的关系测得为

$$B_P = k\frac{I}{r}\tan\frac{\theta}{2}, \tag{4.13}$$

其中 k 为一常量.

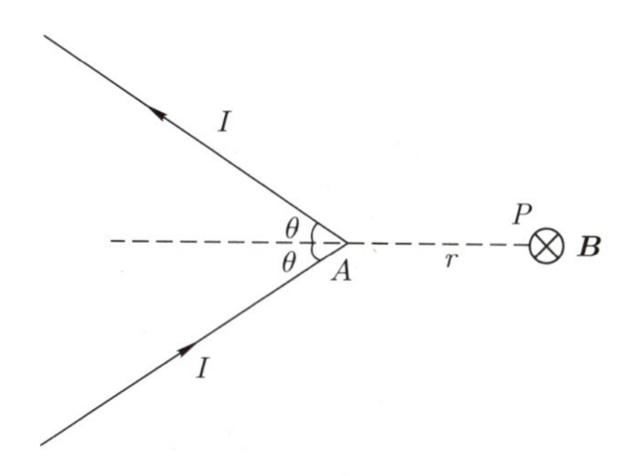

图 4.7

作为事后的智慧, 我们可以利用 (4.11) 式重新看待当年毕奥和萨伐尔测量的结果. 首先, 将图 4.7 打折的两段导线分别看作半无限长直导线, 根据 (4.11) 式, 上下半无限长直导线在场点 P 贡献的磁场方向相同 (见图 4.7), 大小也相同, 均为

$$B_{\text{半}} = \frac{\mu_0}{4\pi}\frac{I}{r\sin\theta}(1-\cos\theta) = \frac{\mu_0}{4\pi}\frac{I}{r}\tan\frac{\theta}{2}.$$

对照 (4.13) 式, 因为 $B_P = 2B_{\text{半}}$, 所以 $k = \mu_0/2\pi$.

但是如何根据 (4.13) 式的测量结果给出 (4.8) 式?

首先, 根据对称性和叠加原理, 可以判断图 4.7 两段半无限长直导线在场点处贡献的磁场方向、大小均相同, 其贡献大小均为

$$B_{\text{半}}(r,\theta) = \frac{k}{2}\frac{I}{r}\tan\frac{\theta}{2}. \tag{4.14}$$

如图 4.8 所示, 将下方半无限长直导线斜向上延长至 A' 点, 使得 AA' 线元为 $\mathrm{d}\boldsymbol{l}$, 该线元对 P 的张角为

$$\mathrm{d}\theta = \frac{\mathrm{d}l\sin\theta}{r}.$$

相应地 $\overline{A'P} = r + \mathrm{d}r$, 其中

$$\mathrm{d}r = -\mathrm{d}l\cos\theta.$$

延长后的下方半无限长直导线对 P 点贡献的磁场显然是 $B_{半}(r+\mathrm{d}r,\theta+\mathrm{d}\theta)=B_{半}(r,\theta)+\mathrm{d}B_{半}$, 而根据叠加原理, $\mathrm{d}B_{半}$ 便对应于电流元 $I\mathrm{d}\boldsymbol{l}$ 对磁场的贡献. 对 (4.14) 式两边取微分得

$$\begin{aligned}\mathrm{d}B_{半}&=\frac{k}{2}\frac{I}{r^2}\left(-\tan\frac{\theta}{2}\mathrm{d}r+\frac{r\mathrm{d}\theta}{2\cos^2\dfrac{\theta}{2}}\right)=\frac{k}{2}\frac{I\mathrm{d}l}{r^2}\left(\tan\frac{\theta}{2}\cos\theta+\frac{\sin\theta}{2\cos^2\dfrac{\theta}{2}}\right)\\&=\frac{k}{2}\frac{I\mathrm{d}l}{r^2}\tan\frac{\theta}{2}(1+\cos\theta)=\frac{k}{2}\frac{I\mathrm{d}l}{r^2}\sin\theta.\end{aligned}$$

结合电流元激发磁场的方向可得

$$\mathrm{d}\boldsymbol{B}=\frac{k}{2}\frac{I\mathrm{d}\boldsymbol{l}\times\boldsymbol{r}}{r^3}.$$

若取 $k=\mu_0/2\pi$, 便可还原毕奥 – 萨伐尔 – 拉普拉斯定律的微分形式 (4.8).

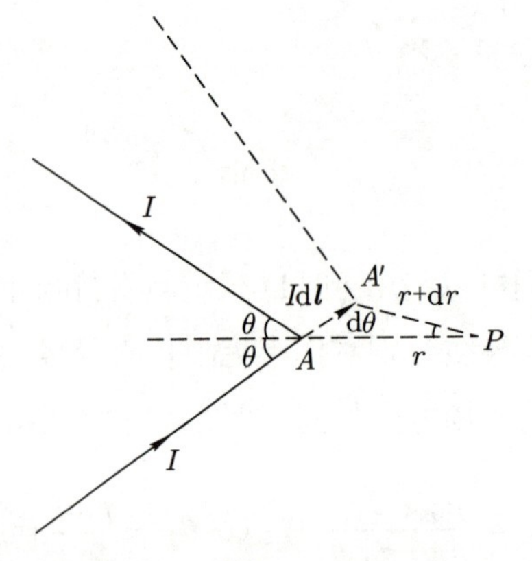

图 4.8

(2) 载流圆线圈轴线磁场.

如图 4.9 所示, 在半径为 R、电流强度为 I 的圆环电流轴线上建立以圆心 O 为原点的 x 轴. 对于轴线上坐标为 x 的 P 点, 上下对称的两个电流元 $I\mathrm{d}\boldsymbol{l}$ 和 $I\mathrm{d}\boldsymbol{l}'$ 贡献的磁场 $\mathrm{d}\boldsymbol{B}$ 和 $\mathrm{d}\boldsymbol{B}'$ 如图所示, 其叠加后的方向沿着轴向, 这种对称的电流元分割可以不

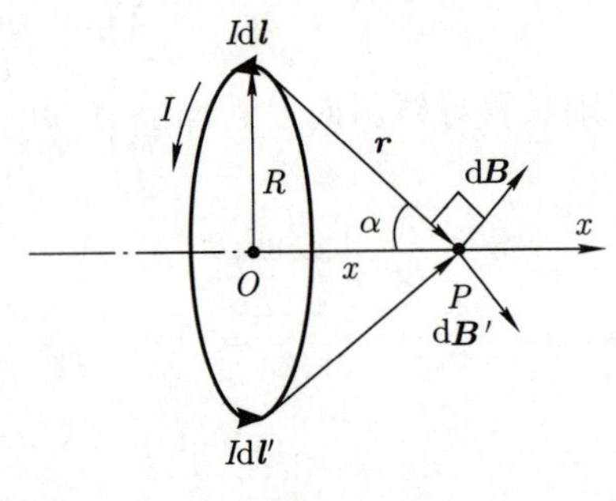

图 4.9

重复地继续下去, 构成圆环电流的一个完整分割, 故 P 点总的磁场沿轴向, 即

$$\boldsymbol{B} = B(x)\widehat{\boldsymbol{x}},$$

其中

$$\begin{aligned} B(x) &= \int \mathrm{d}B \cdot \sin\alpha = \oint \frac{\mu_0}{4\pi}\frac{I\mathrm{d}l}{r^2}\sin\alpha \\ &= \frac{\mu_0}{4\pi}\frac{IR}{(x^2+R^2)^{3/2}}\oint \mathrm{d}l = \frac{\mu_0}{2}\frac{IR^2}{(x^2+R^2)^{3/2}}. \end{aligned}$$

因此, 轴线上磁场为

$$\boldsymbol{B} = \frac{\mu_0}{2}\frac{IR^2}{(x^2+R^2)^{3/2}}\widehat{\boldsymbol{x}}. \tag{4.15}$$

这表明磁场线是穿过圆环的, 并且在环心 O 处取值最大, 为

$$B_O = \frac{\mu_0 I}{2R}.$$

对于远场场点, 取 $x \gg R$ 的极限得

$$\boldsymbol{B} \to \frac{\mu_0}{2}\frac{IR^2}{x^3}\widehat{\boldsymbol{x}}.$$

这个按距离三次方反比衰减的行为类似于偶极子的电场, 而且类似于电偶极矩, 我们可以定义圆线圈的磁矩为

$$\boldsymbol{m} = I\boldsymbol{S} = I \cdot \pi R^2\widehat{\boldsymbol{x}}, \tag{4.16}$$

其中 $\boldsymbol{S} = \pi R^2\widehat{\boldsymbol{x}}$ 为圆环所包围的面元矢量, 如此轴线上远场的磁场可以近似为

$$\boldsymbol{B} \to \frac{\mu_0 \boldsymbol{m}}{2\pi x^3}. \tag{4.17}$$

这类似于电偶极子延长线的电场. 事实上小电流环远场的磁感应强度分布与磁偶极子按照磁库仑定律所激发的磁场强度是等价的, 如图 4.10 所示. 这种等价性我们将会在后面给出证明.

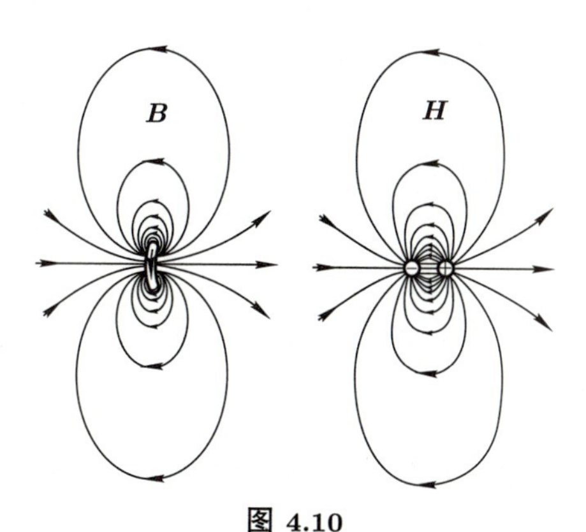

图 4.10

例 4.1 螺线管轴线磁场. 如图 4.11(a) 所示, 考虑每匝电流为 I、管壁为圆柱面的均匀密绕直螺线管, 其横截面半径为 R. 这里"均匀"是指轴线方向单位长度的匝数 (即匝密度) n 为常量, "密绕"是指导线很细, 且排布紧密, 如此便可近似将螺线管的电流分布看作圆柱面上的均匀面电流[③], 如图 4.11(b) 所示, 其电流方向沿角向, 而沿轴线方向单位长度上分布的电流大小 (即面电流线密度) 为

$$k = nI.$$

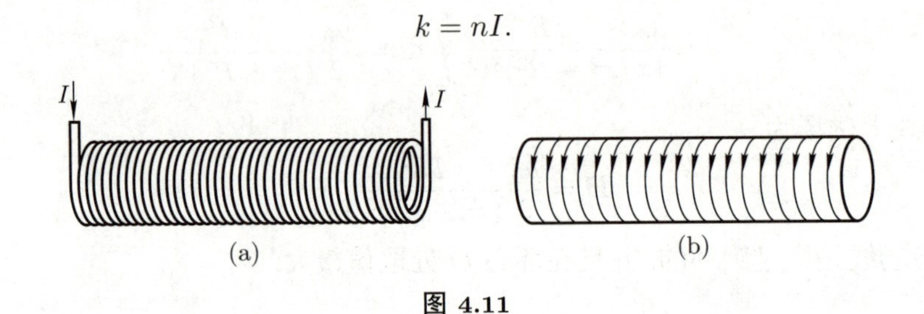

图 4.11

如上螺线管的横剖面如图 4.12(a) 所示, 为了求解轴线场点 P 处的磁场, 我们可以将螺线管电流分割为厚度为 $\mathrm{d}l$ 的圆环电流微元, 其电流为 $\mathrm{d}I = k\mathrm{d}l = nI\mathrm{d}l$, 根据 (4.15) 式, 它贡献到 P 的磁场沿轴向, 大小为

$$\mathrm{d}B = \frac{\mu_0}{2}\frac{nIR^2\mathrm{d}l}{(l^2+R^2)^{3/2}} = -\frac{\mu_0 nI}{2}\sin\beta\mathrm{d}\beta.$$

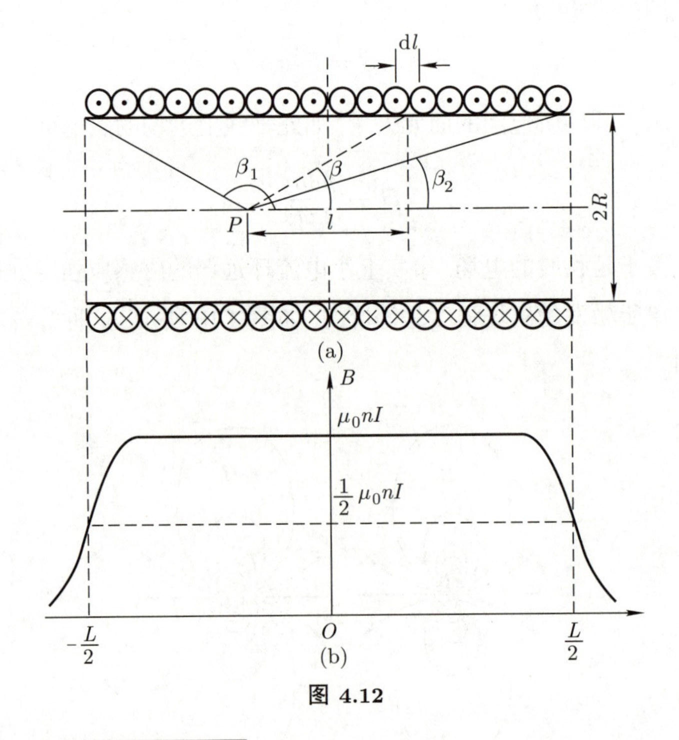

图 4.12

③即忽略了电流之间的缝隙, 并且忽略了匝电流旋进所带来的沿轴向的电流元分量.

上式已代入 $l=R\cot\beta$, 其中 β 为圆环电流微元对场点 P 所张圆锥的半顶角. 对上式积分得

$$B_P=-\int_{\beta_1}^{\beta_2}\frac{\mu_0 nI}{2}\sin\beta\mathrm{d}\beta=\frac{\mu_0 nI}{2}(\cos\beta_1-\cos\beta_2). \tag{4.18}$$

如果考虑螺线管的长度 L 远大于半径 R 的情形, 螺线管轴线上磁场的分布大致如图 4.12(b) 所示, 其典型的特征有两点:

(i) 螺线管内部, $\beta_1\to 0, \beta_2\to\pi$, 故 $B\to\mu_0 nI$;

(ii) 螺线管端面附近磁场大小会急剧变化, 而端面上磁场 $B\to\dfrac{1}{2}\mu_0 nI$.

对于无限长螺线管, 忽略边缘效应, 其轴线场强自然是常量

$$B=\mu_0 nI. \tag{4.19}$$

后面我们将证明此时不但轴线上螺线管内部磁场均匀, 而且整个螺线管内部为匀强场 (参见 4.3.3 小节).

(3) 线圈激发磁场与磁偶极层的等价性.

基于磁荷观点的磁库仑定律 (4.1) 和毕奥 - 萨伐尔定律 (4.8) 都是平方反比律, 这种相似性并不完全是偶然的, 如上两个规律在数学上有内在并且深刻的联系, 以至于一些电流分布可以等效为磁荷分布, 相应按照磁库仑定律便可以得到磁场的分布, 这种方法称为等效磁荷方法. 为了定量上考察等效磁荷方法, 我们改写 (4.1) 式为

$$\boldsymbol{F}_{21}=\frac{q_{\mathrm{m}1}q_{\mathrm{m}2}}{4\pi\mu_0 r_{21}^2}\widehat{\boldsymbol{r}}_{21}. \tag{4.20}$$

这相当于约定了磁荷 q_{m} 与磁场强度 $\boldsymbol{H}$ 的量纲, 相应量纲

$$[q_{\mathrm{m}}]=[\sqrt{\mu_0/\varepsilon_0}q_{\mathrm{e}}]=[\mu_0 v q_{\mathrm{e}}],$$

其中 q_{e} 表示电量, v 表示速度 (量纲). 由磁荷受力与洛伦兹力量纲相等得

$$[q_{\mathrm{m}}H]=[vq_{\mathrm{e}}B],$$

从而有

$$[\mu_0 H]=[B]. \tag{4.21}$$

如果磁荷激发的磁场强度满足叠加原理, 那么磁荷理论完全可以类比于电荷理论. 比如静磁场的磁场强度满足环量为零的环路定理

$$\oint_L\boldsymbol{H}\cdot\mathrm{d}\boldsymbol{l}=0,\quad\forall L,$$

所以可以类比静电势 U, 引入磁标势

$$U_{\mathrm{m}}(\boldsymbol{r})=\int_{r}^{\infty}\boldsymbol{H}\cdot\mathrm{d}\boldsymbol{l}.$$

它满足与静电势类似的叠加原理.

例 4.2 磁偶极层的磁场强度. 如图 4.13 所示, 处处等间距的正反均匀磁荷面组成的结构称为“磁偶极层”, 标定其间距为 l, 相应磁荷面密度分别为 $\pm\sigma_{\mathrm{m}}$. 通常我们关心的是磁偶极层外部与其距离远大于 l 的场点 P 处的磁场强度. 引入偶极层强度 $\tau_{\mathrm{m}}=\sigma_{\mathrm{m}}l$ (相当于单位面积上分布的磁偶极矩), 固定 τ_{m} 并令 $l\to 0$ 便可得“理想偶极层模型”, 在此极限下证明: P 处的磁场强度为

$$\boldsymbol{H}(\boldsymbol{r})=\frac{\tau_{\mathrm{m}}}{4\pi\mu_0}\nabla\Omega(\boldsymbol{r}),$$

其中 $\Omega(\boldsymbol{r})$ 为偶极层整体对场点所张成的总立体角作为场点位置矢量的函数.

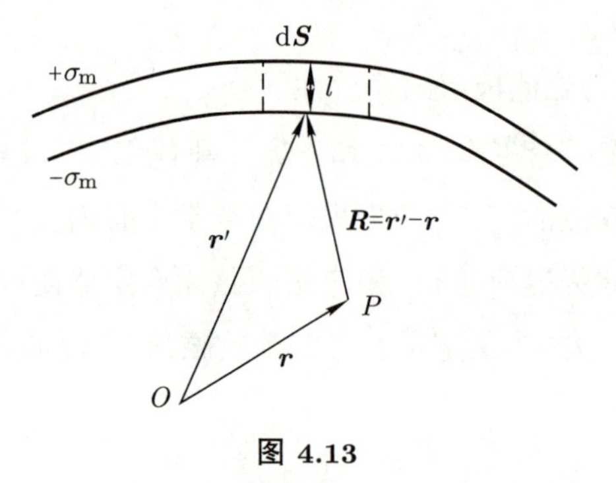

图 4.13

证明 取 $\mathrm{d}\boldsymbol{S}=\mathrm{d}S\boldsymbol{n}$ ($\boldsymbol{n}$ 指向 $+\sigma_{\mathrm{m}}$ 一侧), 则对应磁偶极矩

$$\mathrm{d}\boldsymbol{p}_{\mathrm{m}}=\tau_{\mathrm{m}}\mathrm{d}\boldsymbol{S}.$$

类比于电偶极子, 如上微元磁偶极子在场点激发的磁标势微元为

$$\mathrm{d}U_{\mathrm{m}}=-\frac{\mathrm{d}\boldsymbol{p}_{\mathrm{m}}\cdot\widehat{\boldsymbol{R}}}{4\pi\mu_0R^2}=-\frac{\tau_{\mathrm{m}}}{4\pi\mu_0}\frac{\mathrm{d}\boldsymbol{S}\cdot\widehat{\boldsymbol{R}}}{R^2}=-\frac{\tau_{\mathrm{m}}}{4\pi\mu_0}\mathrm{d}\Omega,$$

其中 $\boldsymbol{R}=\boldsymbol{r}'-\boldsymbol{r}$ 为面元相对于 P 点的位置矢量, $\mathrm{d}\Omega$ 为面元对 P 点所张成的立体角元. 积分得

$$U_{\mathrm{m}}(\boldsymbol{r})=-\frac{\tau_{\mathrm{m}}}{4\pi\mu_0}\Omega(\boldsymbol{r}),\tag{4.22}$$

因此

$$\boldsymbol{H}(\boldsymbol{r})=-\nabla U_{\mathrm{m}}(\boldsymbol{r})=\frac{\tau_{\mathrm{m}}}{4\pi\mu_0}\nabla\Omega(\boldsymbol{r}).\tag{4.23}$$

讨论

(1) 类比于磁偶极层, 可以构造电偶极层模型, 其强度 $\tau_{\mathrm{e}}=\sigma_{\mathrm{e}}l$ 表征偶极层上电偶极矩的面密度, 相应电势和电场可以类比 (4.22) 和 (4.23) 式给出.

(2) 如图 4.14 所示, 跨越磁偶极层时, 磁标势会发生跃变, 这是因为图中的立体角发生了跃变

$$\varOmega_{-}-\varOmega_{+}=4\pi,$$

因此带来磁标势的跃变

$$U_{\mathrm{m}}(P_{+})-U_{\mathrm{m}}(P_{-})=-\frac{\tau_{\mathrm{m}}}{4\pi\mu_0}(\varOmega_{+}-\varOmega_{-})=\frac{\tau_{\mathrm{m}}}{\mu_0}.$$

对于这个跃变量我们可以换一种理解方式. 注意 (4.22) 和 (4.23) 式仅适用于偶极层外部的场, 对于偶极层内部, 可以类比于平行板电容器内部的场, 故有

$$\boldsymbol{H}_{内}=-\frac{\sigma_{\mathrm{m}}}{\mu_0}\boldsymbol{n}. \tag{4.24}$$

因此两处之间的磁标势差为

$$U_{\mathrm{m}}(P_{+})-U_{\mathrm{m}}(P_{-})=H_{内}\,l=\frac{\sigma_{\mathrm{m}}}{\mu_0}l=\frac{\tau_{\mathrm{m}}}{\mu_0}.$$

而这个差值在 "理想磁偶极层" 模型中被固定下来, 称为磁标势的跃变量. 自然, 电偶极层也有类似的行为.

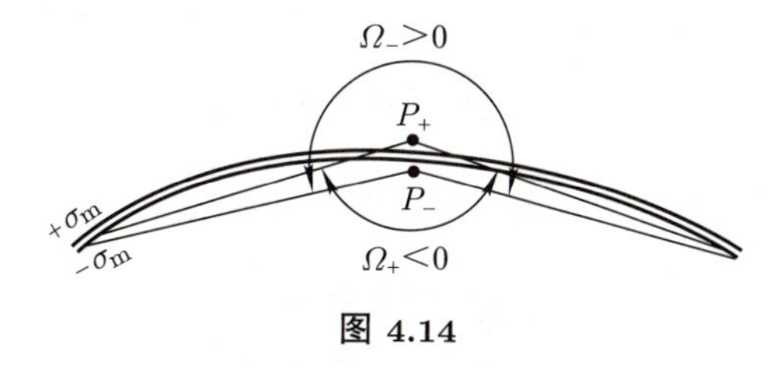

图 4.14

接下来我们考察电流环激发磁场的等效磁荷问题. 我们将证明电流环按毕奥 – 萨伐尔定律激发的磁场正比于电流环对场点所张立体角的梯度, 这类似于 (4.23) 式中磁偶极层所激发的磁场强度的行为. 如图 4.15 所示, 电流为 I 的电流环 L 在场点 P 激发的磁场为 $\boldsymbol{B}(\boldsymbol{r})$, 取 PP' 线元 $\mathrm{d}\boldsymbol{r}$, 根据毕奥 – 萨伐尔定律, 有

$$\begin{aligned}\boldsymbol{B}(\boldsymbol{r})\cdot\mathrm{d}\boldsymbol{r}&=-\frac{\mu_0 I}{4\pi}\oint_L\frac{\mathrm{d}\boldsymbol{r}\cdot(\mathrm{d}\boldsymbol{r}'\times\widehat{\boldsymbol{R}})}{R^2}\\&=\frac{\mu_0 I}{4\pi}\oint_L\frac{(-\mathrm{d}\boldsymbol{r}\times\mathrm{d}\boldsymbol{r}')\cdot\widehat{\boldsymbol{R}}}{R^2}=\frac{\mu_0 I}{4\pi}\oint_L\mathrm{d}\omega=\frac{\mu_0 I}{4\pi}\mathrm{d}\varOmega,\end{aligned} \tag{4.25}$$

其中 $\mathrm{d}\omega$ 为面元 $(-\mathrm{d}\boldsymbol{r}\times\mathrm{d}\boldsymbol{r}')$ 对 P 点所张的立体角元, $\mathrm{d}\Omega$ 为图中 L 与 L' 之间的环带对 P 点所张的立体角元, 而 L' 是由 L 平移 $-\mathrm{d}\boldsymbol{r}$ 后得到的环路. 因此

$$\mathrm{d}\Omega=\Omega_{L'\text{ 对 }P}-\Omega_{L\text{ 对 }P}=\Omega_{L\text{ 对 }P'}-\Omega_{L\text{ 对 }P}=\nabla\Omega(\boldsymbol{r})\cdot\mathrm{d}\boldsymbol{r}.$$

代入 (4.25) 式并比较两边, 得

$$\boldsymbol{B}(\boldsymbol{r})=\frac{\mu_0 I}{4\pi}\nabla\Omega(\boldsymbol{r}).\tag{4.26}$$

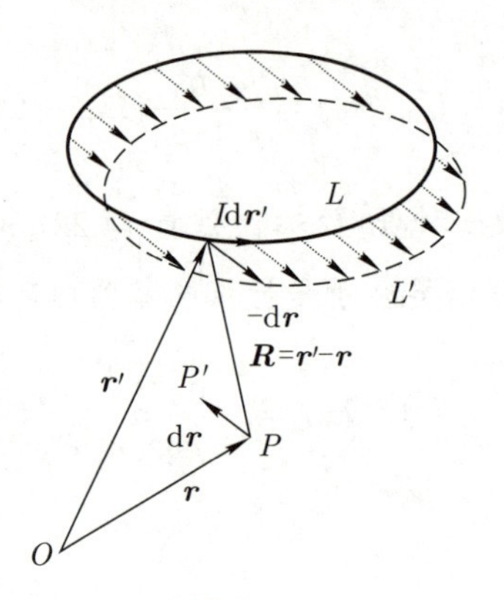

图 4.15

对照 (4.26) 和 (4.23) 式, 我们可以给出电流环的等效磁荷方案. 如图 4.16 所示, 在以电流环 L 为边界的任意曲面上设置强度为 $\tau_{\mathrm{m}}=\mu_0 I$ 的磁偶极层, 其面元法向 (磁偶极矩方向) 与电流环绕向满足右手螺旋关系. 如此, 对面元外的场点有

$$\boldsymbol{B}_{外}=\mu_0\boldsymbol{H}_{外},\tag{4.27}$$

其中 $\boldsymbol{H}_{外}$ 为磁偶极层按照磁库仑定律激发的磁场强度.

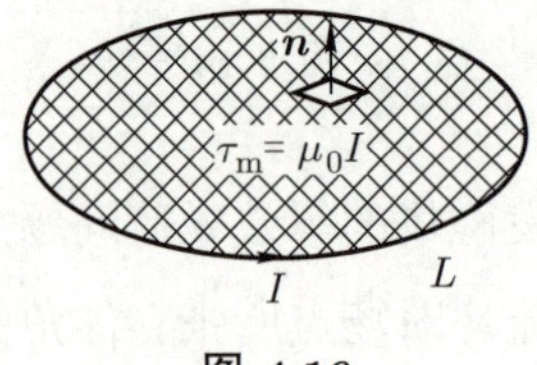

图 4.16

做磁荷等效的好处是, 求解磁场时, 一些静电场的结论可以直接利用. 例如, 对于电流为 I、磁矩为 $\boldsymbol{m}=I\boldsymbol{S}=IS\boldsymbol{n}$ 的小电流环, 其等效磁偶极层在远场时可以进一步等效为磁偶极子, 其磁偶极矩为

$$\boldsymbol{p}_m=\tau_m\boldsymbol{S}=\mu_0 I\boldsymbol{S}=\mu_0\boldsymbol{m}.$$

类比于电偶极子场, 可知如上磁偶极子的远场磁场强度近似为

$$\boldsymbol{H}(\boldsymbol{r}) = \frac{1}{4\pi\mu_0 r^3}[3(\boldsymbol{p}_m \cdot \widehat{\boldsymbol{r}})\widehat{\boldsymbol{r}} - \boldsymbol{p}_m] = \frac{1}{4\pi r^3}[3(\boldsymbol{m} \cdot \widehat{\boldsymbol{r}})\widehat{\boldsymbol{r}} - \boldsymbol{m}],$$

其中 $\boldsymbol{r}$ 是以偶极子/电流环为参考点的场点位置矢量. 由等效关系 (4.27) 式, 小电流环按毕奥 – 萨伐尔定律激发的远场磁感应强度近似为

$$\boldsymbol{B}(\boldsymbol{r}) = \mu_0 \boldsymbol{H}(\boldsymbol{r}) = \frac{\mu_0}{4\pi r^3}[3(\boldsymbol{m} \cdot \widehat{\boldsymbol{r}})\widehat{\boldsymbol{r}} - \boldsymbol{m}].$$

这样我们便说明了图 4.10 中远场 $\boldsymbol{B}$ 场线和 $\boldsymbol{H}$ 场线的相似性. 需要指出的是, 这种相似性适用于任意形状的小电流环, 不限于圆电流环, 所以考虑远场时, 我们也经常称小电流环为磁偶极子. 此外, 这种相似性仅适用于远场, 对于图 4.10 中近场, 电流环被 $\boldsymbol{B}$ 场线连续性地穿过, 而磁偶极子 $\boldsymbol{H}$ 场线在跨越偶极子时有两次转向.

例 4.3 利用 (4.26) 式重新求解图 4.9 中的圆环电流轴线磁场.

解 对于轴线上坐标为 $x > 0$ 的场点, 取圆环所包围的平面计量其立体角, 考虑到面元法矢量为 $\widehat{\boldsymbol{x}}$, 故圆平面对场点所张立体角为

$$\Omega(x) = -2\pi(1 - \cos\alpha) = 2\pi\left(\frac{x}{\sqrt{x^2 + R^2}} - 1\right).$$

因为有轴对称, 所以轴线上梯度满足

$$\nabla\Omega = \frac{\mathrm{d}\Omega}{\mathrm{d}x}\widehat{\boldsymbol{x}} = \frac{2\pi R^2}{(x^2 + R^2)^{3/2}}\widehat{\boldsymbol{x}}.$$

代入 (4.26) 式, 得

$$\boldsymbol{B} = \frac{\mu_0 I}{4\pi}\nabla\Omega = \frac{\mu_0}{2}\frac{IR^2}{(x^2 + R^2)^{3/2}}\widehat{\boldsymbol{x}},$$

与 (4.15) 式的结果相同. 此外, 原则上可以选取以圆环为边界的任意曲面计算立体角函数. 例如, 我们可以选取以圆环为边界、伸向 $x \to \infty$ 的细长“口袋面”计量立体角. 这个曲面可以将坐标 x 取有限值 (含负值) 的场点均置于其左侧, 相应立体角函数为

$$\Omega'(x) = \Omega(x) + 4\pi = 2\pi\left(\frac{x}{\sqrt{x^2 + R^2}} + 1\right).$$

但显然

$$\nabla\Omega' = \nabla\Omega,$$

所以给出相同的轴线磁场分布函数.

4.3　安培环路定理

4.3.1　安培环路定理的形式、成立条件及验证

在 4.2 节中, 我们看到无论是直导线磁场还是圆环电流磁场, 都存在涡旋场线, 所以磁场 $\boldsymbol{B}$ 的环量可以不为零, 而且可以预期环量和激发磁场的电流有简单的关系, 这个关系便是安培环路定理, 其表达式为

$$\oint_L \boldsymbol{B}\cdot \mathrm{d}\boldsymbol{l} = \mu_0 \iint_S \boldsymbol{j}\cdot \mathrm{d}\boldsymbol{S}, \tag{4.28}$$

其中 S 是以 L 为边界的任意曲面, 其面元法向与 L 的绕向满足右手螺旋关系. 应用安培环路定理时, L 经常被称为安培环路. (4.28) 式表明, $\boldsymbol{B}$ 的环量正比于穿过安培环路 L 的总电流. 例如, 对于图 4.17 中的安培环路 L, 按照它的绕向可以确定图中的 "穿出" 和 "穿入" 的方向, 穿出 (穿入) 的电流对磁场环量贡献为正 (负), 该环量

$$\oint_L \boldsymbol{B}\cdot \mathrm{d}\boldsymbol{l} = \mu_0 \sum_{L\text{ 内}} (\pm I_i) = \mu_0 (I_1 - 2I_2).$$

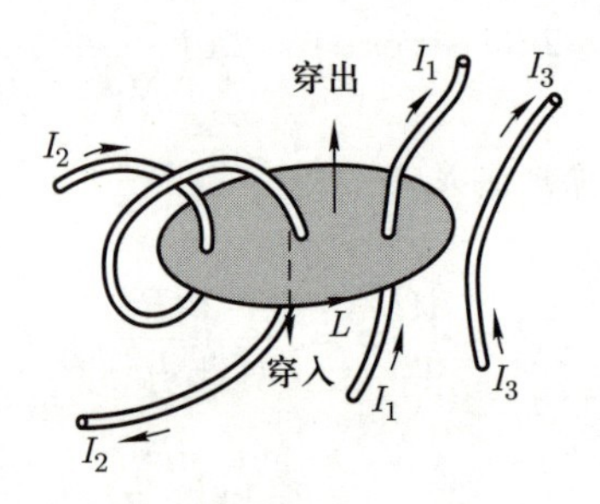

图 4.17

利用斯托克斯公式可得

$$\oint_L \boldsymbol{B}\cdot \mathrm{d}\boldsymbol{l} = \iint_S (\nabla\times\boldsymbol{B})\cdot \mathrm{d}\boldsymbol{S} = \mu_0 \iint_S \boldsymbol{j}\cdot \mathrm{d}\boldsymbol{S},$$

故磁场的旋度

$$\nabla\times\boldsymbol{B} = \mu_0 \boldsymbol{j}, \tag{4.29}$$

这便是安培环路定理的微分形式.

因为有恒等式

$$\nabla\cdot(\nabla\times\boldsymbol{B}) = \begin{vmatrix} \partial_x & \partial_x & B_x \\ \partial_y & \partial_y & B_y \\ \partial_z & \partial_z & B_z \end{vmatrix} \equiv 0,$$

故由 (4.29) 式可以得到 $\nabla \cdot \boldsymbol{j} = 0$, 即恒定电流条件是 (4.29) 式成立的必要条件. 也正是在恒定电流条件下, (4.28) 式计算面积分的曲面才可以是以 L 为边界的任意曲面.

安培环路定理成立的另一个条件是, 计算环量的磁场 $\boldsymbol{B}$ 是全空间恒定电流分布所激发的磁场, 而一般不对应于叠加原理意义上一部分电流或电流元激发的磁场. 例如在图 4.18 中, 取以通电直导线为轴线、半径为 r 的圆环 L 为安培环路, 如果以实线的一段电流激发的磁场计算环量, 则根据 (4.11) 式得

$$\oint_L \boldsymbol{B} \cdot \mathrm{d}\boldsymbol{l} = \frac{\mu_0}{4\pi}\frac{I}{r}(\cos\theta_1 - \cos\theta_2)\oint_L \mathrm{d}l = \frac{\mu_0 I}{2}(\cos\theta_1 - \cos\theta_2),$$

而 I 正是穿出圆环面的总电流. 上式表明, 对于恒定电流回路中的一段直导线所激发的磁场, 安培环路定理并不成立, 除非是对于无穷长直导线磁场, 后者对应于 $\theta_{1,2}$ 分别趋向于 0 和 π, 故满足环路定理 $\oint_L \boldsymbol{B} \cdot \mathrm{d}\boldsymbol{l} = \mu_0 I$.

为什么无穷长直导线磁场可以看作全部恒定电流回路所激发的磁场? 我们可以设想无穷长直导线在极远处与半径 $R \to \infty$ 的半圆环电流接成恒定电流回路, 但因为毕奥 – 萨伐尔定律微分式满足平方反比律, 所以该无穷大的半圆环对图 4.18 中环路 L 上的磁场贡献

$$B_\infty \sim \frac{1}{R^2}\int_{\text{半圆}} \mathrm{d}l \sim \frac{1}{R} \to 0.$$

故无穷长直导线磁场可以看作恒定电流回路所激发的空间整体磁场.

作为安培环路定理的另一个例证, 我们考虑图 4.19 中的半径为 R 的圆环电流 I 激

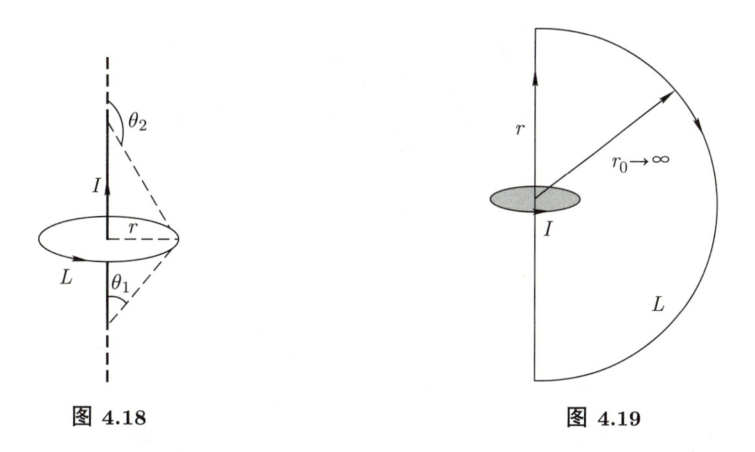

图 4.18

图 4.19

发的磁场. 安培环路 L 由圆环轴线及半径 $r_0 \to \infty$ 的半圆组成:

$$\oint_L \boldsymbol{B} \cdot \mathrm{d}\boldsymbol{l} = \int_{\text{轴线}} \boldsymbol{B} \cdot \mathrm{d}\boldsymbol{l} + \int_{\text{半圆}} \boldsymbol{B} \cdot \mathrm{d}\boldsymbol{l},$$

其中半圆部分的贡献为零, 这是因为半圆上的磁场为按距离三次方反比衰减的磁偶极

场, 所以

$$\int_{半圆} \boldsymbol{B}\cdot \mathrm{d}\boldsymbol{l} \sim \frac{1}{r_0^3}\int_{半圆} \mathrm{d}l \sim \frac{1}{r_0^2} \to 0.$$

从而利用圆环轴线磁场公式得

$$\oint_L \boldsymbol{B}\cdot \mathrm{d}\boldsymbol{l} = \int_{轴线} \boldsymbol{B}\cdot \mathrm{d}\boldsymbol{l} = \frac{\mu_0 I R^2}{2}\int_{-\infty}^{+\infty} \frac{\mathrm{d}r}{(R^2+r^2)^{3/2}}.$$

再由 $r/R=\tan\theta$ 得

$$\frac{\mu_0 I}{2}\int_{-\pi/2}^{\pi/2} \cos\theta \mathrm{d}\theta = \mu_0 I,$$

而 I 正是穿出环路 L 的总电流.

4.3.2 安培环路定理的证明

我们先考虑电流为 I 的单个稳恒电流环所激发的磁场. 如图 4.20 所示, 可以对电流环做磁偶极层等效 (图中阴影区域为等效磁偶极层, 其强度为 $\tau_{\mathrm{m}}=\mu_0 I$). 对于与电流环不嵌套的回路 L', 总可以选择等效磁偶极层与 L' 无嵌套的关系, 这样 L' 回路上的磁场满足等效关系 (4.27), 因此

$$\oint_{L'} \boldsymbol{B}\cdot \mathrm{d}\boldsymbol{l} = \mu_0 \oint_{L'} \boldsymbol{H}\cdot \mathrm{d}\boldsymbol{l} = 0. \tag{4.30}$$

对于与电流环相互嵌套的环路 L, 等效磁偶极层不可避免地被它穿过, 我们将回路

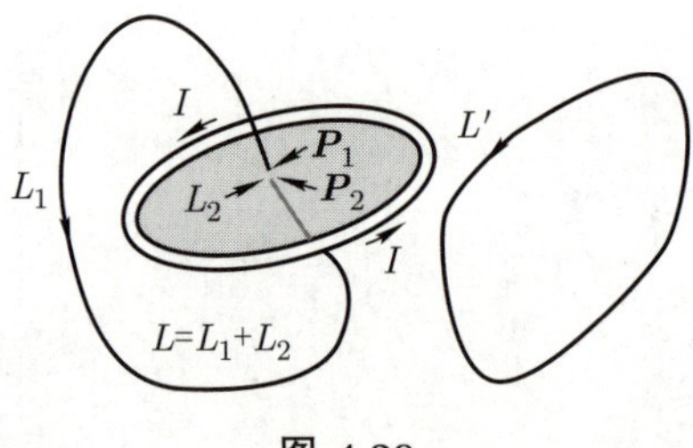

图 4.20

L 穿过偶极层的部分记为 L_2, 而在偶极层之外的部分记为 L_1. 在 L_1 上磁场满足等效关系 $\boldsymbol{B}_{外}=\mu_0\boldsymbol{H}_{外}$, 但在 L_2 上磁感应强度分布和等效磁场强度分布有很大差异, 磁感应强度 $\boldsymbol{B}_{内}$ 是有限的, 但偶极层内的等效磁场强度 $\boldsymbol{H}_{内}$ 是无穷大, 所以在 L_2 段的厚度趋于零的极限下,

$$\begin{gathered}\int_{L_2} \boldsymbol{B}_{内}\cdot \mathrm{d}\boldsymbol{l} \to 0, \\ \int_{L_2} \boldsymbol{H}_{内}\cdot \mathrm{d}\boldsymbol{l} = U_{\mathrm{m}}(P_2) - U_{\mathrm{m}}(P_1) \to -\frac{\tau_{\mathrm{m}}}{\mu_0} = -I.\end{gathered} \tag{4.31}$$

这里利用了 4.2.2 小节中跨越磁偶极层时磁标势发生跃变的结论. 由 (4.31) 式和等效关系得

$$\oint_L \boldsymbol{B}\cdot \mathrm{d}\boldsymbol{l} = \int_{L_1} \boldsymbol{B}_{外}\cdot \mathrm{d}\boldsymbol{l} = \mu_0 \int_{L_1} \boldsymbol{H}_{外}\cdot \mathrm{d}\boldsymbol{l}.$$

再由磁场强度环路定理得

$$0 = \oint_L \boldsymbol{H}\cdot \mathrm{d}\boldsymbol{l} = \int_{L_1} \boldsymbol{H}_{外}\cdot \mathrm{d}\boldsymbol{l} + \int_{L_2} \boldsymbol{H}_{内}\cdot \mathrm{d}\boldsymbol{l}.$$

综上

$$\oint_L \boldsymbol{B}\cdot \mathrm{d}\boldsymbol{l} = -\mu_0 \int_{L_2} \boldsymbol{H}_{内}\cdot \mathrm{d}\boldsymbol{l} = \mu_0 I. \tag{4.32}$$

综合 (4.30) 和 (4.32) 式, 便是单个稳恒电流环激发磁场的安培环路定理, 再结合磁场的叠加原理和相应的磁场环量的叠加原理, 便可以给出一般形式的安培环路定理.

4.3.3 安培环路定理的应用

与静电场高斯定理类似, 安培环路定理给出了磁场分布与场源分布之间的一个积分关系, 如果场源分布具有强对称性, 则利用环路定理便可以确定相应的磁场分布. 下面, 我们将重点考察两种强对称电流分布系统.

我们首先考察具有无穷长轴对称性的电流分布系统. 例如, 图 4.21 中的无穷长直导线, 其对称轴便是直导线本身, 我们把它取作 z 轴建立柱坐标 (ρ, φ, z). 显然, 包含对称轴的任意平面 (如图中平面) 为电流分布的镜像对称面, 所以轴矢量 $\boldsymbol{B}$ 方向垂直该平面, 即沿角向, 再利用无穷长轴对称可知磁场分布函数不会依赖于 z 及 φ, 因此

$$\boldsymbol{B}(\boldsymbol{r}) = B(\rho)\widehat{\boldsymbol{\varphi}}. \tag{4.33}$$

进一步, 取图 4.21 中以 z 为轴线、ρ 为半径的圆环 L 作为安培环路, 则

$$\oint_L \boldsymbol{B}\cdot \mathrm{d}\boldsymbol{l} = \oint_L B(\rho)\mathrm{d}l = 2\pi\rho B(\rho). \tag{4.34}$$

应用安培环路定理

$$2\pi\rho B(\rho) = \mu_0 I$$

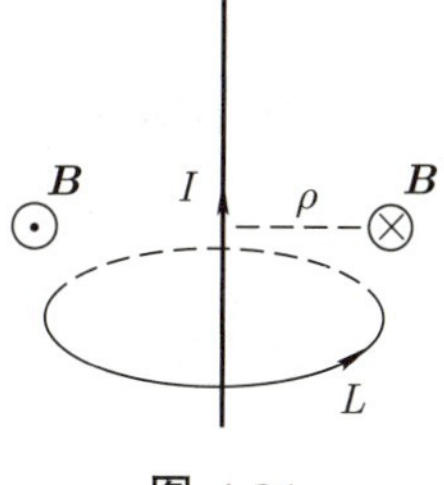

图 4.21

便可确定此时的磁场分布, 即

$$B(\rho) = \frac{\mu_0 I}{2\pi\rho}.$$

更一般的无穷长轴对称电流分布是指电流密度分布函数

$$\boldsymbol{j}(\boldsymbol{r}) = j(\rho)\widehat{\boldsymbol{z}}. \tag{4.35}$$

此时包含 z 轴的任意平面仍为电流分布的镜像对称面, 轴对称及沿 z 方向的平移不变性决定磁场的分布函数仍为 (4.33) 式的形式. 进一步取以 z 为轴线、ρ 为半径的圆环 L 作为安培环路, 则环量仍可化简为 (4.34) 式的形式. 应用安培环路定理

$$2\pi\rho B(\rho) = \mu_0 \int_0^\rho j(\rho) \cdot 2\pi\rho' \mathrm{d}\rho',$$

便得

$$\boldsymbol{B}(\boldsymbol{r}) = \frac{\mu_0}{\rho} \int_0^\rho j(\rho) \cdot \rho' \mathrm{d}\rho' \widehat{\boldsymbol{\varphi}}. \tag{4.36}$$

例 4.4 无穷长直均匀载流圆柱内外的磁场分布.

如图 4.22 所示, 半径为 R 无穷长直均匀载流圆柱的横截面上有均匀的电流分布 $\boldsymbol{j} = j\widehat{\boldsymbol{z}}$, 其横截面上总电流为 $I = \pi R^2 j$, 求空间的磁场分布.

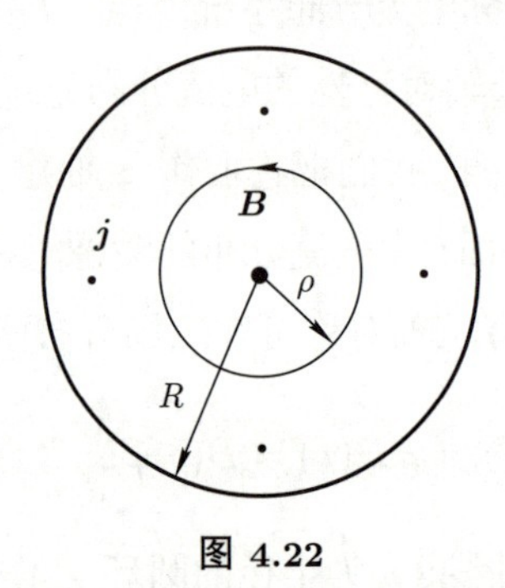

图 4.22

解 由 (4.36) 式可得

$$\boldsymbol{B}(\boldsymbol{r}) = \begin{cases} \dfrac{\mu_0 I}{2\pi\rho}\widehat{\boldsymbol{\varphi}}, & \rho > R, \\ \dfrac{\mu_0 I \rho}{2\pi R^2}\widehat{\boldsymbol{\varphi}}, & \rho < R. \end{cases} \tag{4.37}$$

从 (4.37) 式可以看出, 圆柱外磁场相当于电流 I 全部集中于轴线上所激发的磁场, 而圆柱内磁场相当于电流 $I(\rho) = \dfrac{\rho^2}{R^2} I$ 集中于轴线上所激发的磁场. 此外借助于电流分布函数 $\boldsymbol{j}$, 磁场分布函数的另一种表示为

$$\boldsymbol{B}(\boldsymbol{r}) = \begin{cases} \dfrac{\mu_0 R^2}{2\rho^2} \boldsymbol{j} \times \boldsymbol{\rho}, & \rho > R, \\ \dfrac{\mu_0}{2} \boldsymbol{j} \times \boldsymbol{\rho}, & \rho < R, \end{cases} \tag{4.38}$$

其中 $\boldsymbol{\rho}=\rho\widehat{\boldsymbol{\rho}}$.

我们再来看螺线管与螺绕环. 如图 4.23 所示, 我们考虑无穷长直均匀密绕的螺线管, 假定螺线电流缠绕在圆柱面上, 并设其匝电流为 I、匝密度为 n, 将其电流分布近似为均匀的圆柱面电流, 则面电流的线密度为 $k=nI$. 在如上近似下, 图中 Π 平面为电流分布的镜像对称面, 故磁场沿轴线方向, 即

$$\boldsymbol{B}=B\widehat{\boldsymbol{z}}. \tag{4.39}$$

如图 4.24 所示, 在螺线管的横剖面上取三个矩形安培环路 L_1, L_2 和 L_3, 它们平行于 z 轴的边长均为 Δl. 对 L_1 应用安培环路定理可以探测螺线管内部两点 P 和 Q 的磁场差值, 具体来说, 由 $B_P\Delta l-B_Q\Delta l=0$ 知

$$B_P=B_Q,$$

因此, 螺线管内部为匀强磁场, 其大小记为 $B_{内}$. 类似地, 对 L_2 应用安培环路定理可以证明螺线管外部为匀强磁场, 其大小记为 $B_{外}$. 对 L_3 应用安培环路定理可以探测螺线管内外的磁场差值, 具体来说

$$B_{内}\Delta l-B_{外}\Delta l=\mu_0 k\Delta l,$$

因此

$$B_{内}-B_{外}=\mu_0 k=\mu_0 nI. \tag{4.40}$$

进一步, 利用例 4.1 的结论 (4.19) 式, 即无穷长直均匀密绕螺线管轴线磁场为 $\mu_0 nI$, 便可确定

$$B_{内}=\mu_0 nI, \quad B_{外}=0. \tag{4.41}$$

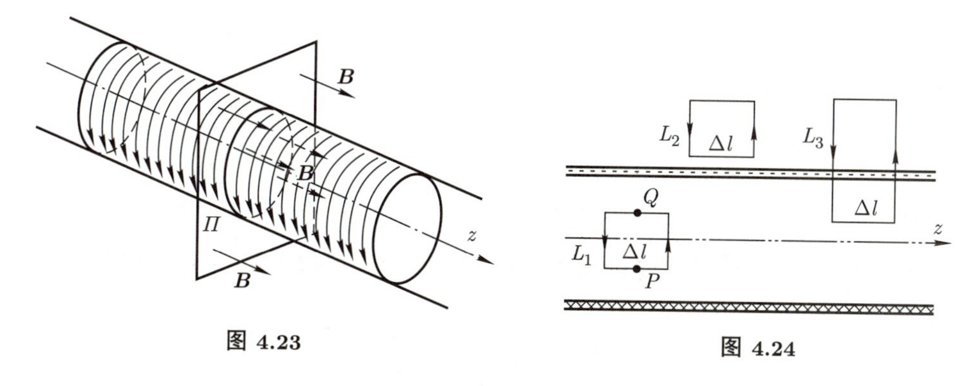

图 4.23　　图 4.24

例 4.5 利用等效磁荷方法分析螺线管磁场.

解 设上述无穷长直螺线管的横截面积为 S. 如图 4.25(a) 所示, 对螺线管中长

为 $\mathrm{d}l$ 的一段 (图中阴影区域) 的电流环做等效磁偶极层, 其电流 $\mathrm{d}I = k\mathrm{d}l$, 故其等效磁偶极层强度为

$$\mathrm{d}\tau_{\mathrm{m}} = \mu_0 \mathrm{d}I = \mu_0 k \mathrm{d}l.$$

这相当于图中存在的两个间距为 $\mathrm{d}l$、面密度 $\sigma_{\mathrm{m}} = \pm\mu_0 k$ 的正负均匀磁荷面. 按照这样的方式, 将螺线管分割为电流环并做等效磁荷, 最终螺线管内的磁荷不断地被抵消, 没有被抵消的磁荷仅存在于螺线管位于 $z \to \pm\infty$ 的两个端面上, 而空间的磁荷分布相当于仅在 $z \to \pm\infty$ 处分别摆放了磁荷量 $p_{\mathrm{m}} = \pm\mu_0 kS$ 的两个点磁荷, 因此在我们关心的空间区域, 等效磁荷按磁库仑定律激发的磁场强度为

$$\boldsymbol{H} = 0. \tag{4.42}$$

利用等效关系 (4.26) 便可得螺线管外部磁场

$$B_{外} = \mu_0 H_{外} = 0.$$

再结合安培环路定理的结论 (4.40) 式, 便可以确定螺线管内部的磁场分布.

是否可以通过等效磁荷的方法直接确定螺线管内部的磁场 $B_{内}$? 答案是可以, 但这时需要按图 4.25(b) 所示的方案进行电流的磁荷化, 图中阴影部分代表已经被磁荷化的区域, 而长为 $\mathrm{d}l$ 的一段电流 $\mathrm{d}I = k\mathrm{d}l$ 未被磁荷化. 螺线管内部场点 P 位于未被磁

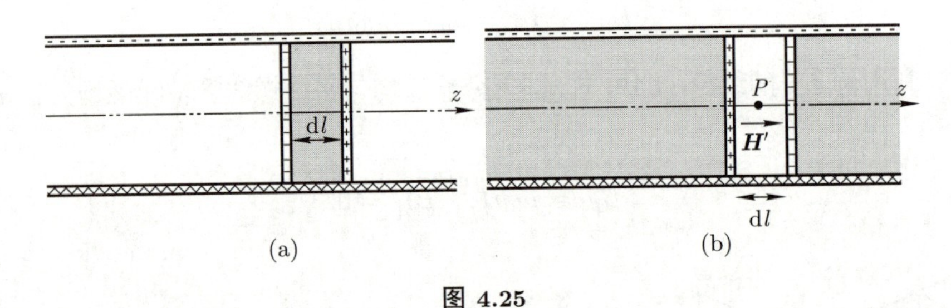

图 4.25

荷化的区域, 故其磁场为

$$\boldsymbol{B}_P = \mu_0 \boldsymbol{H}' + \mathrm{d}\boldsymbol{B},$$

其中 $\mathrm{d}\boldsymbol{B}$ 为未被磁荷化的电流按照毕奥 – 萨伐尔定律贡献的磁场微元 (自然可以处理为零), $\boldsymbol{H}'$ 为此方案下等效磁荷贡献的磁场强度. 根据图中的等效磁荷分布可确定

$$\boldsymbol{H}' = \frac{\sigma_{\mathrm{m}}}{\mu_0}\widehat{\boldsymbol{z}} = k\widehat{\boldsymbol{z}},$$

故得螺线管内部磁场为

$$\boldsymbol{B}_P = \mu_0 k\widehat{\boldsymbol{z}} = \mu_0 nI\widehat{\boldsymbol{z}}.$$

从如上推导过程中可以看出, (4.41) 式的结论其实是和螺线管横截面的形状无关的. 也就是说, 无论截面为圆形还是方形, 或是其他不规则的图形, 只要沿 z 方向的平移不变性不被破坏, 则 (4.41) 式总是成立的.

例 4.6 螺绕环磁场.

螺绕环为环形螺线管, 由细导线电流在环面上均匀密绕而成, 其电流分布可以近似为具有轴对称的、平铺在环面上的面电流, 如图 4.26(a) 所示. 任意含对称轴的平面 Π 为该电流分布的镜像对称面, 故空间磁场的方向沿角向, 如图 4.26(b) 所示, 即有

$$\boldsymbol{B}=B(R)\widehat{\boldsymbol{\varphi}},$$

其中 R 是场点到对称轴的距离.

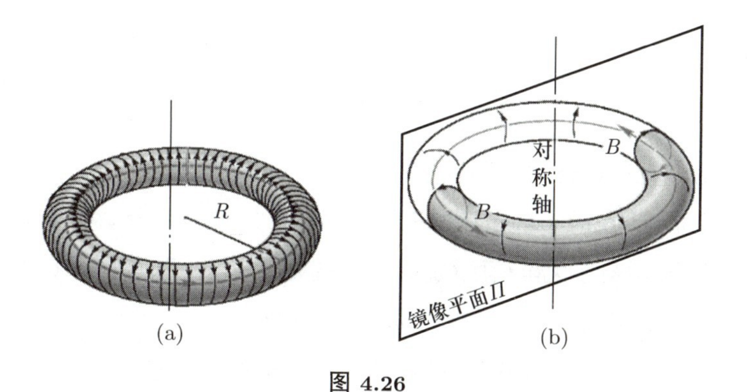

图 4.26

设螺绕环线圈共有 N 匝, 每匝电流为 I, 取图 4.26(a) 中螺绕环内半径为 R 的圆环为安培环路, 则

$$B(R)\cdot 2\pi R=\mu_0 NI.$$

因此螺绕环内磁场为

$$\boldsymbol{B}=\frac{\mu_0 NI}{2\pi R}\widehat{\boldsymbol{\varphi}}. \tag{4.43}$$

对于螺绕环外部, 取类似的安培环路可以证明 $B_{外}=0$, 故螺绕环的磁场被封闭于螺绕环之内. 如上结论与螺绕环的截面形状没有关系, 也就是说其截面可以为圆形或是方形, 也可以是其他不规则的图形.

如果螺绕环横截面的尺度远小于 R, 则环面电流近似为均匀的面电流, 其电流线密度

$$k=\frac{NI}{2\pi R},$$

所以螺绕环内磁场大小均匀, 为 $B_{内}=\mu_0 k$, 这和长直螺线管内部磁场的形式是一样的.

4.4　恒定磁场的高斯定理

4.4.1　磁高斯定理

安培环路定理给出了恒定磁场环量与源电流分布之间的关系. 环量之外, 另一个反映磁场分布的特征积分量便是通量, 其单位为韦伯, 记为 Wb, 1 Wb=1 T·m^2. 可以证明对于任意的闭合曲面 S, 磁通量为零, 即

$$\oiint_{\text{任意 } S} \boldsymbol{B} \cdot \mathrm{d}\boldsymbol{S} = 0. \tag{4.44}$$

这便是恒定磁场的高斯定理, 简称磁高斯定理. 利用高斯积分公式

$$\oiint_{\text{任意 } S} \mathrm{d}\boldsymbol{B} \cdot \mathrm{d}\boldsymbol{S} = \iiint_V (\nabla \cdot \boldsymbol{B}) \mathrm{d}V,$$

其中以任意 S 为边界的 V 可以是任意的空间区域, 知磁场的散度处处为零, 即

$$\nabla \cdot \boldsymbol{B} = 0, \tag{4.45}$$

这便是磁高斯定理的微分形式.

静电场高斯定理反映了静电场的有源性, 即场线一般从正电荷 (正源) 发出, 到负电荷 (负源) 终止, 不会在无电荷区域内终止. 磁高斯定理反映了恒定磁场的无源性, 即磁场线无始无终, 或者说并不存在单一极性的点磁荷—— 磁单极子. 从等效磁荷观点来看, 任意恒定电流环可以等效为磁偶极层, 磁偶极层按照磁库仑定律激发磁场强度, 但南北两个极性被绑定在一起, 无法分割, 故任意闭合曲面内所包围的净磁荷为零.

基于毕奥 – 萨伐尔定律, 我们可以严格证明磁高斯定理 (4.44) 或 (4.45) 式. 根据电流环路 L 激发磁场所满足的毕奥 – 萨伐尔定律, 有

$$\oiint_S \boldsymbol{B} \cdot \mathrm{d}\boldsymbol{S} = \frac{\mu_0}{4\pi} \oiint_S \oint_L \frac{I\mathrm{d}\boldsymbol{l} \times \boldsymbol{r}}{\boldsymbol{r}^3} \cdot \mathrm{d}\boldsymbol{S} = \oint_L \oiint_S \mathrm{d}\boldsymbol{B} \cdot \mathrm{d}\boldsymbol{S}. \tag{4.46}$$

第二个等式交换了积分顺序, 其中 $\mathrm{d}\boldsymbol{B}$ 为电流元 $I\mathrm{d}\boldsymbol{l}$ 所激发的磁场. 因此只须证明电流元激发的磁场闭合曲面通量为零, 便可以证明磁高斯定理.

根据毕奥 – 萨伐尔定律, 电流元 $I\mathrm{d}l$ 所激发的 $\mathrm{d}\boldsymbol{B}$ 磁场线是以自身为对称轴的环线, 故其磁场线若从某处穿入闭合曲面 S, 必然会从其他地方穿出该曲面. 如图 4.27 所示, 取 $\mathrm{d}\boldsymbol{B}$ 的某一极细磁场线管, 轴对称要求该场线管的横截面积均匀, 记为 $\mathrm{d}S_\perp$. 该场线管对闭合曲面 S 的通量贡献为

$$\mathrm{d}\varPhi = \mathrm{d}\boldsymbol{B}_1 \cdot \mathrm{d}\boldsymbol{S}_1 + \mathrm{d}\boldsymbol{B}_2 \cdot \mathrm{d}\boldsymbol{S}_2 = (\mathrm{d}B_2 - \mathrm{d}B_1)\mathrm{d}S_\perp = 0.$$

这里利用了轴对称的条件, 即

$$\mathrm{d}B_1 = \mathrm{d}B_2 = \frac{\mu_0}{4\pi} \frac{I\mathrm{d}l \sin\theta}{r^2}.$$

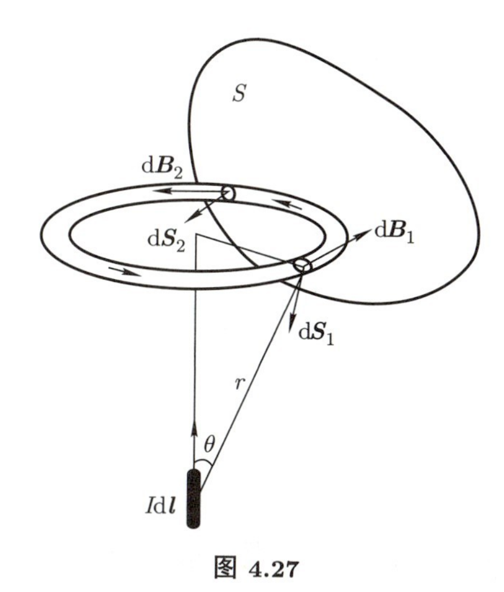

图 4.27

如上磁场线管的分割可以构成 d$\boldsymbol{B}$ 磁场空间的完整分割, 故 d$\boldsymbol{B}$ 磁场的任意闭合曲面通量为零, 结合 (4.46) 式便证明了磁高斯定理.

4.4.2 磁矢势

我们将线电流对应的毕奥 – 萨伐尔定律 (4.7) 改写为

$$\boldsymbol{B}(\boldsymbol{r})=\frac{\mu_0}{4\pi}\oint_L\frac{I\mathrm{d}\boldsymbol{r}'\times\boldsymbol{R}}{R^3}, \tag{4.47}$$

其中 $\boldsymbol{R}=\boldsymbol{r}-\boldsymbol{r}'$. 利用

$$\nabla\frac{1}{R}=-\nabla'\frac{1}{R}=-\frac{\boldsymbol{R}}{R^3}, \tag{4.48}$$

进一步将 (4.47) 式改写为

$$\boldsymbol{B}(\boldsymbol{r})=\frac{\mu_0}{4\pi}\oint_L\left(\nabla\frac{1}{R}\right)\times I\mathrm{d}\boldsymbol{r}'=\nabla\times\boldsymbol{A}(\boldsymbol{r}), \tag{4.49}$$

其中

$$\boldsymbol{A}(\boldsymbol{r})=\frac{\mu_0}{4\pi}\oint_L\frac{I\mathrm{d}r'}{R}. \tag{4.50}$$

也就是说由毕奥 – 萨伐尔定律确定的磁场 $\boldsymbol{B}$ 其实是另一个矢量场 $\boldsymbol{A}$ 的旋度. 利用恒等式

$$\nabla\cdot(\nabla\times\boldsymbol{A})\equiv 0$$

便可以再次证明磁高斯定理 (4.45) 式.

矢量场 $\boldsymbol{A}$ 称为 (静) 磁矢势. 利用斯托克斯积分公式, 由 (4.49) 式可得

$$\oint_L\boldsymbol{A}\cdot\mathrm{d}\boldsymbol{l}=\iint_S\boldsymbol{B}\cdot\mathrm{d}\boldsymbol{S}, \tag{4.51}$$

即 $\boldsymbol{A}$ 沿闭合有向曲线 L 的环量, 对应于穿出 L 所围绕的某个曲面的磁通量. 具体是

哪个曲面其实是无所谓的, 因为以 L 为边界的所有曲面的磁通量相等, 这一点是由磁高斯定理所保证的.

对于体电流分布情形,

$$\begin{aligned}\boldsymbol{B}(\boldsymbol{r})&=\frac{\mu_0}{4\pi}\iiint\frac{\boldsymbol{j}(\boldsymbol{r}')\times\boldsymbol{R}}{R^3}\mathrm{d}^3\boldsymbol{r}'=\frac{\mu_0}{4\pi}\iiint\left(\nabla\frac{1}{R}\right)\times\boldsymbol{j}(\boldsymbol{r}')\mathrm{d}^3\boldsymbol{r}'\\&=\nabla\times\left(\frac{\mu_0}{4\pi}\iiint\frac{\boldsymbol{j}(\boldsymbol{r}')}{R}\mathrm{d}^3\boldsymbol{r}'\right).\end{aligned}$$

此时, 磁矢势可以写作

$$\boldsymbol{A}(\boldsymbol{r})=\frac{\mu_0}{4\pi}\iiint\frac{\boldsymbol{j}(\boldsymbol{r}')}{R}\mathrm{d}^3\boldsymbol{r}'.\tag{4.52}$$

例 4.7 试证明 (4.52) 式定义的矢势场的确是一个无源场.

证明 利用 (4.52) 及 (4.48) 式可得

$$\begin{aligned}\nabla\cdot\boldsymbol{A}(\boldsymbol{r})&=\frac{\mu_0}{4\pi}\iiint\boldsymbol{j}(\boldsymbol{r}')\cdot\nabla\frac{1}{R}\mathrm{d}^3\boldsymbol{r}'=-\frac{\mu_0}{4\pi}\iiint\boldsymbol{j}(\boldsymbol{r}')\cdot\nabla'\frac{1}{R}\mathrm{d}^3\boldsymbol{r}'\\&=-\frac{\mu_0}{4\pi}\iiint\left[\nabla'\cdot\left(\frac{\boldsymbol{j}(\boldsymbol{r}')}{R}\right)-\frac{1}{R}(\nabla'\cdot\boldsymbol{j}(\boldsymbol{r}'))\right]\mathrm{d}^3\boldsymbol{r}'.\end{aligned}$$

利用恒定电流条件 $\nabla'\cdot\boldsymbol{j}(\boldsymbol{r}')=0$ 和高斯积分公式得

$$\nabla\cdot\boldsymbol{A}(\boldsymbol{r})=-\frac{\mu_0}{4\pi}\oiint_{S_\infty}\frac{\boldsymbol{j}(\boldsymbol{r}')\cdot\mathrm{d}\boldsymbol{S}}{R},$$

其中 S_∞ 是与物理电流分布无关的无穷大的球面. 因为 S_∞ 上电流处处为零, 故如上积分为零, 即

$$\nabla\cdot\boldsymbol{A}=0.\tag{4.53}$$

因此, (4.52) 定义的矢势场是一个无源场.

对于静电场, 环路定理与电场的 “势表示” $\boldsymbol{E}=-\nabla U$ 之间的关系是互为充要条件. 对于静磁场, 磁高斯定理 $\nabla\cdot\boldsymbol{B}=0$ 与磁场 “势表示” $\boldsymbol{B}=\nabla\times\boldsymbol{A}$ 之间在数学上也是互为充要条件的. 也就是说由磁高斯定理可以推证: 必然可以找到某个磁矢势场 $\boldsymbol{A}$, 使得磁场 $\boldsymbol{B}$ 可以表示为其旋度. 这相当于在已知磁场分布 $\boldsymbol{B}(\boldsymbol{r})$ 的情况下, 建立了磁矢势场满足的一个微分方程

$$\nabla\times\boldsymbol{A}=\boldsymbol{B}.\tag{4.54}$$

但这样还不足以确定 $\boldsymbol{A}$ 场, 因为任意标量场 $\chi(\boldsymbol{r})$ 的梯度的旋度恒为零, 所以对磁矢势场做变换

$$\boldsymbol{A}\to\boldsymbol{A}'=\boldsymbol{A}+\nabla\chi,\tag{4.55}$$

磁场是不变的, 即

$$\boldsymbol{B}'=\nabla\times\boldsymbol{A}'=\boldsymbol{B}.\tag{4.56}$$

通常称 (4.55) 式为磁矢势场的规范变换, 而 (4.56) 式的结果称为磁场的规范不变性.

(4.54) 式之所以不能完全确定矢势场 $\boldsymbol{A}$, 是因为作为微分方程它本身并不完备, 必须补充其他方程或条件来确定 $\boldsymbol{A}$, 这些用作补充的方程或条件称为规范固定条件, 简称规范条件. 比如说, 补充了方程 (4.53), 它可以和 (4.54) 式一起构成 $\boldsymbol{A}$ 的完备微分方程组, 对于物理电流分布的情形, 并取 $\boldsymbol{A}_\infty \to 0$ 边界条件, $\boldsymbol{A}$ 场便有了形如 (4.52) 式的唯一解, 也可以写作

$$\boldsymbol{A}(\boldsymbol{r}) = \frac{1}{4\pi}\iiint \frac{\nabla' \times \boldsymbol{B}(\boldsymbol{r}')}{R}\mathrm{d}^3\boldsymbol{r}'. \tag{4.57}$$

相应地, (4.53) 式称为库仑规范条件.

例 4.8 螺线管磁矢势. 考虑半径为 R 的圆柱形无穷长直均匀密绕螺线管, 匝电流为 I、匝密度为 n, 求库仑规范下的磁矢势分布.

解 设螺线管轴线为 z, 则内部圆柱区域匀强磁场为

$$\boldsymbol{B} = B\widehat{\boldsymbol{z}} = \mu_0 nI\widehat{\boldsymbol{z}},$$

所以待求解的场方程为

$$\nabla \times \boldsymbol{A} = \begin{cases} \boldsymbol{B}, & \rho < R, \\ 0, & \rho > R, \end{cases} \quad \nabla \cdot \boldsymbol{A} = 0,$$

其中 ρ 为场点到轴线的距离. 这可以类比于例 4.3 中均匀圆柱区域电流激发的磁场的结果, 那里磁场满足方程

$$\nabla \times \boldsymbol{B} = \begin{cases} \mu_0\boldsymbol{j}, & \rho < R, \\ 0, & \rho > R, \end{cases} \quad \nabla \cdot \boldsymbol{B} = 0.$$

因此类比于结果 (4.38) 式, 螺线管磁矢势为

$$\boldsymbol{A} = \begin{cases} \dfrac{R^2}{2\rho^2}\boldsymbol{B} \times \boldsymbol{\rho} = \dfrac{R^2}{2\rho}B\widehat{\boldsymbol{\varphi}}, & r > R, \\ \dfrac{1}{2}\boldsymbol{B} \times \boldsymbol{\rho} = \dfrac{1}{2}\rho B\widehat{\boldsymbol{\varphi}}, & r < R, \end{cases} \tag{4.58}$$

其中 $B = \mu_0 nI$, $\widehat{\boldsymbol{\varphi}}$ 为柱坐标的角向矢量.

4.5 带电粒子在磁场中的运动

4.5.1 带电粒子在磁场力作用下的运动方程

带电粒子在磁场 $\boldsymbol{B}$ 中受到磁洛伦兹力. 设其电荷为 q、速度为 $\boldsymbol{v}$、动量为 $\boldsymbol{p}$, 如果不考虑电场力及其他相互作用力, 则其运动方程为

$$\boldsymbol{F} = \frac{\mathrm{d}\boldsymbol{p}}{\mathrm{d}t} = q\boldsymbol{v} \times \boldsymbol{B}. \tag{4.59}$$

对于相对论性粒子, 其动量为

$$\boldsymbol{p}=\frac{m}{\sqrt{1-v^2/c^2}}=m_{动}\boldsymbol{v}, \tag{4.60}$$

其中 m 为粒子的 (静) 质量, c 为真空光速, 粒子的动质量为

$$m_{动}=\frac{m\boldsymbol{v}}{\sqrt{1-v^2/c^2}}.$$

在非相对论极限下 $\mathrm{d}\boldsymbol{p}/\mathrm{d}t\approx m\boldsymbol{a}$, 则 (4.59) 式便回到牛顿第二定律的形式.

对于相对论性自由粒子, 其能量为

$$E=\frac{mc^2}{\sqrt{1-v^2/c^2}}=m_{动}c^2, \tag{4.61}$$

这便是著名的相对论质能公式. 我们也可以把 (4.61) 式作为相对论性粒子能量的定义④. 粒子的相对论性能量与动量之间满足能动量关系

$$E^2-\boldsymbol{p}^2c^2=m^2c^4. \tag{4.62}$$

对上式取微分, 便得相对论性粒子的能量 (动能) 定理:

$$\boldsymbol{F}\cdot\boldsymbol{v}\mathrm{d}t=\mathrm{d}E. \tag{4.63}$$

注意到当 $v\ll c$ 时,

$$E\approx mc^2+\frac{1}{2}mv^2,$$

故 (4.63) 式在低速极限下回到非相对论性粒子的动能定理.

对于粒子在磁场中的运动, 由 (4.59) 式知 $\boldsymbol{F}\cdot\boldsymbol{v}=0$, 故运动过程中能量不变. 进一步由 (4.61) 和 (4.60) 式可知, 粒子的速度及动量大小不变, 相应运动方程 (4.59) 可以改写为

$$\frac{\mathrm{d}\boldsymbol{p}}{\mathrm{d}t}=\boldsymbol{\omega}\times\boldsymbol{p},\quad 或\quad \frac{\mathrm{d}\boldsymbol{v}}{\mathrm{d}t}=\boldsymbol{\omega}\times\boldsymbol{v}, \tag{4.64}$$

其中

$$\boldsymbol{\omega}=-\frac{q\boldsymbol{B}}{m_{动}}=-\frac{q\boldsymbol{B}}{m}\sqrt{1-v^2/c^2}. \tag{4.65}$$

这表明 $\boldsymbol{p}(\boldsymbol{v})$ 大小不变, 而其方向旋转的角速度 $\boldsymbol{\omega}$ 正比于磁场 $\boldsymbol{B}$. 这也说明带电粒子在磁场中倾向于做回旋运动, 带负电的粒子 (如电子) 环绕磁场方向右旋, 带正电的粒子 (如质子) 环绕磁场方向左旋. 这种回旋运动有非常重要的应用, 一方面可以通过设

④扣除掉粒子的静能 mc^2, (4.61) 式可以看作相对论性粒子动能的定义, 所以这里并不包含粒子与场的相互作用能.

置磁场来控制粒子的运动, 达成磁约束或磁聚焦的效果, 另一方面可以利用 (4.65) 式定量测量粒子的荷质比 (比荷), 从而进行粒子鉴别. 利用磁场的约束, 结合电场力对带电粒子的加速效果, 还可以建造高能粒子加速器. 不过如果同时存在电场力和磁场力, 那么运动方程 (4.59) 将会被改写.

4.5.2 带电粒子在恒定匀强磁场中的运动

若磁场 $\boldsymbol{B}$ 匀强恒定, 则 (4.65) 式中的角速度恒定. 进一步, 若带电粒子初速度方向垂直于磁场, 则此后粒子将在垂直于磁场的平面内做匀速圆周运动, 这种运动也被称作拉莫尔 (Larmor) 回旋运动, 其角速度 (角频率)、半径和周期分别为

$$\omega = \frac{|q|\,B}{m}\sqrt{1-v^2/c^2},$$

$$R = \frac{v}{\omega} = \frac{mv}{|q|\,B\sqrt{1-v^2/c^2}} = \frac{p}{|q|\,B}, \tag{4.66}$$

$$T = \frac{2\pi}{\omega} = \frac{2\pi m}{|q|\,B\sqrt{1-v^2/c^2}}, \tag{4.67}$$

其中 $p = mv/\sqrt{1-v^2/c^2}$ 为粒子的相对论性动量. 低速运动时, 可以采用牛顿力学近似, 相应因子 $\sqrt{1-v^2/c^2} \approx 1$, 此时周期 $T \approx \dfrac{2\pi m}{|q|\,B}$ 近似不依赖于粒子运动的速度.

若粒子初速度 $\boldsymbol{v}$ 的方向与磁场方向夹角为 θ, 如图 4.28 所示, 则可将运动方程 (4.64) 按平行或垂直磁场的方向进行分解:

$$\frac{\mathrm{d}\boldsymbol{v}_{/\!/}}{\mathrm{d}t} = 0, \quad \frac{\mathrm{d}\boldsymbol{v}_{\perp}}{\mathrm{d}t} = \boldsymbol{\omega}\times\boldsymbol{v} = \boldsymbol{\omega}\times\boldsymbol{v}_{\perp}.$$

故粒子在平行磁场方向上做速度为 $v_{/\!/} = v\cos\theta$ 的匀速直线分运动, 而在垂直于磁场的平面上做匀速圆周运动, 其半径为

$$R_{\perp} = \frac{mv_{\perp}}{|q|\,B\sqrt{1-v^2/c^2}} = \frac{mv\sin\theta}{|q|\,B\sqrt{1-v^2/c^2}}. \tag{4.68}$$

周期 T 的表达式与 (4.67) 式相同. 如上两种分运动的叠加轨道便是图 4.28 所示的圆柱面上的等螺距螺旋线, 其螺距为

$$h = v_{/\!/}T = vT\cos\theta. \tag{4.69}$$

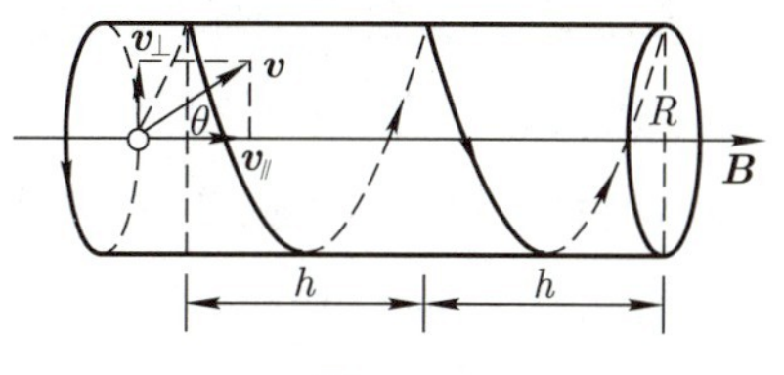

图 4.28

当 (4.69) 式中 θ 比较小时, 螺距 $h = vT\left(1-\dfrac{\theta^2}{2}+\cdots\right)$ 对 θ 的依赖会变得很微弱, 利用这一点可以实现对粒子束的聚焦, 称为磁聚焦. 如图 4.29 所示, 在匀强磁场 $\boldsymbol{B}$ 中窄粒子束从 A 点发出, 各粒子速度 v 相同, 出射时速度方向的发散角 $\Delta\theta \ll 1$. 利用磁场的偏转力, 经过 T 时间后粒子束沿磁场方向行进约 $h_0 = vT$ 距离后重新聚焦于 A' 点, 相应在垂直磁场的平面内各个速度方向的粒子轨迹投影如图 4.29 右图所示. 聚焦不是严格的, 这是因为经过横向回旋周期 T 时间后, 各个粒子确实回到同一条磁场线上, 但它们之间的螺距存在差异

$$\Delta h \sim \frac{vT\Delta\theta^2}{2}.$$

但如果没有磁场的聚焦, 那么经过相同的时间, 粒子束横向发散的尺度将为

$$\Delta l_\perp \sim \Delta v_\perp T \sim vT\Delta\theta,$$

$\Delta h \ll \Delta l_\perp$, 体现了磁聚焦的效果. 事实上, 在粒子束行进路径上设置如图 4.30 所示短线圈, 即使不对应匀强磁场, 但依靠磁场力的回旋效果依然可以实现磁聚焦, 这种装置通常称为磁透镜.

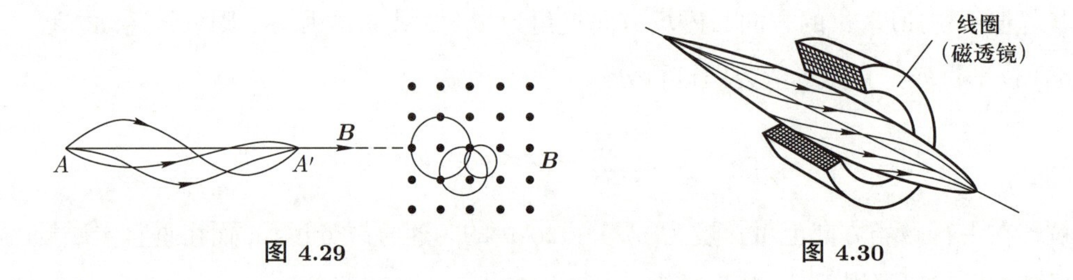

图 4.29 **图 4.30**

接下来, 我们来介绍拉莫尔回旋运动的两种典型应用.

(1) 粒子荷质比的测量与电子的发现.

由 (4.66) 式可知, 拉莫尔回旋的半径反比于粒子的荷质比 (比荷) $k = |q|/m$, 所以测量粒子的速度及其回旋轨迹, 便可以测定粒子的荷质比, 从而可以鉴别粒子的类别. 这种粒子鉴别最具有历史意义的一个例子便是 J. J. 汤姆孙发现电子的实验和测量.

1869 年, 希托夫 (Hittorf) 在研究稀薄气体放电时, 发现真空放电管阴极发出射线, 它照在障碍物后会留下阴影, 照在玻璃上会产生绿色荧光. 这种射线后来被命名为阴极射线⑤. 当时有人认为阴极射线是电磁波, 但基于对阴极射线速度及其在磁场中偏转的测量, 汤姆孙认为它是一种带负电的粒子流射线. 1897 年, 汤姆孙测量了阴极射线粒子的荷质比, 其实验装置如图 4.31 所示, 阳极 A 与阴极 K 之间被施加几千伏电压,

⑤它实际上是真空管中被加速的正离子打在阴极上发出的电子射线.

使得真空管中稀薄气体电离, 并且被加速的正离子打在阴极 K 上发出阴极射线, 它被 K 与 A 之间的电场加速, 并且在经过 A 和 A' 处的小孔后被准直. 如果没有图中圆形阴影区域的装置, 准直后的阴极射线将会打在接收屏 S 的中心 O 点形成荧光斑. 在阴影区域施加大小为 B、方向垂直纸面向内的磁场, 则阴极射线偏转后打在接收屏上 O' 点, 测量 O' 点的位置便可以确定阴极射线粒子在磁场中偏转的曲率半径 R. 阴影区域存在电压可调节的平行板电容器 CD (其中 C 为正极板, D 为负极板), 它可以产生纸面上垂直阴极射线方向的电场, 调节电场强度 E, 使得电场力抵消磁场力, 荧光斑重新回到 O 点, 此时 $evB = eE$, 即

$$v = E/B,$$

其中 e 为粒子电量绝对值, v 为粒子速度. 再由非相对论近似下[⑥]的半径公式得粒子的荷质比为

$$\frac{e}{m} = \frac{v}{BR} = \frac{E}{B^2R},$$

其中 m 为粒子的质量. 汤姆孙测得的阴极射线粒子荷质比较当时已知的氢离子 (即质子) 的荷质比大千余倍, 而且更换阴极材料, 得到的射线粒子荷质比均相同, 所以汤姆孙认为阴极射线粒子是一种所有 "原子" 中均具有的粒子. 基于原子的电中性, 汤姆孙认为该粒子的电量大小 e 与氢离子的电量可以比拟, 但其质量远远小于氢离子的质量[⑦].

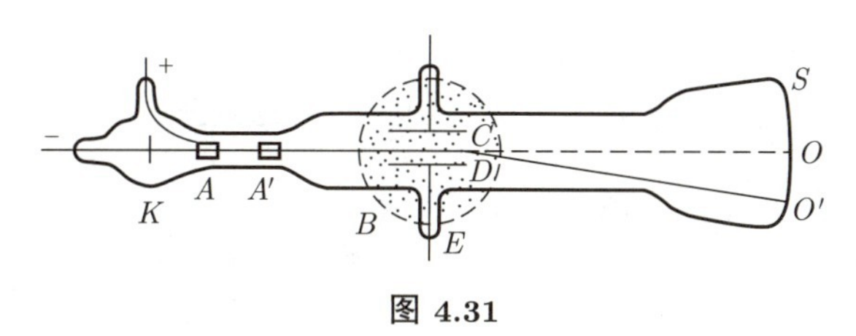

图 4.31

汤姆孙最初将这种粒子命名为 "微粒", 后来人们称它为电子, 而汤姆孙自然被公认为电子的发现人. 电子是第一个被发现的亚原子粒子. 它的发现不但为原子的存在提供了坚实的证据, 而且向人们揭示了原子不是不可分的. 从此人们对物质结构的认识进入了亚原子时代.

(2) 回旋加速器.

加速器是获得高能量粒子的重要手段, 也是高能物理实验的重要设备. 早期的静电加速器只能使带电粒子在高压电场中加速一次, 因而粒子所能达到的能量受到高压

⑥首先, 在那个年代相对论理论还没有被建立; 其次, 几千伏电压的加速下, 电子的速度大约为光速的 1/10, 所以非相对论处理是一个很好的近似.

⑦这一点 12 年后被密立根 (Millikan) 著名的油滴实验所证实. 密立根测得了电子的电量, 也就得到了电子的质量.

技术的限制. 而且静电加速器装置的尺度也比较大, 不方便建造. 利用带电粒子在磁场中的回旋运动, 将高能带电粒子的运动限制在小的空间范围内, 其间再利用电场对带电粒子进行多次加速, 这便是回旋加速器的设计思想, 最早由美国物理学家劳伦斯 (Lawrence) 在 1930 年提出. 1932 年, 劳伦斯本人主持建造了世界上第一台回旋加速器, 也因此获得了 1939 年的诺贝尔物理学奖.

图 4.32(a) 为回旋加速器装置示意图, 由电磁铁在真空室中产生恒定匀强的磁场 ($B \approx 1$ T), 在磁场中放置两个半圆形金属空盒 (D 形盒) D_1 和 D_2, 其间有微小的间隙. 对两个 D 形盒之间施加高频的交变电压, 则间隙内便有交变电场, 但由于电屏蔽的效应, 金属盒内部电场近似为零, 仅存在均匀的磁场. 粒子源 P 位于两 D 形盒间隙的中心, 其发射的带电粒子 (质子、氘核、α 粒子等) 被间隙电场加速后进入其中一个 D 形盒 (如图中 D_1), 然后在磁场力的作用下偏转半个圆周后再次进入间隙电场区域, 如果此时电场已经反向, 便可对带电粒子再次加速并使之进入 D_2 的磁场区域, 此后粒子在磁场区域以更大的半径偏转半个圆周后再次进入间隙电场区域, 所以只要交变电场的频率 ν_{E} 与磁场中带电粒子的拉莫尔回旋频率 ν_{L} 相等, 便可保证粒子在渡越间隙期间始终被电场加速, 直至其回旋半径达到 D 形盒半径, 这时可以将加速后的带电粒子从 D 形盒的边缘处引出并加以利用.

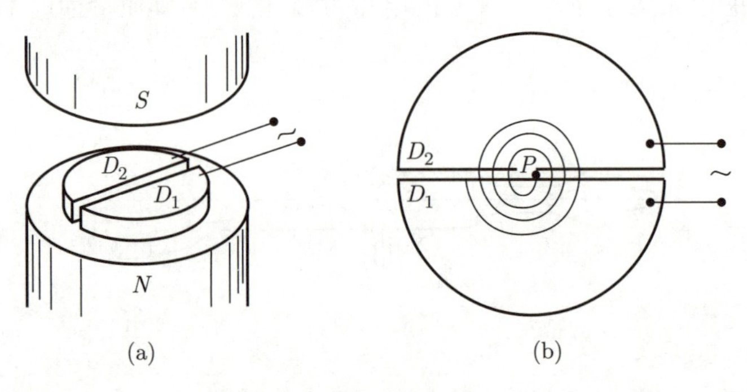

图 4.32

条件 $\nu_{\mathrm{E}} = \nu_{\mathrm{L}}$ 对于低速的带电粒子是容易实现的, 因为速度 $v \ll c$ 时, 根据 (4.67) 式, 其拉莫尔回旋频率

$$\nu_{\mathrm{L}} \approx \frac{|q|\,B}{2\pi m},$$

近似不依赖于其速度, 仅依赖于其电量 q、(静) 质量 m 及磁场 B, 所以交变电场的频率取定值便可实现加速. 对于质子, 其电量 $e = 1.6 \times 10^{-19}$ C、质量 $m_{\mathrm{p}} = 1.67 \times 10^{-27}$ kg $=$ 938 MeV/c^2, 取 $B \approx 1$ T, 可以估计加速质子所需的交变电场的频率为

$$\nu_{\mathrm{E}} \approx \frac{1.6 \times 10^{-19} \times 1}{6.28 \times 1.67 \times 10^{-27}}\ \mathrm{Hz} \approx 1.5 \times 10^{7}\ \mathrm{Hz}.$$

若被加速的粒子为氘核、α 粒子或更重的离子 (荷质比较质子荷质比要小), 则相应的交变电场频率将会更小些.

D 形盒的半径 r 决定了粒子被加速所获得的最终能量. 设粒子的末速度 $v_{\mathrm{f}} \ll c$, 则由 (4.66) 式得 $r \approx \dfrac{mv_{\mathrm{f}}}{|q|B}$, 相应粒子末态动能

$$E_{\mathrm{k}} = \frac{1}{2}mv_{\mathrm{f}}^2 \approx \frac{q^2B^2r^2}{2m}.$$

例如若要将前述质子加速至动能为 1 MeV, 所需 D 形盒半径

$$r \approx \frac{\sqrt{2mE_{\mathrm{k}}}}{eB} \sim \frac{\sqrt{2\times 938\times 10^{12}}}{3.0\times 10^8}\ \mathrm{m} \sim 14\ \mathrm{cm}.$$

而如果采用静电加速的办法使质子达到同样的能量, 则至少需要一百万伏的高压, 所需的装置也要比回旋加速器大得多.

回旋加速器的劣势是不能将粒子加速至具有相对论性的能量, 这是因为当 $v \sim c$ 时, 拉莫尔回旋频率对粒子速度的依赖将不能被忽略, 并且 (在磁场不变的条件下) 随速度的增大而变小, 这导致对于固定的 ν_{E}, 带电粒子在磁场中的回旋运动不能与间隙电场的变化 "同步", 以至于带电粒子有可能被间隙电场减速. 因此, 对于质子和轻离子, 利用回旋加速器加速至动能达到 10 MeV 已经是上限了, 而更轻的电子 ($m_{\mathrm{e}} = 9.11\times 10^{-31}\ \mathrm{kg} = 0.511\ \mathrm{MeV/c^2}$), 则只能被回旋加速器加速至动能达到几个 keV 的量级.

若想使带电粒子加速至相对论性的能量, 需要解决电场与磁场的同步问题. 目前采用的是所谓同步加速器的设置, 利用环形磁铁产生的变化磁场使被加速的粒子局限在给定半径的圆轨道内运动, 这自然要求磁场 B 随着粒子被加速而变大, 同时轨道的圆频率也变大, 这时只须不断加大加速区交变电场的频率便可达成同步. 同步加速器可以把质子或电子的能量加速至 GeV($= 10^9$ eV) 乃至 TeV($= 10^{12}$ eV) 量级以上.

4.5.3 带电粒子在恒定非匀强磁场中的运动、磁约束

即使在非匀强的磁场中, 磁场力仍可以用来控制带电粒子的运动, 从而对带电粒子的运动范围施加一定的约束, 这种效应称为磁约束.

首先, 如图 4.33 所示, 带电粒子在磁场中倾向于围绕着某根磁场线做螺旋线运动, 这根磁场线称为带电粒子的引导中心, 除非与其他粒子发生碰撞, 否则粒子不会横越引导中心, 这样便可以利用磁场的设置将粒子垂直于磁场方向 (横向) 的运动约束在小范围内, 这便是横向约束. 按照 (4.68) 式, 横向回旋半径 $R_{\perp} \sim B^{-1}$, 故磁场越强, $R_{\perp}$ 越小, 相应横向约束也就越强.

带电粒子在非匀强的磁场中运动, 还会受到纵向约束, 典型的例子便是所谓的磁镜效应. 如图 4.34 所示, 带电粒子的运动被两强磁极来回地“反射”, 故其沿磁场方向(纵向) 的运动被约束在有限范围内, 形成纵向约束, 而强磁极对纵向运动的“反射”效果, 类似于镜面反射, 故被称为磁镜效应.

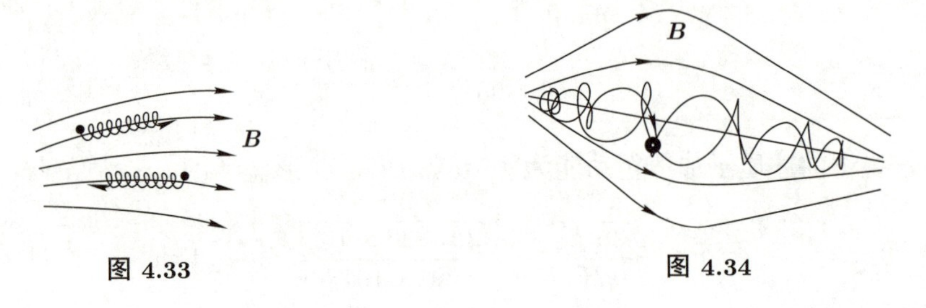

图 4.33　　图 4.34

磁镜效应主要来自带电粒子纵向速度分量 $v_{//}$ 和横向速度分量 $v_{\perp}$ 随磁场大小的变化而变化, 尽管磁场力不做功, 粒子的能量

$$E_{\mathrm{k}} = \frac{1}{2}m(v_{//}^2 + v_{\perp}^2)$$

是守恒的. 如图 4.35 所示, 我们考虑粒子运动至靠近强磁极附近其速度 $\boldsymbol{v}_0$ 恰好沿横向的情形, 此时 $v_{//} = 0$, 而它受到的洛伦兹力 $\boldsymbol{F}_{\mathrm{L}}$ 有指向弱磁场一侧的分量, 此后带电粒子的回旋运动 (图中虚线轨迹) 感受的磁场 B 变小, 同时 $v_{//}$ 变大而 $v_{\perp}$ 变小, 这相当于图 4.34 中右侧带电粒子靠近强 (S) 磁极后被弹开的情形. 对如上过程时间反演, 则速度 $\boldsymbol{v}$ 和 $\boldsymbol{B}$ 反向, 但 $\boldsymbol{F}_{\mathrm{L}} = q\boldsymbol{v} \times \boldsymbol{B}$ 方向不变, 于是图 4.35 中轨迹线反向, 磁场线反向, 这相当于图 4.34 中左侧带电粒子靠近强 (N) 磁极并被该磁极所“阻挡”的过程. 总之, 带电粒子靠近强磁极的过程中, $v_{\perp}$ 随磁场增加而变大, 能量守恒导致 $v_{//}$ 变小至零, 这便是最接近强磁极的状态, 此后将被强磁极“反弹”, 形成磁镜效应.

定量上, 如果在带电粒子横向回旋一个周期内磁场的变化量很小 (看作一阶小量), 或者相对于粒子的运动来说磁场是缓变的, 则近似有 $v_{\perp}^2 \propto B$, 或者说存在近似守恒量

$$\mu = \frac{mv_{\perp}^2}{2B}.$$

这个守恒量其实是粒子横向回旋运动的等效磁矩. 粒子的横向回旋运动是准周期的, 其周期为 $T = \dfrac{2\pi m}{qB}$, 相应等效电流 $I = \dfrac{q}{T} = \dfrac{q^2 B}{2\pi m}$, 故其等效磁矩 $\mu = I \cdot \pi R_{\perp}^2 = \dfrac{mv_{\perp}^2}{2B}$, 其中 $R_{\perp} = \dfrac{mv_{\perp}}{qB}$ 为粒子的横向回旋半径. 需要说明的是, 磁矩守恒仅在一阶近似下成立 (参见附录 C), 所以磁矩不是一个严格的守恒量, 这种一阶理论中的近似守恒量通常称为浸渐不变量 (或绝热不变量). 磁矩近似守恒告诉我们, 当图 4.35 中带电粒子离开强磁极时, 其横向回旋半径 $R_{\perp}$ 会缓慢增加, 而其螺旋线螺距 $h = v_{//}T$ 会相对快速地增加.

图 4.34 中两个强磁极间的磁场区域称为磁瓶. 磁约束使得磁瓶结构可以用来 “盛装” 带电粒子. 对于图 4.36 所示的对称结构的磁瓶, 设两端磁极最大磁场为 B_{m}, 中心磁场为 B_0, 位于中心的粒子源 P 产生的带电粒子相对于轴线的出射角为 θ, 它被磁瓶

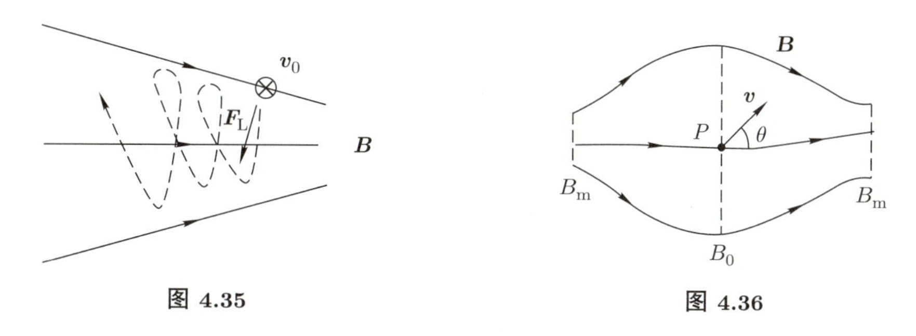

图 4.35　　　图 4.36

所约束 “盛装” 的条件是它的纵向速度分量在到达强磁极前降为零. 根据能量守恒和磁矩守恒, 如上约束条件对应于

$$\frac{mv^2\sin^2\theta}{2B_0}=\frac{mv^2}{2B_{\text{折返}}}\geqslant\frac{mv^2}{2B_{\mathrm{m}}},$$

其中 $B_{\text{折返}}$ 对应于粒子在磁场中运动所能达到的最大磁感应强度 (即折返点处的磁感应强度). 因此该带电粒子被约束的条件为

$$\sin\theta\geqslant\sin\theta_{\min}=\sqrt{\frac{B_0}{B_{\mathrm{m}}}}=\sqrt{\frac{1}{R_{\mathrm{m}}}},$$

其中 $R_{\mathrm{m}}=\dfrac{B_{\mathrm{m}}}{B_0}$ 称为磁镜比. 也就是说, 只要粒子在磁瓶中心区域的速度方向相对于轴线有足够大的倾角, 它便可以被磁瓶所约束. 磁瓶对中心产生的带电粒子和横向边缘产生的带电粒子均有约束作用, 如果这样的带电粒子被约束在磁瓶之内, 我们便称该粒子在进入磁场区域时被磁场 “捕获”.

磁瓶结构在自然界中是大量存在的, 典型的例子便是地球磁场. 地球磁场是一个中心位于地心附近的偶极磁场, 其地表的南、北两极大致上分别对应于地理的北、南两极, 所以地面上, 两极附近磁场较强 (约为 0.6 ~ 0.7 Gs), 赤道附近磁场较弱 (约为 0.3 ~ 0.4 Gs). 这样, 地磁场构成了地面上方乃至高空的磁瓶结构, 如图 4.37 所示, 其最小磁镜比 (地面) 在 2 左右. 外来的带电粒子 (来自宇宙线、太阳风等) 可以被地磁场俘获, 形成地表上方延伸至几万千米的辐射带. 这个辐射带也称为范艾伦 (van Allen) 辐射带, 它是在 1958 年由人造卫星探测发现的. 辐射带中的一些带电粒子沉降到两极上方的低空时会产生放电现象, 伴随着美丽的极光的出现.

磁瓶装置的缺点是若图 4.36 中 $\theta<\theta_{\min}$, 则带电粒子会穿过磁瓶两端的强磁极而逃逸. 为了避免这样的缺点, 可以采用图 4.38 所示的、外缘相当于螺绕环的环形磁场

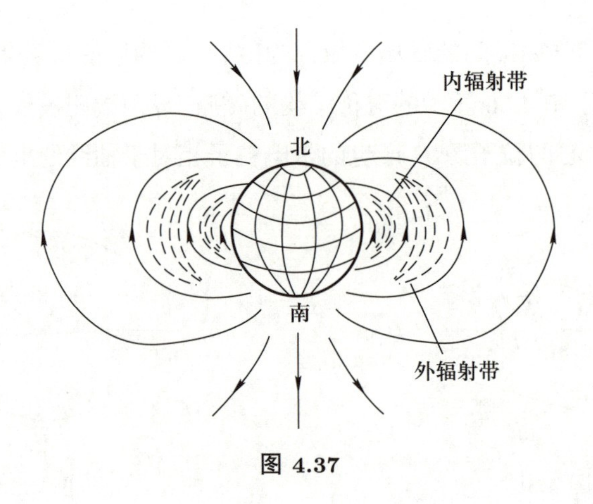

图 4.37

区域对带电粒子施加更高效的约束. 这种环形磁场区域可以用来约束高温高密的带电粒子进行受控核聚变反应, 相应的装置称为托克马克 (tokamak), 其名称来自 "磁线圈环流室" 的俄文缩写.

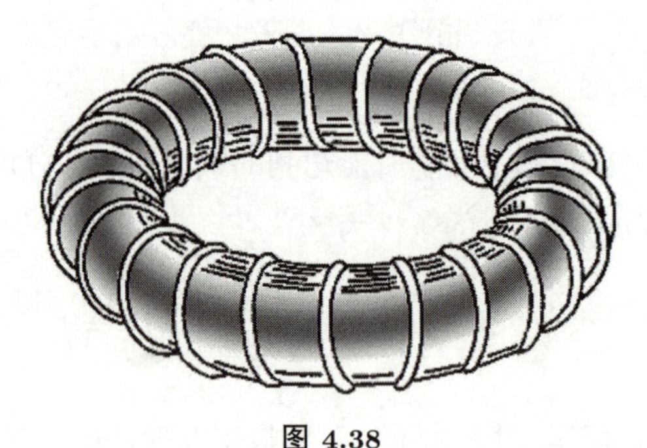

图 4.38

4.5.4 霍尔效应

如图 4.39 所示, 厚度为 d、宽度为 b 的导体板横截面上均匀分布有电流 I, 如果沿导体板侧面法向施加匀强磁场 $\boldsymbol{B}$, 则导体板两底面会出现电压 $U_{AA'}=U_A-U_{A'}$, 这种施加磁场的效应称为霍尔 (Hall) 效应, 它是在 1879 年由美国物理学家霍尔发现的, 霍尔还发现电压 $U_{AA'}$ 正比于电流和磁场, 反比于厚度 d, 即有

$$U_{AA'}=K\frac{IB}{d}, \tag{4.70}$$

其中比例常量 K 称为霍尔系数, 它仅与导体的材质有关.

霍尔效应来源于载流子在磁场力作用下的横向 (垂直导线方向) 漂移效果. 设载流子电量为 q、数密度为 n、速度为 $\boldsymbol{u}$. 如图 4.40(a) 所示, 若 $q>0$, 则洛伦兹力会驱使载流子向上方漂移, 使得导体板上方带正电, 下方带负电, 相应稳定时 $U_{AA'}>0$. 而图 (b) 中 $q<0$, 因为速度相对于带正电的载流子反向, 所以洛伦兹力同样会驱使负电载

流子向上方漂移, 使得导体板上方带负电, 下方带正电, 相应稳定时 $U_{AA'} < 0$. 因此, 载流子电荷的正负将对应决定 (4.70) 中霍尔系数的正负. 为了定量解释霍尔效应, 我们考虑图 4.40(a) 中电流稳定的情形, 相应电流为 $I = nqbd \cdot u$, 此时导体板上下表面的电荷会在导体内部激发横向的霍尔电场 $\boldsymbol{E}$, 使得横向的霍尔电场力与洛伦兹力平衡导致电流稳定, 平衡方程为

$$qE = quB.$$

因此霍尔电场 $E = uB$ 为横向的匀强电场, 相应霍尔电压

$$U_{AA'} = Eb = uBb = \frac{1}{nq}\frac{IB}{d},$$

故霍尔系数为

$$K = \frac{1}{nq}. \tag{4.71}$$

注意到霍尔系数的正负与载流子电荷的正负相同, 所以 (4.71) 式也适用于图 4.40 (b) 中载流子电荷为负的情形.

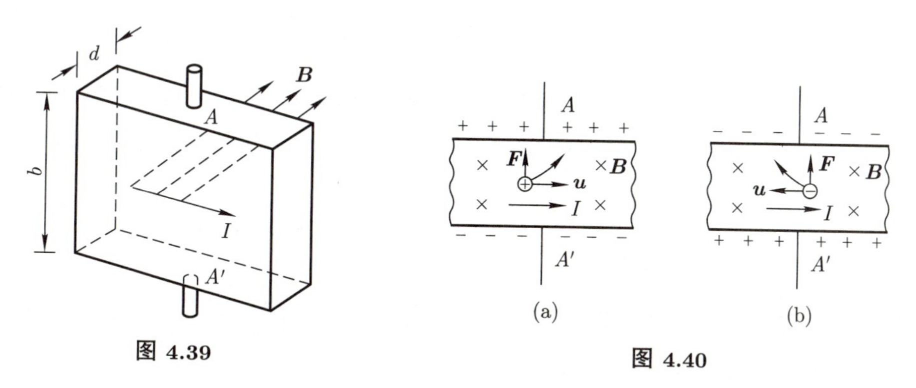

图 4.39

图 4.40

霍尔系数 $K \propto n^{-1}$, 所以 n 越小霍尔效应越明显, 自然半导体材料的霍尔效应要远比金属良导体的大. 如果固定 I, B, d 等参量, 利用霍尔效应可以测定半导体材料的载流子密度 n 及其随温度、光照等条件的变化, 也可以通过测量霍尔电压的正负而测量出载流子电荷的正负, 从而标定半导体的类型[8].

利用已经标定霍尔系数的半导体材料可以制成相应的霍尔元件, 它可以用来测量磁场, 也可在已知磁场的条件下测量直流或交流电路的电流及功率.

[8] 掺杂杂质的半导体按照载流子电荷的正负被分成 p 型半导体和 n 型半导体. n (英文 negative 的首字母) 型半导体载流子为带负电的电子, p (英文 positive 的首字母) 型半导体载流子为带正电的空穴. 尽管图像上, 空穴是电子移动留下的空位, 所以空穴导电某种意义上总是等价于电子导电, 但按照量子理论, 在晶格正离子构成的周期性势场中运动的电子, 其导电时的等效质量与自由电子不同, 尤其是对应于 p 型半导体, 相应电子的有效质量 $m_{\text{eff}} < 0$, 因此在外磁场 $\boldsymbol{B}$ 作用下等效牛顿方程为 $m_{\text{eff}}\boldsymbol{a} = -e\boldsymbol{v} \times \boldsymbol{B}$, 由此得

$$|m_{\text{eff}}|\,\boldsymbol{a} = e\boldsymbol{v} \times \boldsymbol{B}.$$

因此载流子等价于质量为 $|m_{\text{eff}}|$、电荷为正的准粒子—— 空穴.

4.6 磁场对载流导体的作用

4.6.1 安培力公式与安培定律

载流导体在磁场中所受到的力称为安培力. 对磁场 $\boldsymbol{B}$ 中的线电流元 $I\mathrm{d}\boldsymbol{l}$ (或其等价的体电流微元 $\boldsymbol{j}\mathrm{d}V$), 其受到的安培力由安培力公式给出:

$$\mathrm{d}\boldsymbol{F}_A = I\mathrm{d}\boldsymbol{l}\times\boldsymbol{B} = \boldsymbol{j}\mathrm{d}V\times\boldsymbol{B}. \tag{4.72}$$

(4.72) 式所示的安培力, 可以看作载流子所受洛伦兹力的 "诱导力". 如图 4.41 所示, 设金属导体线元 $\mathrm{d}\boldsymbol{l}$ 的横截面积为 S, 稳定流动时内部载流子所受洛伦兹力 $\boldsymbol{f}_{\mathrm{L}}$ 与霍尔电场力 $\boldsymbol{f}_{\mathrm{e}}$ 相互平衡, 而霍尔电场力施力物可以归结为电流载体—— 导线, 故导线线元所受的安培力, 便是这些霍尔电场力的反作用力, 即有

$$\mathrm{d}\boldsymbol{F}_{\mathrm{A}} = \sum_{\mathrm{d}V} -\boldsymbol{f}_{\mathrm{e}} = \sum_{\mathrm{d}V} \boldsymbol{f}_{\mathrm{L}}, \tag{4.73}$$

也就是说安培力等价于载流子所受的洛伦兹力的求和, 尽管两者受力物不尽相同. 进一步设载流子电量为 q、数密度为 n、速度为 $\boldsymbol{u}$, 则电流密度 $\boldsymbol{j}=nq\boldsymbol{u}$, 由 (4.73) 式得

$$\mathrm{d}\boldsymbol{F}_{\mathrm{A}} = (n\mathrm{d}V)\cdot q\boldsymbol{u}\times\boldsymbol{B} = \boldsymbol{j}\mathrm{d}V\times\boldsymbol{B} = I\mathrm{d}\boldsymbol{l}\times\boldsymbol{B},$$

此即安培力公式. 因为安培力可以看作洛伦兹力的 "诱导力", 所以安培力公式 (4.72) 在非恒定场的情形也是适用的.

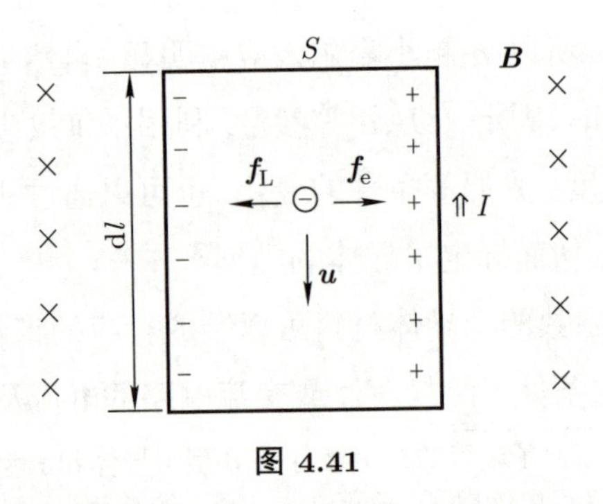

图 4.41

在人们认识到运动电荷在磁场中运动会受到洛伦兹力之前, 安培力公式可以看作基于实验所建立起来的安培定律的推论. 安培在 1820 年建立了 "分子环流假说", 给出了磁的电本质, 此后他着力于建立两个电流元之间相互作用的规律—— 安培定律. 对于 $I_1\mathrm{d}\boldsymbol{l}_1$ 和 $I_2\mathrm{d}\boldsymbol{l}_2$ 两个电流元, 设 2 相对 1 (1 相对 2) 的位置矢量为 $\boldsymbol{r}_{12}(\boldsymbol{r}_{21})$, 1 对 2 (2

对 1) 的作用力为 $\mathrm{d}\boldsymbol{F}_{12}(\mathrm{d}\boldsymbol{F}_{21})$, 则安培定律可以表示为

$$\begin{cases} \mathrm{d}\boldsymbol{F}_{12}=\dfrac{\mu_0}{4\pi}\dfrac{I_2\mathrm{d}\boldsymbol{l}_2\times(I_1\mathrm{d}\boldsymbol{l}_1\times\widehat{\boldsymbol{r}}_{12})}{r_{12}^2}, \\ \mathrm{d}\boldsymbol{F}_{21}=\dfrac{\mu_0}{4\pi}\dfrac{I_1\mathrm{d}\boldsymbol{l}_1\times(I_2\mathrm{d}\boldsymbol{l}_2\times\widehat{\boldsymbol{r}}_{21})}{r_{12}^2}. \end{cases} \tag{4.74}$$

显然, (4.74) 式可以看作毕奥 - 萨伐尔定律和安培力公式的结合体, 例如, 根据 (4.74) 式便有 $\mathrm{d}\boldsymbol{F}_{12}=I_2\mathrm{d}\boldsymbol{l}_2\times\mathrm{d}\boldsymbol{B}_{12}$, 而 $\mathrm{d}\boldsymbol{B}_{12}$ 便是电流元 1 按照毕奥 - 萨伐尔定律在场点 2 处所激发的磁场. 因为安培定律的成立以毕奥 - 萨伐尔定律为条件, 所以在叠加原理的意义上, (4.74) 式仅适用于恒定电流的情形.

需要注意的是安培定律给出的两个电流元之间的作用力通常并不满足牛顿第三定律. 改写 (4.74) 式为

$$\begin{cases} \mathrm{d}\boldsymbol{F}_{12}=\dfrac{\mu_0 I_1 I_2}{4\pi r_{12}^2}[(\mathrm{d}\boldsymbol{l}_2\cdot\widehat{\boldsymbol{r}}_{12})\mathrm{d}\boldsymbol{l}_1-(\mathrm{d}\boldsymbol{l}_2\cdot\mathrm{d}\boldsymbol{l}_1)\widehat{\boldsymbol{r}}_{12}], \\ \mathrm{d}\boldsymbol{F}_{21}=\dfrac{\mu_0 I_1 I_2}{4\pi r_{21}^2}[(\mathrm{d}\boldsymbol{l}_1\cdot\widehat{\boldsymbol{r}}_{21})\mathrm{d}\boldsymbol{l}_2-(\mathrm{d}\boldsymbol{l}_2\cdot\mathrm{d}\boldsymbol{l}_1)\widehat{\boldsymbol{r}}_{21}]. \end{cases}$$

注意到 $\widehat{\boldsymbol{r}}_{21}=-\widehat{\boldsymbol{r}}_{12}$ 和 $r_{12}=r_{21}$, 则有

$$\mathrm{d}\boldsymbol{F}_{12}+\mathrm{d}\boldsymbol{F}_{21}=\frac{\mu_0 I_1 I_2}{4\pi r_{12}^2}[(\mathrm{d}\boldsymbol{l}_2\cdot\widehat{\boldsymbol{r}}_{12})\mathrm{d}\boldsymbol{l}_1-(\mathrm{d}\boldsymbol{l}_1\cdot\widehat{\boldsymbol{r}}_{12})\mathrm{d}\boldsymbol{l}_2]=\frac{\mu_0 I_1 I_2}{4\pi r_{12}^2}\widehat{\boldsymbol{r}}_{12}\times(\mathrm{d}\boldsymbol{l}_1\times\mathrm{d}\boldsymbol{l}_2)$$

一般不为零. $\mathrm{d}\boldsymbol{F}_{12}+\mathrm{d}\boldsymbol{F}_{21}=0$ 的条件是如下两种特殊情况之一:

(1) $\mathrm{d}\boldsymbol{l}_1/\!/\mathrm{d}\boldsymbol{l}_2$ $(\mathrm{d}\boldsymbol{l}_1\times\mathrm{d}\boldsymbol{l}_2=0)$;

(2) $\widehat{\boldsymbol{r}}_{12}$ 方向为 $\mathrm{d}\boldsymbol{l}_1$ 和 $\mathrm{d}\boldsymbol{l}_2$ 所构成平面的法向.

设电流元 $I_1\mathrm{d}\boldsymbol{l}_1$ 位于恒定电流环路 L_1 上, 电流元 $I_2\mathrm{d}\boldsymbol{l}_2$ 位于恒定电流环路 L_2 上. 注意到

$$\frac{\mathrm{d}\boldsymbol{l}_1\cdot\widehat{\boldsymbol{r}}_{12}}{r_{12}^2}=\mathrm{d}_1\left(\frac{1}{r_{12}}\right),\quad \frac{\mathrm{d}\boldsymbol{l}_2\cdot\widehat{\boldsymbol{r}}_{12}}{r_{12}^2}=-\mathrm{d}_2\left(\frac{1}{r_{12}}\right)$$

分别为环路 1 和 2 上的全微分, 即有

$$\oint_{L_1}\frac{\mathrm{d}\boldsymbol{l}_1\cdot\widehat{\boldsymbol{r}}_{12}}{r_{12}^2}=0,\quad \oint_{L_2}\frac{\mathrm{d}\boldsymbol{l}_2\cdot\widehat{\boldsymbol{r}}_{12}}{r_{12}^2}=0,$$

因此, 两个恒定电流环路之间的作用力与反作用力求和为零, 即

$$\boldsymbol{F}_{12}+\boldsymbol{F}_{21}=\oint_{L_1}\oint_{L_2}(\mathrm{d}\boldsymbol{F}_{12}+\mathrm{d}\boldsymbol{F}_{21})=0.$$

例 4.9 平行直导线之间的作用力. 如图 4.42 所示, 两根电流分别为 I_1 和 I_2 的无穷长直导线间距为 a, 求某根导线单位长度的受力.

解 电流导线 1 在 2 处激发的磁场大小为

$$B_{12}=\frac{\mu_0 I_2}{2\pi a},$$

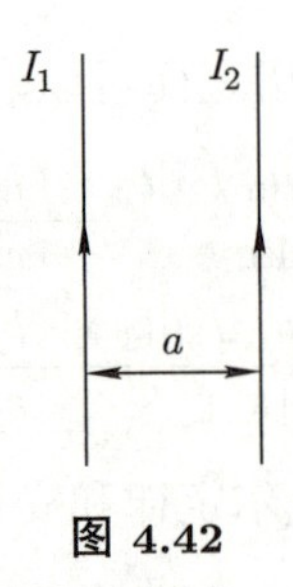

图 4.42

其方向垂直图平面向内, 由安培力公式 (4.72) 可判断电流导线 2 线元 $\mathrm{d}\boldsymbol{l}_2$ 受力 $\mathrm{d}\boldsymbol{F}_{12}$ 方向指向导线 1 (为相互吸引的方向), 其大小为

$$\mathrm{d}F_{12} = I_2 \mathrm{d}l_2 B_{12} = \frac{\mu_0 I_1 I_2}{2\pi a}\mathrm{d}l_2,$$

则单位长度导线受力为

$$f = \frac{\mathrm{d}F_{12}}{\mathrm{d}l_2} = \frac{\mu_0 I_1 I_2}{2\pi a}.$$

若取间距 $a = 1$ m, 电流 $I_1 = I_2 = 1$ A, 代入 $\mu_0 = 4\pi \times 10^{-7}\ \mathrm{N/A^2}$, 则可得

$$f = 2.0 \times 10^{-7}\ \mathrm{N \cdot m^{-1}}.$$

2018 年之前, 国际单位制将上式关于力的测量作为电流单位 "安培 (A)" 的定义. 2018 年之后, 安培的定义改为 1 秒钟流过 $1.602176634^{-1} \times 10^{19}$ 个电子电量所对应的电流大小.

4.6.2 恒定载流线圈在磁场中受到的磁力矩

载流线圈在外磁场中受到安培力的力矩求和称为磁力矩. 我们先考虑匀强外场的情形. 对于电流为 I 的恒定电流线圈 L, 在匀强磁场 $\boldsymbol{B}$ 中所受安培力的合力为

$$\boldsymbol{F}_\mathrm{A} = \oint_L I\mathrm{d}\boldsymbol{l} \times \boldsymbol{B} = I\left(\oint_L \mathrm{d}\boldsymbol{l}\right) \times \boldsymbol{B} = 0. \tag{4.75}$$

故匀强外场中的磁力矩不依赖于参考点.

我们先来考虑图 4.43 所示的矩形线圈 $ABCD$, 图中的磁场 $\boldsymbol{B}$ 的方向也做了特殊的设置, 令它垂直于矩形线圈的一边 BC. 如图 4.43 所示, 按线圈电流 I 的绕向设置平面线圈面元法矢量 $\boldsymbol{n}$, 其与 $\boldsymbol{B}$ 方向的夹角记为 θ, 并设 AB 边长度为 a, BC 边长度为 b. 在如上设置下, 线圈 AB 边受力 $\boldsymbol{F}_{AB}$ 与 CD 边受力 $\boldsymbol{F}_{CD}$ 大小相等、方向相反且共线, 故这一对力对任意参考点的力矩和为零. 而线圈 BC 边受力 $\boldsymbol{F}_{BC}$ 与 DA 边受力 $\boldsymbol{F}_{DA}$ 构成一对力偶, 它们大小相等:

$$F_{BC} = F_{DA} = IbB,$$

作用方向线的间距 (即力偶臂) 为 $d = a\sin\theta$, 相应力偶矩大小为

$$\tau = dF_{BC} = IabB\sin\theta.$$

力偶矩的方向与 $\boldsymbol{n}\times\boldsymbol{B}$ 的方向一致, 故线圈相对于任意参考点所受的磁力矩为

$$\boldsymbol{\tau} = Iab\boldsymbol{n}\times\boldsymbol{B} = \boldsymbol{m}\times\boldsymbol{B}, \tag{4.76}$$

其中 $\boldsymbol{m} = Iab\boldsymbol{n}$ 为该矩形线圈的磁矩.

用线圈磁矩表达的磁力矩公式 (4.76) 对匀强磁场中的线圈是普遍成立的. 如图 4.44 所示, 对于任意电流为 I 的平面线圈 L, 及任意方向的匀强磁场 $\boldsymbol{B}$, 总可以在线圈平面上找到一组磁场方向线的垂线, 如图中相互平行的虚线, 用这组虚线密集分割线

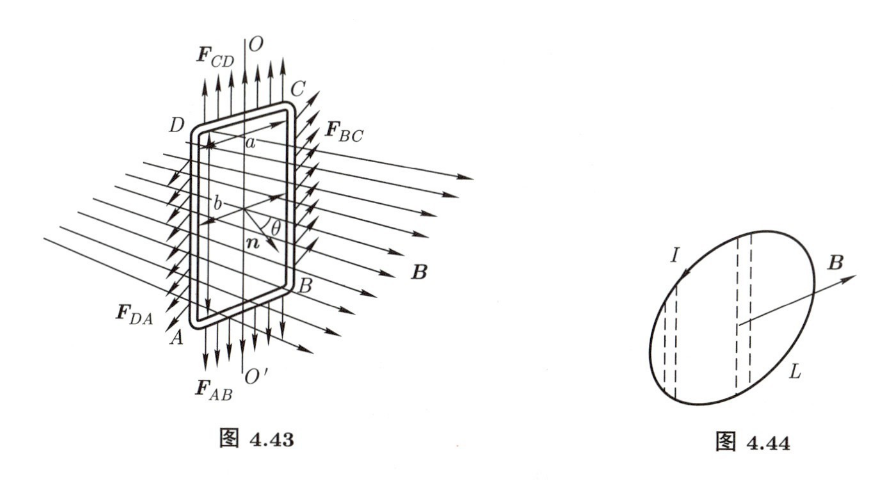

图 4.43

图 4.44

圈为小线圈 L_i, 这相当于在每条虚线上设置一对大小同为 I 但相互反向的假想电流, 这些假想电流的受力和力矩之和显然为零, 所以假想电流的设置并不影响对线圈 L 的受力和力矩的计算. 小线圈 L_i 可以看作矩形线圈, 因此它对任意参考点的磁力矩可以写作

$$\boldsymbol{\tau}_i = I\boldsymbol{S}_i\times\boldsymbol{B},$$

其中 $\boldsymbol{S}_i$ 为小线圈的面元, 而线圈 L 的矢量面积为 $\boldsymbol{S} = \sum\limits_i \boldsymbol{S}_i$, 所以线圈 L 所受的磁力矩为

$$\boldsymbol{\tau} = \sum_i \boldsymbol{\tau}_i = I\left(\sum_i \boldsymbol{S}_i\right)\times\boldsymbol{B} = \boldsymbol{m}\times\boldsymbol{B}.$$

下面再来看一般形状的载流线圈在匀强磁场中所受的力矩. 用线圈磁矩表达的磁力矩公式 (4.76) 对匀强磁场中的非平面线圈也是成立的. 为了说明这一点, 我们需要引入一般形状线圈的矢量面积与磁矩的定义.

如图 4.45 所示, 对于电流为 I 的载流线圈 L, 定义其矢量面积为

$$\boldsymbol{S}=\frac{1}{2}\oint_L \boldsymbol{r}\times \mathrm{d}\boldsymbol{r}, \tag{4.77}$$

其中 $\boldsymbol{r}$ 是相对参考点 O 的位置矢量, $\frac{1}{2}\boldsymbol{r}\times \mathrm{d}\boldsymbol{r}$ 是线元对参考点所张成的小三角形面元. 如上矢量面积的定义与之前对平面线圈矢量面积的定义是一致的, 而且 (4.77) 式定义的 $\boldsymbol{S}$ 并不依赖于参考点的选取. 例如选取图 4.45 中 O' 为参考点, 相应线元位置矢量为 $\boldsymbol{r}'$ (但 $\mathrm{d}\boldsymbol{r}'=\mathrm{d}\boldsymbol{r}$), 记 $\overrightarrow{OO'}=\boldsymbol{a}$, 则 $\boldsymbol{r}=\boldsymbol{r}'+\boldsymbol{a}$, 因此

$$\boldsymbol{S}=\frac{1}{2}\oint_L(\boldsymbol{r}'+\boldsymbol{a})\times \mathrm{d}\boldsymbol{r}=\frac{1}{2}\oint_L \boldsymbol{r}'\times \mathrm{d}\boldsymbol{r}'+\frac{1}{2}\boldsymbol{a}\times\oint_L \mathrm{d}\boldsymbol{r}=\frac{1}{2}\oint_L \boldsymbol{r}'\times \mathrm{d}\boldsymbol{r}'.$$

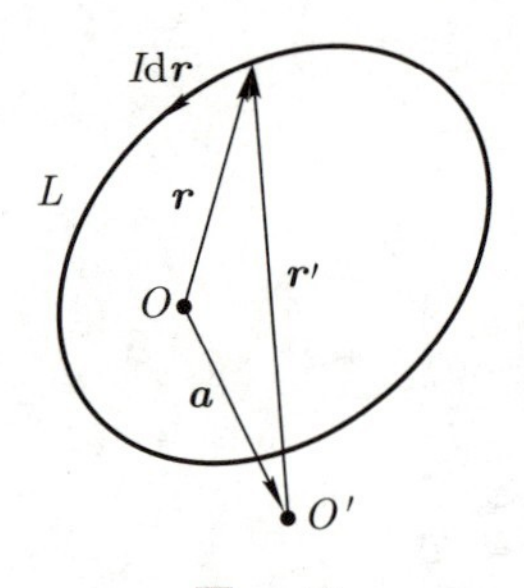

图 4.45

事实上以 L 为边界的任意曲面的矢量面元积分都是相同的, 这是因为对任意给定的闭合曲面 S 有恒等式 (参见附录 A 中 A.2.1 小节内容)

$$\oint\!\!\!\oint_S \mathrm{d}\boldsymbol{S}=0. \tag{4.78}$$

为了说明 (4.78) 式的成立, 我们可以设想在失重环境中的均匀流体 (如 “水”), 其内部压强 P 自然是常量, 而且这个时候浮力处处为零, 也就是说对于给定流体中的一个闭合曲面

$$\boldsymbol{F}_{浮}=-P\oint\!\!\!\oint_S \mathrm{d}\boldsymbol{S}=0,$$

此结果便对应于 (4.78) 式. 回到线圈的情形, 这说明线圈矢量面积有唯一的定义, 其积分式可以取作 (4.77) 式, 相应其磁矩定义为

$$\boldsymbol{m}=I\boldsymbol{S}=\frac{1}{2}\oint_L I\boldsymbol{r}\times \mathrm{d}\boldsymbol{r}. \tag{4.79}$$

将图 4.45 中的线圈置于匀强磁场 $\boldsymbol{B}$ 中, 相对于 O 点的磁力矩为

$$\boldsymbol{\tau}=\oint_L \boldsymbol{r}\times(I\mathrm{d}\boldsymbol{r}\times\boldsymbol{B})=I\oint_L\left[(\boldsymbol{B}\cdot\boldsymbol{r})\mathrm{d}\boldsymbol{r}-\boldsymbol{B}\mathrm{d}\left(\frac{\boldsymbol{r}^2}{2}\right)\right]=I\oint_L(\boldsymbol{B}\cdot\boldsymbol{r})\mathrm{d}\boldsymbol{r},$$

其中利用了 $\oint_L \mathrm{d}(\boldsymbol{r}^2)=0$. 另一方面, 由 (4.79) 式得

$$\boldsymbol{m}\times\boldsymbol{B}=\frac{I}{2}\oint_L(\boldsymbol{r}\times\mathrm{d}\boldsymbol{r})\times\boldsymbol{B}=\frac{I}{2}\oint_L[(\boldsymbol{B}\cdot\boldsymbol{r})\mathrm{d}\boldsymbol{r}-(\boldsymbol{B}\cdot\mathrm{d}\boldsymbol{r})\boldsymbol{r}],$$

因此

$$\boldsymbol{\tau}-\boldsymbol{m}\times\boldsymbol{B}=\frac{I}{2}\oint_L[(\boldsymbol{B}\cdot\boldsymbol{r})\mathrm{d}\boldsymbol{r}+(\boldsymbol{B}\cdot\mathrm{d}\boldsymbol{r})\boldsymbol{r}]=\frac{I}{2}\boldsymbol{B}\cdot\oint_L\mathrm{d}(\boldsymbol{r}\boldsymbol{r})=0,$$

其中利用了 $\oint_L \mathrm{d}(\boldsymbol{r}\boldsymbol{r})=0$ ($\boldsymbol{r}\boldsymbol{r}$ 为并矢). 由此知

$$\boldsymbol{\tau}=\boldsymbol{m}\times\boldsymbol{B} \tag{4.80}$$

对匀强磁场中任意形状线圈、任意参考点都是成立的.

(4.80) 式中力矩的效果是使得线圈的法向转向磁场的方向, 如果将线圈看作小磁针, 其南北极在这样的力矩作用下将倾向于顺着外磁场线的方向排列, 因此这种效应也被称作顺磁效应.

我们再来讨论一下非匀强磁场中小线圈所受的磁力矩和有效外场能. 非匀强磁场 $\boldsymbol{B}(\boldsymbol{r})$ 中, 载流线圈所受的合外力不为零, 故力矩依赖于参考点. 对于非匀强磁场中的小线圈 L, 若线圈的尺度 R 远小于磁场变化的典型尺度 r_0, 则线圈附近可以近似看作匀强磁场, 相应地, 对于线圈附近的参考点, 磁力矩公式 (4.80) 仍近似成立. 此时, 若令 $R\to 0$, 并且将参考点选在小线圈上, 则 $\boldsymbol{\tau}=\boldsymbol{m}\times\boldsymbol{B}$ 便是 (理想) 磁偶极子在外磁场中所受的力矩, 而且它的形式与电偶极子在外电场中所受力矩 $\boldsymbol{\tau}=\boldsymbol{p}\times\boldsymbol{E}$ 十分相似. 这种相似性告诉我们, 对于外磁场中的小电流环, 可以为它引入等效的外场磁能

$$W_m=-\boldsymbol{m}\cdot\boldsymbol{B}. \tag{4.81}$$

类似于 1.6.2 小节中关于电偶极子受力和力矩的分析, 利用虚功原理, 便可以由等效外场磁能的形式得到小电流环的力矩公式 (4.80) 和受力公式

$$\boldsymbol{F}=-\nabla W_m=\nabla(\boldsymbol{m}\cdot\boldsymbol{B}(\boldsymbol{r}))|_m, \tag{4.82}$$

其中下标 m 强调的是 $\boldsymbol{m}$ 不受求导, 受求导的仅是 $\boldsymbol{B}(\boldsymbol{r})$. 利用附录 A 中的公式 (A.19) 可得

$$\boldsymbol{F}=(\boldsymbol{m}\cdot\nabla)\boldsymbol{B}+\boldsymbol{m}\times(\nabla\times\boldsymbol{B}). \tag{4.83}$$

此受力公式也可以直接由安培力积分加以证明 (当然要考虑小电流环尺度 $R\to 0$). 与恒定电场不同, 恒定磁场是有旋的, $\nabla\times\boldsymbol{B}=\mu_0\boldsymbol{j}$.

习 题

1. 如图 4.46 所示, 一条无穷长直导线在一处弯折成 1/4 圆弧, 圆弧的半径为 R, 圆心在 O 点, 直线的延长线都通过圆心. 已知导线中的电流为 I, 求 O 点的磁感应强度.

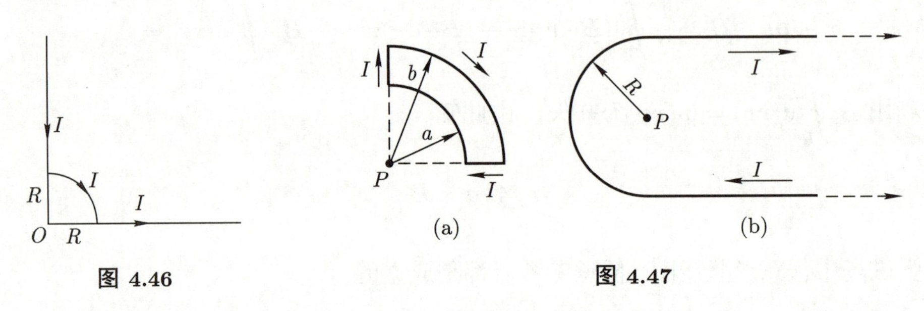

图 4.46　　图 4.47

2. 对于图 4.47 中两种恒定电流位形, 分别求 P 点的磁感应强度.
3. 载流等边三角形线圈边长为 $2a$, 电流为 I.

   (1) 求轴线上距中心为 r_0 处的磁感应强度.

   (2) 证明当 $r_0 \gg a$ 时轴线上磁感应强度具有如下形式:

$$B = \frac{\mu_0 m}{2\pi r_0^3},$$

   其中 $m = IS$ 为三角形线圈的磁矩.

4. 按照玻尔模型, 氢原子处于基态时, 它的电子可看作在半径为 $a = 0.53 \times 10^{-10}$ m 的轨道上做匀速圆周运动, 速率为 2.2×10^6 m/s. 求电子的这种运动在轨道中心产生的磁感应强度 B 的值.
5. 如图 4.48 所示, 半径为 R 的圆片上均匀带电, 电荷面密度为 σ_e. 令该片以匀角速度 ω 绕它的轴旋转, 求轴线上距圆片中心 O 为 x 处的磁场.

图 4.48　　图 4.49

6. 如图 4.49 所示, 一对半径同为 R 的圆线圈, 彼此平行且共轴. 两线圈电流同为 I, 且绕向一致. 调节线圈间距 a, 可以在系统中心附近获得近似的匀强场, 这样的装

置叫作亥姆霍兹 (Helmholtz) 线圈. 求系统轴线上的磁场分布, 并进一步确定 a 取何值时系统中心附近磁场最为均匀.

7. 将粗细均匀、电流为 I 的细导线均匀密绕在长 $L = 2l$ 的圆柱筒上, 形成内径为 R_1、外径为 R_2 的厚壁螺线管. 已知线圈的总匝数为 N, 求螺线管轴线中心的磁感应强度.

8. 半径为 R 的球面上均匀分布着电荷, 面密度为 σ. 当该球面以角速度 ω 绕它的直径旋转时, 求球面电流密度 $\boldsymbol{k}$ 的分布函数, 进一步求转轴上球内和球外任一点的磁感应强度分布函数.

9. 将磁矩为 $\boldsymbol{m} = -m\hat{\boldsymbol{z}}$ 的无穷小电流环放置在匀强外场 $\boldsymbol{B} = B_0\hat{\boldsymbol{z}}$ 中, 试证明: 存在一个中心在小电流环处的球面, 该球面不被任何磁场线穿过.

10. 如图 4.50 所示, 试证明电子绕原子核沿圆形轨道运动时磁矩与角动量之比为

$$\gamma = \frac{-e}{2m_{\mathrm{e}}} \quad (\text{经典回旋磁比率}),$$

其中 $-e$ 和 m_{e} 是电子的电荷与质量, 负号表示磁矩与角动量的方向相反.

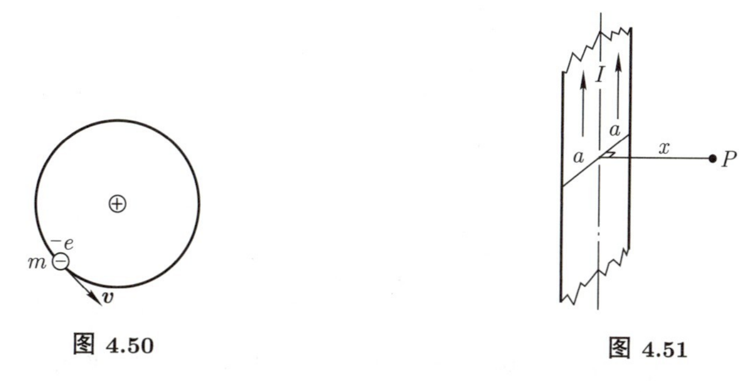

图 4.50　　**图 4.51**

11. 如图 4.51 所示, 电流均匀地流过宽为 $2a$ 的无穷长平面导体薄板. 电流大小为 I, 通过板的中线并与板面垂直的平面上有一点 P, P 到板的垂直距离为 x, 设板厚可忽略不计.

    (1) 求 P 点的磁感应强度 $\boldsymbol{B}$.

    (2) 当 $a \to \infty$, 但面电流密度 $k = \dfrac{I}{2a}$ 为常量时, 求磁感应强度的极限表达式.

    (3) 利用安培环路定理和对称性重新求解第 (2) 问.

12. 有一根很长 (看作无穷长) 的载流导体直圆管, 内半径为 a, 外半径为 b, 电流为 I, 电流沿轴线方向流动, 并且均匀分布在管壁的横截面上 (见图 4.52). 求空间的磁场分布.

13. 电缆由一个导体圆柱和一个同轴的导体圆筒构成. 使用时, 电流 I 从一导体流去, 从另一导体流回, 电流都均匀分布在横截面上. 设圆柱的半径为 r_1, 圆筒的内外半

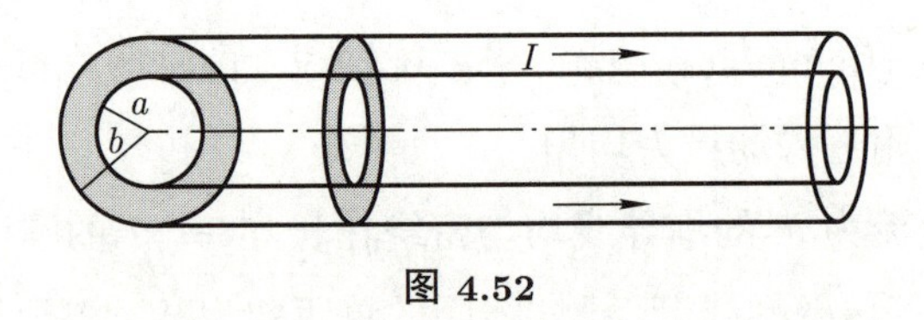

图 4.52

径分别为 r_2 和 r_3 (见图 4.53). 求空间的磁场分布.

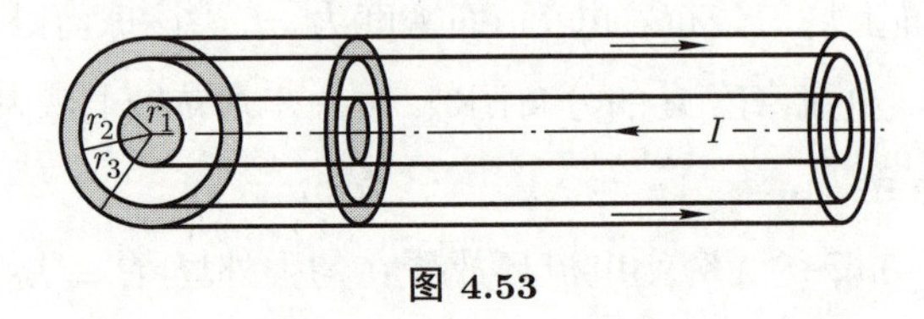

图 4.53

14. 矩形截面的均匀密绕螺绕环, 匝电流为 I, 总匝数为 N, 其他尺寸参量如图 4.54 所示. 求螺绕环内磁场的分布以及其矩形截面的磁通量.

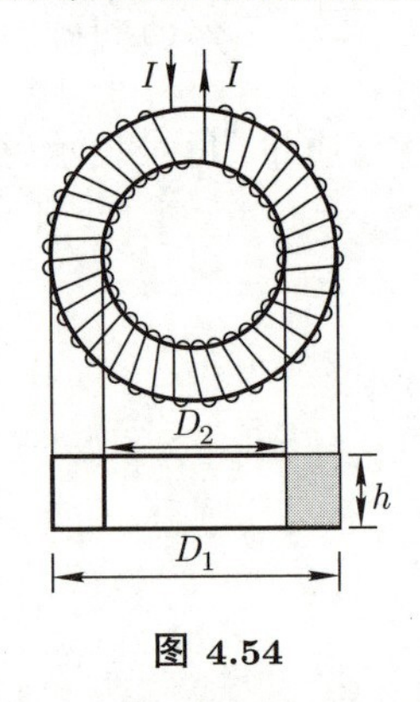

图 4.54

15. 已知质子质量 $m_{\mathrm{p}} = 1.67 \times 10^{-27}$ kg, 电荷 $e = 1.6 \times 10^{-19}$ C, 地球半径为 6370 km, 地球赤道上地面的磁场为 0.32 Gs. 要使质子在地面附近做圆周运动, 其相对论性动量 p 和能量 E 应为多大? 计算中需要考虑质子所受的重力吗?

16. 如图 4.55 所示, 一质量为 m 的粒子带有电量 q, 以速度 $\boldsymbol{v}$ 射入磁感应强度为 $\boldsymbol{B}$ 的均匀磁场, $\boldsymbol{v}$ 与 $\boldsymbol{B}$ 垂直. 粒子从磁场出来后继续前进. 已知磁场区域在 $\boldsymbol{v}$ 方向 (即 x 方向) 上的宽度为 l, 当粒子从磁场出来后在 x 方向前进的距离为 $L - l/2$ 时, 求它的偏转 y.

17. 一种质谱仪的构造原理如图 4.56 所示, 离子源 S 产生质量为 m、电荷为 q 的离子, 离子产生出来时速度很小, 可以看作静止的. 离子产生出来后经过电压 U 加速, 进入磁感应强度为 B 的均匀磁场, 沿着半圆周运动而达到记录它的照相底片 P 上, 测得它在 P 上的位置到入口处的距离为 x. 证明此离子的质量为

$$m = \frac{qB^2}{8U} x^2.$$

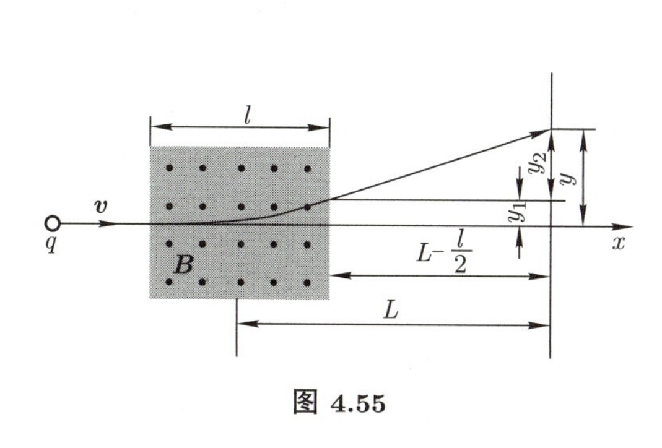

图 4.55

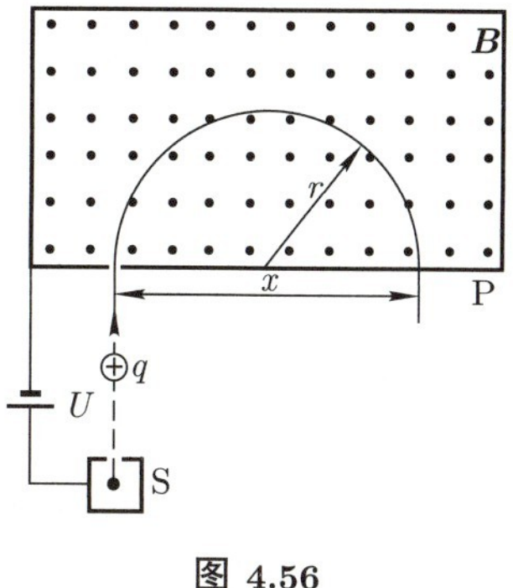

图 4.56

18. 一回旋加速器 D 形电极周围的最大半径 $R=60$ cm, 用来加速电荷为 1.6×10^{-19} C、质量为 1.67×10^{-27} kg 的质子, 要把质子从静止加速到 4.0 MeV 的能量 (动能).
   (1) 求所需的磁感应强度 B.
   (2) 设两 D 形电极间的距离为 1.0 cm, 电压为 2.0×10^{4} V, 其间电场是均匀的, 求加速到上述能量所需的时间 (不需要考虑渡越间隙所需要的时间).

19. 如图 4.57 所示, 半径为 R 的无穷长圆柱阴影区域轴对称地分布有磁场 $\boldsymbol{B}$, 其方向平行或反平行于圆柱轴向, 圆柱截面的总磁通量为零. 若一个带电粒子从圆柱区域轴线上沿径向出发, 最终能逃离磁场区域, 试证明其最终出射方向一定沿径向.

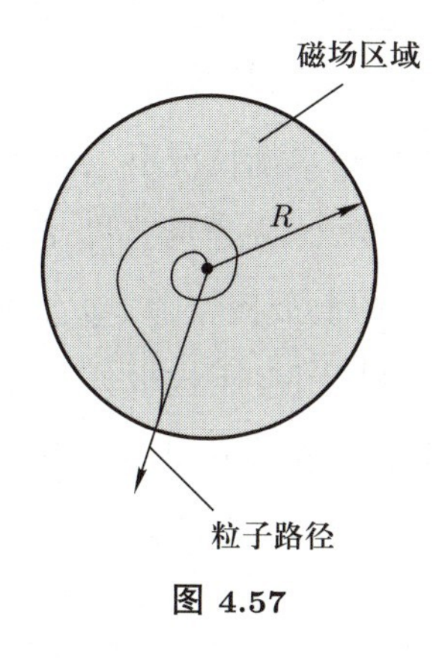

图 4.57

20. 本题采用柱坐标 (r,ϕ,z). 空间有轴对称 (z 轴为对称轴) 的电流分布

$$\boldsymbol{j}(\boldsymbol{r})=\begin{cases}0, & r<r_0,\\ j_0\dfrac{r_0^2}{r^2}\widehat{\boldsymbol{\phi}}, & r>r_0,\end{cases}$$

其中 r_0, j_0 为已知常量.

(1) 求空间中磁场分布函数 $\boldsymbol{B}(\boldsymbol{r})$.

(2) 取出 (1) 中求解的磁场分布 (假想可以 “抛开” 相应的电流分布), 考察带电粒子在其中的运动. 设粒子电量为 $q(>0)$, 质量为 m, 初始从距轴线 r_0 处沿径向向外运动, 初速度大小为 v_0, 忽略重力.

(i) 求逃逸速度 v_{m}, 即粒子逃逸到距轴线无穷远处所需要的最小速度.

(ii) 取 $v_0 = \dfrac{v_{\mathrm{m}}}{2}$, 求带电粒子运动过程中与轴线距离极大值 $r_{\max}$ 和极小值 $r_{\min}$, 及两个径向折返点处的 $\ddot{r}$.

21. 如图 4.58 所示, 空间中存在相互正交的匀强电磁场, 其中磁场 $\boldsymbol{B}$ 沿 x 轴方向, 电场 $\boldsymbol{E}$ 沿 z 轴方向, 且有 $E \ll cB$ (c 为真空光速), 一电子开始时以速度 v ($v \ll c$) 沿 y 方向前进, 求电子运动的轨道方程 (可以用参量方程表示).

图 4.58　　图 4.59

22. 横截面积 $S = 2.0\ \mathrm{mm}^2$ 的铜线弯成如图 4.59 所示形状, 其中 OA 和 DO' 段固定在水平方向不动, $ABCD$ 段是边长为 a 的正方形的三边, 可以绕 OO' 转动. 整个导线放在均匀磁场 $\boldsymbol{B}$ 中, $\boldsymbol{B}$ 的方向竖直向上. 已知铜的密度 $\rho = 8.9\ \mathrm{g/cm^3}$, 当此铜线中的电流 $I = 10\ \mathrm{A}$ 时, 在平衡情况下, AB 段和 CD 段与竖直方向的夹角 $\alpha = 15°$, 重力加速度为 $9.8\ \mathrm{m/s^2}$, 求磁感应强度 $\boldsymbol{B}$ 的大小.

23. 一个无穷大平行板电容器, 其中上极板位于 x-y 坐标平面上, 垂直于板面方向建立 z 坐标轴, 如图 4.60 所示. 今测得上、下极板分别有面密度为 $+\sigma$, $-\sigma$ 的均匀面电荷分布, 且两极板沿 x 轴方向, 以恒定速度 v 一起运动.

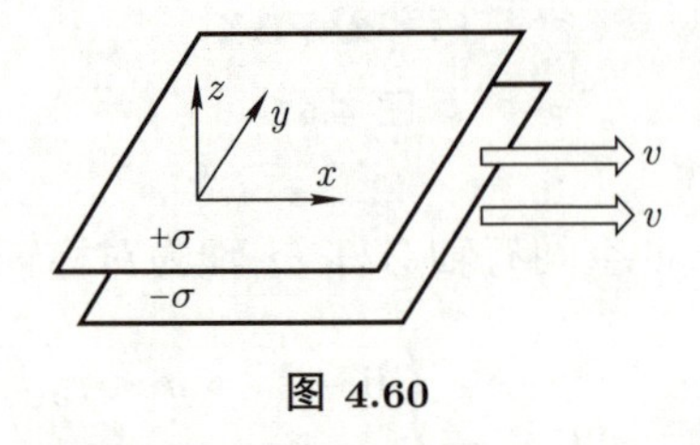

图 4.60

(1) 试求两极板间及两极板外的磁感应强度 $\boldsymbol{B}_{内}$, $\boldsymbol{B}_{外}$ 的大小及方向.

(2) 适当定义上极板板面磁感应强度 $\boldsymbol{B}_{面}$, 并以此计算作用在上极板单位面积上的安培力的大小及方向.

(3) 为了使安培力和电场力平衡, 速度 v 应为多大?

(提示: 题中给定参量均为实验室参考系测量得到的, 故不必考虑狭义相对论中的“钟慢”“尺缩”等效应)

24. 对于第 8 题情况, 以旋转轴方向为北极方向, 计算“北半球”电流的整体受力.

25. 如图 4.61 所示, 一边长为 a 的正方形线圈载有电流 I, 处在均匀外磁场 $\boldsymbol{B}$ 中, $\boldsymbol{B}$ 沿水平方向, 线圈可以绕通过中心的竖直轴 OO' 转动, 转动惯量为 J. 求线圈在平衡位置附近做微小摆动的周期 T.

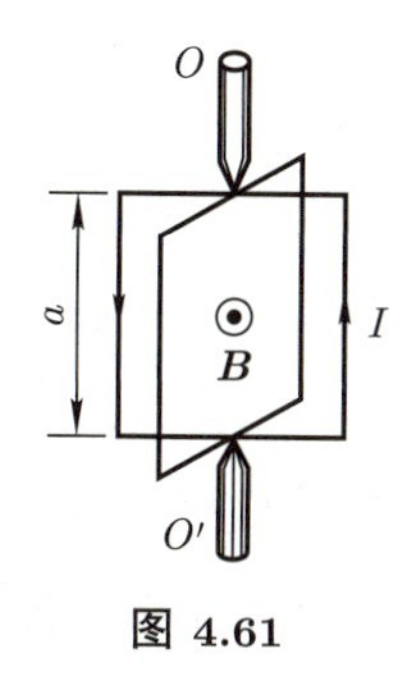

图 4.61

第五章　磁介质

5.1　磁介质的磁化

5.1.1　磁性、磁介质、磁化

磁性是物质的基本属性之一, 即物质的磁学特性. 例如, 吸铁石①是天然磁体: 具有较强磁性, 对铁等物质有较强的吸引力. 在与磁针相距较近时, 其对磁针有作用, 能使磁针发生转动. 将其做成条形或针型并适当悬挂时, 其一端指向地磁极的北极, 另一端指向南极. 多数物质一般情况下则没有明显的磁性.

在磁场的作用下发生变化, 并能反过来改变原磁场的大小和方向的物质, 称为磁介质 (magnetic medium).

一般物质在较强磁场的作用下都显示出一定程度的磁性, 即都能在磁场的作用下发生变化, 并能反过来改变原磁场的大小和方向, 所以都是磁介质.

磁介质的经典理论模型通常有两种: 磁荷观点和分子电流观点. 尽管两种观点的微观模型不同, 但在它们的适用范围内, 其宏观结果完全一致, 因而在这种意义上讲, 两种观点是等效的. 历史上, 磁荷观点发展较早.

分子电流观点最初由安培以假说的形式提出. 由于它揭示了磁现象与电荷运动之间更为根本的内在联系, 现在是物理学界的主流观点. 在本书里, 我们将主要以分子电流观点为基础讨论磁介质相关的问题, 也将简要介绍磁荷观点及其相应的研究磁现象的方法, 即磁荷方法.

物质的磁性起源于原子及构成原子的组分 (原子核和电子) 的磁性. 严格的磁学理论应该建立在量子力学基础上, 需要理解物质在原子甚至更深层次的结构, 这些理论已超出本书的范围. 我们这里将主要在经典 (非量子物理) 的框架下处理磁介质系统. 经典框架下的磁学理论, 是进一步深入学习磁学必不可少的基础.

原来没有磁性的磁介质在外磁场的作用下变得具有磁性, 称为磁介质的磁化 (magnetization). 磁介质被磁化后, 也会产生磁场, 这部分磁场称为附加磁场, 它将与原有的外磁场叠加, 从而改变原有的磁场和原来磁场的空间分布.

---

①吸铁石, 也称为磁石、磁铁矿, 系矿物名. 磁铁矿的主要成分为 Fe_3O_4, 其晶体属等轴晶系的氧化物矿物, 常呈八面体和菱形十二面体, 集合体呈粒状或块状. 因为它具有强磁性, 中国古籍中称其为磁石.

不同类型的物质对磁场有不同的响应, 即具有不同的磁性, 这与物质内部的电磁结构有着密切的联系.

在安培的分子电流假说中, 磁介质的"分子"相当于一个环形电流, 它是由电荷的某种运动形成的, 不像导体中的电流那样受到阻力, 因此分子环形电流不消耗焦耳热.

分子的环形电流具有磁矩 —— 分子磁矩, 它在外磁场的作用下可以改变方向. 其实在安培时代, 对于物质的分子、原子结构的认识还很粗浅, 电子尚未发现, 所谓"分子"泛指介质的微观基本单元.

由于量子力学的建立, 人们对物质的微观结构的认识逐渐清晰. 现在我们知道, 物质是由分子或原子构成的, 它们所包含的每一个电子都同时参与了两种运动: 电子的自旋 (spin) 以及电子在原子核外的轨道运动, 自旋和轨道运动都对应着一定的磁矩, 分别称为电子的自旋磁矩 (spin magnetic moment) $\boldsymbol{m}_s$ 和轨道磁矩 (orbital magnetic moment) $\boldsymbol{m}_l$. 整个分子的磁矩是它所包含的所有电子的自旋磁矩和轨道磁矩的矢量和, 此和称为分子的固有磁矩, 简称分子磁矩 (molecular magnetic moment), 用 $\boldsymbol{m}$ 表示. 每一个分子磁矩都可以用一个等效的圆电流圈来表示, 称为分子电流 (molecular current). 对如图 5.1 所示的分子电流圈, 其磁矩为

$$\boldsymbol{m} = \boldsymbol{n}aI, \tag{5.1}$$

其中 I 为电流圈中的电流强度, a 为电流圈的面积, $\boldsymbol{n}$ 为电流圈所在平面的法向单位矢量, 它与电流流动方向构成右手关系.

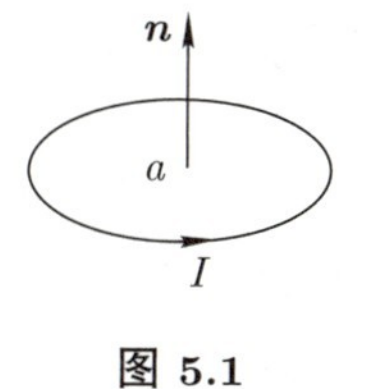

图 5.1

严格说来, 分子磁矩还应该包含原子核的贡献, 但通常其作用相对很小, 在我们所讨论问题的范围内可以忽略.

5.1.2 磁化强度

为了描述磁介质的磁化状态 (磁化的大小和方向), 现引入磁化强度矢量 $\boldsymbol{M}$. 在介质内部任取一体积元 ΔV, $\boldsymbol{m}_i$ 为其内的第 i 个分子磁矩 [由 (5.1) 式定义], $\sum\limits_i \boldsymbol{m}_i$ 为此体积元内的所有分子磁矩的矢量和. $\boldsymbol{M}$ 定义为单位体积内分子磁矩的矢量和, 即

$$\boldsymbol{M} = \lim_{\Delta V \to 0} \frac{\sum\limits_i \boldsymbol{m}_i}{\Delta V}, \tag{5.2}$$

其中的求和对体积内的所有分子磁矩进行.

5.1.3 磁化电流

由于分子的热运动, 对固有分子磁矩不为零的物质, 在没有外磁场时分子磁矩的排列是杂乱无章的, 因此, 巨大数量的分子磁矩的矢量和为零, 所以磁介质宏观上通常并不显示出磁性, 如图 5.2 所示.

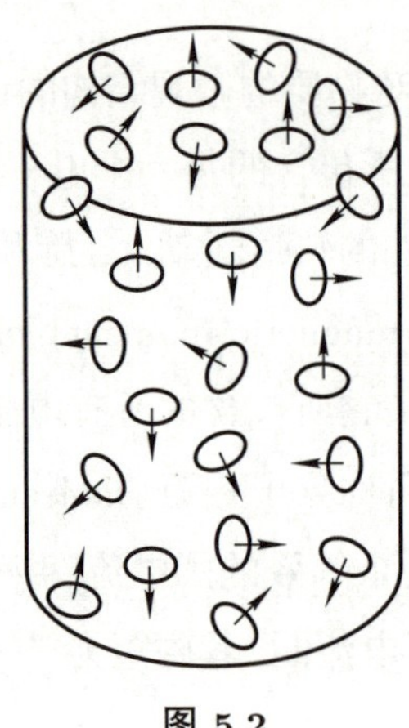

图 5.2

在外磁场的作用下, 分子磁矩将改变原来的取向而重新排列起来, 这种排列, 在平均意义上讲, 可以简单地理解为在原有相互抵消的磁矩的基础上, 每个分子磁矩均增加一个相同的附加磁矩. 因此, 介质内分子磁矩矢量和不再为零, 即 $\sum_i \boldsymbol{m}_i \neq 0$. 在均匀磁介质内部, 成对的方向相反的分子电流互相抵消, 如图 5.3 所示. 在磁介质的边缘出现未抵消的电流, 这些电流形成了宏观的环绕磁介质表面的电荷移动, 称为磁化电流 (magnetization current) I'. 图 5.3(a) 为磁化柱体侧面和表面示意图, 图 5.3(b) 为横截面示意图, 从这两个图都可以看到, 磁介质内部附加磁矩对应的分子电流相互抵消, 边缘上出现未抵消的宏观电流.

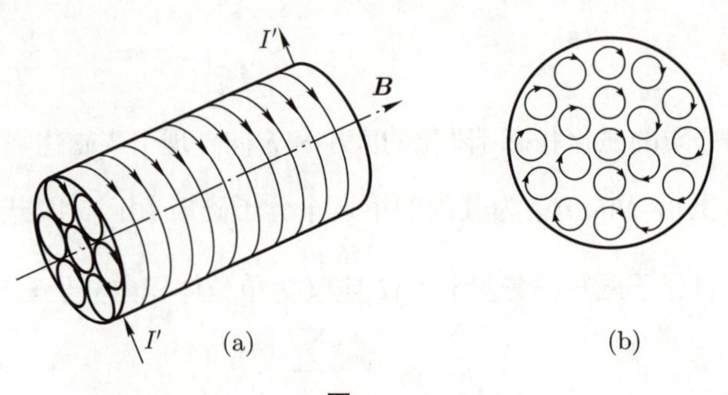

图 5.3

磁化电流是束缚在分子内部的电荷运动的宏观表现, 因而磁化电流也叫束缚电流. 它也是由电荷的一种运动形式所产生的, 因此也能产生磁场. 在磁化状态恒定时, 磁化电流产生磁场的规律自然也是毕奥 – 萨伐尔定律.

分子电流产生的磁感应场, 即附加场用 $\boldsymbol{B}'$ 表示. 附加场与原来空间已有的磁场 $\boldsymbol{B}_0$ 叠加在一起构成新的总磁感应强度场 $\boldsymbol{B}$, 因此, 附加场能改变原来空间的磁场分布.

前面我们讨论过载流子 (电荷) 在宏观尺度上的运动导致的电流, 即传导电流. 传导电流的载流子在物体中的运动范围远大于分子尺度, 因此, 它们在运动中将与其他分子碰撞从而产生焦耳热. 当然传导电流也将产生磁场, 其产生磁场的规律也是毕奥 – 萨伐尔定律. 也就是说, 只要存在宏观尺度上的电荷运动, 无论是电荷在宏观尺度上的迁移导致的传导电流, 还是因大量分子电流在其分子内部的电荷运动形成的整体、宏观的束缚电流, 产生磁场的规律都是相同的, 即都遵从毕奥 – 萨伐尔定律.

总而言之, 磁化电流与传导电流比较, 其相同之处是同样可以产生磁场, 同样遵从毕奥 – 萨伐尔定律. 但磁介质分子的电子都被限制在分子范围内运动, 与因电荷的宏观迁移引起的传导电流不同, 磁化电流没有热效应, 即不产生焦耳热损耗.

5.1.4 磁化电流与磁化强度的关系

下面我们用一个简单的模型来导出因磁化产生的电流, 即磁化电流 I' 与磁化强度 $\boldsymbol{M}$ 之间的关系.

如图 5.4 所示, 在一块磁化的磁介质中, 任取一个曲面 A, 现求因磁化导致的, 通过曲面 A 的电流, 即磁化电流. 取电荷流动的正方向如图中的大箭头所示, 这里的正方向是任意规定的, 当然也可以取相反的方向为电流的正方向.

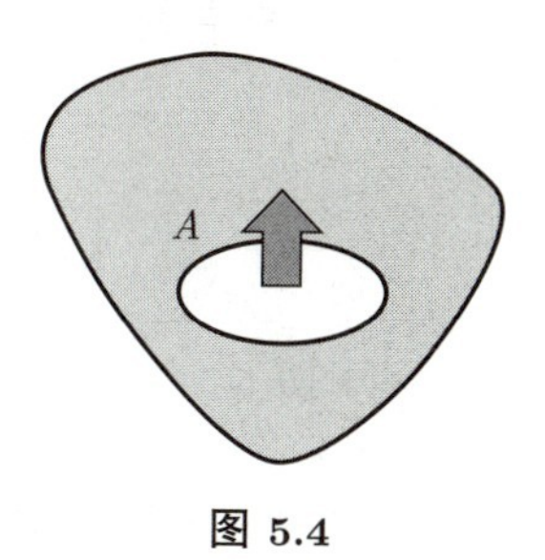

图 5.4

设介质中各处的磁化强度为

$$\boldsymbol{M} = n\boldsymbol{a}I, \tag{5.3}$$

其中 n 为分子电流圈的数密度, $\boldsymbol{a}$ 为电流圈的面积 (带方向), I 为电流圈中的电流强度, 面积矢量 $\boldsymbol{a}$ 的方向与电流 I 的绕行方向构成右手关系. 在磁介质的不同位置, 分子电流圈数密度可以不同, 以描述磁化强度随空间位置的变化. 实际上, (5.3) 式中的 $\boldsymbol{a}$, I 和 n 均可以取不同的值, 即我们可以假设, 磁介质中有若干种不同的电流圈. 这样并不改变这里的推导过程和结果, 所不同的仅是 (5.3) 式右边三个因子都应该加上表示电流圈类别的下标, 然后在这三项乘积前面加上求和符号, 对各类电流圈求和. 不难看出, 在 (5.3) 式中包含对多种电流圈求和的情形下, 下面的讨论仍然成立.

为把下面的推导过程写得更简洁, 我们这里假设所有的分子电流圈是相同的, 即 $\boldsymbol{a}$ 和 I 取相同的值, $\boldsymbol{M}$ 随空间位置的变化完全由不同位置的电流圈数密度 n 的不同来实现.

现将图 5.4 的磁介质中的曲面 A 放大重绘在图 5.5 中, 曲面所在处及其附近有大量相同的分子电流圈, 我们这里仅画出很少几个进行说明. 从图中可以看出, 分别位于上排中间和下排的两个电流圈对从下面流向上面的磁化电流没贡献, 它们之中的任意一个电流圈的电流均穿过曲面 A 偶数次, 前一个电流圈穿过曲面 A 两次, 正、负各一次, 刚好相互抵消. 下面的电流圈与 A 不相交, 由此, 穿过曲面 A 零次, 对流过 A 的磁化电流也没有贡献. 只有被 A 的边界线套住的电流圈, 才对流过 A 的磁化电流有贡献, 它们之中的每一个电流圈均穿过 A 一次. 在如图 5.4 中箭头所示的磁化电流方向的规定下, 图 5.5 左边的电流圈为流过 A 的磁化电流 (向下), 贡献为 $-I$, 右边的电流圈 (向上) 贡献为 $+I$. 因此, 我们只要计算被 A 的边界线套起来的电流圈就行了, 没有套起来的电流圈穿过 A 的电流次数一定是偶数. 我们现在只需要沿曲面 A 的边界线计算被其套起来的电流圈总数, 并计入它们对磁化电流贡献的正负即可. 曲面 A 的边界线记为 L.

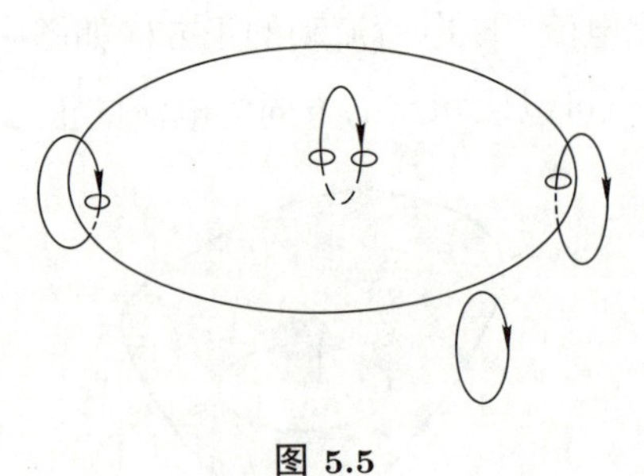

图 5.5

现规定曲面 A 的磁化电流正向 (图 5.4 中的箭头指向) 与 A 的边界线 L 的环绕方向为右手螺旋关系. 取图 5.5 中曲面 A 的一段边界线 $\mathrm{d}\boldsymbol{l}$ 放大, 如图 5.6 所示, 图中为逆磁化电流正方向看到的情形, 即磁化电流从纸面出来为正方向, $\mathrm{d}\boldsymbol{l}$ 的左上为曲面 A 的内侧, 即 L 包围部分, 右下为 A 的外面. 以分子电流圈的矢量面积 $\boldsymbol{a}$ (其方向与圈中的电流构成右手关系) 作底面, $\mathrm{d}\boldsymbol{l}$ 作中线得到一圆柱, 此圆柱体的体积为 $\boldsymbol{a}\cdot\mathrm{d}\boldsymbol{l}$, 中心不在该柱体内的分子电流圈中的电流或穿过曲面偶数次 (2 次或 0 次), 或为 $\mathrm{d}\boldsymbol{l}$ 这段边界以外, L 的其他元段应该计入的, 因此对 $\mathrm{d}\boldsymbol{l}$ 这段边界线上的磁化电流没有贡献. 只有中心在柱体内的分子电流圈穿过曲面刚好一次, 对此段边界的磁化电流有贡献.

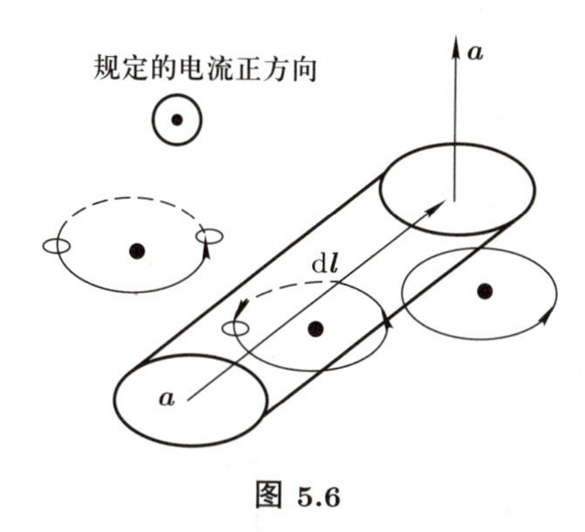

图 5.6

设磁化电流密度为 $\boldsymbol{j}'$, 穿过 A 曲面的总磁化电流为

$$\begin{aligned} I' &= \iint_A \boldsymbol{j}' \cdot \mathrm{d}\boldsymbol{S} = \oint_L (\boldsymbol{a} \cdot \mathrm{d}\boldsymbol{l}) nI \\ &= \oint_L \boldsymbol{M} \cdot \mathrm{d}\boldsymbol{l} = \iint_A \nabla \times \boldsymbol{M} \cdot \mathrm{d}\boldsymbol{S}, \end{aligned} \tag{5.4}$$

其中, L 为 A 的边界线, 其线积分的绕行方向与图 5.4 中的磁化电流正方向构成右手关系. $(\boldsymbol{a} \cdot \mathrm{d}\boldsymbol{l})n$ 为圆柱体 $\boldsymbol{a} \cdot \mathrm{d}\boldsymbol{l}$ 中电流圈的个数, 每一个电流圈都对磁化电流做了贡献 $+I$, 第三个等式用了 (5.3) 式, 第四个等式用了数学公式旋度定理. 将此式的第一个等式右边和第四个等式右边的表达式写下来即为

$$\iint_A \boldsymbol{j}' \cdot \mathrm{d}\boldsymbol{S} = \iint_A \nabla \times \boldsymbol{M} \cdot \mathrm{d}\boldsymbol{S}, \tag{5.5}$$

其中积分所在的曲面 A 可以在磁化介质内取任意大小和取向, 因此 (5.5) 式中的被积函数必然相等, 由此得磁化电流密度和磁化强度的关系如下:

$$\boldsymbol{j}' = \nabla \times \boldsymbol{M}. \tag{5.6}$$

在有限大小曲面 A 上对此式做面积分得其相应的积分形式

$$I' = \oint_L \boldsymbol{M} \cdot \mathrm{d}\boldsymbol{l}. \tag{5.7}$$

如果电流分布在一个曲面上, 我们把通过曲面上任一点垂直于电荷流动方向上的单位长度的电流强度, 即单位时间里通过垂直于电荷流动方向的单位长度的电量定义为该点的面电流线密度, 也称为面电流密度, 方向为正电荷流动的方向. 面电流密度是一个矢量, 记为 $\boldsymbol{k}$.

作为练习, 请读者从 (5.7) 式出发, 导出磁介质边界上的磁化面电流密度 $\boldsymbol{k}'$ 为

$$\boldsymbol{k}' = \boldsymbol{M} \times \boldsymbol{n}, \tag{5.8}$$

其中, $\boldsymbol{n}$ 为边界的外法向单位矢量.

5.1.5 磁介质中的安培环路定理

由于传导电流和磁化电流产生磁感应强度的规律是相同的, 因此, 我们可以将空间的磁感应强度 $\boldsymbol{B}$ 分为由传导电流产生的部分 $\boldsymbol{B}_0$ 以及由磁化电流产生的部分 $\boldsymbol{B}'$ 之和, 再用安培环路定理得

$$\begin{aligned}\oint_L \boldsymbol{B} \cdot \mathrm{d}\boldsymbol{l} &= \oint_L \boldsymbol{B}_0 \cdot \mathrm{d}\boldsymbol{l} + \oint_L \boldsymbol{B}' \cdot \mathrm{d}\boldsymbol{l} \\ &= \mu_0 \sum_{L_{\mathrm{enc}}} I_{0i} + \mu_0 \sum_{L_{\mathrm{enc}}} I_i' = \mu_0 I_0 + \mu_0 I',\end{aligned} \tag{5.9}$$

其中, L 为磁介质中的任意一条闭合曲线, L_{enc} 表示求和在 L 曲线所包围的范围之内 (enclosed) 进行. I_0 和 I' 分别为 L 曲线所包围的总传导电流和总磁化电流. 上面的第二个等式由两次分别对传导电流产生的磁感应强度 $\boldsymbol{B}_0$ 和磁化电流产生的磁感应强度 $\boldsymbol{B}'$ 应用安培环路定理得到.

与自由电荷和总电场强度的关系相似, 仅知道传导电流的空间分布, 用 (5.9) 式并不能计算出总磁感应强度 $\boldsymbol{B}$. 这是由于磁化电流和 $\boldsymbol{B}$ 是相互影响的, 从毕奥 – 萨伐尔定律和安培环路定理求总场 $\boldsymbol{B}$ 只在已知传导电流和磁化电流分布的情况下才能实现, 在未求出全空间的总磁感应强度 $\boldsymbol{B}$ 之前, 磁化电流也是未知的.

利用 (5.7) 式, (5.9) 式化为

$$\oint_L \boldsymbol{B} \cdot \mathrm{d}\boldsymbol{l} = \mu_0 I_0 + \mu_0 \oint_L \boldsymbol{M} \cdot \mathrm{d}\boldsymbol{l},$$

由此得

$$\oint_L \left(\frac{\boldsymbol{B}}{\mu_0} - \boldsymbol{M} \right) \cdot \mathrm{d}\boldsymbol{l} = I_0. \tag{5.10}$$

现定义一个新物理量, 称为磁场强度, 用 $\boldsymbol{H}$ 表示:

$$\boldsymbol{H} \equiv \frac{\boldsymbol{B}}{\mu_0} - \boldsymbol{M}, \tag{5.11}$$

即

$$\boldsymbol{B} \equiv \mu_0 (\boldsymbol{H} + \boldsymbol{M}). \tag{5.12}$$

$\boldsymbol{H}$ 的单位为安培每米, 即 A/m.

利用 $\boldsymbol{H}$ 的定义 (5.11) 或 (5.12), 公式 (5.10) 可以写为

$$\oint_L \boldsymbol{H} \cdot \mathrm{d}\boldsymbol{l} = I_0. \tag{5.13}$$

这就是磁介质中的安培环路定理, 也称为关于磁场 $\boldsymbol{H}$ 的安培环路定理. (5.13) 右边只有传导电流, 磁化电流的作用已经包含在 $\boldsymbol{H}$ 中, $\boldsymbol{H}$ 和 $\boldsymbol{B}$ 的关系由磁介质的性质决定. 在通常情况下, 对已知的磁介质, $\boldsymbol{H}$ 和 $\boldsymbol{B}$ 的关系已知. 在此情况下, 我们就可以由 (5.13) 式从给定的 I_0 求出 $\boldsymbol{H}$, 再进一步求出 $\boldsymbol{B}$. 当然, 仅对简单、对称情形才能直接通过传导电流的分布状况求出磁场强度 $\boldsymbol{H}$ 和相应的磁感应强度 $\boldsymbol{B}$.

需要强调, 磁感应强度 $\boldsymbol{B}$ 是比磁场强度 $\boldsymbol{H}$ 更基本的物理量. 这是由于 $\boldsymbol{B}$ 是由电荷的运动产生的, 全空间的磁感应强度 $\boldsymbol{B}$ 始终是存在的, 无论电流系统是连续分布的运动电荷还是若干个分离的运动的点电荷, 但 $\boldsymbol{M}$ 在只有少数分子时没有定义, 因此 $\boldsymbol{H}$ 也就没有定义.

与电介质相似, 根据 $\boldsymbol{M}$ 与 $\boldsymbol{H}$ 的关系, 磁介质可以分为线性和非线性磁介质、各向同性和各向异性磁介质. 对线性、各向同性磁介质,

$$\boldsymbol{H} \equiv \chi_{\mathrm{m}} \boldsymbol{M}, \tag{5.14}$$

其中, χ_{m} 称为磁介质的磁化率 (magnetic susceptibility). 对这类磁介质,

$$\begin{aligned} \boldsymbol{B} &= \mu_0(\boldsymbol{H} + \boldsymbol{M}) \\ &= \mu_0(1 + \chi_{\mathrm{m}})\boldsymbol{H} \equiv \mu \boldsymbol{H} = \mu_0 \mu_{\mathrm{r}} \boldsymbol{H}, \end{aligned} \tag{5.15}$$

其中

$$\mu = \mu_0 \mu_{\mathrm{r}}, \tag{5.16}$$

$$\mu_{\mathrm{r}} = 1 + \chi_{\mathrm{m}}, \tag{5.17}$$

μ 称为磁导率 (magnetic permeability), μ_{r} 称为相对磁导率. 注意 $\boldsymbol{B} = \mu \boldsymbol{H}$ 只对线性、各向同性磁介质成立, 但 $\boldsymbol{B} = \mu_0(\boldsymbol{H} + \boldsymbol{M})$ 则是定义式, 普遍成立. 当然, 对非连续磁介质, 例如一些分离的粒子, 自然不能定义 $\boldsymbol{M}$ 和 $\boldsymbol{H}$. 对线性非各向同性 (即各向异性) 磁介质, 磁化率、相对磁导率和磁导率均为二阶张量. 对非线性磁介质, 磁感应强度 $\boldsymbol{B}$ 与磁场强度 $\boldsymbol{H}$ 不是正比关系. 对铁磁体, 两者的关系依赖磁化的历史过程, 不是简单的函数关系, 我们将在后面更详细地介绍.

5.1.6 举例

例 5.1 利用磁介质中的安培环路定理, 计算充满磁介质的螺绕环内的磁感应强度 B. 已知磁化场 (即外磁感应场) 的磁感应强度为 B_0, 介质的磁化强度为 M, 螺绕

环的平均半径为 R, 线圈的总匝数为 N, 如图 5.7 所示. 已知 R 远大于螺绕环线圈的半径 r.

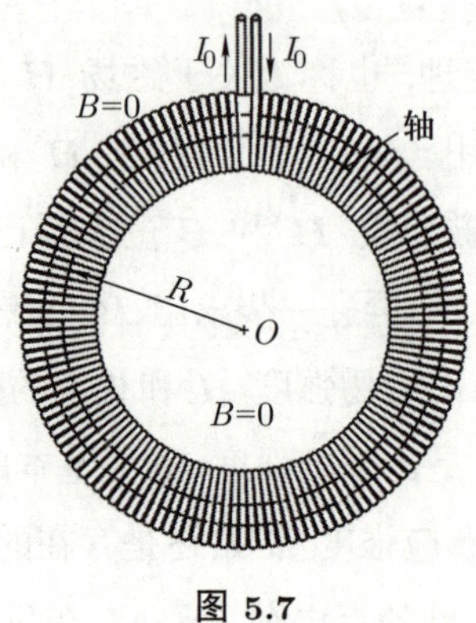

图 5.7

解 在图 5.7 中, 取在螺绕环内且与环同心的顺时针圆形积分环路 L, 传导电流 I_0 共穿过此环路 N 次. 题中绕中心 O 环绕的各量, 如 $\boldsymbol{H}, \boldsymbol{B}$ 和 $\boldsymbol{M}$ 等均取 L 的环绕方向, 即顺时针方向为正. 由本题关于中心 O 的转动对称性, 利用有磁介质中的安培环路定理 (5.13), 得

$$\oint_L \boldsymbol{H} \cdot \mathrm{d}\boldsymbol{l} = 2\pi R H = N I_0,$$

即

$$H = \frac{N}{2\pi R} I_0 = n I_0, \tag{5.18}$$

这里 n 为螺绕环圆周上单位长度的线圈匝数. 此外, 磁化场的磁感应强度 B_0 就是空心螺绕环的磁感应强度, 也就是传导电流产生的磁感应强度, 即 $B_0 = \mu_0 n I_0$. 比较上述两个式子得

$$H = \frac{B_0}{\mu_0}.$$

根据 B 与 H 关系的定义式得

$$B = \mu_0 H + \mu_0 M = B_0 + \mu_0 M.$$

由于 $R \gg r$, 我们可以认为, 螺绕环内的磁场、磁感应强度和磁化强度的大小均不变.

例 5.2 关于一个带有很窄的缝隙的永磁环, 已知其磁化强度为 M, 方向如图 5.8 所示, 求图中所标各点, 即 1, 2 和 3 三处的 B 和 H, 图中的缝隙未按比例绘出.

解 本问题不存在任何传导电流, 即 $I_0 = 0$, 仅有磁化电流. 按分子电流观点, 磁介质表面分布的磁化面电流密度 $\boldsymbol{k}' = \boldsymbol{M} \times \boldsymbol{e}_n$, 方向如图 5.8 所示. 由图可见, 表面磁化面电流构成一个螺绕环, 仅少了缝隙部分. 由于缝隙很窄, 其在整个磁化面电流 (即螺绕环) 中所占的比例可以忽略, 因此, 有窄隙的永磁环近似如一个面电流密度为

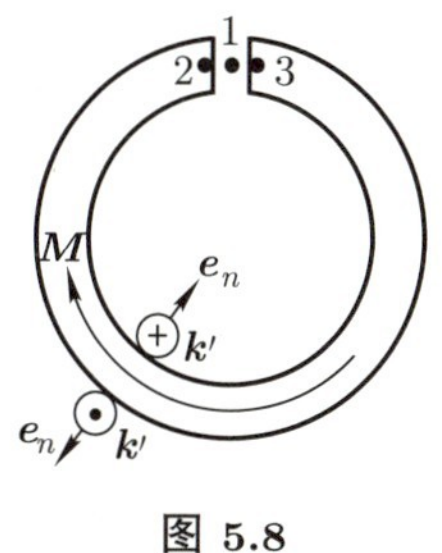

图 5.8

$k' = M$ 的完整螺绕环 (这里的 k' 相当于仅有传导电流时的螺绕环中单位长度上的电流强度 $\dfrac{NI}{L} = nI$), 它产生的沿着 $\boldsymbol{M}$ 方向的附加磁感应强度为

$$B' = \mu_0 k' = \mu_0 M.$$

于是有

$$B_1 = B_2 = B_3 = B' = \mu_0 M.$$

再根据磁场强度 $\boldsymbol{H}$ 的定义式及 $M_1 = 0, M_2 = M_3 = M$, 得到

$$H_1 = \frac{B_1}{\mu_0} - M_1 = M,$$
$$H_2 = H_3 = \frac{B_2}{\mu_0} - M_2 = 0.$$

由此可见, 对于磁感应强度 B 来说, 窄缝隙的作用可以忽略不计. 然而, 场点是否在磁介质体内, 对于磁场强度 H 的值却很重要. 在本章引入磁荷概念后, 我们也可以换一个视角, 通过磁荷方法来处理这个问题.

5.2 各种磁介质的磁化机制

5.2.1 磁介质的分类

通常, 我们由磁化率 $\chi_{\rm m}$ 的大小确定磁介质的磁性的强弱. 磁介质根据磁性强弱可以分为弱磁质和强磁质, 其中弱磁质又分为顺磁质和抗磁质, 强磁质通常就是铁磁质.

磁介质的分子可以分为非极性分子和极性分子. 非极性分子的分子磁矩 $\boldsymbol{m}_i = 0$, 这里 i 为分子磁矩的序号. 无外场时, 一个小体积元中的大量分子的总磁矩 $\sum\limits_i \boldsymbol{m}_i = 0$, 磁介质整体上不显示宏观上的磁性. 加入外场后, $\sum\limits_i \boldsymbol{m}_i \neq 0$, 即磁介质被磁化, 在这种情况下, 磁介质表现为抗磁性. 产生抗磁性的机制我们后面再做具体讨论.

极性分子的单个分子磁矩 $\boldsymbol{m}_i \neq 0$, 但一个小体积元中的大量分子的磁矩方向随机取向, 因此其总磁矩因分子磁矩彼此相消, 导致 $\sum_i \boldsymbol{m}_i = 0$, 磁介质整体上不显示宏观上的磁性. 加入外场后, $\sum_i \boldsymbol{m}_i \neq 0$, 磁介质被磁化. 这类磁介质一般表现为顺磁性. 此外, 在固有分子磁矩不为零的物质中, 还有一类磁性很强的磁介质—— 铁磁质, 它们具有不同于顺磁质的性质.

下面, 我们详细讨论上述不同种类的磁介质的磁化机制.

5.2.2 顺磁质的磁化

在外磁场的作用下, 对分子固有磁矩 $\boldsymbol{m}_i \neq 0$ 的磁介质, 每个分子磁矩所受到的外磁场力矩 $\boldsymbol{M} = \boldsymbol{m}_i \times \boldsymbol{B}_0$ 将使其向外磁场方向转动, 而分子的热运动却阻碍这种转动趋势. 在一定的温度和一定的外磁场作用下, 两者的作用将会达到平衡. 尽管这时全体分子磁矩 $\boldsymbol{m}_i$ 并没有整齐地排列起来, 例如在室温下分子磁矩的取向往往还相当混乱, 但这时分子磁矩却都有趋于沿着外磁场 $\boldsymbol{B}_0$ 方向排列的倾向, 这在平均意义上, 使每个分子固有磁矩改变 $\Delta\boldsymbol{m}_i$, 因此它们的矢量和不再为零, 即 $\sum_i \Delta\boldsymbol{m}_i \neq 0$, 且与外磁场 $\boldsymbol{B}_0$ 方向相同. 也就是说, 这时磁介质的磁化强度 $\boldsymbol{M}$ 不再为零. 外磁场越大, 温度越低, 磁化强度 $\boldsymbol{M}$ 越大. 外磁场一旦撤除, 分子磁矩立即回到完全无序的混乱状态, $\boldsymbol{M}$ 又回到 0. 这类磁化强度 $\boldsymbol{M}$ 与外磁场方向相同的磁介质磁性称为顺磁性, 具有顺磁性的物质称为顺磁质, 例如锰、铬、铂、氮、氧等都属于此类.

5.2.3 抗磁质的磁化

在固有的分子磁矩为零的磁介质中, 尽管每个分子的固有磁矩 $\boldsymbol{m}_i$ 为零, 但是, 每个分子都包含若干个电子, 每个电子的运动都相当于一个圆电流圈, 其磁矩用 $\boldsymbol{m}_\mathrm{e}$ 来表示. 由于电子带负电, 电子的角动量 $\boldsymbol{L}$ 与其磁矩 $\boldsymbol{m}_\mathrm{e}$ 方向相反, 见图 5.9. 我们先进行定性分析: 在外磁场 $\boldsymbol{B}_0$ 中, 电子磁矩受到磁力矩 $\boldsymbol{M} = \boldsymbol{m}_\mathrm{e} \times \boldsymbol{B}_0$, 在图 5.9(b) 和 (c) 里, $\boldsymbol{M}$ 的方向分别向里和向外, 均与其角动量 $\boldsymbol{L}$ 垂直. 电子在垂直于其角动量的力矩的作用下将产生拉莫尔进动②, 进动的方向由磁力矩决定. 无论对于图 5.9(b) 还是 (c) 所示的情形, 电子转动运动 (亦即角动量) 的进动角速度都向上, 即因进动增加的这部分角动量向上, 因此, 这部分增加的角动量对应的磁矩方向相反 (因电子带负电), 即向下, 与磁感应外场相反. 这就是抗磁性的来源.

下面推导定量结果. 电子磁矩为

②关于拉莫尔进动的定性解释, 参见陈秉乾. 电磁学. 北京: 北京大学出版社, 2014.

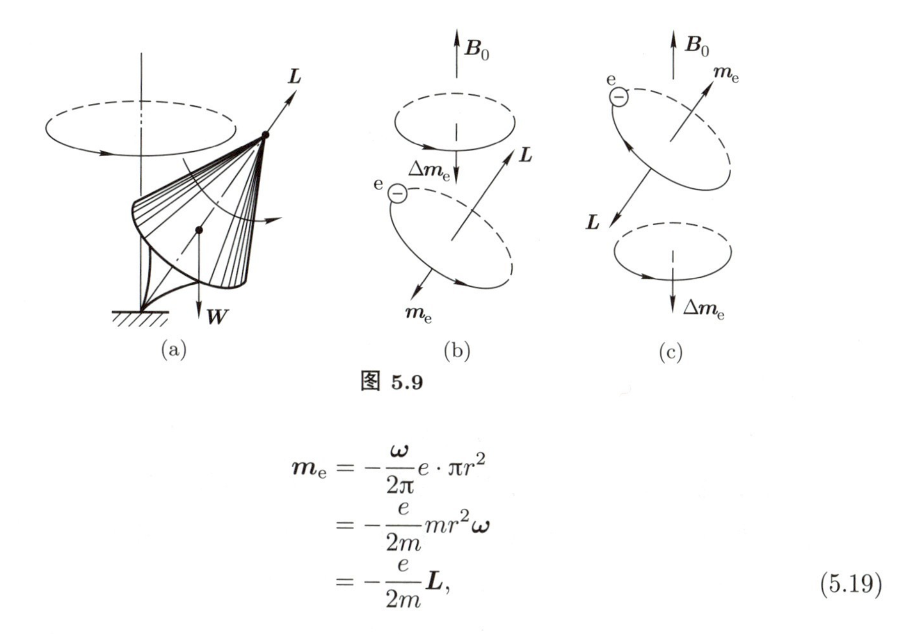

图 5.9

$$\begin{aligned}\boldsymbol{m}_{\mathrm{e}} &= -\frac{\boldsymbol{\omega}}{2\pi}e\cdot\pi r^2 \\ &= -\frac{e}{2m}mr^2\boldsymbol{\omega} \\ &= -\frac{e}{2m}\boldsymbol{L},\end{aligned}\tag{5.19}$$

说明电子的磁矩与其角动量方向相反. 由角动量定理得角动量的时间变化率为

$$\begin{aligned}\frac{\mathrm{d}\boldsymbol{L}}{\mathrm{d}t} &= \boldsymbol{m}_{\mathrm{e}}\times\boldsymbol{B}_0 = -\frac{e}{2m}\boldsymbol{L}\times\boldsymbol{B}_0 \\ &= \frac{e}{2m}\boldsymbol{B}_0\times\boldsymbol{L} = \boldsymbol{\Omega}\times\boldsymbol{L}.\end{aligned}\tag{5.20}$$

和高速自转并进动的陀螺 [见图 5.9(a)] 比较, 从 (5.20) 式中可以得到电子磁矩进动的角速度为

$$\boldsymbol{\Omega} = \frac{e}{2m}\boldsymbol{B}_0,\tag{5.21}$$

其方向与外磁场相同. 这部分转动 (进动) 导致电子的角动量沿外磁场方向增加, 由于电子带负电, 相应地, 其增加的磁矩与外磁场相反, 这正是抗磁性产生的原因.

比较顺磁性和抗磁性可知, 顺磁性是由于分子具有磁矩, 在外场中受到使其转向外场方向的力矩, 导致和外场同方向的磁化, 而抗磁性则是由于分子总体上的磁矩为零, 但组成分子的每一个电子都发生进动, 从而产生与外场同方向的附加 (进动) 角动量, 即产生与外场方向相反的磁矩, 从而产生与外场方向相反的磁化.

如果电子转动的角速度与磁场方向在同一直线上, 可以通过分析加入磁场后电子受到的洛伦兹力导致的角速度改变, 得到加入外磁场导致的在外磁场的相反方向电子磁矩的增加 (过程从略).

总之, 对分子磁矩为零的磁介质, 无论电子的运动方向如何, 因加入外磁场, 电子磁矩的改变 $\Delta\boldsymbol{m}_{\mathrm{e}}$ 的方向都与外磁场相反, 因此, 产生了抗磁性. 具有抗磁性的物质称为抗磁质, 例如汞、铜、铋、金、银、氢、氯等都属于此类.

对线性、各向同性磁介质, 顺磁质: $\chi_{\mathrm{m}} > 0, \mu_{\mathrm{r}} > 1, |\chi_{\mathrm{m}}| \sim 10^{-4} \sim 10^{-5}, \boldsymbol{M}$ 和

$\boldsymbol{B}_0$ 同向[③]; 抗磁质: $\chi_{\mathrm{m}} < 0, \mu_{\mathrm{r}} < 1, |\chi_{\mathrm{m}}| \sim 10^{-5} \sim 10^{-6}, \boldsymbol{M}$ 和 $\boldsymbol{B}_0$ 反向; 在真空中, $\boldsymbol{M} = 0, \chi_{\mathrm{m}} = 0, \mu_{\mathrm{r}} = 1, \boldsymbol{B} = \mu_0 \boldsymbol{H}$, 此时为无磁化情形.

对于各向同性线性介质, χ_{m} 是一个没有量纲的标量. 对均匀介质, χ_{m} 是常量. 对非均匀介质, χ_{m} 是介质中各点空间坐标的函数, 甚至可能也是时间的函数. 对各向异性磁介质, 磁化率是二阶张量. 对铁磁质, $\boldsymbol{M}$ 与 $\boldsymbol{H}$ 不是简单的正比关系, 甚至也不是单值关系, 而是与磁化过程有关的数. 当 $\boldsymbol{M}$ 与 $\boldsymbol{H}$ 为非线性关系时, 虽然仍可以像以前一样定义磁化率和磁导率, 但它们都不是恒量, 而是 $\boldsymbol{H}$ 的函数. 对铁磁质来说, 磁化率和磁导率与 $\boldsymbol{H}$ 的关系更为复杂, 它们甚至还和磁化的历史过程有关. 因此, 这时 $\boldsymbol{M}$ 与 $\boldsymbol{H}$ 就没有一般意义上的函数关系. 当然, 形式上, 为了叙述方便起见, 我们有时仍然可以说铁磁质的磁化率 χ_{m}. 对铁磁质, $\chi_{\mathrm{m}} \gg 1$, 其数量级为 $10^2 \sim 10^6$, 甚至更大. 一般说来, 当 $\boldsymbol{M}$ 与 $\boldsymbol{H}$ 无单值关系时, 我们就较少使用磁导率和磁化率来描述磁介质的性质.

5.2.4 铁磁质

铁磁质是以铁为代表的一类磁性很强的物质. 在化学元素中, 过渡族的铁、钴、镍以及稀土族的钆、镝、钬等都属于铁磁质. 然而, 常用的铁磁质多是它们的合金和氧化物, 如稀土 – 钴合金和铁氧体 (ferrite)[④] 等. 与顺磁质相同的是, 铁磁质也是固有的分子磁矩不为零的物质. 然而, 在铁磁晶体中, 由量子效应产生的交换相互作用, 使相邻原子的磁矩自发地规则取向, 抵制了分子热运动的干扰, 从而使铁磁质具有一系列不同于顺磁质的性质. 假定在磁化场为零时铁磁质处于未磁化的状态, 当 H 逐渐增加时, B (或 M) 先是缓慢地增加 (见图 5.10 和图 5.11 中 OA 段), 然后

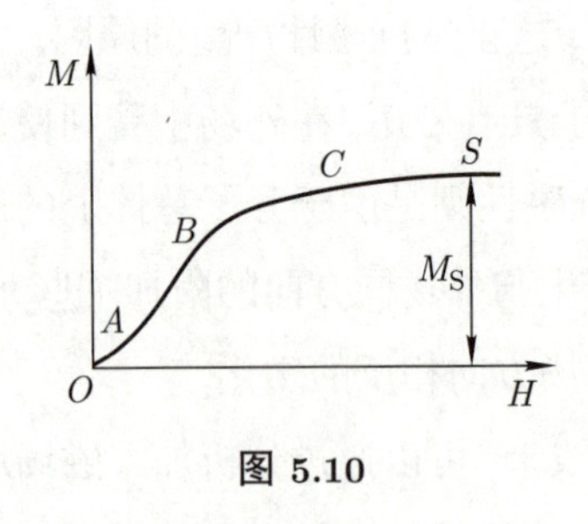

图 5.10

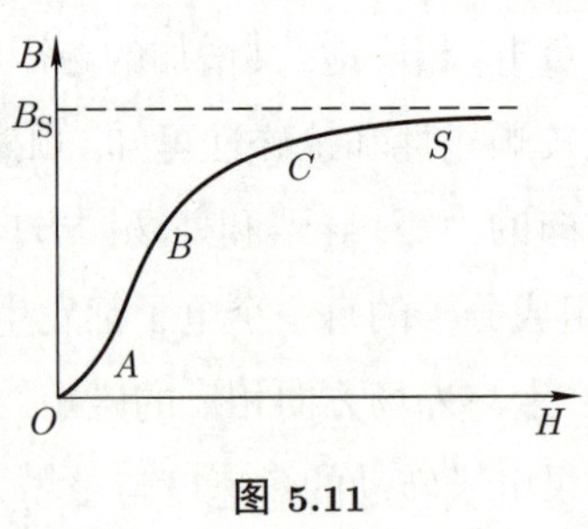

图 5.11

---

③我们根据 $\boldsymbol{M}$ 与 $\boldsymbol{H}$ 的关系定义顺磁质和抗磁质, 由于顺磁质和抗磁质的磁化率都很小, 所以 $\boldsymbol{H}$ 与 $\boldsymbol{B}_0$ 同向.

④铁氧体 (磁性陶瓷, magnetic ceramics) 主要是指铁氧体陶瓷, 是以氧化铁和其他铁族或稀土族氧化物为主要成分的复合氧化物. 铁氧体多属半导体, 电阻率远大于一般金属磁性材料, 具有涡流损失小的优点. 铁氧体在高频和微波技术领域, 如雷达技术、通信技术、空间技术、电子计算机等方面都得到了广泛应用. 稀土是元素周期表中的镧系元素和钪、钇共十七种金属元素的总称. 自然界中有约 250 种稀土矿.

经过一段急剧增加的过程 (AB 段) 之后, 又逐渐缓慢下来 (BC 段), 最后当 H 很大时 B (或 M) 逐渐趋于饱和 (CS 段). 从未磁化到饱和磁化的这段磁化曲线 OS, 称为铁磁质的起始磁化曲线, 而饱和值 M_{S} 和 B_{S}, 则分别称为铁磁质的饱和磁化强度 (saturation magnetization) 和饱和磁感应强度.

如图 5.12 所示, 当 H 由零开始增加时, μ 由起始值 μ_{i} 开始增加, 在达到最大值后急剧减少. μ_{i} 称为起始磁导率 (initial permeability), μ_{m} 称为最大磁导率 (maximum permeability).

如图 5.13 所示, 在磁感应强度 B 达到其饱和值 B_{S} 之后, 如果使磁场 H 逐渐减小到零, 则 B 并不随之减小到零, 而是保留有一定的值 B_{r}, 该剩余值称为剩余磁感应强度 (remanent magnetic induction). 而与之相应的磁化强度值, 称为剩余磁化强度 M_{r}.

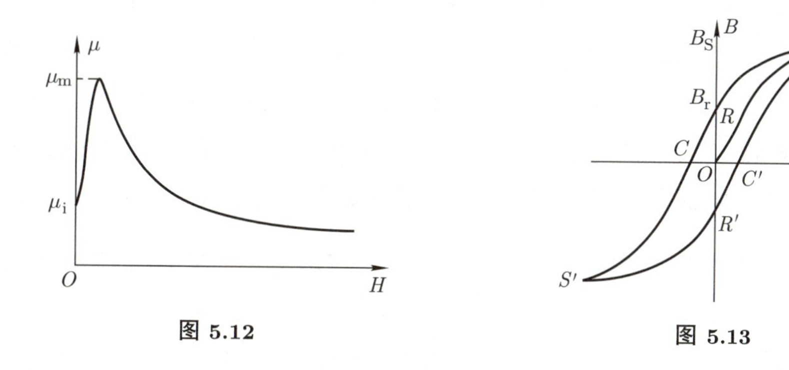

图 5.12

图 5.13

为了使 B 减小到零, 必须加一反向磁场 H_{C}, 称为矫顽力 (coercive force). 即图 5.13 中 C 点的磁场强度. 当反向磁场继续加大时, B 又将达到它的反向饱和值 S' 点. 此后, 如果使反向磁场的值逐渐减小到零, 随后磁化状态在 B-H 平面对应的点又沿正方向增加, 铁磁质的状态将沿图中的磁化曲线先后经 R' 和 C' 点到正向饱和磁化状态 S. 当磁场 H 在正、负两个方向上往复变化时, 在 B-H 或 M-H 图上形成一条条闭合曲线, 称为磁滞回线 (hysteresis loop). 当铁磁质在交变磁场的作用下反复磁化时, 由于磁滞效应而造成能量损耗, 称为磁滞损耗 (hysteresis loss). 磁滞回线的面积越大, 磁滞损耗也就越大. 当铁磁质在交变磁场作用下反复磁化时, 由于磁滞效应, 磁体要发热而失去能量. 在第六章我们将证明, B-H 图中磁滞回线所包围的 "面积" 代表在一个反复磁化的循环过程中单位体积的铁磁介质内损耗的能量. 磁滞回线越胖, 曲线包围的面积越大, 损耗越大; 磁滞回线越瘦, 曲线包围的面积越小, 损耗越小. 磁介质消除磁化的退磁过程的磁滞回线如图 5.14 中黑色曲线所示. 当外加磁场 H 按特定的过程变化时, 也可以形成如图 5.14 中灰色曲线所示的局部磁滞回线. 从这里, 我们可以进一步体会到铁磁质的磁感应强度与磁场强度之间的关系依赖磁化过程这一性质.

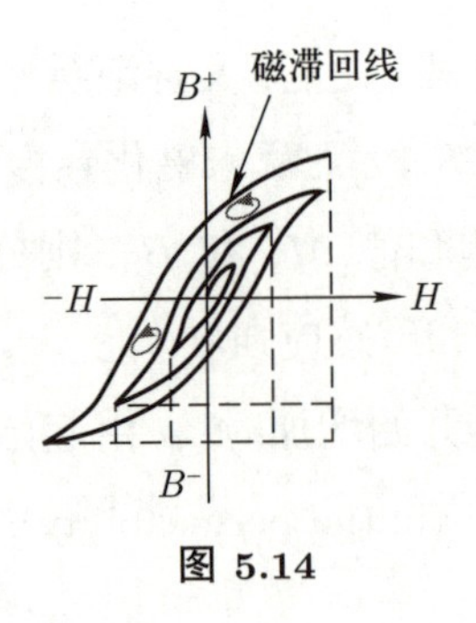

图 5.14

5.2.5 铁磁质的磁化机制

铁磁质的磁性主要来源于电子的自旋磁矩. 即使在没有外磁场时, 铁磁质中电子的自旋磁矩也会在小范围内自发地排列起来, 形成一个个小的自发磁化区, 这些区域称为磁畴 (magnetic domain). 这种自发磁化的发生, 来源于电子之间存在着的一种交换作用 (exchange interaction), 它使得电子在它们的自旋平行排列时能量较低. 交换作用是一种量子效应, 在经典理论中没有相应的概念. 使电子的磁矩平行排列起来而达到自发磁化的饱和状态的单晶和多晶磁畴结构的示意图分别见图 5.15(a) 和 (b).

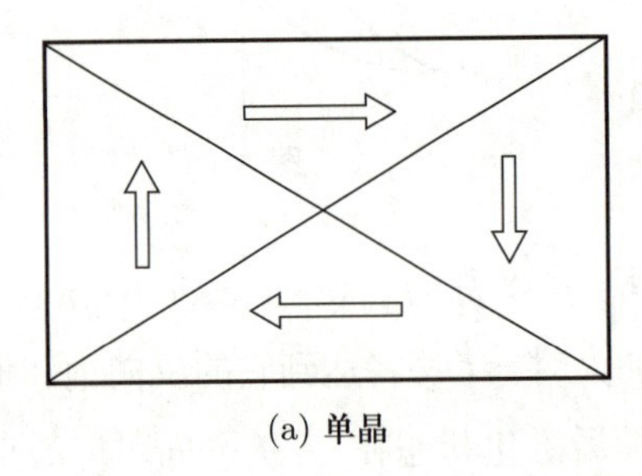

(a) 单晶

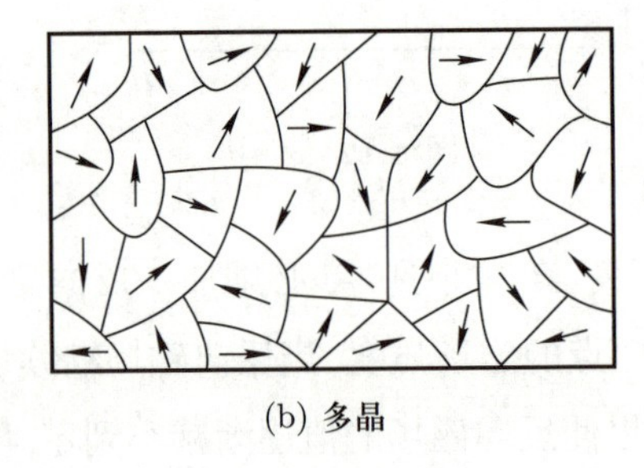

(b) 多晶

图 5.15

通常的磁畴大小约为 $10^{-12} \sim 10^{-8}\ \mathrm{m}^3$. 在未磁化的铁磁质中, 由于热运动, 各磁畴的磁化方向不同, 因而在宏观上对外界并不显示出磁性. 当铁磁质受到外磁场作用时, 它将通过以下两种方式实现磁化: 在外磁场较弱时, 自发磁化方向与外磁场方向相同或相近的那些磁畴的体积将逐渐增大 (畴壁位移). 在外磁场较强时, 每个磁畴的自发磁化方向将作为一个整体, 在不同程度上转向外磁场方向. 当所有磁畴都沿外磁场方向排列时, 铁磁质的磁化就达到了饱和 (见图 5.16). 由此可见, 饱和磁化强度 M_{S} 就等于每个磁畴中原来的磁化强度, 该值非常大, 所以铁磁质的磁性比顺磁质强得多.

具体的磁化过程如图 5.17 所示:

(a) 未磁化时的状态;

(b) 畴壁的可逆位移阶段 —— OA 段;

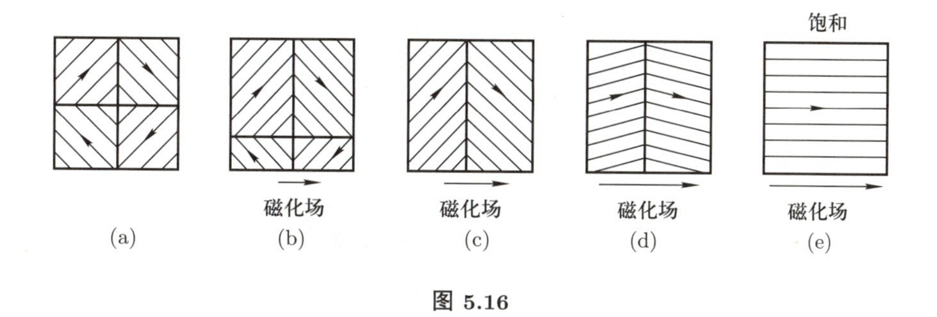

图 5.16

(c) 不可逆的磁化 —— AB 段;

(d) 磁畴磁矩的转动 —— BC 段;

(e) 趋于饱和的阶段 —— CS 段.

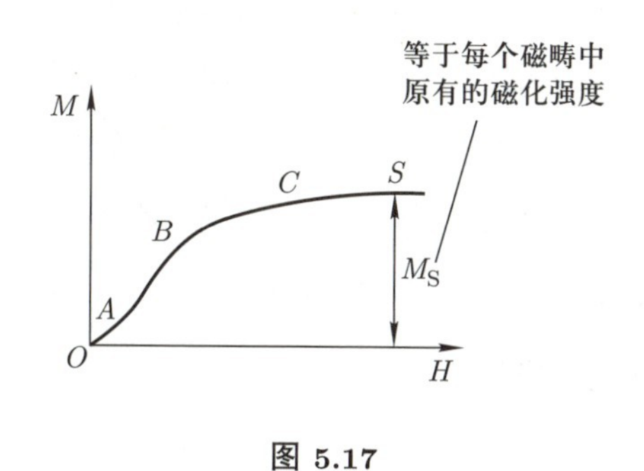

图 5.17

在外磁场撤销后, 铁磁质或因其内的掺杂和内应力, 或因其介质存在缺陷, 阻碍磁畴恢复到原来的状态, 使其具有剩余磁化强度和剩余磁感应强度.

图 5.18 是几种磁畴切片. (a) 为片形畴 ($L = 8$ μm), (b) 为蜂窝畴 ($L = 75$ μm), (c) 为楔形畴, (a), (b) 为 Ba (钡) 铁氧体单晶基面上的磁畴结构, L 为晶体厚度.

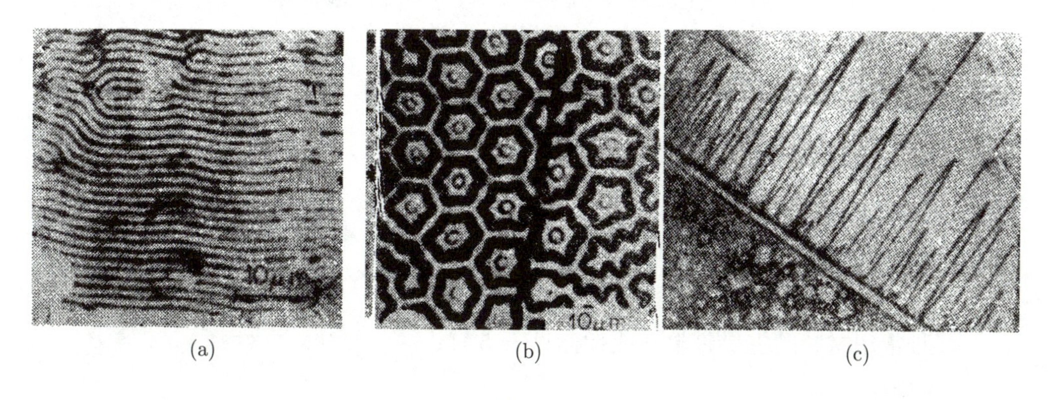

图 5.18

图 5.19 为 Si-Fe (铁硅合金) 单晶 (001) 面的磁畴结构, 箭头表示磁化方向.

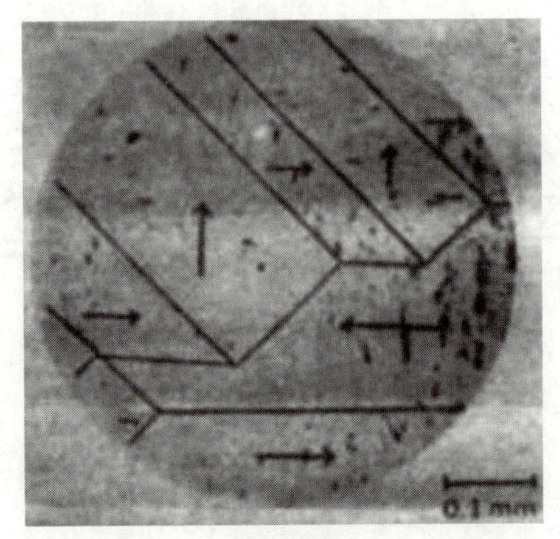

图 5.19

当铁磁质的温度超过某一临界温度时, 分子热运动加剧到使磁畴瓦解的程度, 从而使材料的铁磁性消失而变为顺磁性, 这个临界温度称为居里点 (Curie point). 如纯铁的居里点为 1043 K, 镝的居里点为 89 K. 强烈震动也会瓦解磁畴. 如果在磁化达到饱和后撤除外磁场, 铁磁质将重新分裂为许多磁畴, 但由于掺杂和内应力等的作用, 磁畴并不能恢复到原先的退磁状态, 因而表现出磁滞现象.

5.2.6 磁性材料的分类及其应用

(1) 软磁材料.

软磁材料是指矫顽力 H_C 小, 磁滞回线瘦, 磁滞损耗小的一类磁介质, 如图 5.20 所示. 有的起始磁导率大 [见图 5.20(a)], 适合用于弱电. 有的剩余磁感应强度 B_r 小, 通电后立即磁化获得强磁感应场, 断电立即退磁, 适合用于强电, 如图 5.20(b) 所示.

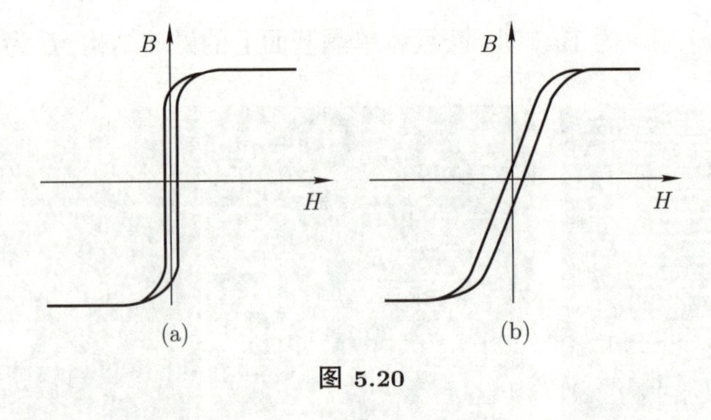

图 5.20

几种常用材料的主要磁学性能指标见表 5.1.

(2) 硬磁材料.

硬磁材料是指矫顽力 H_C 大, 剩余磁感应强度 B_r 大的一类磁材料. 其 H_C 约为 $10^4 \sim 10^6$ A/m, 所对应的磁滞回线胖, 磁滞损耗大, 撤除外场后, 仍能保持强磁性.

表 5.1 几种常用材料的主要磁学性能指标

材料	μ_r	$H_C/(A\cdot m^{-1})$	$\mu_0 M_S/T$	居里点/°C
纯铁	$1\times10^4\sim2\times10^5$	4.0	2.15	770
硅钢 (热轧)	$4.5\times10^2\sim8\times10^3$	4.8	1.97	690
坡莫合金	$8\times10^3\sim10^5$	4.0	1.0	580
超坡莫合金	$10^4\sim10^6$	0.32	0.8	400
锰锌铁氧体	$300\sim5000$	16	0.3	>120
镍锌铁氧体	$5\sim120$	32	0.35	>300

由于硬磁材料的剩余磁化强度和剩余磁感应强度都很大, 因此人们称它为永磁体 (permanent magnet). 电表、扬声器和录音机等都离不开永磁体. 特别是稀土永磁材料钕铁硼等的发展, 将使电机的效率和性能大大提高, 前景引人瞩目. 此外, 还有磁滞回线接近于矩形的矩磁材料 (如图 5.21), 它总处在两种状态之一, 可用作 "记忆" 元件.

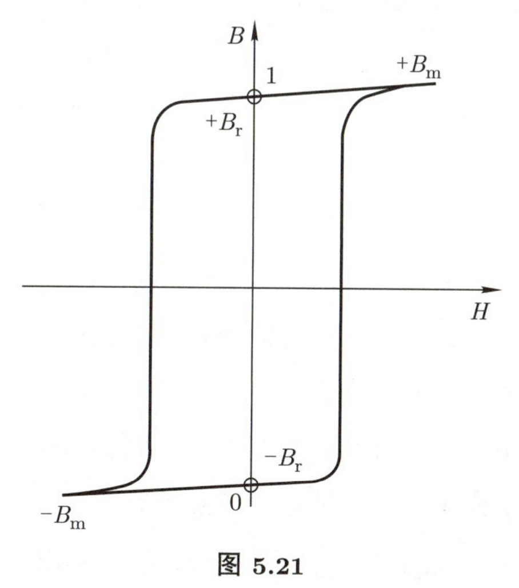

图 5.21

随着信息时代的到来, 多种磁性材料在信息高新技术中获得了广泛而重要的应用, 例如:

(1) 磁记录: 主要有存储装置和写入、读出设备. 存储装置是用永磁材料制成的设备, 包括磁头和磁记录介质.

(2) 磁头: 写入过程中, 磁头将电信号转变为磁场; 读出过程中, 磁头将磁记录介质的磁场转变为电信号.

(3) 磁记录介质: 内存、外存、磁盘、磁带等.

磁性功能材料包括:

(1) 压磁材料, 也叫磁致伸缩材料. 铁磁质磁畴中磁化强度的改变会导致介质中晶格间距的改变, 从而磁化过程伴随着铁磁体的长度和体积的改变, 这种现象称为磁致伸缩 (magnetostriction).

(2) 磁电阻材料. 磁场可以使许多金属的电阻发生改变, 这种现象称为磁电阻效应, 相应的材料称为磁电阻材料 (MR), 电阻的改变量用 ΔR 表示. 根据电阻改变量与原电阻之比的大小可以把这类材料分为一般磁电阻材料 (MR), $\Delta R/R \sim 2\% \sim 6\%$, 巨磁电阻效应材料 (简称 GMR), $\Delta R/R$ 达到 50%, 超巨磁电阻材料, $\Delta R/R \sim 10^3 \sim 10^6$. 这些材料在微型化高密度磁记录读出磁头、随机存储器和微型传感器中已获得重要应用.

(3) 液体磁性材料, 也称为磁性流体, 它是指既具有固体的强磁性, 又具有液体的流动性的一类材料. 它是一种智能材料, 具备高磁化强度、低黏度和长期稳定性等独特性质. 液体磁性材料中有大量悬浮于基载液中小到 $5 \sim 15$ nm 的铁磁单畴颗粒, 其颗粒比通常的固体铁磁质中的磁畴小得多. 磁性颗粒表面包覆有活性剂或聚合物分子, 当它们彼此靠近时, 其表面的活性剂或聚合物分子能像弹簧一样彼此排斥, 使颗粒保持一定距离而不聚集成团. 在磁场、温度等工作条件的影响下, 磁性液体内部会形成复杂的磁链结构. 磁链结构的形成不仅影响了磁性液体的磁性能和流体性能, 还对其在磁性液体密封、减震和传感器上的应用产生了重要影响, 将来还可能在微流控芯片和软体机器人等领域有重要应用.

5.2.7 磁荷方法

关于磁介质的磁化现象, 分子电流理论较符合人们关于磁介质微观本质的现代认识. 尽管如此, 研究磁介质的另一种方法—— 磁荷方法也常被采用, 当处理磁介质磁化问题, 特别是永磁体相关问题时有方便之处. 其图像清晰、计算简单, 并且可以和电介质类比, 从而可借用电介质的一些理论、方法和结论.

磁荷观点的静磁学在形式上与电介质的静电学理论相似, 其出现早于分子电流理论基础上的静磁学. 早在 1820 年奥斯特实验之前, 库仑建立电的库仑定律时期, 就开始建立磁的库仑定律.

我们在如下限制条件下引入静磁学的磁荷方法:

(1) 建立磁荷理论时, 人们不知道电流的磁效应, 因此磁荷方法涉及的系统, 其所在空间的传导电流为 0 (系统之外, 产生外磁场的源可以有电流存在; 在一般情况下, 这类外场往往也可以通过磁荷来产生).

(2) 没有自由磁荷.

与这样的静磁学系统对应的静电学系统中自然没有自由电荷, 即所有电荷均因极化产生. 在上述两个前提下, 我们可以把磁学系统和极化的电学系统进行类比.

一个细长的磁针, 其两极相距很远, 它们之间的相互作用可以忽略, N 极规定为带正磁荷, S 极规定为带负磁荷, 当带有磁荷的端点足够小时, 可视为点磁荷, 对应静电学中极化产生的极化点电荷.

对某一固定的正的点磁荷, 在某一特定距离处, 根据任一未知磁荷与前述正磁荷的作用力的大小定义该未知磁荷的大小, 再根据其作用力是排斥还是吸引, 确定该磁荷的正负. 在此基础上, 可采用与静电学完全相同的步骤和方法, 建立静电学与磁荷方法的静磁学的对应关系. 静电学与磁荷观点的静磁学中的物理量的对应关系见表 5.2.

表 5.2 静电学与磁荷观点静磁学的对应

	静电学	静磁学	
荷	电荷 q (仅极化电荷)	磁荷 q_{m}	
常量	ε_0, 电容率	μ_0, 磁导率	
电、磁的库仑定律	$F=\dfrac{1}{4\pi\varepsilon_0}q_1q_2$	$F=\dfrac{1}{4\pi\mu_0}q_{\mathrm{m}1}q_{\mathrm{m}2}$	(5.22)
电场强度和磁场强度	$\boldsymbol{E}=\dfrac{\boldsymbol{F}}{q_0}$	$\boldsymbol{H}=\dfrac{\boldsymbol{F}}{q_{\mathrm{m}0}}$	(5.23)
环路定理	$\oint\boldsymbol{E}\cdot\mathrm{d}\boldsymbol{l}=0$	$\oint\boldsymbol{H}\cdot\mathrm{d}\boldsymbol{l}=0$	(5.24)
电势与磁标势	$\boldsymbol{E}=-\nabla U$	$\boldsymbol{H}=-\nabla U_{\mathrm{m}}$	(5.25)
电偶极矩与磁偶极矩	$\boldsymbol{p}=q\boldsymbol{l}$	$\boldsymbol{p}_{\mathrm{m}}=q_{\mathrm{m}}\boldsymbol{l}$	(5.26)
电极化强度矢量与磁极化强度矢量	$\boldsymbol{P}=\lim\limits_{\Delta V\to 0}\dfrac{\sum\boldsymbol{p}}{\Delta V}$	$\boldsymbol{J}=\lim\limits_{\Delta V\to 0}\dfrac{\sum\boldsymbol{p}_{\mathrm{m}}}{\Delta V}$	(5.27)
极化强度与场的联系	$\boldsymbol{P}=\varepsilon_0\chi_{\mathrm{e}}\boldsymbol{E}$	$\boldsymbol{J}=\mu_0\chi_{\mathrm{m}}\boldsymbol{H}$	(5.28)
电荷、磁荷与电极化矢量、磁极化矢量的关系	$\oiint_S\boldsymbol{P}\cdot\mathrm{d}\boldsymbol{S}=-\sum q$	$\oiint_S\boldsymbol{J}\cdot\mathrm{d}\boldsymbol{S}=-\sum q_{\mathrm{m}}$	(5.29)
电荷、磁荷的体密度	$\rho=-\nabla\cdot\boldsymbol{P}$	$\rho_{\mathrm{m}}=-\nabla\cdot\boldsymbol{J}$	(5.30)
电荷、磁荷在边界上的面密度	$\sigma=P_n$	$\sigma_{\mathrm{m}}=J_n$	(5.31)
介质中的场	$\boldsymbol{D}=\varepsilon_0\boldsymbol{E}+\boldsymbol{P}=\varepsilon_{\mathrm{r}}\varepsilon_0\boldsymbol{E}=\varepsilon\boldsymbol{E}$	$\boldsymbol{B}=\mu_0\boldsymbol{H}+\boldsymbol{J}=\mu_{\mathrm{r}}\mu_0\boldsymbol{H}=\mu\boldsymbol{H}$	(5.32)
电、磁偶极子的势	$U=\dfrac{1}{4\pi\varepsilon_0}\dfrac{\boldsymbol{p}\cdot\boldsymbol{r}}{r^3}$	$U_{\mathrm{m}}=\dfrac{1}{4\pi\mu_0}\dfrac{\boldsymbol{p}_{\mathrm{m}}\cdot\boldsymbol{r}}{r^3}$	(5.33)
偶极层的势	$U(p)=-\dfrac{\tau_{\mathrm{e}}}{4\pi\varepsilon_0}\Omega$	$U_{\mathrm{m}}(p)=-\dfrac{\tau_{\mathrm{m}}}{4\pi\mu_0}\Omega$	(5.34)
偶极层的场强	$\boldsymbol{E}=\dfrac{\tau_{\mathrm{e}}}{4\pi\varepsilon_0}\nabla\Omega$	$\boldsymbol{H}=\dfrac{\tau_{\mathrm{m}}}{4\pi\mu_0}\nabla\Omega$	(5.35)
高斯定理	$\oiint_S\boldsymbol{E}\cdot\mathrm{d}\boldsymbol{S}=\dfrac{1}{\varepsilon_0}q$	$\oiint_S\boldsymbol{H}\cdot\mathrm{d}\boldsymbol{S}=\dfrac{1}{\mu_0}q_{\mathrm{m}}$	(5.36)
介质中的高斯定理	$\oiint_S\boldsymbol{D}\cdot\mathrm{d}\boldsymbol{S}=0$	$\oiint_S\boldsymbol{B}\cdot\mathrm{d}\boldsymbol{S}=0$	(5.37)

表 5.2 中静磁学和静电学的物理量、定义、公式等的形式完全相同. 磁荷观点相关理论均可以按电介质中的对应理论建立时的步骤实现. 例如, 磁介质中的高斯定理可以通过如下推导得到:

$$\oiint_S \boldsymbol{B} \cdot \mathrm{d}\boldsymbol{S} = \mu_0 \oiint_S \boldsymbol{H} \cdot \mathrm{d}\boldsymbol{S} + \oiint_S \boldsymbol{J} \cdot \mathrm{d}\boldsymbol{S}$$
$$= \mu_0 \cdot \frac{1}{\mu_0} q_{\mathrm{m}} + (-q_{\mathrm{m}}) = 0,$$

其电介质对应是自由电荷为零时电位移矢量的通量为零:

$$\oiint_S \boldsymbol{D} \cdot \mathrm{d}\boldsymbol{S} = \varepsilon_0 \oiint_S \boldsymbol{E} \cdot \mathrm{d}\boldsymbol{S} + \oiint_S \boldsymbol{P} \cdot \mathrm{d}\boldsymbol{S}$$
$$= \varepsilon_0 \cdot \frac{1}{\varepsilon_0} q + (-q) = 0.$$

上式中的 q 为极化电荷. 其他所有导出公式均可按电介质情形的对应步骤推导, 非导出公式 (即定义式) 均可参照电介质情形进行表述.

在不存在传导电流的前提下, 我们由磁荷方法导出的所有公式均与分子电流方法相同. 例如, 关于 $\boldsymbol{H}$ 和 $\boldsymbol{B}$ 最重要的两个方程就是 $\boldsymbol{H}$ 的环量为零, 即 (5.24) 式和 $\boldsymbol{B}$ 的通量为零, 也就是 (5.37) 式, 它们与没有传导电流时分子电流方法得到的公式完全相同. 随后, 我们还将进一步建立这里的磁极化强度 $\boldsymbol{J}$ 和分子电流方法中的磁化强度 $\boldsymbol{M}$ 之间的对应关系.

由于这里的磁荷方法与分子电流方法中的物理量满足相同规律 (方程), 我们有理由相信, 这里由磁荷方法得到的所有磁学量均与分子电流方法中的同名量具有相同的物理内涵, 也就是说, 处理静磁学问题时, 这两种方法都能得到相同且正确的物理结果.

另外, 由第四章的 (4.26) 式

$$\boldsymbol{B} = \frac{\mu_0 I}{4\pi} \nabla \Omega$$

及 (5.35) 式推导得

$$\boldsymbol{H} = \frac{\tau_{\mathrm{m}}}{4\pi\mu_0} \nabla \Omega = \frac{p_{\mathrm{m}}/S}{4\pi\mu_0} \nabla \Omega.$$

(4.26) 式可以进一步化为

$$\boldsymbol{B} = \frac{\mu_0 I}{4\pi} \nabla \Omega = \mu_0 \frac{\mu_0 m/S}{4\pi\mu_0} \nabla \Omega.$$

再由 (5.32) 式 $\boldsymbol{B} = \mu_0 \boldsymbol{H}$, 并比较上面两式的右边, 得磁荷方法中的磁偶极矩与分子电流方法中的磁矩之间的对应关系为

$$p_{\mathrm{m}} \leftrightarrow \mu_0 m,$$

再计入两者的方向得

$$\boldsymbol{p}_{\mathrm{m}} \leftrightarrow \mu_0 \boldsymbol{m}. \tag{5.38}$$

我们还可以通过磁荷方法与分子电流方法分别求出磁偶极矩与磁矩在外磁场中所受到的力矩方程

$$\boldsymbol{M} = \boldsymbol{m} \times \boldsymbol{B}$$

和

$$\boldsymbol{M} = \boldsymbol{p}_{\mathrm{m}} \times \boldsymbol{H},$$

来得到上述磁偶极矩与磁矩之间相同的对应关系 $\boldsymbol{p}_{\mathrm{m}} \leftrightarrow \mu_0 \boldsymbol{m}$.

在此基础上, 容易得到另一个对应关系

$$\boldsymbol{J} \leftrightarrow \mu_0 \boldsymbol{M}. \tag{5.39}$$

由 (5.39) 式中的对应关系和 (5.30) 式可以得到磁荷密度与分子电流中定义的磁化强度的关系为

$$\rho_{\mathrm{m}} = -\nabla \cdot \boldsymbol{J} = -\mu_0 \nabla \cdot \boldsymbol{M}. \tag{5.40}$$

下面我们进一步分析磁荷方法与分子电流方法等价的原因. 在没有传导电流的情形下, 所有磁场 $\boldsymbol{B}$ 和磁场强度 $\boldsymbol{H}$ 均由磁介质磁化产生. 根据分子电流观点, 磁化产生大量分子电流圈, 即磁矩 $\boldsymbol{m}$. 按磁荷观点, 磁化则产生大量磁偶极层, 等效即为磁偶极矩 $\boldsymbol{p}_{\mathrm{m}}$. 由它们可以得到 $\boldsymbol{B}$ 和 $\boldsymbol{H}$ 的公式分别为 (4.26) 和 (5.35) 式, 这两个公式的形式完全相同, 因此, 得到的结果自然相同.

例如, 磁偶极矩 $\boldsymbol{p}_{\mathrm{m}}$ 产生的磁场强度为

$$\boldsymbol{H} = \frac{1}{4\pi\mu_0 r^3}[3(\boldsymbol{p}_{\mathrm{m}} \cdot \widehat{\boldsymbol{r}})\widehat{\boldsymbol{r}} - \boldsymbol{p}_{\mathrm{m}}]. \tag{5.41}$$

(5.41) 式可由 (5.33) 式求负梯度得到, 也可由电偶极子的电场强度公式做磁的对应代换得到. 由 $\boldsymbol{p}_{\mathrm{m}}$ 和 $\mu_0 \boldsymbol{m}$ 的对应关系 (5.38) 可知, $\boldsymbol{p}_{\mathrm{m}}$ 得到的磁场强度 $\boldsymbol{H}$ 和 $\boldsymbol{m}$ 得到的磁场 $\boldsymbol{B}$ 在真空中仅相差一个比例因子 μ_0, 这正是真空中磁场和磁场强度之间的比例因子. 因此, 在对应关系 (5.38) 的前提下, 在远场区域的真空中, 由单个磁矩求得的磁场和磁场强度与单个磁偶极矩求得的完全相同, 它们对应的磁场线如图 5.22 所示, 远场区域的磁场线形式相同.

上述两个式子均为仅有一个 “源” 的情形. 实际的场为大量源的场的叠加. 在上述两种方法中, 只要满足远场、真空条件, 大量的源通过同样的叠加原理叠加得到的总场自然就相同.

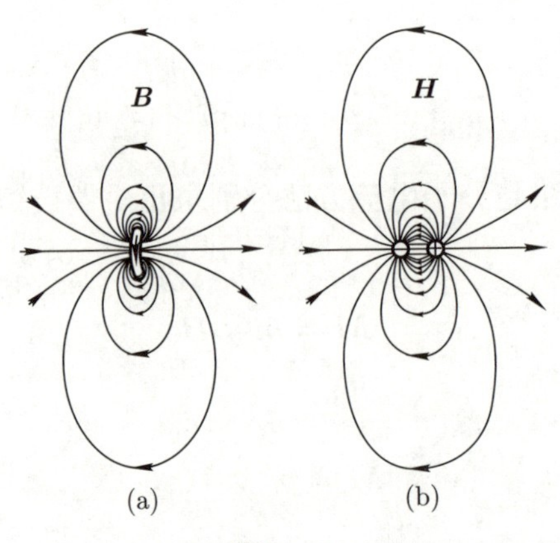

图 5.22

原则上, (4.26) 式对除电流线附近的所有场点均成立, 但 (5.35) 和 (5.41) 式却不同, 它们要求场点离磁偶极子 (层) 的距离远大于磁偶极子的臂 (磁偶极层的间距), 在磁介质内部, 这一条件不一定能满足. 从图 5.22 也可以看出, 在磁矩内部的 $\boldsymbol{B}$ 和磁偶极矩内部的 $\boldsymbol{H}$ 的方向大致相反.

下面我们以一个均匀磁化的圆柱体磁介质来分析分子电流方法和磁荷方法在全空间产生磁场的情况. 设图 5.23 中的圆柱体对称轴为 x, 柱体的均匀磁化沿 x 轴正方向. 分子电流方法认为柱体内有大量方向为 x 正向的磁矩, 磁荷方法认为有大量同向的磁偶极子. 两种方法在柱体外得到的磁场和磁场强度完全相同. 在柱体内部, 大量的磁矩抵消了内部的磁化电流, 仅留下在柱体侧面的电流, 因此, 产生了一个与有限长螺线管相同的内部和外部磁场, 内部磁场大致沿 x 正方向, 外部柱体上下方大致相反. 但在磁荷方法看来, 则有大量的磁偶极子沿 x 正方向首尾相接排列, 或者有大量垂直于 x 轴的磁偶极层排列, 每一层的负磁荷在左, 正磁荷在右. 除了柱体左侧的负磁荷与右侧的正磁荷之外, 其他内部的磁荷均已抵消, 柱体的磁场强度与带电的有限大平行板电容器的电场相似, 内部区域大致沿 x 负方向, 这一结果也就是大量磁偶极子的磁场强度叠加的结果. 在柱体外面, 磁场和磁场强度仅相差一个因子 μ_0, 在柱体内部, $\boldsymbol{B}$ 与

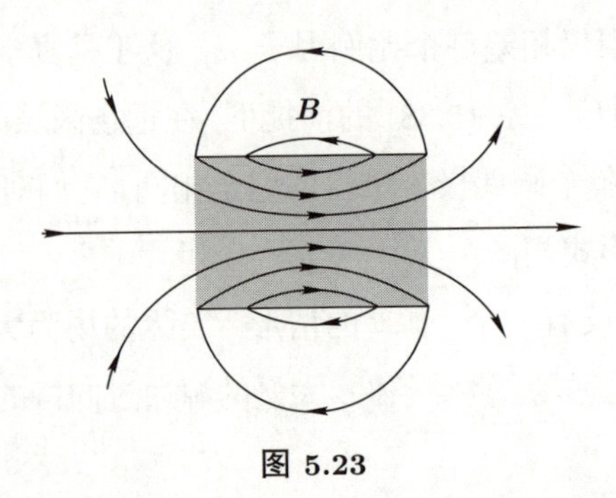

图 5.23

$\boldsymbol{M}$ 的方向大致相同, 与 $\boldsymbol{H}$ 的方向大致相反, $\boldsymbol{M}$ 的绝对值大于 $\boldsymbol{H}$ 的绝对值, 它们三者满足定义式 $\boldsymbol{B}=\mu_0(\boldsymbol{H}+\boldsymbol{M})$. 对本问题的详细讨论见本章的例 5.4.

下面对磁荷方法做个小结:

(1) 根据前面静电学与静磁学的对应关系, 第二章中关于电介质的很多结果都可以直接用于磁介质系统.

(2) 在应用对应关系时, 一定要把静电学的对应公式中的自由电荷体密度 ρ_0 设为 0, 这是由于静电学中的自由电荷没有静磁学的对应量.

(3) 静电学中各方程的积分形式、边界条件等都可以按对应关系改写成静磁学中的相应方程.

(4) 在静电学里可以得到, 当介电常量 ε 趋于无限大时, 电介质将成为等势体. 对应地, 当磁导率 μ 趋于无限大时, 磁介质将成为等磁势体.

(5) 磁荷只是描述磁化强度矢量通量的等效物理量, 就目前人们对物理学的认识而言, 不存在真实的磁荷.

(6) 电场强度 $\boldsymbol{E}$ 是电学中的基本量, 上述 $\boldsymbol{E}$ 与磁场强度 $\boldsymbol{H}$ 的对应关系容易使我们误认为 $\boldsymbol{H}$ 是磁学中的基本量, 这是不对的. $\boldsymbol{B}$ 才是磁学中的基本量, $\boldsymbol{H}$ 仅在一定条件下才存在.

一般说来, 在处理一个静磁学系统时, 分子电流方法和磁荷方法, 只能用两者之一, 不能用两种方法重复计算. 例如, 一个有限长永磁体圆柱, 不能既计入侧面的磁化面电流, 又计入两端的磁荷, 那样相当于把同一个物理量按不同的方式错误地计入了两次. 如果涉及传导电流 (自由电荷的定向流动), 可用分子电流方法把相应的传导电流的磁感应强度计算出来, 作为外场给出, 其他部分 (与磁介质相关的) 用磁荷方法处理. 总之, 磁荷方法和分子电流方法得到的结果原则上相同.

下面再来讨论一下环路中有传导电流的情形. 严格地说, 磁荷方法不能用于有传导电流的系统, 其原因在于有传导电流的磁场的环路积分不为零, 这就从根本上颠覆了磁荷方法的理论基础 —— 磁场可以由磁标势来描述. 在有传导电流存在的系统中, 如果我们能够把传导电流产生的磁场和磁介质磁化后产生的磁场分开, 就可以形式上将磁荷方法与分子电流方法一起用于该系统.

下面用 $\boldsymbol{H}_0$ 表示传导电流产生的磁场强度, $\boldsymbol{H}_\mathrm{m}$ 表示磁荷产生的磁场强度, 总场 $\boldsymbol{H}$ 是这两种不同来源的磁场强度之和, 即

$$\boldsymbol{H}_0+\boldsymbol{H}_\mathrm{m}=\boldsymbol{H}. \tag{5.42}$$

这两部分磁场强度分别满足方程

$$\oint_L \boldsymbol{H}_0 \cdot \mathrm{d}\boldsymbol{l} = \sum I_0$$

和

$$\oint_L \boldsymbol{H}_\mathrm{m} \cdot \mathrm{d}\boldsymbol{l} = 0.$$

上面两式相加并利用 (5.42) 式, 得

$$\oint_L \boldsymbol{H}_0 \cdot \mathrm{d}\boldsymbol{l} + \oint_L \boldsymbol{H}_\mathrm{m} \cdot \mathrm{d}\boldsymbol{l} = \oint_L \boldsymbol{H} \cdot \mathrm{d}\boldsymbol{l} = \sum I_0. \tag{5.43}$$

对求通量的公式也可以类似处理:

$$\oiint_S \boldsymbol{H}_0 \cdot \mathrm{d}\boldsymbol{S} = 0,$$

$$\oiint_S \boldsymbol{H}_\mathrm{m} \cdot \mathrm{d}\boldsymbol{S} = \frac{1}{\mu_0} \sum q_\mathrm{m}.$$

上面两式相加得

$$\begin{aligned} \oiint_S \boldsymbol{H}_0 \cdot \mathrm{d}\boldsymbol{S} + \oiint_S \boldsymbol{H}_\mathrm{m} \cdot \mathrm{d}\boldsymbol{S} &= \oiint_S \boldsymbol{H} \cdot \mathrm{d}\boldsymbol{S} \\ &= \frac{1}{\mu_0} \sum q_\mathrm{m} = -\frac{1}{\mu_0} \oiint_S \boldsymbol{J} \cdot \mathrm{d}\boldsymbol{S}. \end{aligned} \tag{5.44}$$

上式移项后乘以 μ_0, 得

$$\oiint_S (\mu_0 \boldsymbol{H} + \boldsymbol{J}) \cdot \mathrm{d}\boldsymbol{S} = 0. \tag{5.45}$$

我们仍然可以定义

$$\boldsymbol{B} \equiv \mu_0 \boldsymbol{H} + \boldsymbol{J}. \tag{5.46}$$

由上面两个等式得

$$\oiint_S \boldsymbol{B} \cdot \mathrm{d}\boldsymbol{S} = 0.$$

磁荷方法与分子电流方法中的对应关系仍然是

$$\boldsymbol{p}_\mathrm{m} \leftrightarrow \mu_0 \boldsymbol{m},$$

$$\boldsymbol{J} \leftrightarrow \mu_0 \boldsymbol{M}.$$

5.2.8 退磁场与退磁因子

和电介质相同, 我们也可以引入退磁场强度 $\boldsymbol{H}'$ 和退磁因子 N_{d}. 即在磁介质内部, 磁荷产生的磁场强度与外加磁场强度大致相反, 起到削弱外场的作用, 如图 5.24 所示. 在磁介质两端面外, 磁荷产生的磁场强度与外磁场强度方向大致相同, 起到加强外场的作用. 在既有外场强度 $\boldsymbol{H}_0$, 又有退磁场强度 $\boldsymbol{H}'$ 时, 总磁场强度 $\boldsymbol{H}$ 为两者之和:

$$\boldsymbol{H} = \boldsymbol{H}_0 + \boldsymbol{H}'. \tag{5.47}$$

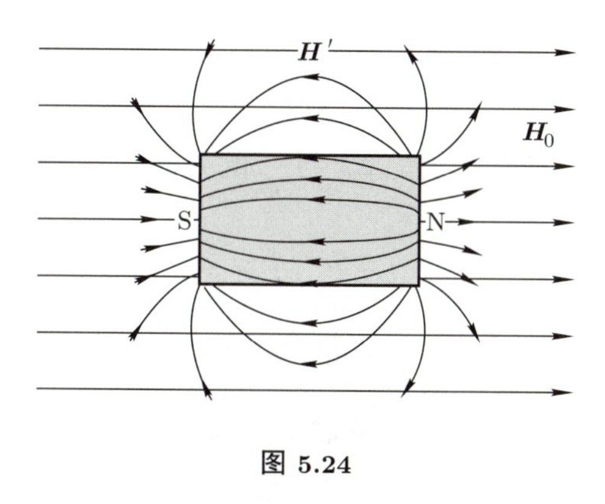

图 5.24

与极化相同, 中心退磁场强度可以写为

$$H' = -N_{\mathrm{d}} J/\mu_0.$$

退磁因子 N_{d} 与磁体的几何因素 l/d 有关, 如图 5.25 所示. 一般情况下有 $0 < N_{\mathrm{d}} < 1$. 对图 5.25(a) 和 (d) 情形, 退磁因子 N_{d} 的近似值如下:

$$\begin{aligned}
(\mathrm{a}): \quad & \frac{l}{d} \to \infty, \\
& N_{\mathrm{d}} = 0, \\
& H' = 0; \\
(\mathrm{d}): \quad & \frac{l}{d} \to 0, \\
& N_{\mathrm{d}} \approx 1, \\
& H' \approx -\frac{J}{\mu_0}.
\end{aligned}$$

图中的其他情形的退磁因子处于上述两个极端值之间, 即 $0 < N_{\mathrm{d}} < 1$.

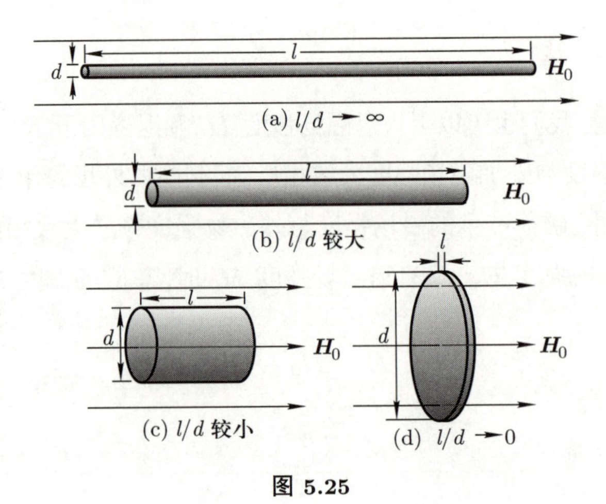

图 5.25

对如图 5.26 所示的旋转椭球体, N_d 与 $\dfrac{l}{d}$ 的关系如表 5.3 所示.

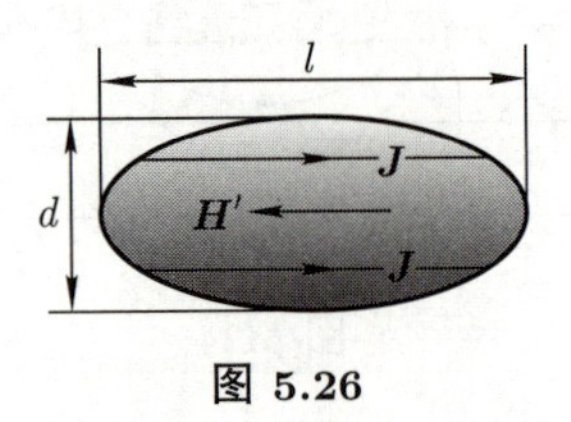

图 5.26

表 5.3 N_d 和 $\dfrac{l}{d}$ 的关系

l/d	N_d	l/d	N_d
0.0000	1.000000	3.0000	0.108709
0.2000	0.750484	5.0000	0.055821
0.4000	0.588154	10.000	0.020286
0.6000	0.475826	20.000	0.006749
0.8000	0.394440	50.000	0.001443
1.0000	0.333333	100.00	0.000430
1.5000	0.232981	1000.0	0.000007
2.0000	0.173564	∞	0.000000

5.2.9 磁偶极子在外场中受到的力与力矩

和电偶极子在外电场中受到的力矩相同, 我们也能得到磁偶极子在外磁场中受到的力矩, 并与磁矩在外磁场中受到的力矩比较, 如图 5.27 所示. 不难看出, 磁偶极矩在外磁场中受到的力矩与磁偶极矩的关系和电偶极矩在外电场中受到的力矩与电偶极矩的关系完全相同. 这正是磁介质的磁荷方法与电介质的分析方法对应的具体体现之一.

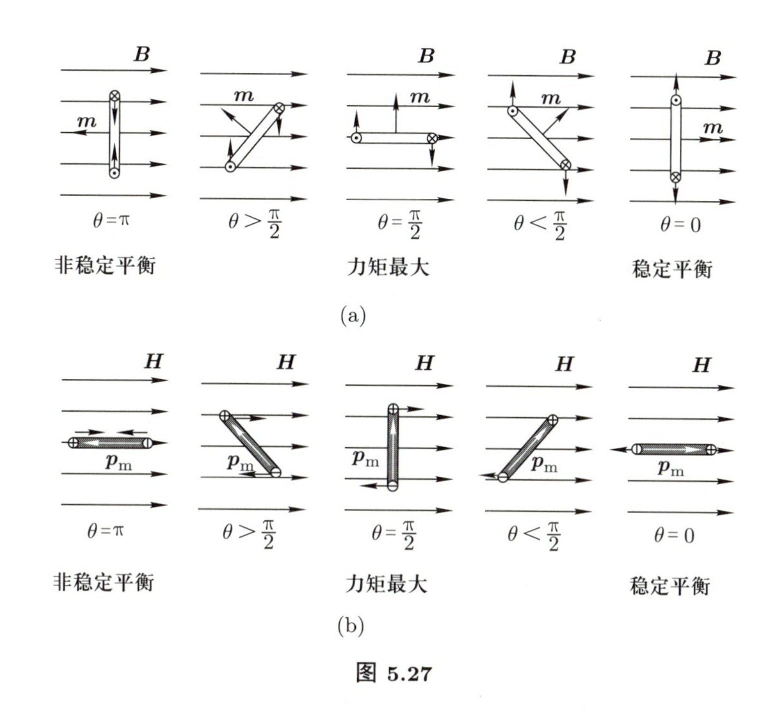

图 5.27

与点电荷在外场中的势能相同, 我们也可以引入磁荷在外磁场中的势能, 并由此求得磁偶极子在外磁场中的势能. 磁偶极子 $\boldsymbol{p}_{\mathrm{m}}=q_{\mathrm{m}}\delta\boldsymbol{l}$ 由正负磁荷 $-q_{\mathrm{m}}$ 和 q_{m} 构成, 两者分别位于空间的 P 和 Q 两点, 其相对位移为 $\delta\boldsymbol{l}$. 设两个磁荷均在 P 点时的势能分别为 $-W_{\mathrm{m}}$ 和 W_{m}, 两者之和为零, 即两个等量异号的磁荷在同一点时, 它们在外磁场中的势能互相抵消, 总势能为零. 现将正磁荷 q_{m} 从 P 点移动 $\delta\boldsymbol{l}$ 到 Q, 形成磁偶极子 $\boldsymbol{p}_{\mathrm{m}}$. 注意这里计算的是磁偶极子在外磁场中的能量, 磁偶极子本身的正负磁荷在分开过程中彼此对对方做的功自然不在计算范围内. 在 q_{m} 从 P 点移动 $\delta\boldsymbol{l}$ 的过程中, 外磁场所做的功为

$$A=\boldsymbol{F}\cdot\delta\boldsymbol{l}=q_{\mathrm{m}}\boldsymbol{H}\cdot\delta\boldsymbol{l}=\boldsymbol{p}_{\mathrm{m}}\cdot\boldsymbol{H},$$

外磁场对磁偶极子系统所做的功等于此磁偶极子系统的势能减少, 因此, 此系统的势能为

$$W_{\mathrm{m}}=-A=-\boldsymbol{p}_{\mathrm{m}}\cdot\boldsymbol{H}. \tag{5.48}$$

此结果与电偶极子在外电场中的势能的形式完全相同.

在此基础上, 我们可以求出磁偶极矩 $\boldsymbol{p}_{\mathrm{m}}$ 在外磁场 $\boldsymbol{H}$ 中受到的作用力的公式.

设磁偶极矩在外场中有一无限小位移 $\delta\boldsymbol{r}$, 在此过程中, 磁场对磁偶极矩做的功为

$$\delta A=\boldsymbol{F}\cdot\delta\boldsymbol{r}=F_r\delta r=-\delta W_{\mathrm{m}}, \tag{5.49}$$

由此解出

$$F_r = -\frac{\delta W_{\mathrm{m}}}{\delta r}.$$

由于 δr 是任意的, 因此, 磁偶极矩受到的磁场作用力为

$$\boldsymbol{F} = -\nabla W_{\mathrm{m}} = \nabla(\boldsymbol{p}_{\mathrm{m}} \cdot \boldsymbol{H}). \tag{5.50}$$

由此公式知: $\boldsymbol{p}_m$ 与 $\boldsymbol{H}$ 同方向时, $\boldsymbol{F}$ 指向 $\boldsymbol{H}$ 变大的方向, 如图 5.28(a) 所示; $\boldsymbol{p}_m$ 与 $\boldsymbol{H}$ 反方向时, $\boldsymbol{F}$ 指向 $\boldsymbol{H}$ 变小的方向, 如图 5.28(b) 所示.

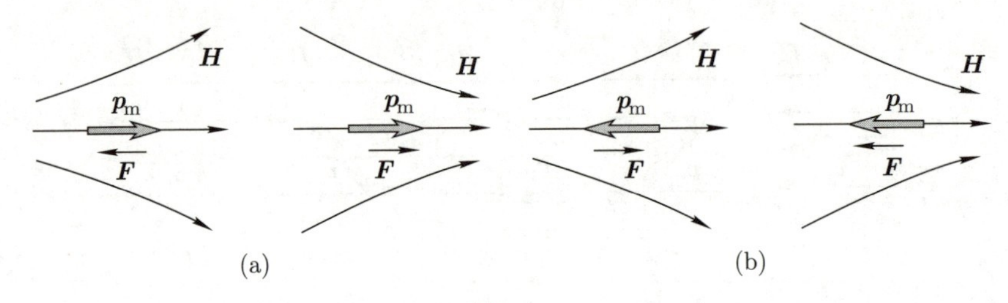

图 5.28

上述结论也可以由磁荷方法直接得出: 和上面求磁偶极子的势能一样, 我们可以把磁偶极矩当作一对相距 $\delta \boldsymbol{l}$ 的正负磁荷, 求它们受到的磁场力的合力. 对图 5.28(b) 情形, 正磁荷受到的排斥力大于负磁荷受到的吸引力, 两者受到的作用力的合力向右. 同理可以讨论并得出图 5.28(a) 中的受力方向.

5.2.10 磁荷方法运用举例

例 5.3 如图 5.29 所示的一个带有很窄缝隙的永磁环, 已知其磁极化强度为 $\boldsymbol{J}$ (即 $\mu_0 \boldsymbol{M}$), 方向如图所示, 求图中所标三处的磁场强度.

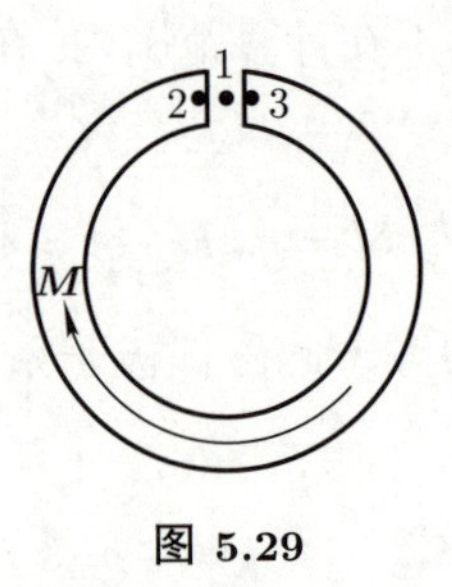

图 5.29

解 我们前面曾用分子电流方法解过这道题. $\boldsymbol{M}$ 除了在 2, 3 附近缝的横截面处之外, 均无法向分量, 因此, 均无磁荷. 在 2 处的磁荷面密度为 $\sigma_{\mathrm{m}} = J_n = \mu_0 M$, 同理, 3 处有等量反号的面磁荷 $-\mu_0 M$. 这可以看作两个无限大平板带等量、异号磁荷, 且两板磁荷均匀分布的系统. 因此, 与求解两个无限大平板组成的电容器内外的电场相同,

取 $\boldsymbol{M}$ 环绕方向为 $\boldsymbol{M},\boldsymbol{H}$ 和 $\boldsymbol{B}$ 的正方向, 我们可以得出, 缝隙中 (1 处) 的磁场为

$$H_1=\frac{\sigma_{\rm m}}{\mu_0}=\frac{\mu_0 M}{\mu_0}=M.$$

2, 3 两处均在两平板外侧, 和无限大平板电容器两侧的电场强度为零同理得

$$H_2=H_3=0.$$

由上面求得的磁场强度, 也可以进一步求出磁感应强度:

$$B_1=\mu_0 H_1+J_1=\mu_0 H_1=\mu_0 M,$$

$$B_{2,3}=\mu_0 H_{2,3}+J_{2,3}=J_{2,3}=\mu_0 M.$$

所得结果与分子电流的相同.

当然, 我们也可以由分子电流方法求出磁感应强度 $\boldsymbol{B}$, 由磁荷方法求出磁场强度 $\boldsymbol{H}$, 然后再验证它们两者的确满足关系式

$$\boldsymbol{B}=\mu_0\boldsymbol{H}+\boldsymbol{J}=\mu_0\boldsymbol{H}+\mu_0\boldsymbol{M}.$$

例 5.4 如图 5.30(a) 所示, 已知圆柱形永磁体的磁极化强度 $\boldsymbol{J}$ 在柱内均匀, 水平向右, 定性求出全空间的磁场强度 $\boldsymbol{H}$ 和磁感应强度 $\boldsymbol{B}$ 的变化特点, 画出与两者相应的磁场线示意图. 圆柱体两个底面之间的 $\boldsymbol{H}$ 线和 $\boldsymbol{B}$ 线是桶形还是枕形?

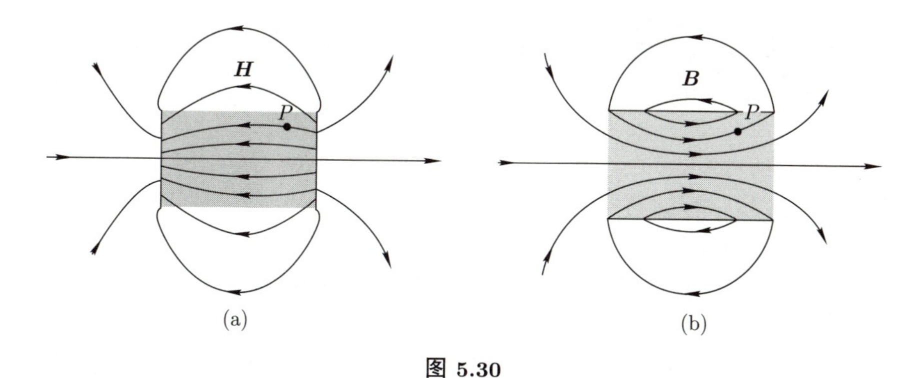

图 5.30

解 本题既可以从磁荷方法出发分析讨论, 也可以用分子电流方法.

设柱体中心为原点 O, 水平轴为 x 轴, 竖直轴为 y 轴.

$\boldsymbol{H}$ 和 $\boldsymbol{B}$ 分别有源和无源. 根据本问题的对称性, $\boldsymbol{H}$ 线和 $\boldsymbol{B}$ 线均绕圆柱体的水平对称轴对称, 且曲线形状 (不考虑方向) 绕圆柱体的竖直对称轴左右对称. 因此, 我们只需要求过柱体水平对称轴所在的平面 (即图示平面) 右上部分的磁场即可.

(1) 磁荷方法. 这是两个有限大平行圆平板带均匀异号磁荷, 求全空间磁场的问题. 右边圆表面带正磁荷, 左边带负磁荷.

求解均匀带电平行板电容器的电场强度的问题与本题相同, 我们可以通过叠加原理求出图 5.30(a) 柱体内右上部 P 点处的磁场方向. 由于 P 点位于柱体右上方, 因此, 右边的正磁荷在 P 点的总磁场指向左上, 左边的负磁荷的磁场指向左下. 由于 P 点离右边更近, 因此, 指向左上的磁场比指向左下的磁场更大, 左右两边的正负磁荷的磁场矢量和必然指向左上 (即正磁荷的磁场占优势), 由此绘出 P 点磁场的方向. 再根据本问题的左右对称性和上下对称性, 即可画出两个柱体底面之间 (柱内和柱外) 的 $\boldsymbol{H}$ 磁场线, 如图 5.30(a) 所示, 磁场线为桶形.

根据磁荷离场点的距离可以判断, 在 y 轴上, 随着从上下两个方向离开原点, 磁场变小. 因此, 在 y 轴上, 磁场在 x 轴上最强, 随着向上下两端移动, 逐渐变弱.

再根据对称性以及磁场的有源、无旋性质, 与计入边缘效应时的平行板电容器两侧的电场相同, 画出两底面外侧的 $\boldsymbol{H}$ 磁场线如图 5.30(a) 所示.

分析本题中的 $\boldsymbol{H}$ 和 $\boldsymbol{J}(\mu_0\boldsymbol{M})$ 的方向可知, 其方向近似相反, 与圆柱形永驻体电介质内部的电场强度 $\boldsymbol{E}$ 和极化强度 $\boldsymbol{P}$ 的关系类似. 这两个底面的磁荷系统与平板电容器两个极板间的电场分布相同, 对分别带等量异号磁荷的两个平行平板, 两平板之间的磁场最大值 (对应两个无限大平行平板) 为

$$\boldsymbol{H} = \frac{\boldsymbol{J}}{\mu_0} = \frac{\mu_0\boldsymbol{M}}{\mu_0} = \boldsymbol{M}.$$

当两个平行平板不是无限大时, 两平板之间的磁场就小于上述值, 即

$$H < M, \tag{5.51}$$

本题正是这种情形. 由此, 得

$$\boldsymbol{B} = \mu_0\boldsymbol{H} + \boldsymbol{J} = \mu_0\boldsymbol{H} + \mu_0\boldsymbol{M}.$$

由 (5.51) 式可知, 磁感应强度 $\boldsymbol{B}$ 的方向与磁化强度 $\boldsymbol{M}$ 大致相同, 即向右. 根据题设条件, $\boldsymbol{M}$ 在介质内均匀.

仍对 P 点, $\boldsymbol{B}$ 等于 $\boldsymbol{H}+\boldsymbol{M}$ 的 μ_0 倍, 水平向右的常矢量 $\boldsymbol{M}$ 加上一个方向与其大致相反, 绝对值比其小, 且指向左上方的矢量 $\boldsymbol{H}$, 结果即得到 $\boldsymbol{B}$ 的方向指向右上方, 即 $\boldsymbol{B}$ 的磁场线为枕形. 另外, 常矢量 $\boldsymbol{M}$ 加上一个方向与其大致相反, 绝对值比其小的矢量 $\boldsymbol{H}$, $\boldsymbol{H}$ 大的地方, 相减后得到的 $\boldsymbol{B}$ 就小, 反之亦然. 因此, $\boldsymbol{B}$ 在 x 轴上最强, 沿 y 轴离开原点逐渐变弱.

再利用 $\boldsymbol{B}$ 有旋、无源的性质, 我们就可以绘出磁感应强度 $\boldsymbol{B}$ 在介质中的磁场线, 如图 5.30(b) 所示. 介质外面的 $\boldsymbol{B}$ 线与 $\boldsymbol{H}$ 线仅相差一个常量因子 μ_0, 因此, 它们的形状完全相同. 这样, 我们就可以绘出全空间的磁感应强度 $\boldsymbol{B}$ 的磁场线.

(2) 分子电流方法. 可以先分析 $\boldsymbol{B}$ 的空间分布, 画出其磁场线, 并由 $\boldsymbol{B}$ 的磁场线分析画出 $\boldsymbol{H}$ 的磁场线, 结果与上面相同. 分析过程作为练习留给读者.

例 5.5 求抗磁小球的受力. 一抗磁小球质量为 m_0, 密度为 ρ, 磁化率 $\chi_{\rm m} < 0$, 放在一个半径为 R 的圆线圈的轴线上距圆心 l 处, 线圈中载有稳恒电流 I, 如图 5.31 所示, 求电流系统作用在此抗磁小球上的力.

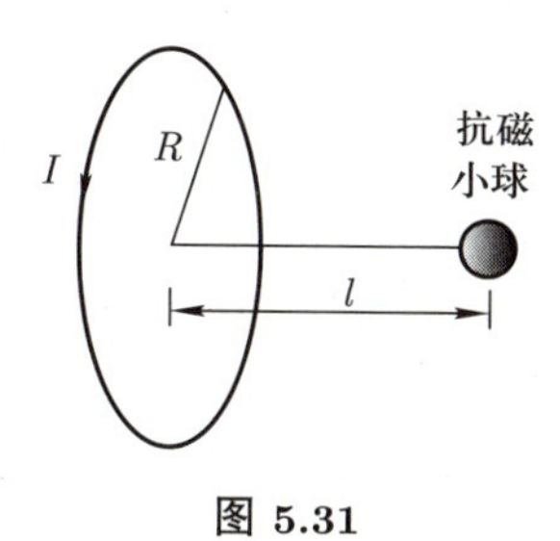

图 5.31

解 抗磁质的磁偶极矩方向与磁场方向相反. 根据图 5.28 及那里的讨论我们知道, 当磁偶极子 $\boldsymbol{p}_{\rm m}$ 与 $\boldsymbol{H}$ 反方向时, 磁场对磁偶极矩的作用力 $\boldsymbol{F}$ 指向 $\boldsymbol{H}$ 变小的方向, 即指向右. 当然, 我们也可以把磁偶极矩当作一对相距 Δl 的正负磁荷来理解其受力, 即这时, 正磁荷受到的排斥力大于负磁荷受到的吸引力, 两者受到的作用力的合力向右. 下面就本题做定量计算.

取电流圈中心为原点, 水平向右为 x 坐标的正方向, 现直接由 (5.50) 式得所要求的作用力

$$\begin{aligned} \boldsymbol{F} &= \nabla(\boldsymbol{p}_{\rm m} \cdot \boldsymbol{H}) \\ &= p_{\rm m}\left(\frac{\partial H}{\partial x}\right)_l \cos\theta\,\widehat{\boldsymbol{x}} = -p_{\rm m}\left(\frac{\partial H}{\partial x}\right)_l \widehat{\boldsymbol{x}}. \end{aligned} \tag{5.52}$$

这里 $\cos\theta = -1$. 偏导的下标 l 表示取如图 5.31 所示的水平轴线上, 与圆心相距 l 处的偏导的值. $\boldsymbol{p}_{\rm m}$ 为抗磁小球的磁偶极矩, $\boldsymbol{H}$ 为电流圈在磁偶极矩处的磁场, 取向右为其正方向, 其大小的表达式为

$$H = \frac{B}{\mu_0} = \frac{1}{\mu_0}\frac{\mu_0 R^2 I}{2(R^2+x^2)^{3/2}} = \frac{R^2 I}{2(R^2+x^2)^{3/2}},$$

因此

$$\left(\frac{\partial H}{\partial x}\right)_l = \frac{-3R^2 I l}{2(R^2+l^2)^{5/2}}. \tag{5.53}$$

现求 $\boldsymbol{p}_{\mathrm{m}}$. 先求抗磁小球的总磁矩⑤

$$\sum \boldsymbol{m} = \chi_{\mathrm{m}} \boldsymbol{H} \Delta V. \tag{5.54}$$

由 (5.39) 式得

$$\boldsymbol{p}_{\mathrm{m}} = \mu_0 \sum \boldsymbol{m} = \mu_0 \chi_{\mathrm{m}} \boldsymbol{H} \Delta V = \mu_0 \chi_{\mathrm{m}} \boldsymbol{H} \frac{m_0}{\rho}. \tag{5.55}$$

将 (5.53) 和 (5.55) 式代入作用力公式 (5.52), 得

$$\begin{aligned} \boldsymbol{F} &= -p_{\mathrm{m}} \left(\frac{\partial H}{\partial x}\right)_l \widehat{\boldsymbol{x}} \\ &= \mu_0 \left|\chi_{\mathrm{m}}\right| \frac{R^2 I}{2(R^2+l^2)^{3/2}} \frac{m_0}{\rho} \cdot \frac{3R^2 I l}{2(R^2+l^2)^{5/2}} \widehat{\boldsymbol{x}} \\ &= \frac{3\mu_0 \left|\chi_{\mathrm{m}}\right| R^4 I^2 l m_0}{4\rho (R^2+l^2)^4} \widehat{\boldsymbol{x}}. \end{aligned} \tag{5.56}$$

由此结果可知, 小球受到的作用力的确向右, 与把小球当作相距 Δl 的正负磁荷所得的定性结论相同. 当然, 我们也可以把小球当作相距 Δl 的正负点磁荷, 再分别求它们在外磁场中所受到的作用力, 然后相加即能得到上述相同的结果.

5.3 电磁场在分界面上的边界条件

5.3.1 两种介质分界面上的边界条件

界面上介质的性质发生突变, 因此界面上通常聚集有面电荷和面电流, 这将导致静电、静磁场也可能随之产生突变. 电磁场的高斯定理、环路定理以及电流的连续性方程等的微分形式因涉及相关量出现突变导致某些微商发散, 但它们的积分形式在边界上依然成立, 因此我们可以把不同介质的场量和电荷、电流密度用积分方程联系起来. 总之, 我们可以在边界上用相应规律的积分形式, 而不用它们的微分形式.

两种不同介质的分界面上, 两部分介质的介电常量、磁导率和电导率, 即 ε, μ 和 σ 一般不同, 在如图 5.32 所示的第 1 和第 2 种介质的边界面上应用相应的积分公式即可得到对应的边界条件.

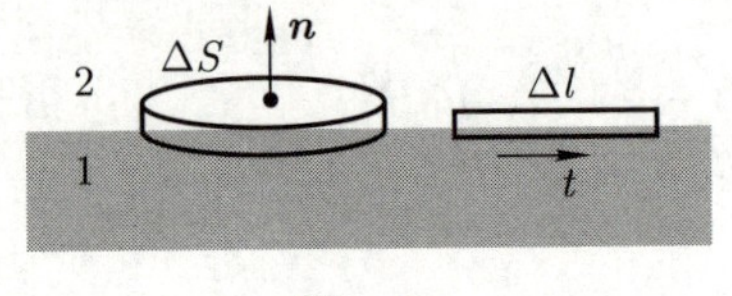

图 5.32

⑤此处忽略了介质对 $\boldsymbol{H}$ 的影响, 因为一般介质的 $\chi_{\mathrm{m}} \ll 1$.

(1) 在自由面电荷密度为 0 时, 电介质界面上的电位移矢量和电场强度的变化情况在 2.5.3 小节已经讨论过, 这里不再重复.

(2) 与上面类似, 在如图 5.32 所示的两种磁介质界面的扁盒上求磁感应强度的通量可以得到磁感应强度矢量 $\boldsymbol{B}$ 所满足的边界条件为

$$\boldsymbol{n}\cdot(\boldsymbol{B}_2-\boldsymbol{B}_1)=0. \tag{5.57}$$

沿顺时针方向在图中的窄回路上求磁场强度 $\boldsymbol{H}$ 的环路积分得

$$\begin{aligned}\oint_L \boldsymbol{H}\cdot \mathrm{d}\boldsymbol{l}&=\boldsymbol{H}_2\cdot \mathrm{d}\boldsymbol{l}-\boldsymbol{H}_1\cdot \mathrm{d}\boldsymbol{l}=(H_{2t}-H_{1t})\Delta l\\&=\boldsymbol{k}_0\cdot\boldsymbol{\tau}\Delta l,\end{aligned} \tag{5.58}$$

其中 $\boldsymbol{k}_0$ 为边界面上的自由电流面密度. $\boldsymbol{t}$ 为图中界面上的切向单位矢量, 下标 t 表示切向分量, 例如 “$2t$” 表示在第 2 种介质中, 靠近交界面上的磁场的切向分量. $\boldsymbol{\tau}$ 为垂直于积分窄回路所在的平面向里, 且与积分绕行方向成右手关系的单位矢量. Δl 为围道的长度, 即矩形围道平行于界面的边的长度. 最后一个等式用了安培环路定理. (5.58) 式约去因子 Δl 得

$$H_{2t}-H_{1t}=k_{0\tau}, \tag{5.59}$$

即磁场强度沿图 5.32 所示的界面的分量的突变等于传导电流面密度在垂直于此平面的方向上的分量. 注意到图中的 $\boldsymbol{\tau}$ 是平行于两种磁介质界面的任意方向的单位矢量, 亦即围道是任意选取的长边 (Δl) 平行于界面的矩形, 因此, 由 (5.58) 式得

$$\begin{aligned}(\boldsymbol{H}_2-\boldsymbol{H}_1)\cdot\boldsymbol{t}=\boldsymbol{k}_0\cdot\boldsymbol{\tau}&=(\boldsymbol{H}_2-\boldsymbol{H}_1)\cdot(\boldsymbol{\tau}\times\boldsymbol{n})\\&=[\boldsymbol{n}\times(\boldsymbol{H}_2-\boldsymbol{H}_1)]\cdot\boldsymbol{\tau}.\end{aligned} \tag{5.60}$$

由于 $\boldsymbol{\tau}$ 是界面上的任意方向的单位矢量, 因此由上式得

$$\boldsymbol{n}\times(\boldsymbol{H}_2-\boldsymbol{H}_1)=\boldsymbol{k}_0. \tag{5.61}$$

(5.59) 式为 (5.61) 式的一个分量. 当界面上的传导面电流密度为 0 时, (5.61) 式为

$$\boldsymbol{n}\times(\boldsymbol{H}_2-\boldsymbol{H}_1)=0,$$

或

$$H_{2t}-H_{1t}=0. \tag{5.62}$$

此式表明, 当两种界面上的传导电流面密度为零时, 磁场强度平行于界面方向的分量 (即切向分量) 连续.

(3) 与上面类似, 在稳恒电流情形中, 在两种导体界面上, 仍然对上述扁盒形状的闭合曲面求电流密度的通量, 并由电流的连续性方程得到, 电流密度的通量为 0, 由此得到, 电流密度 $\boldsymbol{j}$ 的法向分量连续, 即

$$\boldsymbol{n}\cdot(\boldsymbol{j}_2-\boldsymbol{j}_1)=0. \tag{5.63}$$

再在矩形围道上对电场强度做线积分, 即可得到电场强度的切向分量连续的结论, 即

$$\boldsymbol{n}\times(\boldsymbol{E}_2-\boldsymbol{E}_1)=0. \tag{5.64}$$

在求解静电学、静磁学或稳恒电流系统的问题时, 遇到两种或多种不同电、磁或导电介质时, 我们可以先求出一种介质中的物理量, 再用上述边界条件求出另一种介质中界面附近相应的量, 在此基础上进一步求出整个介质中的量.

例 5.6 求均匀磁化的铁磁球的磁场. 如图 5.33 所示, 磁化强度为 $\boldsymbol{M}$ (磁极化强度 $\boldsymbol{J}=\mu_0\boldsymbol{M}$) 的均匀磁化铁磁球, 半径为 a, 求全空间的磁标势 U_{m}、磁场强度 $\boldsymbol{H}$ 和磁感应强度 $\boldsymbol{B}$.

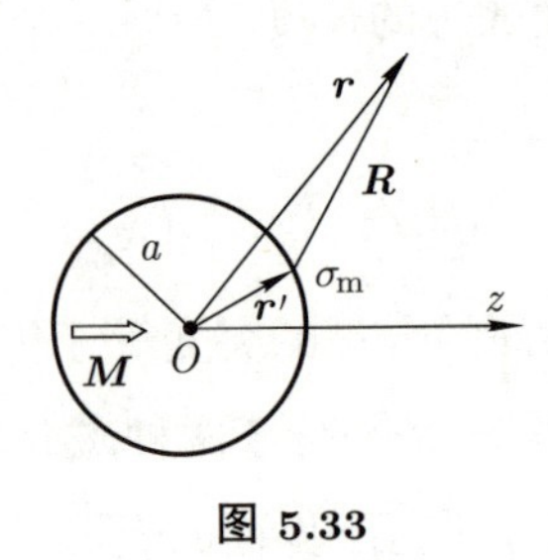

图 5.33

解 根据题意, 在球内, 传导电流密度 $\boldsymbol{j}_0=0$, 在球面, 传导电流面密度 $\boldsymbol{k}_0=0$. 所以在全空间可以引入磁标势 U_{m}. 这里可以用两种方法求磁标势: 直接对磁荷产生的磁标势积分和解磁标势满足的方程. 后者需要解偏微分方程, 这超出了电磁学的范围, 将来在电动力学中将会学习. 我们这里将用第一种方法求解.

对均匀磁化的磁介质球, 磁荷只可能分布在球面上. 由 (5.31) 式求得球面上的磁荷面密度为

$$\sigma_m(\boldsymbol{r}')=\mu_0\widehat{\boldsymbol{r}'}\cdot\boldsymbol{M}=\widehat{\boldsymbol{r}'}\cdot\boldsymbol{J},$$

这里, $\widehat{\boldsymbol{r}'}$ 为球心指向球面的矢径 $\boldsymbol{r}'$ 方向的单位矢量, 采用球坐标, 直接由磁荷积分求磁标势得

$$\begin{aligned}U_{\mathrm{m}}&=\frac{1}{4\pi\mu_0}\oiint_{r'=a}\frac{(\mu_0\boldsymbol{M})\cdot\mathrm{d}\boldsymbol{S}'}{|\boldsymbol{r}-\boldsymbol{r}'|}\\&=\frac{1}{4\pi}\oiint_{r'=a}\frac{M\cos\theta'\cdot a\mathrm{d}\theta'\cdot a\sin\theta'\mathrm{d}\varphi'}{\sqrt{r^2+a^2-2ar(\sin\theta\sin\theta'\cos\varphi'+\cos\theta\cos\theta')}},\end{aligned}$$

其中带撇的是积分变量, 即 $\boldsymbol{r}'$ 及其他球坐标均为源 (即磁荷) 所在位置的变量, 不带撇的是场点的变量, 即 $\boldsymbol{r}$ 指向的场点的球坐标变量, 在积分时当作常量, 积分区域为整个磁介质的球表面. 由于此问题具有轴对称性, 为简单起见, 已取场点的方位角 $\varphi=0$. 这个积分可以求出来, 得

$$
\begin{aligned}
U_{\mathrm{m}} &= \frac{a^2 M}{4\pi}\oiint_{r'=a}\frac{\cos\theta'\sin\theta'\mathrm{d}\theta'\mathrm{d}\varphi'}{\sqrt{r^2+a^2-2ar(\sin\theta\sin\theta'\cos\varphi'+\cos\theta\cos\theta')}}\\
&=\begin{cases}\dfrac{1}{3}Mr\cos\theta=\dfrac{1}{3}\boldsymbol{M}\cdot\boldsymbol{r}=\dfrac{1}{3}Mz, & r\leqslant a,\\[2ex] \dfrac{Ma^3}{3r^2}\cos\theta=\dfrac{(\mu_0\boldsymbol{M})\cdot\widehat{\boldsymbol{r}}}{4\pi\mu_0 r^2}\left(\dfrac{4\pi a^3}{3}\right)=\dfrac{\boldsymbol{p}_{\mathrm{m}}\cdot\widehat{\boldsymbol{r}}}{4\pi\mu_0 r^2}=\dfrac{\boldsymbol{m}\cdot\widehat{\boldsymbol{r}}}{4\pi r^2}, & r>a.\end{cases}
\end{aligned}
$$

这里, 球内为均匀场 (用下标 "in" 表示球内的量):

$$
\begin{aligned}
\boldsymbol{H}_{\mathrm{in}} &= -\nabla(U_{\mathrm{m}})_{\mathrm{in}}=-\frac{\boldsymbol{M}}{3},\\
\boldsymbol{B}_{\mathrm{in}} &= \mu_0(\boldsymbol{H}_{\mathrm{in}}+\boldsymbol{M})=\frac{2}{3}\mu_0\boldsymbol{M}.
\end{aligned}
$$

球外相当于把整个球的磁偶极矩集中在球心产生的磁场 (用下标 "out" 表示球外的磁场和磁标势):

$$
(U_{\mathrm{m}})_{\mathrm{out}}=\frac{1}{4\pi}\frac{\boldsymbol{m}\cdot\boldsymbol{r}}{r^3}=\frac{1}{4\pi}\frac{mz}{r^3}, \tag{5.65}
$$

相应的场为

$$
\begin{aligned}
\boldsymbol{B}_{\mathrm{out}} &= \mu_0\boldsymbol{H}_{\mathrm{out}}=-\mu_0\nabla(U_{\mathrm{m}})_{\mathrm{out}}\\
&=\frac{\mu_0}{4\pi}\frac{3(\boldsymbol{m}\cdot\widehat{\boldsymbol{r}})\widehat{\boldsymbol{r}}-\boldsymbol{m}}{r^3}.
\end{aligned} \tag{5.66}
$$

从分子电流观点看, 磁矩 $\boldsymbol{m}=I\Delta\boldsymbol{S}$ 可以看作一个电流圈, 其中的电流为 I, 电流圈的面积为 $\Delta\boldsymbol{S}$, (5.65) 式中的

$$
\frac{\boldsymbol{m}\cdot\boldsymbol{r}}{r^3}=\frac{mz}{r^3}
$$

就是 $\Delta\boldsymbol{S}$ 面积矢量对场点张开的立体角的 I 倍, 这表明 (5.65) 式与 (5.34) 式中磁标势和立体角成正比是一致的.

不难验证, 在球面两侧, 球内外的磁场和磁感应强度满足它们之间的边界条件. 另一方面, 如果已知球内或球外两边中的某一边的磁场和磁感应强度, 我们也可以利用边界条件求出另一边的界面附近的场, 再经过分析进一步得到这一边整个区域的场. 根据上面的计算结果, 我们可以画出球内外的磁感应强度和磁场强度的磁场线如图 5.34(b) 和 (c) 所示, 图 (a) 为球的磁化强度分布图.

注意, 这里 $\boldsymbol{H}$ 线是不连续的 [图 (c)], $\boldsymbol{B}$ 线是连续的 [图 (b)]. 在磁介质球内部, $\boldsymbol{H}$ 与 $\boldsymbol{B}$ 的方向相反. 在外部, $\boldsymbol{H}$ 与 $\boldsymbol{B}$ 仅相差一个 μ_0 因子, 因此, 其磁场线完全相同.

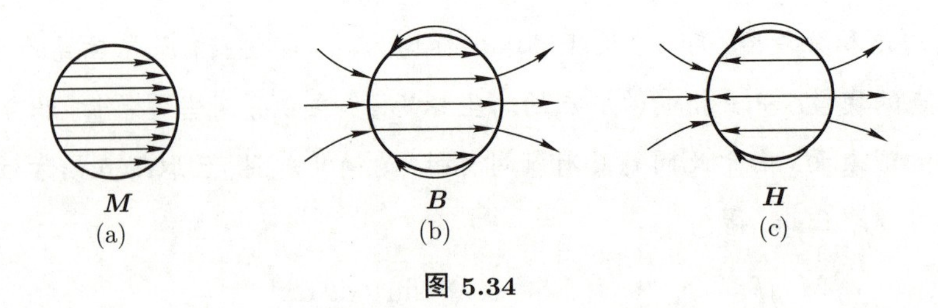

图 5.34

本题也可以利用余弦型球面磁荷激发磁场强度的结论, 如例 2.9 和例 1.12 所采用的方法, 那里的方法避开了势的积分, 得到的结果完全相同. 总之, 本章的磁荷方法和第二章中求解极化电介质的电场强度的方法均可用于求解电和磁两种介质系统中的势和场的问题.

5.3.2 电流线、电场线和磁场线在边界上的 "折射"

在此之前, 我们讨论过, 在两种不同电介质、磁介质、导体的交界面上, $\boldsymbol{D}$ (交界面上没有自由电荷分布时), $\boldsymbol{B}, \boldsymbol{j}$ 的法向分量连续 [见 2.5.3 小节以及 (5.57)、(5.63) 式], $\boldsymbol{E}, \boldsymbol{H}, \boldsymbol{E}$ 的切向分量连续 [见 2.5.3 小节以及 (5.62)、(5.64) 式]. 这六个等式分别给出相应的电磁学量在两种介质的界面上的两个独立正交方向, 即垂直和平行方向的连续特性. 容易理解, 如果关于介质性质的常量 ε, μ, σ 在两种介质中相等, 则 $\boldsymbol{D}, \boldsymbol{B}, \boldsymbol{j}$ 和 $\boldsymbol{E}, \boldsymbol{H}$ 在两种介质的界面上都是连续的. 一般说来, 对不同的介质, 相应的常量 ε, μ, σ 不同, 因此, 从前面的六个等式, 我们可以得到 $\boldsymbol{D}, \boldsymbol{B}, \boldsymbol{j}$ 在两种介质的界面上将改变方向, 就像光线在两种介质的界面上发生 "折射" 一样. 现以磁感应强度 $\boldsymbol{B}$ 为例来说明这种现象.

在如图 5.35 所示的两种磁介质的交界面上, $\boldsymbol{B}_1$ 与界面的法线方向 $\boldsymbol{n}$ 的夹角 ("入射角") 的正切和 $\boldsymbol{B}_2$ 与界面的法线方向的夹角 ("折射角") 的正切之间的比值为

$$\frac{\tan\theta_1}{\tan\theta_2} = \frac{B_{1t}}{B_{2t}} = \frac{\mu_1 H_{1t}}{\mu_2 H_{2t}} = \frac{\mu_1}{\mu_2}. \tag{5.67}$$

这里, 第一个等式由磁感应强度的法向分量连续得到, 最后一个等式来自磁场强度在界

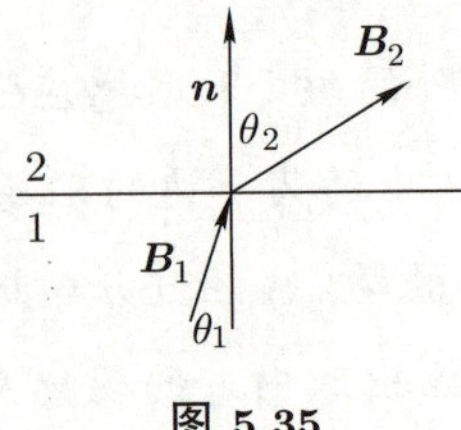

图 5.35

面上的切向分量相等. 此处假设在两种磁介质的界面上不存在面传导电流, 但可以有传导电流体分布. 如果 $\mu_2 = 1$ (真空或非铁磁质), $\mu_1 \gg 1$ (铁磁质), 则 (5.67) 式要求

$\theta_1 \approx 90^\circ$ 或 (和) $\theta_2 \approx 0^\circ$. 相应的磁场线见图 5.36. 类似地, 对从良导体流入不良导体的电流密度 $\boldsymbol{j}$, 以及从介电常量很大的电介质到介电常量很小的电介质的电位移矢量 $\boldsymbol{D}$, 也都有类似的结果.

5.3.3 磁屏蔽

根据上述磁感应强度 $\boldsymbol{B}$ 在两种不同磁介质交界面上的性质, 可以得到铁磁体具有将磁场线集中在自身里面的性质, 相对说来, 与铁磁体交界的其他磁介质中的磁场线则很稀疏, 见图 5.36. 也就是说, 铁磁体有屏蔽磁场的性质. 对于一个铁磁体球壳, 磁感应强度的磁场线如图 5.37 所示. 但一般说来, 磁屏蔽现象有一定的近似, 图中的空腔内的磁感应强度并不严格为零, 只是与铁磁体内相比很小而已, 也就是说, 磁屏蔽效果没有静电屏蔽效果好. 图 5.37 的磁屏蔽效果也可以通过定量计算得到, 这方面的内容读者可以参阅电动力学书籍.

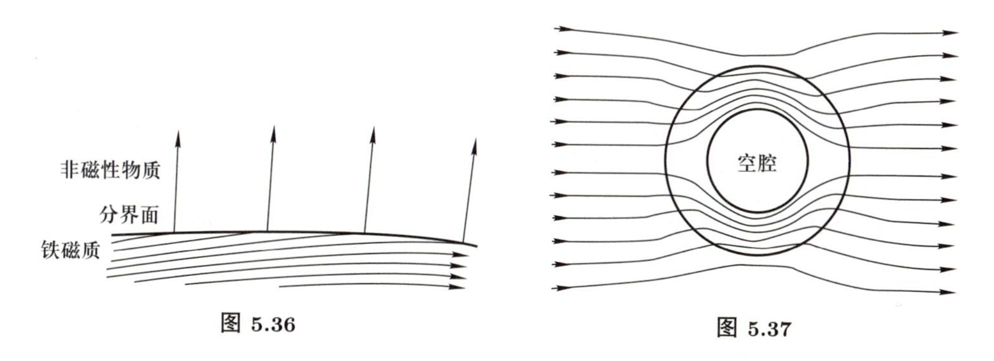

图 5.36　　图 5.37

5.3.4 磁路定理

磁感应强度 $\boldsymbol{B}$ 的散度永远为零, 磁感应强度为无源场, 因此, 磁场线一定是闭合的, 不会在有限空间内中断, 且它们倾向于集中在磁导率大的介质中, 如图 5.36 和图 5.37 所示. 一个没有铁芯的载流线圈产生的磁场线将弥散在整个空间中, 如图 5.38(a) 所示. 若把同样的线圈绕在一个闭合的铁芯上, 由于磁场线倾向于集中在铁芯中, 因此, 它们几乎都将沿着铁芯形成闭合环线, 如图 5.38(b) 所示. 我们可以类比电路, 把这种闭合的磁场线构成的管道叫作磁路. 与电路相似, 定义磁动势 (也叫磁通势, 与电路中的电动势对应)

$$\mathcal{E}_{\mathrm{m}} = \oint_L \boldsymbol{H} \cdot \mathrm{d}\boldsymbol{l} = NI_0. \tag{5.68}$$

如果上述积分回路包含若干段不同磁介质、不同横截面积的磁路, 上式中的环路积分也可以写成分段求和形式, 即

$$\mathcal{E}_{\mathrm{m}} = \sum_i H_i l_i = NI_0. \tag{5.69}$$

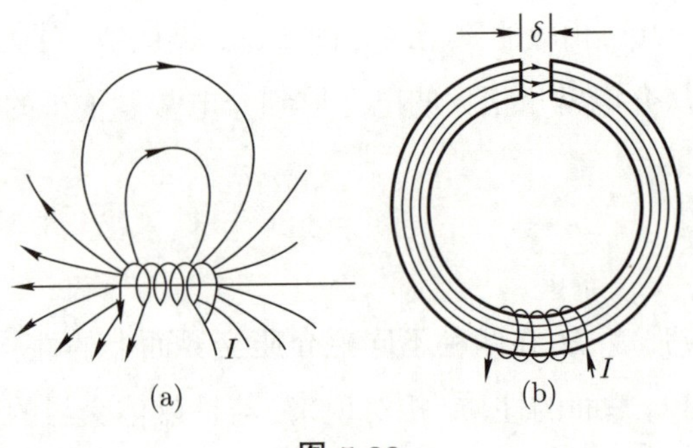

图 5.38

再根据磁场强度 H 和磁感应强度 B 的关系式, 以及磁感应强度与磁通量 $\varPhi_B$ 的关系, 进一步得

$$\mathcal{E}_{\mathrm{m}} = \sum_i \frac{B_i l_i}{\mu_i} = \sum_i \frac{\varPhi_{Bi} l_i}{\mu_i S_i} = \varPhi_B \sum_i \frac{l_i}{\mu_i S_i}.$$

在上式的第 3 个等式中, 假设了磁路的漏磁可以忽略, 即沿磁场线绕磁路移动的过程中, 磁路的每一个横截面的磁通量相同. 这虽然不严格成立, 但却是一个很好的近似. 这是由于在由磁导率很大的磁介质组成的磁路中, 磁感应强度对应的磁场线倾向于集中在此磁介质中, "漏出去" 的磁场线很少. 在上式中, 与电路相似, 我们可以定义第 i 段磁路的磁阻

$$R_{\mathrm{m}i} = \frac{l_i}{\mu_i S_i}.$$

对上式的 i 求和即得整个磁路的总磁阻 R_{m}, 即和电路相似, 整个磁路的总磁阻, 等于磁路中各段的磁阻之和. 最后, 我们得到

$$\mathcal{E}_{\mathrm{m}} = \varPhi_B \sum_i \frac{l_i}{\mu_i S_i} = \varPhi_B \sum_i R_{\mathrm{m}i} = \varPhi_B R_{\mathrm{m}}. \tag{5.70}$$

这就是磁路定理的数学表达式. 磁路定理可以表述为: 闭合磁路中的磁动势 $\mathcal{E}_{\mathrm{m}}$ 等于各段磁路上的磁势降落 $\varPhi_B R_{\mathrm{m}i}$ 之和.

虽然铁磁质不满足线性关系 $\boldsymbol{B} = \mu \boldsymbol{H}$, 但对于一定的 $\boldsymbol{H}$ 值即相应的磁化过程, 可由磁化曲线得到对应的 $\boldsymbol{B}$ 值, 并由此求得该 $\boldsymbol{H}$ 值所对应的 "相对磁导率". 如果各段的磁场强度 $\boldsymbol{H}$ 随时间变化很小 (近似恒定磁场情形), 这时各段磁路的磁导率 μ 就对应不同的常量. 另一种情况是软铁磁质构成的磁路, 其磁滞回线很 "瘦", 在磁场强度 $\boldsymbol{H}$ 变化不大的范围内, 可以近似把磁导率 μ 当作常量.

现将电路中的欧姆定律和磁路定理的对应量和方程对比列于下面:

欧姆定律 磁路定理

$$\mathcal{E} = \sum_i IR_i \qquad \mathcal{E}_{\mathrm{m}} = \sum_i \Phi_B R_{\mathrm{m}i} \tag{5.71}$$

$$= I\sum_i R_i \qquad = \Phi_B \sum_i R_{\mathrm{m}i} \tag{5.72}$$

$$= I\sum_i \frac{l_i}{\sigma_i S_i}, \qquad = \Phi_B \sum_i \frac{l_i}{\mu_i S_i}. \tag{5.73}$$

在上面的对应关系中, 除了相同符号且相同意义的量之外, 还有两个重要的对应关系:

$$I \leftrightarrow \Phi_B, \tag{5.74}$$

$$\sigma \leftrightarrow \mu, \tag{5.75}$$

即电路中的电流对应磁路中的磁通量, 电导率对应磁导率.

从上面的对应关系可知, 电路中的欧姆定律及其应用均可以用于磁路. 例如, 串联磁路的总磁阻等于各段的磁阻之和. 以如图 5.39 中的两段磁路为例, 总磁阻为

$$R_{\mathrm{m}} = R_{\mathrm{m}1} + R_{\mathrm{m}2}, \tag{5.76}$$

图中的右边为相应的磁路图.

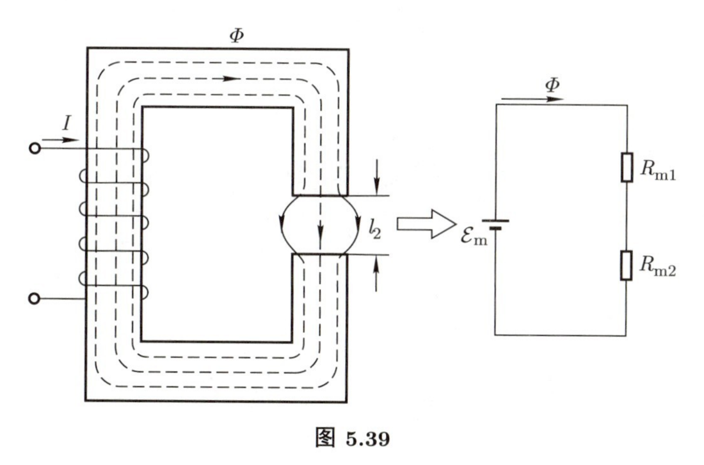

图 5.39

如图 5.40 所示, 并联的两个磁路的总磁阻的倒数为相应的两个分磁路 (左右各一个分磁路) 的磁阻的倒数之和:

$$\frac{1}{R_{\mathrm{m}}} = \frac{1}{R_{\mathrm{m}1}} + \frac{1}{R_{\mathrm{m}2}}. \tag{5.77}$$

这一结论的证明与电路中的对应关系的证明过程相同, 这里不再赘述.

根据磁路与电路的对应关系, 磁路中的磁通量对应电路中的电流. 根据串联电路和并联电路中各支路的电流与总电流的关系容易得到: 串联磁路各支路的磁通量相同, 并

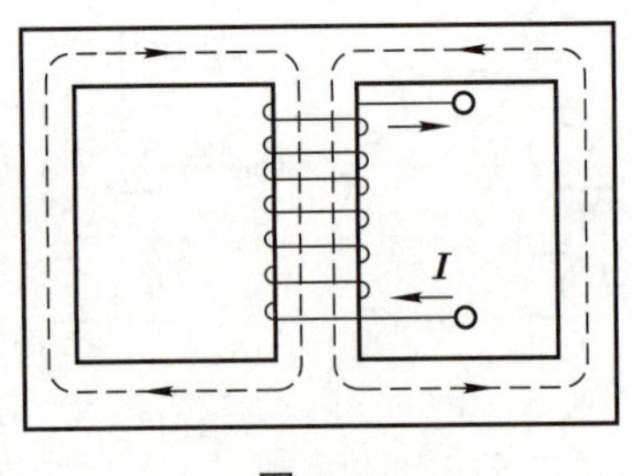

图 5.40

联磁路中的总磁通量等于各支路的磁通量之和, 即对两个支路情形有 $\Phi_B=\Phi_{B_1}+\Phi_{B_2}$. 这些结论既可以通过电路的对应结果类比得到, 也可以由磁路无漏磁得到.

通过与电路中的结果类比, 或直接由磁路的性质可以得到, 在串联磁路中, 磁阻高的部分具有较高的磁压降 (即磁势降落), 这可以由任一段磁路的磁压降的表达式 $\Phi_B\dfrac{l_i}{\mu_i S_i}$ 得到. 在并联磁路中, 磁阻低的支路的磁通量大, 反之亦然, 这一结论也可以由磁感应强度的磁场线倾向于集中在磁导率大的介质中这一性质得到.

例 5.7 如图 5.41 所示的永磁环, 半径为 R, 磁环的缝隙 Δl 很小, 缝隙中的磁场 $\boldsymbol{H}=\boldsymbol{M}$, 方向为环绕磁环的顺时针方向, 求环里面 (磁体内) 的磁场强度 H 的平均值.

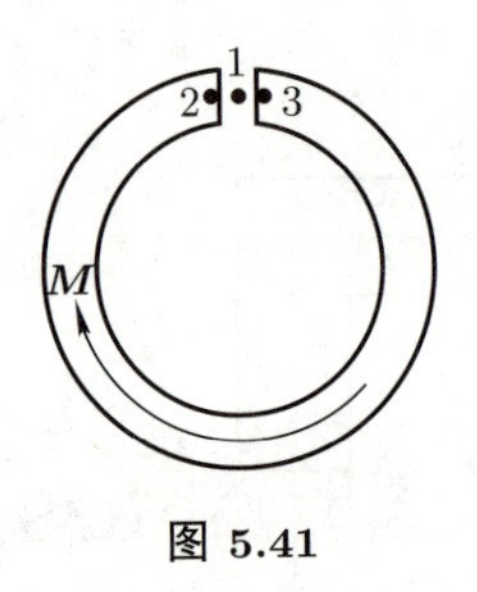

图 5.41

解 本问题不存在传导电流, 所以

$$\mathcal{E}_{\mathrm{m}}=0=\sum_i H_i R_i\approx M\Delta l+H2\pi R,$$

$$H\approx -M\frac{\Delta l}{2\pi R}\approx 0,$$

其中最后一个约等式用了环的周长远大于缝隙的长度这一题设条件. 这里得到的磁场的大小和我们以前通过磁荷方法以及分子电流方法得到的结果是一致的.

习 题

1. 一均匀磁化的磁棒, 直径为 5 mm, 长为 75 mm, 磁矩为 12000 A·m^2, 求棒侧表面上的面磁化电流密度.

2. 一铁环中心线的周长为 30 cm, 横截面积为 1.0 cm^2, 在环上紧密地绕有 300 匝表面绝缘的导线, 当导线中通有电流 32 mA 时, 通过环的横截面的磁通量为 2.0×10^{-6} Wb, 求
   (1) 铁环内部磁感应强度的大小 B,
   (2) 铁环内部磁场强度的大小 H,
   (3) 铁的磁化率 χ_{m} 和磁导率 μ,
   (4) 铁环磁化强度的大小 M.
3. 一无穷长圆柱形直导线外包一层磁导率为 μ 的圆筒形磁介质, 导线半径为 R_1, 磁介质的外半径为 R_2 (见图 5.42), 导线内有电流 I 通过.
   (1) 求介质内外的磁场强度和磁感应强度的分布, 并画出 H-r 和 B-r 曲线.
   (2) 求介质内外表面的磁化面电流密度 k.

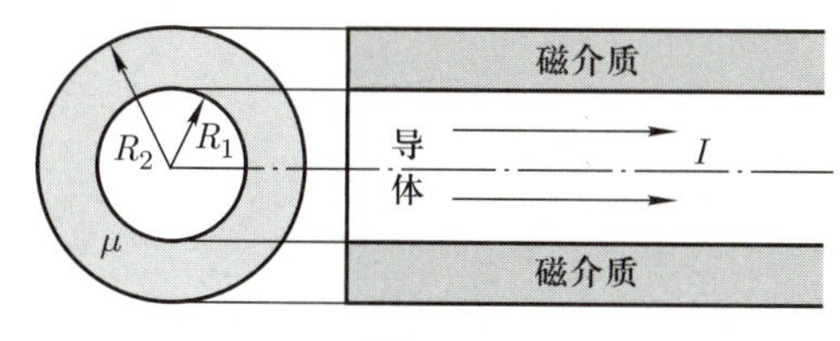

图 5.42

4. 在空气 ($\mu_{\mathrm{r}} = 1$) 和软铁 ($\mu_{\mathrm{r}} = 7000$) 的交界面上, 软铁内的磁感应强度 $\boldsymbol{B}$ 与交界面法线的夹角为 85°, 求空气中磁感应强度与交界面法线的夹角.
5. 一铁环中心线的半径 $R = 20$ cm, 横截面是边长为 4.0 cm 的正方形. 环上绕有 500 匝表面绝缘的导线. 导线中载有电流 1.0 A, 这时铁的相对磁导率 $\mu_{\mathrm{r}} = 400$.
   (1) 求通过环的横截面的磁通量.
   (2) 如果在这环上锯开一个宽为 1.0 mm 的空气隙, 求这时通过环的横截面的磁通量减少的值.
6. 地磁场可以近似看作位于地心的一个磁偶极子产生的. 证明磁倾角 (地磁场的方向与当地水平面之间的夹角) i 与地磁纬度 φ 的关系为

$$\tan i = 2\tan\varphi.$$

7. 一薄圆柱形磁片的厚度为 l, 底面半径为 R, 上下底面分别有均匀分布的磁荷, 其面密度分别为 σ_{m} 和 $-\sigma_{\mathrm{m}}$, 以磁片中心为原点 O, 垂直于底面且指向正磁荷面为 x 轴正方向.
   (1) 求 x 处的磁场强度 $\boldsymbol{H}$.

(2) 求磁片的磁偶极矩 $\boldsymbol{p}_{\mathrm{m}}$ 和磁矩 $\boldsymbol{m}$.

(3) 通过计算说明, 当磁片很薄时, 此系统 x 轴上的磁场分布与一个中心在原点、半径相同的电流环 (环面垂直于 x 轴) 所产生的磁场相同.

8. 如图 5.43 所示, 一长为 L 的均匀磁化圆柱体磁棒, 磁极化强度沿柱体的轴线方向. 试证明: 在柱体轴线上距两底面均为 $L/2$ 处的横截面上的 1 和 2 两点处的磁场强度相等, 但磁感应强度不相等.

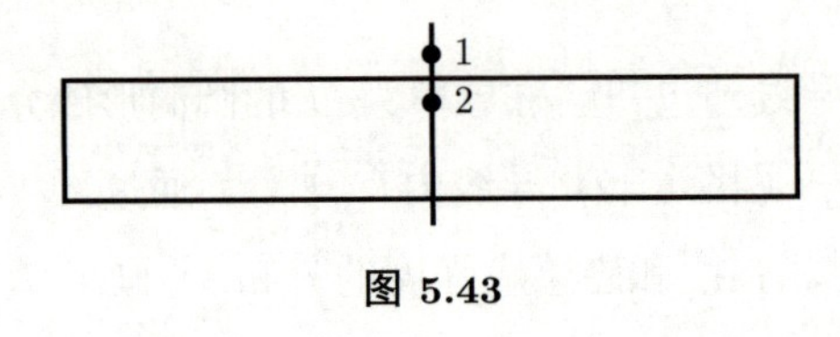

图 5.43

第六章　电磁感应

6.1　法拉第定律

6.1.1　电磁感应现象的发现

电磁感应现象的发现, 是电磁学领域中最重大的成就之一. 在理论上, 它为电与磁之间的相互联系和转化奠定了基础; 在实践上, 它为人类获取巨大的电能开辟了道路, 为一场重大的工业和技术革命的到来奠定了科学基础.

1820 年, 奥斯特发现了电流的磁效应, 从一个侧面揭示了长期以来一直被认为是彼此独立的电现象和磁现象之间的联系. 既然电流可以产生磁场, 人们自然联想到, 磁场是否也能通过某种方式产生电流? 一些物理学家经过多种探索但均告失败, 例如安培、科拉顿 (Colladon). 1822 年阿拉戈发现电磁阻尼现象, 但却无从解释. 1831 年 8 月 29 日, 法拉第成功做了第一个由电流变化导致的电磁感应现象的实验.

1834 年, 楞次 (Lenz) 通过分析实验资料总结出了判断感应电流方向的法则 —— 楞次定律. 1845 年, 诺依曼 (Neumann) 推导出了电磁感应定律的数学形式.

电磁感应现象可以概括为以下 4 个基本实验现象:

(1) 如图 6.1(a) 所示, 将磁棒插入未接电源的线圈, 线圈中有电流. 当磁棒在线圈内停止不动时, 线圈中没有电流. 将磁棒从线圈内拔出, 线圈中的电流与磁棒插入时方向相反. 磁棒插入或拔出的速度越快, 线圈中产生的电流越大.

(2) 如图 6.1(b) 所示, 用一通有电流的线圈代替图 6.1(a) 实验中的磁棒, 结果与上述实验完全相同.

(3) 如图 6.1(c) 所示, 两个线圈位置都固定, 改变与电源串联的原线圈中的电流, 也会在另一线圈 (副线圈) 内引起电流.

(4) 如图 6.1(d) 所示, 把一边可滑动的导体线框放在均匀的恒定磁场中, 在滑动过程中线框里有电流产生.

从实验及理论分析可以得出结论: 当穿过闭合回路的磁通量发生变化时, 回路中将产生感应电动势 (induction electromotive force) 和感应电流. 定量的研究表明, 导体回路中感应电动势 $\mathcal{E}$ 的大小, 与穿过导体回路的磁通量的时间变化率成正比. 这就是法拉第电磁感应定律. 在国际单位制中, 法拉第电磁感应定律的数学表达式为

$$\mathcal{E}=-\frac{\mathrm{d}\Phi}{\mathrm{d}t}. \tag{6.1}$$

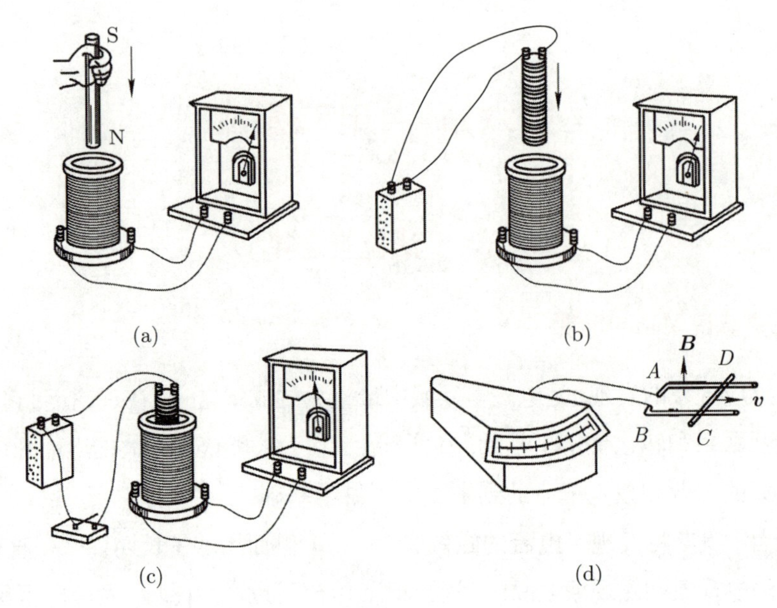

图 6.1

对于 N 匝回路, 若第 i 匝中穿过的磁通量为 $\varPhi_i$, 考虑到匝与匝之间是串联的, 整个电路的电动势等于各匝电动势之和, 可得

$$\begin{aligned}\mathcal{E} &= \mathcal{E}_1 + \mathcal{E}_2 + \cdots + \mathcal{E}_N \\ &= -\frac{\mathrm{d}}{\mathrm{d}t}(\varPhi_1 + \varPhi_2 + \cdots + \varPhi_N) = -\frac{\mathrm{d}\varPsi}{\mathrm{d}t},\end{aligned} \tag{6.2}$$

其中

$$\varPsi = \varPhi_1 + \varPhi_2 + \cdots + \varPhi_N \tag{6.3}$$

称为磁通匝链数 (magnetic flux linkage), 简称磁链. 如果各匝的磁通量均为 $\varPhi$, 则有

$$\mathcal{E} = -\frac{\mathrm{d}\varPsi}{\mathrm{d}t} = -N\frac{\mathrm{d}\varPhi}{\mathrm{d}t}. \tag{6.4}$$

由于电动势和磁通量都是标量, 它们的正负都是相对于某一指定的方向而言的, 因此在应用法拉第电磁感应定律确定电动势方向时, 首先要通过右手螺旋定则同时标定回路的绕行方向和回路所包围的面积的法线方向, 电动势方向与绕行方向一致时其值为正, 反之为负.

若 $\boldsymbol{B}$ 与 $\boldsymbol{e}_n$ 的夹角小于 90 度 [见图 6.2(a), (c)], 磁通量为正, 否则磁通量负 [见图 6.2(b), (d)].

由 (6.2) 式知道, 通过某一回路围成的曲面的磁通量的正负规定后, 根据其大小的变化率的正负即可确定感应电动势 $\mathcal{E}$ 的正负.

图 6.2 中回路包围的曲面的法线方向均为 $\boldsymbol{e}_n$, 向上, 因此, 向上的磁通量为正. 虚线箭头表示回路环绕的方向, 对于各图标出的磁通量变化情况, 由电磁感应定律得到的感生电动势的方向为实线环绕方向.

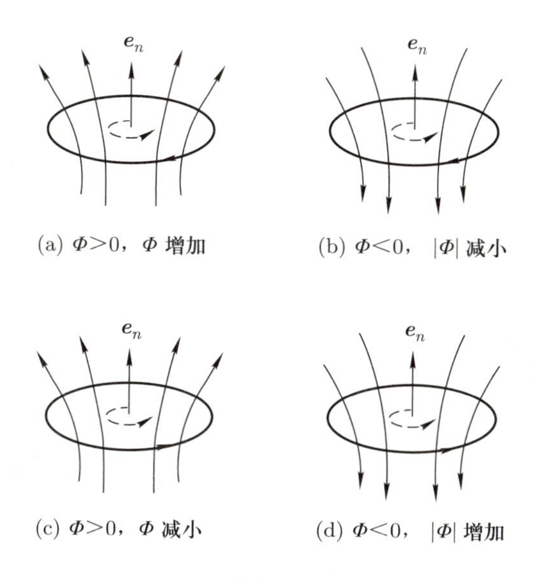

图 6.2

6.1.2 楞次定律

楞次定律可以表述为: 闭合回路中感应电流的方向, 总是使得它所激发的磁场阻止引起感应电流的磁通量的变化 (增大或减小). 也可以表述为: 感应电流的效果, 总是反抗引起感应电流的原因.

楞次定律是能量守恒定律在电磁感应现象上的具体体现. 按照楞次定律, 把磁棒插入线圈或从线圈中拔出, 都必须克服向外的斥力或向内的拉力做机械功, 而正是这部分机械功转化成了感应电流所释放的焦耳热. 在实际中, 运用楞次定律来确定感应电动势的方向往往比较方便. 特别是在有些问题中, 并不要求具体确定感应电流的方向, 而只要判断感应电流所引起的机械效果, 这时采用楞次定律的后一种表述来分析问题更为方便.

6.1.3 涡电流和电磁阻尼

金属块处于变化磁场中或在磁场中运动时, 其中产生的感应电流呈涡旋状, 这种电流称为涡电流 (eddy current). 大块金属电阻小, 涡电流大, 从而释放大量热量, 这些热量可以多到使金属块自身融化, 可用来冶炼金属, 如图 6.3 所示.

涡电流在磁场中受到磁场的作用力, 也就是安培力. 根据楞次定律, 此安培力一定会阻碍导致涡电流的机械运动, 使其变慢, 如图 6.4 所示. 金属块因受到安培力导致运动受阻的现象称为电磁阻尼 (electromagnetic damping).

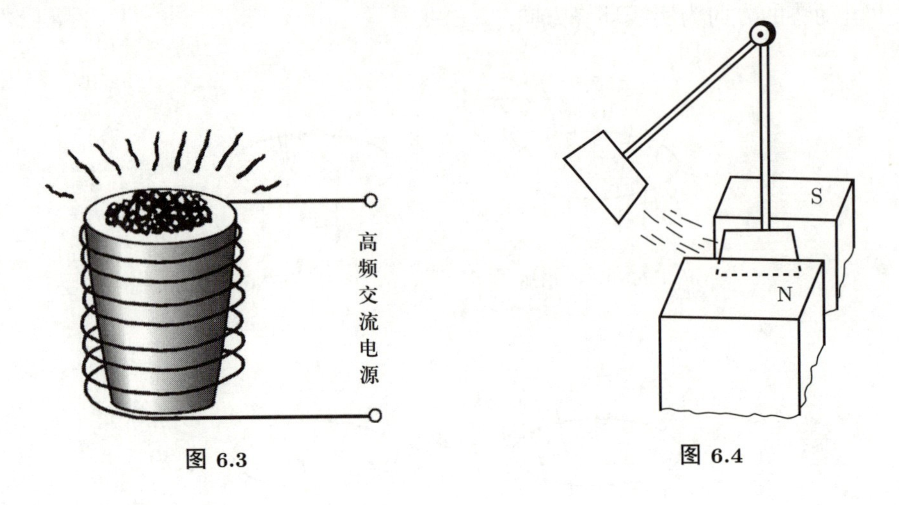

图 6.3　　　　图 6.4

6.1.4　趋肤效应

在直流电路中, 均匀导线的横截面上的电流密度是均匀的, 但随着交流电的频率增加, 导线截面上的电流分布越来越向表面集中. 这种现象叫作趋肤效应 (skin effect).

例如一根半径 $R = 1.0$ cm 的铜导线, 其截面上的电流密度的有效值随频率和离中心的距离的变化情况如图 6.5 所示.

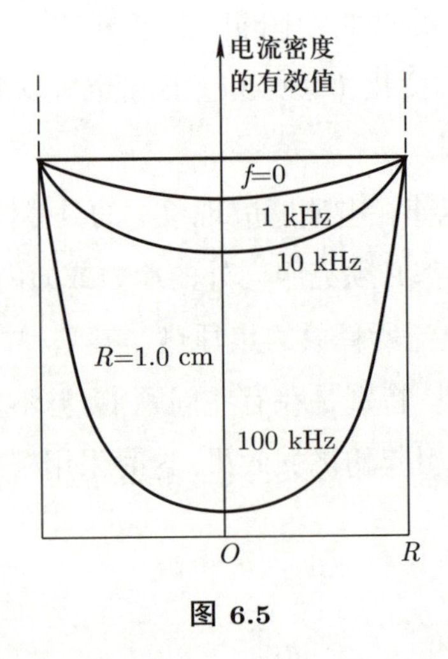

图 6.5

为什么在电流变化时会有趋肤效应产生? 在电动力学中, 可以通过求解导体中的麦克斯韦方程组得到电磁波的振幅随着离开表面的距离呈指数衰减趋势. 我们这里通过定性分析也能得出交变电流集中在表面的结论. 不失一般性, 可以设电流从某一时刻开始自下向上加载到如图 6.6 所示的导线上. 由于开始加载时, 电流由小变大 (如图中向上的箭头所示), 电流产生磁感应场. 由于电流是变化的 (从小到大), 因此电流产生的磁感应场也是变化的 (从小到大), 方向如图中绕竖直方向环绕的箭头所示. 此问题具有绕导线对称轴的环绕对称性. 由法拉第电磁感应定律可知, 增大的磁场将产生图中竖直平面内环绕的箭头所示方向的感应电流. 此电流在导体靠近中间部分起到减小那里的电流密度的作用 (因感应电流与原电流方向相反), 而导体边缘的感应电流与电流方向相同, 互相加强. 因此, 在电流增加阶段, 边缘的电流强度大, 中间部分的电流增加小. 随后, 向上的电流达到最大值后开始减小, 我们可以和前面一样分析电流的变化情况. 虽然在此阶段, 感应电场导致的电流能够加大中部的电流, 但由于导线中间的电流本来就小, 使其变化产生的磁通量及其感应电流也小. 将上述两个阶段的电流密度做时间平均, 总效果自然仍然是中心部分的电流密度小, 边缘的电流密度大. 这样, 我们就定性地解释了趋肤效应的成因.

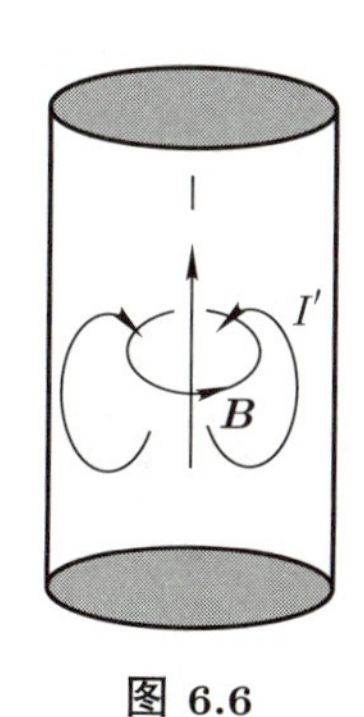

图 6.6

传输高频信号时, 趋肤效应会使导线的有效截面减少, 从而等效电阻增加. 对铁来说, 由于磁导率 μ 很大, 即使频率不太大, 趋肤效应也很明显. 对于良导体, 在高频下的趋肤深度很小, 即电流仅分布在导体表面很薄的一层里面. 工业上可利用高频电流的趋肤效应对金属表面淬火. 在金属中通高频电流后, 其表面首先被加热, 达到淬火的温度, 但内部温度仍然较低, 淬火后内部仍保持原有的韧性, 表面却增加了硬度.

电磁感应现象的另一个应用的例子是磁悬浮列车. 各类磁悬浮列车的技术不尽相同, 但基本原理都是利用电磁力提供浮力和推力. 设想列车上的一电磁铁 (N 极) 相对于导体平板向前运动, 磁铁所到之处, 将在其下方产生向下的磁场, 由于电磁感应, 导体板中感生涡电流产生的磁场反抗上面磁铁的磁场. 形象地说, 下面的感应电流就像另一个 N 极, 随着上面的 N 极同步向前移动, 两者相互排斥, 如图 6.7 所示. 此排斥力可以使列车悬浮在轨道上. 当然, 也可以在列车上装上电磁铁, 轨道底部则安装线圈, 其结果相同. 磁悬浮避免了车轮与轨道之间对列车运行的阻力, 使其可能实现更高速运动.

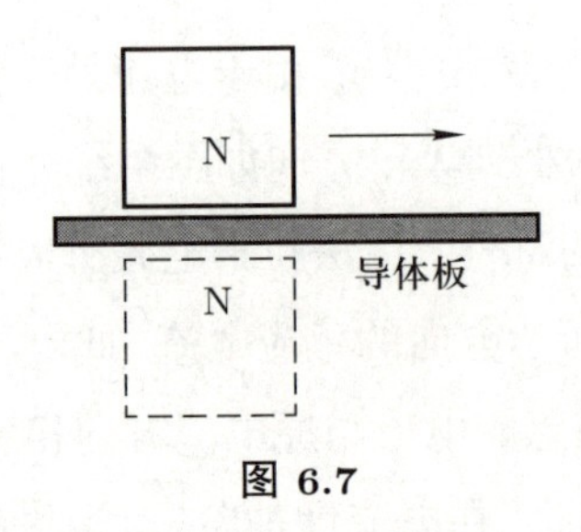

图 6.7

磁悬浮列车的设计还可以使轨道线圈产生的磁场与列车上的电磁铁相互作用, 提供列车前进的动力. 列车头的电磁铁 (N 极) 被轨道上前方附近的电磁铁 (S 极) 所吸引, 同时被轨道上后方附近的电磁铁 (N 极) 所排斥, 一 "推" 一 "拉" 使得列车高速运动.

上海磁悬浮列车专线西起上海轨道交通 2 号线的龙阳路站, 东至上海浦东国际机场, 全长 29.863 km. 这是世界上第一条磁悬浮商业运营线路, 于 2002 年 12 月 31 日全线试运行, 2003 年 1 月 4 日正式开始商业运营, 全程只需 8 min. 目前, 我国北京、长沙等多地均有磁悬浮列车运营.

6.2 动生电动势和感生电动势

6.2.1 电动势

分析各种产生感应电动势的现象, 可以把它们分为以下两类: 动生电动势 (motional electromotive force) 与感生电动势 (induced electromotive force).

在电磁感应现象中, 磁通量 Φ 的变化可以分为两类:

(1) 磁感应强度 $\boldsymbol{B}$ 不变 (即恒定磁场), 但回路包围的曲面 S 与 $\boldsymbol{B}$ 的夹角 θ 变化, 或曲面的面积 S 变化, 或 θ 与 S 均变化. 这时产生的电动势是由于回路的运动导致的, 称为动生电动势.

(2) 磁感应强度 $\boldsymbol{B}$ 随时间改变, 但 θ 与 S 均不变. 这时产生的电动势称为感生电动势.

电动势定义为把单位正电荷从负极通过电源内部 (见图 6.8) 移到正极时, 非静电力所做的功, 即

$$\mathcal{E} = \int_{-}^{+} \boldsymbol{K} \cdot \mathrm{d}\boldsymbol{l}. \tag{6.5}$$

上式与外电路是否接通无关. 也可以定义为对整个闭合回路积分:

$$\mathcal{E} = \oint \boldsymbol{K} \cdot \mathrm{d}\boldsymbol{l}, \tag{6.6}$$

其中, 积分回路包含电源内部从负极到正极那一段, 另一段为没有非静电力的电源外部, 这部分对整个积分无贡献.

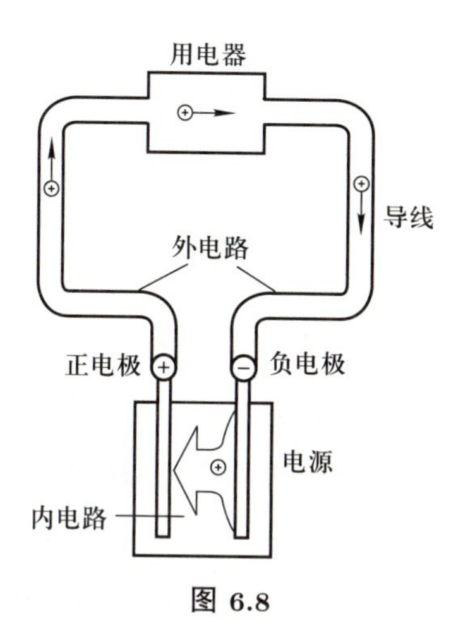

图 6.8

6.2.2 动生电动势

如图 6.9 所示, 导体棒在金属导轨 $ABCD$ 上向右运动, 均匀磁场垂直于导轨平面向里. 我们知道, 电动势是反映电源性能、衡量电源内部非静电力做功能力的物理量.

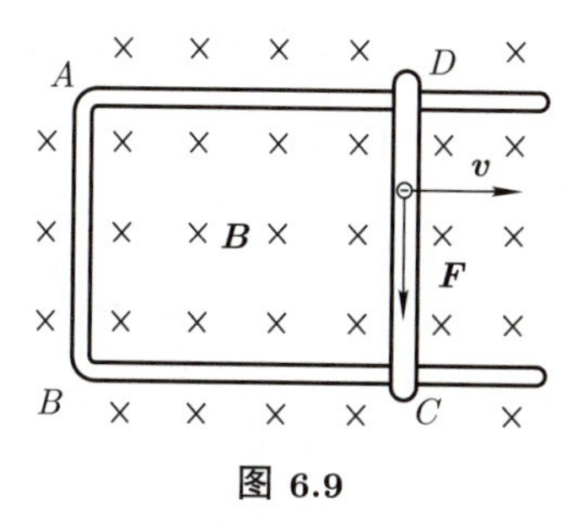

图 6.9

电动势的回路正向可自由选取. 如在选取电动势回路正向之后, 求出的电动势为负, 则说明实际正、负极与原来的假设相反. 这里, 导体棒中的单位电量的载流子所受到的磁场的洛伦兹力沿导体棒的分量正是推动电荷移动的力, 也就是我们定义的非静电力. 在此, 非静电力

$$\boldsymbol{K} = \frac{\boldsymbol{F}}{-e} = (\boldsymbol{v} \times \boldsymbol{B}), \tag{6.7}$$

因此,

$$\mathcal{E} = \int_{-}^{+} \boldsymbol{K} \cdot \mathrm{d}\boldsymbol{l} = \int_{C}^{D} (\boldsymbol{v} \times \boldsymbol{B}) \cdot \mathrm{d}\boldsymbol{l}. \tag{6.8}$$

在一般情况下, 由 (6.8) 式求得的动生电动势与电磁感应定律的通量法则 (6.1) 和 (6.2) 式一致. 动生电动势实质上是洛伦兹力平行于导线方向的分量对载流子做功的结果. 在某些特殊情况下求动生电动势, 通量法则不能准确地反映动生电动势的根本规律 [(6.8) 式], 这时应该回到此公式上来. 对此, 我们将在后面再进一步分析讨论.

我们知道, 作用在运动电荷上的洛伦兹力始终与运动方向垂直 ($\boldsymbol{F}=q\boldsymbol{v}\times\boldsymbol{B}$), 因此, 洛伦兹力不对运动电荷做功, 但这里又可以作为非静电力做功产生动生电动势, 两者是否有矛盾? 对此, 我们现在做进一步分析.

设 $\boldsymbol{v}$ 为导体棒在磁场中的运动速度, $\boldsymbol{u}$ 为电子相对于导体棒的定向运动速度, 如图 6.10 所示. $\boldsymbol{v}+\boldsymbol{u}$ 为电子运动的总速度. $\boldsymbol{F}$ 为以速度 $\boldsymbol{v}+\boldsymbol{u}$ 在磁场中运动的电子所受洛伦兹力, 该力不做功, 这正是我们所熟知的结果. 电子受到的洛伦兹力可以分解到棒的运动方向和电子相对于棒的运动方向这两个正交方向. 上述洛伦兹力的两个分量对运动的电子均做功. 当然, 其中的一个分量 ($\boldsymbol{F}_v$) 做正功, 另一个 ($\boldsymbol{F}_u$) 做负功, 两者做功之和仍然为零, 仍然满足总洛伦兹力不做功的结论. 因此, 我们可以理解为: 这里的洛伦兹力起到了传递能量的作用, 即推动棒沿 $\boldsymbol{v}$ 方向运动的作用力 (即外力, 它可以是任意推动棒运动的作用力, 例如水力发电机中水的机械能、内燃机和蒸汽机中燃料燃烧释放的能量等) 克服洛伦兹力的分量 ($\boldsymbol{F}_u$) 做正功, $\boldsymbol{F}_u$ 则做等量负功, $\boldsymbol{F}_v$ 做等量正功. 洛伦兹力把外力所做的正功等量转化为非静电力的功, 为电源提供了能量. 换句话说, 非静电力所做的功正是外力做功转化来的, 这正是不同种类的能量转换与守恒在产生动生电动势过程中的具体体现.

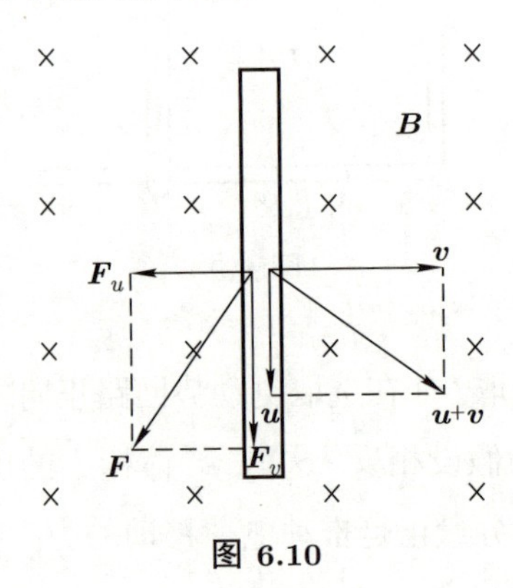

图 6.10

在上述外力做功转换为电源能量的基础上, 两位发明家, 爱迪生 (Edison) 和特斯拉 (Tesla) 分别发明了直流发电机与输电系统 (小规模, 爱迪生) 和交流发电机 [图 6.11(a) 为交流发电机运行的示意图, 图 6.11(b) 为转动线圈在磁场中的截面图] 与电力系统 (特斯拉), 开创了电力革命, 使电能成为一种便于转换、输送和储存的广泛应用的新型能源, 人类从此开始从工业社会跨入电力社会.

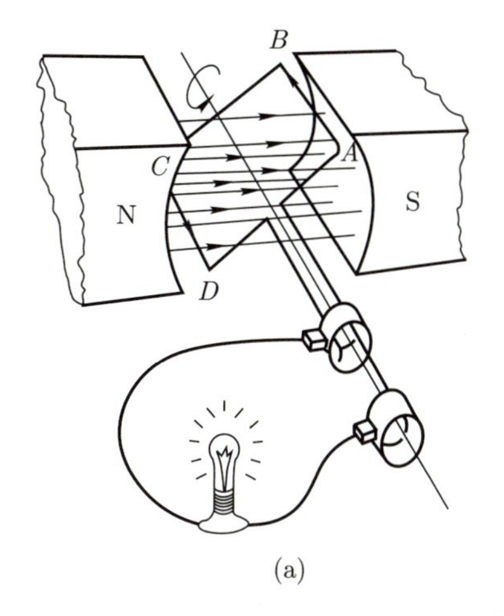

(a)

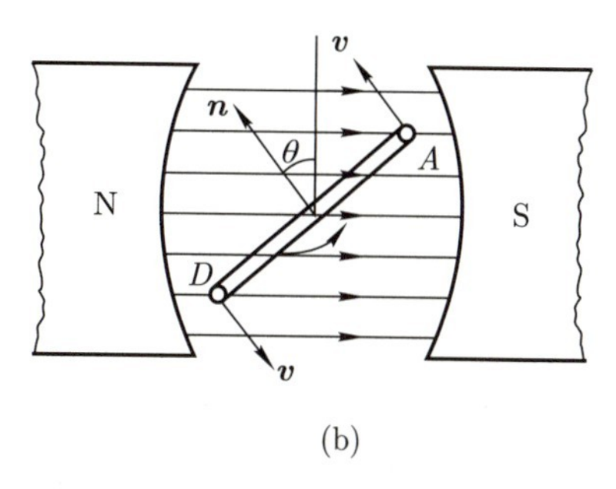

(b)

图 6.11

例 6.1 如图 6.12 所示, 长度为 L 的导体棒在均匀磁场中以角速度 ω 转动, 磁场 $\boldsymbol{B}$ 垂直于棒的转动平面 (纸面) 向外, 求 AO 之间的电动势.

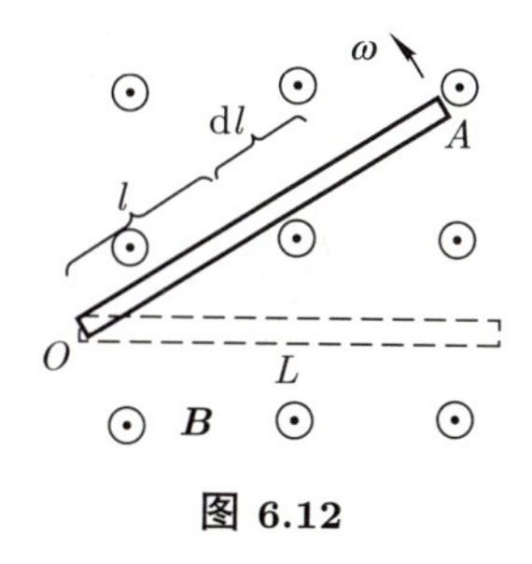

图 6.12

解 取 O 点为坐标原点. 棒上各点切割磁场线的速度不同, 因此, 取微元求出一线段元对电动势的贡献后再积分. 总电动势为

$$\mathcal{E}=\int_0^L(\boldsymbol{v}\times\boldsymbol{B})\cdot\mathrm{d}\boldsymbol{l}=\int_O^A Bv\mathrm{d}l=\int_0^L B\omega l\mathrm{d}l=\frac{1}{2}L^2B,$$

其中 $\boldsymbol{v}$ 是棒上线段元 $\mathrm{d}\boldsymbol{l}$ 的运动速度, l 是 $\mathrm{d}\boldsymbol{l}$ 到原点的距离. 积分从负极经过电源内部到正极. 我们这里相当于把 O 点当作电源的负极, A 点当作正极. 如果得到的电动势为正, 说明我们取的正负极是正确的, 否则说明正负极取颠倒了. 最后得电动势为

$$\mathcal{E}=U_{AO}=U(A)-U(O)=\frac{1}{2}L^2B.$$

这里的第一个等式用了电动势等于开路时的路端电压这一结果. 如果积分得到的结果是负值, 则表示积分的起止点不是从负极到正极, 而是相反.

例 6.2 如图 6.13 所示, 一长直导线载有电流 I, 旁边有一与它共面的矩形线圈, 线圈的长边与直导线平行, 边长分别为 a,b, 共有 N 匝. 若线圈以速度 v 匀速离开直导线, 求当直导线与矩形线圈左边相距为 x 时, 线圈中的感应电动势的大小和方向. 设线圈中的导线很细, N 匝线圈的空间位置可视为重合.

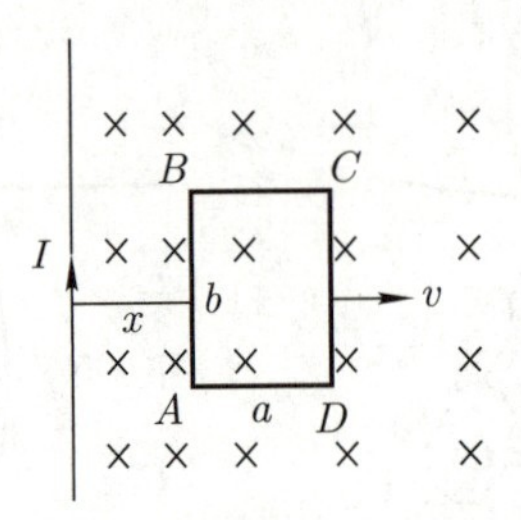

图 6.13

解 方法一: 用电磁感应定律的通量法则 (6.2) 式求解. 取 $\boldsymbol{B}$ 的方向为磁通量正方向, 与其成右手关系的为绕行方向, 即顺时针为电动势正方向.

取线圈微元为长 b、宽 $\mathrm{d}x'$, 距导线 x' 且平行于导线的窄条, 此处的磁感应强度为 $\mu_0 I/(2\pi x')$. 由积分求线圈的磁通量:

$$\Phi = \int_x^{x+a} \frac{\mu_0 I}{2\pi x'} \cdot b\mathrm{d}x' = \frac{\mu_0 I b}{2\pi} \ln \frac{x+a}{x}.$$

根据电磁感应的通量法则, 有

$$\mathcal{E} = -\frac{N\mathrm{d}\Phi}{\mathrm{d}t} = -\frac{\mu_0 N I b}{2\pi} \frac{\mathrm{d}}{\mathrm{d}t} \ln \frac{x+a}{x} = \frac{\mu_0 N I b a v}{2\pi x(x+a)}.$$

从上面的计算结果及前面规定的电动势正方向可知, 电动势为顺时针方向. 也可以通过楞次定律判断其方向: 线圈在移动过程中, 其中的磁通量逐渐变弱, 所以感应电动势的后果必然使之加强, 因此电动势为顺时针, 与前面通量法则求得的结果一致.

方法二: 通过动生电动势求解. 本问题中的空间各点的磁感应强度恒定, 因此, 线圈中没有感生电动势, 只可能有因线圈运动导致的动生电动势.

取 $ABCDA$ 回路 (即顺时针) 为电动势正向, 计算此绕行方向的电动势. 由于 $\boldsymbol{v} \times \boldsymbol{B}$ 与线圈的上下两条边正交 (即没有导线方向的分量), 因此, 这两段的动生电动势均为零. 现仅需要计算左右两条边的动生电动势. 先计算单匝情形:

$$\mathcal{E}_{AB} = \int_A^B (\boldsymbol{v} \times \boldsymbol{B}) \cdot \mathrm{d}\boldsymbol{l} = vB(x)b = \frac{\mu_0 I b v}{2\pi x},$$

$$\mathcal{E}_{CD} = \int_A^B (\boldsymbol{v} \times \boldsymbol{B}) \cdot \mathrm{d}\boldsymbol{l} = -vB(x+a)b = -\frac{\mu_0 I b v}{2\pi(x+a)}.$$

在此基础上进一步计算整个线圈的电动势:

$$\mathcal{E} = N(\mathcal{E}_{AB} + \mathcal{E}_{CD}) = \frac{\mu_0 N I b v}{2\pi} \left(\frac{1}{x} - \frac{1}{x+a} \right) = \frac{\mu_0 N I b a v}{2\pi x(x+a)}.$$

上述结果为正, 因此, 电动势的方向沿前面所取的回路正方向. 方法二中的结果与方法一中通量法则得到的相同.

6.2.3 感生电动势

麦克斯韦相信, 即使不存在导体回路, 变化的磁场在其周围也会激发一种电场, 他称之为感应电场 (induced electric field) 或涡旋电场 (vortex electric field), 记为 $\boldsymbol{E}_{\text{in}}$. 考虑一个固定回路 L, S 是以 L 为边界的曲面, 通过 S 的磁通量的改变导致产生感生电动势:

$$\mathcal{E}=-\frac{\mathrm{d}\Phi}{\mathrm{d}t}=-\frac{\mathrm{d}}{\mathrm{d}t}\iint_S \boldsymbol{B}\cdot\mathrm{d}\boldsymbol{S}=-\iint_S\frac{\partial \boldsymbol{B}}{\partial t}\cdot\mathrm{d}\boldsymbol{S}\equiv\oint_L \boldsymbol{E}_{\text{in}}\cdot\mathrm{d}\boldsymbol{l}. \tag{6.9}$$

由于回路 L 固定, 磁通量的变化完全由磁感应强度 $\boldsymbol{B}$ 的变化引起. 负号说明 $\boldsymbol{E}_{\text{in}}$ 的方向与 $\dfrac{\partial \boldsymbol{B}}{\partial t}$ 成左手螺旋关系, 如图 6.14(a) 所示. 与之相比较, 恒定磁场与稳恒电流 I 构成右手关系, 如图 6.14(b) 所示. 需要强调, 涡旋场总是无源的. 如果我们接受高斯定理在随时间变化的电场情形仍然成立, 这里新引入的感应电场不是电荷激发的, 却存在于没有电荷但有磁感应强度变化的空间里, 因此, 其通量必为零, 即

$$\oiint_S \boldsymbol{E}_{\text{in}}\cdot\mathrm{d}\boldsymbol{S}=0. \tag{6.10}$$

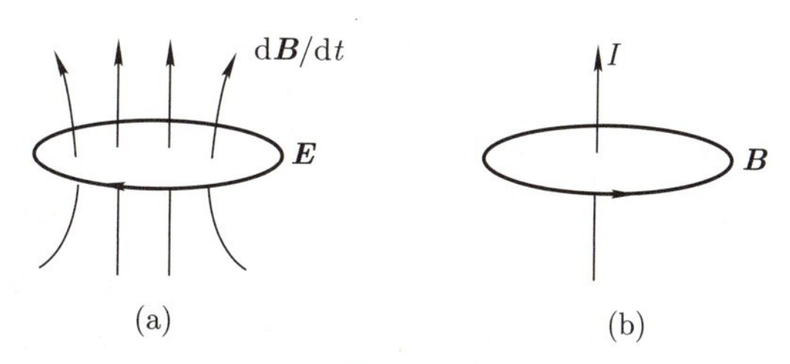

图 6.14

我们知道, 静电场是有源无旋的, 但感应电场却相反, 有旋无源. 在普遍情况下, 电场 $\boldsymbol{E}$ 为上述两种场之和. 因此, 一般情形的电场既有源, 也有旋. 有源无旋部分称为纵场, 也称为库仑场, 记为 $\boldsymbol{E}_{\text{l}}$. 有旋无源部分称为感应电场, 或涡旋电场, 也称为横场, 记为 $\boldsymbol{E}_{\text{in}}$. 普遍情形的电场为

$$\boldsymbol{E}=\boldsymbol{E}_{\text{l}}+\boldsymbol{E}_{\text{in}}. \tag{6.11}$$

当感生电动势 $\mathcal{E}_{\text{in}}$ 和动生电动势 $\mathcal{E}_{\text{m}}$ 同时存在时, 总电动势为

$$\mathcal{E}=\mathcal{E}_{\text{in}}+\mathcal{E}_{\text{m}}=\oint_L \boldsymbol{E}_{\text{in}}\cdot\mathrm{d}\boldsymbol{l}+\oint_L(\boldsymbol{v}\times\boldsymbol{B})\cdot\mathrm{d}\boldsymbol{l}, \tag{6.12}$$

其中

$$-\iint_S\frac{\partial \boldsymbol{B}}{\partial t}\cdot\mathrm{d}\boldsymbol{S}\equiv\oint_L \boldsymbol{E}_{\text{in}}\cdot\mathrm{d}\boldsymbol{l}. \tag{6.13}$$

(6.12) 和 (6.13) 式即为求感应 (感生和动生) 电动势的基本方程. 对通量法则不适用的情形, 应从这两个方程出发求解感应电动势.

(6.13) 式对应的微分形式推导如下:

$$\oint_L \boldsymbol{E}_{\text{in}} \cdot \mathrm{d}\boldsymbol{l} = \iint_S \nabla \times \boldsymbol{E}_{\text{in}} \cdot \mathrm{d}\boldsymbol{S} = -\iint_S \frac{\partial \boldsymbol{B}}{\partial t} \cdot \mathrm{d}\boldsymbol{S}, \tag{6.14}$$

其中第一个等式用了数学公式 (旋度定理). 由于在求感应电动势时, 计算磁通量的回路不变, 由此, 对 $\boldsymbol{B}$ 的通量的时间导数可以写成对 $\boldsymbol{B}$ 求导后再积分, 这就是第三个等式成立的原因.

比较 (6.14) 式中第一个等式后面积分号下的式子与最后一个等式右边的积分号下的式子, 它们的积分区域完全相同. 再考虑到这两个积分中的积分区域, 即面积 S 的大小和取向都是任意的, 因此得对应的积分号下的两个式子相等, 即

$$\nabla \times \boldsymbol{E}_{\text{in}} = \nabla \times \boldsymbol{E} = -\frac{\partial \boldsymbol{B}}{\partial t}. \tag{6.15}$$

这里, 第一个等式之所以成立, 是由于尽管总电场中除了感应电场 $\boldsymbol{E}_{\text{in}}$ 外, 还有纵场 $\boldsymbol{E}_{\text{l}}$, 但纵场本来就是无旋的, 是否在电场中加入纵场, 不影响其旋度. (6.15) 式即为法拉第定律的微分形式, 其对应的积分形式为

$$\oint_L \boldsymbol{E} \cdot \mathrm{d}\boldsymbol{l} = -\iint_S \frac{\partial \boldsymbol{B}}{\partial t} \cdot \mathrm{d}\boldsymbol{S}. \tag{6.16}$$

例 6.3 在前面的例 6.2 中, 如电流 $I(t) = I_0 \cos\omega t$ 随时间简谐变化, 在时刻 t, 线圈的左边与载流导线相距 x, 其他条件不变, 求回路中的感应电动势.

解 方法一: 用通量法则求解. 取 $\boldsymbol{B}$ 的方向为磁通量正方向, 线圈中与其成右手关系的顺时针方向为电动势正方向.

磁通量

$$\varPhi[x(t), t] = \int_x^{x+a} \frac{\mu_0 I(t)}{2\pi x'} \cdot b\mathrm{d}x' = \frac{\mu_0 I(t) b}{2\pi} \ln \frac{x+a}{x}.$$

这里求磁通量的步骤与例 6.1 相同, 但需要注意, 这里的磁通量不仅依赖 x (与前一个例题相同), 还直接依赖 t (从函数关系看, $\varPhi$ 显含 t). 下面求磁通量的无限小变化量 (即微分):

$$\mathrm{d}\varPhi[x(t), t] = \frac{\partial \varPhi}{\partial x}\mathrm{d}x + \frac{\partial \varPhi}{\partial t}\mathrm{d}t.$$

从上面等式的右边可知, 第一项由线圈运动 (x 的变化) 引起, 因此, 这一项对应动生电动势; 第二项对应线圈位置不变, 磁通量随显含的时间变化, 即电流随时间变化导致全空间的磁场变化, 这一项对应感生电动势.

由电磁感应的通量法则, 有

$$\begin{aligned}\mathcal{E}&=-\frac{\mathrm{d}\{N\varPhi[x(t),t]\}}{\mathrm{d}t}=-N\left(\frac{\partial\varPhi}{\partial x}\frac{\mathrm{d}x}{\mathrm{d}t}+\frac{\partial\varPhi}{\partial t}\right)\\&=\frac{\mu_0NIbav}{2\pi x(x+a)}+\frac{\mu_0NbI_0\omega\sin\omega t}{2\pi}\ln\left[\frac{x+a}{x}\right]\\&=\mathcal{E}_{\mathrm{m}}+\mathcal{E}_{\mathrm{in}},\end{aligned}\tag{6.17}$$

最后一个等式左边第一项是由线圈运动导致的, 为动生电动势, 第二项是电流随时间变化, 导致磁场随时间变化引起的, 为感生电动势. 本问题中, 我们忽略了电流强度的变化产生的磁场传播到空间各处所需的时间, 即认为电流的变化即刻导致了全空间的磁场的变化. 在本题电流随时间变化不快的情形 (似稳) 中, 这是一个合理的近似.

方法二: 将电动势分为动生和感生分别求解. 如前所述, 磁感应强度 $\boldsymbol{B}(t)$ 随时间变化在线圈中产生的电动势为感生的, 线圈移动导致的电动势为动生的. 现在将电动势分成感生和动生分别求解, 求出后再相加即得到总电动势.

先求感生电动势, 这时不考虑线圈的移动, 即下面式子中线圈左边距导线的距离 x 视为常量. 这时通过线圈的磁通量为

$$\varPhi[x,t]=\int_x^{x+a}\frac{\mu_0I(t)}{2\pi x'}\cdot b\mathrm{d}x'=\frac{\mu_0I(t)b}{2\pi}\ln\frac{x+a}{x},$$

相应的感生电动势为

$$\begin{aligned}\mathcal{E}_{\mathrm{in}}&=\oint_L\boldsymbol{E}_{\mathrm{in}}\cdot\mathrm{d}\boldsymbol{l}=-N\iint_S\frac{\partial\boldsymbol{B}}{\partial t}\cdot\mathrm{d}\boldsymbol{S}\\&=-N\int_x^{x+a}\frac{\partial}{\partial t}\frac{\mu_0I(t)b}{2\pi}\frac{1}{x'}\mathrm{d}x'\\&=-Nb\frac{\partial}{\partial t}\left(\frac{\mu_0I(t)}{2\pi}\ln\frac{x+a}{x}\right)\\&=\frac{\mu_0I_0Nb\omega\sin\omega t}{2\pi}\ln\frac{x+a}{x}.\end{aligned}$$

显然, 这里得到的结果就是方法一 (6.17) 式中第三个等式右边的第二项, 即磁通量对时间 t 的偏导项, 运算步骤也和那里的完全相同.

再求动生电动势. 这时将磁场视为常量, 求解过程与例 6.2 中的方法二相同, 所得结果在形式上也与那里相同, 但注意最终结果与那里不同, 那里的电流 I 为常量, 这里 I 是时间的函数. 这样得到的结果也就是本题方法一 (6.17) 式中第三个等式右边的第一项.

在某些特殊情况下, 用通量法则不能得到正确的感应电动势, 这时应由计算电动势的基本方程 (6.12) 和 (6.13) 求解.

在铁磁类介质磁化过程中, 由于磁介质内的磁通量随时间变化而产生感应电动势. 根据楞次定律, 这种电动势必然要抵抗驱动介质磁化的外加电源, 使外加电源在使介质磁化的过程中付出了额外的能量. 我们现在来证明, 如图 6.15 所示的介质磁化的 B-H 图中, 磁滞回线所包围的 "面积" 代表在一个周期磁化的循环过程中, 单位体积的铁芯内损耗的能量. 以含有铁芯的闭合螺绕环为例, 设 t 时刻介质处于某一磁化状态 P, 此处 $H>0, B>0$. 在 $\mathrm{d}t$ 时间间隔内, 磁化状态从 P 点到 P' 点, 铁芯中磁链改变量为 $\mathrm{d}\Psi$, 与此改变量对应的感应电动势为 $\mathcal{E}$, 电源此时加在螺绕环上的传导电流为 I_0 (由 I_0 控制螺绕环内的磁场 H), 电源在 $\mathrm{d}t$ 间隔内抵抗感应电动势做元功

$$\begin{aligned}\mathrm{d}W &= -I_0\mathcal{E}\mathrm{d}t = I_0\frac{\mathrm{d}\Psi}{\mathrm{d}t}\mathrm{d}t = I_0\mathrm{d}\Psi = \frac{H}{N/l}NA\mathrm{d}B \\ &= AlH\mathrm{d}B = VH\mathrm{d}B,\end{aligned} \tag{6.18}$$

其中 A 为螺绕环的横截面面积, l 为螺绕环中心线的长度, V 为螺绕环内部 (即螺绕环的导线包围的空间) 的体积, $V=Al$, V 也就是铁磁介质的体积. 注意上面的第一个等式后面的负号是由于 "抵抗" 感应电动势做功而加上的, 第四个等式用了磁介质内的安培环路定理

$$\oint_L \boldsymbol{H}\cdot\mathrm{d}\boldsymbol{l} = Hl = NI_0. \tag{6.19}$$

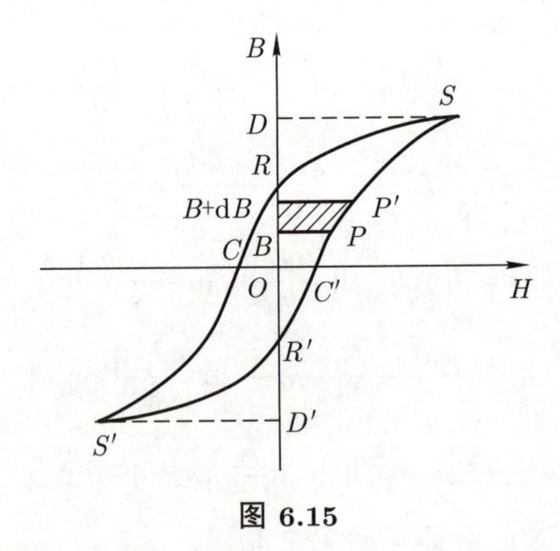

图 6.15

在绕图 6.15 中的磁滞回线对元功进行环路积分的过程中, 被积分的元功将发生正、负变化, 正、负功将部分抵消后得到最终结果. 例如, 在 R' 到 C' 再到 S 的过程中, H 为正, B 增加, 积分结果为正, 再从 S 到 R, 积分结果为负, R 到 C, H 为负, B 减少, $H\mathrm{d}B$ 为正, 等等. 从 C' 到 P' 再到 S 然后依次到 R 和 C 三段过程中, 两段面积为正, 一段为负, 三段相加的结果刚好为横轴以上的半个磁滞回线的面积.

由 (6.18) 式两边除以螺绕环的体积 V 得外电源对螺绕环内的介质做的功密度 (对

单位体积做的功)

$$\mathrm{d}w = \frac{\mathrm{d}W}{V} = H\mathrm{d}B.$$

上面的元过程在磁滞回线的一个循环内积分得

$$\begin{aligned} w &= \oint_{\text{磁滞回线}} \mathrm{d}w = \oint_{\text{磁滞回线}} H\mathrm{d}B \\ &= \text{磁滞回线所包围的“面积”}. \end{aligned} \tag{6.20}$$

由此我们得到: 磁滞回线的面积等于外电源在磁介质的一个磁化循环过程中对单位体积内的介质做的功. 一个循环之后, 磁介质及其各磁学量均回到循环之前的值, 驱动磁化的外电源提供的这部分能量变成了磁介质耗散的热能, 磁介质的磁滞耗散是一个不可逆过程.

6.2.4 电子感应加速器

应用感生电场加速电子的电子感应加速器 (betatron) 是感生电场存在的最重要的例证之一, 其结构如图 6.16 所示, 图 (a) 为侧视横截面图, 在圆形磁铁的两极之间有一环形真空室 [俯视图见图 (b)], 用频率 $\nu = 50$ Hz 的交变电流励磁的电磁铁在两极之间产生交变磁场, 从而在环形室内感生出很强的涡旋电场, 其电场线为同心圆 (由高斯定

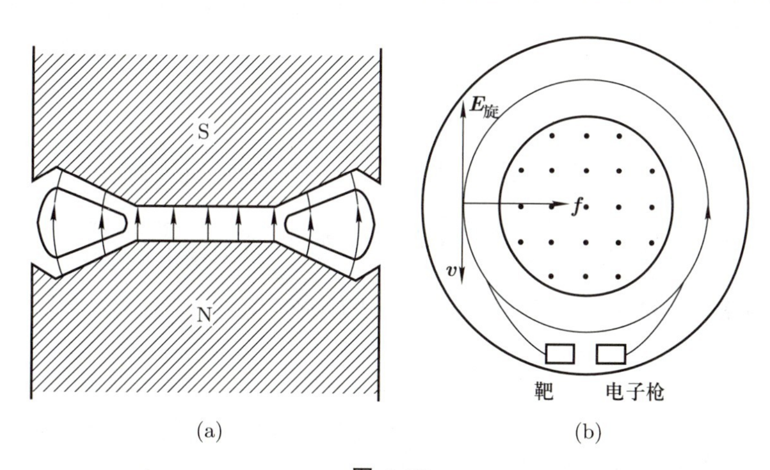

图 6.16

理及电磁感应定律可以说明). 用电子枪将电子注入环形室, 电子在有旋电场的作用下被加速, 同时在洛伦兹力的作用下沿圆形轨道运动. 如图 6.17 所示, 只有磁场变化在第一个 1/4 周期 (约 5 ms) 的情况下, 所产生的有旋电场才能使带负电的电子加速而沿圆形轨道运动. 实际上, 在比上述时间还短得多的极短时间, 即约 10^{-1} ms 内, 电子已经能够绕轨道回旋数十万圈, 从而获得很高的能量. 然后, 可将高速电子引入靶室进行实验. 100 MeV 的大型电子感应加速器可将电子加速到 $0.999986c$, 这里 c 为光在真

空中的速度. 即使考虑到被加速电子的相对论效应, 涡旋电场对电子的加速原则上仍然有效, 但电子被加速时要辐射能量, 这就限制了被加速电子能量的进一步提高.

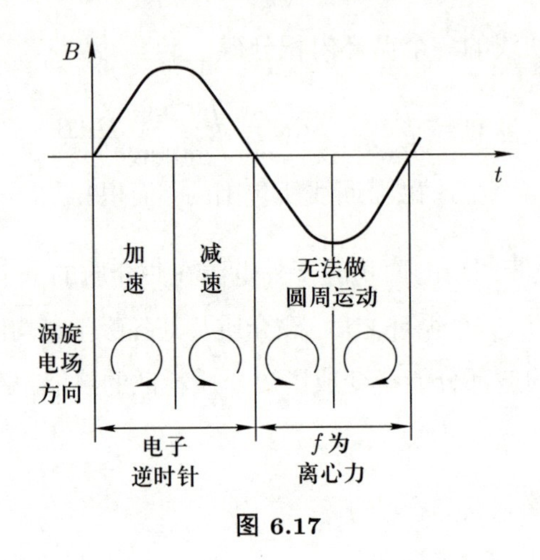

图 6.17

下面我们来说明, 为使电子在加速过程中绕固定圆轨道运动, 对磁场径向分布有一定要求, 即要使轨道上的磁感应强度的值 B_R 恰好等于轨道包围的面积内磁感应强度的平均值 $\overline{B}$ 的一半.

已知电子电量为 $-e$. 首先, 可写出电子做圆周运动径向的运动方程如下 (m 为电子的相对论质量):

$$evB_R = \frac{mv^2}{R}.$$

由此得

$$eRB_R = mv. \tag{6.21}$$

电子沿圆周方向的动量 mv 与感应电场 E_{in} 的关系为

$$\frac{\mathrm{d}(mv)}{\mathrm{d}t} = -eE_{\text{in}}. \tag{6.22}$$

感应电场与磁通量的时间变化率的关系为

$$\begin{aligned}\oint_L \boldsymbol{E}_{\text{in}} \cdot \mathrm{d}\boldsymbol{l} &= -\frac{\mathrm{d}}{\mathrm{d}t}\iint_S \boldsymbol{B} \cdot \mathrm{d}\boldsymbol{S} \\ &= -\frac{\mathrm{d}}{\mathrm{d}t}(\pi R^2 \cdot \overline{B}) = -\pi R^2 \frac{\mathrm{d}\overline{B}}{\mathrm{d}t},\end{aligned}$$

其中 $\overline{B}$ 为电子运行轨道包围的圆形面积内的磁感应强度的平均值. 根据本问题的轴对称性得

$$2\pi R \cdot E_{\text{in}} = -\pi R^2 \frac{\mathrm{d}\overline{B}}{\mathrm{d}t}. \tag{6.23}$$

由 (6.22) 和 (6.23) 式得

$$\mathrm{d}(mv) = \frac{eR}{2}\mathrm{d}\overline{B}.$$

对上式积分, 并用初始条件 (刚开始加上磁场时, 电子的速度为零) $v = 0, \overline{B} = 0$, 得

$$mv = \frac{eR}{2}\overline{B}.$$

与 (6.21) 式比较, 得轨道上的磁感应强度 B_R 为轨道包围的圆形面积内的磁感应强度的平均值 $\overline{B}$ 的一半:

$$B_R = \frac{1}{2}\overline{B}. \tag{6.24}$$

前面所述结论得证.

6.2.5 阿哈罗诺夫 – 玻姆效应

对一个确定的电磁场, 我们可以分别用电场强度 $\boldsymbol{E}$ 和磁感应强度 $\boldsymbol{B}$ 来描述, 有

$$\boldsymbol{B} = \nabla \times \boldsymbol{A}. \tag{6.25}$$

如果电场不随时间变化, 它也可以用电势 U 来描述, 即

$$\boldsymbol{E} = -\nabla U. \tag{6.26}$$

上述两式可分别由 $\boldsymbol{B}$ 在任意封闭曲面上的通量为 0 和静电场的任意环路积分为 0 得到. 在随时间变化的电磁场中, 我们仍然可以通过静止的单位正电荷受力来定义电场 $\boldsymbol{E}$, 通过运动的电荷或电流元受力定义磁感应强度 $\boldsymbol{B}$. 在此情况下, 上述电磁场和电磁势的关系是否仍然成立?

这时, $\boldsymbol{B}$ 在任意封闭曲面上的通量仍然为 0, 因此 (6.25) 式仍然成立. 但由于电场包含纵 (库仑) 场和横 (感应) 场两部分, 感应电场的环路积分可以不为 0, 因此 (6.26) 式对一般情形的电场 $\boldsymbol{E}$ 不再成立.

感应电场的环路积分不为 0 的微分形式即为

$$\nabla \times \boldsymbol{E} = -\frac{\partial \boldsymbol{B}}{\partial t}.$$

将 $\boldsymbol{B}$ 的矢势表示代入上式, 得

$$\nabla \times \boldsymbol{E} = -\frac{\partial \boldsymbol{B}}{\partial t} = -\frac{\partial}{\partial t}(\nabla \times \boldsymbol{A}) = -\nabla \times \frac{\partial \boldsymbol{A}}{\partial t}.$$

将右边的量移项到左边得

$$\nabla \times \left(\boldsymbol{E} + \frac{\partial \boldsymbol{A}}{\partial t}\right) = 0.$$

由法拉第定律得知, 在一般情况下, 电场的旋度不为零 (对应的积分形式为电场的环路积分不为零), 但由上面的推导, 我们得到 $\boldsymbol{E} + \partial \boldsymbol{A}/\partial t$ 的旋度为零, 也就是说, 它们作为一个整体的线积分与路径无关, 因此可以引入 $\boldsymbol{E} + \partial \boldsymbol{A}/\partial t$ 的势, 即令

$$\boldsymbol{E} + \frac{\partial \boldsymbol{A}}{\partial t} = -\nabla U. \tag{6.27}$$

这里的 U 虽然仍然用了静电学时的符号, 但其含义已与静电学不同. (6.27) 式可以看作静电场等于电势的负梯度这一表述的推广. 对于静电场, 所有的电场均来源于电荷, 与磁场无关, 或者说, 静电场对应的磁场是静磁场, 矢势不随时间改变, 上式中 $\boldsymbol{A}$ 对 t 求导自然就为零, 自然不可能产生感应电场, 因此 (6.27) 式就回到静电场的公式 (6.26). 也就是说, (6.26) 式是 (6.27) 式的一个特殊情形.

对随时间变化的电磁场, 通过上式, 电场强度 $\boldsymbol{E}$ 可以表示为更普遍的形式:

$$\boldsymbol{E} = -\nabla U - \frac{\partial \boldsymbol{A}}{\partial t}, \tag{6.28}$$

其中 U 和 $\boldsymbol{A}$ 既是空间位置 r 的函数, 也是时间 t 的函数, 它们分别称为电磁场的标势和矢势. 注意这里的标势和矢势均为整个电磁场的, 不再分为电场的和磁场的. 例如在 (6.27) 式中, 电场既随标势 U 变化, 也随矢势 A 变化, 电场和磁场是一个不可分割的整体.

$\boldsymbol{E}$ 和 $\boldsymbol{B}$ 均与作用力相联系, 还和能量、动量、角动量等可观测物理量相联系. 标势和矢势本身不是可观测量, 其值有一定的任意性. 这似乎在说, 电磁场是更基本的物理量, 标势和矢势不是, 它们经特定的运算后和可观测量相联系.

用 (6.25) 和 (6.27) 式容易验证, 当电磁场的标势 U 和矢势 $\boldsymbol{A}$ 分别做如下变换时, $\boldsymbol{E}$ 和 $\boldsymbol{B}$ 保持不变:

$$\boldsymbol{A} \to \boldsymbol{A}' + \nabla\psi, \quad U \to U' - \frac{\partial \psi}{\partial t}. \tag{6.29}$$

上述变换称为规范变换. (6.29) 式中, ψ 是时间和空间位置的任意标量函数. 由上面的规范变换可知, 对于确定的电磁场, 可以通过规范变换使 U 和 $\boldsymbol{A}$ 具有不同的函数形式, 这些不同的函数形式都对应相同的电场和磁场.

这似乎更进一步加强了 $\boldsymbol{E}$ 和 $\boldsymbol{B}$ 是可观测量, U 和 $\boldsymbol{A}$ 不是可观测量的结论. 也就是说, 标势 U 和矢势 $\boldsymbol{A}$ 被看作一组并不具有 "真实" 物理意义的辅助物理量, 它们不是基本物理量. 但麦克斯韦在其电磁理论的建立初期就认为: 矢势是一个基本物理量, 具有 "真实" 的物理意义. 阿哈罗诺夫 – 玻姆效应 (Aharonov-Bohm effect, 简称 AB 效应) 的理论和实验观察结果向我们揭示了自然规律中支持麦克斯韦的观点的一面.

1959 年, 阿哈罗诺夫和玻姆从理论上指出, 即使在电子的运动路径上不存在电场 $\boldsymbol{E}$ 和磁场 $\boldsymbol{B}$ (即它们的值为零), 但只要存在标势 U 和矢势 $\boldsymbol{A}$ (即它们的值不为零), 也会使电子波函数的相位发生变化, 而这种相位变化可以通过电子的干涉效应加以观测. 这就是 AB 效应. AB 效应表明, U 和 $\boldsymbol{A}$ 是比 $\boldsymbol{E}$ 和 $\boldsymbol{B}$ 更为基本的物理量①.

AB 效应是量子力学和电动力学发展史上的重要实验. AB 这个名称当然取自阿哈罗诺夫和玻姆的首字母, 但巧合的是, 物理学家也用 A 表示磁矢势, B 表示磁感应强度.

根据量子力学理论, 所有粒子都具有波粒二象性, 粒子的状态由其概率波 (波函数) 描述, 波函数模的平方反映粒子出现的概率, 粒子处在一定的状态, 但没有确定的运动轨道. 也就是说, 电子、质子和中子等通常被认为是粒子的对象也具有波动性. 当然, 通常用波来描述的电磁波也具有粒子和波动二象性. 和光通过双缝在其后面的屏上显示出明暗相间的条纹相似, 大量的电子通过双缝后也会在屏上显示明暗相间的条纹, 如图 6.18 所示.

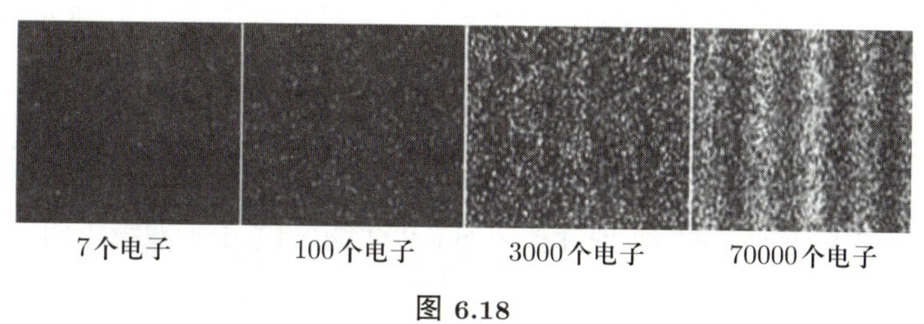

图 6.18

既存在电 AB 效应, 也存在磁 AB 效应. 我们现仅用电子干涉实验来说明电磁场的矢势的改变导致电子干涉条纹发生移动的磁 AB 效应.

图 6.19(a) 为没有放入螺线管时的电子干涉实验示意图. 其中, S 为发射电子的源, 中间为开有双缝的障碍物, 电子经图中的双缝到达右边的屏, 和光的双缝干涉一样, 经过双缝的电子在屏上相干叠加, 两者互相加强的地方出现电子的概率大, 形成有大量电子的亮条纹, 即图中实线波峰处. 两者相互抵消的地方的波函数模的平方很小, 电子出现的概率接近零, 因此在屏上表现为极少有电子的暗条纹, 即对应图中实线的波谷处.

图 6.19(b) 为放入螺旋管后的电子干涉情形. 紧靠双缝的后面放一个小的通电密绕长直螺线管, 电子通过双缝在螺线管外的两侧经过, 通过双缝之后, 在接收屏上出现的双缝干涉条纹相对于未放螺旋管之前的条纹发生移动.

根据量子力学理论, 质量为 m 的电子和其他粒子或波一样, 具有波粒二象性, 其

①参见 Aharonov Y and Bohm D. Phys. Rev., 1959, 115: 485; Chambers R G. Phys. Rev. Lett., 1960, 5(1): 3.

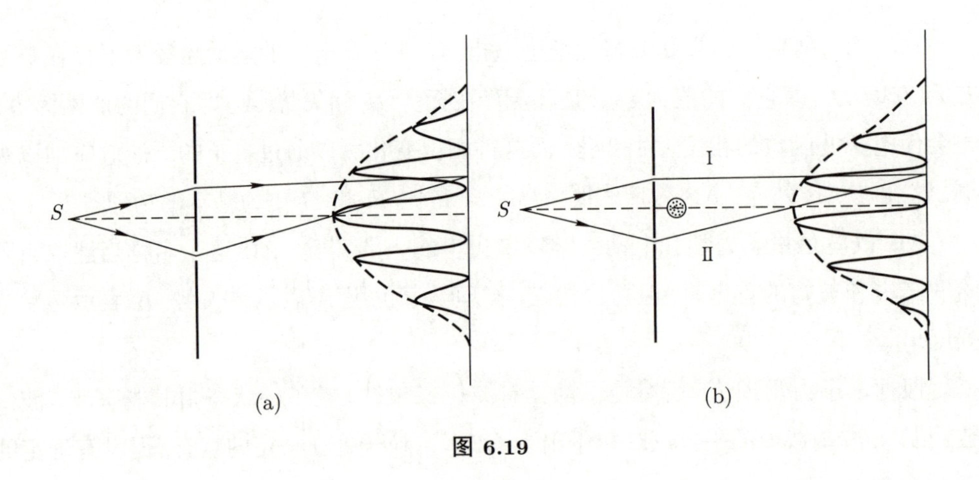

图 6.19

波动性对应的波长 λ 与其动量 $\boldsymbol{p}$ 的关系如下:

$$\boldsymbol{p}=m\boldsymbol{v}=\hbar\boldsymbol{k}, \tag{6.30}$$

其中, $\hbar$ 为普朗克常量 h 除以 2π, 称为约化普朗克常量, $\boldsymbol{k}$ 称为波矢, 其大小为电子对应的波长的倒数乘以 2π, 其方向为动量的方向.

由电子波长与其动量的关系式 (6.30), 我们可以像光学中处理光的杨氏双缝干涉那样处理电子的双缝干涉问题. 现计算如图 6.20 所示的电子沿双缝中两条路径之一的相位如下:

$$\phi=\int 2\pi\frac{\widehat{\boldsymbol{k}}\cdot \mathrm{d}\boldsymbol{r}}{\lambda}=\int \boldsymbol{k}\cdot \mathrm{d}\boldsymbol{r}=\int \frac{\boldsymbol{p}\cdot \mathrm{d}\boldsymbol{r}}{\hbar}, \tag{6.31}$$

其中 $\widehat{\boldsymbol{k}}$ 为波矢方向的单位矢量, $\mathrm{d}\boldsymbol{r}$ 为沿所述积分路径 (图中的 C_1 或 C_2) 的无限小位移, 因此, $\dfrac{\widehat{\boldsymbol{k}}\cdot \mathrm{d}\boldsymbol{r}}{\lambda}$ 即为 $\mathrm{d}\boldsymbol{r}$ 位移对应的电子波长的倍数, $2\pi\dfrac{\widehat{\boldsymbol{k}}\cdot \mathrm{d}\boldsymbol{r}}{\lambda}$ 为 $\mathrm{d}\boldsymbol{r}$ 对应的相位改变量. 由此可知, (6.31) 式即为电子沿积分路径改变的总相位. 和光学中杨氏双缝干涉的相位差计算相似, 我们可以计算电子沿上下两条不同的路径到达屏上的不同地点时的

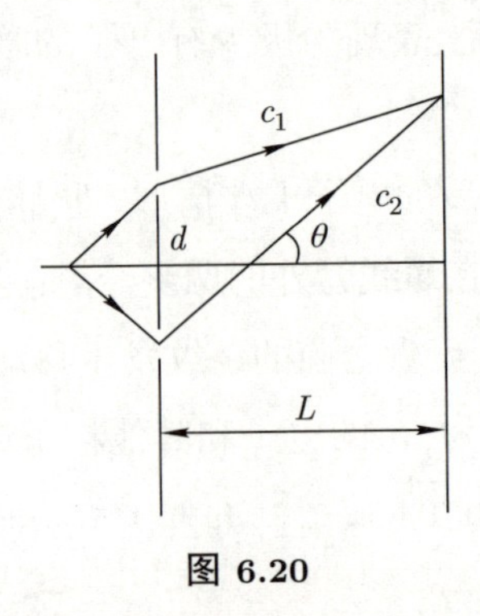

图 6.20

相位差

$$\phi_1 - \phi_2 = 2\pi\frac{\Delta l}{\lambda} \approx k\mathrm{d}\sin\theta, \tag{6.32}$$

其中 ϕ_1 和 ϕ_2 分别对应 (6.31) 式在图中的 C_1 和 C_2 路径上的积分, Δl 是上下两条路径的长度差, d 是两条狭缝之间的距离, θ 是两条缝的中心到屏上某一点的连线与水平方向的夹角, L 是双缝所在的平面到屏的距离. 因此, (6.32) 式就是电子分别经路径 C_1 和 C_2 的相位差. 和光学的杨氏双缝干涉一样, 这里也满足 $d \ll L$ 和 θ 角很小的条件 (图中未按实际比例画). 由上述公式可知, 图 6.20 中, 屏的水平线上的 θ 为 0, 上述相位差为 0, 因此两条路径的波函数在这里同相位, 即互相加强, 形成亮条纹. 随着在屏上往上、下两侧移动, θ 逐渐变化, 到适当位置将使相位差变为 π, 即相位相反, 相互抵消, 成为暗条纹. 随着位置继续向两侧移动, 将会出现亮纹和暗纹交替变化的现象.

现在狭缝后面放入螺线管, 如图 6.19(b) 所示. 这时, 根据量子力学理论, 存在电磁场时, 电子的动量为

$$\boldsymbol{p} = m\boldsymbol{v} - e\boldsymbol{A} = \hbar\boldsymbol{k},$$

其中 $-e$ 为电子的电量, $\boldsymbol{A}$ 为螺线管的磁感应强度对应的矢势, 其他符号对应的量与未放入螺线管时相同. 由上式中的波长可计算放入螺线管后, 电子沿图 6.20 中 C_1 或 C_2 路径运动过程中的相位改变量为

$$\begin{aligned}\phi_{1,2} &= \int_{C_{1,2}} 2\pi\frac{\widehat{\boldsymbol{k}}\cdot\mathrm{d}\boldsymbol{r}}{\lambda} = \int_{C_{1,2}} \frac{\boldsymbol{p}\cdot\mathrm{d}\boldsymbol{r}}{\hbar} \\ &= \int_{C_{1,2}} \left(\frac{m\boldsymbol{v}}{\hbar} - \frac{e\boldsymbol{A}}{\hbar}\right)\cdot\mathrm{d}\boldsymbol{r},\end{aligned}$$

两条路径的相位差为

$$\begin{aligned}\phi_1 - \phi_2 &= \left(\int_{C_1}\frac{m\boldsymbol{v}}{\hbar} - \int_{C_2}\frac{m\boldsymbol{v}}{\hbar}\right)\cdot\mathrm{d}\boldsymbol{r} + \left[\int_{C_1}\left(-\frac{e\boldsymbol{A}}{\hbar}\right) - \int_{C_2}\left(-\frac{e\boldsymbol{A}}{\hbar}\right)\right]\cdot\mathrm{d}\boldsymbol{r} \\ &\approx k\mathrm{d}\sin\theta - \frac{e}{\hbar}\oint\boldsymbol{A}\cdot\mathrm{d}\boldsymbol{r},\end{aligned} \tag{6.33}$$

其中最后的约等式右边的第一项用了 (6.32) 式的结果. 第二项的理由是: 关于矢势 $\boldsymbol{A}$ 沿 C_1 积分减去 $\boldsymbol{A}$ 沿 C_2 积分, 相当于积分的路径为沿 C_1 的正向, 再沿 C_2 的反向. 从图 6.20 中不难看出, 沿 C_1 的正向加上沿 C_2 的反向合在一起正好就是图中的闭合路径 $C_1 + C_2$ 的顺时针积分路径, 因此, 我们得到 (6.33) 式中的闭合环路的积分.

从上面的表达式可知, 加入磁场后, 电子的两条路径的相位差除了原来那部分与 θ 有关的项之外, 还多了一项对矢势的环路积分项. 虽然在电子所通过的路径区域里面, 磁感应强度 $\boldsymbol{B}$ 为零, 但由于矢势不为零, $C_1 + C_2$ 构成的顺时针闭合积分路径围起来的曲面的磁通量不为零 [如果螺线管垂直于图 6.19(b) 所示的平面 (即纸面), 磁通量就

等于螺线管内的磁感应强度与螺线管的横截面积的乘积], 因而干涉条纹将随磁通量的变化做周期性变化, 即当 $\frac{e}{\hbar}\oint \boldsymbol{A}\cdot \mathrm{d}\boldsymbol{r}$ 的改变量为 2π 的整数倍时, 干涉条纹就恢复到不放入螺线管时的情形.

实验表明, 在电子干涉实验中, 加入螺线管后, 随着螺线管中磁场的变化, 屏上的电子干涉条纹的确发生变化, 这与上面的理论推导结果是一致的.

在上述实验中, 如果螺线管很长, 管外的磁场为零, 但矢势却不为零. 电子虽然没有受到磁场的作用力, 但却因矢势不为零, 其波函数的相位发生改变, 并且在双缝干涉实验中产生了实验可以观测到的后果 (屏上的条纹改变).

AB 效应向人们明确地显示了矢势 $\boldsymbol{A}$ 与可观察效果的联系. 尽管这时, 在电子经过的区域内, $\boldsymbol{B}$ 为零, 按近距作用的观点, 磁感应强度对电子没有作用, 但由于电场经过的区域的矢势 $\boldsymbol{A}$ 不为零, 导致出现了观测结果的变化. 由 AB 效应, 我们可以理解到, 量子层次上仅有磁感应强度 $\boldsymbol{B}$ 还不够, 还应该需要矢势 $\boldsymbol{A}$. 当然, $\boldsymbol{A}$ 又有太多规范变换带来的任意性. 当前, 物理学界认为, 恰当描述物理的量是如 (6.33) 式中矢势 $\boldsymbol{A}$ 的环路积分的值, 此量既有积分路径上的磁感应强度所未包含的信息, 也因环路积分消掉了 $\boldsymbol{A}$ 的过多的任意性.

6.3 自感与互感

6.3.1 自感

当一个线圈中的电流发生变化时, 它所激发的磁场穿过这个线圈自身的磁通量也随之发生变化, 从而在这个线圈中也会产生感应电动势, 这种现象称为自感现象. 这样产生的感应电动势, 称为自感电动势 (self-induction electromotive force).

我们首先描述一下现象. 如图 6.21(a) 所示, 接通开关 K 的瞬间, 灯泡 S_1 比 S_2 先亮, 而如图 (b) 所示, 当 K 合上后电路电流达到稳定状态时再断开开关 K 的瞬间, 图中的灯泡突然亮一下. 究其原因, 接通开关 K 或切断 K, 由于电流变化导致磁场变化, 变化的磁场产生感应电动势, 它影响电路中的电流.

在线性电路中, 空间任意一点的磁感应强度 B 和与产生上述磁场的电流 I 之间成正比:

$$B \propto I(t).$$

由此直接得到通过任意一个固定曲面的磁通 $\varPhi$, 以及磁链 $\varPsi$, 也与电流 I 成正比:

$$\varPhi \propto I(t), \quad \varPsi \propto I(t).$$

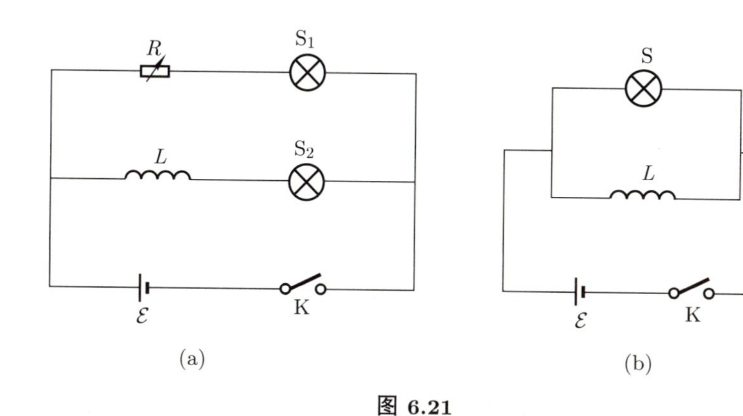

图 6.21

设 Ψ 与 I 之间的比例系数为 L, 即

$$\Psi = LI, \tag{6.34}$$

则称比例系数 L 为自感系数, 与线圈大小、几何形状、匝数, 以及线圈中的介质性质有关, 与电流 I 的大小无关. 相应的感应电动势为

$$\mathcal{E} = -\frac{\mathrm{d}\Psi}{\mathrm{d}t} = -L\frac{\mathrm{d}I}{\mathrm{d}t}. \tag{6.35}$$

由此式解出自感系数为

$$L = -\frac{\mathcal{E}}{\dfrac{\mathrm{d}I}{\mathrm{d}t}}, \tag{6.36}$$

或

$$L = \frac{\Psi}{I}. \tag{6.37}$$

这两个公式都可以当作自感系数 L 的定义. L 的单位是亨利, 记作 H,

$$1\ \mathrm{H} = \frac{1\ \mathrm{Wb}}{1\ \mathrm{A}} = \frac{1\ \mathrm{V\cdot s}}{1\ \mathrm{A}} = 10^3\ \mathrm{mH} = 10^6\ \mathrm{\mu H}.$$

在处理自感问题时, 我们需要清楚知道线圈中电流与面元的正方向. 对某一确定的线圈, 我们可以将沿线圈导线的任意两个方向之一规定为电流的正方向, 一旦规定了电流的正方向, 也就由右手规则同时规定了面元的正方向 (见图 6.22), 从而确定了磁通量的正方向, 感应电动势的正方向与电流正方向相同.

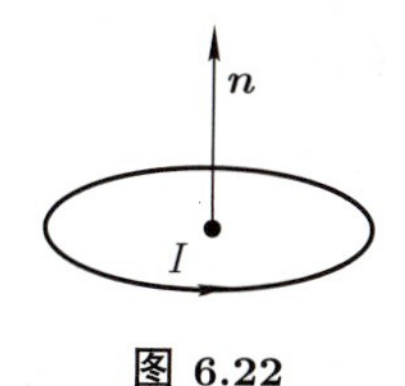

图 6.22

(6.34) ~ (6.37) 式都是在上述规定的意义下成立的. 容易说明, 在上述规定下, 自感系数 L 一定是正量.

这里电流、电动势和面元的正方向只是规定, 它们的实际值可正可负, 负值表示与规定的正方向相反.

自感现象的应用很广泛. 例如, 利用线圈具有阻碍电流变化的特性可以稳定电路中的电流, 无线电设备中常以自感线圈 (通常称为电感) 和电容器组合构成共振电路或滤波器等. 在某些情况下自感现象又是有害的, 要设法避免. 例如, 在具有很大自感的线圈的电路断开时, 由于电路中的电流变化很快, 在电路中会产生很大的自感电动势, 它甚至会使线圈击穿或在电闸间隙产生强电弧而损坏设备.

例 6.4 求如图 6.23 所示长为 l 的一段同轴线的自感系数, 同轴线的内外半径分别为 R_1 和 R_2, 同轴线中的电流强度为 I, 方向如图所示.

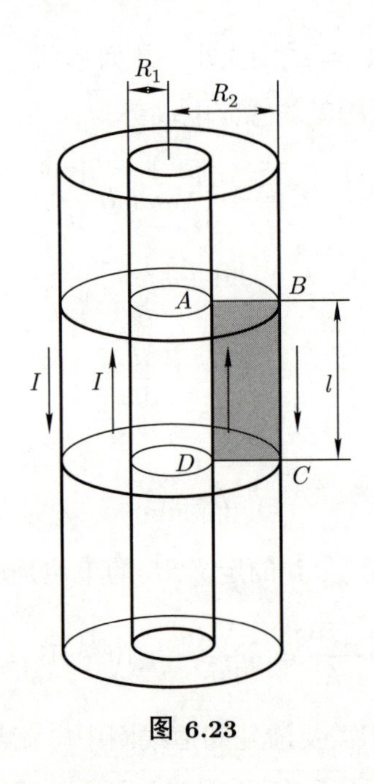

图 6.23

解 同轴线和典型的线圈有些不同. 这类系统通常是取一个很长的同轴线中间的某一段. 可以认为, 整个同轴线向上和向下均分别延伸到很远处, 其内柱面和外柱面构成回路, 组成一个线圈. 因此, 这里内、外柱体之间就是本题的线圈. 为求本题的自感系数, 可以先求两个柱面之间的磁感应强度 B 的大小, 然后再求穿过图中矩形 $ABCD$ 的磁通量, 之后再计算相应的自感系数.

由本问题的轴对称性可知, 内、外同轴线上的电流分布均匀, 磁场仅存在于两同轴线中间的区域, 且方向均在绕中心对称轴的环绕方向上. 本题忽略内外同轴线导体的

厚度. 因此, 穿过图中矩形 $ABCD$ 的磁场均垂直于此矩形, 此矩形的磁通量为

$$\Phi = \iint_S B\mathrm{d}S = \int_{R_1}^{R_2} Bl\mathrm{d}r = \int_{R_1}^{R_2} \frac{\mu_0 I}{2\pi r} l\mathrm{d}r = \frac{\mu_0 Il}{2\pi} \ln \frac{R_2}{R_1}.$$

由此得这一段同轴线的自感系数为

$$L = \frac{\Phi}{I} = \frac{\mu_0 l}{2\pi} \ln \frac{R_2}{R_1}. \tag{6.38}$$

这里的 L 与外柱面半径和内柱面半径之比有关, 比例越大, 存在磁场的空间也就越大, 磁通量就越大, 自感系数也就越大, 这和我们的直观理解是一致的.

6.3.2 互感

当一个线圈中的电流发生变化时, 将在它周围空间产生变化的磁场, 从而在它附近的另一个线圈中产生感应电动势, 这种现象称为互感. 这样产生的电动势称为互感电动势 (mutual induced electromotive force).

显然, 一个线圈中的互感电动势不仅与另一个线圈中电流变化的快慢有关, 而且也与两个线圈的结构以及它们之间的相对位置有关.

如图 6.24 所示, 线圈 1 中的电流 I_1 在空间各点产生磁场 $\boldsymbol{B}_1$, 穿过与线圈 1 相邻的线圈 2 的磁链为 Ψ_{12}. 若两线圈的形状、大小和相对位置均保持不变, 周围又无铁磁质, 则由毕奥 – 萨伐尔定律可知, Ψ_{12} 正比于 I_1, 即

$$\Psi_{12} = M_{12} I_1, \tag{6.39}$$

其中 M_{12} 称为线圈 1 对线圈 2 的互感系数, 其单位与自感系数相同.

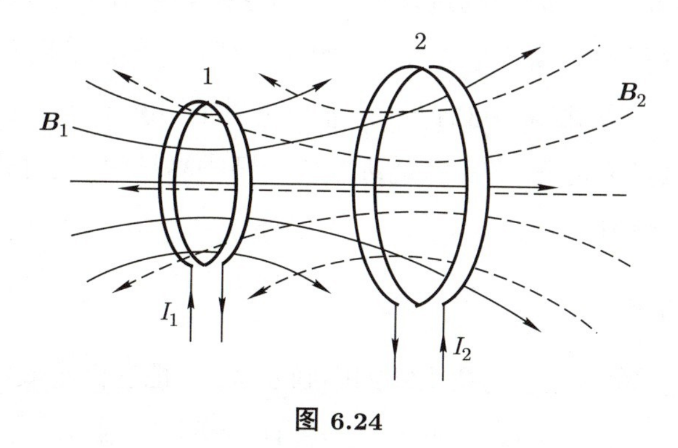

图 6.24

根据法拉第电磁感应定律, 当 I_1 发生变化时, 在线圈 2 中产生的感应电动势为

$$\mathcal{E}_2 = -\frac{\mathrm{d}\Psi_{12}}{\mathrm{d}t} = -M_{12}\frac{\mathrm{d}I_1}{\mathrm{d}t}.$$

同理, 当 I_2 发生变化时, 在线圈 1 中产生的感应电动势为 (在上式中下标 1 和 2 互换)

$$\mathcal{E}_1 = -\frac{\mathrm{d}\Psi_{21}}{\mathrm{d}t} = -M_{21}\frac{\mathrm{d}I_2}{\mathrm{d}t}.$$

我们将在后面通过能量守恒证明上述两个互感系数相等, 即

$$M_{12} = M_{21} = M, \tag{6.40}$$

其中

$$M = -\frac{\mathcal{E}_2}{\dfrac{\mathrm{d}I_1}{\mathrm{d}t}} = -\frac{\mathcal{E}_1}{\dfrac{\mathrm{d}I_2}{\mathrm{d}t}} = \frac{N_2\Phi_{12}}{I_1} = \frac{N_1\Phi_{21}}{I_2}, \tag{6.41}$$

N_1 和 N_2 分别为第一个线圈和第二个线圈的匝数. 由 (6.41) 式可知, 对于具有互感的两个线圈, 只要它们的电流对时间的变化率相同, 在对方线圈中产生的感应电动势就相同.

与讨论自感现象完全相同, 我们可以同时独立由右手关系规定每一个线圈内的电流和电流圈为边界的曲面面元的正方向. 设电流圈 1 和 2 中的电流都沿规定的正向流动 (见图 6.24), 电流 1 在回路 2 中产生的磁通量与电流 2 在自身回路中的自感磁通量互相加强, 则互感系数 M 为正, 反之为负. M 的正负一旦确定, 无论电流往哪个方向流动, 其值都不会再改变. 在处理实际问题中, 互感系数的正负号可能显写在互感系数的前面, 这时 M 恒为正值, 也可能隐含在互感系数 M 里面, 其前面仅写 "+" 号, 这时, M 有可能是负值. 读者可以从问题的前后文意思判断其互感系数是否已包含反映互感性质的正负号.

互感线圈使能量或信号由一个线圈传递到另一个线圈这一特性在无线电技术和电磁测量中有广泛的应用, 可以通过互感实现信号在电磁元件之间传递.

但是, 在某些情况下, 互感是有害的. 例如, 电路之间会由于互感而互相干扰, 这时, 可采用磁屏蔽等方法来减小这种干扰. 常温下可采用磁导率很高的合金, 低温下可采用超导体做成磁屏蔽装置. 在一些物理实验和精密测量中, 还可采用这类磁屏蔽装置来屏蔽地磁场的影响.

6.3.3 感应线圈的耦合

将自感分别为 L_1 和 L_2 的两个线圈串联起来, 并把它们看成一个具有总自感 L 的线圈. 这样的总自感 L 不仅与两个线圈各自的自感 L_1 和 L_2 有关, 还与这两个线圈间的互感 M 的大小及串联方式有关.

图 6.25(a) 所示的是两个线圈顺接的情形, 这时两线圈的磁场是彼此加强的, 自感电动势和互感电动势同方向, 因此, 在如下公式中写出自感系数前面的正负号后, 互感

系数前面的正负号应与自感相同, 这里, "相同" 体现了自感和互感作用彼此加强. 串联后的线圈的总电动势为

$$\mathcal{E}=-L_1\frac{\mathrm{d}I_1}{\mathrm{d}t}-M\frac{\mathrm{d}I_1}{\mathrm{d}t}-L_2\frac{\mathrm{d}I_2}{\mathrm{d}t}-M\frac{\mathrm{d}I_2}{\mathrm{d}t}=-(L_1+L_2+2M)\frac{\mathrm{d}I}{\mathrm{d}t}.$$

本问题中出现的互感系数 M 均只取其绝对值, 互感实际影响所对应的正、负号将显写在 M 的前面. 由此得串联后线圈总自感系数

$$L=L_1+L_2+2M. \tag{6.42}$$

对于两个线圈反接的情况, 如图 6.25(b) 所示, 两个线圈的磁场彼此减弱, 因此, 互感系数和自感系数前面的符号相反. "相反" 体现了自感和互感相互减弱. 总电动势为

$$\begin{aligned}\mathcal{E}&=-L_1\frac{\mathrm{d}I_1}{\mathrm{d}t}+M\frac{\mathrm{d}I_1}{\mathrm{d}t}-L_2\frac{\mathrm{d}I_2}{\mathrm{d}t}+M\frac{\mathrm{d}I_2}{\mathrm{d}t}\\&=-(L_1+L_2-2M)\frac{\mathrm{d}I}{\mathrm{d}t}.\end{aligned}$$

所以, 总的自感系数

$$L=L_1+L_2-2M. \tag{6.43}$$

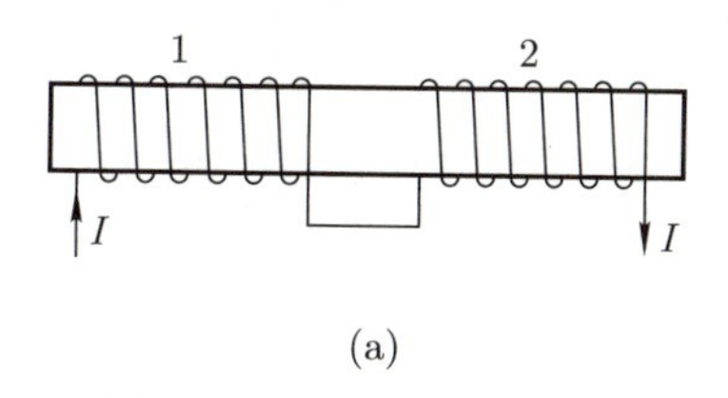

(a)

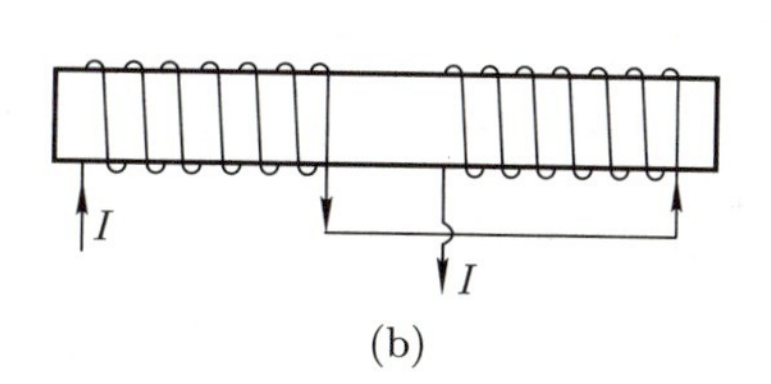

(b)

图 6.25

如果两个线圈的形状和大小不变, 它们的自感系数就确定了. 若它们之间的相对位置也不变, 则两个线圈之间的互感系数的绝对值就确定了. 在两个线圈的自感系数和互感系数的绝对值都确定后, 两个线圈的顺接或反接将极大影响连接后的总自感系数 L. 从 (6.42) 和 (6.43) 式知道, 两个线圈顺接, 可以得到最大的总自感, 这正是自感磁通量和互感磁通量相互加强的物理结果.

6.3.4 互感系数与自感系数的关系

现在, 我们来讨论两个有互感的线圈之间的互感系数与它们各自的自感系数之间的定量关系. 如图 6.26 所示, 两个线圈相对位置可能有不同情况, 导致互感系数 M 的值不同. 现设有两个大小和形状相同, 匝数分别为 N_1 和 N_2 的线圈.

先计算两个线圈中单圈的互感磁通量和单圈的自感磁通量之间的关系. 对单圈线圈, 1 中的电流穿过 2 中的单圈线圈的磁通量 Φ_{12} 最多只能是穿过其自身的磁通量 Φ_1,

由此有

$$\Phi_{12} = k_2 \Phi_1, \tag{6.44}$$

式中的因子 k_2 满足不等式

$$0 \leqslant k_2 \leqslant 1. \tag{6.45}$$

我们知道, 两个线圈中电流正方向 (同时通过右手关系确定了磁通量的正方向) 的不同规定, 可以使它们之间的互感系数小于零, 但这仅是电流正方向的规定不同. 我们这里仅讨论互感系数的绝对值与自感系数的数量大小关系, 因此, 不考虑 M 小于零的情形. 或者说, 对于互感系数小于零的情形, 我们只要把其中的一个线圈规定的电流正向改为相反的方向, 自感系数 M 的值就由负变正了, 且无论 M 的正负, 两者的绝对值均相同, 只要它们之间的相对位置不改变.

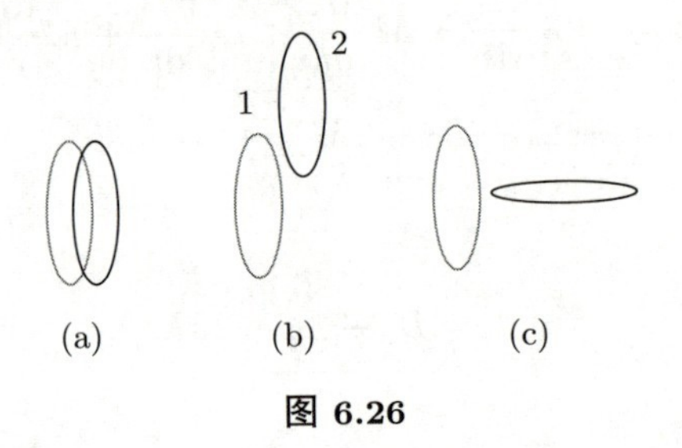

图 6.26

对于两个线圈之间的关系, 线圈编号 1 和 2 是对称的, 由此, 从 (6.44) 和 (6.45) 两式交换 1 和 2 编号得

$$\Phi_{21} = k_1 \Phi_2,$$

$$0 \leqslant k_1 \leqslant 1.$$

对于图 6.26(a), 1 和 2 两个线圈的大小和形状相同, 放置的位置几乎重合 (图中两个线圈的距离未按比例画), 有

$$\Phi_{12} = \Phi_1, \quad \Phi_{21} = \Phi_2,$$

$$k_1 = k_2 = k = 1,$$

即无漏磁情形. 如果线圈 1 和线圈 2 都由多圈单匝线圈组成, 上面的等式要求线圈 1 和线圈 2 中的每一个单圈的大小和形状都相同, 且它们的空间位置几乎重合, 两个线圈也几乎重合, 否则, 上面的因子 k 就小于 1.

对于图 6.26(b),

$$\Phi_{12} < \Phi_1, \quad \Phi_{21} < \Phi_2,$$

$$k_1 = k_2 = k < 1,$$

即存在漏磁情形. 严格地说, 真实情形几乎都是这种情形, 图 6.26(a) 和 (c), 特别是 (a) 的情形只是一种理想化的近似.

对于图 6.26(c),

$$\Phi_{12}=0, \quad \Phi_{21}=0,$$

$$k_1=k_2=k=0,$$

即无耦合情形. 这种情形比情形 (a) 更容易实现. 例如, 两个相距无限远的线圈就是这种情形.

下面计算互感系数. 由于

$$M_{12}=M_{21}=M,$$

有

$$\begin{aligned} M^2=M\cdot M&=\frac{N_2k_2\Phi_1\cdot N_1k_1\Phi_2}{I_1\cdot I_2}=\frac{k_1k_2(N_1\Phi_1)(N_2\Phi_2)}{I_1I_2}\\ &=k_1k_2L_1L_2. \end{aligned} \tag{6.46}$$

令 $k=\sqrt{k_1k_2}$, 最后得

$$M=\sqrt{k_1k_2L_1L_2}=k\sqrt{L_1L_2}, \tag{6.47}$$

其中 k 称为耦合系数. 从上面 k_1 和 k_2 的取值范围可知, k 的取值范围为 $0\leqslant k\leqslant 1$. 在对 (6.46) 式开方时, 我们可以对最后的结果同时取正负号, 即把互感系数 M 小于零情形也包括进去.

6.4 暂态过程

6.4.1 LR 电路中的暂态过程

对于电感或 (和) 电容与电阻组成的电路, 在突变的阶跃电压作用下, 自感或 (和) 电容的作用将使电路中流过电感的电流或 (和) 电容器极板上的电量不会瞬间突变. 这种在阶跃电压作用下, 电路中的电流或 (和) 电路所连的电容器极板上的电量从开始变化到逐渐趋于恒定状态的过程, 称为暂态过程 (transient state process).

如图 6.27(a) 所示, 在 LR 电路中, 电源的电动势为 $\mathcal{E}$, 内阻为零. 当开关 S 接通 1 时, 除了我们这里不打算讨论的电阻 R 上的焦耳热之外, 电源的电能将转变成电感的磁能, 我们把这个过程称为充磁. 这里的初始条件为 $t=0$, $i_0=0$, 式中, 随时间变化的电流强度用小写拉丁字母表示. 现列出开始充磁后的如下回路方程:

$$\mathcal{E}+E_L=iR. \tag{6.48}$$

这里, 我们选取图 (a) 中的逆时针方向为电流和电动势的正方向, 可以理解为电源电动势和电感电动势串联为回路的总电动势. (6.48) 式即为总电动势与路端电压降之间的关系的方程. 再次特别强调, 在电感中, 规定了电流的正方向, 也就同时规定

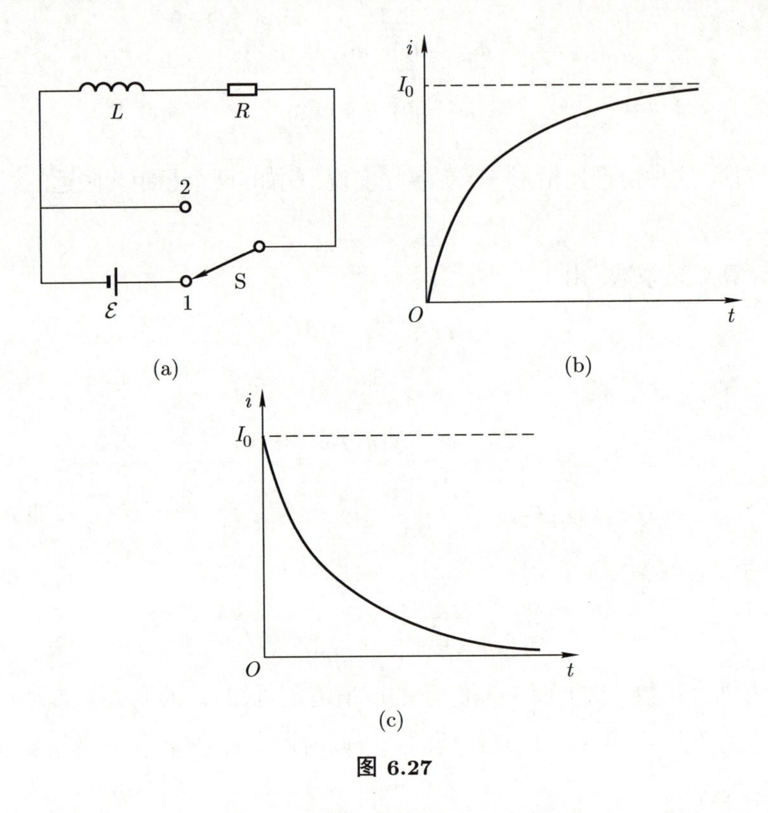

(a) (b) (c)

图 6.27

了感应电动势的正方向, 它们均为逆时针方向. 此时

$$\mathcal{E}_L = -L\frac{\mathrm{d}i}{\mathrm{d}t}.$$

由上面两式得

$$L\frac{\mathrm{d}i}{\mathrm{d}t} = \mathcal{E} - iR.$$

上式可以化为

$$\frac{\mathrm{d}i}{\mathrm{d}t} = \frac{\mathcal{E} - \mathrm{i}R}{L} = -\frac{R}{L}\left(i - \frac{\mathcal{E}}{R}\right).$$

对上式的两个变量进行分离, 引用初始条件做积分, 有

$$\int_0^i \frac{\mathrm{d}i'}{i' - \dfrac{\mathcal{E}}{R}} = \int_0^t -\frac{R}{L}\mathrm{d}t'.$$

为避免与积分上限混淆, 积分变量上均加上 "撇". 积分后的结果化为

$$i(t) = \frac{\mathcal{E}}{R}(1 - \mathrm{e}^{-\frac{R}{L}t}). \tag{6.49}$$

由此可见, 本问题中的电流强度随时间指数变化, 其变化趋势如图 6.27(b) 所示. (6.49) 式说明, 流过电感的电流的确是连续变化的, 未发生突变.

当电路中的电流基本达到稳定值时, 从 (6.49) 式或直接对图 6.27(a) 的电路图进行分析均可得到, 电路中的电流很接近最终值 $I_0 = \frac{\mathcal{E}}{R}$. 将图中的开关 S 拨到 2 时, 储存在电感中的磁能将通过电流对电阻 R 做功释放出来, 这一过程称为放磁过程. 这时电路的方程与 (6.48) 式的差别仅为这里不含电源 $\mathcal{E}$, 因此, 在 (6.48) 式中去掉 $\mathcal{E}$ 即为现在的电路方程, 即

$$\mathcal{E}_L = iR.$$

代入自感电动势的表达式得

$$-L\frac{\mathrm{d}i}{\mathrm{d}t} = iR.$$

用求解充磁过程时的方法求得上述微分方程的解为

$$i(t) = I_0 \mathrm{e}^{-\frac{R}{L}t}. \tag{6.50}$$

在上述求得的解 (6.49) 和 (6.50) 中, 都包含一个时间量纲的物理量, 我们将其定义为 LR 电路的时间常量:

$$\tau = \frac{L}{R}. \tag{6.51}$$

它反映了电路中的电流或电压等电磁学量达到最终值所需要的特征时间的长短. 通常, 经过数倍的 τ, 基本上可以认为电路中与 τ 有关的量已经达到最终值. 从物理上可以理解 τ 的值与自感系数和电阻的函数关系: 自感系数 L 越大, 线圈对电流变化的抵抗越强, 因此, τ 随 L 成单调递增关系; R 越大, 电路能达到的最终电流越小, 达到此值需要的时间就越短, 因此, τ 随 R 成单调递减关系.

6.4.2 *RC* 电路中的暂态过程

RC 电路中的暂态过程, 也就是 RC 电路的充、放电过程. 与求解 6.4.1 小节中 LR 电路中的暂态过程相似, 我们先列出如图 6.28 所示的电路充电时的回路方程

$$U_C + U_R = \mathcal{E},$$

其中 $\mathcal{E}$ 为电路中的电动势. 将上式左边的电压用对应的电容 C 和电阻 R 表示, 得

$$\frac{q}{C} + iR = \mathcal{E},$$

其中 q 为电容器正极板上的电量, i 为电路中的电流强度. 再将 $i = \frac{\mathrm{d}q}{\mathrm{d}t}$ 代入上式得到关于 q 的一阶常微分方程

$$R\frac{\mathrm{d}q}{\mathrm{d}t} + \frac{q}{C} = \mathcal{E}.$$

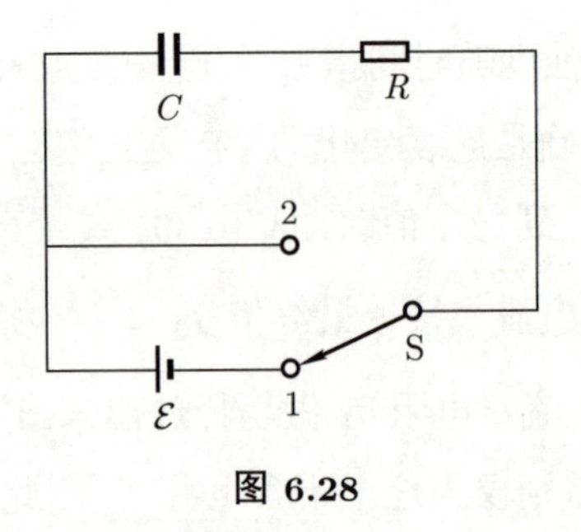

图 6.28

与求解 LR 暂态过程相似, 对上式分离变量, 再利用初始条件 $t=0$ 时 $q=0$, 得 q 的解为

$$q(t)=q_0(1-\mathrm{e}^{-\frac{t}{\tau}}), \tag{6.52}$$

其中 $\tau=RC$ 为 RC 电路的时间常量, $q_0=C\mathcal{E}$ 为电容充满电时正极板所带的电量. 从物理上不难理解, R 越大, 充电电流越小, C 越大, 电容器充满时的电量越大, 这两个因素都使充电的时间增加, 因此, 时间常量 τ 随这两个量均成单调递增关系.

图 6.29 为电容器极板上的电荷 q 随时间 t 的变化关系曲线, 三条曲线分别对应三个不同的时间常量. $0.632q_0$ 为从充电开始, 经过时间 τ (时间常量) 时极板上的电荷量.

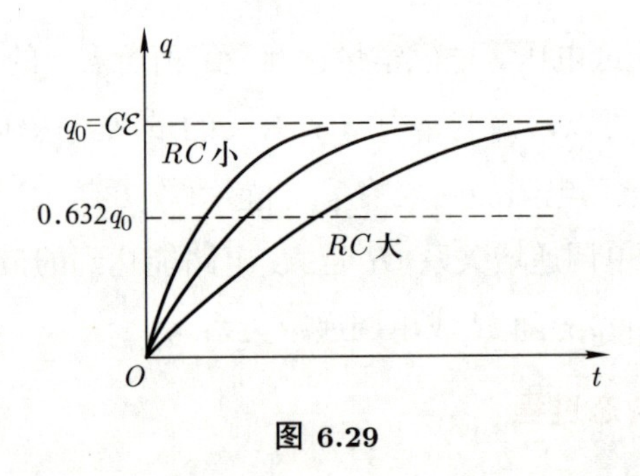

图 6.29

与充电相似, 对放电, 可写出回路方程

$$U_C+U_R=0.$$

上式用电容 C 和电阻 R 表示出来的形式为

$$\frac{q}{C}+iR=0.$$

将 $i=\dfrac{\mathrm{d}q}{\mathrm{d}t}$ 代入上式得关于 q 的微分方程

$$R\frac{\mathrm{d}q}{\mathrm{d}t}+\frac{q}{C}=0.$$

以上三式均可以从充电对应的方程中将电动势 $\mathcal{E}$ 设为 0 得到. 利用初始条件 $t=0, q=q_0=C\mathcal{E}$, 对上述微分方程积分得

$$q(t)=q_0\mathrm{e}^{-\frac{t}{\tau}}. \tag{6.53}$$

RC 电路放电时 q 随时间变化的曲线如图 6.30 所示.

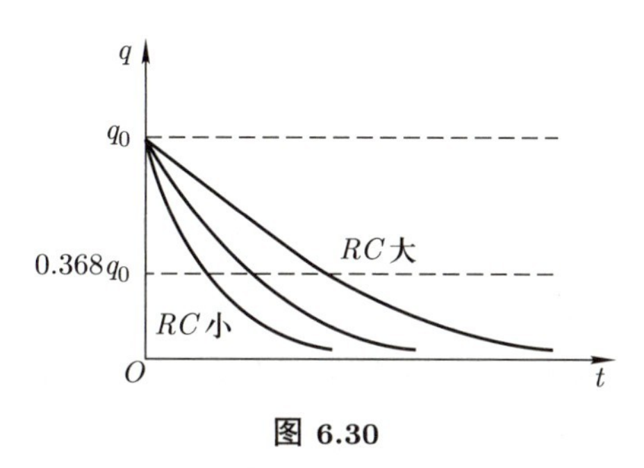

图 6.30

LR 电路和 RC 电路暂态过程结果对比总结于表 6.1.

表 6.1 LR 和 RC 电路暂态过程对比

		初始条件 $(t=0)$	终态 $(t\to\infty)$	时间常量
LR 电路	接通电源	$i=0$	$i=\mathcal{E}/R$	L/R
	断路	$i=\mathcal{E}/R$	$i=0$	L/R
RC 电路	接通电源	$q=0$ 或 $U_C=0$	$q=C\mathcal{E}$ 或 $U_C=\mathcal{E}$	RC
	断路	$q=C\mathcal{E}$ 或 $U_C=\mathcal{E}$	$q=0$ 或 $U_C=0$	RC

6.4.3 LCR 电路中的暂态过程

将电感、电容和电阻三个元件串联后接入有电源的电路, 其暂态过程将复杂一些, 但基本求解步骤与前面的两个暂态过程电路相同.

和上述关于 RC 和 LR 电路的讨论类似, 我们可以直接写出图 6.31 所示的 LCR 电路的充电 (也含充磁) 和放电 (也含放磁) 过程的微分方程 (即回路方程) 分别为

$$L\frac{\mathrm{d}i}{\mathrm{d}t}+iR+\frac{q}{C}=\begin{cases}\mathcal{E}, & \text{S 接 1,}\\ 0, & \text{S 接 2,}\end{cases}$$

其中各电磁学量的意义与前面的两个暂态过程方程中的相同. 将 $i=\dfrac{\mathrm{d}q}{\mathrm{d}t}$ 代入上式即得关于 q 的微分方程

$$L\frac{\mathrm{d}^2q}{\mathrm{d}t^2}+R\frac{\mathrm{d}q}{\mathrm{d}t}+\frac{q}{C}=\begin{cases}\mathcal{E}, & \text{S 接 1,} & (6.54)\\ 0, & \text{S 接 2.} & (6.55)\end{cases}$$

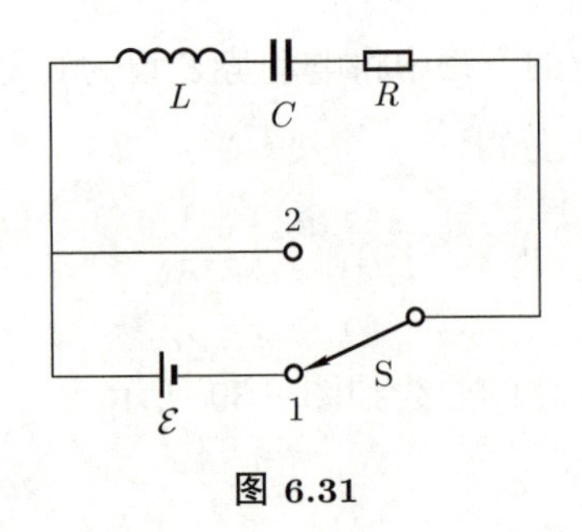

图 6.31

这是关于 q 的二阶常系数微分方程, 与力学中的阻尼振动的方程相同. 引入阻尼度

$$\lambda = \frac{R}{2}\sqrt{\frac{C}{L}}.$$

电路方程的解的形式与电路阻尼度 λ 有密切关系, 根据阻尼度的大小, 可分三种阻尼状态:

$$\lambda \begin{cases} > 1, & \text{过阻尼;} \\ = 1, & \text{临界阻尼;} \\ < 1, & \text{欠阻尼.} \end{cases}$$

采用与力学中处理阻尼振动相同的方法, 可得充电过程中 q 对应以上三种阻尼状态时随时间变化的函数关系, 其曲线如图 6.32 所示. 同理可处理放电过程, 即图 6.31 充电充磁完成后, 开关 S 转到 2 时, 电容器极板上的电荷 q 随时间变化所满足的微分方程如 (6.55) 式. 解此微分方程得 q 在放电过程中随时间 t 变化的曲线如图 6.33 所示.

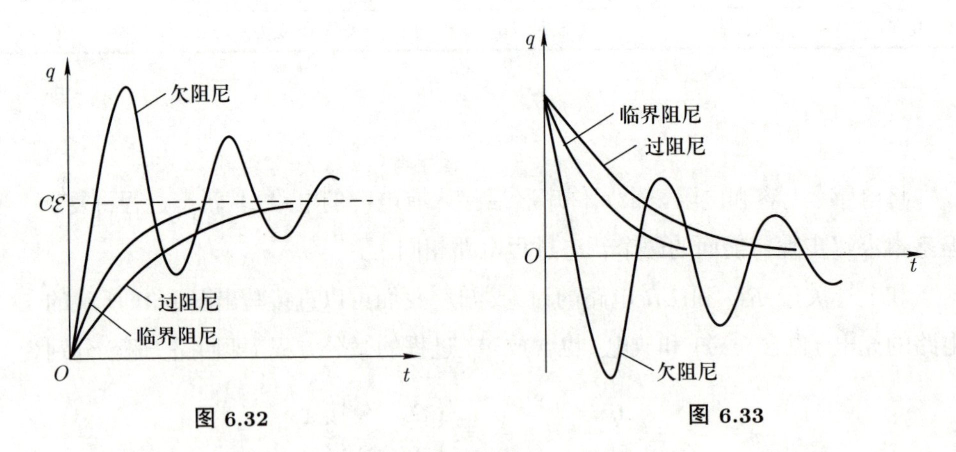

图 6.32　　图 6.33

在实际应用中, 测量小电流的灵敏电流计的测量过程就包含 LCR 电路中的暂态过程.

灵敏电流计测量电流的灵敏度高, 可以用来测量 $10^{-11} \sim 10^{-7}$ A 的小电流. 如图 6.34 所示, 其基本部分为永久磁铁、圆柱形软铁芯和矩形线圈, 线圈接入电路. 此系统相当于一个 LCR 电路, 其工作原理如下: 当线圈中通有电流时, 线圈在磁场中受到磁力矩, 线圈运动还会产生电磁阻尼力矩, 此外, 悬线产生弹性力矩. 悬线偏转的角度 φ 受上述 3 个力矩影响, 其稳定值 φ_0 反映了待测电流的大小. 测量时, 一般希望指针尽快达到平衡, 因此, 可以通过调节外电路中的电阻使电路处于临界阻尼状态, 这样可以在尽可能短的时间内完成测量工作.

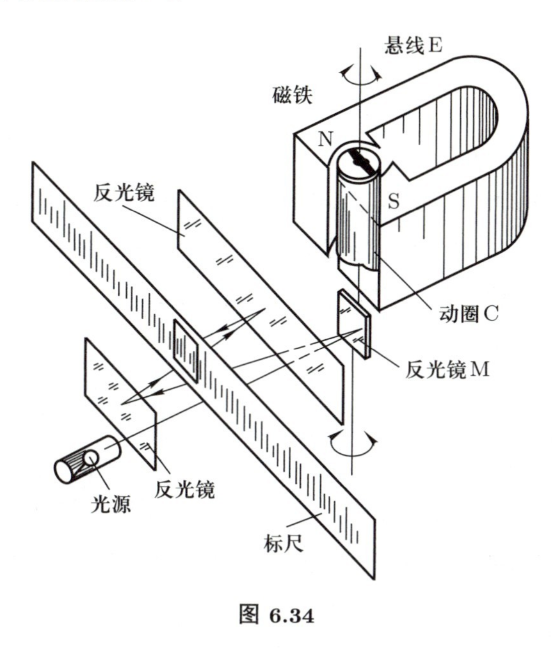

图 6.34

6.5 磁场的能量

6.5.1 自感磁能

在图 6.35 所示的电路中, 当开关 S 倒向 1 时, 自感为 L 的线圈与电源接通, 电流 i 将由零增大到恒定值 I, 连在电路中的灯泡逐渐亮起来. 这一电流变化在线圈中产生的自感电动势的方向与电流方向相反, 起着阻碍电流增大的作用, 因此自感电动势 $\mathcal{E}_L$ 做负功. 在建立电流 I 的整个过程中, 外电源不仅要供给电路中产生焦耳热所需要的能量, 而且还要抵抗自感电动势做功, 其元功为

$$\mathrm{d}W = -\mathcal{E}_L(t)i(t)\mathrm{d}t = L\frac{\mathrm{d}i}{\mathrm{d}t}\cdot i\mathrm{d}t = Li\mathrm{d}i.$$

上式中的负号因 "抵抗" 感应电动势而加上, 如果计算感应电动势所做的功, 式中的负号就应该改为正号. 对上式积分得

$$W = \int \mathrm{d}W = \int_0^I Li\mathrm{d}i = \frac{1}{2}LI^2. \tag{6.56}$$

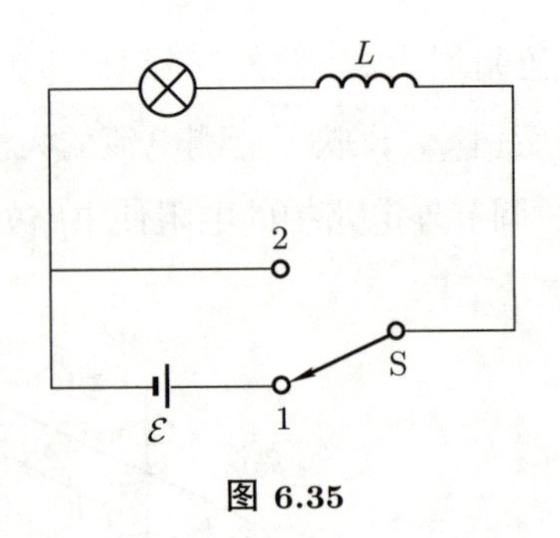

图 6.35

电源抵抗自感电动势所做的功, 转化为储存在线圈中的能量, 称为自感磁能, 用 W_L 或 W_{m} 来表示. 在切断电源时, 线圈中的电流 i 将由恒定值 I 减小到零. 电流的减小在线圈中所产生的自感电动势的方向与电流方向一致, 起着阻碍电流减小的作用, 自感电动势做正功, 即所做的功

$$W=\int \mathcal{E}_L i\mathrm{d}t=\int -L\frac{\mathrm{d}i}{\mathrm{d}t}i\mathrm{d}t=-\int_I^0 Li\mathrm{d}i=\frac{1}{2}LI^2. \tag{6.57}$$

由于理想电感线圈 (无磁滞损耗, 无焦耳热损耗) 的充磁和放磁过程为可逆过程, 所以 (6.57) 式计算得到的放磁能量与 (6.56) 式充磁过程中电动势所消耗的能量相等, 即切断电源后, 线圈中储存的自感磁能通过自感电动势做功全部释放出来, 转变成电路中电阻的焦耳热. 在图 6.35 所示的电路中, 开关 S 倒向 2 时灯泡逐渐熄灭. 总之, 自感为 L 的线圈, 通有电流 I 时所储存的自感磁能为

$$W_L=\frac{1}{2}LI^2. \tag{6.58}$$

我们通过充磁和放磁两个互逆过程均得到上述磁能的表达式.

6.5.2 互感磁能

若有两个相邻的线圈 1 和 2, 它们的自感系数分别为 L_1 和 L_2, 互感系数为 M, 在其中分别有电流 I_1 和 I_2, 如图 6.36 所示. 在建立电流的过程中, 电源除了供给线圈中产生焦耳热的能量和抵抗自感电动势做功外, 还要抵抗互感电动势做功 W_M. 这时线圈 1 和 2 互相影响, 情况比较复杂. 由于电感线圈的充磁和放磁过程均为可逆过程, 因此, 我们可以通过任意过程使线圈 1 和 2 从载有的电流为零到分别载有电流 I_1 和 I_2. 例如, 可采取以下方法达到上述状态:

(1) 先在线圈 1 中建立电流 I_1, 并保持 2 中无电流 (可以在 2 中接上一个可调电源抵消线圈 1 对 2 的互感电动势), 这样 2 对 1 没有互感电动势, 1 对 2 的互感电动势不做功.

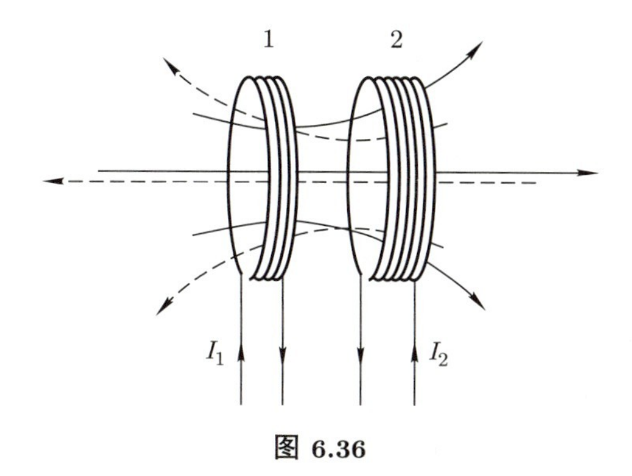

图 6.36

(2) 然后再接通线圈 2, 建立电流 I_2, 并维持 1 中电流 I_1 不变 (可用一个外接可调电源抵消掉 2 对 1 的互感电动势), 外接电源抵抗 1 中的互感电动势所做的功就是互感磁能. 在第二阶段, 线圈 1 中的外电源抵抗互感电动势所做的功为

$$\begin{aligned} W &= -\int_0^{\infty} \mathcal{E}_{21} I_1 \mathrm{d}t = -\int_0^{\infty} I_1 \left(-M_{21}\frac{\mathrm{d}i_2}{\mathrm{d}t}\right)\mathrm{d}t \\ &= \int_0^{I_2} M_{21} I_1 \mathrm{d}i_2 = M_{21} I_1 I_2. \end{aligned} \tag{6.59}$$

同样, 若先建立 I_2, 再接通线圈 1, 外电源所做的功为 (在上面的推导中交换 1 和 2 的下标)

$$\begin{aligned} W' &= -\int_0^{\infty} \mathcal{E}_{12} I_2 \mathrm{d}t = \int_0^{\infty} I_2 M_{12}\frac{\mathrm{d}i_1}{\mathrm{d}t}\mathrm{d}t \\ &= \int_0^{I_1} M_{12} I_2 \mathrm{d}i_1 = M_{12} I_1 I_2. \end{aligned} \tag{6.60}$$

而总磁能只与当前的状态有关, 与电流建立的先后次序无关, 因此, (6.59) 式必然与 (6.60) 式相等, 即 $W = W'$. 由此得

$$M_{21} = M_{12} = M. \tag{6.61}$$

这里相当于规定了 I_1 和 I_2 的正方向及相应的面元法方向, 如果两者在对方线圈的磁通量与其自身的同号, M 为正, 反之为负. 无论 M 为正还是负, (6.61) 式均成立.

两个线圈系统总磁能含自感磁能和互感磁能两部分, 即

$$W_{\mathrm{m}} = \frac{1}{2}L_1 I_1^2 + \frac{1}{2}L_2 I_2^2 + M I_1 I_2. \tag{6.62}$$

将其写成对称形式:

$$W_{\mathrm{m}} = \frac{1}{2}L_1 I_1^2 + \frac{1}{2}L_2 I_2^2 + \frac{1}{2}M_{12} I_1 I_2 + \frac{1}{2}M_{21} I_1 I_2. \tag{6.63}$$

推广到任意 k 个线圈情形得

$$W_{\mathrm{m}}=\frac{1}{2}\sum_{i=1}^{k}L_iI_i^2+\frac{1}{2}\sum_{i=1,j\neq i}^{k}M_{ij}I_iI_j. \tag{6.64}$$

从上面的公式知道, 自感磁能不可能是负的, 但互感磁能却可以是负的. 例如, 电流均沿规定的正方向流动, 当线圈 1 中的电流 I_1 所产生的通过线圈 2 的磁通量与线圈 2 中的电流 I_2 在自身中所产生的磁通量同号时, M 为正, 反之则为负. 由此所有情形的互感磁能的正负号都可以确定. 例如, M 为负, I_1 与 I_2 异号, 互感磁能为正, 在此情况下, 使两个线圈之一中的电流反向, 互感磁能即变为负值. 同理可以分析其他情形下的互感磁能的正负.

6.5.3 磁场的能量和能量密度

按照近距作用观点, 磁能是定域在磁场中的, 我们可以从自感磁能的公式导出磁场的能量密度公式.

设细螺绕环的平均半径为 R, 总匝数为 N, 螺绕环中心线单位长度上的匝数为 n, 螺绕环中充满磁导率为 μ 的线性、各向同性磁介质. 根据安培环路定理, 当螺绕环通有电流 I 时, 可以得到螺绕环的自感系数为

$$L=\mu n^2V,$$

这里的 V 为螺绕环内磁介质的体积, 也就是螺绕环的线圈所包围的体积. 螺绕环的自感磁能为

$$\begin{aligned}W_{\mathrm{m}}&=\frac{1}{2}LI^2=\frac{1}{2}\mu n^2I^2V\\&=\frac{1}{2}(\mu nI)(nI)V=\frac{1}{2}BHV\\&=\frac{1}{2}\boldsymbol{B}\cdot\boldsymbol{H}V.\end{aligned}$$

这里的 $\boldsymbol{B}$ 和 $\boldsymbol{H}$ 分别为螺绕环内的磁感应强度和磁场强度. 上式除以体积 V 就得到磁能密度, 即单位体积内的磁能:

$$u_{\mathrm{m}}=\frac{W_{\mathrm{m}}}{V}=\frac{1}{2}\boldsymbol{B}\cdot\boldsymbol{H}. \tag{6.65}$$

对任意一个区域 V 内的上述磁能密度做体积分, 即得此区域的磁场能量:

$$W_{\mathrm{m}}=\iiint_V u_{\mathrm{m}}\mathrm{d}V=\frac{1}{2}\iiint_V\boldsymbol{B}\cdot\boldsymbol{H}\mathrm{d}V. \tag{6.66}$$

两个线圈系统的总磁能也可以由磁场的能量密度做体积分得到:

$$\begin{aligned}W_{\mathrm{m}} &= \frac{1}{2}\iiint \boldsymbol{B}\cdot\boldsymbol{H}\mathrm{d}V \\ &= \frac{1}{2}\iiint (\boldsymbol{B}_1+\boldsymbol{B}_2)\cdot(\boldsymbol{H}_1+\boldsymbol{H}_2)\mathrm{d}V \\ &= \frac{\mu}{2}\iiint (\boldsymbol{H}_1+\boldsymbol{H}_2)\cdot(\boldsymbol{H}_1+\boldsymbol{H}_2)\mathrm{d}V \\ &= \frac{\mu}{2}\iiint (H_1^2+H_2^2+2\boldsymbol{H}_1\cdot\boldsymbol{H}_2)\mathrm{d}V \qquad (6.67) \\ &= \frac{1}{2}L_1I_1^2+\frac{1}{2}L_2I_2^2+MI_1I_2. \qquad (6.68)\end{aligned}$$

在 (6.67) 式中, $\frac{\mu}{2}\iiint H_1^2\mathrm{d}V$, $\frac{\mu}{2}\iiint H_2^2\mathrm{d}V$ 和 $\mu\iiint(\boldsymbol{H}_1\cdot\boldsymbol{H}_2)\mathrm{d}V$ 分别为线圈 1 的自感磁能、线圈 2 的自感磁能和两个线圈的互感磁能. 它们用电流强度和自感系数、互感系数表示出来的形式见 (6.68) 式, 与 (6.62) 式相同.

例 6.5 通过求如图 6.37 所示无限长同轴线上长度为 l 的一段中的磁场能量, 求此段同轴线的自感系数. 已知同轴线中的电流为 I 且均匀分布在内外柱面上, 内柱面上的电流向上, 内外柱面的半径分别为 a_1 和 a_2.

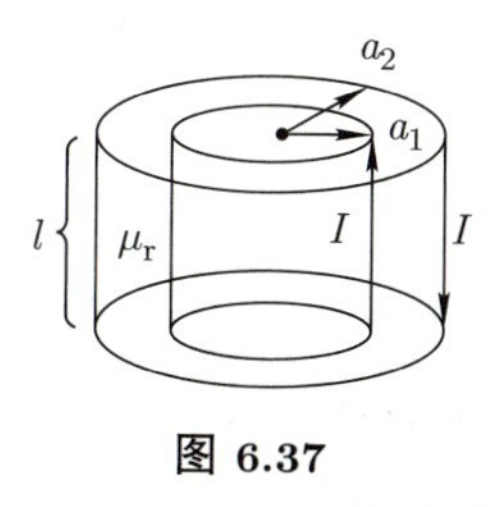

图 6.37

解 根据安培环路定理知道, 本问题中的磁场仅存在于同轴线的内外柱面之间的空间, 即到两柱面共同的轴线的距离 r 满足 $a_1 < r < a_2$ 的空间内, 且知在两同轴线柱面之间的空间里有

$$H=\frac{I}{2\pi r},$$
$$B=\mu H=\frac{\mu I}{2\pi r}.$$

由此得磁能密度为

$$u_{\mathrm{m}}=\frac{1}{2}\boldsymbol{B}\cdot\boldsymbol{H}=\frac{1}{2}\cdot\frac{\mu I}{2\pi r}\frac{I}{2\pi r}=\frac{\mu I^2}{8\pi^2r^2}.$$

在长度为 l 这段同轴线的两柱面之间的空间范围内对上面的磁能密度求体积分, 得这

段同轴线中的总磁能

$$\begin{aligned}W_{\mathrm{m}} &= \iiint u_{\mathrm{m}} \mathrm{d}V \\ &= \int_{a_1}^{a_2} \frac{\mu I^2}{8\pi^2 r^2} 2\pi r \mathrm{d}r l = \frac{\mu I^2 l}{4\pi} \int_{a_1}^{a_2} \frac{\mathrm{d}r}{r} \\ &= \frac{1}{2}\left(\frac{\mu l}{2\pi} \ln \frac{a_2}{a_1}\right) I^2 = \frac{1}{2} L I^2.\end{aligned}$$

由此得自感系数为

$$L = \frac{\mu l}{2\pi} \ln \frac{a_2}{a_1}. \tag{6.69}$$

此结果与前面通过磁通量求出的结果一致.

例 6.6 如图 6.38 所示的电路中, 电动势为 $\mathcal{E} = 220\ \mathrm{V}, R_1 = 10\ \Omega, R_2 = 100\ \Omega$, 电感线圈的自感系数 $L = 10\ \mathrm{H}$. 合上开关 K, 将电路接通并持续足够长时间.

(1) 求在这段时间内电阻 R_2 上放出的焦耳热.

(2) 然后, 切断电路并再持续足够长时间, 求在这段时间内电阻 R_2 上放出的焦耳热.

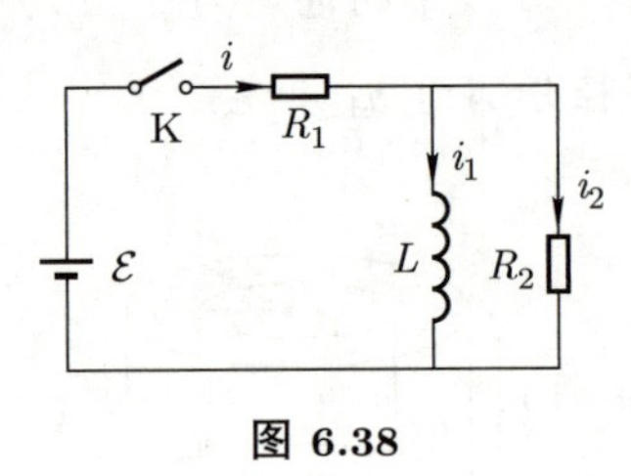

图 6.38

解 先标记图中三条支路中的电流 i, i_1 和 i_2, 如图 6.38 所示. 由电流的连续性方程可知, 这三条支路上的电流强度满足

$$i = i_1 + i_2. \tag{6.70}$$

分别列出图 6.38 中左边回路和右边回路的回路方程如下 (绕行方向均为顺时针):

$$iR_1 = -L\frac{\mathrm{d}i_1}{\mathrm{d}t} + \mathcal{E}, \tag{6.71}$$

$$i_2 R_2 = -\left(-L\frac{\mathrm{d}i_1}{\mathrm{d}t}\right) = L\frac{\mathrm{d}i_1}{\mathrm{d}t}. \tag{6.72}$$

把 (6.70) 式代入 (6.71) 式消掉电流 i, 得

$$i_2 = \frac{1}{R_1}\left(\mathcal{E} - L\frac{\mathrm{d}i_1}{\mathrm{d}t} - i_1 R_1\right). \tag{6.73}$$

把 (6.73) 式代入 (6.72) 式消去 i_2, 即得关于 i_1 的微分方程

$$L\frac{\mathrm{d}i_1}{\mathrm{d}t} + \frac{R_1 R_2}{R_1 + R_2} i_1 = \frac{R_2}{R_1 + R_2}\mathcal{E}.$$

通过分离变量 i_1 和 t 解此微分方程, 并利用初始条件 $t=0, i_1=0$, 得

$$i_1=\frac{\mathcal{E}}{R_1}\left[1-\exp\left(-\frac{R_1R_2}{L(R_1+R_2)}t\right)\right].$$

将上式代入 (6.73) 式, 得

$$i_2=\frac{\mathcal{E}}{R_1+R_2}\exp\left(-\frac{R_1R_2}{L(R_1+R_2)}t\right).$$

注意这里时间常量中的电阻值即为 1 和 2 两个电阻并联后的结果.

从 K 接通后经历足够长的时间, 电路基本稳定, 在此过程中, 电阻 R_2 上放出的焦耳热为

$$Q_2=\int_0^\infty i_2^2R_2\mathrm{d}t=\frac{\mathcal{E}^2L}{2R_1(R_1+R_2)}.$$

这里的时间上限近似取为无穷大, 代入题中各量的数值得

$$Q_2=\frac{220^2\times 10}{2\times 10\times(10+100)}\ \mathrm{J}=220\ \mathrm{J},$$

达到稳定后,

$$i_2=0,\quad i_1=\frac{\mathcal{E}}{R_1}=I_1.$$

再断开开关 K 直至新的稳定状态, 这段时间 R_2 放出的焦耳热就是 L 中储存的磁能, 即

$$W_\mathrm{m}=\frac{1}{2}LI_1^2=\frac{1}{2}\times 10\times\left(\frac{220}{10}\right)^2\ \mathrm{J}=2420\ \mathrm{J}.$$

也可以列出断开开关 K 的电路方程, 解出新情形下的支路电流强度随时间的变化函数关系 $i_2(t)$ [当然, 这里的 i_2 与第 (1) 问中的同名量不同], 然后再积分求焦耳热也能得到上述相同的结果.

例 6.7 如图 6.39 所示, 两根相同且足够长的平行直导线, 半径为 $a=1.0\ \mathrm{mm}$, 轴线相距 $d=20\ \mathrm{cm}$, 在两导线中保持一大小为 20 A 而方向相反的恒定电流.

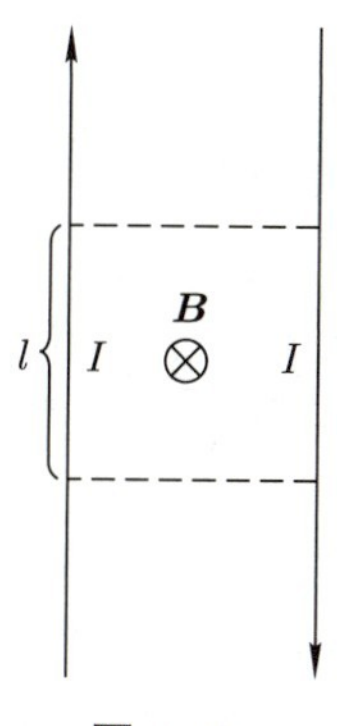

图 6.39

(1) 求沿导线方向长度为 $l = 1.0\ \mathrm{m}$ 的这段电路的两导线间的自感系数.

(2) 若将右边的导线向右移动, 直至两导线相距 40 cm, 求磁场力对这段 l 长度导线所做的功.

(3) 导线移动后, l 长度上这段导线的磁能改变了多少? 是增加还是减少?

(4) 说明第 (3) 问中能量改变的来源.

解 这类由很长的平行直导线组成的电路仍然是一个闭合回路, 两导线在图 6.39 中上、下两端很远处相连, 形成回路. 此电路可以理想化为两条无限长的平行直线组成的回路, 我们相当于取其中的一段进行分析, 整个系统近似满足沿导线方向的平移不变性.

(1) 先求这段长度上的两导线之间的回路的磁通量. 设图 6.39 中所示的平面内任意一空间点的磁感应强度大小为 B, 它由两条导线中电流产生的磁感应场叠加而成, 其方向垂直于纸面向里. 在图中两条虚线之间的矩形平面内, r 为空间点到左边导线的中心轴线的距离, 取平行于导线的窄条形面积微元 $l\mathrm{d}r$, 积分得磁通量

$$\begin{aligned}\varPhi &= \int B\cdot l\mathrm{d}r = \int_a^{d-a}\left(\frac{\mu_0 I}{2\pi r}+\frac{\mu_0 I}{2\pi(d-r)}\right)l\mathrm{d}r\\ &= \frac{\mu_0 I}{2\pi}l[\ln r-\ln(d-r)]\Big|_a^{d-a}\\ &\approx \frac{\mu_0}{\pi}\left(\ln\frac{d}{a}\right)lI,\end{aligned}\tag{6.74}$$

其中为简单起见, 我们只计算两条导线外表面之间的空间的磁通量, 不计算导线内部空间的磁通量, 因此第二个等式后面的积分上下限分别为 $d-a$ 和 a. 根据自感系数的定义, 得这段导线的自感系数

$$\begin{aligned}L &= \frac{\mu_0}{\pi}\left(\ln\frac{d}{a}\right)l\\ &= \frac{4\pi\times10^{-7}}{\pi}\ln\frac{20}{0.10}\ \mathrm{H} = 2.1\times10^{-6}\ \mathrm{H}.\end{aligned}\tag{6.75}$$

(2) 磁场力即安培力, 方向为排斥.

在分开的过程中, 排斥力 F 做正功, 其值为

$$\begin{aligned}A &= \int F\mathrm{d}r = \int_d^{2d}\frac{\mu_0 I^2}{2\pi r}l\mathrm{d}r = \frac{\mu_0 I^2}{2\pi}l\ln2\\ &= \frac{4\pi\times10^{-7}\times20^2}{2\pi}\ln2\ \mathrm{J} = 5.5\times10^{-5}\ \mathrm{J}.\end{aligned}\tag{6.76}$$

(3) 设右边的导线移动前后, 这段导线的自感系数分别为 L_1 和 L_2, 其中 L_1 即 (6.75) 式, 将 (6.75) 式中的 d 改为 $2d$ 即得 L_2. 由于导线移动, l 长度的两导线之间的

磁能改变 W 即为两者的差:

$$W = W_2 - W_1 = \frac{1}{2}L_2I^2 - \frac{1}{2}L_1I^2$$
$$= \frac{1}{2}I^2\left(\frac{\mu_0}{\pi}l\ln\frac{2d}{a} - \frac{\mu_0}{\pi}l\ln\frac{d}{a}\right)$$
$$= \frac{\mu_0}{2\pi}lI^2\ln 2 = 5.5\times 10^{-5}\ \text{J}. \tag{6.77}$$

(4) 此系统磁场储能和外力做功的唯一来源是外接电源, 除此之外这段电路不和任何其他系统交换能量. 因此, 磁场所做的功和储能的增加都来源于外接电动势所做的功. 计算如下.

方法一: 通过磁通量的改变计算. 保持电流 I 不变, 从相距 d 到 $2d$, 磁通量可以通过在 (6.74) 式中分别将距离取为 d 和 $2d$ 得到, 磁通量的改变为它们的差, 即

$$\Delta\Phi = \Phi(2d) - \Phi(d)$$
$$= \frac{\mu_0}{\pi}lI\ln\frac{2d}{a} - \frac{\mu_0}{\pi}lI\ln\frac{d}{a}$$
$$= \frac{\mu_0}{\pi}lI\ln 2.$$

在从相距 d 到 $2d$ 的过程中, 为了保持电流始终为题设恒定值 I, 外电源必须抵抗自感电动势做功:

$$A' = -\int \mathcal{E}I\mathrm{d}t = -\int_d^{2d}\left(-\frac{\mathrm{d}\Phi}{\mathrm{d}t}\right)I\mathrm{d}t = \Delta\Phi I$$
$$= \frac{\mu_0}{\pi}lI^2\ln 2 = A + W. \tag{6.78}$$

上述结果刚好是第 (2), (3) 问结果之和, 这和我们在第 (4) 问开始时所做的定性分析一致.

方法二: 分动生电动势和感生电动势计算.

首先看动生电动势. 由于右边的导线向右移动, 动生电动势的方向与电流相反, 即向上, 因此, 可以在上面加上负号 (参照 I 的方向). 外电源克服动生电动势做功

$$A'_M = -\int -\mathcal{E}_M I\mathrm{d}t = \int \frac{\mathrm{d}r}{\mathrm{d}t}\frac{\mu_0I^2}{2\pi r}l\mathrm{d}t$$
$$= \int_d^{2d}\frac{\mu_0I^2}{2\pi r}l\mathrm{d}r = \frac{\mu_0I^2}{2\pi}l\ln 2. \tag{6.79}$$

再看感生电动势. (6.79) 式刚好为 (6.78) 式的一半, 也就是说, 外电源克服动生电动势所做的功为克服总电动势的功的一半. 感应电动势由动生和感生两部分组成, 因此, 感生电动势必然是总感应电动势中的另一半.

6.5.4 电流圈之间的相互作用能

在第四章中, 我们导出了一个粒子的磁矩在外场中的势能 W_m, 这也可以理解为磁矩与外场的相互作用能, 即

$$W_\mathrm{m} = -\boldsymbol{m} \cdot \boldsymbol{B}. \tag{6.80}$$

这一关系式对微观粒子适用. 微观粒子的磁矩大小是其固有性质, 由其微观结构决定, 不随外场的变化而改变. 微观粒子的磁矩在外场的作用下可以改变其在空间的方向. 在其改变空间取向时, 它的磁矩大小不变.

但对一个宏观尺度的电流圈, 上述相互作用能的公式不再成立. 这是由于电流圈在改变方向时, 外场将在电流圈内产生感应电动势, 感应电动势将改变电流圈中电流的大小, 从而改变磁矩的大小. 因此, 前面关于微观粒子磁矩在外场中的势能的公式推导不适用这种情况.

在公式 $W_\mathrm{m} = -\boldsymbol{m} \cdot \boldsymbol{B}$ 成立时, 我们可以计算粒子在磁场中受到的作用力:

$$\boldsymbol{F} = -\nabla W_\mathrm{m} = \nabla(\boldsymbol{m} \cdot \boldsymbol{B}). \tag{6.81}$$

进行上述求导时, 磁矩为常量 (大小和方向都不变). 上述公式也可以由磁荷方法得到, 还可以直接由安培力公式导出, 它与静电学中的对应结果相同:

$$\boldsymbol{F}_\mathrm{e} = -\nabla W_\mathrm{e} = -\nabla(-\boldsymbol{p} \cdot \boldsymbol{E}) = \nabla(\boldsymbol{p} \cdot \boldsymbol{E}).$$

下面导出宏观电流圈, 即我们研究的电流系统 (用下标 “1”, 或无下标量表示与其相关的量) 在外场 (external field, 用首字母即下标 “e” 表示与其相关的量) 中的受力公式.

如图 6.40 所示, 设电流圈 1 不在产生外磁场的电流 I_e 附近, a 和 a_e 分别表示电流圈 1 和产生外磁场的电流圈的线度 (如果是圆电流圈, 这两个量可以理解为它们的电流圈圆半径), 两个电流圈中心距离为 d, 且满足 $a \ll d$. 由于电流圈 1 的线度 a 比较小, 可以近似认为, 它受到 I_e 的磁感应强度可以用电流圈 1 中心处的值 $\boldsymbol{B}_\mathrm{e}$ 代替.

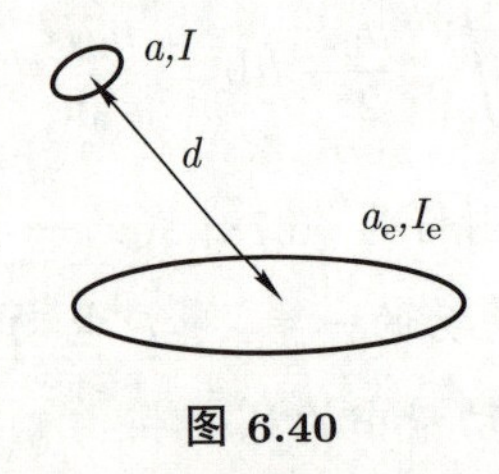

图 6.40

我们把两个电流圈的相互作用能 U_{int} 定义为它们的互感磁能, 即

$$U_{\text{int}} = M_{\text{e}1} I_{\text{e}} I_1 = \varPhi_{\text{e}1} I_1 = S_1 B_{\text{e}} \cos\theta \cdot I_1 = \boldsymbol{m}_1 \cdot \boldsymbol{B}_{\text{e}},$$

其中, $M_{\text{e}1}$ 为两个电流圈之间的互感系数, I_1 或 I 为电流圈 1 中的电流强度, $\varPhi_{\text{e}1}$ 为电流圈 e 在电流圈 1 中的磁通量, $\boldsymbol{B}_{\text{e}}$ 为电流圈 e 在电流圈 1 处的磁感应强度 (由于电流圈 1 的线度很小, $\boldsymbol{B}_{\text{e}}$ 在电流圈 1 所在范围内视为常量), S_1 为电流圈 1 的面积, θ 为电流圈 1 的法向与 $\boldsymbol{B}_{\text{e}}$ 的夹角. 为简单起见, 去掉上式右边的下标 "1, e" 得

$$U_{\text{int}} = \boldsymbol{m} \cdot \boldsymbol{B}. \tag{6.82}$$

注意这里的电流圈在外场中的相互作用能与微观粒子的势能相差一个负号!

现在计算线圈 1 在外场中受力的公式. 这要求满足总能量守恒方程. 注意, 这里的能量和微观粒子的磁矩不同, 总能量还包含保持磁矩不变的过程中, 外接电动势所做的功. 也就是说, 这时将电流圈 1 移动 $\delta\boldsymbol{r}$, I_{e} 的磁力所做的功为 $\boldsymbol{F} \cdot \delta\boldsymbol{r}$, 但

$$\boldsymbol{F} \cdot \delta\boldsymbol{r} \neq -\delta U_{\text{int}},$$

即磁力所做的功不等于相互作用能的减少. 这是由于上式取等号仅对应封闭系统, 也即取等号仅对应相互作用能是外力的唯一来源, 例如, 重力做功等于重力势能的减少, 前者的唯一来源是后者. 但现在情况不同, 还牵涉到外接电源做功的问题. 因此, 磁力做功应该等于所有参与能量交换的各系统的总能量的减少, 这正是能量守恒所要求的. 由此可见, 我们有

$$\boldsymbol{F} \cdot \delta\boldsymbol{r} = -\delta U_{\text{tot}} = -\delta U_{\text{int}} + \delta W_{\text{bat}}, \tag{6.83}$$

其中, U_{tot} 为所有参与能量交换的各系统的总能量, δU_{tot} 为此能量的增加 (即改变量). 这个等式的物理意义是: 磁力做功等于总能量 U_{tot} 的减少 $-\delta U_{\text{tot}}$. 总能量的减少可以写成两式之和. 式中的 δW_{bat} 为外电源 (battery) 提供的能量; 由于电流圈 1 有位移 $\delta\boldsymbol{r}$, 因此两个电流圈 (1 和 e) 中的电流都将改变, 连接外电源 (注意这里的外电源不是下标为 "e" 的电流圈) 使两个电流圈中的电流不变, 这两个外电源 (电流 1 和 e 各一个) 自然需要做功, 我们在应用能量守恒规律时, 当然应该把这部分能量计算进去.

将上式移项后更容易理解:

$$\delta W_{\text{bat}} = \boldsymbol{F} \cdot \delta\boldsymbol{r} + \delta U_{\text{int}}.$$

此式的意义为: 外接电源提供的能量, 供磁力做功, 还使相互作用能增加. 这是清晰的能量守恒关系式.

下面就简化情况证明上面的公式中相关的两个能量的元变化满足等式

$$\delta W_{\mathrm{bat}} = 2\delta U_{\mathrm{int}}, \tag{6.84}$$

即外接电源做的功刚好等于相互作用能增加的二倍. 我们稍后将证明这个等式. 如果这个等式成立, 由 (6.83) 式得

$$\begin{aligned}\boldsymbol{F}\cdot\delta\boldsymbol{r} &= -\delta U_{\mathrm{tot}} = -\delta U_{\mathrm{int}} + \delta W_{\mathrm{bat}}\\ &= \delta U_{\mathrm{int}} = \nabla U_{\mathrm{int}}\cdot\delta\boldsymbol{r}.\end{aligned}$$

由于相互作用能 U_{int} 为空间位置 x, y, z 的三元函数, δU_{int} 为相互作用能的无限小变化, 也就是 U_{int} 的微分, 无限小变化符号 δ 和微分 d 的含义相近, δ 含有假象、虚拟的意义. 上述最后一个等式用了多元函数的元变化与三个空间变量的关系, 即做了多元函数的泰勒展开, 展开后写成矢量形式即为上式最终的结果.

比较上式的左右两端, 并注意到 $\delta\boldsymbol{r}$ 是任意的, 容易看出与 $\delta\boldsymbol{r}$ 点乘的矢量必须相等, 即

$$\boldsymbol{F} = \nabla U_{\mathrm{int}} = \nabla(\boldsymbol{m}\cdot\boldsymbol{B}). \tag{6.85}$$

做上述求导时, 磁矩不变, 这是由于在推导上述公式的过程中已经引入了两个 "外接电源", 它们做功 δW_{bat} 以保证两个电流圈中的电流不变. 作用力公式 (6.85) 与微观磁矩的相同. 这也不难理解, 作用力 $\boldsymbol{F}$ 就是安培力, 无论是宏观尺度的电流圈, 还是微观尺度的等效电流圈, 相同的磁矩对应相同的电流系统, 作用在其上的安培力合力自然应该相同.

下面我们来证明 (6.84) 式.

宏观电流圈 1 和产生外场 (下标 e) 的电流圈之间的相互作用能为

$$U_{\mathrm{int}} = MI_1I_{\mathrm{e}} = \frac{1}{2}(\varPhi_{1\mathrm{e}}I_{\mathrm{e}} + \varPhi_{\mathrm{e}1}I_1).$$

把第一个等式后面的式子拆分成相等的两部分, 并用互感系数和磁通量的关系即得第二个等式. 在时间间隔 δt 内, 移动电流圈且保持外源和系统的电流 (I_{e} 和 I_1) 都不变, 由于两个线圈中的外接电源抵消掉了感应电动势, I_{e} 和 I_1 保持不变可以实现. 这时, 相互作用能的元变化为

$$\delta U_{\mathrm{int}} = \frac{1}{2}(I_{\mathrm{e}}\delta\varPhi_{1\mathrm{e}} + I_1\delta\varPhi_{\mathrm{e}1}). \tag{6.86}$$

但磁通量的变化会产生感生电动势, 后者将改变电流的大小. 设宏观电流圈 1 和产生外场的电流圈内的感应电动势分别为 $\mathcal{E}_1$ 和 $\mathcal{E}_{\mathrm{e}}$, 它们与磁通量变化率的关系分别为

$$\mathcal{E}_1 = -\frac{\mathrm{d}\varPhi_{\mathrm{e}1}}{\mathrm{d}t}, \quad \mathcal{E}_{\mathrm{e}} = -\frac{\mathrm{d}\varPhi_{1\mathrm{e}}}{\mathrm{d}t}.$$

在时间间隔 δt 内, 感生电动势所做的功为

$$I_{\mathrm{e}}\mathcal{E}_{\mathrm{e}}\delta t+I_1\mathcal{E}_1\delta t=-I_{\mathrm{e}}\delta\Phi_{1\mathrm{e}}-I_1\delta\Phi_{\mathrm{e}1}.$$

外接电源为保持电流不变, 加上的电源必须刚好克服感生电动势, 和感应电动势大小相等, 符号相反, 即克服感应电动势的两个外接电源所做的功 δW_{bat} 为上式整体反号, 因此

$$\delta W_{\mathrm{bat}}=I_{\mathrm{e}}\delta\Phi_{1\mathrm{e}}+I_1\delta\Phi_{\mathrm{e}1}=2\delta U_{\mathrm{int}}.$$

这里的第二个等式用了 (6.86) 式. 这就证明了前面的结论 (6.84) 式, 从而完成了这部分的全部证明.

6.6 超导电性

6.6.1 零电阻现象

1911 年, 昂内斯 (Onnes) 用液氦冷却水银线并通以几毫安的电流, 在测量其端电压时发现, 当温度 $T=4.15\ \mathrm{K}$ 时, 水银线的电阻突然跌落到零, 这种现象称为零电阻现象或超导电现象.

具有这种超导电性 (superconductivity) 的物体, 称为超导体 (superconductor).

超导体电阻突然开始变为零的温度, 称为超导转变温度, 或超导临界温度, 用 T_{c} 表示.

我们在电路的暂态过程中讨论过, 当电感 L 一定时, 如果 LR 串联回路中的电流衰减得慢, 即回路的时间常量大, 则表明该回路中的电阻 R 小. 对超导回路, R 为 0, 时间常量为无穷大. 因此, 一旦在超导回路中建立起了电流, 则无需外电源就能持续几年仍观测不到衰减, 这就是所谓的持续电流 (persistent current). 现代超导重力仪的观测表明, 超导态即使有电阻, 其电阻率也必定小于 $10^{-28}\ \Omega\cdot\mathrm{m}$. 这个值远远小于正常金属迄今所能达到的最低的电阻率, 因此可以认为超导态的电阻率为零.

1914 年, 昂内斯又发现, 将超导体置于磁场中, 当磁场增大到某一临界值 B_{c} 时, 或者在超导体中通过的电流密度超过某一临界值 j_{c} 时, 超导体都将从超导态转变为正常态. 人们常用临界温度 T_{c}、临界磁场 B_{c} 和临界电流密度 j_{c} 表征超导材料的超导性能, 这三个临界参量的值把材料的超导态所存在的范围限定在如图 6.41 所示的三条曲线包围的曲面以内, 图中的三个直角坐标分别表示温度、磁感应强度和电流密度, 原点为它们三者的零点.

在超导现象发现以后, 人们一直在为提高超导临界温度而努力, 然而进展却十分缓慢, 1973 年创立的纪录 (Nb_3Ge, $T_{\mathrm{c}}=23.2\ \mathrm{K}$) 就保持了 12 年. 直到 1986 年 4 月,

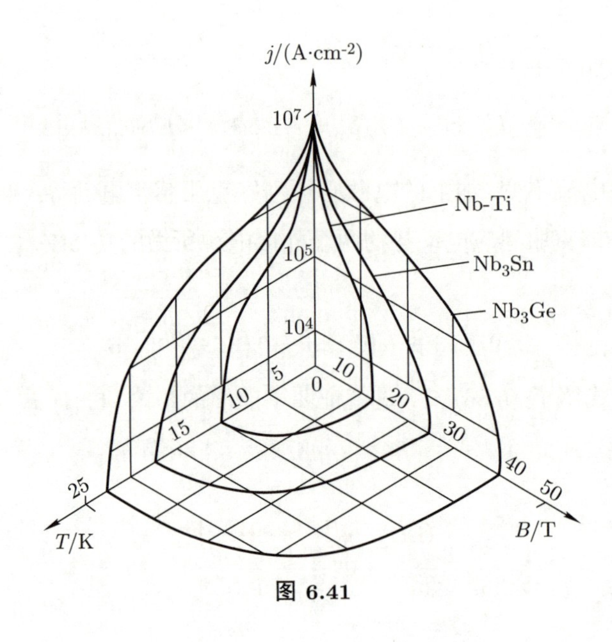

图 6.41

米勒 (Müller) 和贝德诺尔茨 (Bednorz) 宣布, 一种钡镧铜氧化物的超导转变温度可能高于 30 K, 从此掀起了波及全世界的高温超导电性的研究热潮, 在短短的两年时间里就把超导临界温度提高到了 110 K, 到 1993 年 3 月已达到了 134 K. 迄今为止, 已发现 28 种金属元素及许多合金和化合物在常压下具有超导电性, 还有一些元素只在高压下才具有超导电性. 2019 年, 美德两国科学家组成的研究小组发表论文称, 他们的实验证实, 高压下的氢化镧在 250 K (约为 $-23°C$) 下具有超导电性.

6.6.2　迈斯纳效应

1933 年, 迈斯纳 (Meissner) 和奥克森费尔德 (Ochsenfeld) 测量了锡和铅样品冷却到其转变温度以下时外部的磁场分布. 他们发现, 无论是在没有外加磁场或有外加磁场的情况下使样品从正常态转变为超导态, 只要 $T < T_c$, 在超导体内部的磁感应强度 B_i 总是等于零. 这种现象称为迈斯纳效应 (Meissner effect). 迈斯纳效应表明, 处于超导态的超导体不允许磁感应强度 B 存在于它的体内, 即超导体具有完全抗磁性 (perfect diamagnetism), 如图 6.42 所示.

关于超导体的研究表明, 超导体在磁场中的行为与加磁场的次序无关, 与它所经历的过程或历史无关. 在给定的条件下, 超导体的磁状态是唯一确定的. 零电阻现象和完全抗磁性是超导体的两个独立的基本性质.

迈斯纳效应可用磁悬浮实验来演示. 当永久磁铁落向超导盘时, 磁铁将会悬浮在一定的高度上而不触及超导盘. 其原因是: 磁场线无法穿过具有完全抗磁性的超导体, 因而磁场受到畸变而产生向上的浮力. 也可以理解为超导体的迈斯纳效应不允许磁场

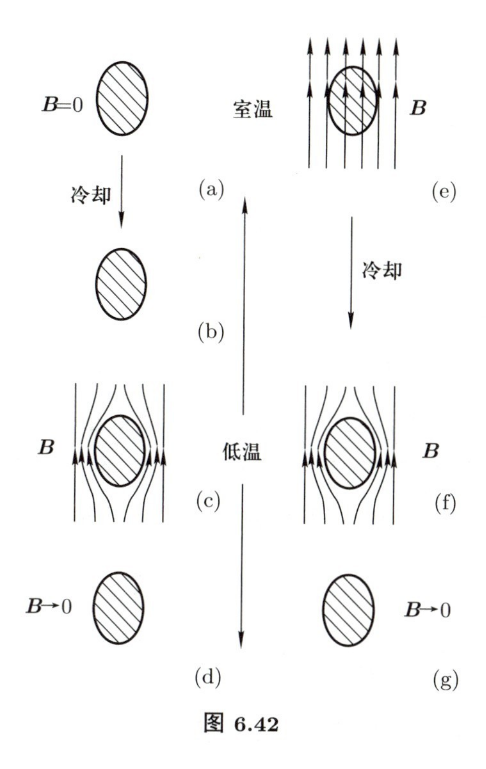

图 6.42

线进入其内, 因此, 在超导体的表面薄层里会产生电流, 此电流的磁场会抵消外加磁场. 根据楞次定律, 此电流的磁场与外加磁场方向相反, 这就相当于对外磁场的载体的排斥力. 如图 6.43 所示, 这一浮力可等效地看成是由镜像磁铁产生的. 同理, 一个超导球也可以用一通有持续电流的超导环使它悬浮起来, 根据这个原理制成的超导重力仪可以用来测量地球重力的变化.

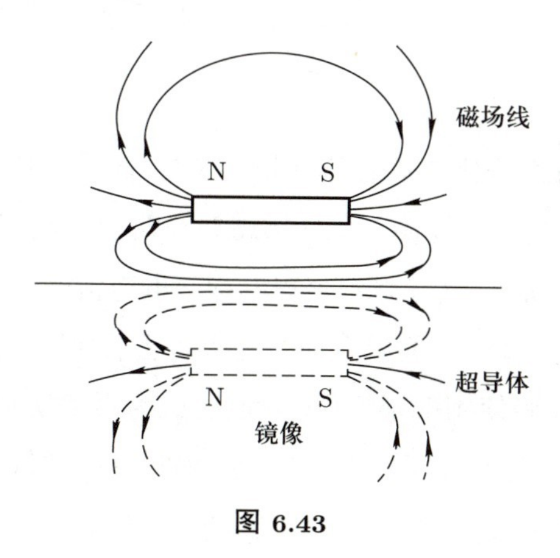

图 6.43

6.6.3 磁通量子化

对于具有空腔的超导体, 例如中空圆柱超导体或超导环等, 假定在高于 T_c 的温度下沿轴向加一磁场, 然后冷却到 T_c 以下, 这时在超导体实体内的磁场被排出, 而孔道中的磁通量基本不变. 即使撤去外磁场, 孔道中的磁通量仍然不变, 由超导体表面的超导电流 (也即持续电流) 维持着.

实际上, 超导体表面上感应出来的表面超导电流分布仅在表面层的一定厚度内, 在此厚度内, 磁感应强度从表面外的值逐渐衰减到体内的 $B_i = 0$.

如图 6.44 所示, 可以用穿透深度 d 来表征该表面层的厚度, 其大小约为 10^{-7} m. 穿过超导体的内孔以及内表面穿透区域的总磁通量, 称为类磁通 (fluxoid). 理论和实验都已证明, 类磁通的取值是量子化的, 最小的单位是磁通量子 (fluxon), 用 $\varPhi_0$ 表示, 其值由基本常量求得:

$$\varPhi_0 = \frac{h}{2e} \approx 2.067833848 \times 10^{-15}\ \mathrm{Wb}, \tag{6.87}$$

其中 h, e 分别是普朗克常量和电子电荷量绝对值. 人们还把磁通量子化 (flux quantization) 等现象, 称为宏观量子现象 (macroscopic quantum phenomenon), 它们是宏观尺度上显示出来的量子效应.

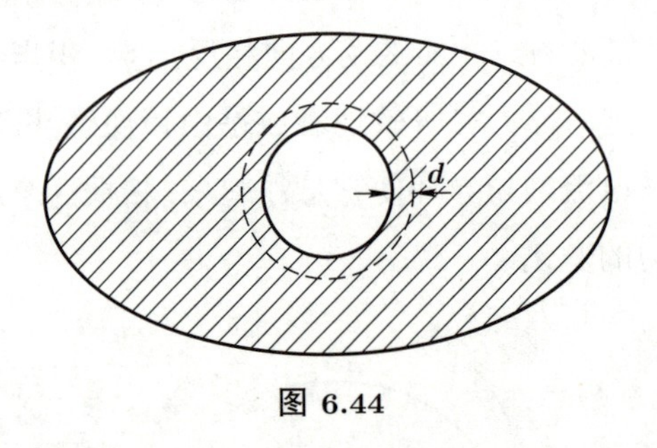

图 6.44

超导磁体在很多方面都比常规磁体优越. 首先, 超导磁体稳定运行时本身没有焦耳热损耗, 这样可以大量节约能源. 在核物理和高能物理研究中, 已采用了大型的超导磁体作为核心部件. 其次, 超导材料可以有很高的电流密度, 因此超导磁体体积小、重量轻, 而且可以较容易地满足关于高均匀度或高磁场梯度等方面的特殊要求. 另外, 中小型超导磁体的制作和使用都很方便, 它们已成为很多实验室的基本设备, 并已成为核磁共振 (nuclear magnetic resonance, NMR) 谱仪和磁共振成像 (MRI) 装置等的关键部件, 早在 2001 年已制成磁场高达 21.6 T 的超导磁体.

由于超导磁体制成, 使核磁共振成像技术成为可能. 核磁共振成像技术是继计算机断层扫描 (CT) 后医学影像学的又一重大进步. 1924 年, 泡利 (Pauli) 在解释原子光谱超精细结构时, 提出了原子核磁矩的概念. 1946 年, 哈佛大学的珀塞尔 (Purcell) 和斯坦福大学的布洛赫 (Bloch) 各自首次发现并证实了 NMR 现象, 于 1952 年分享了诺贝尔物理学奖. 1953 年, 美国瓦里安公司开始开发商用仪器, 并于同年做出了第一台高分辨 NMR 仪. 2023 年 4 月, 在磁共振成像 (MRI) 技术问世 50 周年之际, 小鼠大脑图像的分辨率被提高了 6400 万倍的新图像发布.

迄今为止, 发现才一百一十多年的超导现象, 已经在很多应用领域发挥着越来越重要的作用.

习　题

1. 一正方形线圈每边长 100 mm, 在地磁场中转动, 每秒转 30 圈. 转轴通过中心并与一边平行, 且与地磁场 $\boldsymbol{B}$ 垂直.

   (1) 线圈法线与地磁场 $\boldsymbol{B}$ 的夹角为什么值时, 线圈中产生的感应电动势最大?

   (2) 设地磁场的 $B = 5.5 \times 10^{-5}$ T, 这时要在线圈中最大产生 10 mV 的感应电动势, 求线圈的匝数 N.

2. 如图 6.45 所示, 一很长的直导线有交变电流 $i(t) = I_0 \sin\omega t$, 它旁边有一长方形线圈 $ABCD$, 长为 l, 宽为 $(b-a)$, 线圈和导线在同一平面内. 求

   (1) 穿过回路 $ABCD$ 的磁通量,

   (2) 回路 $ABCD$ 中的感应电动势.

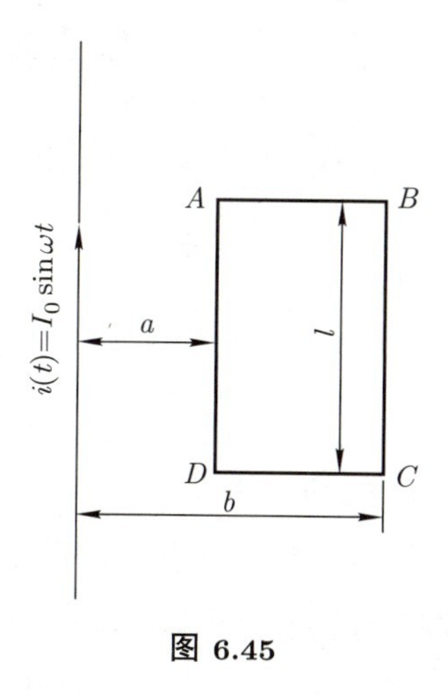

图 6.45

3. 图 6.46 中导体棒 AB 与金属轨道 CA 和 DB 接触, 整个线框放在 $B = 0.50$ T 的均匀磁场中, 磁场方向与轨道平面垂直.

   (1) 若导体棒以 4.0 m/s 的速度向右运动, 求棒内感应电动势的大小和方向.

(2) 若导体棒运动到某一位置时, 电路的电阻为 0.20 Ω, 求此时棒所受的外力. 摩擦力可不计.

(3) 比较外力做功的功率和电路中所消耗的热功率.

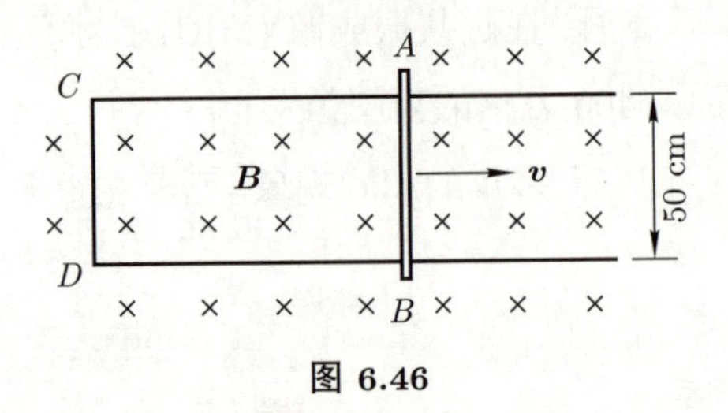

图 6.46

4. 只有一根辐条的轮子在均匀外磁场 $\boldsymbol{B}$ 中转动, 轮轴与 $\boldsymbol{B}$ 平行, 如图 6.47 所示. 轮子和辐条都是导体, 辐条长为 R, 轮子每秒转 N 圈. 两根导线 a 和 b 通过各自的刷子分别与轮轴和轮边接触.

(1) 求 a, b 间的感应电动势.

(2) 若在 a, b 间接一个电阻, 设辐条中的电流为 I, 则 I 的方向如何?

(3) 求这时磁场作用在辐条上的力矩的大小和方向.

(4) 当轮子反转时, I 是否也会反向?

(5) 若轮子的辐条是对称的两根或更多根, 结果如何?

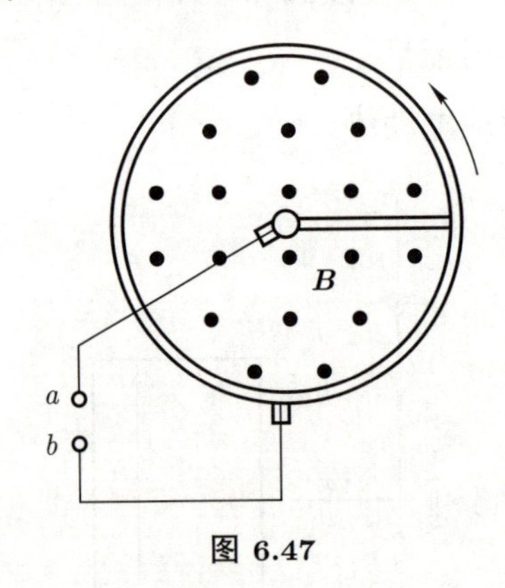

图 6.47

5. 已知在电子感应加速器中, 电子加速的时间是 4.2 ms, 电子轨道内最大磁通量为 1.8 Wb, 试求电子沿轨道绕行一周平均获得的能量. 若电子最终获得的能量为 100 MeV, 电子绕了多少周? 若轨道半径为 84 cm, 电子绕行的路程有多少?

6. 一圆形线圈由 50 匝表面绝缘的细导线绕成, 圆面积为 $S = 4.0\ \mathrm{cm}^2$, 放在另一个半径 $R = 20$ cm 的大圆形线圈中心, 两者同轴, 如图 6.48 所示, 大圆形线圈由 100 匝表面绝缘的导线绕成.

(1) 求这两个线圈的互感 M.

(2) 当大圆形导线中的电流每秒减小 50 A 时, 求小线圈中的感应电动势 $\mathcal{E}$.

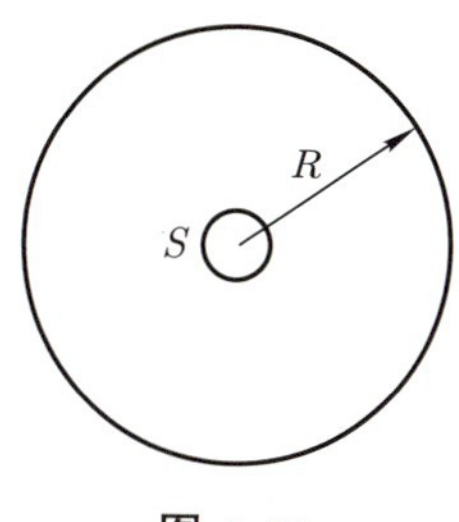

图 6.48

7. 如图 6.49 所示, 两长螺线管同轴, 半径分别为 R_1 和 R_2, 长度为 l ($l \gg R_1$ 和 R_2), 匝数分别为 N_1 和 N_2. 求互感系数 M_{12} 和 M_{21}, 由此验证 $M_{12} = M_{21}$.

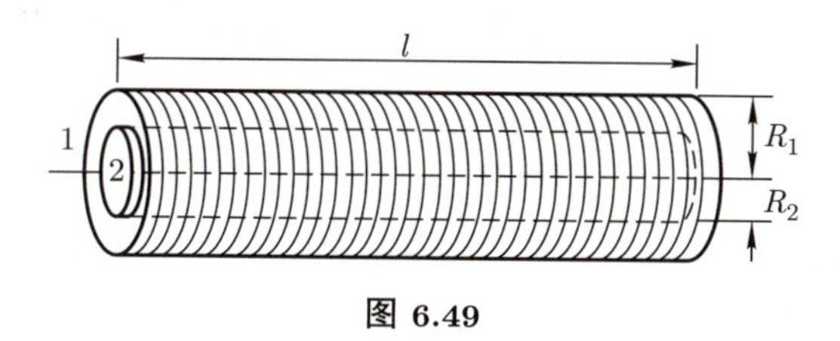

图 6.49

8. 两根平行导线, 横截面的半径都是 a, 中心相距为 d, 载有大小相等而方向相反的电流. 设 $d \gg a$, 且两导线内部的磁通量都可略去不计. 证明: 这样一对导线长为 l 的一段的自感为 $L = \dfrac{\mu_0 l}{\pi} \ln \dfrac{d}{a}$.

9. 两线圈的自感分别为 $L_1 = 5.0$ mH, $L_2 = 3.0$ mH, 当它们顺接串联时, 总自感为 $L = 11.0$ mH.

(1) 求它们之间的互感.

(2) 设这两个线圈的形状和位置都不改变, 只把它们反接串联, 求它们反接后的总自感.

10. 两根足够长的平行导线间的距离为 20 cm, 在导线中保持一大小为 20 A 而方向相反的恒定电流.

(1) 求两导线间每单位长度的自感系数, 设导线的半径为 1.0 mm.

(2) 若将导线同时向彼此远离的方向缓慢分开到相距 40 cm, 求磁场对两导线单位长度所做的总功.

(3) 位移时, 单位长度的磁能改变了多少? 是增加还是减少? 说明能量的来源.

11. 一个自感为 0.50 mH、电阻为 0.01 Ω 的线圈连接到内阻可忽略、电动势为 12 V 的电源上. 开关接通多长时间, 电流达到终值的 90%? 到此时线圈中储存了多少能量? 电源消耗了多少能量?

12. 一自感为 L、电阻为 R 的线圈与一无自感的电阻 R_0 串联地接于电源上, 如图 6.50 所示.

(1) 求开关 K_1 闭合 t 时间后, 线圈两端的电势差 U_{bc}.

(2) 若 $\mathcal{E} = 20$ V, $R_0 = 50\ \Omega$, $R = 150\ \Omega$, $L = 5.0$ H, 求 $t = 0.5\tau$ 时 (τ 为电路的时间常量) 线圈两端的电势差 U_{bc} 和 U_{ab}.

(3) 待电路中电流达到稳定值, 闭合开关 K_2, 求闭合 0.01 s 后, 通过 K_2 中电流的大小和方向.

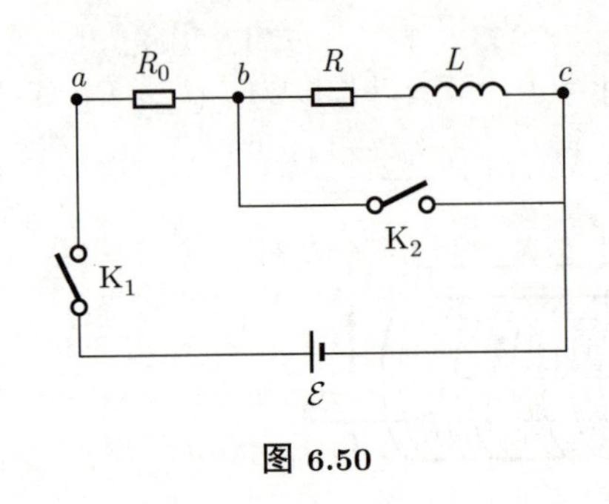

图 6.50

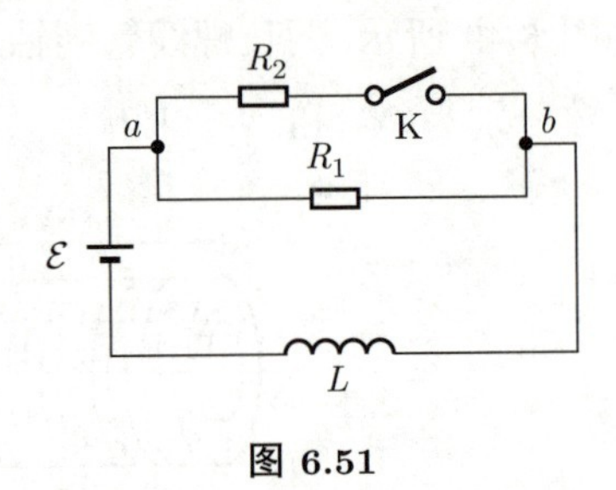

图 6.51

13. 一电路如图 6.51 所示, R_1, R_2, L 和 $\mathcal{E}$ 都已知, 电源 $\mathcal{E}$ 和线圈 L 的内阻都可略去不计.

(1) 设在 K 断开的情况下电路已达到稳定状态. 求 K 接通后, a, b 间的电压与时间的关系.

(2) 在电流再次达到稳定值的情况下, 求 K 断开后 a, b 间的电压与时间的关系.

14. 一同轴线由很长的直导线和套在它外面的同轴圆筒构成, 导线的半径为 a, 圆筒的内半径为 b, 外半径为 c, 电流 I 沿圆筒流去, 沿导线流回. 在它们的横截面上电流都是均匀分布的.

(1) 求下列四处每米长度内所储存磁能 W_{m} 的表达式: 导线内、导线和圆筒之间、圆筒内、圆筒外.

(2) 当 $a = 1.0$ mm, $b = 4.0$ mm, $c = 5.0$ mm, $I = 10$ A 时, 每米长度的同轴线中储存磁能多少?

第七章　交流电

7.1　交流电概述

7.1.1　交流电的基本形式

自然界有很多物理量随时间的变化呈周期性, 一些变化波形如图 7.1 所示. 如果电源电动势 $e(t)$ 随时间做周期性变化, 则各段电路中的电压 $u(t)$ 和电流 $i(t)$ 均随时间做周期性变化, 这种电路叫作交流电路.

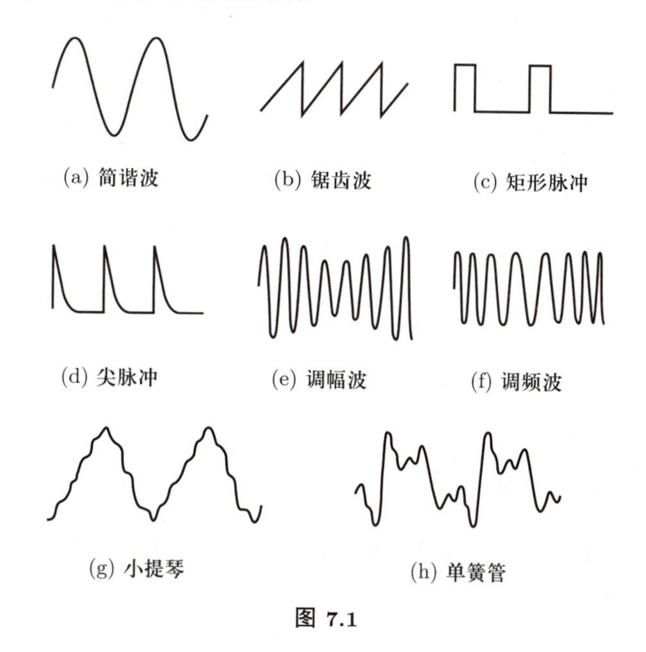

图 7.1

7.1.2　简谐交流电

若电源电动势 $e(t)$、各段电路中的电压 $u(t)$ 和电流 $i(t)$ 随时间变化的关系是正弦或余弦函数, 则这样的电源、电流系统称为简谐交流电.

简谐交流电是人类使用最多的动力电的形式. 另外, 根据傅里叶 (Fourier) 变换, 任何非简谐式的交流电都可分解为一系列不同频率的简谐成分的叠加 (见图 7.2).

不同频率的简谐成分在线性电路中彼此独立、互不干扰. 同频简谐量经叠加、微商、积分仍为同频简谐量. 当有不同频率的简谐成分同时存在时, 可以一个一个地单独处理, 处理完毕之后再相加.

由于以上原因, 简谐交流电的研究具有特殊的重要性.

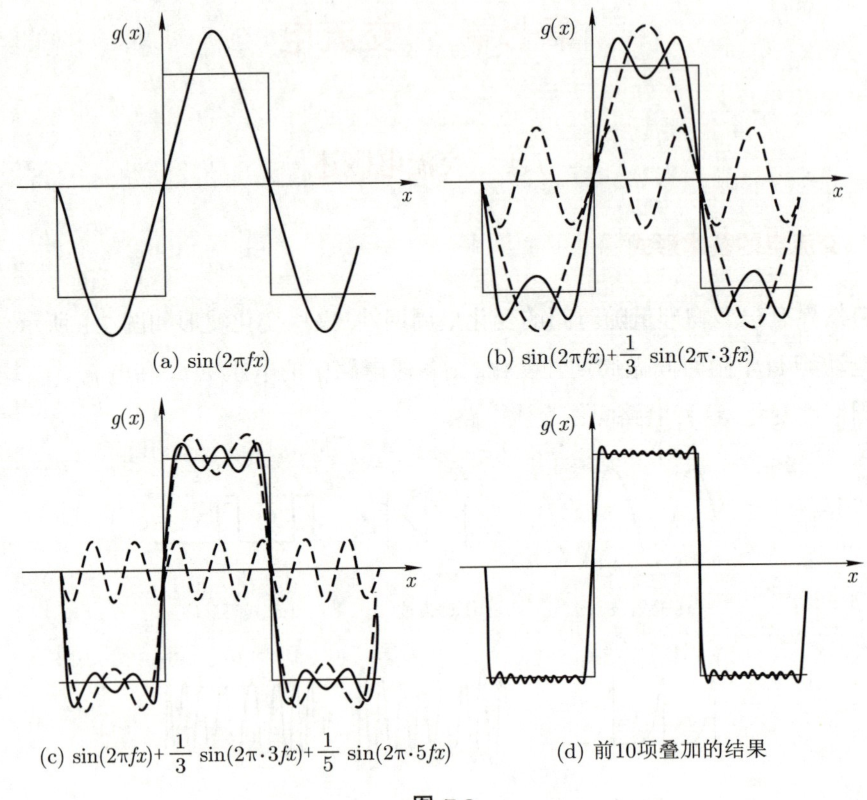

图 7.2

7.1.3　简谐交流电的特征量

简谐交流电的电动势、电压和电流是随时间变化的正弦或余弦函数. 现将直流电路和简谐交流电路中的元件和电学量做一对比, 见表 7.1.

表 7.1　直流电路和简谐交流电路对比

	直流	交流
元件	R	R, L, C
电动势	$\mathcal{E}$ (常量)	$e(t) = \mathcal{E}_0 \cos(\omega t + \varphi_e)$
电压	U (常量)	$u(t) = U_0 \cos(\omega t + \varphi_u)$
电流	I (常量)	$i(t) = I_0 \cos(\omega t + \varphi_i)$

原则上, 简谐量用正弦函数或余弦函数表示均可, 两者仅通过初相位的设置即可转化为对方. 考虑到我们后面将用复函数的实部来表示简谐量, 因此, 我们这里采用余弦函数来表示简谐量.

不难看出，上述简谐变量的特性由频率、振幅、相位这 3 个特征量来描述.

(1) 频率.

单位时间内交流电做周期性变化的次数称为频率，记为 f，单位为 Hz (赫兹). 完成一个变化循环所需要的时间称为周期，记为 T，周期与频率互为倒数. 常用的量还有圆频率，记为 ω:

$$\omega = 2\pi f = \frac{2\pi}{T}.$$

(2) 振幅.

振幅也就是振动的峰值，即最大值. 表 7.1 中列出的交流电的电动势、电压和电流三个变量，其振幅分别是 $\mathcal{E}_0$, U_0 和 I_0.

某一时刻的瞬时值是指该时刻变量的取值，例如，电流在 t 时刻的瞬时值就是

$$i(t) = I_0 \cos(\omega t + \varphi_i). \tag{7.1}$$

对变化较快的物理量，实际测量的往往是其周期平均效果，我们称它为有效值. 以电流为例，如果交变电流 i 通过电阻 R 时，在一个周期 T 内产生的焦耳热与某一直流电流 I 通过该电阻 R 时，在同样时间 T 内产生的热量相等，那么交变电流 i 的有效值在数值上等于这一直流电流 I. 按照这一表述，我们可以得出交变电流的有效值 I 满足的方程为

$$\int_0^T Ri^2 \mathrm{d}t = RI^2T.$$

由此解出电流的有效值

$$I = \sqrt{\frac{1}{T}\int_0^T i^2 \mathrm{d}t}.$$

将简谐交流电电流的函数关系 (7.1) 代入上式，得

$$I = \sqrt{\frac{1}{T}\int_0^T I_0^2 \cos^2(\omega t + \varphi_i)\mathrm{d}t} = \frac{I_0}{\sqrt{2}}. \tag{7.2}$$

类似得电压、电动势等简谐量的有效值分别为

$$U = \frac{U_0}{\sqrt{2}}, \quad \mathcal{E} = \frac{\mathcal{E}_0}{\sqrt{2}}. \tag{7.3}$$

总之，简谐变量的有效值是其峰值的 $\dfrac{1}{\sqrt{2}}$.

通常的交流电压表、电流表等都是按有效值刻度的，例如说民用电电压为 220 V 是指有效值，此时其峰值为 311 V.

(3) 相位.

在简谐交流电电流 $i(t) = I_0\cos(\omega t + \varphi_i)$ 中, φ_i 和 $\omega t + \varphi_i$ 分别称为初相位和相位, 相位和初相位都具有角度的量纲.

简谐变量的特点是: 在一个周期内不同时刻的状态一般不同, 而相位相差 2π 的整数倍的两个状态完全相同. 初相位就是初始时刻, 即 $t = 0$ 时的相位. 选取不同的时间 0 点, 初相位将取不同的值. 简谐变量的各个时刻的瞬时状态完全可以由一个周期 T 内, 即相位在 $0 \sim 2\pi$ 之间的状态反映出来.

在处理交流电问题的实际过程中, 我们更关心若干个简谐交流电变量之间的相位差. 相位差反映了不同简谐量的步调差别的大小. 如果两个简谐量可以直接相加, 它们的相位差对它们的和的大小与性质影响极大.

对两个同频率的交流电 1 和 2, 在相同的时间, 如果 1 的相位比 2 大 $\Delta\varphi$, 我们就说 1 比 2 超前 $\Delta\varphi$, 也就是说, 2 比 1 落后 $\Delta\varphi$.

图 7.3 中画出了两个频率相同, 初相位不同的电压变量相位的关系.

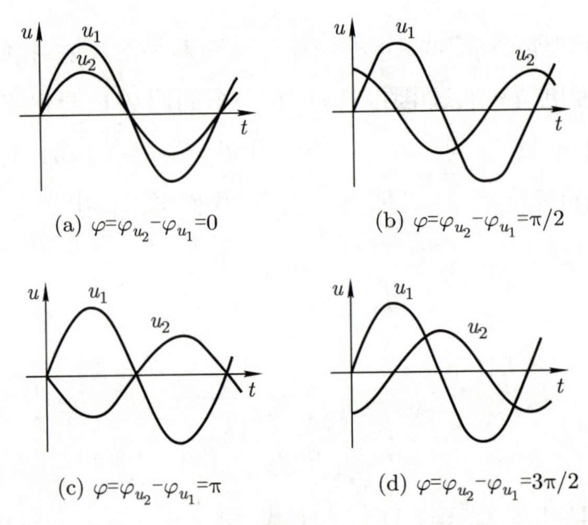

图 7.3

7.1.4 基本假设

本章将在下面三个假设的前提下讨论交流电问题.

(1) 似稳条件.

似稳条件要求电磁场 (电磁波) 的波长 λ 远大于电路的几何线度 L, 即 $\lambda \gg L$. 电磁波的传播速度, 即光速记为 c, 根据波长 λ 与频率 f 的关系 $\lambda = \dfrac{c}{f}$ 可知, 满足似稳条件 $\lambda \gg L$ 就要求相应的动力电源的电磁场的频率 f 较小. 在似稳条件下, 整个电路中的电流可视为随电源电动势同步地缓慢变化, 电路的不同线路的电流之间的相位差可以视为 0. 似稳条件对我们处理电路问题至关重要. 否则, 基尔霍夫第一方程组不再成立. 并且当电源频率较大时, 电路所在空间的感应电场不能忽略, 电压概念也就失去了意义, 也就是说, 基尔霍夫第二方程组也不成立. 整个交流电的理论基础就失去了.

电工技术中遇到的电路大部分属于似稳电路, 如 50 Hz 电源对应的波长为

$$\lambda = \frac{c}{f} = 6 \times 10^6 \text{ m}. \tag{7.4}$$

这里算出的波长的值很大, 远大于通常的电路系统的尺度. 由此可见, 实际的电路都满足似稳条件. 在似稳条件下, 电源频率对应的波长很长, 与电路相关的物理量变化缓慢, 因此, 在任意时刻, 整个电路都被电源同相位的电动势所驱动. 另外, 除电感线圈内部以外的所有区域, 感应电场可以忽略.

(2) 集中元件.

这里将要讨论的交流电路中的两类元件, 即电容器和电感线圈.

先看电容器. 如图 7.4 所示, 传导电流中断在电容器极板上, 导致基尔霍夫第一方程组不再成立, 但在电容器的两端看, 电流可以当作连续情况处理, 即电容器外部的电流仍然保持连续性, 从除去电容器这种小区域后的意义上来理解, 有电容器的电路仍然满足基尔霍夫第一方程组.

再看电感线圈. 如图 7.5 所示, 变化的磁场和涡旋电场基本上集中在电感线圈内部, 如果仅经过电感元件外部对电场进行路径积分, 电场所做的功仍近似与路径无关. 或者经过电感内部, 但把涡旋电场当作非静电力, 仅对电感内部的电场纵场部分进行积分, 则仍然可以引入 “电压” 这个物理量, 整个电路依然满足基尔霍夫第二方程组.

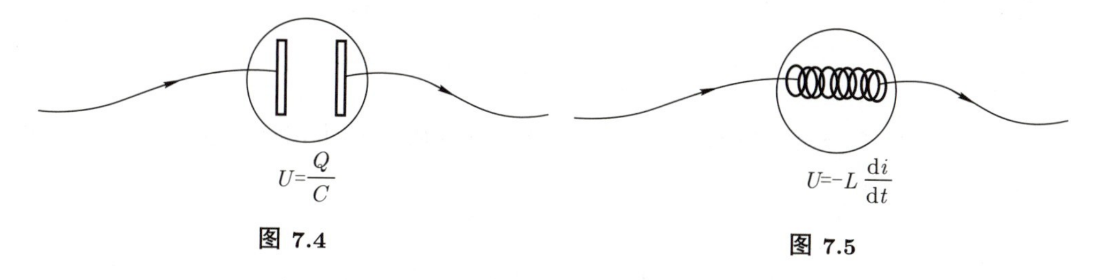

图 7.4　　图 7.5

集中元件是指把产生电流突变和感生电场的区域分别限制在电容元件和电感元件内部很小的范围内. 似稳条件和集中元件是交流电路基尔霍夫方程组成立的前提, 也是我们这部分交流电路理论成立的前提.

(3) 线性电路.

线性电路是指在电路中, 不同频率的简谐成分彼此独立、互不干扰. 因此当电路中有不同频率的简谐成分同时存在时, 可以一个一个地单独处理后再叠加.

这就要求电路中的元件的 R, L, C 均为常量. 在通常情况下, 线性电路的条件基本上能满足. 但如果电感中有硬磁材料, 线性条件就不满足了. 通常在电工技术上只要

满足上述“似稳条件、集中元件和线性电路”三个假设, 则交流电路的问题就可以大大简化. 本章下面的讨论正是在这三个假设的前提下进行的.

7.2 交流电路中的元件

7.2.1 交流电路元件的特征

描述交流电的三个特征量 [频率、有效值 (峰值) 和相位] 中的频率决定于电源, 对我们讨论的电路已确定. 因此, 在讨论交流电路中各类元件的特性时, 一般只涉及元件上电流和电压的有效值以及相位之间的关系. 而且由于整个电路均在同一频率的电源的驱动下运行, 元件上电流和电压在任何时刻的相位差, 都等于它们的初相位之差. 在交流电路中, 描述一个元件上的电压 $u(t)$ 与电流 $i(t)$ 之间的关系, 需要有两个量: 一个是二者峰值或有效值之比, 记为 Z,

$$Z = \frac{U_0}{I_0} = \frac{U}{I}, \tag{7.5}$$

称为该元件的阻抗 (impedance). 另一个是二者的相位差, 记为 φ,

$$\varphi = \varphi_u - \varphi_i. \tag{7.6}$$

阻抗 Z 和相位差 φ 是表征交流电元件的两个特性量.

7.2.2 电阻

在似稳条件下, 欧姆定律仍然成立. 在已知电流和电阻时 (见图 7.6), 可以通过欧姆定律求出电阻上的电压:

$$u(t) = Ri(t) = R[I_0 \cos(\omega t + \varphi_i)] = U_0 \cos(\omega t + \varphi_u).$$

由阻抗的定义及上面的式子可以得到, 电阻的阻抗为

$$Z_R = R, \tag{7.7}$$

其“相位差”为

$$\varphi_R = \varphi_u - \varphi_i = 0, \tag{7.8}$$

即电压与电流两者没有相位差, 它们随时间的变化曲线如图 7.7 所示.

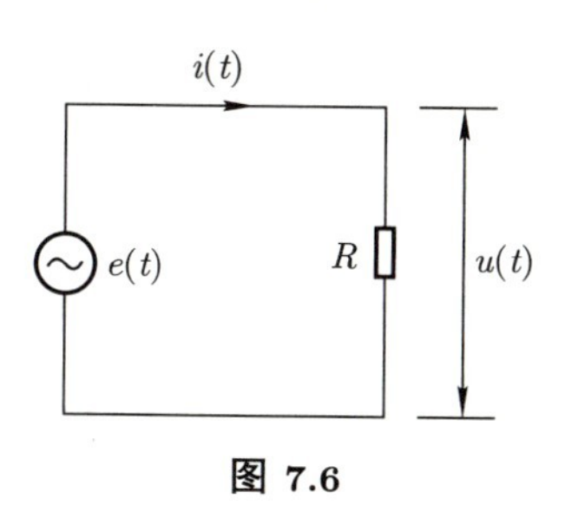

图 7.6

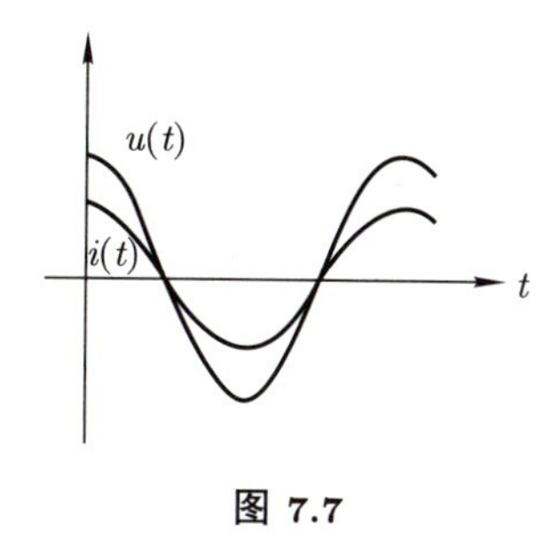

图 7.7

7.2.3 电容

如图 7.8 所示, 电容器的电容为 C, 电压初相位为 0, 取电压 $u(t)$ 为

$$u(t) = U_0 \cos(\omega t). \tag{7.9}$$

极板上的电荷随时间的变化关系式 $q(t)$ 满足

$$q(t) = Cu(t) = CU_0 \cos(\omega t) = Q_0 \cos(\omega t). \tag{7.10}$$

电流为

$$\begin{aligned} i(t) &= \frac{\mathrm{d}q}{\mathrm{d}t} = \frac{\mathrm{d}}{\mathrm{d}t} Q_0 \cos(\omega t) = -\omega Q_0 \sin(\omega t) \\ &= \omega Q_0 \cos\left(\omega t + \frac{\pi}{2}\right) = \omega C U_0 \cos\left(\omega t + \frac{\pi}{2}\right) \\ &= I_0 \cos(\omega t + \varphi_i). \end{aligned} \tag{7.11}$$

由电路元件的阻抗定义 (7.5) 及上面的公式 (7.9), (7.11), 得电容器的阻抗

$$Z_C = \frac{U_0}{I_0} = \frac{U_0}{\omega C U_0} = \frac{1}{\omega C}. \tag{7.12}$$

再由 (7.9) 和 (7.11) 式得电容器的 “相位差” 为

$$\varphi_C = \varphi_u - \varphi_i = -\frac{\pi}{2}. \tag{7.13}$$

由此相位差可以作出电容元件上的电压和电流随时间的变化曲线, 如图 7.9 所示.

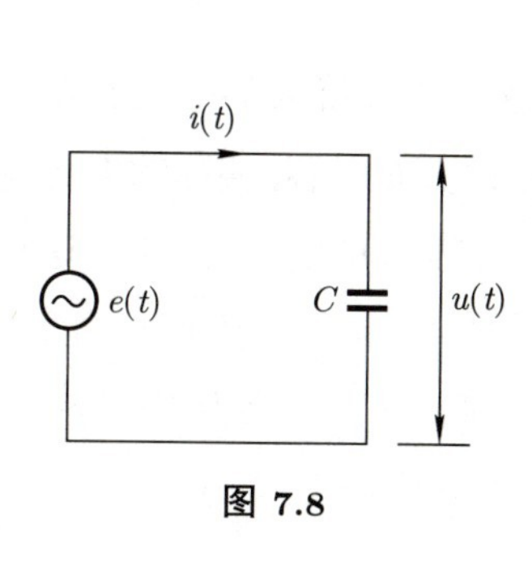

图 7.8

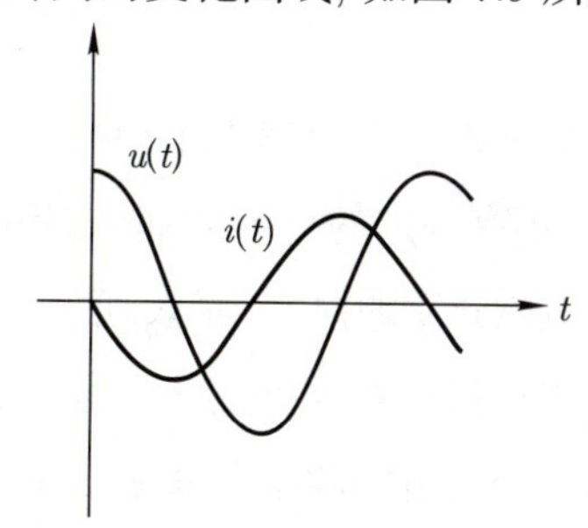

图 7.9

由 (7.12) 式可知, 电容元件的阻抗与电路中的电压 (电流) 的角频率成反比, 因此, 电容元件具有隔直流 (其角频率可视为零)、通交流、高频短路的作用.

7.2.4　电感

电感电路如图 7.10 所示. 设通过电感线圈的电流初相为零, 即其电流

$$i(t) = I_0 \cos(\omega t).$$

由于纯电感 (理想化的电感) 的电阻为零, 所以

$$\begin{aligned} u(t) &= -e_L(t) = L\frac{\mathrm{d}i}{\mathrm{d}t} \\ &= L\frac{\mathrm{d}}{\mathrm{d}t}[I_0\cos(\omega t)] = -\omega L I_0 \sin(\omega t) \\ &= \omega L I_0 \cos\left(\omega t + \frac{\pi}{2}\right). \end{aligned}$$

上式的第一个等式用了无内阻的电源的性质: 电源的电动势等于其路端电压, 这对电源正负极处于开路或闭路均成立. 由阻抗的定义 (7.5) 得

$$Z_L = \frac{U_0}{I_0} = \frac{\omega I_0 L}{I_0} = \omega L, \tag{7.14}$$

$$\varphi_L = \varphi_u - \varphi_i = \frac{\pi}{2}. \tag{7.15}$$

由电感元件的阻抗公式 (7.14) 可知, 电感元件具有阻高频、通低频的特性. 由公式 (7.15) 可以作出电感元件上的电压和电流随时间的变化曲线, 如图 7.11 所示.

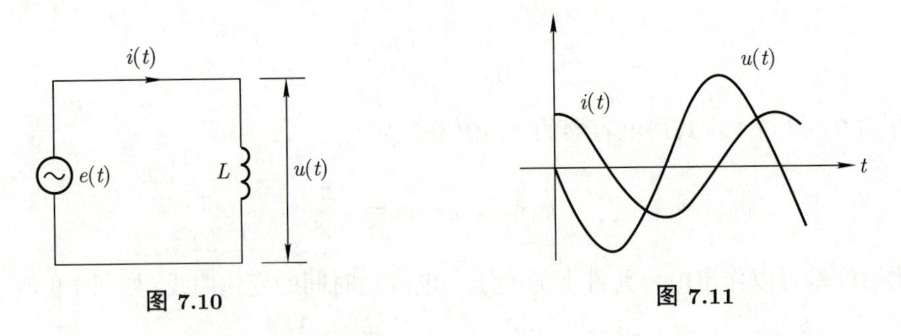

图 7.10　　图 7.11

严格来讲, 实际使用的元件都不是单纯元件. 例如导线绕成的电阻器除主要具有电阻外, 还有一定的自感, 线圈的各匝之间还有较小的分布电容, 实际的电容器和电感器由于电磁介质的损耗, 都表现出一定的电阻性质. 在实际的电路处理中, 这些实际的元件可以通过单纯元件的串并联等组合来表示, 例如, 实际的电感元件可以用一个纯电感和一个纯电阻的串并联来表示, 原则上串联或并联均可. 严格说来, 实际的电感还应串并联上电感元件上所包含的电容.

上述三种元件的比较列在表 7.2 中.

表 7.2 交流电路元件的比较

元件种类	$Z=U_0/I_0=U/I$	$\varphi=\varphi_u-\varphi_i$
R	$Z_R=R$ (与 f 无关)	0
C	$Z_C=\dfrac{1}{\omega C}=\dfrac{1}{2\pi fC}\propto\dfrac{1}{f}$	$-\pi/2$
L	$Z_L=\omega L=2\pi fL\propto f$	$\pi/2$

7.3 元件的串并联—— 矢量图解

7.3.1 矢量图解方法

根据本章的基本假设 (似稳条件、集中元件、线性电路), 在一条无其他支路相连 (即无分叉) 的串联电路中, 通过各元件的电流 $i(t)$ 相等, 电路两端的电压等于各元件上的电压之和:

$$u(t)=u_1(t)+u_2(t)+\cdots. \tag{7.16}$$

在并联的电路中, 各元件两端的电压瞬时值 $u(t)$ 相等, 总电流等于各元件上的电流瞬时值之和, 这时, 不同并联支路中的电流的相位可能不同. 因此, 我们需要计算同频率简谐量的相加. 我们这里将采用矢量图解方法求解.

此方法的原理在于: 如图 7.12 所示的一个固定长度的矢径 $\boldsymbol{U}_0$ 绕其起点以匀角速度 ω 在该平面转动, 其在水平轴 (称为 x 轴) 上的投影就是简谐量随时间变化的值,

$$u(t)=U_0\cos(\omega t+\varphi),$$

矢径 $\boldsymbol{U}_0$ 与 x 轴上的夹角 φ 可以看作 $t=0$ 时刻, 即初始时刻上述简谐量的相位, 也就是初相位.

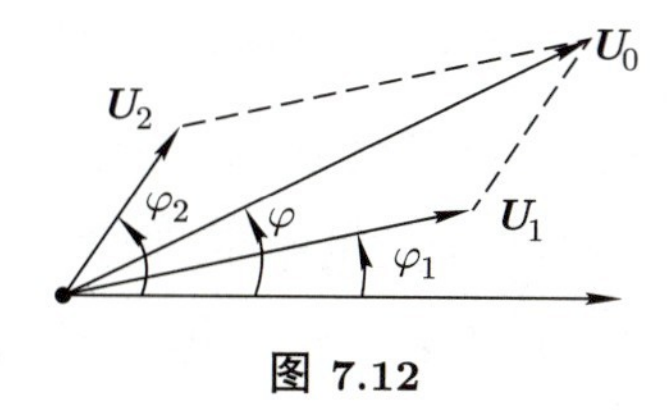

图 7.12

下面, 我们以两个简谐量相加得到它们的和为例来说明矢量图解方法的应用. 当两个简谐量相加时, 我们把代表简谐量 u_1 和 u_2 的矢径 $\boldsymbol{U}_1$ 和 $\boldsymbol{U}_2$ 按前面的方法作于

平面上, 并注意使这两个矢量的起点重合, 再通过平行四边形法则作矢径 $\boldsymbol{U}_1$ 和 $\boldsymbol{U}_2$ 所构成的平行四边形, 其对角线就代表简谐量之和 $u(t)$ 的矢径 $\boldsymbol{U}_0$, $\boldsymbol{U}_0$ 与水平向右的轴的夹角就是总电压的初相位 φ, 如图 7.12 所示. 相应的运算为

$$\begin{aligned}u(t) &= U_0\cos(\omega t+\varphi)\\&= u_1(t)+u_2(t) = U_1\cos(\omega t+\varphi_1)+U_2\cos(\omega t+\varphi_2).\end{aligned} \tag{7.17}$$

由图 7.12 和三角函数关系可以得到上式中的相关量的关系:

$$U_0^2 = U_1^2+U_2^2+2U_1U_2\cos(\varphi_2-\varphi_1), \tag{7.18}$$

$$\tan\varphi = \frac{U_1\sin\varphi_1+U_2\sin\varphi_2}{U_1\cos\varphi_1+U_2\cos\varphi_2}. \tag{7.19}$$

上面得到的矢量长度 U_0 应该理解为总电压的振幅 (峰值). 这里得到的峰值并不等于两个相加的电压的峰值之和. 上述相加方法可以直接用于电流相加, 也可以直接推广到 2 个以上的简谐量相加.

7.3.2 串联 RL, RC 电路

在如图 7.13 所示的串联 RL 电路中, 电流 i 是共同的, 可把 i 的初相位设为 0, 用水平矢量 $\boldsymbol{I}$ 表示, 如图 7.14 所示. 这里的矢量 $\boldsymbol{I}$ 的大小 I 理解为简谐变量 i 的振幅, 为简单起见, 略去其下标 "0". 其他简谐量也同理处理.

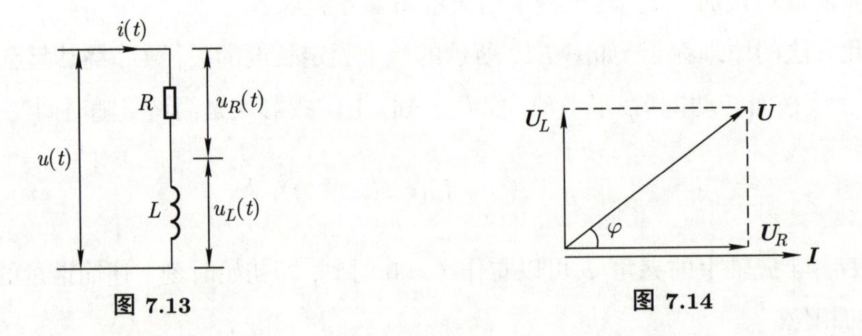

图 7.13　　图 7.14

显然, 矢量 $\boldsymbol{U}_R$ 与 $\boldsymbol{I}$ 平行, $\boldsymbol{U}_L$ 垂直于 $\boldsymbol{I}$ 向上, 这是由于电感元件上电压的相位超前电流 π/2. 为了便于识别, 我们也可以把重合的矢量画得略微分开一点, 但把它们理解为重合, 例如像图中水平方向的两个矢量那样. 根据矢量图, RL 电路上的总电压就由合成矢量 $\boldsymbol{U}$ 来表示, 它是以 $\boldsymbol{U}_L$ 和 $\boldsymbol{U}_R$ 为邻边的矩形的对角线, 相关量的值满足

$$U_R = IR,\quad U_L = IZ_L = I\omega L,$$

$$\frac{U_L}{U_R} = \frac{Z_L}{Z_R} = \frac{\omega L}{R}.$$

由上面的式子可以得到 RL 电路的阻抗和相位差分别为

$$Z=\frac{U}{I}=\sqrt{R^2+(\omega L)^2}$$

和

$$\varphi=\tan^{-1}\frac{U_L}{U_R}=\tan^{-1}\frac{\omega L}{R}.$$

类似地可以处理如图 7.15 所示的 RC 电路.

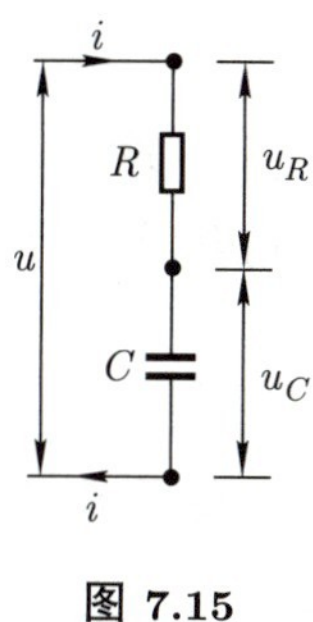

图 7.15

在用矢量图方法求解交流电路问题时, 矢量图中的各矢量应尽可能按比例画, 这样, 从图上看到的结果就和表达式的结果一致.

在串联电路中, 电流 i 是共同的, 可把其初相位设为 0, 用水平矢量 $\boldsymbol{I}$ 表示, 如图 7.16 所示. 矢量 $\boldsymbol{U}_R$ 与 $\boldsymbol{I}$ 平行, 电容元件上的电压相位落后电流 π/2, 因此矢量 $\boldsymbol{U}_C$ 垂

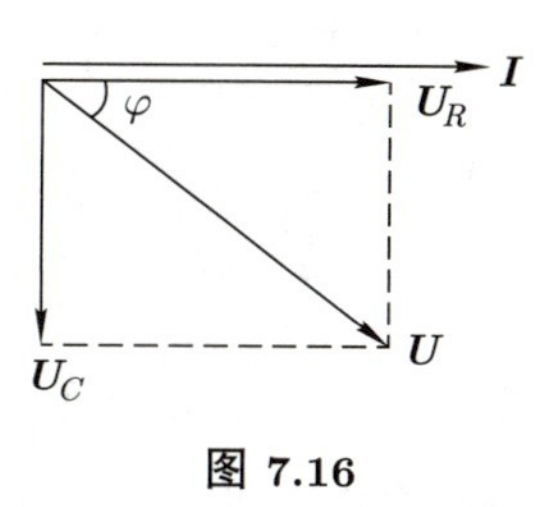

图 7.16

直于 $\boldsymbol{I}$ 向下, 其中

$$U_R=IR,\quad U_C=IZ_C=\frac{I}{\omega C},$$
$$\frac{U_C}{U_R}=\frac{Z_C}{Z_R}=\frac{1}{\omega CR}.$$

RC 电路的总电压 (振幅) 为

$$U=\sqrt{U_C^2+U_R^2}=I\sqrt{R^2+Z_C^2}=I\sqrt{R^2+\left(\frac{1}{\omega C}\right)^2},$$

由此求得此段电路的阻抗和相位差分别为

$$\begin{aligned} Z &= \frac{U}{I} = \sqrt{R^2 + \left(\frac{1}{\omega C}\right)^2}, \\ \varphi &= \tan^{-1}\frac{U_C}{U_R} = \tan^{-1}\frac{1}{\omega CR}. \end{aligned} \tag{7.20}$$

这里求出的 φ 只是相位差的大小, 按照我们前面定义的元件或元件组上的相位差为该段电路上电压与电流强度的相位之差. 对上面的 RC 电路, 这一相位差为上述 φ 值的负值. 当然, 我们也可以在计算相位差 (7.20) 时, 把图 7.16 中 $\boldsymbol{U_C}$ 向下, 理解为它的值为其长度的负值, 即 $-U_C$, 以此负值代入 (7.20) 式, 这样得到的相位差本身就带有负号了. 这相当于计算出相位差的绝对值, 再根据电压矢量与电流矢量的相对方向确定相位差的正负号: 电流矢量经逆时针到电压矢量, 相位差为正, 反之为负.

7.3.3 RC 并联后再与 L 串联

对如图 7.17 所示的 RC 并联后再与 L 串联的电路, 我们仍然可以用上述方法求得各段电路的电压、电流对应的矢量之间的关系及其相位差. 已知电感元件、电容元件和电阻元件的阻抗均相等, 即有 $Z_L = Z_C = R$.

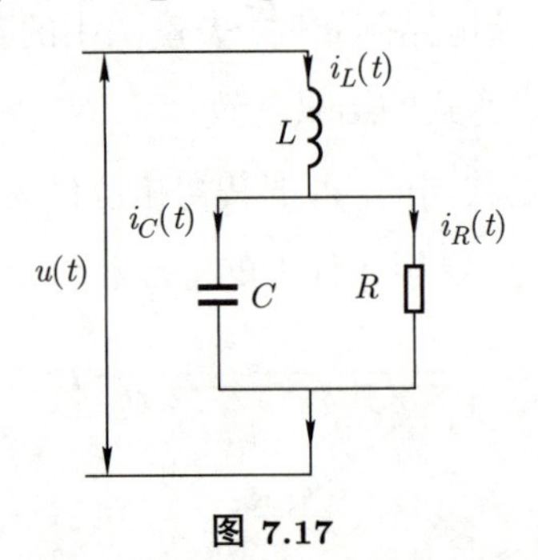

图 7.17

本问题比以前的更复杂一些, 但步骤与以前相似.

(1) 选基准线. 一般可选电路中含电阻的最小单元中的电阻上的电压或电流对应的矢量. 这里可以取 RC 并联这一元件单元, 因此, R 上的电压或电流可以取为向右的基准线.

(2) 根据题中条件确定矢量的长度, 并作图 7.18.

选 I_R 为矢量长度的基准, 再选 U_R 作为电压长度的基准. 由于电阻 R 未给具体数值, 由此, 电阻上的电压和电流的比例不确定, 把它们的长度画得相近即可.

(3) 再根据题设条件画出另外两个相等的电压值 U_C 和 U_{RC}, 进一步求得并联电路中各段的电流关系为

$$\frac{I_C}{I_R} = \frac{Z_R}{Z_C} = 1,$$

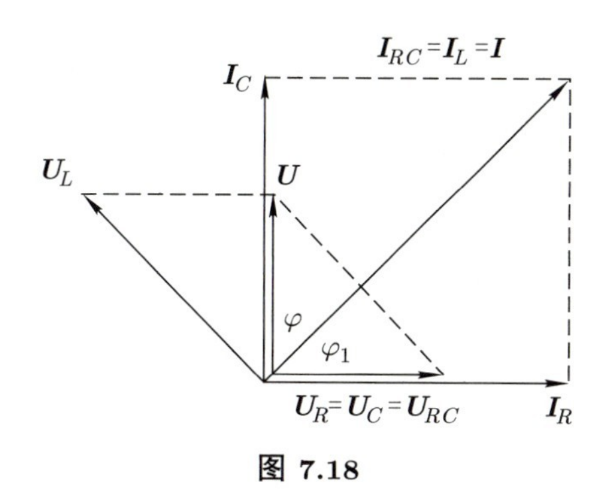

图 7.18

即

$$I_C = I_R.$$

由于电容上的电压 U_C 比其上的电流 I_C 落后 $\pi/2$, 因此 $\boldsymbol{I}_\mathbf{C}$ 垂直于 $\boldsymbol{U}_C$ 向上. 由图 7.18 得并联电路的总电流为图中的正方形的对角线, 其大小为

$$I = \sqrt{I_C^2 + I_R^2} = \sqrt{2}I_R.$$

由图 7.18 得, 并联电路中的相位差为

$$\varphi_1 = \tan^{-1}\frac{I_\mathrm{C}}{I_R} = \tan^{-1}1 = \frac{\pi}{4}.$$

电感上的电压为

$$U_L = IZ_L = \sqrt{2}I_R R = \sqrt{2}U_R,$$

方向为垂直于其上的电流并与其成 $\pi/2$ 夹角. 两个并串联电路的总电压 $\boldsymbol{U}$ 为 $\boldsymbol{U}_L$ 与 $\boldsymbol{U}_{RC}$ 的矢量和, 其大小满足

$$U^2 = U_L^2 - U_C^2 = (\sqrt{2}U_R)^2 - U_R^2 = U_R^2.$$

现汇总这段电路中简谐量的相位关系如下:

(1) U_C 与 I_R 同相位, 即 $\Delta\varphi = 0$;

(2) I_C 超前 I_R, $\Delta\varphi = \dfrac{\pi}{2}$;

(3) U_R 落后 U_L, $\Delta\varphi = -\dfrac{3\pi}{4}$;

(4) U 超前 $I, \Delta\varphi = \dfrac{\pi}{4}$.

上述矢量图包含了求解串并联交流电路的主要步骤. 对于单纯串联或单纯并联电路, 各矢量之间的关系不是超前 $\pi/2$, 就是落后 $\pi/2$, 或者同相位, 因此图上的矢量构成的几何图形是直角三角形, 利用勾股定理易于求解电路. 在既并联又串联的电路中, 矢量图会出现斜三角形, 这时需要用余弦定理来计算, 会更复杂一些.

7.4 交流电路的复数解法

7.4.1 复数基本知识

复平面是横坐标轴 x 为实轴, 纵坐标轴 y 为虚轴构成的整个平面.

虚单位 (imaginary unit) 用 j 表示, 虚轴以 j 为单位, j 满足

$$\mathrm{j}^2 = -1. \tag{7.21}$$

复平面上每一个点均可用其坐标 (x, y) 来表示, 每一个点代表一个复数, 记为 $\widetilde{A}$. 也可以用从原点到坐标 (x, y) 的复矢量来代表一个复数 $\widetilde{A}$, 如图 7.19 所示. 为区别复数与实数, 我们在复数上加 "∼". 全体复数 (点) 的集合构成复数域.

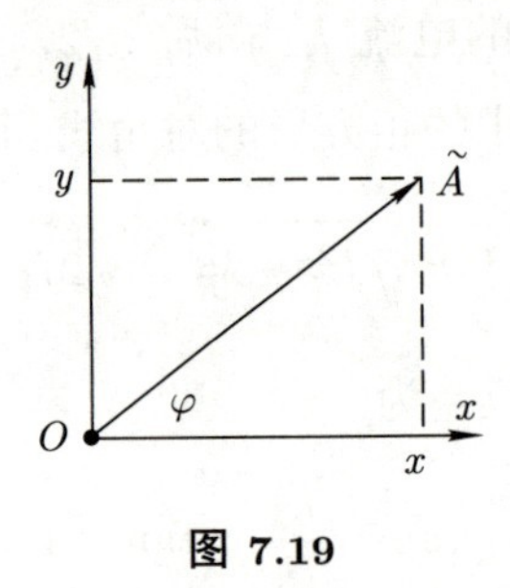

图 7.19

复数的模即为代表复数的点 (x, y) 到复平面原点的距离, 记为 A. 幅角为复矢量与 x 轴的夹角, 用 φ 表示.

(1) 复数的数学表达式.

复数有多种数学表示形式, 如

$$\widetilde{A} = x + \mathrm{j}y \quad (\text{直角坐标系表示}), \tag{7.22}$$

这里, x 称为复数的实部, y 称为虚部. 还有

$$\widetilde{A} = A(\cos\varphi + \mathrm{j}\sin\varphi) \quad (\text{三角函数表示}), \tag{7.23}$$

$$\widetilde{A} = A\mathrm{e}^{\mathrm{j}\varphi} \ (\text{指数表示}). \tag{7.24}$$

在复数运算中, 常用的两个公式是欧拉公式

$$\mathrm{e}^{\mathrm{j}\varphi} = \cos\varphi + \mathrm{j}\sin\varphi \tag{7.25}$$

以及模和实部与虚部的关系

$$A = \left|\widetilde{A}\right| = \sqrt{x^2 + y^2}. \tag{7.26}$$

(2) 复数的四则运算.

复数的加减法就是实部加减实部, 虚部加减虚部. 乘除法可将复数用指数表示, 然后再用指数函数的乘除法规则进行运算, 这样比较简单、方便. 当然也可以直接用直角坐标表示按乘法规则进行运算. 运算中常用到的关系式如下:

$$\mathrm{j}^2 = (\sqrt{-1})^2 = -1,$$

$$\mathrm{j} = \mathrm{e}^{\mathrm{j}\pi/2} = \cos\pi/2 + \mathrm{j}\sin\pi/2,$$

$$\widetilde{A}_1 \cdot \widetilde{A}_2 = (A_1\mathrm{e}^{\mathrm{j}\varphi_1}) \cdot (A_2\mathrm{e}^{\mathrm{j}\varphi_2}) = A_1A_2\mathrm{e}^{\mathrm{j}(\varphi_1+\varphi_2)}.$$

(3) 共轭运算.

共轭运算用星号 “*” 表示, 即将复数的虚部乘以 -1, 实部不变:

$$\widetilde{A} = x + \mathrm{j}y = A\mathrm{e}^{\mathrm{j}\varphi}$$

的复共轭为

$$\widetilde{A}^* = x - \mathrm{j}y = A\mathrm{e}^{-\mathrm{j}\varphi}. \tag{7.27}$$

7.4.2 交流电的复数表示法

如前所述, 一个简谐量有振幅和相位两个重要特征量. 由于复数具有模和幅角两个特征量, 因此, 我们可以用复数来表示简谐量, 简谐量的振幅对应复数的模, 简谐量的相位对应复数的辐角, 简谐量相加减对应相应的复数相加减. 现以交流电压为例加以说明. 对电压

$$u(t) = U_0\cos(\omega t + \varphi_u),$$

其对应的复数表示为

$$\widetilde{U} = U_0\mathrm{e}^{\mathrm{j}(\omega t+\varphi_u)} = U_0\cos(\omega t + \varphi_u) + \mathrm{j}U_0\sin(\omega t + \varphi_u).$$

这里的复数称为复电压, 电压的瞬时值为复电压的实部. 同一段电路上的复电压和复电流的比值, 称为这段电路的复阻抗, 用 $\widetilde{Z}$ 表示:

$$\frac{\widetilde{U}}{\widetilde{I}} = \frac{U_0\mathrm{e}^{\mathrm{j}(\omega t+\varphi_u)}}{I_0\mathrm{e}^{\mathrm{j}(\omega t+\varphi_i)}} = \frac{U_0}{I_0}\mathrm{e}^{\mathrm{j}(\varphi_u-\varphi_i)} \equiv Z\mathrm{e}^{\mathrm{j}\varphi} = \widetilde{Z}. \tag{7.28}$$

复阻抗概括了这段电路的两个最基本的性质 —— 阻抗 Z 和相位差: 复电压与复电流之比的模为阻抗 Z, 比值对应的复数的辐角为相位差.

上面复电压、复电流和复阻抗的关系与直流电路中的欧姆定律具有完全相同的形式. 对电阻 R、电感 L 和电容 C 这些纯元件, 分别利用以前得到的它们的阻抗和相位

差的值, 可以得到其复阻抗分别为

$$\widetilde{Z}_L = R, \tag{7.29}$$

$$\widetilde{Z}_L = \omega L \mathrm{e}^{\mathrm{j}\pi/2} = \mathrm{j}\omega L, \tag{7.30}$$

$$\widetilde{Z}_C = \frac{1}{\omega C}\mathrm{e}^{-\mathrm{j}\pi/2} = \frac{-\mathrm{j}}{\omega C} = \frac{1}{\mathrm{j}\omega C}. \tag{7.31}$$

对于两个元件 1 和 2 串联的电路, 由它们的电压和电流瞬时值与总电路中的对应量的关系式, 可以得到总电路中复电压 $\widetilde{U}$ 和复电流 $\widetilde{I}$ 与两段分路中的对应量的关系式为

$$\widetilde{U} = \widetilde{U}_1 + \widetilde{U}_2,$$

$$\widetilde{I} = \widetilde{I}_1 = \widetilde{I}_2.$$

这里的下标是两个串联元件的序号, 无下标的表示总电路中的物理量, 根据复阻抗的定义, 由上面两式得相应的总复阻抗 $\widetilde{Z}$ 为

$$\widetilde{Z} = \widetilde{Z}_1 + \widetilde{Z}_2. \tag{7.32}$$

同样, 对于两个元件 1 和 2 并联的电路, 由它们的电流和电压瞬时值的关系式, 可以得到总电路中的复电流 $\widetilde{I}$ 和复电压 $\widetilde{U}$ 为

$$\widetilde{I} = \widetilde{I}_1 + \widetilde{I}_2,$$

$$\widetilde{U} = \widetilde{U}_1 = \widetilde{U}_2.$$

根据复阻抗的定义, 由此两式得总电路中的复阻抗 $\widetilde{Z}$ 满足关系式

$$\frac{1}{\widetilde{Z}} = \frac{1}{\widetilde{Z}_1} + \frac{1}{\widetilde{Z}_2}. \tag{7.33}$$

根据复阻抗的定义以及总电路中的复电压、复电流与分路中的对应量的关系式, 不难得到, 对多个并联电路, 总复阻抗满足

$$\frac{1}{\widetilde{Z}} = \frac{1}{\widetilde{Z}_1} + \frac{1}{\widetilde{Z}_2} + \frac{1}{\widetilde{Z}_3} + \cdots. \tag{7.34}$$

我们也可以引入新的物理量 —— 复导纳, 定义为复阻抗的倒数, 用 $\widetilde{Y}$ 表示. 多个元件并联时, 由 (7.34) 式得总复导纳和各元件的复导纳之间的关系为

$$\widetilde{Y} = \widetilde{Y}_1 + \widetilde{Y}_2 + \widetilde{Y}_3 + \cdots. \tag{7.35}$$

由此可见, 交流电路复阻抗的串并联公式与直流电路电阻的串并联公式形式上完全相同.

复阻抗中有物理意义的是它的模和辐角, 它们分别代表交流电路的阻抗和相位差, 所以, 在进行复阻抗的运算之后, 应把所得结果中的模和辐角求出来.

应该强调, 复数量本身并不是简谐量, 而只是简谐量的一种运算符号. 由于复数量和简谐量的运算法则之间满足一定的对应关系, 因此可以用这些复数的运算来代替简谐量的运算. 在运算之后, 还必须利用上述对应关系, 从所得到的结果中找出简谐量的特征量 —— 峰值和相位, 而简谐量本身则等于复数量的实部.

7.4.3 交流电路的基尔霍夫方程组及其复数形式

直流电路的基尔霍夫方程组对于交流电路中的瞬时值仍然是适用的. (1) 在电路的任一节点处, 瞬时电流的代数和为零; (2) 沿任一闭合回路绕行一周, 瞬时电压降的代数和为零. 用公式表示则有

$$\sum_{\text{节点}}[\pm i(t)] = 0, \tag{7.36}$$

$$\sum_{\text{回路}} u(t) = 0. \tag{7.37}$$

把以上两式中各量用其对应的复数量表示, 则有

$$\sum(\pm\widetilde{I}) = 0, \tag{7.38}$$

$$\sum\widetilde{U} = \sum(\pm\widetilde{I}\widetilde{Z}) + \sum(\pm\widetilde{\mathcal{E}}) = 0. \tag{7.39}$$

这两组方程就是交流电路的基尔霍夫方程组的复数形式, 其中 (7.39) 式中的第一个等式右边将复电压分为电动势的复电压和无源支路的复电压两部分, 并对无源支路用了复数形式的欧姆定律.

7.4.4 基尔霍夫方程组的应用

我们先来讨论二级 RC 滤波或相移电路. 二级 RC 滤波或相移电路示意图如图 7.20 所示. 试计算输出电压与输入电压大小之比和相位差.

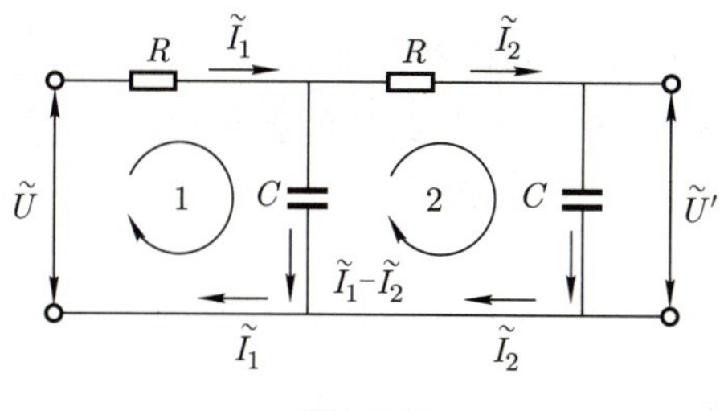

图 7.20

这里, 与处理直流电路的思路相同, 我们可以按如下步骤分析计算. 首先, 考虑到基尔霍夫第一方程组, 把各段的复电流标在图上. 电路图中含电容 C 的支路电流 $\widetilde{I}_3$ 用 $\widetilde{I}_1-\widetilde{I}_2$ 代替, 这相当于已经用了基尔霍夫第一方程组的一个公式消去了一个未知量 $\widetilde{I}_3$. 然后再选择 1 和 2 两个回路, 并规定如图所示的回路绕行正方向, 再列出两个基尔霍夫第二方程如下:

$$\widetilde{I}_1 R+\frac{\widetilde{I}_1-\widetilde{I}_2}{\mathrm{j}\omega C}=\widetilde{U},$$

$$\widetilde{I}_2\left(R+\frac{1}{\mathrm{j}\omega C}\right)-\frac{\widetilde{I}_1-\widetilde{I}_2}{\mathrm{j}\omega C}=0.$$

这两个方程对应两个未知变量, 即 $\widetilde{I}_1$ 和 $\widetilde{I}_2$, 未知量个数和方程个数相同, 刚好可以解出来. 将上述方程组整理成联立方程组的标准形式, 并解出 $\widetilde{I}_2$, 再利用输出电压 $\widetilde{U}'$ 和电路 $\widetilde{I}_2$ 的关系

$$\widetilde{U}'=\frac{\widetilde{I}_2}{\mathrm{j}\omega C},$$

得输出复电压和输入复电压的比值关系

$$\frac{\widetilde{U}'}{\widetilde{U}}=\frac{1}{1-(\omega CR)^2+3\mathrm{j}\omega CR}. \tag{7.40}$$

最后, 由上述复数比可求得 $u'(t)$ 和 $u(t)$ 的峰值, 即 U' 和 U 之比和相位差. 电压比 (振幅之比, 或为有效值之比) 即为上式的模:

$$\frac{U'}{U}=\left|\frac{\widetilde{U}'}{\widetilde{U}}\right|=\frac{1}{\sqrt{(\omega CR)^4+7(\omega CR)^2+1}}.$$

由此式可知, 对于一定的输入电压, 输出端分压随频率增加而减小, 频率越高, 输出电压占输入电压的比例就越少. 这正是滤波电路的特点, 它滤除了某些特征的电信号成分, 这里是滤除了高频成分. 成分的频率越高, 被滤除得就越彻底.

根据复电压的意义可知, (7.40) 式的幅角就是输出电压和输入电压的相位差. 求此式的幅角得相位差

$$\Delta\varphi=\varphi_{u'}-\varphi_u=-\arctan\frac{3\omega CR}{1-(\omega CR)^2}.$$

我们再来分析交流电桥. 交流电桥的原理与直流电桥相似, 不同的是四臂上的元件不一定是电阻, 可以是 R,L,C 元件及其组合.

如图 7.21 所示, 规定电流 (下标与阻抗的编号相同) 方向以及电源的极性. B 和 D 的节点方程分别为

$$B:\quad \widetilde{I}_1=\widetilde{I}_0+\widetilde{I}_3,$$

$$D:\quad \widetilde{I}_2+\widetilde{I}_0=\widetilde{I}_4.$$

两个回路方程分别为

$$ABDA: \quad \widetilde{I}_1\widetilde{Z}_1+\widetilde{I}_0\widetilde{Z}_0-\widetilde{I}_2\widetilde{Z}_2=0,$$

$$BCDB: \quad \widetilde{I}_3\widetilde{Z}_3-\widetilde{I}_4\widetilde{Z}_4-\widetilde{I}_0\widetilde{Z}_0=0.$$

由电桥平衡条件

$$\widetilde{I}_0=0,$$

得

$$\widetilde{I}_1=\widetilde{I}_3, \quad \widetilde{I}_2=\widetilde{I}_4,$$

$$\widetilde{I}_1\widetilde{Z}_1=\widetilde{I}_2\widetilde{Z}_2,$$

$$\widetilde{I}_3\widetilde{Z}_3=\widetilde{I}_4\widetilde{Z}_4.$$

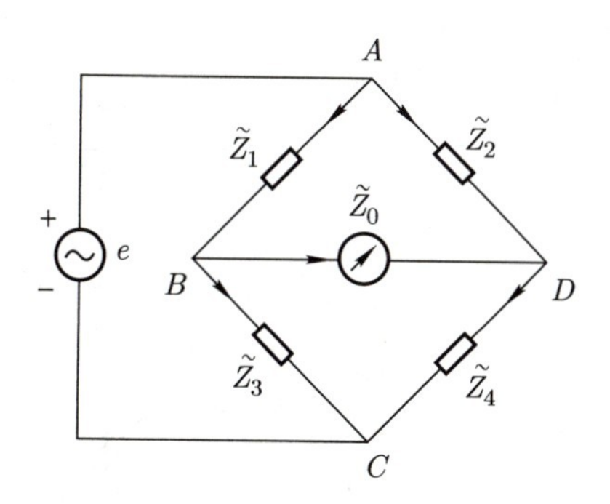

图 7.21

由此得电桥平衡时阻抗所满足的条件为

$$\frac{\widetilde{Z}_1}{\widetilde{Z}_3}=\frac{\widetilde{Z}_2}{\widetilde{Z}_4},$$

或

$$\widetilde{Z}_1\widetilde{Z}_4=\widetilde{Z}_3\widetilde{Z}_2.$$

由上述平衡条件得

$$Z_1Z_4\mathrm{e}^{\mathrm{j}(\varphi_1+\varphi_4)}=Z_2Z_3\mathrm{e}^{\mathrm{j}(\varphi_2+\varphi_3)}.$$

进一步得

$$Z_1Z_4=Z_2Z_3 \tag{7.41}$$

和

$$\varphi_1+\varphi_4=\varphi_2+\varphi_3, \tag{7.42}$$

即电桥两对边元件的阻抗之积相等、相位之和相等. 这说明交流电桥四个臂上的元件不能任意选择, 如 2, 4 臂选了纯电阻, 则 1, 3 臂必须选用同为电感性或同为电容性的元件, 不能选一个电感性一个电容性, 否则, 电桥不可能平衡.

实用中, 各臂采用不同性质的阻抗, 可以组成多种形式的电桥. 下面列出几种常见的电桥: 图 7.22 为电容桥, 图 7.23 为频率电桥, 图 7.24 为麦克斯韦 LC 电桥. 根据 (7.41) 和 (7.42) 式, 读者可以自行写出各电桥的平衡条件, 也可以根据这两式的要求设计各种不同的电桥.

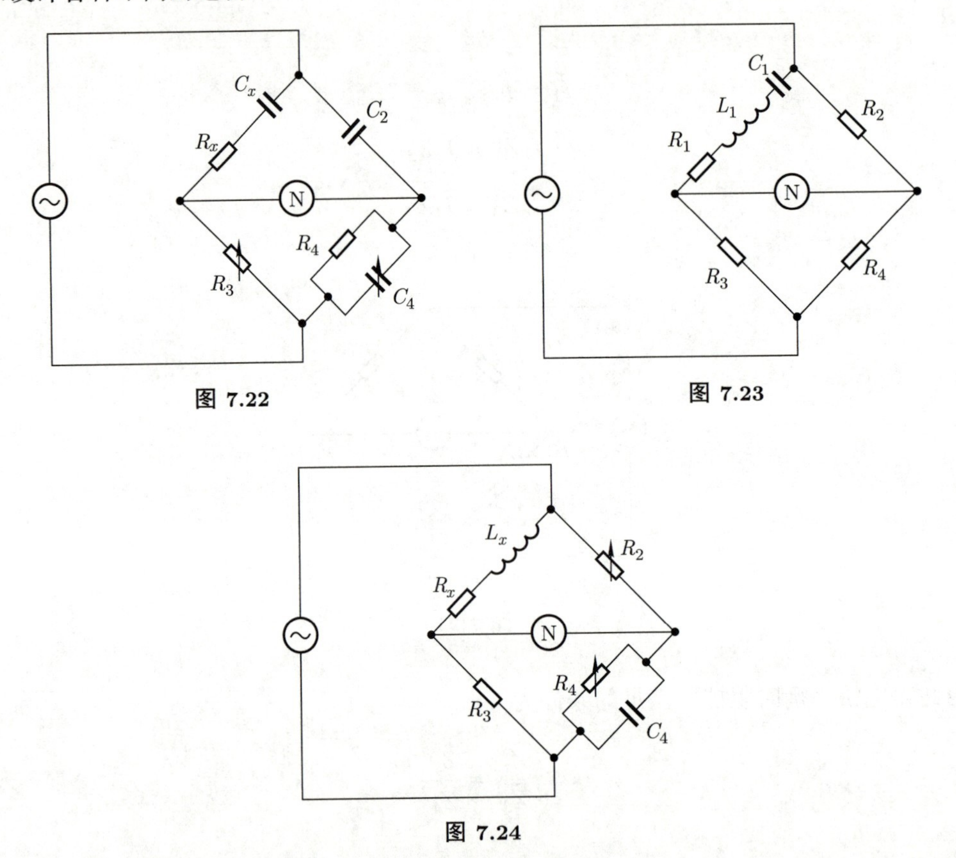

图 7.22

图 7.23

图 7.24

下面我们讨论有互感的电路. 计算有互感的电路时, 情况相对复杂一些, 在运用基尔霍夫方程组时, 应考虑互感引起的感应电动势对电路中电压、电流的影响. 为方便处理有互感时的电路问题, 我们现引入同名端和异名端的概念.

如图 7.25 所示, 当两个线圈 1 和 2 流入的电流在对方产生的磁通量与在自身产生的磁通量同号时, 两个线圈的电流流入端 (或流出端) 叫作同名端, 用小圆点 (或其他符号) 标记, 反之则称为异名端. 根据上述定义, 图 (a) 的两个线圈下端 (或上端) 为同名端, 图 (b) 的两个线圈的一头一尾 (或中间) 为同名端.

在引入同名端和异名端的基础上, 对含有自感和互感的电路, 我们可以把其中电

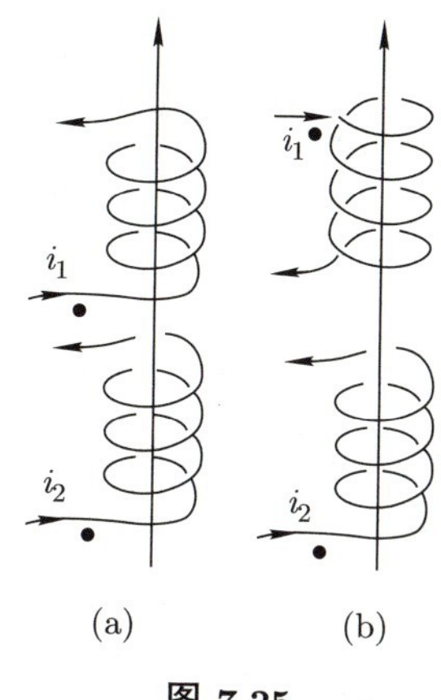

图 7.25

感元件的电势降落的符号法则表述如下: 如果绕行方向与电流同向, 当两线圈中电流标定由同名端流入, 即电流规定的正方向为同名端时, 互感系数取正值, 亦即取与自感同号的值. 电流标定由异名端流入时, 互感系数取负值, 即取与自感异号的值. 此符号法则的根据是互感磁通量与自感磁通量是相互加强还是减弱.

由此可见, 当两线圈中电流由同名端流入, 两个线圈中的电流有相同的变化趋势 (同为增加或同为减少) 时, 在每一个线圈内的互感电动势与自感电动势方向相同. 当两个线圈中电流由异名端流入, 且电流有相同变化时, 互感电动势与自感电动势方向相反.

自感和互感电动势引起的电势降落的正负号法则如下: 由自感 L_1 引起的电势降落为

$$\widetilde{U}_{L_1} = \pm \mathrm{j}\omega L_1 \widetilde{I}_1 \begin{cases} \widetilde{I}_1 \text{ 与回路绕行方向相同则取 } +, \\ \widetilde{I}_1 \text{ 与回路绕行方向相反则取 } -. \end{cases} \tag{7.43}$$

这里用了电路的欧姆定律的复数形式. 线圈 2 在线圈 1 中的互感引起的电势降落为 (规定 M 恒正, 互感效果的正负号作为因子显写在前面)

$$\widetilde{U}_{21} = (\pm)\mathrm{j}\omega M_{21} \widetilde{I}_2 \begin{cases} \widetilde{I}_1, \widetilde{I}_2 \text{ 标定从同名端流入, 符号与 } \widetilde{U}_{L_1} \text{ 相同}, \\ \widetilde{I}_1, \widetilde{I}_2 \text{ 标定从异名端流入, 符号与 } \widetilde{U}_{L_1} \text{ 相反}. \end{cases} \tag{7.44}$$

这种表述中的正负号需要参照自感的正负号才能确定, 即先判断互感的符号与自感的是否相同, 再判断自感本身的符号.

我们也可以把上述两次判断, 即 (7.43) 和 (7.44) 式写成两个步骤, 每一个步骤有一个正负号判断, 两个步骤的两个正负号相乘就得到互感总的正负号. 下面以线圈 1 对线圈 2 的互感 (即 1 对 2 的互感影响, 2 是被互感影响的线圈) 为例进行说明.

(1) 判断互感的符号与自感的是否相同: 电流从两个线圈的同名端流入为 “+”, 从异名端流入为 “–” (这里的正是指互感与自感符号相同, 负则表示相反).

(2) 线圈 2 本身的自感正负号的判断: 线圈 2 的绕行方向与其电流 $\widetilde{I}_2$ 的标定正方向相同为 “+”, 相反为 “–”.

上述 (1) 和 (2) 的两个符号相乘就得到最终互感的正负号. 例如, 两个线圈 1 和 2 可做如下判断: (1) 如果它们的电流均从同名端流入则为 +; (2) 如果线圈 2 的绕行方向与线圈 2 上的电流标定正方向相反则为 −. 因此两者 [(1) 和 (2) 的正负号] 的符号分别为正和负, 两者相乘为负. 也就是说, 这种情况下, 线圈 1 对线圈 2 的互感电压降前面应该取负号, 即为 $\widetilde{U}_{12} = -\mathrm{j}\omega M_{12}\,\widetilde{I}_1$.

需要注意的是, 三个或多个线圈之间的同名端的标定不具有传递性, 即 1, 2 两个线圈之间的同名端已标定, 2, 3 两个线圈之间的同名端也已标定. 我们不能根据 1 和 3 两个线圈均与第 2 个线圈的同一端为同名端, 由此得出 1, 3 两个线圈均与 2 为同名端的那两端也是同名端. 这里同名端标定的根据是: 电流都按标定的方向流入 (流出), 两个线圈在对方线圈中的互感磁通量和对方的自感磁通量相互加强. 这种相互加强不具有传递性, 我们不难通过简单情形举出反例. 由此, 对 3 个或 3 个以上的线圈, 如果不能同时标定这些线圈的同名端, 则应该两两之间标定. 当然, 为了避免混淆, 不同的两两之间的同名端, 可以用不同的符号表示, 例如用圆点、圆圈和三角等.

例 7.1 图 7.26 所示电路的 1 和 2 两个回路, 绕行方向已在图中标定. 试分别写出两个回路的电势降落表达式, 用图中标出的量表示出来. 三个线圈彼此之间的同名端已用小圆点标出.

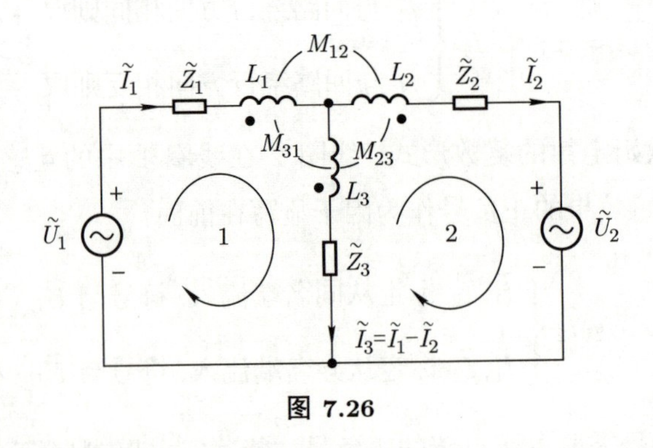

图 7.26

解 题中的电路有三条支路, 相对应有三个未知复电流. 用节点方程消去复电流 $\widetilde{I}_3$, 即用 $\widetilde{I}_1 - \widetilde{I}_2$ 代替 $\widetilde{I}_3$. 这样, 本题的复电流未知量就减少到 2 个, 即只剩下 $\widetilde{I}_1$ 和 $\widetilde{I}_2$ 未知.

根据前面关于自感和互感导致的电势降落的符号法则, 我们可以写出回路 2 的电

势降落为

$$(\mathrm{j}\omega L_2+\widetilde{Z}_2)\widetilde{I}_2-(\widetilde{Z}_3+\mathrm{j}\omega L_3)\widetilde{I}_3-\mathrm{j}\omega M_{12}\widetilde{I}_1+\mathrm{j}\omega M_{13}\widetilde{I}_1+\mathrm{j}\omega M_{32}\widetilde{I}_3-\mathrm{j}\omega M_{23}\widetilde{I}_2+\widetilde{U}_2=0.$$

这里的重点是各项前面的正负号, 特别是含互感的项. 例如, 对于线圈 1 对 2 的互感电压降, 两者标定的电流从异名端流入, 为负号, 线圈 2 中的电流正方向与它那一段的绕行方向相同, 为正号, 两者相乘得负号, 因此在含 M_{12} 的那一项前面加了负号. 其他各项类似分析.

对回路 1:

$$(\widetilde{Z}_1+\mathrm{j}\omega L_1)\widetilde{I}_1+(\mathrm{j}\omega L_3+\widetilde{Z}_3)\widetilde{I}_3-\mathrm{j}\omega M_{31}\widetilde{I}_3-\mathrm{j}\omega M_{13}\widetilde{I}_1-\mathrm{j}\omega M_{21}\widetilde{I}_2+\mathrm{j}\omega M_{23}\widetilde{I}_2-\widetilde{U}_1=0.$$

思考题 带通滤波电路与带阻滤波电路. 能够使某一频带内的信号顺利通过而将这频带以外的信号阻挡住的电路, 叫带通滤波电路. 能够将某一频带内的信号阻挡住而使这以外的信号顺利通过的电路, 叫带阻滤波电路. 试定性分析图 7.27 中两个滤波电路, 哪个属于带通, 哪个属于带阻. 假设两电路中各电感具有相同的自感系数 L, 各电容也具有相同的电容 C, 且均忽略分布参量. 每个电路的左边为输入端, 右边为输出端.

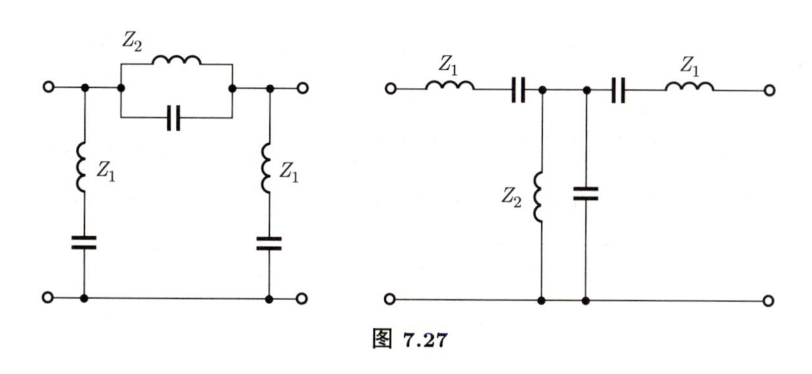

图 7.27

7.5 谐振电路

7.5.1 串联谐振电路

当电容和电感两类元件都在交流电路中时, 在一定的条件下, 电路表现出纯电阻性, 这时, 电路中的总电流或总电压还可能出现极值, 这种现象称为电路的谐振 (共振) 现象, 发生谐振的电路称为谐振 (共振) 电路. 我们现在来分析图 7.28 所示的 RLC 串联电路的谐振现象.

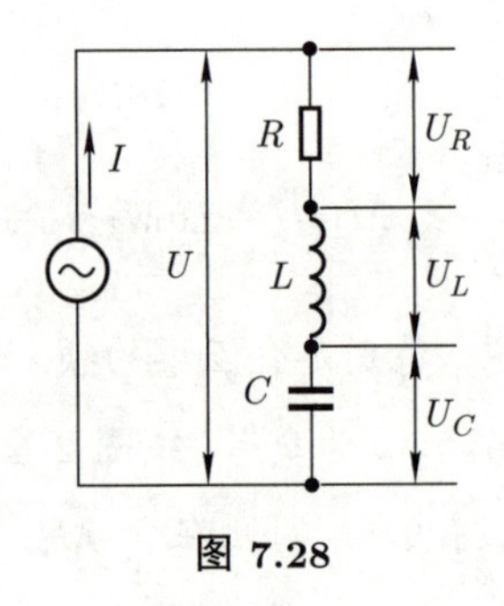

图 7.28

这段电路的路端电压为

$$L\frac{\mathrm{d}i}{\mathrm{d}t}+Ri+\frac{q}{C}=U\cos\omega t.$$

该式对时间 t 求导一次得

$$L\frac{\mathrm{d}^2 i}{\mathrm{d}t^2}+R\frac{\mathrm{d}i}{\mathrm{d}t}+\frac{i}{C}=-U\sin\omega t. \tag{7.45}$$

将 (7.45) 式与力学系统的阻尼受迫振动方程 (7.46) 以及 RLC 电路暂态过程方程比较, 可知它们的形式相同:

$$m\frac{\mathrm{d}^2 x}{\mathrm{d}t^2}+\gamma\frac{\mathrm{d}x}{\mathrm{d}t}+kx=F\cos\omega t. \tag{7.46}$$

因此, 它们的解也应该呈现相似的性质. 我们现在不必求此方程的通解, 而直接用矢量图求解.

对于串联电路, 可以选取电流矢量 $\boldsymbol{I}$ 作为基准. 因此 $\boldsymbol{U}_{\mathrm{R}}$ 与 $\boldsymbol{I}$ 平行, $\boldsymbol{U}_{\mathrm{L}}$ 垂直于 $\boldsymbol{I}$ 向上, $\boldsymbol{U}_{\mathrm{C}}$ 垂直于 $\boldsymbol{I}$ 向下, $\boldsymbol{U}_{\mathrm{L}}$ 和 $\boldsymbol{U}_{\mathrm{C}}$ 方向恰好相反 (见图 7.29). 所以, 有

$$U=\sqrt{U_R^2+(U_L-U_C)^2}=I\sqrt{R^2+(\omega L-1/\omega C)^2}.$$

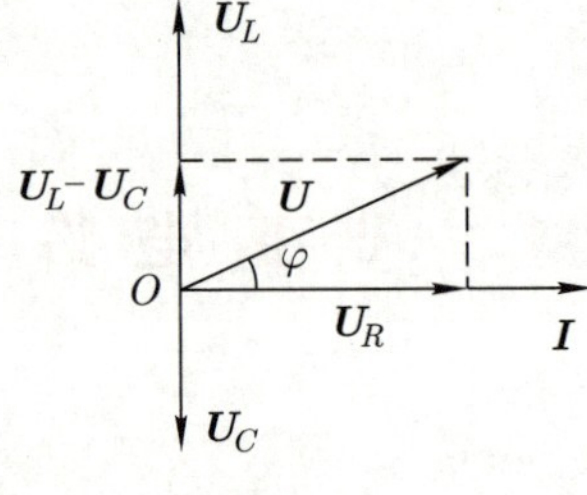

图 7.29

由此可得, RLC 串联电路的总阻抗和相位差分别为

$$Z=\frac{U}{I}=\sqrt{R^2+\left(\omega L-\frac{1}{\omega C}\right)^2} \tag{7.47}$$

和

$$\varphi = \arctan \frac{U_L - U_C}{U_R} = \arctan \frac{\omega L - 1/(\omega C)}{R}. \tag{7.48}$$

由 (7.47) 式可得, RLC 串联电路中的电流为

$$I = \frac{U}{\sqrt{R^2 + (\omega L - 1/\omega C)^2}}. \tag{7.49}$$

由此可见, 当电压 U 一定时, 若电源频率满足关系

$$\omega_0 L = \frac{1}{\omega_0 C},$$

即

$$\omega_0 = \frac{1}{\sqrt{LC}}, \tag{7.50}$$

则电路阻抗达到其极小值, 电路中电流 (振幅) 达到其极大值

$$I_{\max} = \frac{U}{R}.$$

这种电路表现为纯电阻性, 电路中电流出现极大的现象, 称为谐振 (共振) 现象. 这种现象来源于 RLC 串联电路中的电感和电容上的电压, 即 u_L 和 u_C 之间的相位差为 π 且大小相等, 因此任何时刻它们都相互抵消. 这时, 电阻上的电压就是整个电路的电压.

发生谐振时的频率 f_0 称为谐振频率. 由 (7.50) 式可知, 谐振频率

$$f_0 = \frac{1}{2\pi\sqrt{LC}}. \tag{7.51}$$

电路中的电流随频率变化的曲线如图 7.30 所示.

分别利用公式 (7.47) 和 (7.49), 可以得到串联谐振电路的电流 I、阻抗 Z 随频率变化的曲线分别如图 7.30 和图 7.31 所示. 通过 (7.48) 式也可以得到相位差随频率变化的曲线如图 7.32 所示.

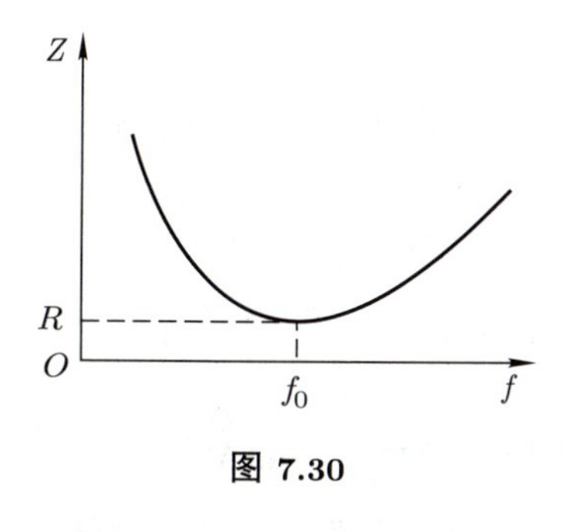

图 7.30

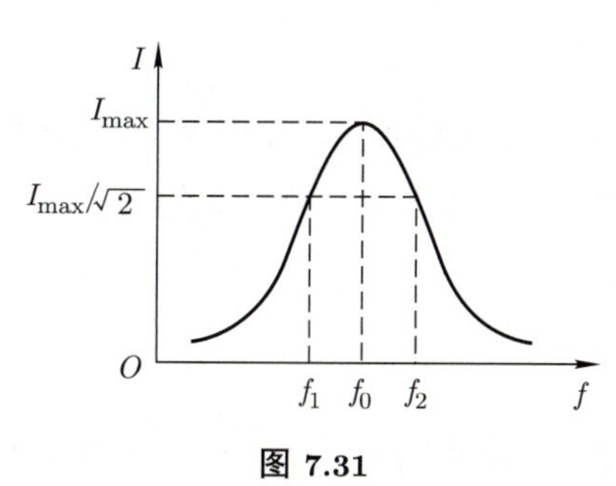

图 7.31

定性而言, 低频时, 容抗大于感抗, 此时总电压落后于电流, 整个电路呈电容性. 高频时, 感抗大于容抗, 此时总电压超前于电流, 电路呈电感性. 谐振时, 电路呈电阻性, 这时的各元件上的电压和电流大小以及相位差如图 7.33 所示.

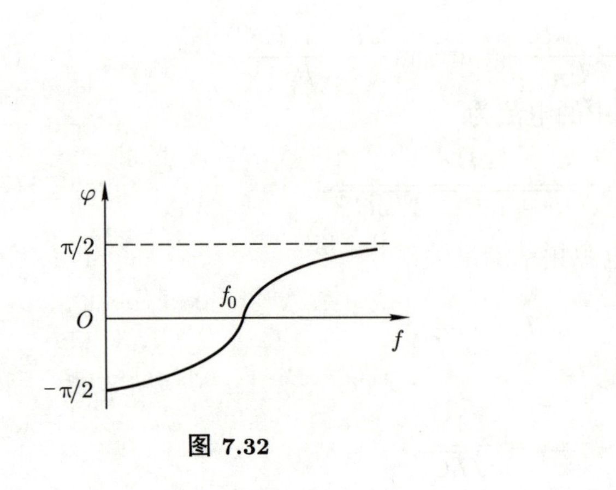

图 7.32

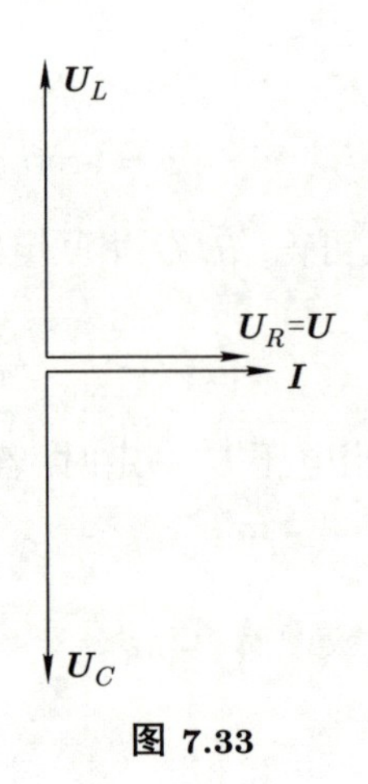

图 7.33

7.5.2 谐振电路的品质因数

利用前面得到的谐振时电路中电流的极大值公式, 可得串联谐振电路中电阻、电感和电容上的电压 (振幅) 分别为

$$U_R = I_{\max}R = U,$$

$$U_L = I_{\max}Z_L = \frac{U}{R}\omega_0 L,$$

$$U_C = I_{\max}Z_C = \frac{U}{R}\frac{1}{\omega_0 C} = U_L.$$

通常我们把

$$Q = \frac{\omega_0 L}{R} \tag{7.52}$$

称为谐振电路的品质因数, 也叫 Q 值 (Q factor). 品质因数是衡量谐振电路好坏的参量, 其物理意义是多方面的.

(1) Q 值标志了谐振电路中电感或电容上电压与总电压的比值, Q 值越大, 电感和电容上的电压与总电压之比越大:

$$\frac{U_L}{U} = \frac{U_C}{U} = \frac{\omega_0 L}{R} = \frac{1}{R}\sqrt{\frac{L}{C}} = Q. \tag{7.53}$$

例如, 一谐振电路的 $Q = 100$, 若测得 $U = 5$ V, 则 $U_L = U_C = 500$ V.

(2) 谐振电路的频率选择性. 在无线电技术中, 谐振电路常用于选择信号. 如图 7.34 (a) 所示, 通频带宽度定义为

$$\Delta f = f_2 - f_1, \tag{7.54}$$

其中 f_1 和 f_2 分别满足

$$I(f_1)=I(f_2)=\frac{I_{\max}}{\sqrt{2}}. \tag{7.55}$$

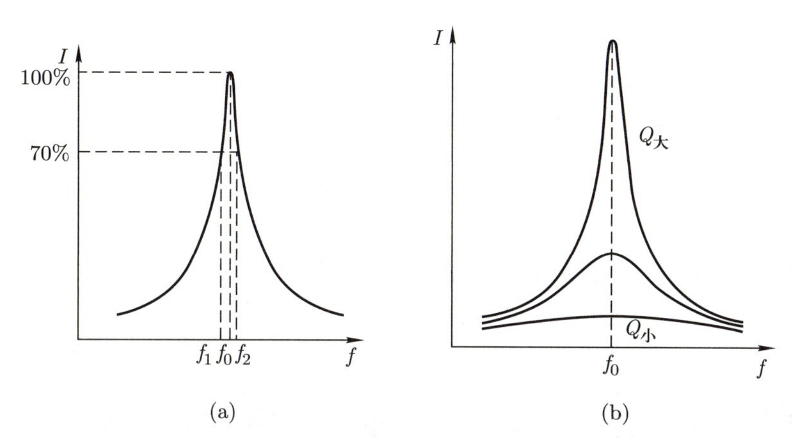

图 7.34

下面证明, (7.54) 式所定义的通频带宽度反比于谐振电路的 Q 值 [见图 7.34(b)], Q 值越大, 通频带宽度就越小, 谐振峰越尖锐. 因此, Q 值越大, 谐振电路的频率选择性就越好.

设 f_1, f_2 对应的电流和阻抗分别为 I_1, I_2 和 Z_1, Z_2,

$$I_1=I_2=\frac{I_{\mathrm{m}}}{\sqrt{2}}=\frac{1}{\sqrt{2}}\frac{U}{R},$$
$$Z_1=Z_2=\frac{U}{I_1}=\frac{U}{I_2}=\sqrt{2}R,$$

电路的总阻抗为

$$\begin{aligned}Z&=R\sqrt{1+\left(\frac{\omega L}{R}-\frac{1}{\omega CR}\right)^2}\\&=R\sqrt{1+\left(\frac{\omega_0 L}{R}\right)^2\left(\frac{\omega}{\omega_0}-\frac{\omega_0}{\omega}\right)^2}\\&=R\sqrt{1+Q^2\left(\frac{f}{f_0}-\frac{f_0}{f}\right)^2}.\end{aligned}$$

由此得

$$Z_1=R\sqrt{1+Q^2\left(\frac{f_1}{f_0}-\frac{f_0}{f_1}\right)^2}=\sqrt{2}R.$$

解出根号中的平方项得

$$Q^2\left(\frac{f_1}{f_0}-\frac{f_0}{f_1}\right)^2=1.$$

此式可化为

$$-Q\left(\frac{f_1}{f_0}-\frac{f_0}{f_1}\right)=1,$$

亦即

$$f_0^2-f_1^2=\frac{f_1f_0}{Q}. \tag{7.56}$$

对 f_2^2 也能导出相似的公式, 即

$$f_2^2-f_0^2=\frac{f_2f_0}{Q}. \tag{7.57}$$

上述两式相加, 并消去方程两端的因子 f_1+f_2, 得

$$\Delta f=f_2-f_1=\frac{f_0}{Q}. \tag{7.58}$$

此式表明, Q 值越大, 通频带宽度就越小, 谐振峰越尖锐. 因此, Q 值越大, 谐振电路的频率选择性就越好.

(3) 谐振电路的储能与耗能之比.

在 LCR 电路中, 电阻是耗能元件, 它把电能转化为热能, 电感和电容是储能元件, 它们时而把电磁能储存起来, 时而放出. 在交流电的一个周期 T 内, 电阻上损耗的能量为

$$W_R=RI^2T.$$

任意时刻 t, 在谐振电路的电感和电容元件中所储存的总能量为

$$W_{LC}=\frac{1}{2}Li^2(t)+\frac{1}{2}Cu_C^2(t).$$

设 $i(t)=I_0\cos\omega t$, 有

$$u_C(t)=\frac{I_0\cos\left(\omega t-\dfrac{\pi}{2}\right)}{\omega C}=\frac{I_0}{\omega C}\sin\omega t.$$

电感和电容元件上存储的能量共为

$$W_{LC}=\frac{1}{2}I_0^2\left[L\cos^2\omega t+\frac{1}{\omega^2C}\sin^2\omega t\right].$$

在谐振状态下,

$$\omega=\omega_0=1/\sqrt{LC},$$

所以有

$$W_{LC}=\frac{1}{2}LI_0^2=LI^2.$$

这时 W_{LC} 不再与外界交换, 而是稳定地储存在电路中. 为了维持稳定的振荡, 外电路须不断地输入有功功率, 以补偿电阻上的损耗 W_R. 因此, W_{LC} 与 W_R 之比反映了谐振电路储能的效率. 由上面的式子得上述储能与耗能之比为

$$\frac{W_{LC}}{W_R} = \frac{LI^2}{RI2T} = \frac{1}{2\pi}\frac{\omega_0 L}{R} = \frac{1}{2\pi}Q,$$

也就是

$$Q = 2\pi\frac{W_{LC}}{W_R}, \tag{7.59}$$

即 Q 值等于谐振电路中所储存的能量与每个周期内消耗的能量之比的 2π 倍. Q 值越高, 意味着相对于储存的能量来说所要付出的能量耗散越少, 亦即谐振电路储能的效率越高.

一个有阻尼的力学振动系统也可以定义 Q 值. 如果希望该系统的阻尼很大 (例如防止门突然关闭的阻尼器), 其 Q 值就应该很小, 如为 1 或更小. 而时钟、光学共振腔等需要频率稳定性的系统, 其 Q 值就很大. 音叉的 Q 值大约为 1000, 原子钟、光学谐振腔、加速器中的射频超导谐振腔的 Q 值可达 10^{10} 或更高.

7.5.3 并联谐振电路

并联谐振 (parallel resonance) 电路如图 7.35 所示. 利用复数法, 可以得到它的等效复阻抗为

$$\widetilde{Z} = \left(\frac{1}{R + \mathrm{j}\omega L} + \mathrm{j}\omega C\right)^{-1} = \frac{R + \mathrm{j}\omega L}{1 - \omega^2 LC + \mathrm{j}\omega CR}. \tag{7.60}$$

当

$$\varphi = 0 \tag{7.61}$$

时, 整个电路呈纯电阻性. 我们说, 这时电路发生谐振. 在 (7.60) 式中解出相位差 φ, 并

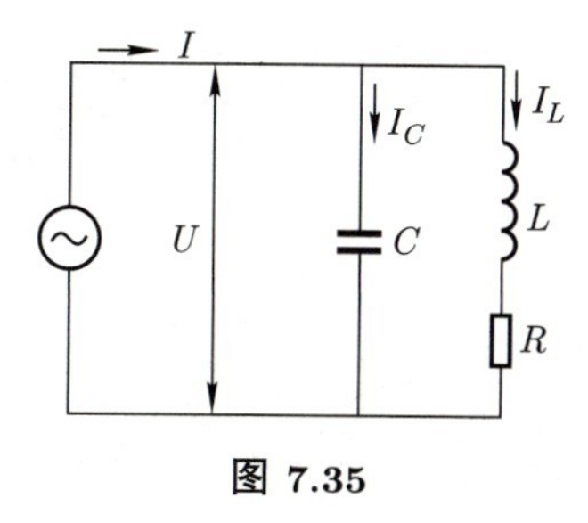

图 7.35

代入 (7.61) 式的限制条件得

$$\omega L - \omega C[R^2 + (\omega L)^2] = 0. \tag{7.62}$$

满足此式条件的角频率记为 ω_0. 由 (7.62) 式解得

$$\omega_0=\sqrt{\frac{1}{LC}-\left(\frac{R}{L}\right)^2}=2\pi f_0. \tag{7.63}$$

由此得电路为纯电阻性时对应的频率为

$$f_0=\frac{1}{2\pi}\sqrt{\frac{1}{LC}-\left(\frac{R}{L}\right)^2}. \tag{7.64}$$

把 (7.63) 式的 ω_0 代入 (7.60) 式 Z 的表达式中, 不难得到谐振时的阻抗为

$$Z_0=\frac{L}{CR},$$

相应的电流强度为

$$I_0=\frac{U}{Z_0}=\frac{UCR}{L}.$$

当 R 很小时 (R 通常主要来自电感元件中的磁芯损耗), (7.64) 近似为

$$f_0\approx\frac{1}{2\pi}\sqrt{\frac{1}{LC}}. \tag{7.65}$$

这一近似值与串联谐振的公式相同. 这时, 总电流强度 I_0 很小 (近似取极小), I_L 和 I_C 几乎相等, 相位接近相反 (见图 7.36). 并联谐振电路有如下特性:

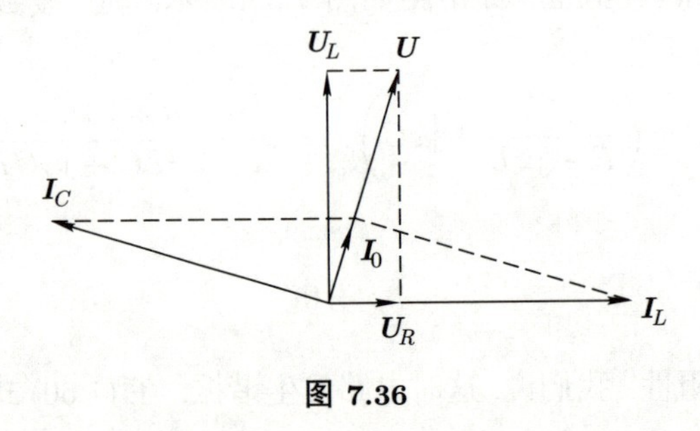

图 7.36

(1) 并联谐振电路的相位 φ 的频率特性与串联谐振电路的相反. 低频时, $\varphi>0$, 整个电路呈电感性; 高频时, $\varphi<0$, 整个电路呈电容性. 如图 7.37 所示.

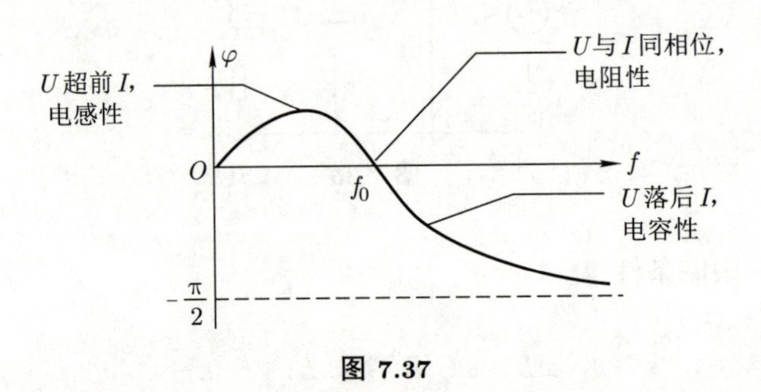

图 7.37

(2) 其实 Z 为极大时, 对应的频率应为

$$f_0' = \frac{1}{2\pi}\sqrt{\frac{1}{LC}\sqrt{1+\frac{2R^2C}{L}}-\left(\frac{R}{L}\right)^2} \neq f_0.$$

当 R 很小时,

$$f_0 \approx f_0'.$$

并联谐振电路的总电流强度 I 和等效阻抗 Z 的频率特性与串联谐振电路的相反, 如图 7.37 所示. 在频率近似为 f_0 时 I 有极小值, 而 Z 有极大值, 如图 7.38 所示.

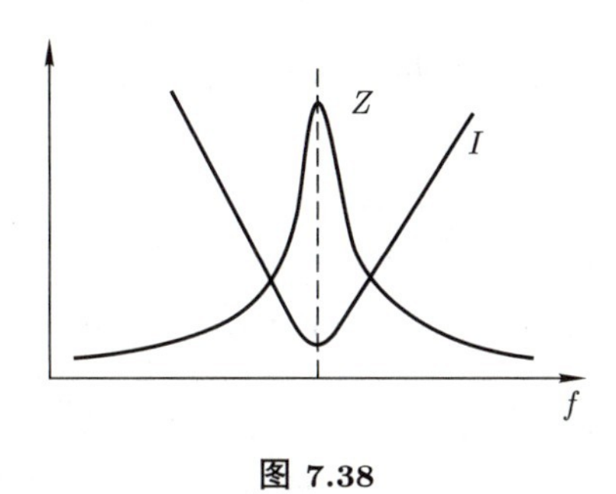

图 7.38

(3) 谐振时,

$$Z = \frac{U_0}{I_0} = \frac{U}{I},$$

$$\varphi = \varphi_u - \varphi_i.$$

这时, Q 值的表达式与以前相同. LR 和 C 组成的闭合回路中有一个很大的电流在其内循环, 因此通往外部电路的电流很小.

谐振电路在电子技术中有广泛的应用, 例如用于选频放大器、振荡器、滤波器等.

7.6　交流电的功率

7.6.1　瞬时功率和平均功率

交流电在某一元件或组合电路中某一时刻的功率为

$$P(t) = u(t)i(t). \tag{7.66}$$

此功率也称为交流电的瞬时功率. 显然, $P(t)$ 是随时间变化的. 设

$$i(t) = I_0 \cos\omega t,$$

$$u(t) = U_0 \cos(\omega t + \varphi),$$

则有

$$\begin{aligned}P(t) &= U_0 I_0 \cos\omega t \cos(\omega t+\varphi)\\ &= \frac{1}{2}U_0 I_0 \cos\varphi + \frac{1}{2}U_0 I_0 \cos(2\omega t+\varphi)\\ &= UI\cos\varphi + UI\cos(2\omega t+\varphi).\end{aligned} \tag{7.67}$$

通常人们更关心功率在一个周期 T 内对时间的平均值 $\overline{P}$, 根据平均值的意义, 可以写出

$$\overline{P} = \frac{1}{T}\int_0^T ui\mathrm{d}t. \tag{7.68}$$

此值称为交流电的平均功率或有功功率 (active power), 通常也简称为功率, $\overline{P}$ 上面的 "–" 表示平均.

由平均功率的定义 (7.68) 可以求得

$$\overline{P} = \frac{1}{2}U_0 I_0 \cos\varphi = UI\cos\varphi = \frac{1}{2}\mathrm{Re}(\widetilde{U}\cdot\widetilde{I}^*). \tag{7.69}$$

不难验证, 对两个同频率的简谐量求它们的积的周期平均值 [如公式 (7.68) 中的电压和电流之积的周期平均], 我们只需要将这两个简谐量均写出其对应的复数形式, 然后取其中任意一个的复共轭, 并与另一个简谐量相乘, 其积的实部的一半就等于这两个简谐量之积的周期平均值, 用此方法得到的表达式如 (7.69) 式末尾的形式.

对于纯电阻元件,

$$\varphi = 0, \quad \cos\varphi = 1,$$
$$\overline{P} = \frac{1}{2}U_0 I_0 > 0.$$

电阻上的电压、电流和周期平均功率随时间的变化曲线如图 7.39 所示.

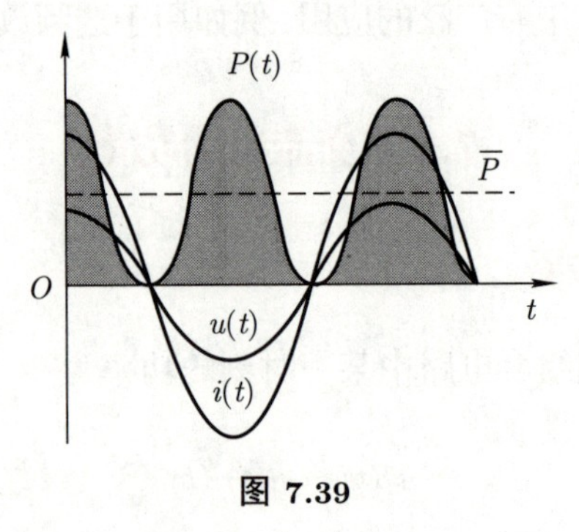

图 7.39

纯电感元件的 "相位差" 为

$$\varphi = \frac{\pi}{2},$$
$$\cos\varphi = 0,$$

由此, 其周期平均功率为

$$\overline{P}=\frac{1}{2}U_0I_0\cos\varphi=0.$$

一般说来, 纯电感元件的瞬时功率并不为零, 只是由于其上的电压和电流强度的相位差是 $\pi/2$, 从而导致其半个周期内的瞬时功率为正, 另半个周期内的瞬时功率为负, 在一整个周期内, 正、负功率的总平均刚好抵消, 即周期平均功率为零, 如图 7.40 所示.

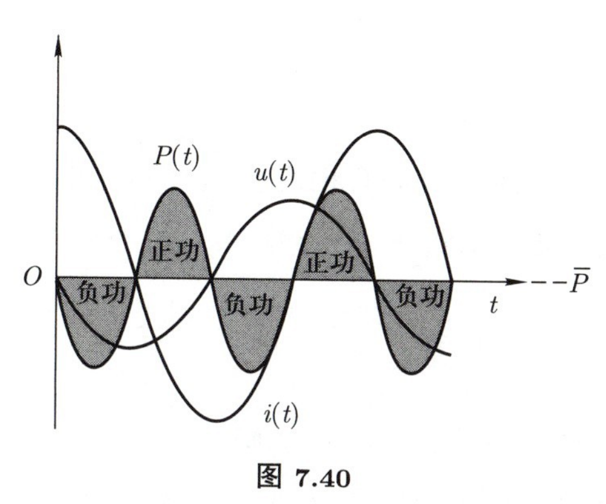

图 7.40

同理得纯电容元件的平均功率也为 0. 因此, 在交流电路中, 纯电感和纯电容都不消耗能量, 只是不断地与电源交换能量. 注意在进行线性运算时, 简谐量可用复数代替, 而功率是两个简谐量的乘积, 计算时不能用复电压和复电流的乘积来代替, 而需要先把复电压和复电流分别取实部, 得到瞬时电压和瞬时电流, 然后再分别由 (7.66) 和 (7.68) 式求其瞬时功率和周期平均功率, 当然也可以直接由 (7.69) 式更简便地求出平均功率.

对于一般情形, 一个元件组或一段电路, 其 "相位差" φ 满足

$$-\frac{\pi}{2}<\varphi<\frac{\pi}{2},$$

因此

$$0<\cos\varphi<1.$$

由此求得的功率 $P(t)$ 时正时负, 通常在一个周期内, $P>0$ 的时间比 $P<0$ 的时间长, 最终求得的周期平均功率 $\overline{P}=UI\cos\varphi>0$. 这时的电压、电流瞬时功率和平均功率随时间变化的曲线如图 7.41 所示.

7.6.2 功率因数

在上述平均功率的公式中, $\cos\varphi$ 称为功率因数. 在电能输送的过程中, 提高所使用的电器的功率因数具有非常重要的意义.

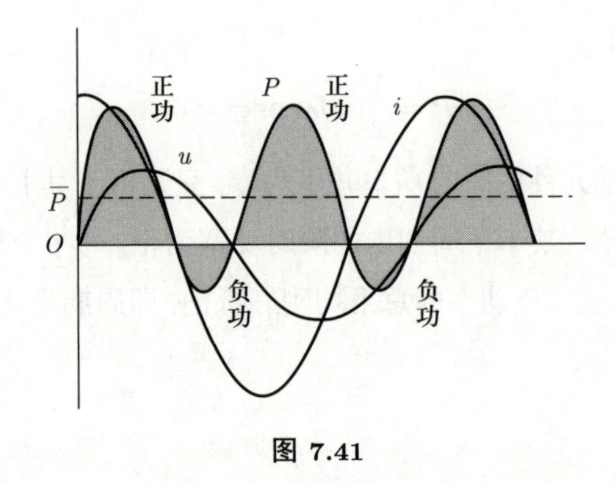

图 7.41

当一个用电器中的电流和电压间有相位差时, 可以把电流矢量 $\boldsymbol{I}$ 分解成平行于和垂直于电压的两个分量, 如图 7.42 所示. 于是, 电路中的有功功率可写成

$$P_{\mathrm{a}} = \overline{P} = UI\cos\varphi = UI_{/\!/}, \tag{7.70}$$

即只有电流 $\boldsymbol{I}$ 中的平行分量对平均功率有贡献. 所以, 我们通常把 $\boldsymbol{I}$ 的平行分量 $I_{/\!/}$ 和垂直分量 $I_{\perp}$ 分别称为有功电流 (active current) 和无功电流 (reactive current).

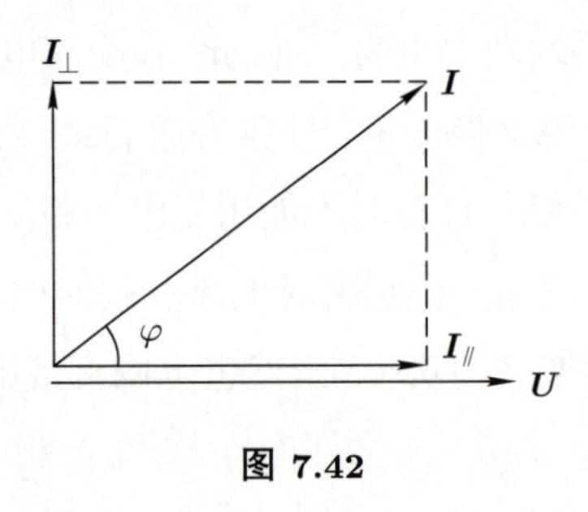

图 7.42

如果用电器的 $\varphi \neq 0$, 则在输电线所输送的总电流 I 中, 只有有功电流是有用的部分, 无功电流把能量输送给用电器后又输送回来, 对发电系统来说是无益的循环. 但总电流 I 中无论哪个分量在输电线中都有焦耳热损耗. 因此, 无功电流在输电线中的这种损耗应尽量设法消除, 消除的办法是提高用电器的功率因数 $\cos\varphi$, 以增加总电流中有功分量的比重. 同时, 这也能使输电导线和电源内阻上的电压损失减小, 保证用电器上有足够的电压.

我们还可以定义无功功率 (reactive power) P_{r}, 其单位为乏 (var, 其实就是瓦特):

$$P_{\mathrm{r}} = UI_{\perp} = UI\sin\varphi = S\sin\varphi. \tag{7.71}$$

通常, 我们把表观功率 (apparent power, 或称视在功率) 规定为 $S = UI$, 其单位为伏安 (VA). 电力系统和电器设备的标牌上所标示的容量, 是其额定电压和额定电流的乘积, 也就是表观功率的值. 用电器的有功功率、无功功率、表观功率与其 "相位差" φ 所满足的关系如图 7.43 所示. 有功功率、无功功率、表观功率所用的单位名称不同, 但它们的量纲都相同.

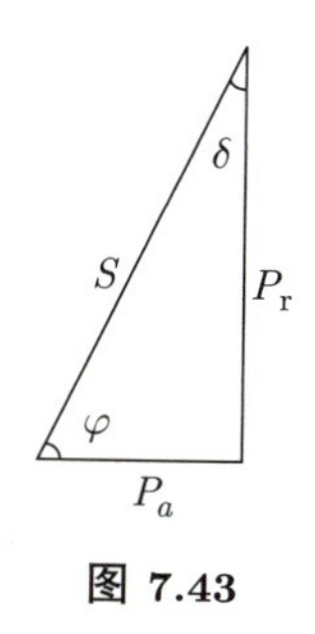

图 7.43

若要提高额定电压, 需要增加导线外绝缘层的厚度. 若要提高额定电流, 则需要加大导线的横截面积. 总之, 两者都要使设备的体积和重量加大, 从而增加成本.

显然, 在运行过程中应该尽量发挥电力系统和电器设备的潜力. 一台发电机的容量是指它可能输出的最大功率的大小, 这标志着发电机的发电潜力. 至于一台发电机在运行中实际上输出多少功率, 则还与用电器的功率因数 $\cos\varphi$ 密切相关. 因此, 提高用电器的功率因数 $\cos\varphi$, 除了可以减小线路上的焦耳热损耗以外, 还可以使电力设备的潜力得到较充分的发挥.

常见的用电器, 如电动机和日光灯等, 都是电感性的, 可以用并联电容的方法来提高其功率因数. 这样做的结果是, 无功电流只在电感性和电容性两个支路中循环, 使外部输电线和电源中的电流没有或较少无功电流. 换言之, 功率因数提高之后, 就可以在相同的电压下以较小的电流输送同样的功率, 因此可以减小输电线中的损耗并更好地发挥电力设备的潜力.

如果一个电路的复阻抗

$$\widetilde{Z} = Z\mathrm{e}^{\mathrm{j}\varphi} = Z\cos\varphi + \mathrm{j}Z\sin\varphi = r + \mathrm{j}x, \tag{7.72}$$

则其中的 r 称为有功电阻, x 称为电抗. 我们可以把一段电路 (或一个元件组、一个用电器) 的有功电阻、电抗、阻抗、有功电流、无功电流、电流强度, 以及有功功率、无功功率、表观功率与其 "相位差" 的关系一起作在一个图里, 如图 7.44 所示.

提高功率因数可充分发挥电器设备的潜力, 减少不必要的消耗. 下面, 我们通过具体的例子来说明提高功率因数的重要意义.

例如, 一台发电机装机容量为 $S = 15000$ kVA, 若 $\cos\varphi = 0.6$, 则 $\overline{P} = 9000$ kW,

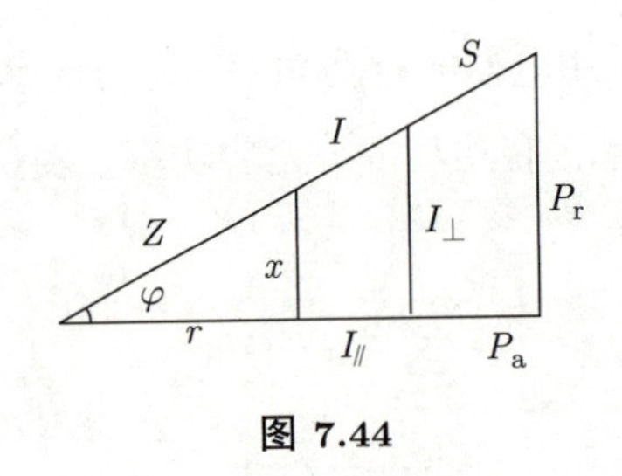

图 7.44

若 $\cos\varphi = 0.8$, 则 $\overline{P} = 12000$ kW. 由此可求得电流强度的有效值为

$$I = \frac{\overline{P}}{U\cos\varphi}. \tag{7.73}$$

I 越小, 输电线上的电能损失越小. 无功电流虽然对用电器的输出能量无贡献, 但仍然需要在输电线上传输, 会消耗输电线上的焦耳热. 因此对相同的发电机组, 提高功率因数则提高了有功功率. 如果保持有功功率不变, 提高功率因数, 则可以减小电流强度, 从而减少发电机和输电线路上的电能消耗.

现以日光灯为例介绍一个提高功率因数的具体方法. 日光灯电路中有一镇流器. 这个电路可以看作 LR 串联电路, 设其功率因数 $\cos\varphi \approx 0.4$, 我们能通过什么办法提高功率因数 $\cos\varphi$? 自然能想到的是: 在电路中并联一个适当的电容 C, 使并联后的总电路的功率因数 $\cos\varphi = 1$. 这样做, 可以使日光灯外部输电线和电源中的电流没有无功分量, 无功电流分量将仅在 LC 并联电路中循环, 不再进入日光灯系统以外的电路, 如图 7.45 所示. 我们把这个问题作为一个例题介绍如下.

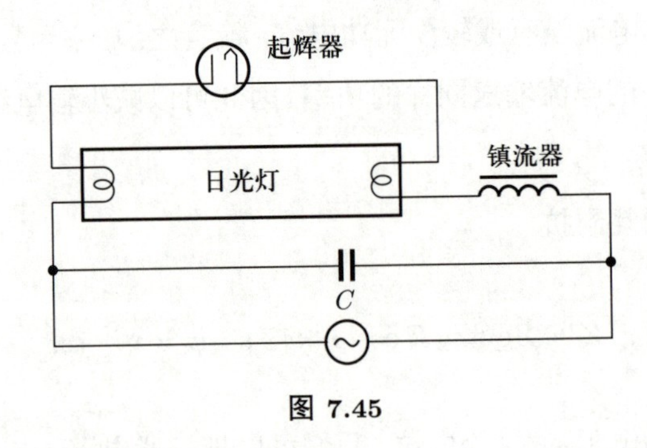

图 7.45

例 7.2　一个 40 W 日光灯, 其功率因数 $\cos\varphi = 0.4$, 需要并联多大的电容才能使 $\cos\varphi = 0.9$? 已知电压 $U = 220$ V, 频率 $f = 50$ Hz.

解　如图 7.45 为并联电容后的电路示意图. 电容不消耗有功功率, 所以并联电容后, 总功率不变. 电压基本上由输电网系统决定, 可以认为不变. 由 (7.73) 式可知, 并联后流入整个系统的电流强度将减小. 并联电容前 (不带撇)、后 (带撇) 的日光灯系统

的功率为

$$\overline{P} = UI\cos\varphi = UI'\cos\varphi'. \tag{7.74}$$

由 (7.74) 式求出并联电容前、后的电流强度有效值分别为

$$I = \frac{\overline{P}}{U\cos\varphi}, \quad I' = \frac{\overline{P}}{U\cos\varphi'}.$$

通过电容的电流强度为

$$I_C = U\omega C,$$

由此解出电容, 得

$$\begin{aligned} C = \frac{I_C}{U\omega} &= \frac{I\sin\varphi \pm I'\sin\varphi'}{U\omega} = \frac{\overline{P}}{U^2\omega}\frac{\sin\varphi}{\cos\varphi} \pm \frac{\overline{P}}{U^2\omega}\frac{\sin\varphi'}{\cos\varphi'} \\ &= \frac{\overline{P}}{U^2\omega}\left(\frac{\sqrt{1-\cos^2\varphi}}{\cos\varphi} \pm \frac{\sqrt{1-\cos^2\varphi'}}{\cos\varphi'}\right) = \begin{cases} 7.3\ \mu\text{F}, \\ 4.8\ \mu\text{F}. \end{cases} \end{aligned} \tag{7.75}$$

在本题中, 满足题设条件的电容有两个值, 分别对应 (7.75) 式的第二个等式中正号和负号, 即 $I_C = I\sin\varphi + I'\sin\varphi'$ 和 $I_C = I\sin\varphi - I'\sin\varphi'$. 根据并联电容值的不同, 对应并联后相同的电流 I', 流经电容的电流有上述两种不同的值, 这两种情形分别对应矢量图 7.46(a) 和 (b).

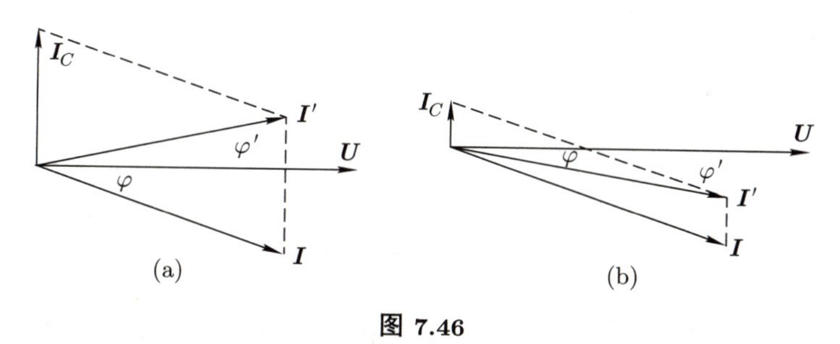

图 7.46

7.7 变压器

如图 7.47 所示, 变压器含有左右两组线圈, 分别称为原线圈和副线圈. 两组线圈均绕在同一铁芯上, 铁芯的横截面为图中有斜线区域.

我们这里仅讨论理想变压器, 即假设变压器满足如下理想化情形:

(1) 整个变压器无漏磁: 在图 7.47 的原副线圈中, 每一匝中的磁通量都相同.

(2) 无铜损: 忽略原副线圈导线中的焦耳热.

(3) 无铁损: 忽略铁芯中的磁滞损耗和涡流损耗.

(4) 原副线圈的感抗趋于无限大.

总之, 理想变压器要求忽略变压器的一切损耗, 电能的转换效率为 100%.

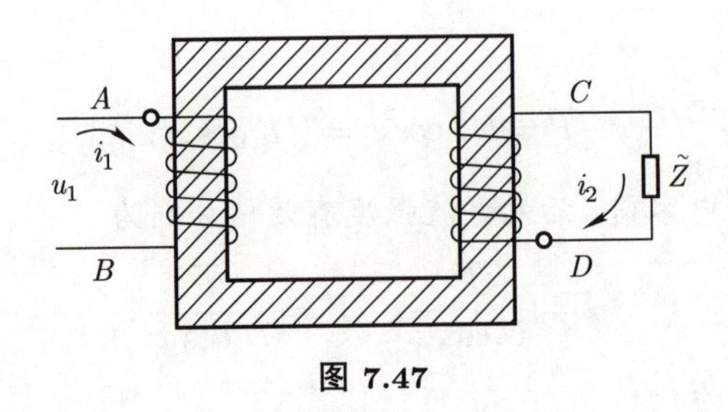

图 7.47

7.7.1　变压器的变比公式

变压器的变比公式有两个: 电压变比公式和电流变比公式.

(1) 电压变比公式.

在如图 7.47 所示的变压器中, 设原副线圈的同名端为 A, D (已在图中标出), 电流的正方向和原线圈的电压也已标出. 现将相关的公式列于下面:

$$\widetilde{U}_1 = \widetilde{U}_{AB} = -\widetilde{\mathcal{E}}_{AB}.$$

上述第一个等号为定义式, 即定义原线圈中的复电压 $\widetilde{U}_1$ 为 $\widetilde{U}_{AB}$, 第二个等式相当于把原线圈当作一个电动势, 和直流电源时相同, 忽略内阻的电源的两极之间的端电压与其电动势大小相等、符号相反.

设原、副线圈的匝数分别为 N_1 和 N_2. 由于理想变压器条件, 无漏磁, 因此, 原副线圈中的磁链均为其匝数乘以每一匝的磁通量 $\varPhi$, 即有

$$\widetilde{\varPsi}_1 = N_1\widetilde{\varPhi}, \quad \widetilde{\varPsi}_2 = N_2\widetilde{\varPhi}.$$

再假设电网输入变压器的电压为单一频率, 相应的角频率为 ω, 对应的每匝线圈的复磁通量为 (不失一般性, 假设初相位为零)

$$\widetilde{\varPhi} = \varPhi_0 \mathrm{e}^{\mathrm{j}\omega t},$$

其对时间的变化率为

$$\frac{\mathrm{d}}{\mathrm{d}t}\widetilde{\varPhi} = \frac{\mathrm{d}}{\mathrm{d}t}(\varPhi_0 \mathrm{e}^{\mathrm{j}\omega t}) = \mathrm{j}\omega\varPhi_0 \mathrm{e}^{\mathrm{j}\omega t} = \mathrm{j}\omega\widetilde{\varPhi}.$$

由此我们可以得到, 凡以上述角频率周期变化的简谐量对时间的变化率均为其原来的表达式乘以 $\mathrm{j}\omega$.

原线圈中的磁链对时间的变化率为

$$\widetilde{U}_1 = -\widetilde{\mathcal{E}}_{AB} = \mathrm{d}\widetilde{\varPsi}_1/\mathrm{d}t = \mathrm{j}\omega N_1\widetilde{\varPhi} = \mathrm{j}\omega L_1\widetilde{I}_1 + \mathrm{j}\omega M\widetilde{I}_2. \tag{7.76}$$

上式中的第二个等式即为电磁感应定律. 最后一个等式用了如下关系式:

$$\widetilde{\Psi}_1 = N_1\widetilde{\Phi} = L_1\widetilde{I}_1 + M\widetilde{I}_2.$$

由于原副线圈中的电流均从同名端流入, 因此, 互感系数前面为正号.

设副线圈上下两端之间的复电压为 $\widetilde{U}_2$, 则有

$$\begin{aligned}\widetilde{U}_2 &= \widetilde{U}_{CD} = -\widetilde{U}_{DC} = \widetilde{\mathcal{E}}_{DC}\\ &= -\mathrm{d}\widetilde{\Psi}_2/\mathrm{d}t = -\mathrm{j}\omega N_2\widetilde{\Phi}\\ &= \widetilde{I}_2\widetilde{Z} = -\mathrm{j}\omega L_2\widetilde{I}_2 - \mathrm{j}\omega M\widetilde{I}_1.\end{aligned} \tag{7.77}$$

第三行第一个等式为副线圈所在的闭合电路中, 电动势 $\widetilde{\mathcal{E}}_{DC}$ 与路端电压 $\widetilde{I}_2\widetilde{Z}$ 之间的关系.

由 (7.76) 式可知, $\widetilde{\Phi}$ 完全可以由 $\widetilde{U}_1$ 确定. (7.76) 式与 (7.77) 式相除得

$$\frac{\widetilde{U}_1}{\widetilde{U}_2} = -\frac{N_1}{N_2}. \tag{7.78}$$

这就是理想变压器的电压变比公式, 表明输入电压与输出电压的峰值 (或都为有效值) 与原副线圈的匝数成正比, 式中的负号表示原副线圈中的电压在图 7.47 所规定的方向下, 相位差为 π.

(2) 电流变比公式.

当变压器空载, 即副线圈开路时, 负载阻抗为 ∞, 相应的复电流 $\widetilde{I}_2 = 0$. 这时原线圈中复电流记为 $\widetilde{I}_0$. 由 (7.76) 式得

$$(\widetilde{I}_1 =)\widetilde{I}_0 = N_1\widetilde{\Phi}/L_1. \tag{7.79}$$

对理想变压器, L_1 趋于 ∞, 从上面的式子知道, 这时, 原线圈中的复电流

$$\widetilde{I}_0 = N_1\widetilde{\Phi}/L_1 \to 0.$$

这表明空载时, 理想变压器的原线圈中的电流为零.

当副线圈接通时, $\widetilde{I}_2 \neq 0$, 这时由 (7.76) 与 (7.77) 式解得

$$\widetilde{I}_1 = \widetilde{U}_1\left[\frac{1}{\mathrm{j}L_1\omega} + \frac{1}{(N_1/N_2)^2\widetilde{Z}}\right], \tag{7.80}$$

$$\widetilde{I}_2 = -\widetilde{U}_1\frac{N_2}{N_1}\frac{1}{\widetilde{Z}}. \tag{7.81}$$

(7.80) 式表明, 从变压器的输入端看, 一台变压器相当于一自感 L_1 与复感抗 $\widetilde{Z}' = (N_1/N_2)^2\widetilde{Z}$ 的元件并联, 如图 7.48 所示, 这里 $\widetilde{Z}'$ 称为反射阻抗.

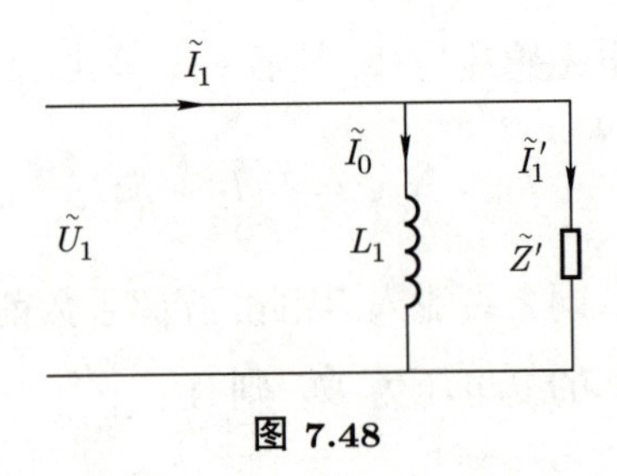

图 7.48

由 (7.80) 式可知, 变压器的输入电路分成两部分: 第一部分是空载电流 $\widetilde{I}_0$, 第二部分是通过反射阻抗 $\widetilde{Z}'$ 的电流

$$\widetilde{I}_1' = \widetilde{I}_1 - \widetilde{I}_0. \tag{7.82}$$

各支路的阻抗、电流和电压如图 7.48 所示.

由于副线圈中的阻抗 $\widetilde{Z}$ 反射到变压器的输入端等效为 $\widetilde{Z}'$, 因此, 从输入端的角度看, 变压器起到了阻抗变换器的作用.

(7.81) 式表明, 从输出端看, 一台变压器相当于一台电压为 $\widetilde{U}_2 = -\widetilde{U}_1 \dfrac{N_2}{N_1}$ 的电源, 等效电路图如图 7.49 所示.

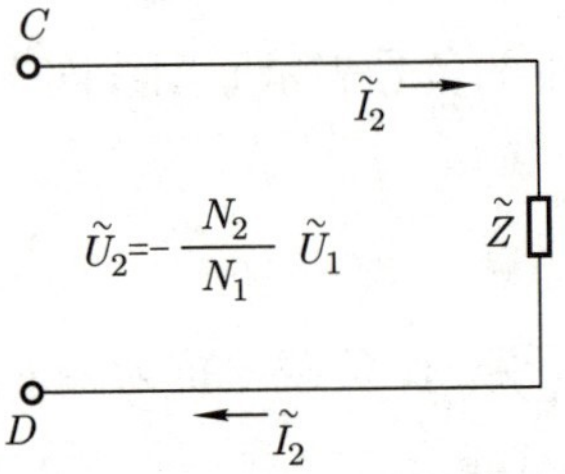

C

$\widetilde{I}_2$

$\widetilde{U}_2 = -\dfrac{N_2}{N_1}\ \widetilde{U}_1$　　$\widetilde{Z}$

D

$\widetilde{I}_2$

图 7.49

由 (7.80) 和 (7.81) 式, 并结合 (7.79) 和 (7.82) 式, 得

$$\frac{\widetilde{I}_1'}{\widetilde{I}_2} = -\frac{N_2}{N_1}. \tag{7.83}$$

对理想变压器, $\widetilde{I}_0$ 近似为 0, (7.80) 式近似为

$$\widetilde{I}_1 = \widetilde{U}_1 \frac{1}{(N_1/N_2)^2 \widetilde{Z}}.$$

所以, (7.83) 式化为

$$\frac{\widetilde{I}_1}{\widetilde{I}_2} = -\frac{N_2}{N_1}. \tag{7.84}$$

这就是理想变压器的电流变比公式, 式中的负号表示原副线圈中的电流在如图 7.47 所规定的正方向约定下, 相位差为 π. 上述电流变比公式 (7.84) [或 (7.83)] 与电压变比公

式 (7.78) 互为倒数. 由上述两类变比公式可得

$$U_1 I_1' \cos\varphi_1 = U_2 I_2 \cos\varphi_2. \tag{7.85}$$

根据原副线圈中的电压、电流关系, 可以作图 7.50, 图中原副线圈中的电压在同一条直线上, 且方向相反. 原副线圈中的电流也是这样. $\widetilde{U}_1$ 小对应 $\widetilde{U}_2$ 大, 相应的 $\widetilde{I}_1'$ 必然大, $\widetilde{I}_2$ 等比例小. 原副线圈中的电压和电流的相位差 φ_1 和 φ_2 相等. 这正是能量守恒的反映, 即负载上消耗的功率正好等于原线圈提供的功率.

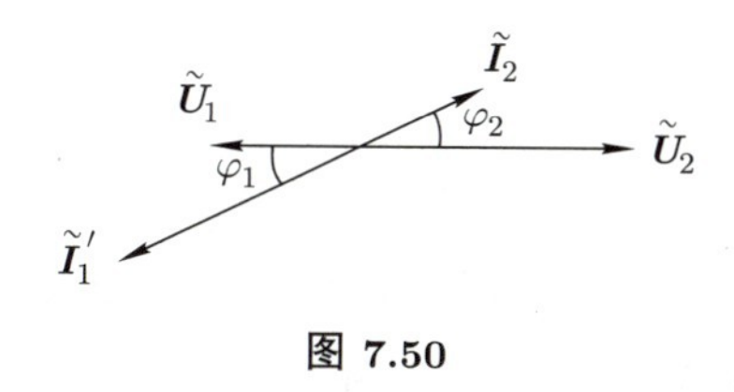

图 7.50

当 I_0 可以忽略时, (7.85) 式中的撇可以去掉.

7.8 三相交流电

7.8.1 三相交流电的相电压、线电压

图 7.51 为单相发电机横截面示意图, 其中只有一组线圈, 即 AX, 此线圈平面垂直于纸面. 当一磁铁 SN 以角速度 ω 绕图中小圆点 (磁铁和线圈的中心) 转动时, 线圈中的磁通量将发生变化. 这和一个矩形线框在均匀磁场中转动的效果相似. 这时, 线圈中的单相交变电动势为

$$\mathcal{E} = \mathcal{E}_0 \cos(\omega t).$$

在图 7.51 所示的单相发电机基础上再增加两个线圈 BY 和 CZ, 并使这三个线圈彼此的夹角为 $2\pi/3$, 这就是三相交流电发电机, 如图 7.52 所示. 当发电机中的磁铁以角速度 ω 转动时, 三个线圈中的电动势分别为

$$\begin{cases} \mathcal{E}_{AX} = \mathcal{E}_0 \cos(\omega t), \\ \mathcal{E}_{BY} = \mathcal{E}_0 \cos(\omega t - 2\pi/3), \\ \mathcal{E}_{CZ} = \mathcal{E}_0 \cos(\omega t - 4\pi/3). \end{cases} \tag{7.86}$$

这种频率相同、相位彼此相差 $2\pi/3$ 的三个交流电叫作三相交流电, 简称三相电. 产生三相电的每个线圈叫作一相.

三相交流电源的 XYZ 连接在一起, 并接出一条线 O, 此线称为中线. 这便是三相四线制 (见图 7.53). 也可以使中线 (O) 接地, 即三相三线制. A, B, C 三条导线均称为端线.

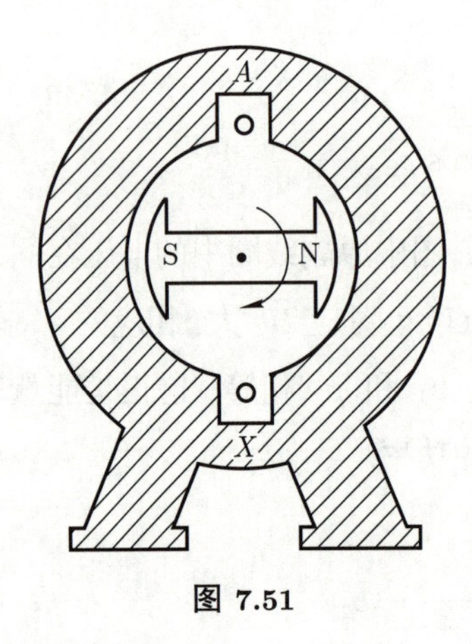

图 7.51

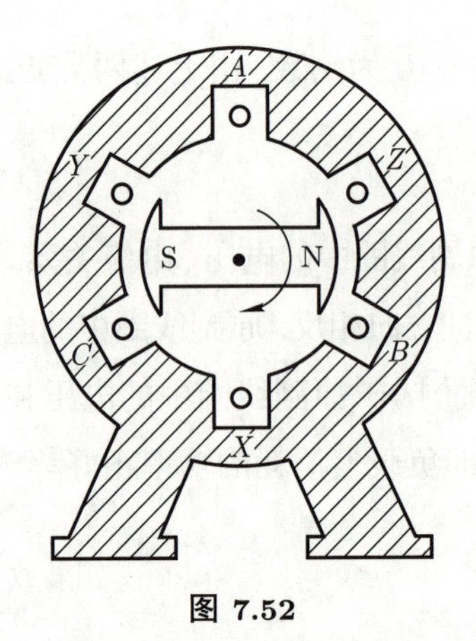

图 7.52

在如图 7.53 所示的三相电中, 端线与中线之间 (也就是一个相的两端) 的电压称为相电压, 端线与端线之间的电压, 称为线电压. 显然, 两者并不相等.

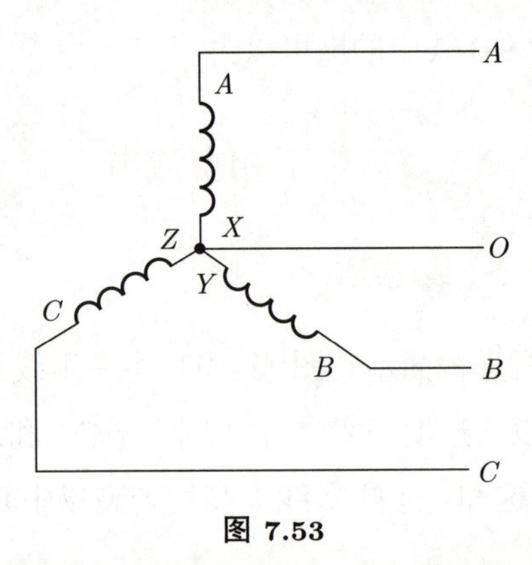

图 7.53

如果发电机的内阻可忽略, 三个相的相电压有效值为

$$U_{OA}=U_{OB}=U_{OC}=U_{\varphi}=\frac{\mathcal{E}_0}{\sqrt{2}}. \tag{7.87}$$

这里的下标 OA 即为 AX 相的两端, 也可以用 φ 为下标表示任意一相.

三个线电压有效值也相等, 即

$$U_{AB}=U_{BC}=U_{CA}=U_{\rm l}.$$

这里, 下标 AB 表示 A 和 B 两个端线之间的电压, 下标 “l” 表示任意两个端线之间的线电压.

由于三个相电压相等且彼此相差 2π/3 相位, 由此, 以 O 点作为参照点, 可以作出三个相电压矢量图. 图中由 A 指向 B 的矢量就应该对应线电压 U_{AB} (为表述简便, 这里的 U_{AB} 未写成黑体, 后面也会经常这样做, 读者可通过上下文判断其为矢量). 根据对称性, 也可以得到另外两个线电压对应的矢量. 这里, 我们可以把图中的矢量均理解为有效值, 如果都理解为对应电压的峰值, 即振幅也是正确的, 这是由于这里只涉及它们彼此之间的关系, 所有的量都去掉一个共同的因子并无影响. 如果理解为峰值, 这个图绕中心 O 以角速度 ω 转动, 各矢量在水平线上的投影就是各电压对应的瞬时值.

由三相电电压矢量图 (见图 7.54) 可得线电压和相电压的有效值 (或峰值) 之间的关系式

$$U_{\mathrm{l}}=\sqrt{3}U_{\varphi}. \tag{7.88}$$

图 7.54 也可以根据三相的对称性和基尔霍夫第二方程组绘出. 在我国通常的配电系统中, 相电压有效值为 220 V, 线电压有效值为 $\sqrt{3}\times 220\ \mathrm{V}=380\ \mathrm{V}$.

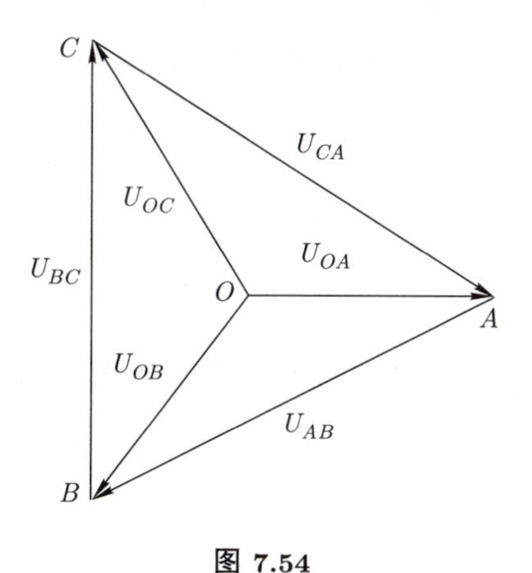

图 7.54

7.8.2 三相交流电路中负载的连接

在三相交流电路中, 负载 (用电器) 的连接方式有两种.

(1) 星形接法, 即 Y 连接 (见图 7.55): 这里, 图中的端线 A, B, C 和中线 O 可以理解为分别与三相电发电机 (见图 7.53) 相同字母的导线相连. 当三相负载相同, 即 $\widetilde{Z}_A=\widetilde{Z}_B=\widetilde{Z}_C$ 时, 三相负载通过的电流也相等, 它们分别为

$$\widetilde{I}_A=\frac{\widetilde{U}_{AO}}{\widetilde{Z}_A},\quad \widetilde{I}_B=\frac{\widetilde{U}_{BO}}{\widetilde{Z}_B},\quad \widetilde{I}_C=\frac{\widetilde{U}_{CO}}{\widetilde{Z}_C}. \tag{7.89}$$

在连接负载时, 我们可以把每一个负载理解为一相. (7.89) 式中的电流是通过每一相 (每一个负载) 的, 所以此式中的电流自然称为相电流. 同时, 通过负载 $\widetilde{Z}_A$ 的相电流也就是通过端线 A 的电流, 因此, 该式中的电流也同时是线电流, 即有

$$I_A=I_B=I_C=I_{\varphi}=I_{\mathrm{l}}.$$

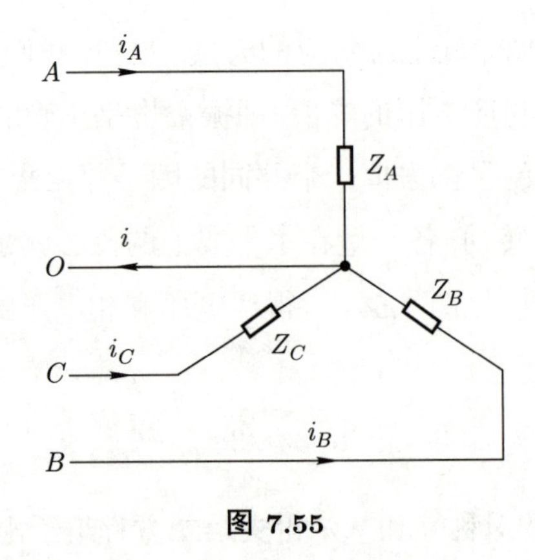

图 7.55

这时通过各负载和各端线的电流均相等, 相电流等于线电流.

由于上述三条线上的线电流的振幅相等, 且彼此相差 2π/3 相位, 因此, 三个线电流一起汇入中线时, 始终抵消为零, 即中线电流中的电流恒为零:

$$\widetilde{I}_A + \widetilde{I}_B + \widetilde{I}_C = 0. \tag{7.90}$$

由此可见, 这时中线可以去掉.

和发电机情形相同, 我们仍然把图 7.55 中两条端线之间的电压称为线电压 U_{l}, 负载上的电压称为相电压 U_φ. 不难理解, 这时的线电压和相电压的关系仍然满足 (7.88) 式, 即

$$U_{\text{l}} = \sqrt{3} U_\varphi.$$

当三相负载不同时, 中线电流不为零, 这时省去中线会造成严重后果. 当各相负载差别不大时, 中线电流比端线小很多, 所以中线可以用较细的导线来做, 但不能取消. 这里, 端线 A, B, C 称为火线, 中线称为地线. 下面, 我们通过一个简单的例题来说明: 在三相负载阻抗不相等时, 省去中线将会造成严重的后果.

例 7.3 如图 7.56 所示, 星形连接的负载的每一相并联五盏相同的电灯, 其中 a 相点燃了三盏, b 相点燃了两盏, c 相一盏也没点燃. 求中线接通或断开这两种情况下 a, b 相的电压, 已知电源线电压为 380 V.

解 端线与中线之间的电压为相电压, 端线之间的电压为线电压, 线电压为相电压的 $\sqrt{3}$ 倍. 当中线接通时, 各相电压相等, 均为 $380\ \text{V}/\sqrt{3} = 220\ \text{V}$, 与负载的阻抗无关.

当中线断开时, c 相也处于断开状态, a, b 两相串联, 这时, 这两相的电压之和为线电压, 即

$$U_{ao} + U_{ob} = 380\ \text{V},$$

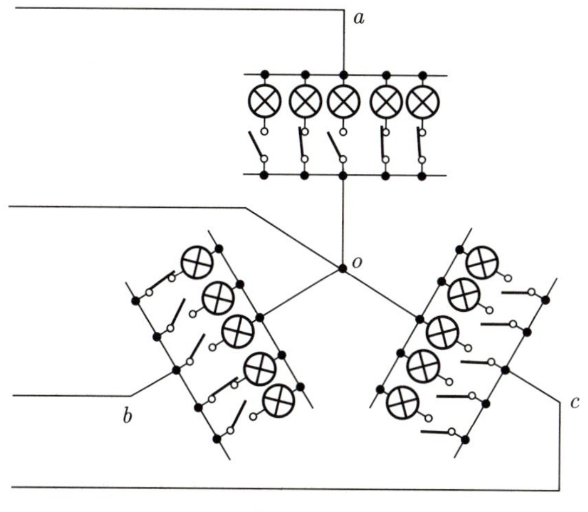

图 7.56

根据两相阻抗的大小计算得

$$\frac{Z_a}{Z_b}=\frac{2}{3}\Rightarrow\frac{U_{ao}}{U_{bo}}=\frac{2}{3}\Rightarrow\begin{cases}U_{ao}=\dfrac{2}{5}\times 380\ \mathrm{V}=152\ \mathrm{V}<220\ \mathrm{V},\\ U_{ob}=\dfrac{3}{5}\times 380\ \mathrm{V}=228\ \mathrm{V}>220\ \mathrm{V}.\end{cases}$$

由此可见, 中线不能断开, 否则用电器上的电压会极大偏离额定值, 使用电器不能正常工作, 甚至因电压偏离额定值造成更大的事故.

一般情况下, 如果中线断开, 三相的负载不同, 则三相上的电压将如图 7.57 所示发生变化. 这里, 任意两端线之间的电压由发电机输入, 自然仍然是 380 V, 但 O 点的位置将不再处于三角形的中心, 而是移动到图中的 O' 点, O' 点的位置由三相的负载阻抗决定.

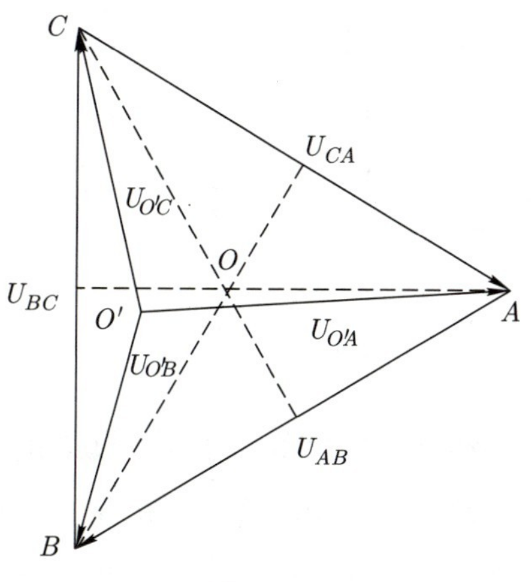

图 7.57

(2) 三角形接法.

负载的三角形接法也称为 Δ 连接, 如图 7.58 所示. 这时每个负载两端的电压都既是一个负载相上的电压, 即相电压, 也同时等于两个端线之间的电压, 因此, 也都是线电压. 这时有

$$U_1 = U_\varphi.$$

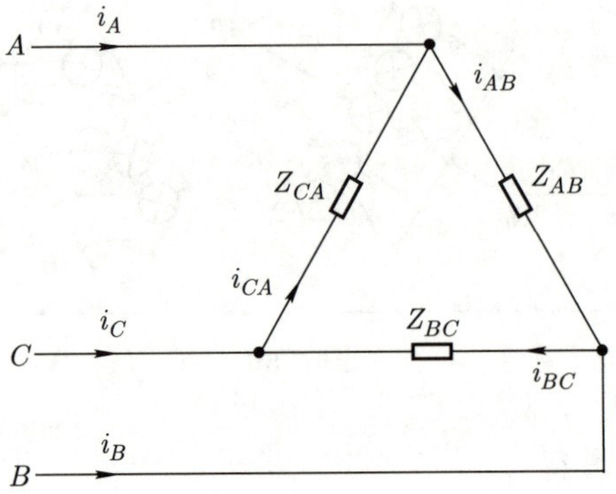

图 7.58

和前面的命名逻辑相同, 流经每一条端线的电流称为线电流, 用 I_1 表示. 流经每一个负载的电流称为相电流, 用 I_φ 表示. 如果各负载的阻抗不相等, 各线上的电流和各相上的电流就不再分别相等. 因此, 这时, 上述的线电流和相电流的符号 (I_1 和 I_φ) 的意义就不明确, 我们需要用特定的下标区别不同大小的线电流和相电流, 例如, 流经端线 A 的线电流记为 i_A, 流经负载 Z_{AB} 的相电流记为 i_{AB}. 这里, 小写的拉丁字母 i 表示电流的瞬时值, 大写拉丁字母 I 表示电流的有效值, 如果特别说明, 大写拉丁字母也可以表示峰值 (相当于为简便, 去掉了下标 "0". 将其画到矢量图时, 往往也可以不写成黑体). 对电压, 大小写也依此约定.

对三角形接法, 各负载 (相) 上的复电流分别为

$$\begin{cases} \widetilde{I}_{AB} = \dfrac{\widetilde{U}_{AB}}{\widetilde{Z}_{AB}}, \\ \widetilde{I}_{BC} = \dfrac{\widetilde{U}_{BC}}{\widetilde{Z}_{BC}}, \\ \widetilde{I}_{CA} = \dfrac{\widetilde{U}_{CA}}{\widetilde{Z}_{CA}}. \end{cases} \tag{7.91}$$

上述三个电流均为两端线之间的负载 (相) 中流动的电流, 称为相电流, 泛指时可记为 I_φ . 一般情况下, 不同负载上的相电流并不相等, 需要如 (7.91) 式那样加上标记特定的负载 (相) 的下标. 三条接入线上的电流称为线电流 I_1.

当三个负载的阻抗相同时, 其上的相电流相等, 相位彼此相差 $2\pi/3$. 因此, 三个相电流 I_φ (有效值或峰值) 可以用图 7.59 中过中心的三条等长且夹角为 $2\pi/3$ 的矢量表

示. 再由对称性, 或直接由基尔霍夫第一方程组求得三个线电流的大小和方向, 如图 7.59 中构成等边三角形的三条边所示. 例如, 在端线 A 与三角形的交点处写出电流的节点方程, 可得端线中的线电流 I_A 满足

$$\widetilde{I}_A = \widetilde{I}_{AB} - \widetilde{I}_{CA},$$

同理,

$$\widetilde{I}_B = \widetilde{I}_{BC} - \widetilde{I}_{AB},$$
$$\widetilde{I}_C = \widetilde{I}_{CA} - \widetilde{I}_{BC}.$$

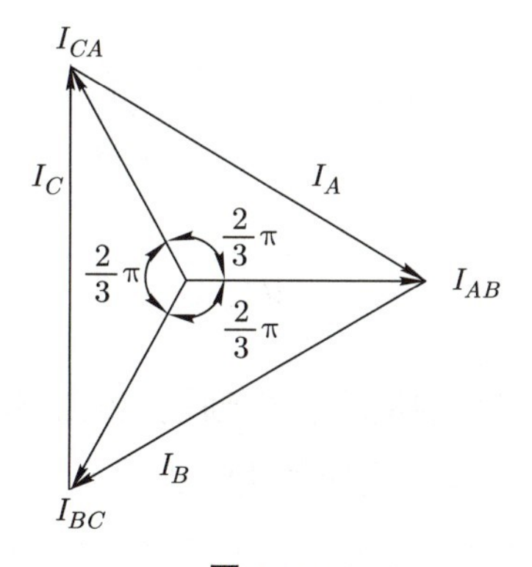

图 7.59

以上三个公式对任意三相负载均成立. 当三个负载的阻抗均相等时, 由上述三个公式可得三个相电流的矢量图如图 7.59 所示. 由图可知线电流和相电流的关系为

$$I_l = \sqrt{3} I_\varphi.$$

当三个负载阻抗不相等时, 上述电流的矢量图将偏离等边三角形.

在这部分的最后, 我们对前面的内容做一个小结: 当三个负载的阻抗相等时,

(1) Y 连接:

$$I_l = I_\varphi, \quad U_l = \sqrt{3} U_\varphi;$$

(2) 三角形连接:

$$U_l = U_\varphi, \quad I_l = \sqrt{3} I_\varphi.$$

当三个负载阻抗不相等时, 可以从基尔霍夫方程组求解各负载和端线上的电流, 以及负载上和端线之间的电压.

7.8.3 三相电的功率

三相交流电的总电功率等于各相功率之和, 在三相负载完全相同的情况下, 三相电路的总平均功率为

$$\overline{P} = 3U_{\varphi}I_{\varphi}\cos\varphi,$$

这对 Y 连接和三角形连接都成立. 上述的电压和电流均为有效值, $\cos\varphi$ 为功率因数.

若负载是星形接法, 则有

$$U_{\rm l} = \sqrt{3}U_{\varphi}, \quad I_{\rm l} = I_{\varphi}.$$

若负载是三角形接法, 则有

$$U_{\rm l} = U_{\varphi}, \quad I_{\rm l} = \sqrt{3}I_{\varphi}.$$

两种连接都满足

$$\overline{P} = \sqrt{3}U_{\rm l}I_{\rm l}\cos\varphi.$$

单相交流电的功率随时间周期变化, 但通过三角函数运算可以证明, 当三个负载相同时, 三相交流电的瞬时总功率不随时间变化.

三相交流电在具体应用中的变化情形很多, 我们这里仅涉及其基本内容, 需要进一步深入学习的读者可以参阅电工学方面的书籍.

习 题

1. 在同一时间坐标轴上画出简谐交流电压 $u_1(t) = 311\cos(314t - 2\pi/3)$ V 和 $u_2(t) = 311\sin(314t - 5\pi/6)$ V 的曲线. 它们的峰值、有效值、频率和初相位各是多少? 哪个超前?
2. (1) 分别求频率为 50 Hz 和 500 Hz 时 10 H 电感的阻抗.

   (2) 分别求频率为 50 Hz 和 500 Hz 时 10 μF 电容的阻抗.

   (3) 在哪一个频率时, 10 H 电感的阻抗等于 10 μF 电容的阻抗?
3. 已知在某频率下图 7.60 中电容、电阻的阻抗数值之比为 $Z_C : Z_R = 3 : 4$, 现在串联电路两端加总电压 $U = 100$ V.

   (1) 电容和电阻元件上的电压 U_C, U_R 为多少?

   (2) 求电阻元件中的电流与总电压之间的相位差.
4. 在图 7.61 中 $U_1 = U_2 = 20$ V, $Z_{\rm C} = R_2$, 求总电压 U.

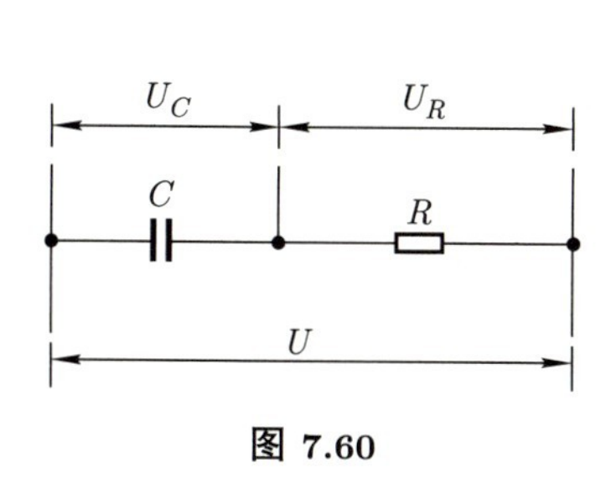

图 7.60

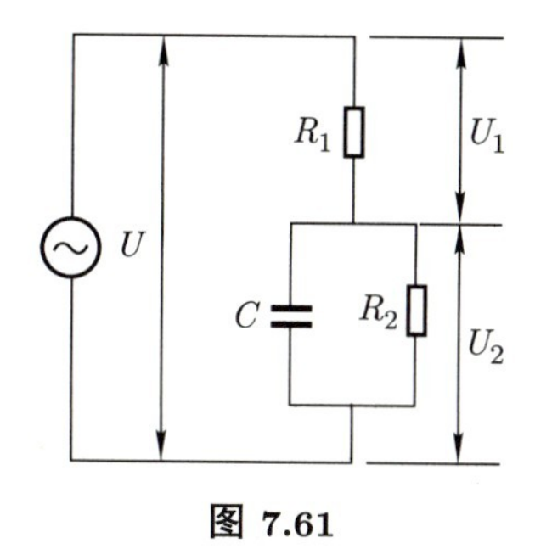

图 7.61

5. 在图 7.62 中, $Z_L = Z_C = R$, 求下列各量间的相位差, 并用矢量图说明:

(1) U_C 与 U_R;

(2) I_C 与 I_R;

(3) U_R 与 U_L;

(4) U 与 I.

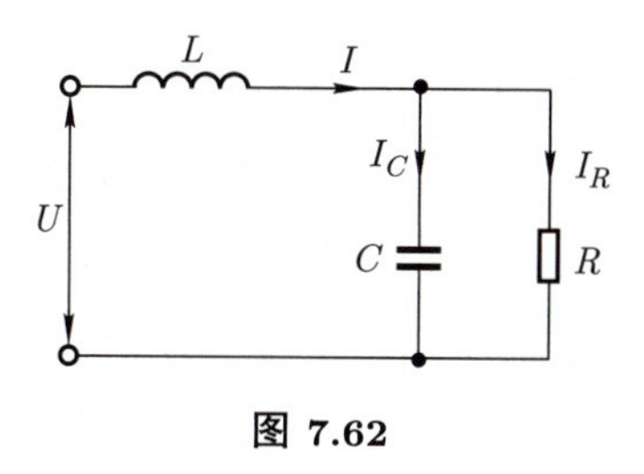

图 7.62

6. 图 7.63(a) 为测量线圈的电感及其损耗电阻而采用的一种电桥电路. R_S 和 C_S 为已知的固定电阻和电容, 调节 R_1, R_2 使电桥达到平衡.

(1) 求 L_x, r_x.

(2) 试比较这个电桥和图 7.63(b) 所示的麦克斯韦电桥哪个计算起来比较方便? 如果 (1) 问的待测电感的等效电路采用并联式的, 情况怎样? (注意: 并联式等效

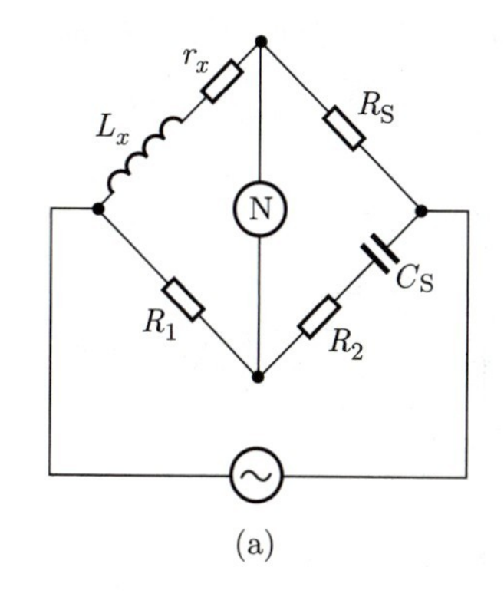

(a)

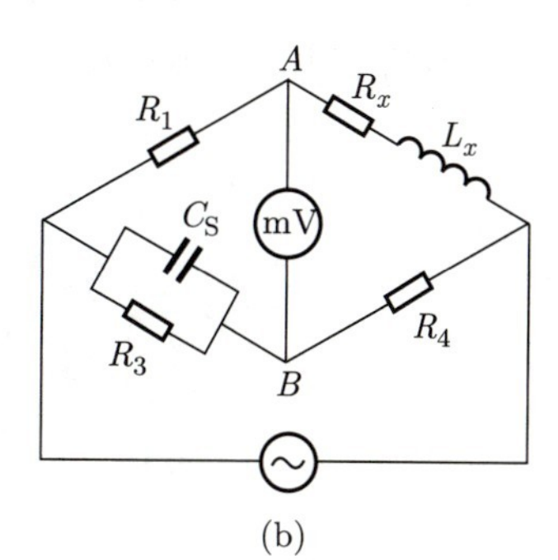

(b)

图 7.63

电路与串联式等效电路中的损耗电阻含义不同)

7. 图 7.64 是为消除分布电容的影响而设计的一种脉冲分压器. 当 C_1, C_2, R_1, R_2 满足一定条件时, 这个分压器就能和直流电路一样, 使输出电压 U_2 与输入电压 U_1 之比等于电阻之比: $\dfrac{U_2}{U_1} = \dfrac{R_2}{R_1 + R_2}$, 而和频率无关. 试求电容、电阻应满足的条件.

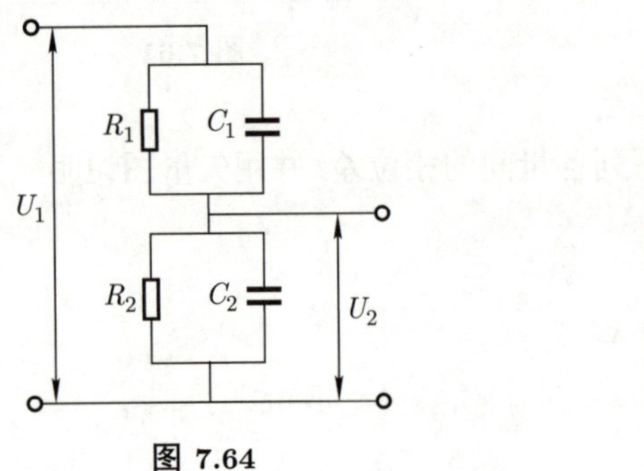

图 7.64

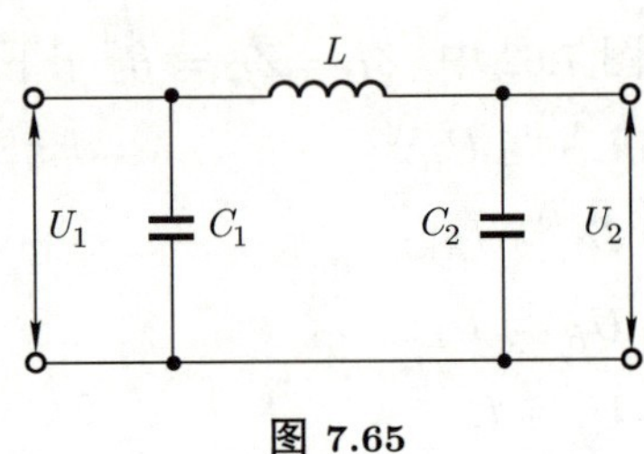

图 7.65

8. 在图 7.65 的滤波电路中, 在 $f = 100$ Hz 的频率下欲使输出电压 U_2 为输入电压 U_1 的 1/10, 求此时扼流圈 (起扼制交流电流作用的线圈) 自感 L, 已知 $C_1 = C_2 = 10\ \mu\text{F}$.

9. 一个 110 V, 50 Hz 的交流电源供给一电路 330 W 的功率, 功率因数为 0.6, 且电流相位落后于电压.

(1) 若在电路中并联一电容器使功率因数增到 1, 求电容器的电容.

(2) 这时电源供给多少功率?

10. 一电路感抗 $X_L = 8.0\ \Omega$, 电阻 $R = 6.0\ \Omega$, 串接在 220 V, 50 Hz 的市电上.

(1) 要使功率因数提高到 95%, 应在 LR 上并联多大的电容?

(2) 这时流过电容的电流是多少?

(3) 若串联电容, 情况如何?

11. 输电干线的电压 $U = 120$ V, 频率为 50.0 Hz. 用户照明电路与扼流圈串联后接于干线间, 扼流圈的自感 $L = 0.0500$ H, 电阻 $R = 1.00\ \Omega$ (见图 7.66).

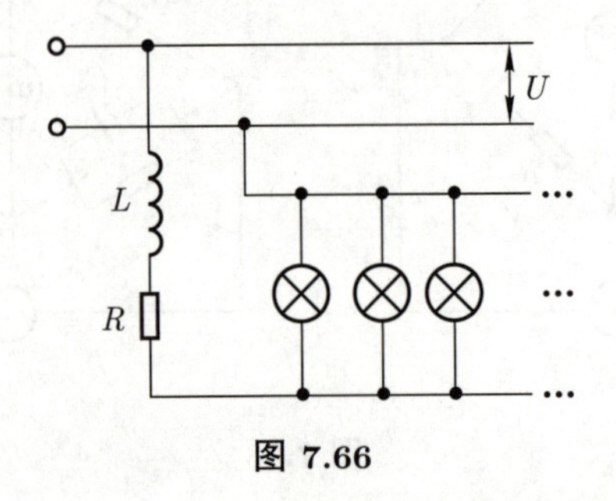

图 7.66

(1) 当用户共用电 $I_0 = 2.00$ A 时, 他们电灯两端的电压 U' 等于多少?

(2) 用户电路 (包括抗流圈在内) 能得到的最大瞬时功率是多少?

(3) 当用户电路中发生短路时, 扼流圈中消耗功率多少?

12. 图 7.67 中已知电阻 $R = 50\ \Omega$, 三个电流计 A_1, A_2, A 的读数分别为 $I_1 = 2.8$ A, $I_2 = 2.5$ A, $I = 4.5$ A, 求元件 Z 中的功率.

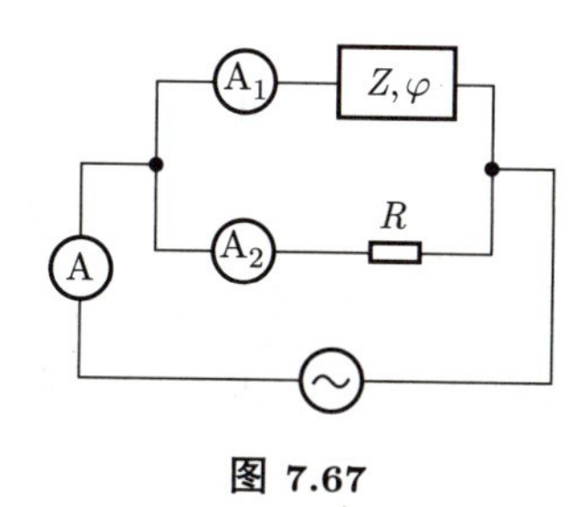

图 7.67

13. 一个 RLC 串联电路如图 7.68 所示, 已知 $R = 300\ \Omega$, $L = 250$ mH, $C = 8.00\ \mu$F, A 是交流安培计, V_1, V_2, V_3, V_4 和 V 都是交流伏特计. 现在把 a, b 两端分别接到市电 (220 V, 50 Hz) 电源的两极上.

(1) 问 A, V_1, V_2, V_3, V_4 和 V 的读数各是多少?

(2) 求 a, b 间消耗的功率.

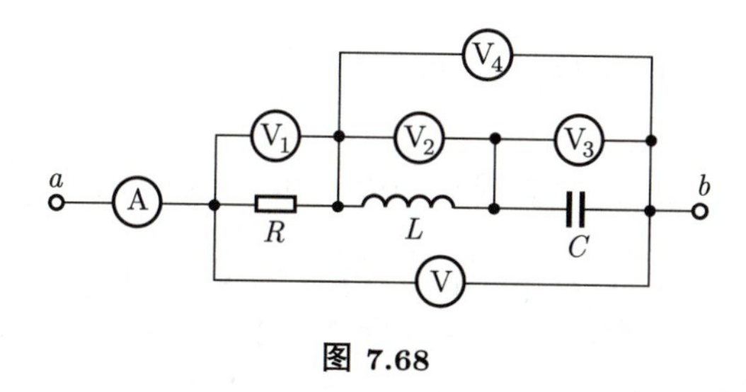

图 7.68

14. 串联谐振电路中 $L = 0.10$ H, $C = 25.0$ pF, $R = 10\ \Omega$.

(1) 求谐振频率.

(2) 若总电压为 50 mV, 求谐振时电感元件上的电压.

15. 串联谐振电路的谐振频率 $f = 600$ kHz, 电容 $C = 370$ pF, 此频率下电路的有功电阻 $r = 15\ \Omega$, 求电路的 Q 值.

第八章　麦克斯韦电磁场理论简介

8.1　麦克斯韦方程组

1864 年, 麦克斯韦在相对论建立之前就揭示了电场和磁场的内在联系, 把电场和磁场统一为电磁场, 提出了电磁场的基本方程—— 麦克斯韦方程组, 建立了完整的电磁场理论体系. 1865 年, 麦克斯韦还从他建立的电磁场理论出发, 预言了电磁波的存在, 并指出光是一种电磁波. 1888 年, 赫兹 (Hertz) 通过实验证实了麦克斯韦的这一预言.

8.1.1　位移电流

对静电场, 从库仑定律出发, 我们可以导出

$$\oiint_S \boldsymbol{E}(\boldsymbol{r}) \cdot \mathrm{d}\boldsymbol{S} = \frac{1}{\varepsilon_0} \iiint_V \rho \mathrm{d}V, \tag{8.1}$$

$$\oint_L \boldsymbol{E}(\boldsymbol{r}) \cdot \mathrm{d}\boldsymbol{l} = 0, \quad \forall L. \tag{8.2}$$

对静磁场, 从毕奥 – 萨伐尔定律可以得到

$$\oiint_S \boldsymbol{B}(\boldsymbol{r}) \cdot \mathrm{d}\boldsymbol{S} = 0, \quad \forall S, \tag{8.3}$$

$$\oint_L \boldsymbol{H}(\boldsymbol{r}) \cdot \mathrm{d}\boldsymbol{l} = \iint_S \boldsymbol{j}_0 \cdot \mathrm{d}\boldsymbol{S}, \quad \forall L. \tag{8.4}$$

上述四个方程分别为恒定电场或恒定磁场情形. 如果电磁场均随时间变化, 则 (8.2) 式应被法拉第定律取代, 即应被改写为

$$\oint_L \boldsymbol{E}(\boldsymbol{r}) \cdot \mathrm{d}\boldsymbol{l} = -\frac{\mathrm{d}}{\mathrm{d}t} \iint_S \boldsymbol{B} \cdot \mathrm{d}\boldsymbol{S}, \quad \forall L. \tag{8.5}$$

然而, 麦克斯韦在分析安培环路定理时发现, 将此定理应用到非恒定电磁场情形时遇到了困难. 这一困难可以通过下面的讨论来说明.

图 8.1 为一含电容器的充电电路 (未按比例画), 其中连接在导线上的两个圆板为电容器的正、负极板. 图中的 L 为一环绕充电导线的闭合回路, 经电源正极引出的导线穿过闭合回路 L 与正极板相连, 电源负极通过导线和负极板相连. 在方程 (8.4) 右边的积分中, 积分区域 S 是以闭合回路 L 为边界的任意曲面. 电容器的充放电是一个非恒定过程, 导线中的电流随时间变化. 对图中的电路, 以闭合回路 L 为边界的曲面

可以有无限多个. 例如, 我们可以取其中的两个, S_1 和 S_2 : S_1 为一弯曲曲面, 它穿过电容器两极板之间, 且不与导线相交; S_2 即图中以 L 为边界且画有斜线的曲面, 它与导线相交. 显然, 电源在给电容器充电的过程中, 通过 S_1 的电流为 0, 但通过 S_2 的电流不为 0. 由此可见, (8.4) 式右边的积分区域 S 取为以 L 为边界的不同曲面时, 积分的结果不相等, 从而 (8.4) 式就失去了确定的意义.

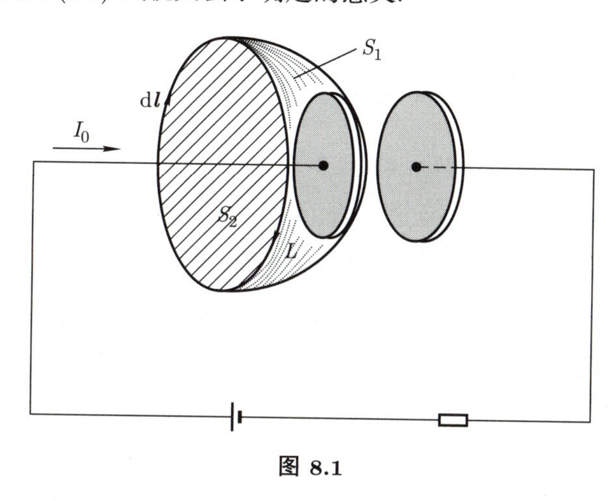

图 8.1

我们可以再构造一个新的闭合曲面 S, 它由 S_1 和 S_2 两部分构成. 闭合曲面 S 内的自由电荷记为 q_0, 根据电介质中的高斯定理得

$$\frac{\mathrm{d}}{\mathrm{d}t}q_0 = \frac{\mathrm{d}}{\mathrm{d}t}\oiint_S \boldsymbol{D}\cdot \mathrm{d}\boldsymbol{S} = \oiint_S \frac{\partial \boldsymbol{D}}{\partial t}\cdot \mathrm{d}\boldsymbol{S}.$$

上式面积分中的面积元矢量方向均取闭合曲面 S 的外法线方向. 根据电流的连续性方程, 上式左边等于自由电流密度 $\boldsymbol{j}_0$ 在 S 曲面上的通量的负值:

$$\frac{\mathrm{d}}{\mathrm{d}t}q_0 = \oiint_S \frac{\partial \boldsymbol{D}}{\partial t}\cdot \mathrm{d}\boldsymbol{S} = -\oiint_S \boldsymbol{j}_0\cdot \mathrm{d}\boldsymbol{S}. \tag{8.6}$$

现定义位移电流 (displacement current) 密度

$$\boldsymbol{j}_D \equiv \frac{\partial \boldsymbol{D}}{\partial t}. \tag{8.7}$$

和电流密度与电流强度的关系一样, 位移电流密度 $\boldsymbol{j}_D$ 对任意一个曲面求通量就得到流过这个曲面的位移电流 I_D, 位移电流 I_D 和传导电流 I_0 之和称为全电流 I.

现计算穿过某一空间曲面 S [注意不是 (8.6) 式中的闭合曲面] 的位移电流 I_D, 有

$$I_D = \iint_S \frac{\partial \boldsymbol{D}}{\partial t}\cdot \mathrm{d}\boldsymbol{S}. \tag{8.8}$$

由上面的推导知, 穿过曲面 S 的全电流为

$$I = I_0 + I_D = \iint_S \boldsymbol{j}_0\cdot \mathrm{d}\boldsymbol{S} + \iint_S \frac{\partial \boldsymbol{D}}{\partial t}\cdot \mathrm{d}\boldsymbol{S}. \tag{8.9}$$

无论上式中的曲面 S 是否闭合, 公式均成立. 式中相应的全电流密度为

$$\boldsymbol{j} = \boldsymbol{j}_0 + \boldsymbol{j}_D = \boldsymbol{j}_0 + \frac{\partial \boldsymbol{D}}{\partial t}. \tag{8.10}$$

如果 (8.9) 式等式右边的积分曲面 S 是闭合的, 则穿过 S 的全电流 I [见 (8.9) 式] 必为零, 即

$$I = I_0 + I_D = \oiint_S \boldsymbol{j}_0 \cdot \mathrm{d}\boldsymbol{S} + \oiint_S \frac{\partial \boldsymbol{D}}{\partial t} \cdot \mathrm{d}\boldsymbol{S} = 0. \tag{8.11}$$

上面最后一个等式由 (8.6) 式得到. 将 (8.6) 式最后一个等式右边的式子移项到左边即得 (8.11) 式的最后一个等式. (8.11) 式告诉我们, 全电流对任意一个闭合曲面 S 的通量为 0. 也就是说, 对空间任意一个闭合回路 L, 以此为边界做任意两个曲面 S_1 和 S_2 (参见图 8.1), 通过这两个曲面的全电流必然相等, 即全电流总是连续的.

引入位移电流后, 安培环路定理, 即公式 (8.4) 可以改写为如下形式:

$$\oint_L \boldsymbol{H}(\boldsymbol{r}) \cdot \mathrm{d}\boldsymbol{l} = \iint_S \boldsymbol{j}_0 \cdot \mathrm{d}\boldsymbol{S} + \iint_S \frac{\partial \boldsymbol{D}}{\partial t} \cdot \mathrm{d}\boldsymbol{S}, \quad \forall L. \tag{8.12}$$

根据前面的分析, 上式右边加上位移电流后, 成为全电流, 而全电流是连续的, 以 L 为边界的不同曲面上的传导电流不连续导致 (8.4) 式的结果不确定的问题就得到了圆满的解决. 在方程 (8.12) 中, 位移电流和传导电流的地位完全相同, 因此, 我们可以说, 位移电流与传导电流产生磁场的规律完全相同. 例如, 当位移电流不随时间变化时, 也能产生静磁场, 也遵从毕奥 – 萨伐尔定律.

总之, 位移电流 I_D 产生磁感应强度 $\boldsymbol{B}$ 的规律与自由电流 I_0、磁化电流 I_m (其效果含在 $\boldsymbol{H}$ 里) 完全相同. 另外, 上述定义的位移电流里面包含极化的贡献, 这是由于电位移矢量 $\boldsymbol{D} = \varepsilon_0\boldsymbol{E} + \boldsymbol{P}$, 因此, 电位移的时间变化率自然包含 $\dfrac{\partial \boldsymbol{P}}{\partial t}$, 也就是构成极化强度的电荷的移动, 即宏观上表现出来的电流.

位移电流是由于电位移矢量随时间变化导致的, 因此, 它和传导电流不同, 不会使定向运动的载流子撞击晶格而产生焦耳热, 即位移电流没有热效应, 这是位移电流与传导电流的主要不同点.

8.1.2 麦克斯韦方程组的积分形式和微分形式

在普遍情况下, 我们仍然可以通过静止的试探电荷受力, 定义电场强度 $\boldsymbol{E}$ (库仑场和感应场之和), 再进一步根据物质的特性定义电位移矢量 $\boldsymbol{D}$. 还可以通过运动的点电荷受力定义磁感应强度 $\boldsymbol{B}$, 再进一步定义 $\boldsymbol{H}$. 在此情况下, 电磁场在介质中的积分

形式如下:

$$\oiint_S \boldsymbol{D}(\boldsymbol{r}) \cdot \mathrm{d}\boldsymbol{S} = \iiint_V \rho_0 \mathrm{d}V, \tag{8.13}$$

$$\oint_L \boldsymbol{E}(\boldsymbol{r}) \cdot \mathrm{d}\boldsymbol{l} = -\frac{\mathrm{d}}{\mathrm{d}t}\iint_S \boldsymbol{B} \cdot \mathrm{d}\boldsymbol{S}, \quad \forall L, \tag{8.14}$$

$$\oiint_S \boldsymbol{B}(\boldsymbol{r}) \cdot \mathrm{d}\boldsymbol{S} = 0, \quad \forall S, \tag{8.15}$$

$$\oint_L \boldsymbol{H}(\boldsymbol{r}) \cdot \mathrm{d}\boldsymbol{l} = \iint_S \boldsymbol{j}_0 \cdot \mathrm{d}\boldsymbol{S} + \iint_S \frac{\partial \boldsymbol{D}}{\partial t} \cdot \mathrm{d}\boldsymbol{S}, \quad \forall L. \tag{8.16}$$

以上四个公式用基本电磁学量表示出来的形式, 即通常所说的电磁场在真空中所遵从的形式为

$$\oiint_S \boldsymbol{E}(\boldsymbol{r}) \cdot \mathrm{d}\boldsymbol{S} = \frac{1}{\varepsilon_0}\iiint_V \rho \mathrm{d}V, \tag{8.17}$$

$$\oint_L \boldsymbol{E}(\boldsymbol{r}) \cdot \mathrm{d}\boldsymbol{l} = -\frac{\mathrm{d}}{\mathrm{d}t}\iint_S \frac{\partial \boldsymbol{B}}{\partial t} \cdot \mathrm{d}\boldsymbol{S}, \quad \forall L, \tag{8.18}$$

$$\oiint_S \boldsymbol{B}(\boldsymbol{r}) \cdot \mathrm{d}\boldsymbol{S} = 0, \quad \forall S, \tag{8.19}$$

$$\oint_L \boldsymbol{B}(\boldsymbol{r}) \cdot \mathrm{d}\boldsymbol{l} = \mu_0 \iint_S \boldsymbol{j}_\mathrm{t} \cdot \mathrm{d}\boldsymbol{S} + \mu_0\varepsilon_0 \iint_S \frac{\partial \boldsymbol{E}}{\partial t} \cdot \mathrm{d}S, \quad \forall L. \tag{8.20}$$

这里, 磁化电流、极化随时间变化导致的电流以及传导电流均包含在总电流 $\boldsymbol{j}_\mathrm{t}$ 之内. 注意, 这里的总电流不包含电场强度随时间变化的贡献. 总电流与全电流是不同的概念. 总电流包含磁化电流、极化随时间变化导致的电流以及传导电流. 而 (8.9) 和 (8.10) 式所示的全电流包含极化随时间变化导致的电流 (含在 $\dfrac{\partial \boldsymbol{D}}{\partial t}$ 的 $\dfrac{\partial \boldsymbol{P}}{\partial t}$ 之内, 即极化强度随时间的变化率里面. 极化是等量的正负电荷发生相对位移, 其变化当然会导致电荷移动, 即电流, 这种电荷移动仅发生在原子、分子尺度上, 因此不产生焦耳热, 但宏观上仍然有电流的磁效应, 这和磁化电流类似)、传导电流 $\boldsymbol{j}_0$, 以及电场强度随时间的变化率 $\dfrac{\partial \boldsymbol{E}}{\partial t}$, 但不包含磁化电流 $\boldsymbol{j}' = \nabla \times \boldsymbol{M}$ [即第五章的 (5.6) 式]. 由第五章中磁介质中的安培环路定理的推导过程可知, 在 (8.16) 式中, 磁化电流的贡献包含在磁场强度 $\boldsymbol{H}$ 的环路积分里面.

荷兰物理学家洛伦兹 1895 年建立经典电子论时, 作为基本假定提出了洛伦兹力公式:

$$\mathrm{d}\boldsymbol{F} = \rho \mathrm{d}V \boldsymbol{E} + \boldsymbol{j}\mathrm{d}V \times \boldsymbol{B}. \tag{8.21}$$

上述表述是体积元 $\mathrm{d}V$ 内的电磁介质受到的洛伦兹力的形式, 为点电荷的洛伦兹力公式的等价表述.

麦克斯韦方程组和洛伦兹力公式构成了电磁场的运动、变化及其与带电体相互作用的理论基础. 电荷守恒方程可以由麦克斯韦方程组导出.

把麦克斯韦方程组用在介质的边界上, 可以得到光学中光的传播的反射定律、折射定律、全反射、菲涅耳公式、布儒斯特 (Brewster) 定律、半波损失等光学规律, 用于金属表面, 可以得到金属表面的反射、透射特性, 如金属表面的趋肤效应和穿透深度等. 电磁场的叠加原理用于光波可以解释光的衍射、干涉等光学现象.

不难从上述 (8.13) 至 (8.16) 等四个介质中积分形式的麦克斯韦方程导出对应的微分形式:

$$\nabla\cdot\boldsymbol{D}(\boldsymbol{r})=\rho_0, \tag{8.22}$$

$$\nabla\times\boldsymbol{E}(\boldsymbol{r})=-\frac{\partial\boldsymbol{B}}{\partial t}, \tag{8.23}$$

$$\nabla\cdot\boldsymbol{B}(\boldsymbol{r})=0, \tag{8.24}$$

$$\nabla\times\boldsymbol{H}(\boldsymbol{r})=\boldsymbol{j}_0+\frac{\partial\boldsymbol{D}}{\partial t}. \tag{8.25}$$

对 (8.25) 式求散度, 再将 (8.22) 式代入即得到电流连续方程.

麦克斯韦当年提出的方程组的最初形式由 20 个等式和 20 个变量组成. 现在所使用的数学形式是赫维赛德 (Heaviside, 英国自学成才的物理学家) 和吉布斯 (Gibbs, 美国物理化学家、数学家和物理学家) 于 1884 年以矢量分析的形式重新表述的.

例 8.1 在半径为 $R=5.0\ \mathrm{cm}$ 的两块圆导体片构成的平行板电容器中, 两极板间电场强度的时间变化率为 $\dfrac{\mathrm{d}E}{\mathrm{d}t}=2.0\times10^{13}\ \mathrm{V/(m\cdot s)}$. 设充电过程中电荷在极板上分布均匀, 忽略电容器的边缘效应. 试求两极板间的位移电流 I_D, 以及两极板间磁感应强度的分布的表达式和极板边缘处的磁感应强度的值.

解 设题中电容器极板面积为 S, 由位移电流与位移电流密度的关系式得两极板间的位移电流为

$$I_D=S\frac{\mathrm{d}D}{\mathrm{d}t}=\pi R^2\varepsilon_0\frac{\mathrm{d}E}{\mathrm{d}t}=1.4\ \mathrm{A}.$$

两极板为同轴圆片, 设过两极板中心的直线为 z 轴, 其正方向与电场强度 $\boldsymbol{E}$ 相同. 假设连接两极板的外接导线与 z 轴重合且很长, 则此系统具有关于 z 轴的转动对称性.

在垂直于 z 轴且穿过电容器内部的某一平面上, 取该平面与 z 轴的交点为圆心, 以 r 为半径在平面上作一圆形积分环路, 在此环路上磁感应强度 $\boldsymbol{B}$ 的大小相等, 方向沿环路的切线方向, 并且与位移电流 (此时也就是 z 轴) 成右手螺旋关系. 由 (8.16) 式可得

$$\oint_L\boldsymbol{H}(\boldsymbol{r})\cdot\mathrm{d}\boldsymbol{l}=\iint_S\frac{\partial\boldsymbol{D}}{\partial t}\cdot\mathrm{d}\boldsymbol{S},$$

即

$$\frac{1}{\mu_0}B2\pi r = \pi r^2\varepsilon_0\frac{\mathrm{d}E}{\mathrm{d}t}.$$

由此可解得两极板间磁感应强度的分布应为

$$B = \frac{\mu_0\varepsilon_0}{2}\frac{\mathrm{d}E}{\mathrm{d}t}r \propto r.$$

将极板边缘处的半径 R 及上式中的各物理量的值代入, 得两极板边缘处的磁感应强度值为

$$B(R) = \frac{\mu_0\varepsilon_0}{2}\frac{\mathrm{d}E}{\mathrm{d}t}R = \frac{1}{2c^2}R\frac{\mathrm{d}E}{\mathrm{d}t} = 5.6\times 10^{-6}\ \mathrm{T}.$$

上面第二个等式用了光速 c 与真空中介电常量和磁导率的关系式, 即 $\mu_0\varepsilon_0 = \dfrac{1}{c^2}$ [见后面将导出的 (8.46) 式]. 上述结果表明, 尽管题中的电场强度的时间变化率已经相当大, 但它所激发的磁场仍然很弱, 这样弱的磁场在实验里并不易测量到.

例 8.2 在横截面积为 S 的良导体中通以简谐交流电 $i_0 = I_0\cos\omega t$, 其频率 $f \ll 10^{18}$ Hz, 假设电流沿横截面均匀分布. 对于一般的良导体, 电阻率 $\rho\approx 10^{-8}\ \Omega\cdot\mathrm{m}$, 相对介电常量 $\varepsilon_\mathrm{r}\approx 1$. 试求导体中位移电流与传导电流的比值.

解 根据欧姆定律的微分形式 $\boldsymbol{j} = \sigma\boldsymbol{E}$, 可得导体中的电场强度为

$$E = \frac{j}{\sigma} = \frac{i_0}{\sigma S} = \rho\frac{i_0}{S},$$

导体中位移电流的瞬时值为

$$\begin{aligned} i_D &= S\frac{\mathrm{d}D}{\mathrm{d}t} = S\varepsilon_\mathrm{r}\varepsilon_0\frac{\mathrm{d}E}{\mathrm{d}t} \\ &= S\varepsilon_\mathrm{r}\varepsilon_0\frac{\rho}{S}\frac{\mathrm{d}i_0}{\mathrm{d}t} = \varepsilon_\mathrm{r}\varepsilon_0\rho\omega I_0\cos\left(\omega t + \frac{\pi}{2}\right), \end{aligned}$$

故有

$$\frac{I_{D0}}{I_0} = \varepsilon_\mathrm{r}\varepsilon_0\rho\omega.$$

由此得

$$\frac{I_{D0}}{I_0} \approx 8.9\times 10^{-12}\ \times 10^{-8}\times\frac{2\pi f}{\mathrm{Hz}} \approx 6\times\frac{10^{-19}\ f}{\mathrm{Hz}}.$$

由于 $f \ll 10^{18}$ Hz, 因此比值 $I_{D0}/I_0 \ll 1$.

尽管位移电流与传导电流是实质上完全不同的两个概念, 但如果做形式上的比较, 本题的结果告诉我们, 在导体内的全电流中, 位移电流与传导电流相比也是微不足道的. 此外, 即使形式上把位移电流 i_D 看成“电流”, 由于它在相位上比传导电流 i_0 及电压 u 超前 $\pi/2$, 因此它并不消耗功率, 不产生焦耳热.

8.2 电 磁 波

8.2.1 自由空间中的电磁波

由给定条件求解麦克斯韦方程组, 可以证明电磁波的存在. 在自由空间中, 既没有自由电荷, 也没有传导电流, 电场和磁场互相激发, 电磁场的运动规律是齐次的麦克斯韦方程组, 即

$$\nabla \times \boldsymbol{E} = -\frac{\partial \boldsymbol{B}}{\partial t}, \tag{8.26}$$

$$\nabla \times \boldsymbol{H} = \frac{\partial \boldsymbol{D}}{\partial t}, \tag{8.27}$$

$$\nabla \cdot \boldsymbol{D} = 0, \tag{8.28}$$

$$\nabla \cdot \boldsymbol{B} = 0. \tag{8.29}$$

在真空中, 介质性质方程为

$$\boldsymbol{D} = \varepsilon_0 \boldsymbol{E}, \tag{8.30}$$

$$\boldsymbol{B} = \mu_0 \boldsymbol{H}. \tag{8.31}$$

对 (8.26) 式两边求旋度, 并利用 (8.27), (8.30) 和 (8.31) 式, 可得

$$\nabla \times (\nabla \times \boldsymbol{E}) = -\nabla \times \frac{\partial \boldsymbol{B}}{\partial t} = -\frac{\partial}{\partial t}\nabla \times \boldsymbol{B} = -\mu_0\varepsilon_0 \frac{\partial^2 \boldsymbol{E}}{\partial t^2}.$$

再利用矢量分析公式及 $\nabla \cdot \boldsymbol{E} = \nabla \cdot \boldsymbol{D}/\varepsilon_0 = 0$, 可得

$$\nabla \times (\nabla \times \boldsymbol{E}) = \nabla(\nabla \cdot \boldsymbol{E}) - \nabla^2 \boldsymbol{E} = -\nabla^2 \boldsymbol{E}.$$

由以上两式立即得到关于电场 $\boldsymbol{E}$ 的偏微分方程:

$$\nabla^2 \boldsymbol{E} - \mu_0\varepsilon_0 \frac{\partial^2 \boldsymbol{E}}{\partial t^2} = 0. \tag{8.32}$$

对 (8.27) 式两边求旋度, 经类似步骤可得关于 $\boldsymbol{B}$ 的偏微分方程:

$$\nabla^2 \boldsymbol{B} - \mu_0\varepsilon_0 \frac{\partial^2 \boldsymbol{B}}{\partial t^2} = 0. \tag{8.33}$$

由上面两个方程可知, 在真空中, 电场 $\boldsymbol{E}$ 和磁感应强度 $\boldsymbol{B}$ 满足完全相同的方程.

一般而言, 介质的电容率和磁导率都随电磁波的频率而变, 这种现象称为介质的色散. 在线性介质中, 有

$$\boldsymbol{D}(\omega) = \varepsilon(\omega)\boldsymbol{E}(\omega),$$

$$\boldsymbol{B}(\omega) = \mu(\omega)\boldsymbol{H}(\omega).$$

如果电磁波的激发源以确定的频率做简谐振荡, 则辐射出去的电磁波也以相同的频率做简谐振荡, 这种以特定频率振动的电磁波称为定态电磁波或单色波 (monochromatic wave).

对于一定角频率 ω 的单色电磁波, 电磁场对时间的依赖关系是 $\cos(\omega t)$, 用复数形式表示为

$$\boldsymbol{E}(\boldsymbol{r},t)=\boldsymbol{E}(\boldsymbol{r})\mathrm{e}^{\mathrm{j}\omega t}, \tag{8.34}$$

$$\boldsymbol{B}(\boldsymbol{r},t)=\boldsymbol{B}(\boldsymbol{r})\mathrm{e}^{\mathrm{j}\omega t}. \tag{8.35}$$

以下将 $\boldsymbol{E}(\boldsymbol{r})$ 和 $\boldsymbol{B}(\boldsymbol{r})$ 分别简写成 $\boldsymbol{E}$ 和 $\boldsymbol{B}$. 在频率一定的定态情况下, 均匀介质中 ε 和 μ 为常量, 且有 $\boldsymbol{D}=\varepsilon\boldsymbol{E}$ 和 $\boldsymbol{B}=\mu\boldsymbol{H}$. 把上面两个式子分别代入自由空间的麦克斯韦方程组 (8.26) $\sim$ (8.29), 消去共同因子 $\mathrm{e}^{\mathrm{j}\omega t}$ 后可得

$$\nabla\times\boldsymbol{E}=-\mathrm{j}\omega\mu\boldsymbol{H}, \tag{8.36}$$

$$\nabla\times\boldsymbol{H}=\mathrm{j}\omega\varepsilon\boldsymbol{E}, \tag{8.37}$$

$$\nabla\cdot\boldsymbol{E}=0, \tag{8.38}$$

$$\nabla\cdot\boldsymbol{H}=0. \tag{8.39}$$

对 (8.36) 式取旋度, 并利用 (8.37) 式, 可得

$$\nabla\times(\nabla\times\boldsymbol{E})=-\mathrm{j}\omega\mu\nabla\times\boldsymbol{H}=-\omega^2\mu\varepsilon\boldsymbol{E}.$$

再利用矢量分析公式及 $\nabla\cdot\boldsymbol{E}=0$, 可得

$$\nabla\times(\nabla\times\boldsymbol{E})=\nabla(\nabla\cdot\boldsymbol{E})-\nabla^2\boldsymbol{E}=-\nabla^2\boldsymbol{E}.$$

由以上两式可导出一定频率下电磁波的基本方程 —— 亥姆霍兹方程:

$$\nabla^2\boldsymbol{E}-k^2\boldsymbol{E}=0, \tag{8.40}$$

其中

$$k=\omega\sqrt{\mu\varepsilon}. \tag{8.41}$$

方程 (8.40) 与 $\nabla\cdot\boldsymbol{E}=0$ 联立, 可解出 $\boldsymbol{E}$ 在空间的分布, 再由 (8.36) 式, 即可求出

$$\boldsymbol{B}=\frac{\mathrm{j}}{\omega}\nabla\times\boldsymbol{E}=\frac{\mathrm{j}}{k}\sqrt{\mu\varepsilon}\nabla\times\boldsymbol{E}. \tag{8.42}$$

概括起来, 在一定的频率下, 麦克斯韦方程组可写为

$$\nabla^2 \boldsymbol{E} - k^2 \boldsymbol{E} = 0,$$

$$\nabla \cdot \boldsymbol{E} = 0,$$

$$\boldsymbol{B} = \frac{\mathrm{j}}{\omega} \nabla \times \boldsymbol{E}.$$

由对称性, 或用推导上述三个方程相同的步骤, 可以得到

$$\nabla^2 \boldsymbol{B} - k^2 \boldsymbol{B} = 0,$$

$$\nabla \cdot \boldsymbol{B} = 0,$$

$$\boldsymbol{E} = -\frac{\mathrm{j}}{\omega \varepsilon \mu} \nabla \times \boldsymbol{B} = -\frac{\mathrm{j}}{k} \sqrt{\mu \varepsilon} \nabla \times \boldsymbol{E}.$$

下面我们讨论一种最基本的解. 不失一般性, 将电磁波的传播方向取为 x 轴正方向. 设场强在与 x 轴正交的平面上的各点有相同的值, 即 $\boldsymbol{E}$ 和 $\boldsymbol{B}$ 仅与 x 和 t 有关, 而与 y 和 z 无关, 这种电磁波称为平面电磁波, 其等相位点所组成的波面是与传播方向正交的平面. 这时, 亥姆霍兹方程 (8.40) 化为一维的常微分方程, 即

$$\frac{\mathrm{d}^2}{\mathrm{d}x^2} \boldsymbol{E}(x) - k^2 \boldsymbol{E}(x) = 0.$$

它的一个解是

$$\boldsymbol{E}(x) = \boldsymbol{E}_0 \mathrm{e}^{-\mathrm{j}kx},$$

再由 (8.34) 式可得

$$\boldsymbol{E}(x, t) = \boldsymbol{E}_0 \mathrm{e}^{\mathrm{j}(\omega t - kx)}. \tag{8.43}$$

最后, 由条件 $\nabla \cdot \boldsymbol{E} = 0$ 得 $-\mathrm{j}k\boldsymbol{e}_x \cdot \boldsymbol{E} = 0$, 即要求 $E_x = 0$. 因此, $\boldsymbol{E}_0$ 为常矢量, 且与传播方向 x 轴垂直. 实际存在的场应理解为只取复数解 [(8.43) 式]的实部, 即

$$\boldsymbol{E}(x, t) = \boldsymbol{E}_0 \cos(\omega t - kx), \tag{8.44}$$

其中 $\omega = 2\pi\nu$ 为波动的角频率, ν 为频率. 设 λ 是电磁波的波长, 即沿电磁波传播方向有相位差 2π 的两点的距离, 则由 (8.44) 式知, k 与波长 λ 满足关系式 $k = 2\pi/\lambda$.

由 (8.44) 式求出波动传播的相速为

$$v = \nu\lambda = \frac{\omega}{k} = \frac{1}{\sqrt{\mu\varepsilon}} = \frac{1}{\sqrt{\mu_0\varepsilon_0}\sqrt{\mu_\mathrm{r}\varepsilon_\mathrm{r}}} = \frac{c}{\sqrt{\mu_\mathrm{r}\varepsilon_\mathrm{r}}}, \tag{8.45}$$

其中第三个等式用了 (8.41) 式, 最后一个等式用了

$$c = \frac{1}{\sqrt{\mu_0\varepsilon_0}}. \tag{8.46}$$

若介质为真空, 则 (8.45) 式简化为 (8.46) 式, 即真空中电磁波传播速度为 $\dfrac{1}{\sqrt{\mu_0\varepsilon_0}}$, 这就是真空中的光速与真空中的介电常量、真空中的磁导率的关系. 这里得到的传播速度与当时人们所知的光的传播速度, 即光速近似相等, 因此, 麦克斯韦认为光就是一种电磁波.

由于介质的相对电容率 $\varepsilon_{\rm r}$ 和相对磁导率 $\mu_{\rm r}$ 都是频率的函数, 因此在介质中, 不同频率的电磁波有不同的相速, 这就是介质的色散现象.

在更普遍的情况下, 电磁波的传播方向不一定沿 x 轴, 代替 (8.43) 式的平面电磁波的表达式为

$$\boldsymbol{E}(\boldsymbol{r},t)=\boldsymbol{E}_0\mathrm{e}^{\mathrm{j}(\omega t-\boldsymbol{k}\cdot\boldsymbol{r})}, \tag{8.47}$$

其中 $\boldsymbol{k}$ 是沿电磁波传播方向的一个常矢量:

$$\boldsymbol{k}=\omega\sqrt{\mu\varepsilon}\boldsymbol{n}, \tag{8.48}$$

$\boldsymbol{n}$ 为波传播方向的单位矢量.

如图 8.2 所示, 取垂直于矢量 $\boldsymbol{k}$ 的任一平面 S, 设 P 为此平面上位矢为 $\boldsymbol{r}$ 的任意一点, 则

$$\boldsymbol{k}\cdot\boldsymbol{r}=kr_0,$$

其中 r_0 是 $\boldsymbol{r}$ 在矢量 $\boldsymbol{k}$ 上的投影. 由于平面 S 上任意点的位矢在 $\boldsymbol{k}$ 上的投影都等于 r_0, 因此平面 S 是等相位面. 换言之, (8.47) 式表示沿 $\boldsymbol{k}$ 方向传播的平面波. $\boldsymbol{k}$ 称为传播矢量, 简称波矢, 其大小 k 称为角波数.

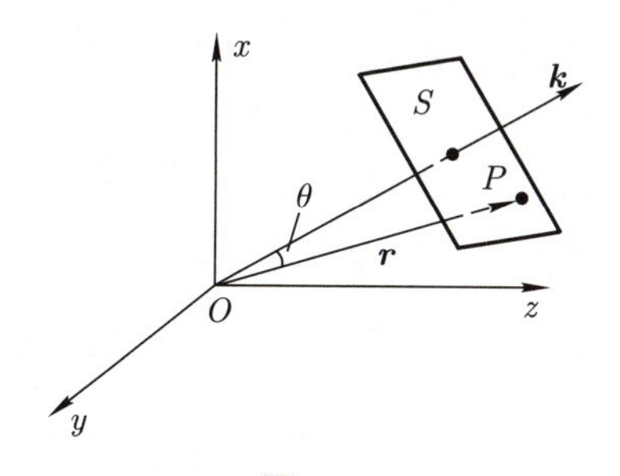

图 8.2

对如 (8.47) 式的电磁波形式, 还必须加上条件 $\nabla\cdot\boldsymbol{E}=0$ 才能得到电磁波解. 取 (8.47) 式的散度, 可得

$$\nabla\cdot\boldsymbol{E}=\boldsymbol{E}_0\cdot\nabla\mathrm{e}^{\mathrm{j}(\omega t-\boldsymbol{k}\cdot\boldsymbol{r})}=-\mathrm{j}\boldsymbol{k}\cdot\boldsymbol{E}_0\mathrm{e}^{\mathrm{j}(\boldsymbol{k}\cdot\boldsymbol{r}-\omega t)}=-\mathrm{j}\boldsymbol{k}\cdot\boldsymbol{E},$$

因此条件 $\nabla\cdot\boldsymbol{E}=0$ 化为

$$\boldsymbol{k}\cdot\boldsymbol{E}=0. \tag{8.49}$$

类似可得

$$\boldsymbol{k}\cdot\boldsymbol{B}=0. \tag{8.50}$$

以上两式表明电场和磁场的波动都是横波, 即 $\boldsymbol{E}$ 和 $\boldsymbol{B}$ 的方向均垂直于电磁波的传播方向 $\boldsymbol{k}$, 也就是说电磁波是横波, 如图 8.3 所示.

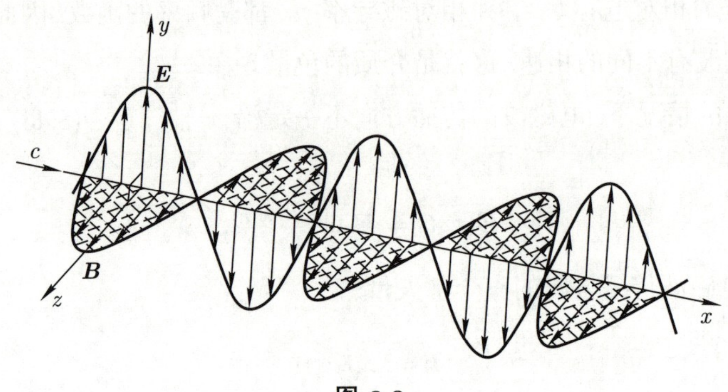

图 8.3

另外, 和解出电场强度的过程相同, 我们也可以求出磁感应强度的单色平面波解, 其形式与 (8.47) 式相同, 即

$$\boldsymbol{B}(\boldsymbol{r},t)=\boldsymbol{B}_0\mathrm{e}^{\mathrm{j}(\omega t-\boldsymbol{k}\cdot\boldsymbol{r})}. \tag{8.51}$$

当然, (8.47) 和 (8.51) 式中的 $\boldsymbol{E}$ 和 $\boldsymbol{B}$ 均取了初相位为零的简洁形式. 实际上, 我们并不知道 $\boldsymbol{E}$ 和 $\boldsymbol{B}$ 是否存在相位差. 考虑到这个因素, 我们可以把 (8.51) 式中的 $\boldsymbol{B}$ 写为

$$\boldsymbol{B}(\boldsymbol{r},t)=\boldsymbol{B}_0\mathrm{e}^{\mathrm{j}(\omega t-\boldsymbol{k}\cdot\boldsymbol{r}+\varphi_0)}. \tag{8.52}$$

将 (8.47) 和 (8.52) 式一起代入 (8.26) 或 (8.27) 式即可得到, $\boldsymbol{E}$ 和 $\boldsymbol{B}$ 必须始终同相位, 即 (8.52) 式中的初相位 φ_0 只能为零, 如图 8.3 所示.

另外, 将 (8.47) 和 (8.52) 式一起代入 (8.26) 式后还可以得到, $\boldsymbol{E}$ 和 $\boldsymbol{B}$ 的振幅满足以下关系:

$$\frac{|\boldsymbol{E}|}{|\boldsymbol{B}|}=\frac{E_0}{B_0}=\frac{1}{\sqrt{\mu\varepsilon}}=v, \tag{8.53}$$

或 $\sqrt{\varepsilon}E_0=\sqrt{\mu}H_0$. 在真空中, 上式化为

$$\frac{E_0}{B_0}=c, \tag{8.54}$$

或 $\sqrt{\varepsilon_0}E_0=\sqrt{\mu_0}H_0$. 这里得到的电场和磁场的波动解的振幅比值不为 1, 这是由我们所取的单位制导致的. 我们可以分析电场和磁场在传播空间中的单位体积里的能量周

期平均值, 可知它们相等, 因此, 从它们对单位体积的能量的时间平均贡献理解, 我们可以说真空中电磁波的电场和磁场的振幅相等.

由 (8.49) 和 (8.50) 式可知, 在电磁波中, 电场和磁场均垂直于传播方向 $\boldsymbol{k}$, 再将电场和磁场的波动解 (8.47) 和 (8.51) 式代入麦克斯韦方程组的 (8.26) 或 (8.27) 式可得, $\boldsymbol{E}$ 和 $\boldsymbol{B}$ 互相垂直, $\boldsymbol{E}\times\boldsymbol{B}$ 沿 $\boldsymbol{k}$ 方向, 即 $\boldsymbol{E},\boldsymbol{B}$ 和 $\boldsymbol{k}$ 组成右手系.

现将平面电磁波的主要性质概括如下:

(1) 电磁波是横波, $\boldsymbol{E}$ 和 $\boldsymbol{B}$ 都与传播方向 $\boldsymbol{k}$ 垂直.

(2) $\boldsymbol{E}$ 和 $\boldsymbol{B}$ 互相垂直, $\boldsymbol{E}\times\boldsymbol{B}$ 沿 $\boldsymbol{k}$ 方向, 即 $\boldsymbol{E},\boldsymbol{B}$ 和 $\boldsymbol{k}$ 组成右手系.

(3) $\boldsymbol{E}$ 和 $\boldsymbol{B}$ 同相位, 振幅比等于波动传播的速度 v, 或 $\sqrt{\varepsilon}E_0=\sqrt{\mu}H_0$.

(4) 电磁波的传播速度为

$$v=\frac{1}{\sqrt{\varepsilon\mu}}=\frac{1}{\sqrt{\varepsilon_{\mathrm{r}}\varepsilon_0\mu_{\mathrm{r}}\mu_0}}=\frac{c}{\sqrt{\varepsilon_{\mathrm{r}}\mu_{\mathrm{r}}}}.$$

在真空中, 电磁波的传播速度为 c.

8.2.2 电偶极辐射

在似稳条件下, 根据毕奥 – 萨伐尔定律, 如图 8.4 所示的交变电流 (竖直线段) 产生变化的磁场 (实线圈), 而根据法拉第定律, 变化的磁场产生电场 (虚线圈), 再根据含位移电流的安培环路定律, 变化的电场又会产生磁场 …… 由此可见, 一个交变的电流系统产生的电磁场将在空间传播开来. 这就是电磁振荡产生电磁波的简单的物理图像.

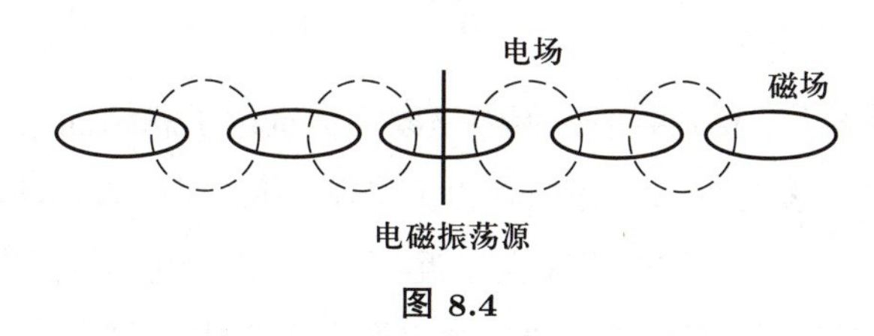

图 8.4

运动的电荷系统 (电流) 的电磁辐射可以通过多极展开来计算. 在多极辐射中, 电偶极辐射通常是最大的. 在电偶极辐射为 0 时, 辐射的领头阶才可能是电四极和磁偶极. 因此, 电偶极辐射在辐射中的重要性不言而喻.

原则上, 任何一个 LC 共振电路都可以作为发射电磁波的振动源. 然而, 为了产生持续的电磁振荡, 须把 LC 电路接在晶体管或电子管上组成振荡器, 由电路中的电源提供能量.

在集中性元件所组成的 LC 振荡电路中, 电磁场和电磁能绝大部分都集中在电感和电容元件中. 为了把电磁场和电磁能有效地发射出去, 必须改造电路使其尽可能开放, 使电磁场尽可能分散到空间中去.

我们还可以换一个角度来理解电磁波. 在交流电路中, 如图 8.5(a) 所示的 LCR 串联电路的谐振角频率为

$$\omega = \frac{1}{\sqrt{LC}}.$$

当 L 和 C 的复阻抗之和为 0 时, 电流最大, 产生谐振. 这时, 电容和电感中分别有变化的电场和磁场, 根据麦克斯韦方程组, 这将会产生辐射. 辐射可以按量级分为电偶极、磁偶极 + 电四极 …… 它们的辐射功率分别为电磁振荡角频率 ω 的 4 次方、4 次方 + 6 次方 …… 由此可见, 电磁振荡导致的辐射的功率随 ω 增大而迅速增大.

从电磁场的分布看, 图 8.5 (a) 的电场和磁场基本上分别处在电容和电感之内, 辐射很小. 要增加辐射, 就需要使变化的电场和磁场处于开放的空间, 即减小 L 和 C, 增加 ω, 也就是从图 8.5(a) 逐步过渡到图 8.5(d), 从近似封闭的电容和电感线圈过渡到辐射天线.

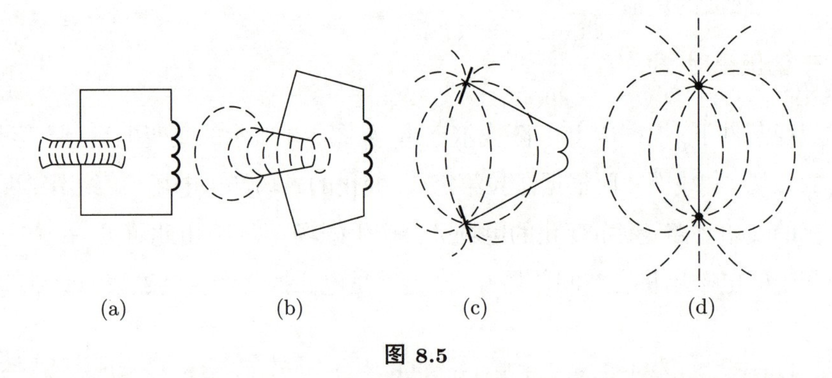

图 8.5

1864 年 12 月 8 日, 麦克斯韦在英国皇家学会宣读了总结性论文《电磁场的动力学理论》. 在该文中, 麦克斯韦从他的方程组出发, 导出了电磁场的波动方程, 算出了电磁波的传播速度与当时已知的光速很接近, 从而得出 "光是按照电磁定律经过场传播的电磁扰动" 的结论, 但麦克斯韦并未提出产生电磁波的方法.

1883 年, 斐兹杰惹 (Fitzgerald) 提出, 应该能用纯电的方法产生电磁波. 他指出, 载有高频交流电的线圈应当向周围空间辐射电磁波, 莱顿瓶放电就可以产生这种高频交流电.

1886—1888 年, 赫兹通过多次实验证实了电磁波的存在, 并由实验总结出, 电、磁相互作用是以波动形式在空气中传播的. 他第一次使用了 "电磁波" 一词.

赫兹所用的实验装置如图 8.6 所示, 其电路示意图见图 8.7.

图 8.6 中的感应圈以 10 ~ 100 Hz 的频率反复使火花间隙充电, 充到某一确定值时, 装置的充电电路被切断, 放电电路开始出现电磁振荡的共振现象—— 谐振, 以约

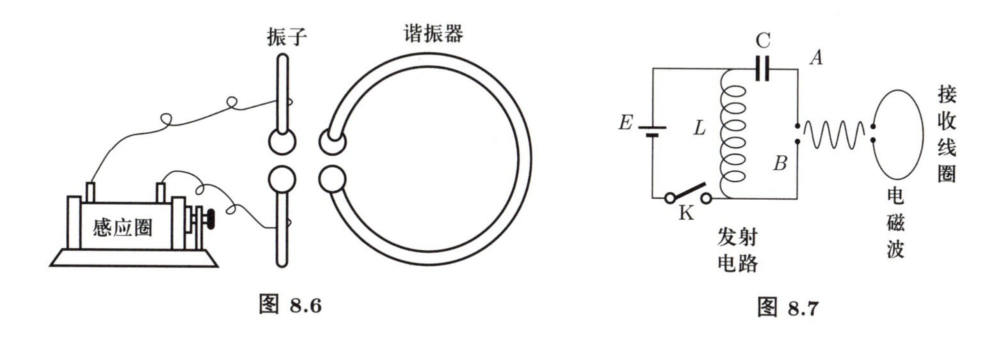

图 8.6　　图 8.7

为 $10^8 \sim 10^9$ Hz 的固有频率向外发射电磁波, 能量因辐射损失, 每次放电衰减很快, 其振幅随时间的变化曲线如图 8.8 所示.

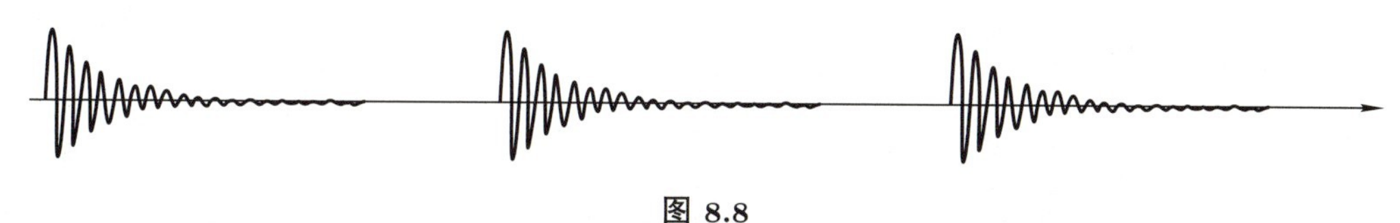

图 8.8

赫兹首次通过上述实验实现了电磁振荡的发射和接收, 证实了电磁波的存在. 在实验中, 赫兹将实验装置放在一暗室内, 检波器 (即图 8.6 中的谐振器, 也就是接收线圈) 距振荡器 (即发射电路) 数米远, 结果发现检波器的电火花隙之间确有小火花产生. 暗室远端的墙壁上覆有可反射电磁波的锌板, 入射波与反射波重叠应产生驻波, 赫兹以检波器在距振荡器不同距离处探测对驻波的存在加以证实. 赫兹先求出振荡器的频率, 又以检波器测得驻波的波长, 二者相乘即可得到电磁波的传播速度, 其值正如麦克斯韦预测的一样, 即电磁波传播的速度与当时所测得的光速基本相同.

8.2.3 电磁波谱

通过实验人们发现, X 射线、γ 射线 (伽马射线)、光波和无线电波同样都是电磁波, 只是频率或波长有很大的差别. 如图 8.9 所示, 按照电磁波的频率及其在真空中的波长 λ 的顺序, 把各种电磁波排列起来, 称为电磁波谱 (electromagnetic wave spectrum). 由于电磁波的频率和波长范围很广, 在图中用对数刻度标出. 图中的 h 为普朗克常量, $h\nu$ 为对应频率的电磁波的光量子 (光子) 的能量 (以 eV 为单位). 不同频率或波长的电磁波, 显示出不同的特征, 具有不同的用途. 目前, 电磁波在通信、导航、探测、遥感、成像、医疗和日常生活等方面被广泛应用, 其若干应用领域已成为独立的学科.

中国民航通信波段大致为 $118 \sim 137$ MHz, 民用对讲机常用的频率为 150 MHz 和 $400 \sim 470$ MHz, 手机工作频率在 $0.8 \sim 1.8$ GHz 之间, 微波炉发出的电磁波波长约为 0.1224 m, 2.45 GHz, 大多数雷达工作在 $1 \sim 15$ GHz, 但某些雷达工作频率在上述范围之外, 例如超视距雷达的工作频率低到 $2 \sim 5$ MHz.

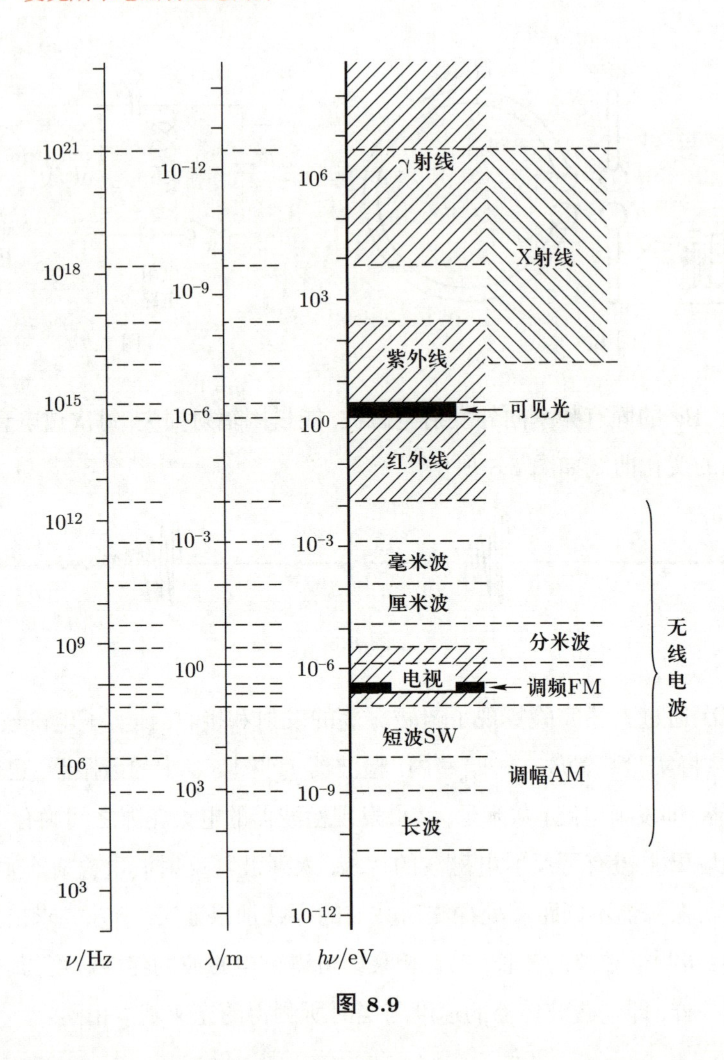

图 8.9

由于电磁波的应用的广泛性, 再加上电磁波传播的空间为公共空间, 因此, 电磁波的使用也需要规则与法律来规范.

伽马射线被用作 "伽马刀". 伽马刀分为头部伽马刀和体部伽马刀. 它实际上并不是真正的手术刀. 头部伽马刀是一个布满准直器的半球形头盔, 头盔内能射出 201 条钴 60 高剂量的离子射线—— 伽马射线. 它经过 CT 和磁共振等现代影像技术精确地定位于某一部位—— 称之为 "靶点". 它的定位误差常小于 0.5 mm. 每条伽马射线对组织几乎没有损伤, 但 201 条射线从不同位置聚集在一起可摧毁靶点的组织. 它因功能犹如一把手术刀而得名, 有无创伤、不需要全麻、不开刀、不出血和无感染等优点.

可见光频段以外的电磁波在成像方面也有很重要的应用, 例如医用的 X 射线成像、核磁共振 (NMR) 成像、红外线成像等.

各频段电磁波传输电磁能的方式不同. 对于低频段, 可用两根普通导线传输. 对于电视用的米波段, 需要用平行双线或同轴线 (见图 8.10) 传输. 对于雷达和定向通信等使用的微波段, 则需要用波导管 (即空心的金属管) 来传输, 以避免辐射损耗和介质损耗, 并减小电流的焦耳热损耗. 对于激光等光波段的电磁波, 则需要用光纤 (optical fiber) 等介质波导来传输.

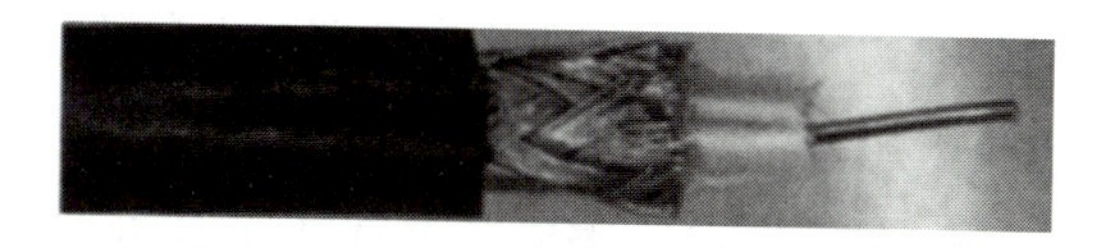

图 8.10

8.2.4 电磁场的能流密度

我们知道, 电磁场具有能量. 也可以计算其单位体积内的电磁场能量, 即能量密度. 根据麦克斯韦方程组, 可以导出电磁场传播的波动方程, 从波动方程可以解出以光速传播的电磁波. 因此, 电磁波在空间的传播必然伴随着能量在空间的传播. 我们把在单位时间、垂直于电磁波传播方向的单位横截面上的能量定义为电磁波的能流密度, 它是一个矢量, 也称为坡印亭矢量 (Poynting's vector), 用 $\boldsymbol{S}$ 表示. 为避免与坡印亭矢量的记号混淆, 我们在有坡印亭矢量的公式里, 用 A (area) 表示表面的面积, $\mathrm{d}A$ 表示元面积. 下面我们推导坡印亭矢量 $\boldsymbol{S}$ 与电磁场的关系式.

由于电磁波以光速传播, 因此, 在 Δt 时间间隔内, 平面波电磁场穿过与传播方向垂直的面积 ΔA 的电磁场能量为

$$\Delta W = \Delta W_{\mathrm{e}} + \Delta W_{\mathrm{m}} = \frac{1}{2}\left(\varepsilon_0 E^2 + \frac{1}{\mu_0}B^2\right)(c\Delta t\Delta A).$$

单位时间, 穿过与传播方向垂直的单位面积的电磁波能量, 即坡印亭矢量的大小为

$$S = \frac{\Delta W}{\Delta t\Delta A} = \frac{1}{2}c\left(\varepsilon_0 E^2 + \frac{1}{\mu_0}B^2\right).$$

对平面电磁波, 从麦克斯韦方程组得到 (8.54) 式, 此式乘以传播因子 $\cos(\omega t - \boldsymbol{k}\cdot\boldsymbol{r})$ 得

$$E = cB. \tag{8.55}$$

另外, 还有

$$B = \mu_0 H,$$
$$c = \frac{1}{\sqrt{\mu_0\varepsilon_0}}.$$

把上面三个式子代入上面的坡印亭矢量值的表达式, 得

$$S = \frac{1}{2}\left(\varepsilon_0 c^2 EB + \frac{1}{\mu_0}EB\right) = \frac{1}{2}\left(\frac{1}{\mu_0}EB + \frac{1}{\mu_0}EB\right) = EH.$$

由于 $\boldsymbol{E}$ 和 $\boldsymbol{H}$ 垂直, 电磁波的能量沿传播方向传输, 上式可以写成

$$\boldsymbol{S}=\boldsymbol{E}\times\boldsymbol{H}. \tag{8.56}$$

(8.56) 式为单位时间穿过垂直于电磁波传播方向的单位面积的电磁波能量, 也就是穿过垂直于电磁波传播方向的单位面积的电磁波功率. 如果我们需要计算通过空间中一个有限大小的曲面 A 的电磁波功率, 就需要在曲面 A 上对 $\boldsymbol{S}$ 做面积分, 即通过 A 曲面的电磁场功率为

$$P_A=\iint_A \boldsymbol{S}\cdot \mathrm{d}\boldsymbol{A}. \tag{8.57}$$

这里 $\mathrm{d}\boldsymbol{A}=\mathrm{d}A\cdot\boldsymbol{n}$, $\mathrm{d}A$ 为元面积的大小, $\boldsymbol{n}$ 为元面的外法向单位矢量.

我们在前面 8.2.2 小节叙述过, 运动的电荷系统 (电流) 的电磁辐射可以通过多极展开来计算. 在多极辐射中, 电偶极辐射通常是最大的. 因此, 偶极辐射通常是最重要的. 我们通常把偶极辐射源表示为一个做简谐振动的偶极振子

$$\boldsymbol{p}=\boldsymbol{p}_0\cos(\omega t).$$

在距离偶极辐射源足够远的地方, 即在到辐射源的距离 r 远大于辐射电磁波的波长 λ, 且远大于电荷系统所在区域的尺度 l $(r\gg\lambda, r\gg l)$ 时, 辐射波的波面逐渐趋于球形, 辐射源可以视为一个点.

如图 8.11 所示, 若以偶极振子 $\boldsymbol{p}$ 的中心为原点, 以偶极振子所在直线为极轴 (z 轴) 取球坐标, 则电场强度 $\boldsymbol{E}$ 趋于 $\boldsymbol{e}_\theta$ 方向, 磁场强度 $\boldsymbol{H}$ 沿 $\boldsymbol{e}_\varphi$ 方向. $\boldsymbol{E}$ 与 $\boldsymbol{H}$ 同相位且互相垂直, 它们在如图 8.11 所示的任意一个空间点上同步做简谐振动. 在任意时刻, $\boldsymbol{E}\times\boldsymbol{H}$ 的方向均指向波的传播方向 $\boldsymbol{e}_r$, 由坡印亭矢量的定义 (8.56) 可知, 电磁波的能量流动方向也为 $\boldsymbol{e}_r$, 即偶极振子发出的能量沿以原点为中心的径向向外传播.

偶极辐射的能流密度 (即坡印亭矢量) $\boldsymbol{S}$ 在一个周期内的平均值 $\overline{\boldsymbol{S}}$ 称为平均能流密度. 偶极振子辐射的平均能流密度的大小为

$$\overline{S}=\frac{p_0^2\omega^4}{32\pi^2c^3\varepsilon_0r^2}\sin^2\theta, \tag{8.58}$$

其中 c 为光速, θ 为极角, $\overline{S}$ 随极角 θ 变化的曲线如图 8.12 所示. (8.58) 式对图 8.11 中的整个球面求积分即得偶极振子的周期平均辐射功率 $\overline{P}$, 此值与图中的球面半径 r 的大小无关, 其物理含义为: 偶极振子辐射处于稳定状态, 即平均辐射功率 $\overline{P}$ 为常量时, 辐射能量以光速沿径向传播, 其通过远处的任意球面的周期平均总能量相同.

(8.58) 式表明, 偶极振子的辐射具有三个重要的特点. 首先, 偶极振子辐射的能量与频率的四次方成正比, 因此, 提高振动频率对提高平均辐射功率作用极大. 在通信中,

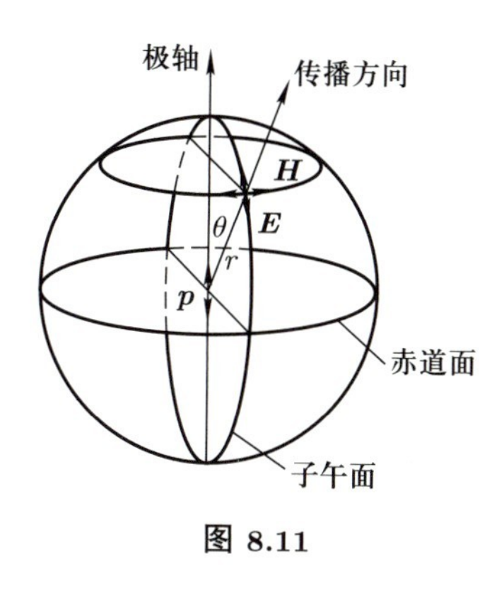

图 8.11

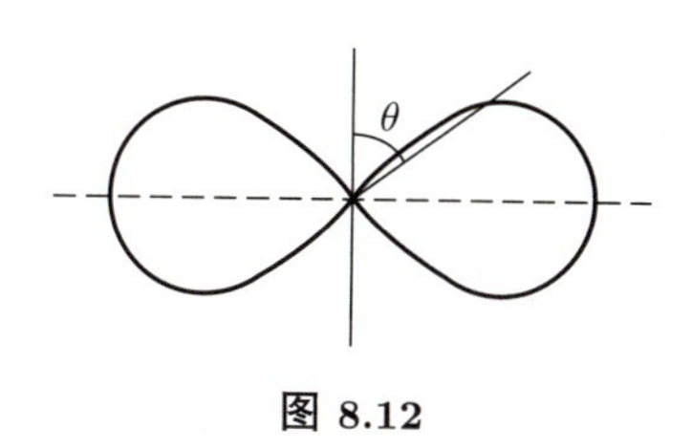

图 8.12

实际用于广播的电磁波频率一般都在几百千赫以上. 其次, $\overline{S}$ 与 r^2 成反比, 如前所述, 这正是球面波的特点. 因为通过整个球形波面的周期平均总能流为 $\overline{P}$, 只有与 r^2 成反比的平均能流才能在面积为 $4\pi r^2$ 的球面上积分得到常量值 $\overline{P}$. 最后, 偶极振子辐射的平均能流密度具有很强的方向性, 即 $\overline{S} \propto \sin^2\theta$, 如图 8.12 所示, 在垂直于偶极振子轴线的方向上辐射最强, 在沿偶极振子轴线的方向上没有辐射.

实际上, 偶极振子的辐射也可以看成由带电粒子的加速运动造成的. 对于一个做匀速运动的电荷来说, 尽管它携带着电磁场的能量和动量运动, 在电荷的运动方向上有一净能量流, 但它并不辐射电磁能, 即通过任一包围上述运动电荷的无限大球面的净能量通量为零. 然而, 对于一个做加速运动的电荷来说, 情况则大不相同. 一加速运动的电荷的电场不再是径向的, 其电场线如图 8.13 所示. 当电荷运动时, 左边的场减小, 而右边的场增加. 但是由于有加速度, 场的增大 (对应于新的更大的速度) 大于先前存在的场的减小 (对应于较早的较小的速度). 因此, 净的过剩能量必然被转移到整个空间来建立场, 即一个加速电荷辐射电磁能. 为了维持一个电荷做加速运动, 必须对它提供能量, 以补偿由于辐射而损失的能量. 反之, 电荷被减速时, 会使电磁场额外具有能量, 这种减速辐射称为韧致辐射 (bremsstrahlung). 例如, X 射线管中的 X 射线就是快速运动的电荷轰击靶时所产生的韧致辐射.

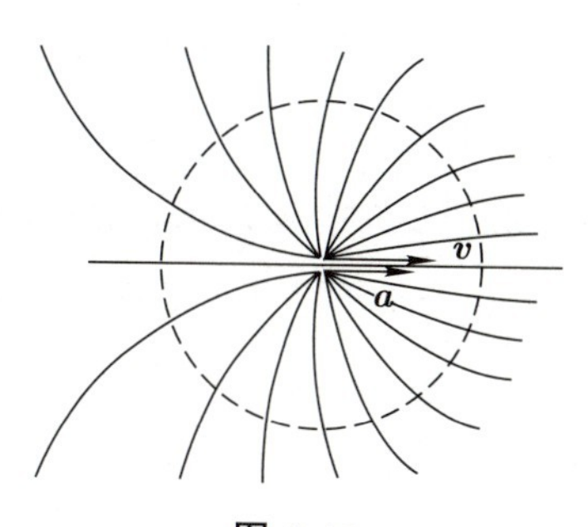

图 8.13

例 8.3 如果把能流密度的概念应用到含有恒定电流的回路里, 将会得到一些很有意义的结果. 设有一半径为 R 的圆柱形导体, 电阻率为 ρ, 电流 I_0 均匀地分布在它的横截面上.

(1) 试求在导体内距轴线为 r 的某点处, 电场 $\boldsymbol{E}$、磁场 $\boldsymbol{H}$ 和能流密度 $\boldsymbol{S}$ 的大小和方向.

(2) 试证明一段长为 l 的导体所消耗的焦耳热功率, 恰为单位时间内通过导体表面进入导体的电磁能量.

解 (1) 在导体内距轴线 r 处, 有

$$E = \rho j = \frac{\rho I_0}{\pi R^2},$$

$$H = \frac{I_0 r}{2\pi R^2}.$$

电场 $\boldsymbol{E}$ 的方向与电流方向一致, 磁场 $\boldsymbol{H}$ 的方向沿着以圆柱轴 (取为 z 轴) 为圆心的圆的切线, 并与 $\boldsymbol{E}$ 构成右手螺旋方向. 因此, 能流密度矢量 $\boldsymbol{S} = \boldsymbol{E} \times \boldsymbol{H}$ 垂直于且指向圆柱形导体的轴线 z 轴, 其大小为

$$S = EH = \frac{\rho I_0^2 r}{2\pi^2 R^4}.$$

(2) 利用上式可得, 单位时间内通过长为 l 的一段导体表面进入导体的电磁能量, 等于圆柱形导体表面 ($r = R$ 处) 能流密度矢量 $\boldsymbol{S}$ 的大小乘以表面积 $2\pi Rl$, 即

$$2\pi RlS = \frac{\rho l I_0^2}{\pi R^2}. \tag{8.59}$$

另一方面, 长为 l 的导体的电阻为 $\dfrac{\rho l}{\pi R^2}$, 它所消耗的焦耳热功率为

$$\frac{I_0^2 \rho l}{\pi R^2},$$

这又恰好等于 (8.59) 式.

由此可以理解, 在电阻中以热能形式消耗的能量, 不是通过连接导线进入电阻元件的, 而是通过导线和电阻元件周围的空间从它们的表面进入导线和电阻元件的. 导线中的电流靠电磁波通过导线周围的空间从其表面进入导线来维持. 导线中的电流仅起产生适当的电场和磁场的作用, 但本身并不传递能量. 导体内部电场和磁场都只有切向分量 (分别平行于柱面轴线和平行于柱面横截面圆的边缘切线), 且它们彼此垂直, 能流密度矢量垂直表面向里.

例 8.4 趋肤效应. 在直流电路中, 均匀导线横截面上的电流密度是均匀分布的. 但在交流电路中, 随着频率的提高, 导线横截面上的电流分布越来越向导线表面集中,

这种现象称为趋肤效应. 趋肤效应使导线的有效横截面积减小, 从而使其等效电阻增大. 截面半径为 $R = 1.0$ cm 的圆柱体导线内通过不同频率的交流电时的电流密度有效值随离导线中心的距离变化的分布曲线如图 8.14 (即图 6.5) 所示.

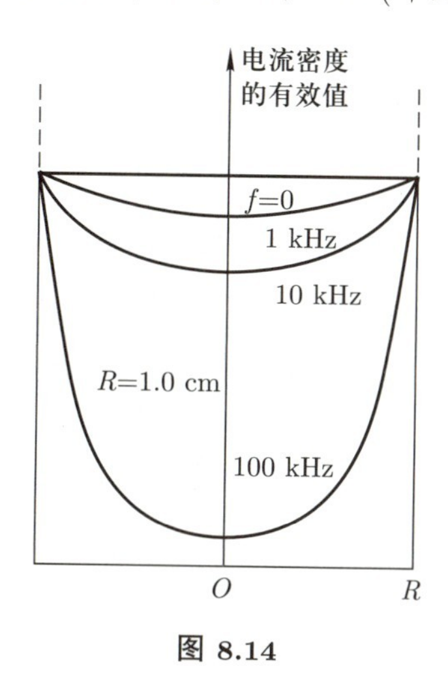

图 8.14

计算表明, 电流密度 j 随距表面的深度 d 的增加而指数衰减, 即

$$j = j_0 \mathrm{e}^{-d/d_\mathrm{s}},$$

其中 d_s 称为趋肤深度, 表示 j 减小到表面值 j_0 的 $1/\mathrm{e}$ 时的深度, 对一般导体, d_s 由下式决定:

$$d_\mathrm{s} = \sqrt{\frac{2}{\omega\mu_\mathrm{r}\mu_0\sigma}} = \frac{503}{\sqrt{f\mu_\mathrm{r}\sigma}}. \tag{8.60}$$

已知铜导线的 $\mu_\mathrm{r} \approx 1$, $\sigma = 5.9\times10^7\ \Omega^{-1}\cdot\mathrm{m}^{-1}$, 分别求 $f = 1$ kHz 和 $f = 100$ kHz 时的趋肤深度 d_s, 以及单色平面波 $E_x = E_0\mathrm{e}^{\mathrm{j}(\omega t - kz)}$ 垂直于表面入射进入表面后的电场强度 E_x 的复数形式, 这里 z 为距表面的垂直距离, x 轴在平行于表面的方向上. 由 (8.60) 式可知, 对于铁磁质, 如变压器中的铁芯, 由于 μ_r 很大, 即使在频率不高时趋肤效应也比较显著.

解 将 $\mu_\mathrm{r} \approx 1$ 和 $\sigma = 5.9\times10^7\ \Omega^{-1}\cdot\mathrm{m}^{-1}$ 以及 $f = 1$ kHz 和 $f = 100$ kHz 代入 (8.60) 式, 得趋肤深度分别为

$$d_{\mathrm{s}1} = 0.21\ \mathrm{cm}$$

和

$$d_{\mathrm{s}2} = 0.021\ \mathrm{cm},$$

并由此得进入导体后的电场为

$$E_x = E_0\mathrm{e}^{-z/d_{\mathrm{s}i}}\mathrm{e}^{\mathrm{j}\left(\omega t - \frac{z}{d_{\mathrm{s}i}} + \varphi_0\right)},$$

其中 φ_0 为某一初相位值, 下标 i 取 1 或 2 两个值, 分别对应前述的两个趋肤深度. 由此题的计算可知, 对 100 kHz 的电磁波, 其趋肤深度仅有大约 0.2 mm. 不难理解, 对频率远高于 100 kHz 的其他电磁波, 如可见光 (参见图 8.9 中的电磁波波谱), 趋肤深度将会非常小. 这样就解释了通常的导体对可见光为什么是不透明的, 因为可见光进入导体极短的深度便几乎衰减为零了. 也就是说, 可见光不能透过导体, 而是被反射. 这也同时说明非常平的导体表面可以做镜子. 我们在导体平面前, 经我们反射的光线被导体表面反射回来, 再传到我们的眼睛里, 这就使我们看到导体里面我们自己的像.

例 8.5 一平行板电容器由两块半径为 a 的相同金属薄圆板组成, 两极板之间的距离为 d, 侧视图如图 8.15 所示, $d \ll a$ (图未按比例画). 下极板和上极板之间的电压

$$U = U_0 \cos \omega t.$$

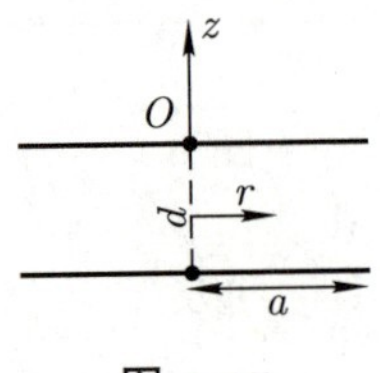

图 8.15

整个电路满足似稳条件, 且忽略边缘效应.

(1) 求 t 时刻电容器内的电场强度 $\boldsymbol{E}$.

(2) 求 t 时刻下极板上的面电流密度 $\boldsymbol{k}$.

(3) 求 t 时刻电容器内、外两个区域内的磁感应强度 $\boldsymbol{B}$ 和 $\boldsymbol{B}'$.

(4) 求 t 时刻电容器内电磁场的总能量 $W(= W_{\mathrm{e}} + W_{\mathrm{m}})$.

(5) 通过电磁场的能流密度公式算出单位时间流入电容内的能量 J_W, 再将第 (4) 问中的 W 对时间 t 求导, 即计算 $\mathrm{d}W/\mathrm{d}t$, 分析计算结果说明 J_W 与 $\mathrm{d}W/\mathrm{d}t$ 有什么关系, 并指出这种关系的物理意义.

解 (1) 忽略电容器的边缘效应, 有

$$\boldsymbol{E} = \hat{z}\frac{U_0}{d}\cos \omega t.$$

(2) 由高斯定理可知, 下极板带电均匀, 其面电荷密度

$$\sigma = \varepsilon_0 E = \frac{U_0}{d}\varepsilon_0 \cos \omega t.$$

下极板上的总电量

$$Q = \pi a^2 \sigma = \frac{U_0}{d}\pi a^2 \varepsilon_0 \cos \omega t.$$

流入下极板的总电流强度

$$i = \mathrm{d}Q\mathrm{d}t = -\frac{U_0\varepsilon_0\pi\omega a^2}{d}\sin\omega t.$$

r-a 环内的总电荷

$$Q' = \pi(a^2 - r^2)\sigma = \frac{U_0\varepsilon_0\pi}{d}(a^2 - r^2)\cos\omega t.$$

下极板距中心 r 处的面电流密度 (中心向外为正)

$$k' = \frac{1}{2\pi r}\frac{\mathrm{d}Q'}{\mathrm{d}t} = -\frac{a^2 - r^2}{2rd}U_0\varepsilon_0\omega\sin\omega t.$$

(3) 由对称性知道, 导线上、极板上的电流及极板之间的位移电流均只能产生环绕 z 轴方向的磁感应强度. 电容器内部的位移电流 (沿 z 轴)

$$j_D = \varepsilon_0\frac{\partial E}{\partial t} = -\varepsilon_0\omega\frac{U_0}{d}\sin\omega t.$$

比较 r-a 环内电荷的时间变化率

$$\frac{\mathrm{d}Q'}{\mathrm{d}t} = -\pi(a^2 - r^2)\varepsilon_0\omega\frac{U_0}{d}\sin\omega t,$$

根据电荷守恒定律, 上述 Q' 的时间变化率正是下极板上, 距 z 轴为 r 的圆周上, 沿径向流出的电流, 它等于

$$j_D\pi(a^2 - r^2) = I_D,$$

即

$$\frac{\mathrm{d}Q'}{\mathrm{d}t} = j_D\pi(a^2 - r^2) = I_D.$$

此式说明, 通过极板上半径为 r 的圆流向外面的传导电流刚好通过位移电流的形式流到上极板. 注意这里的 r 可以取 0 到 a 之间的任意值, 再结合问题的轴对称性得: 电容器极板流入任意一个 r-$r+\Delta r$ 的圆环的传导电流刚好通过位移电流的形式流到上极板. 也就是说, 电容器内部 (含极板和极板之间的电容器内部空间) 的全电流是连续的.

取环路积分的正方向与 z 轴正向成右手关系, 由含位移电流的安培环路定理, 得

$$\begin{aligned}\oint_L \boldsymbol{B}(\boldsymbol{r})\cdot\mathrm{d}\boldsymbol{l} &= \mu_0\left(\varepsilon_0\iint_S\frac{\partial\boldsymbol{E}}{\partial t}\cdot\mathrm{d}\boldsymbol{S}\right)\\ &= 2\pi rB = -\mu_0\varepsilon_0\omega(\pi r^2)\frac{U_0}{d}\sin\omega t.\end{aligned}$$

由此得

$$B = -\frac{\mu_0\varepsilon_0\omega rU_0}{2d}\sin\omega t,$$

与 z 轴正向成右手关系的环绕方向为正方向.

在极板外面的全空间 (包括电容器两极板之间 $r>a$ 的区域),

$$\oint_L \boldsymbol{B}' \cdot \mathrm{d}\boldsymbol{l} = \mu_0 i = -\frac{U_0\mu_0\varepsilon_0\pi\omega a^2}{d}\sin\omega t = 2\pi r B'.$$

由此得, 这些区域中的磁感应强度为

$$B' = -\frac{\mu_0\varepsilon_0\omega a^2 U_0}{2rd}\sin\omega t.$$

(4) 从上面求出的电容器内部空间的电磁场, 可以求出电容器内部空间的电磁场能量, 其中, 电场总能量为

$$W_\mathrm{e} = \frac{1}{2}\varepsilon_0 E^2 \cdot \pi a^2 d = \frac{\varepsilon_0\pi a^2 U_0^2}{2d}\cos^2\omega t,$$

磁场总能量为

$$\begin{aligned}
W_\mathrm{m} &= \iiint_V \frac{1}{2\mu_0}B^2 \cdot \mathrm{d}V \\
&= \frac{1}{2}\int_0^a \frac{\mu_0^2\varepsilon_0^2\omega^2U_0^2r^2}{\mu_0 4d^2}\sin^2\omega t \cdot 2\pi r d \cdot \mathrm{d}r \\
&= \frac{\mu_0\varepsilon_0^2\omega^2U_0^2\pi}{4d}\sin^2\omega t\int_0^a r^3\mathrm{d}r \\
&= \frac{\mu_0\varepsilon_0^2\omega^2U_0^2\pi a^4}{16d}\sin^2\omega t.
\end{aligned}$$

关于电磁场的能量, 正弦平方和余弦平方在时间平均意义上相等. 电磁场的相互激发是一个无限过程, 但上述磁、电能量之间的比值为它们正弦 (余弦) 函数前面的因子之比, 即电容器内部空间储存的磁场能与电场能的周期平均值之比为

$$\begin{aligned}
\frac{\varepsilon_0\pi a^2U_0^2}{2d}\Big/\frac{\mu_0\varepsilon_0^2\omega^2U_0^2\pi a^4}{16d} &= \mu_0\varepsilon_0\omega^2a^2 \\
&= \frac{1}{c^2}\left(\frac{2\pi c}{\lambda}\right)^2 a^2 \\
&= 4\pi^2\left(\frac{a}{\lambda}\right)^2 \to 0.
\end{aligned}$$

由于本题题干中已说明所讨论的电荷电流系统满足似稳条件, 因此, 为电容器提供电压的简谐交流电的频率对应的波长远大于电容器半径 a (实际上, 用导线传输的电流均满足似稳条件, 其波长都很长). 因此, 上述表达式的值非常小. 由此可知, 本小题所计算的电磁场的能量中, 电场是主要的, 磁场的能量可以忽略.

(5) 电磁场能量的时间变化率为

$$\mathrm{d}(W_\mathrm{e}+W_\mathrm{m})\mathrm{d}t \approx \mathrm{d}W_\mathrm{e}/\mathrm{d}t = -\frac{\varepsilon_0U_0^2\omega\pi a^2}{2d}\sin 2\omega t.$$

题中取各矢量的正方向如下：电场 $\boldsymbol{E}$ 向上，即沿 z 轴正方向，磁感应强度 $\boldsymbol{B}$ 为绕 z 轴的环绕方向，且与该轴正向成右手关系. 根据上述 $\boldsymbol{E}$ 和 $\boldsymbol{B}$ 所取的正方向，可知能流密度的正方向垂直于 z 轴且指向该轴. 在矢量的正方向确定后，我们也可以仅用代数量表示这些矢量，去掉矢量符号.

能流密度在电容器侧面的通量为

$$
\begin{aligned}
J_W &= 2\pi ad \cdot \left(\boldsymbol{E} \times \frac{\boldsymbol{B}}{\mu_0}\right) \cdot (-\widehat{\boldsymbol{r}}) \\
&= -2\pi ad \cdot \frac{U_0}{d}\cos\omega t \cdot \frac{\mu_0\varepsilon_0\omega a U_0}{2d\mu_0}\sin\omega t \\
&= -\frac{\varepsilon_0 U_0^2 \omega\pi a^2}{2d}\sin 2\omega t \\
&= \frac{\mathrm{d}W}{\mathrm{d}t},
\end{aligned}
$$

其中 $\widehat{\boldsymbol{r}}$ 为垂直于 z 轴向外的径向方向的单位矢量，我们取向内，即 $-\widehat{\boldsymbol{r}}$ 为能流密度的正向. 当时间 t 非常小 (仍大于零) 时，上式为负值. 这表明，在此时刻，电容器从侧面流出能量 (流入为正、流出为负)，电容器内部的总电磁场能量减少，即电容器内减少的电磁场能量恰好是电容器流到外面空间中的能量，这正是能量守恒的体现.

思考题 在上面的计算中，我们忽略了电磁场能量的高阶项，即忽略了磁场的能量. 如果计入这部分能量，电容器内部单位时间能量的增加是否就不等于从电容器侧面流入的能量？如何解释这一情况？

8.2.5 电磁场的动量密度

根据狭义相对论，能量和动量是密切联系的，它们之间满足相对论的能量 – 动量关系. 于是，我们可以预期，具有能量的电磁波还应该带有一定的动量. 由于电磁波以光速 c 传播，所以利用狭义相对论所给出的能量 – 动量关系，并用光子 (电磁波对应的粒子) 的静止质量为零的条件得光子的能量

$$E = \sqrt{m^2c^4 + p^2c^2} = pc,$$

其中 p 为光子的动量. 由此可以求出真空中单位体积的电磁波的动量为

$$g = \frac{w}{c} = \frac{\varepsilon_0 E^2}{c} = \frac{1}{c^2}\left|\boldsymbol{E} \times \boldsymbol{H}\right|.$$

由于动量是矢量，其方向与电磁波的传播方向相同，因此上式可以写成如下的矢量形式:

$$\boldsymbol{g} = \frac{1}{c^2}\boldsymbol{S} = \frac{1}{c^2}\boldsymbol{E} \times \boldsymbol{H}, \tag{8.61}$$

即电磁波动量密度的大小正比于能流密度, 其方向沿电磁波的传播方向. 在真空中, 电磁场的动量以光速传播, 因此, 也可以导出电磁场的动量流密度. 这些内容超出了本教材的范围, 读者在电动力学等课程中将会进一步学习.

由于电磁波带有动量, 所以在它被物体表面反射或吸收时, 物体必定因接收电磁波的动量而导致受力, 即电磁波对所照射的物体产生压强, 此压强称为辐射压强 (radiation pressure). 光是一种电磁波, 它所产生的辐射压强称为光压 (light pressure). 太阳光在地球大气上界, 单位时间投射到与其入射方向垂直的单位面积上的能量称为太阳常量 S (solar constant, 也就是能流密度的大小), 其值为 $(1367 \pm 7)\mathrm{W/m^2}$ [1981 年世界气象组织 (WMO) 推荐值].

与地面大气压强相比, 太阳光在地面上的光压非常小. 例如, 根据上面的太阳常量, 镜面受到垂直入射的太阳光的辐射压强最大值为

$$2 \cdot \frac{S}{c^2} \cdot c = \frac{2 \times 1.4 \times 10^3}{3.0 \times 10^8}\ \mathrm{N/m^2} \approx 10^{-5}\ \mathrm{N/m^2}.$$

这里左边的 2 倍来自光被镜面全部反射的假设. 上述值只有大气压强的 10^{10} 分之一, 且如果太阳光只是全部吸收, 不反射, 压强更是只有上述值的一半. 因此人们一般感觉不到太阳光射到自己身上产生的光压.

电磁波导致的压强并不总是很小. 在尺度上两个截然相反的领域中, 光压起了重要的作用. 原子物理学中, 一个著名的现象是光在电子上散射时与电子交换动量的过程, 即康普顿 (Compton) 效应. 在天体物理学中, 星体外层受到其核心部分的引力, 相当大一部分是靠核心部分的辐射所产生的辐射压来平衡的.

1901—1903 年间, 列别杰夫 (Lebedev) 在俄国, 尼科尔斯 (Nichols) 和努尔 (Null) 在美国, 独立测量到了光的辐射压强, 其结果与麦克斯韦的理论一致.

能量和动量都是物质运动的量度, 运动和物质是不可分割的. 电磁场是物质的一种形态. 随着科学技术的发展, “场” 和 “实物” 两种形态相互融合. 对黑体辐射和光电效应等一系列现象的研究发现, 光也具有微粒性. 与此同时, 从电子衍射现象发现, 像电子、质子和中子这样的实物微粒同时也具有波动性.

二十世纪三十年代初, 一对正负电子结合后转化为 2 个 γ 光子这一现象被发现, 即正负电子湮灭为两个 γ 光子. 后来, 光子在原子核附近转化为正负电子的现象也被实验观测到. 这些事实表明, 电磁场和实物粒子一样, 都具有波动和粒子两重属性. 在经典条件下, 电磁波主要表现为波动性, 但在一定条件下, 例如在康普顿散射和光电效应中, 其更多表现为粒子性. 在经典条件下主要表现为波动性的电磁波和表现为粒子性的正负电子, 在一定条件下也可以相互转化. 有关这些方面的内容, 大家在后续课程中将进一步学习.

习　题

1. 太阳能电池 (solar cell) 是直接把光能转变为电能的一种装置, 它的电流是由太阳光对半导体 pn 结的电场区内原子的作用产生的. 现有一块太阳能电池板, 它的尺寸是 58 cm × 53 cm. 当正对太阳时, 电池板能产生 14 V 的电压, 并可提供 2.7 A 的电流. 太阳光对垂直于光线的面积的辐射能流密度是 1.35 kW/m^2, 试求电池板利用太阳能的效率.
2. 波长为 $\lambda = 3.0$ cm 的平面电磁波, 其电场的振幅为 $E_0 = 30$ V/m.
   (1) 试问该电磁波的频率 ν 为多少?
   (2) 磁场的振幅 B_0 为多大?
   (3) 对于一个垂直于传播方向的面积为 0.50 m^2 的全吸收表面, 该电磁波的平均辐射压强是多大?
3. 假定在太阳表面附近绕太阳的圆轨道上有一个球形的 "尘埃颗粒", 其密度为 1.0 g/cm^3. 已知太阳表面的辐射功率为 6.9×10^7 W/m^2, 试问颗粒的半径 r 多大时, 太阳把它推向外的光压等于把它拉向内的万有引力?
4. 取太阳常量 $I_0 = 1.36$ kW/m^2.
   (1) 试求太阳光对地球的总压力与太阳对地球的引力的比值.
   (2) 试将太阳光在地面 1.0 m^2 镜面上产生的最大光压与大气压强进行比较.
5. 由激光器发出的 1.0 kW 的光束, 照射在一个固态铝球的下部使其悬浮起来. 已知铝的密度是 2.7×10^3 kg/m^3, 并假定铝球自由漂浮在光束中, 试问铝球的直径是多大?
6. 试证明: 电磁波的波动方程 (8.32) 在洛伦兹变换下不变, 即在相对于 S 惯性参考系以速度 v 沿 x 轴正方向运动的 S' 参考系, 使用带撇的时空坐标时, 此式仍保持相同的形式.
7. 设电荷在半径为 R 的圆形平行板电容器极板上均匀分布, 且边缘效应可以忽略. 把电容器接在角频率为 ω 的简谐交流电路中, 电路中的传导电流峰值为 I_0, 求电容器极板间磁场强度峰值的分布.
8. 图 8.16 是一个正在充电的圆形平行板电容器, 设边缘效应可以忽略, 且电流强度在所讨论的时间区间内近似为常量 I.
   (1) 求两极板间的位移电流.
   (2) 证明: 坡印亭矢量 $\boldsymbol{S} = \boldsymbol{E} \times \boldsymbol{H}$ 处处与两极板间圆柱形空间的侧面垂直.
   (3) 证明: 电磁场流进电容器内的功率 P, 等于储存在该体积中的电场能量的增加率. 设极板间距为 h. 由此可见, 储存在电容器中的电能并不是通过导线进入电容器的, 而是通过导线和电容器极板周围的空间进入电容器的.

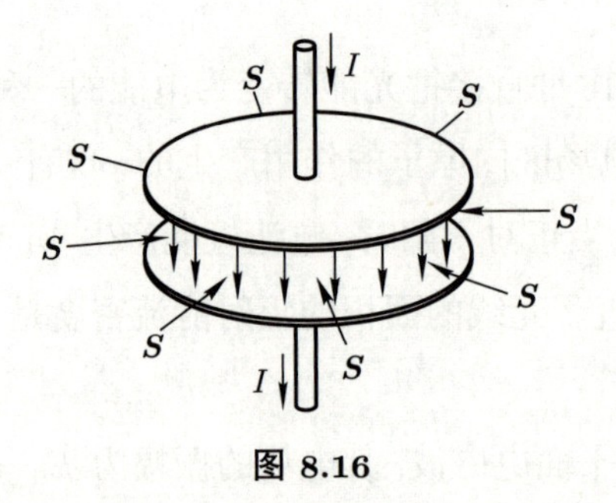

图 8.16

附录 A　矢量分析初步

电磁理论中涉及标量场和矢量场, 典型的标量场如静电势 $U(\boldsymbol{r})$ 或标势 $U(\boldsymbol{r},t)$, 典型的矢量场自然包含电场 $\boldsymbol{E}(\boldsymbol{r},t)$ 和磁场 $\boldsymbol{B}(\boldsymbol{r},t)$, 还包含磁矢势场 $\boldsymbol{A}(\boldsymbol{r},t)$、电位移场 $\boldsymbol{D}(\boldsymbol{r},t)$ 等. 微分方程对于理解和求解标量场与矢量场具有重要的意义, 而三维空间中典型的场对空间坐标的微分便是梯度 (gradient)、散度 (divergence) 和旋度 (curl). 本附录将会简要介绍关于梯度、散度和旋度的基本定理, 以及它们在不同正交曲线坐标中的表达式和一些微商运算法则.

A.1　梯度、散度和旋度

A.1.1　梯度及关于梯度的基本定理

标量场 $U=U(\boldsymbol{r})$ 的梯度 $\mathrm{grad}\,U$ 有两种等价的定义方式, 一种按照微分形式定义, 一种按照积分形式定义. 可以采用下式来定义梯度:

$$\mathrm{d}U=\mathrm{grad}\,U\cdot\mathrm{d}\boldsymbol{r}. \tag{A.1}$$

如果采用笛卡儿坐标, 即 $U=U(x,y,z)$, 则①

$$\mathrm{d}U=\partial_x U\mathrm{d}x+\partial_y U\mathrm{d}y+\partial_z U\mathrm{d}z. \tag{A.2}$$

考虑到对于任意 $\mathrm{d}\boldsymbol{r}=\mathrm{d}x\widehat{\boldsymbol{x}}+\mathrm{d}y\widehat{\boldsymbol{y}}+\mathrm{d}z\widehat{\boldsymbol{z}}$, (A.1) 和 (A.2) 式都是成立的, 必然有

$$\mathrm{grad}\,U=\nabla U=(\widehat{\boldsymbol{x}}\partial_x+\widehat{\boldsymbol{y}}\partial_y+\widehat{\boldsymbol{z}}\partial_z)U. \tag{A.3}$$

这里我们也定义了一个微商算符

$$\nabla=\widehat{\boldsymbol{x}}\partial_x+\widehat{\boldsymbol{y}}\partial_y+\widehat{\boldsymbol{z}}\partial_z. \tag{A.4}$$

这是一个矢量微商算符, 所以标量场的梯度 $\mathrm{grad}\,U=\nabla U$ 是一个矢量场, 它决定了标量场在各个方向上的变化率.

取线元 $\mathrm{d}\boldsymbol{l}=\mathrm{d}l\boldsymbol{\xi}$, 其中 $\boldsymbol{\xi}$ 为该线元的方向矢量, 则标量场 U 在该线元上的微分增量为

$$\mathrm{d}U|_{\mathrm{d}\boldsymbol{l}}=\nabla U\cdot\mathrm{d}\boldsymbol{l}=|\nabla U|\cdot\mathrm{d}l\cdot\cos\theta,$$

---

①此后对偏微商算符采用简记符号, 如 $\partial_x=\dfrac{\partial}{\partial x}$, 其余类同.

其中 θ 为 $\boldsymbol{\xi}$ 与标量场梯度之间的夹角. 我们可以定义 $\boldsymbol{\xi}$ 方向的标量场的变化率 ——方向导数:

$$\partial_{\boldsymbol{\xi}} U=\frac{\mathrm{d}U|_{\mathrm{d}\boldsymbol{l}}}{\mathrm{d}l}=|\nabla U|\cos\theta.$$

可以看出当 $\theta=0$ 时方向导数最大, 因此沿梯度方向标量场变化最快. 概括起来有: 标量场变化最快的方向便是梯度的方向, 而这个方向上标量场的变化率便是梯度.

例 A.1 求函数 $r=\sqrt{x^2+y^2+z^2}$ 的梯度.

解

$$\nabla r=\frac{x\widehat{\boldsymbol{x}}+y\widehat{\boldsymbol{y}}+z\widehat{\boldsymbol{z}}}{\sqrt{x^2+y^2+z^2}}=\frac{\boldsymbol{r}}{r}=\widehat{\boldsymbol{r}}.$$

例 A.2 对于 $r=\sqrt{x^2+y^2+z^2}$ 及任意函数 $f(r)$, 试证明

$$\nabla f(r)=f'(r)\widehat{\boldsymbol{r}},$$

进一步求 $\dfrac{1}{r}$ 的梯度.

解

$$\begin{aligned}\nabla f(r)&=\widehat{\boldsymbol{x}}\partial_x f(r)+\widehat{\boldsymbol{y}}\partial_y f(r)+\widehat{\boldsymbol{z}}\partial_z f(r)\\&=\widehat{\boldsymbol{x}}f'(r)\partial_x r+\widehat{\boldsymbol{y}}f'(r)\partial_y r+\widehat{\boldsymbol{z}}f'(r)\partial_z r\\&=f'(r)(\nabla r)=f'(r)\widehat{\boldsymbol{r}},\end{aligned}$$

相应地

$$\nabla\left(\frac{1}{r}\right)=\frac{\mathrm{d}}{\mathrm{d}r}\left(\frac{1}{r}\right)\widehat{\boldsymbol{r}}=-\frac{\widehat{\boldsymbol{r}}}{r^2}.$$

如图 A.1 所示, 按照梯度的定义, 路径积分

$$\int_{1,L}^{2}\operatorname{grad}U\cdot\mathrm{d}\boldsymbol{r}=U(\boldsymbol{r}_2)-U(\boldsymbol{r}_1)$$

其实是不依赖于路径的, 也就是说 L 可以是联结 1 和 2 的任意路径, 所以上式可以改

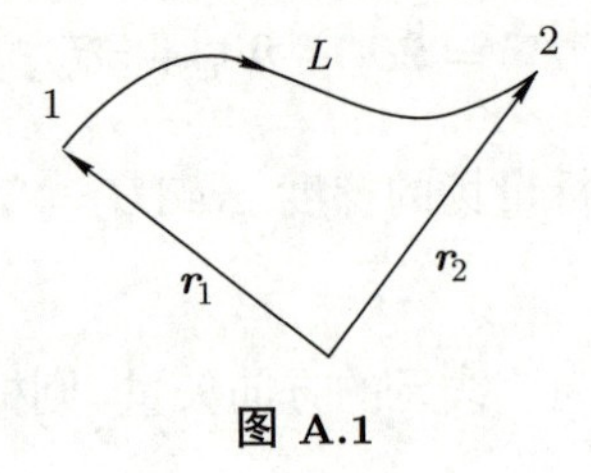

图 A.1

写为

$$\int_{r_1}^{r_2}\operatorname{grad}U\cdot\mathrm{d}\boldsymbol{r}=U(\boldsymbol{r}_2)-U(\boldsymbol{r}_1).\tag{A.5}$$

(A.5) 式与 (A.1) 式完全是等价的, 所以 (A.5) 式可以看作梯度的另一种定义方式. 如果考虑一维空间的标量场 $U = U(x)$, 则 (A.5) 式可化为

$$\int_{x_1}^{x_2} U'(x) \cdot \mathrm{d}x = U(x_2) - U(x_1). \tag{A.6}$$

这便是牛顿 – 莱布尼茨 (Leibniz) 公式.

(A.5) 式说明标量场的特殊形式的导函数 (梯度) 的路径积分不依赖于原函数在路径上的取值, 仅依赖于路径边界上标量场的数值, 这正是微积分基本定理的思想所在, 因此我们可以将 (A.5) 式称为 "曲线积分型" 的基本定理, 而作为特例的 (A.6) 式便为 "直线积分型" 的基本定理.

若矢量场 $\boldsymbol{F} = \boldsymbol{F}(\boldsymbol{r})$ 对于任意环路 L 的闭合路径积分 (即环量) 为零, 即

$$\oint_L \boldsymbol{F}(\boldsymbol{r}) \cdot \mathrm{d}\boldsymbol{r} = 0, \quad \forall L, \tag{A.7}$$

则 $\boldsymbol{F}$ 的任意非闭合路径积分仅依赖于初末位置, 因此可以定义不定积分

$$\varPhi(\boldsymbol{r}) = \int_{\boldsymbol{r}_0}^{\boldsymbol{r}} \boldsymbol{F}(\boldsymbol{r}) \cdot \mathrm{d}\boldsymbol{r}, \tag{A.8}$$

其中 $\boldsymbol{r}_0$ 为待定常量. $\varPhi$ 称作矢量场 $\boldsymbol{F}$ 的势函数 (简称 "势"), 相应地 $\boldsymbol{F}$ 称为有势场. 对 (A.8) 式两边取微分, 便可得

$$\boldsymbol{F}(\boldsymbol{r}) = \nabla\varPhi(\boldsymbol{r}), \tag{A.9}$$

即有势场可以写作势函数的梯度.

A.1.2 散度及关于散度的基本定理

借助于 ∇ 算符, 矢量场 $\boldsymbol{v} = \boldsymbol{v}(\boldsymbol{r})$ 的散度可以定义为

$$\operatorname{div} \boldsymbol{v} = \nabla \cdot \boldsymbol{v}. \tag{A.10}$$

笛卡儿坐标下,

$$\operatorname{div} \boldsymbol{v} = (\widehat{\boldsymbol{x}}\partial_x + \widehat{\boldsymbol{y}}\partial_y + \widehat{\boldsymbol{z}}\partial_z) \cdot (v_x\widehat{\boldsymbol{x}} + v_y\widehat{\boldsymbol{y}} + v_z\widehat{\boldsymbol{z}}) = \partial_x v_x + \partial_y v_y + \partial_z v_z.$$

显然, 矢量场的散度是一个标量场.

顾名思义, 矢量场的散度是对其场线发散或散出程度的一种度量. 图 A.2(a) 对应于矢量场 $\boldsymbol{v}_a = x\widehat{\boldsymbol{x}} + y\widehat{\boldsymbol{y}} + z\widehat{\boldsymbol{z}} = \boldsymbol{r}$ 的场线 (箭头长度表示矢量场的大小), 它明显有向外发散的趋势, 其散度

$$\nabla \cdot \boldsymbol{v}_a = \partial_x x + \partial_y y + \partial_z z = 3.$$

如果场线向内汇聚, 则可预期散度为负. 图 A.2(b) 对应于矢量场 $\boldsymbol{v}_b=-y\widehat{\boldsymbol{x}}+x\widehat{\boldsymbol{y}}$ 的场线, 它有环绕 z 轴涡旋的趋势, 但没有向外发散的趋势, 其散度

$$\nabla\cdot\boldsymbol{v}_b=\partial_x(-y)+\partial_y x=0.$$

散度不为零 (不需要处处不为零) 的场称为有源场, 如 $\boldsymbol{v}_a$. 散度处处为零的场称为无源场, 如 $\boldsymbol{v}_b$.

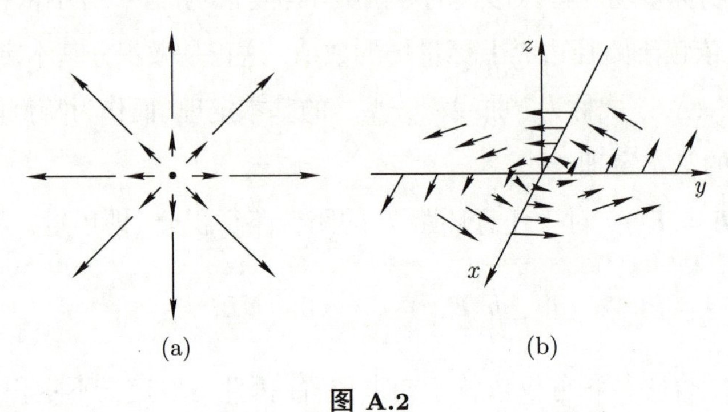

图 A.2

关于散度的基本定理也称为高斯公式, 其形式为

$$\iiint_V \operatorname{div}\boldsymbol{v}\mathrm{d}V=\oiint_S \boldsymbol{v}\cdot\mathrm{d}\boldsymbol{S},\tag{A.11}$$

其中闭合曲面 S 为区域 V 的边界面. (A.11) 式表明矢量场的一种特殊形式导函数 (散度) 的体积分不依赖于原函数在区域内的取值, 仅依赖于矢量场在边界上的取值, 因此 (A.11) 式可以看作 "体积分型" 的基本定理.

按照 (A.11) 式, 散度的另一种定义方式便是

$$\operatorname{div}\boldsymbol{v}=\lim_{\Delta V\to 0}\frac{\oiint_{\Delta S}\boldsymbol{v}\cdot\mathrm{d}\boldsymbol{S}}{\Delta V}=\frac{\mathrm{d}\varPhi}{\mathrm{d}V}.\tag{A.12}$$

也就是说散度可以定义为矢量场闭合曲面通量[②] $\varPhi$ 的体密度. 闭合曲面通量具有体密度说明它具有 "体相加性". 这里 "体相加性" 是指如果将一个大区域分割成若干小区域, 则矢量场 $\boldsymbol{v}$ 对大区域边界的闭合曲面通量等于各个小区域边界的闭合曲面通量之和. 如图 A.3 所示, 将区域 V 用内部分界面 $S_{\text{内}}$ 分割为两个区域 V_1 和 V_2. 分别计算两个分区矢量场 $\boldsymbol{v}$ 的闭合曲面通量 $\varPhi_1$ 和 $\varPhi_2$ 再对它们求和, 可以发现 $S_{\text{内}}$ 上的通量贡献是相互抵消的, 这是因为计算 $\varPhi_1$ 时 $S_{\text{内}}$ 上的面元法向指向 2, 而计算 $\varPhi_2$ 时 $S_{\text{内}}$ 上的面元法向指向 1, 故通量相互抵消 (只要矢量场的法向分量是连续的). $\varPhi_1$ 和 $\varPhi_2$ 求和中没被抵消的部分恰好是区域 V 边界面上的通量, 即 $\varPhi_V=\varPhi_1+\varPhi_2$.

② 矢量场 $\boldsymbol{v}$ 的面积分 $\iint_S \boldsymbol{v}\cdot\mathrm{d}\boldsymbol{S}$ 称为矢量场 $\boldsymbol{v}$ 在曲面 S 上的通量, 流速场的通量具有体积流量的含义.

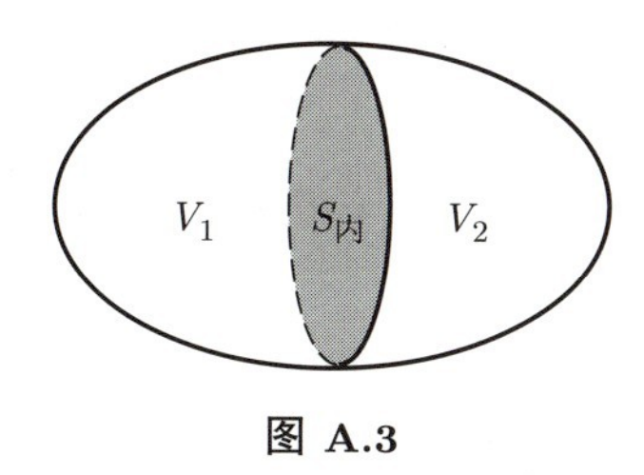

图 A.3

明确了通量具有体相加性, 则对 (A.11) 式的证明便等价于对 (A.12) 式的证明. 这是因为可以改写 (A.12) 式为

$$(\mathrm{div}\,\boldsymbol{v})\mathrm{d}V = \mathrm{d}\Phi.$$

对上式左边求和便是 (A.11) 式左边的体积分, 而根据闭合曲面通量的体相加性, 上式右边的对应求和便是 (A.11) 式右边的通量积分.

如图 A.4 所示, 为了证明 (A.12) 式, 我们取笛卡儿坐标框架下点 $A(x, y, z)$ 与点 $B(x + \mathrm{d}x, y + \mathrm{d}y, z + \mathrm{d}z)$ 之间的立方格区域, 其体元为

$$\mathrm{d}V = \mathrm{d}x\mathrm{d}y\mathrm{d}z.$$

为了计算其边界的闭合曲面通量, 我们将边界面分为三组: 法向分别沿 $\hat{\boldsymbol{x}}$ 和 $-\hat{\boldsymbol{x}}$ 的两

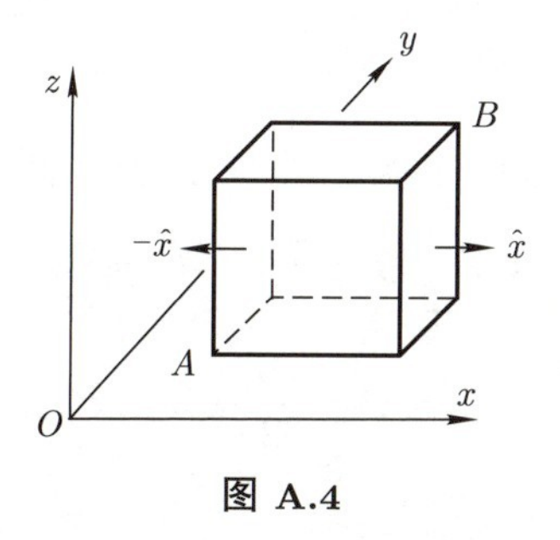

图 A.4

个面元为一组, 它们贡献的通量记为 $\mathrm{d}\Phi_x$; 法向分别沿 $\hat{\boldsymbol{y}}$ 和 $-\hat{\boldsymbol{y}}$ 的两个面元为一组, 它们贡献的通量记为 $\mathrm{d}\Phi_y$; 法向分别沿 $\hat{\boldsymbol{z}}$ 和 $-\hat{\boldsymbol{z}}$ 的两个面元为一组, 它们贡献的通量记为 $\mathrm{d}\Phi_z$. 对于矢量场 $\boldsymbol{v}$, 法向沿 $\hat{\boldsymbol{x}}$ 的面元位于 $x + \mathrm{d}x$ 处, 而法向沿 $-\hat{\boldsymbol{x}}$ 的面元位于 x 处, 两面元大小同为 $\mathrm{d}y\mathrm{d}z$, 故有③

$$\mathrm{d}\Phi_x = (v_x|_{x+\mathrm{d}x} - v_x|_x)\mathrm{d}y\mathrm{d}z = \partial_x v_x \mathrm{d}x\mathrm{d}y\mathrm{d}z.$$

类似地,

$$\mathrm{d}\Phi_y = \partial_y v_y \mathrm{d}x\mathrm{d}y\mathrm{d}z, \quad \mathrm{d}\Phi_z = \partial_z v_z \mathrm{d}x\mathrm{d}y\mathrm{d}z.$$

③下式中两个面元上 v_x 对 y, z 坐标依赖的差异并没有考虑, 这种差异带来的是更高阶微分的效果, 因此不会贡献到通量体密度的结果中.

因此通量体密度为

$$\frac{\mathrm{d}\Phi}{\mathrm{d}V} = \frac{\mathrm{d}\Phi_x + \mathrm{d}\Phi_y + \mathrm{d}\Phi_z}{\mathrm{d}x\mathrm{d}y\mathrm{d}z} = \partial_x v_x + \partial_y v_y + \partial_z v_z = \mathrm{div}\,\boldsymbol{v}.$$

这便证明了 (A.12) 式.

A.1.3 旋度及关于旋度的基本定理

借助于 ∇ 算符, 矢量场 $\boldsymbol{v} = \boldsymbol{v}(\boldsymbol{r})$ 的旋度可以定义为

$$\mathrm{curl}\,\boldsymbol{v} = \nabla \times \boldsymbol{v}. \tag{A.13}$$

笛卡儿坐标下

$$\mathrm{curl}\,\boldsymbol{v} = \begin{vmatrix} \widehat{\boldsymbol{x}} & \partial_x & v_x \\ \widehat{\boldsymbol{y}} & \partial_y & v_y \\ \widehat{\boldsymbol{z}} & \partial_z & v_z \end{vmatrix} = (\partial_y v_z - \partial_z v_y)\widehat{\boldsymbol{x}} + (\partial_z v_x - \partial_x v_z)\widehat{\boldsymbol{y}} + (\partial_x v_y - \partial_y v_x)\widehat{\boldsymbol{z}}.$$

显然, 矢量场的旋度也是一个矢量场.

几何上, 矢量场的旋度代表着矢量场线涡旋的程度, 旋度的方向代表着涡旋的轴向. 例如图 A.2(b) 对应于矢量场 $\boldsymbol{v}_b = -y\widehat{\boldsymbol{x}} + x\widehat{\boldsymbol{y}}$, 其旋度为

$$\nabla \times \boldsymbol{v}_b = [\partial_x(x) - \partial_y(-y)]\widehat{\boldsymbol{z}} = 2\widehat{\boldsymbol{z}}.$$

旋度不为零, 表明 A.2(b) 中场线是涡旋线, $\widehat{\boldsymbol{z}}$ 的方向便是其涡旋的轴线. 再如匀强磁场 $\boldsymbol{B} = B\widehat{\boldsymbol{z}}$ 对应的矢势场为 $\boldsymbol{A} = \frac{1}{2}\boldsymbol{B} \times \boldsymbol{r} = \frac{B}{2}(-y\widehat{\boldsymbol{x}} + x\widehat{\boldsymbol{y}})$, 因此其旋度为

$$\nabla \times \boldsymbol{A} = \frac{B}{2} \cdot 2\widehat{\boldsymbol{z}} = \boldsymbol{B}.$$

而根据 A.1.2 小节的结果, 如上矢势场满足库仑规范④条件 $\nabla \cdot \boldsymbol{A} = 0$. 至于说图 A.2(a) 对应的矢量场 $\boldsymbol{v}_a = x\widehat{\boldsymbol{x}} + y\widehat{\boldsymbol{y}} + z\widehat{\boldsymbol{z}} = \boldsymbol{r}$, 其旋度为零, 即

$$\nabla \times \boldsymbol{r} = \begin{vmatrix} \widehat{\boldsymbol{x}} & \partial_x & x \\ \widehat{\boldsymbol{y}} & \partial_y & y \\ \widehat{\boldsymbol{z}} & \partial_z & z \end{vmatrix} = 0.$$

旋度不为零 (不需要处处不为零) 的场称为有旋场, 如 $\boldsymbol{v}_b$. 旋度处处为零的场称为无旋场, 如 $\boldsymbol{v}_a$.

关于旋度的基本定理也被称为斯托克斯公式, 其形式为

$$\iint_S \mathrm{curl}\,\boldsymbol{v} \cdot \mathrm{d}\boldsymbol{S} = \oint_L \boldsymbol{v} \cdot \mathrm{d}\boldsymbol{l}, \tag{A.14}$$

④关于库仑规范, 参见 4.4.2 小节内容.

其中闭合有向曲线 L 为曲面 S 的边界线, 其绕向与曲面 S 面元法向满足右手螺旋法则. (A.14) 式表明, 矢量场的一种特殊形式导函数 (旋度) 的面积分不依赖于原函数在区域内的取值, 仅依赖于矢量场在边界上的取值, 因此 (A.14) 可以被看作 “曲面积分型” 的基本定理.

按照 (A.14) 式, 旋度 (分量) 的另一种定义方式便是

$$(\mathrm{curl}\,\boldsymbol{v})\cdot\boldsymbol{n}=\lim_{\Delta S\to 0}\frac{\displaystyle\oint_{\Delta L}\boldsymbol{v}\cdot\mathrm{d}\boldsymbol{l}}{\Delta S}=\frac{\mathrm{d}\Gamma}{\mathrm{d}S},\tag{A.15}$$

其中 $\boldsymbol{n}$ 为面元 ΔS 的法矢量, 而 ΔL 为该面元的边界线, Γ 代表环量, 也就是说旋度 (分量) 可以定义为矢量场环量的面密度. 环量具有面密度说明它具有 “面相加性”. 这里 “面相加性” 是指如果将一个大曲面分割成若干小曲面, 则矢量场 $\boldsymbol{v}$ 对大曲面边界的环量等于各个小曲面边界的环量求和. 如图 A.5 所示, 将边界为 L 的曲面 S 用内部分界线 $L_{内}$ 分割为两个小曲面 S_1 和 S_2. 分别计算两个小曲面边界上矢量场 $\boldsymbol{v}$ 的环量 Γ_1 和 Γ_2 再对它们求和, 可以发现 $L_{内}$ 上的路径积分贡献是相互抵消的, 这是因为计算 Γ_1 和 Γ_2 时 $L_{内}$ 上的路径方向恰好相反, 故矢量场路径积分在其上相互抵消 (只要矢量场的切向分量是连续的). 求和中没被抵消的部分恰好是边界 L 上的环量, 即 $\Gamma_L=\Gamma_1+\Gamma_2$.

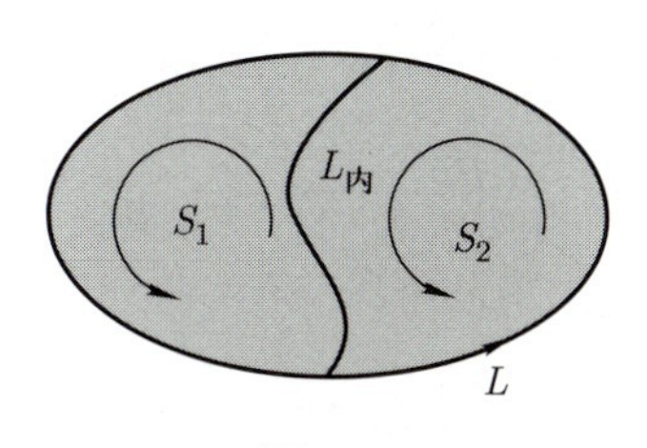

图 A.5

明确了环量具有面相加性, 则对 (A.14) 式的证明便等价于对 (A.15) 式的证明. 这是因为可以改写 (A.15) 式为

$$(\mathrm{curl}\,\boldsymbol{v})\cdot\mathrm{d}S\boldsymbol{n}=\mathrm{d}\Gamma.$$

对上式左边求和便是 (A.14) 式左边的面积分, 而根据环量的面相加性, 上式右边的对应求和便是 (A.14) 式右边的环量积分.

如图 A.6 所示, 为了证明 (A.15) 式, 我们取笛卡儿坐标框架下点 $A(x,y)$ 与点 $B(x+\mathrm{d}x,y+\mathrm{d}y)$ 之间的长方平面面元

$$\mathrm{d}\boldsymbol{S}=\mathrm{d}x\mathrm{d}y\boldsymbol{n}=\mathrm{d}x\mathrm{d}y\widehat{\boldsymbol{z}}.$$

为了计算环量, 我们把边界线分为两组: 方向分别沿 $\hat{\boldsymbol{x}}$ 和 $-\hat{\boldsymbol{x}}$ 的两个线元为一组, 它们贡献的矢量场路径积分记为 $\mathrm{d}\Gamma_x$; 方向分别沿 $\hat{\boldsymbol{y}}$ 和 $-\hat{\boldsymbol{y}}$ 的两个线元为一组, 它们贡献的矢量场路径积分记为 $\mathrm{d}\Gamma_y$. 对于矢量场 $\boldsymbol{v}$, 方向沿 $\hat{\boldsymbol{x}}$ 的线元位于 y 处, 而方向沿 $-\hat{\boldsymbol{x}}$ 的线元位于 $y+\mathrm{d}y$ 处, 两线元长度同为 $\mathrm{d}x$, 故有⑤

$$\mathrm{d}\Gamma_x = (v_x|_y - v_x|_{y+\mathrm{d}y})\mathrm{d}x = -\partial_y v_x \mathrm{d}x\mathrm{d}y.$$

类似地,

$$\mathrm{d}\Gamma_y = (v_y|_{x+\mathrm{d}x} - v_y|_{x+\mathrm{d}x})\mathrm{d}y = \partial_x v_y \mathrm{d}x\mathrm{d}y.$$

面元边界总的环量记为 $\mathrm{d}\Gamma_{\hat{\boldsymbol{z}}}$, 则

$$\mathrm{d}\Gamma_{\hat{\boldsymbol{z}}} = \mathrm{d}\Gamma_x + \mathrm{d}\Gamma_y = (\partial_x v_y - \partial_y v_x)\mathrm{d}x\mathrm{d}y.$$

因此

$$\frac{\mathrm{d}\Gamma_{\hat{\boldsymbol{z}}}}{\mathrm{d}x\mathrm{d}y} = \partial_x v_y - \partial_y v_x = (\nabla \times \boldsymbol{v})_z.$$

对于一般性的面元 $\mathrm{d}\boldsymbol{S} = \mathrm{d}S\boldsymbol{n}$, 上式便为

$$\frac{\mathrm{d}\Gamma_{\boldsymbol{n}}}{\mathrm{d}S} = (\nabla \times \boldsymbol{v}) \cdot \boldsymbol{n}.$$

这便证明了 (A.15) 式.

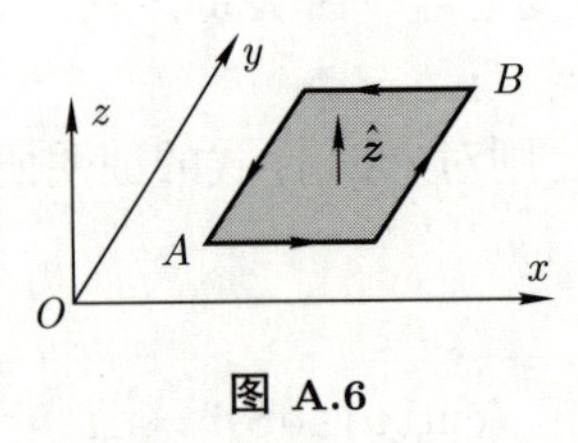

图 A.6

对于有势场 $\boldsymbol{F} = \boldsymbol{F}(\boldsymbol{r})$, 因为其任意闭合曲线路径的环量均为零 [见 (A.7) 式], 根据斯托克斯公式, 其旋度 $\nabla \times \boldsymbol{F}$ 处处为零, 故有势场必为无旋场, 反之亦然.

⑤下式中两个线元上 v_x 对 x 坐标依赖的差异并没有被考虑, 这种差异带来的是更高阶微分的效果, 因此不会贡献到环量面密度的结果中.

A.2 关于 ∇ 算符的一些计算规则及公式

A.2.1 ∇ 算符的 “乘积求导法则”

矢量微商算符 ∇ 为线性微商算符, 它满足的一些 “乘积求导法则” 如下:

$$\nabla(\varphi\phi) = (\nabla\varphi)\phi + \phi(\nabla\phi), \tag{A.16}$$

$$\nabla\cdot(\varphi\boldsymbol{A}) = (\nabla\varphi)\cdot\boldsymbol{A} + \varphi(\nabla\cdot\boldsymbol{A}), \tag{A.17}$$

$$\nabla\times(\varphi\boldsymbol{A}) = (\nabla\varphi)\times\boldsymbol{A} + \varphi(\nabla\times\boldsymbol{A}), \tag{A.18}$$

$$\nabla(\boldsymbol{A}\cdot\boldsymbol{B}) = (\boldsymbol{A}\cdot\nabla)\boldsymbol{B} + \boldsymbol{A}\times(\nabla\times\boldsymbol{B}) + (\boldsymbol{B}\cdot\nabla)\boldsymbol{A} + \boldsymbol{B}\times(\nabla\times\boldsymbol{A}), \tag{A.19}$$

$$\nabla\cdot(\boldsymbol{A}\times\boldsymbol{B}) = \boldsymbol{B}\cdot(\nabla\times\boldsymbol{A}) - \boldsymbol{A}\cdot(\nabla\times\boldsymbol{B}), \tag{A.20}$$

$$\nabla\times(\boldsymbol{A}\times\boldsymbol{B}) = \boldsymbol{A}(\nabla\cdot\boldsymbol{B}) - (\boldsymbol{A}\cdot\nabla)\boldsymbol{B} - \boldsymbol{B}(\nabla\cdot\boldsymbol{A}) + (\boldsymbol{B}\cdot\nabla)\boldsymbol{A}. \tag{A.21}$$

如上法则可以采用笛卡儿坐标分量式加以证明. 例如对于 (A.17) 式左侧, 有

$$\begin{aligned}\nabla\cdot(\varphi\boldsymbol{A}) &= \partial_x(\varphi A_x) + \partial_y(\varphi A_y) + \partial_z(\varphi A_z)\\ &= [(\partial_x\varphi)A_x + (\partial_y\varphi)A_y + (\partial_z\varphi)A_z] + \varphi(\partial_x A_x + \partial_y A_y + \partial_z A_z)\\ &= (\nabla\varphi)\cdot\boldsymbol{A} + \varphi(\nabla\cdot\boldsymbol{A}).\end{aligned}$$

(A.16) ~ (A.21) 式是矢量代数和线性微商法则共同作用的结果, 原则上可以采用如下方式加以记忆. 例如对于 (A.19) 式左侧, 根据线性微商法则可以记为

$$\nabla(\boldsymbol{A}\cdot\boldsymbol{B}) = \nabla(\boldsymbol{A}_{\rm c}\cdot\boldsymbol{B}) + \nabla(\boldsymbol{A}\cdot\boldsymbol{B}_{\rm c}),$$

其中含 $\boldsymbol{A}_{\rm c}$ 的项代表求导仅作用于 $\boldsymbol{B}$ 场上的项, 含 $\boldsymbol{B}_{\rm c}$ 的项代表求导仅作用于 $\boldsymbol{A}$ 场上的项. 根据矢量代数法则, 对于任意矢量 $\boldsymbol{D}$,

$$\boldsymbol{D}(\boldsymbol{A}\cdot\boldsymbol{B}) = (\boldsymbol{A}\cdot\boldsymbol{D})\boldsymbol{B} + \boldsymbol{A}\times(\boldsymbol{D}\times\boldsymbol{B}).$$

替换 $\boldsymbol{D}\to\nabla$, 并注意求导的顺序, 则可有替换法则[6]

$$\nabla(\boldsymbol{A}_{\rm c}\cdot\boldsymbol{B}) \to (\boldsymbol{A}\cdot\nabla)\boldsymbol{B} + \boldsymbol{A}\times(\nabla\times\boldsymbol{B}).$$

因为 $\nabla(\boldsymbol{A}\cdot\boldsymbol{B})$ 关于 $\boldsymbol{A}$ 和 $\boldsymbol{B}$ 交换对称, 故相应有替换规则

$$\nabla(\boldsymbol{A}\cdot\boldsymbol{B}_{\rm c}) \to (\boldsymbol{B}\cdot\nabla)\boldsymbol{A} + \boldsymbol{B}\times(\nabla\times\boldsymbol{A}).$$

[6] 对于普通的矢量 $\boldsymbol{D}$, 虽然 $(\boldsymbol{A}\cdot\boldsymbol{D})\boldsymbol{B} = \boldsymbol{B}(\boldsymbol{A}\cdot\boldsymbol{D})$, 但不能将 $(\boldsymbol{A}\cdot\boldsymbol{D})\boldsymbol{B}$ 替换为 $\boldsymbol{B}(\boldsymbol{A}\cdot\nabla)$, 否则便破坏了微商运算法则.

完成如上替换, 便可以给出 (A.19) 式.

再如, 对于 (A.21) 式, 可以先将左侧改记为

$$\nabla\times(\boldsymbol{A}\times\boldsymbol{B})=\nabla\times(\boldsymbol{A}_{\mathrm{c}}\times\boldsymbol{B})+\nabla\times(\boldsymbol{A}\times\boldsymbol{B}_{\mathrm{c}}).$$

按照矢量恒等式

$$\boldsymbol{D}\times(\boldsymbol{A}\times\boldsymbol{B})=\boldsymbol{A}(\boldsymbol{D}\cdot\boldsymbol{B})-(\boldsymbol{A}\cdot\boldsymbol{D})\boldsymbol{B},$$

可得替换法则

$$\nabla\times(\boldsymbol{A}_{\mathrm{c}}\times\boldsymbol{B})\to\boldsymbol{A}(\nabla\cdot\boldsymbol{B})-(\boldsymbol{A}\cdot\nabla)\boldsymbol{B}.$$

因为 $\nabla\times(\boldsymbol{A}\times\boldsymbol{B})$ 关于 $\boldsymbol{A}$ 和 $\boldsymbol{B}$ 交换反对称, 故相应有替换规则

$$\nabla\times(\boldsymbol{A}\times\boldsymbol{B}_{\mathrm{c}})\to-\boldsymbol{B}(\nabla\cdot\boldsymbol{A})+(\boldsymbol{B}\cdot\nabla)\boldsymbol{A}.$$

完成如上替换, 便可以给出 (A.21) 式.

例 A.3　广义高斯公式. 对于标量场 $U=U(\boldsymbol{r})$ 和矢量场 $\boldsymbol{v}=\boldsymbol{v}(\boldsymbol{r})$, 试证明如下公式:

$$\oiint_S U\mathrm{d}\boldsymbol{S}=\iiint_V \mathrm{d}V(\nabla U), \tag{A.22}$$

$$\oiint_S \mathrm{d}\boldsymbol{S}\times\boldsymbol{v}=\iiint_V \mathrm{d}V(\nabla\times\boldsymbol{v}). \tag{A.23}$$

解　取任意常矢量 $\boldsymbol{C}$, 则

$$\boldsymbol{C}\cdot\oiint_S U\mathrm{d}\boldsymbol{S}=\oiint_S(U\boldsymbol{C})\cdot\mathrm{d}\boldsymbol{S}=\iiint_V \mathrm{d}V[\nabla\cdot(U\boldsymbol{C})].$$

因为 $\boldsymbol{C}$ 不受求导, 利用 (A.17) 式得

$$\nabla\cdot(U\boldsymbol{C})=\boldsymbol{C}\cdot\nabla U,$$

因此

$$\boldsymbol{C}\cdot\oiint_S U\mathrm{d}\boldsymbol{S}=\iiint_V \mathrm{d}V(\boldsymbol{C}\cdot\nabla U)=\boldsymbol{C}\cdot\iiint_V \mathrm{d}V(\nabla U).$$

又因为 $\boldsymbol{C}$ 是任意的, 故 (A.22) 式成立. 类似地

$$\boldsymbol{C}\cdot\oiint_S \mathrm{d}\boldsymbol{S}\times\boldsymbol{v}=\oiint_S(\boldsymbol{v}\times\boldsymbol{C})\cdot\mathrm{d}\boldsymbol{S}=\iiint_V \mathrm{d}V[\nabla\cdot(\boldsymbol{v}\times\boldsymbol{C})].$$

因为 $\boldsymbol{C}$ 不受求导, 利用 (A.20) 式得

$$\nabla\cdot(\boldsymbol{v}\times\boldsymbol{C})=\boldsymbol{C}\cdot(\nabla\times\boldsymbol{v}).$$

因此

$$C\cdot\oiint_S \mathrm{d}\boldsymbol{S}\times\boldsymbol{v}=\iiint_V \mathrm{d}V[\boldsymbol{C}\cdot(\nabla\times\boldsymbol{v})]=\boldsymbol{C}\cdot\iiint_V \mathrm{d}V(\nabla\times\boldsymbol{v}).$$

又因为 $\boldsymbol{C}$ 是任意的, 故 (A.23) 式成立.

(A.22), (A.23) 式及高斯公式 (A.11) 可以看作如下广义高斯公式的特例:

$$\oiint_S \mathrm{d}\boldsymbol{S}\leftrightarrow\iiint_V \mathrm{d}V\nabla. \tag{A.24}$$

作为公式 (A.22) 应用的特例, 闭合曲面 S 的矢量面元求和

$$\oiint_S \mathrm{d}\boldsymbol{S}=\iiint_V \mathrm{d}V(\nabla 1)=0.$$

这便是 4.6.2 小节中的 (4.78) 式.

A.2.2 ∇ 算符相关的二阶微商运算法则

对于任意的标量场 $U=U(\boldsymbol{r})$, 其梯度的旋度为零, 即

$$\nabla\times\nabla U=\begin{vmatrix}\widehat{\boldsymbol{x}} & \partial_x & \partial_x U\\ \widehat{\boldsymbol{y}} & \partial_y & \partial_y U\\ \widehat{\boldsymbol{z}} & \partial_z & \partial_z U\end{vmatrix}=0. \tag{A.25}$$

这从另一方面说明了有势场 $\boldsymbol{F}=\nabla U$ 是无旋的. 对于任意的矢量场 $\boldsymbol{v}=\boldsymbol{v}(\boldsymbol{r})$, 其旋度的散度为零, 即

$$\nabla\cdot(\nabla\times\boldsymbol{v})=\begin{vmatrix}\partial_x & \partial_x & v_x\\ \partial_y & \partial_y & v_y\\ \partial_z & \partial_z & v_z\end{vmatrix}=0. \tag{A.26}$$

与 ∇ 算符相关的另一个重要的二阶微商公式为

$$\nabla\times(\nabla\times\boldsymbol{v})=\nabla(\nabla\cdot\boldsymbol{v})-\nabla^2\boldsymbol{v}, \tag{A.27}$$

其中

$$\nabla^2=\nabla\cdot\nabla \tag{A.28}$$

称为拉普拉斯算符. 在笛卡儿坐标下,

$$\nabla^2=\partial_x^2+\partial_y^2+\partial_z^2. \tag{A.29}$$

A.3 曲线坐标系

常见的曲线坐标系包含球坐标与柱坐标.

A.3.1 球坐标

球坐标是平面极坐标的一种三维空间的推广. 如图 A.7 所示, 以 z 轴为极轴 (北极方向), 则 P 点位矢 $\boldsymbol{r}$ 与 z 轴夹角 $\theta \in [0, \pi]$ 为余纬度, 以平面 Oxz 为本初子午面, 则 P 点所在经线的经度 $\varphi \in [0, 2\pi)$. (r, θ, φ) 便是 P 点的球坐标, 它们与直角坐标的变换关系为

$$\begin{cases} x = r\sin\theta\cos\varphi, \\ y = r\sin\theta\sin\varphi, \\ z = r\cos\theta. \end{cases} \tag{A.30}$$

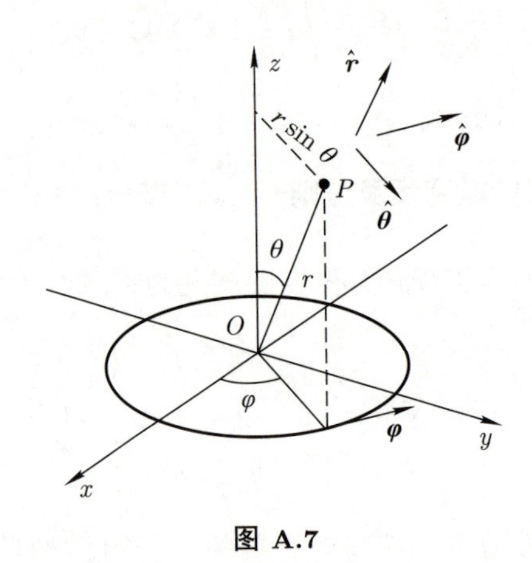

图 A.7

r 的坐标面 (等 r 面) 为球面, 其法矢量为图中 $\hat{\boldsymbol{r}}$; θ 的坐标面 (等 θ 面) 为圆锥面, 其法矢量为图中 $\widehat{\boldsymbol{\theta}}$ (也是经线大圆的切向); φ 的坐标面 (等 φ 面) 为经线大圆所在平面, 其法矢量为图中 $\widehat{\boldsymbol{\varphi}}$ (也是纬线小圆的切向). 这些方向矢量与直角坐标方向矢量之间的关系为

$$\begin{cases} \hat{\boldsymbol{r}} = \sin\theta\cos\varphi\hat{\boldsymbol{x}} + \sin\theta\sin\varphi\hat{\boldsymbol{y}} + \cos\theta\hat{\boldsymbol{z}}, \\ \widehat{\boldsymbol{\theta}} = \cos\theta\cos\varphi\hat{\boldsymbol{x}} + \cos\theta\sin\varphi\hat{\boldsymbol{y}} - \sin\theta\hat{\boldsymbol{z}}, \\ \widehat{\boldsymbol{\varphi}} = -\sin\varphi\hat{\boldsymbol{x}} + \cos\varphi\hat{\boldsymbol{y}}. \end{cases} \tag{A.31}$$

对 $\boldsymbol{r} = r\hat{\boldsymbol{r}}$ 取微分, 便得线元 $\mathrm{d}\boldsymbol{r}$ 在球坐标下的分解式

$$\mathrm{d}\boldsymbol{r} = \mathrm{d}r\hat{\boldsymbol{r}} + r\mathrm{d}\theta\widehat{\boldsymbol{\theta}} + r\sin\theta\mathrm{d}\varphi\widehat{\boldsymbol{\varphi}}. \tag{A.32}$$

如图 A.8 所示, 沿径向 $\hat{\boldsymbol{r}}$ 方向行进, 位移投影值为 $\mathrm{d}r$; 沿角向 $\widehat{\boldsymbol{\theta}}$ 方向行进, 位移投影值为经线大圆的弧长 $r\mathrm{d}\theta$; 沿角向 $\widehat{\boldsymbol{\varphi}}$ 方向行进, 位移投影值为纬线小圆 (半径 $r\sin\theta$) 的弧长 $r\sin\theta\mathrm{d}\varphi$. 综合以上三种独立位移, 便可以得到 (A.32) 式.

如图 A.8 所示, 点 (r, θ, φ) 和点 $(r+\mathrm{d}r, \theta+\mathrm{d}\theta, \varphi+\mathrm{d}\varphi)$ 之间球坐标立方格体元为

$$\mathrm{d}V = \mathrm{d}r \cdot r\mathrm{d}\theta \cdot r\sin\theta\mathrm{d}\varphi = r^2\mathrm{d}r\sin\theta\mathrm{d}\theta\mathrm{d}\varphi, \tag{A.33}$$

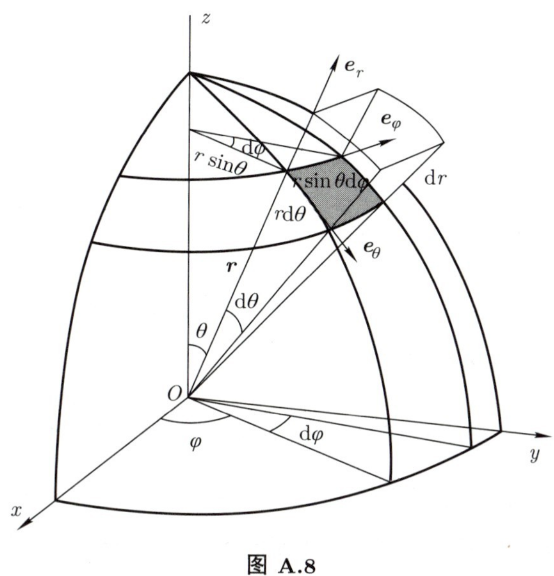

图 A.8

其边界面上的典型面元为

$$\begin{cases} \mathrm{d}\boldsymbol{S}_r = r^2 \sin\theta \mathrm{d}\theta \mathrm{d}\varphi \widehat{\boldsymbol{r}}, \\ \mathrm{d}\boldsymbol{S}_\theta = r\sin\theta \mathrm{d}r \mathrm{d}\varphi \widehat{\boldsymbol{\theta}}, \\ \mathrm{d}\boldsymbol{S}_\varphi = r\mathrm{d}r\mathrm{d}\theta \widehat{\boldsymbol{\varphi}}, \end{cases} \tag{A.34}$$

其中 $\mathrm{d}\boldsymbol{S}_r$ 为球面面元, 故图中角锥对应的立体角元为

$$\mathrm{d}\Omega = \frac{\mathrm{d}\boldsymbol{S}_r \cdot \widehat{\boldsymbol{r}}}{r^2} = \sin\theta \mathrm{d}\theta \mathrm{d}\varphi. \tag{A.35}$$

全空间立体角为

$$\Omega_{\mathrm{tot}} = \int_0^{\pi} \sin\theta \mathrm{d}\theta \int_0^{2\pi} \mathrm{d}\varphi = 4\pi. \tag{A.36}$$

利用体元公式 (A.33), 可得半径为 R 的球体体积为

$$V = \Omega_{\mathrm{tot}} \cdot \int_0^R r^2 \mathrm{d}r = \frac{4}{3}\pi R^3.$$

对于标量场 $U = U(r, \theta, \varphi)$, 有

$$\mathrm{d}U = \partial_r U \mathrm{d}r + \partial_\theta U \mathrm{d}\theta + \partial_\varphi U \mathrm{d}\varphi = \mathrm{grad}\, U \cdot \mathrm{d}\boldsymbol{r}.$$

代入 (A.32) 式, 得

$$\mathrm{grad}\, U \cdot \mathrm{d}\boldsymbol{r} = (\mathrm{grad}\, U)_r \mathrm{d}r + (\mathrm{grad}\, U)_\theta r\mathrm{d}\theta + (\mathrm{grad}\, U)_\varphi r\sin\theta \mathrm{d}\varphi.$$

对比如上两式得

$$\mathrm{grad}\, U = \nabla U = \widehat{\boldsymbol{r}}\partial_r U + \widehat{\boldsymbol{\theta}}\frac{1}{r}\partial_\theta U + \widehat{\boldsymbol{\varphi}}\frac{1}{r\sin\theta}\partial_\varphi U. \tag{A.37}$$

这相当于在球坐标中重新定义了矢量微商算符

$$\nabla = \widehat{\boldsymbol{r}}\partial_r + \widehat{\boldsymbol{\theta}}\frac{1}{r}\partial_\theta + \widehat{\boldsymbol{\varphi}}\frac{1}{r\sin\theta}\partial_\varphi. \tag{A.38}$$

可以利用 (A.38) 式所定义的矢量微商算符得到球坐标下矢量场 $\boldsymbol{v}$ 的散度形式, 即

$$\operatorname{div}\boldsymbol{v} = \nabla\cdot\boldsymbol{v} = \left(\widehat{\boldsymbol{r}}\partial_r + \widehat{\boldsymbol{\theta}}\frac{1}{r}\partial_\theta + \widehat{\boldsymbol{\varphi}}\frac{1}{r\sin\theta}\partial_\varphi\right)\cdot(v_r\widehat{\boldsymbol{r}} + v_\theta\widehat{\boldsymbol{\theta}} + v_\varphi\widehat{\boldsymbol{\varphi}}).$$

但需要注意 (A.31) 式定义的方向矢量 $\widehat{\boldsymbol{r}}$, $\widehat{\boldsymbol{\theta}}$ 和 $\widehat{\boldsymbol{\varphi}}$ 依赖于方向角 θ 和 φ, 所以需要计算其导数, 最后的结果可以整理为

$$\nabla\cdot\boldsymbol{v} = \frac{1}{r^2}\partial_r(r^2 v_r) + \frac{1}{r\sin\theta}\partial_\theta(\sin\theta v_\theta) + \frac{1}{r}\partial_\varphi v_\varphi. \tag{A.39}$$

利用 (A.33) 和 (A.34) 式所定义的体元和面元的形式, (A.39) 式也可由 (A.12) 式得到.

可以利用 (A.38) 式所定义的矢量微商算符得到球坐标下矢量场 $\boldsymbol{v}$ 的散度形式:

$$\operatorname{curl}\boldsymbol{v} = \nabla\times\boldsymbol{v} = \left(\widehat{\boldsymbol{r}}\partial_r + \widehat{\boldsymbol{\theta}}\frac{1}{r}\partial_\theta + \widehat{\boldsymbol{\varphi}}\frac{1}{r\sin\theta}\partial_\varphi\right)\times(v_r\widehat{\boldsymbol{r}} + v_\theta\widehat{\boldsymbol{\theta}} + v_\varphi\widehat{\boldsymbol{\varphi}}).$$

其结果可以整理为

$$\begin{aligned}\nabla\times\boldsymbol{v} = {} & \frac{1}{r\sin\theta}[\partial_\theta(\sin\theta v_\varphi) - \partial_\varphi v_\theta]\widehat{\boldsymbol{r}} + \frac{1}{r}\left[\frac{1}{\sin\theta}\partial_\varphi v_r - \partial_r(r v_\varphi)\right]\widehat{\boldsymbol{\theta}} \\ & + \frac{1}{r}[\partial_r(r v_\theta) - \partial_\theta v_r]\widehat{\boldsymbol{\varphi}}.\end{aligned} \tag{A.40}$$

上式结果也可以利用 (A.32), (A.34) 和 (A.15) 式得到.

利用 (A.37) 和 (A.39) 式可得标量场 U 的拉普拉斯算符为

$$\nabla^2 U = \nabla\cdot(\nabla U) = \frac{1}{r^2}\partial_r(r^2\partial_r U) + \frac{1}{r^2\sin\theta}\partial_\theta(\sin\theta\partial_\theta U) + \frac{1}{r^2\sin^2\theta}\partial_\varphi^2 U. \tag{A.41}$$

A.3.2 柱坐标

柱坐标也是平面极坐标的一种三维空间的推广. 如图 A.9 所示, 它由 x-y 平面上的极坐标 (ρ,φ) 和三维空间的 z 坐标组成, 它与直角坐标的变换关系为

$$\begin{cases} x = \rho\cos\varphi, \\ y = \rho\sin\varphi, \\ z = z. \end{cases} \tag{A.42}$$

因为 ρ 的坐标面 (等 ρ 面) 为柱面, 故得名柱坐标. 它的坐标方向矢量 $\widehat{\boldsymbol{\rho}}, \widehat{\boldsymbol{\varphi}}$ 和 $\widehat{\boldsymbol{z}}$ 如图 A.9 所示, 与直角坐标方向矢量关系如下:

$$\begin{cases} \widehat{\boldsymbol{\rho}} = \cos\varphi\widehat{\boldsymbol{x}} + \sin\varphi\widehat{\boldsymbol{y}}, \\ \widehat{\boldsymbol{\varphi}} = -\sin\varphi\widehat{\boldsymbol{x}} + \cos\varphi\widehat{\boldsymbol{y}}, \\ \widehat{\boldsymbol{z}} = \widehat{\boldsymbol{z}}. \end{cases} \tag{A.43}$$

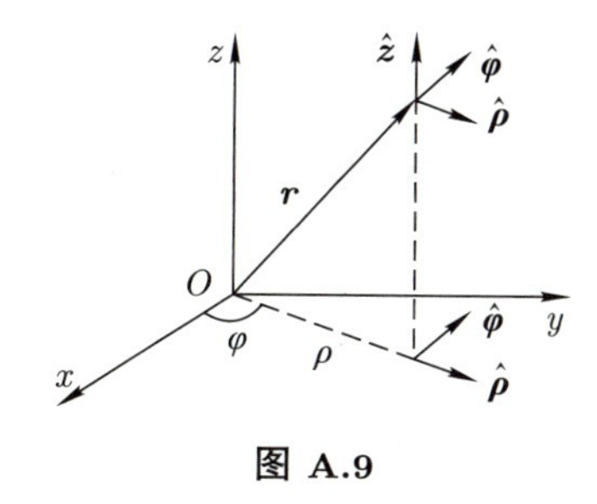

图 A.9

柱坐标系中, 位矢 $\boldsymbol{r}$ 的分解式为

$$\boldsymbol{r} = \rho\widehat{\boldsymbol{\rho}} + z\widehat{\boldsymbol{z}}.$$

对上式取微分, 便可以得到线元分解式

$$\mathrm{d}\boldsymbol{r} = \mathrm{d}\rho\widehat{\boldsymbol{\rho}} + \rho\mathrm{d}\varphi\widehat{\boldsymbol{\varphi}} + \mathrm{d}z\widehat{\boldsymbol{z}}. \tag{A.44}$$

对于标量场 $U = U(\rho, \varphi, z)$, 有

$$\mathrm{d}U = \partial_\rho U\mathrm{d}\rho + \partial_\varphi U\mathrm{d}\varphi + \partial_z U\mathrm{d}z = \mathrm{grad}\, U \cdot \mathrm{d}\boldsymbol{r}.$$

代入 (A.44) 式, 得

$$\mathrm{grad}\, U \cdot \mathrm{d}\boldsymbol{r} = (\mathrm{grad}\, U)_\rho\mathrm{d}\rho + (\mathrm{grad}\, U)_\varphi\rho\mathrm{d}\varphi + (\mathrm{grad}\, U)_z\mathrm{d}z.$$

对比上两式, 得

$$\mathrm{grad}\, U = \nabla U = \widehat{\boldsymbol{\rho}}\partial_\rho U + \widehat{\boldsymbol{\varphi}}\frac{1}{r}\partial_\varphi U + \widehat{\boldsymbol{z}}\partial_z U. \tag{A.45}$$

这相当于在柱坐标中重新定义了矢量微商算符

$$\nabla = \widehat{\boldsymbol{\rho}}\partial_\rho + \widehat{\boldsymbol{\varphi}}\frac{1}{r}\partial_\varphi + \widehat{\boldsymbol{z}}\partial_z. \tag{A.46}$$

利用 (A.46) 和 (A.43) 式, 便可得矢量场 $\boldsymbol{v}$ 的散度和旋度在柱坐标下的分解式:

$$\nabla \cdot \boldsymbol{v} = \frac{1}{\rho}\partial_\rho(\rho v_\rho) + \frac{1}{\rho}\partial_\varphi v_\varphi + \partial_z v_z, \tag{A.47}$$

$$\nabla \times \boldsymbol{v} = \left(\frac{1}{\rho}\partial_\varphi v_z - \partial_z v_\varphi\right)\widehat{\boldsymbol{\rho}} + (\partial_z v_\rho - \partial_\rho v_z)\widehat{\boldsymbol{\varphi}} + \frac{1}{\rho}[\partial_\rho(\rho v_\varphi) - \partial_\varphi v_\rho]\widehat{\boldsymbol{z}}. \tag{A.48}$$

利用 (A.45) 和 (A.47) 式, 可得标量场 U 的拉普拉斯算符为

$$\nabla^2 U = \nabla \cdot (\nabla U) = \frac{1}{\rho}\partial_\rho(\rho\partial_\rho U) + \frac{1}{\rho^2}\partial_\varphi^2 U + \partial_z^2 v_z. \tag{A.49}$$

A.3.3 正交曲线坐标系

直角坐标、球坐标和柱坐标都属于三维正交曲线坐标系. 一般而言, 取三维空间中三个独立坐标 (u_1, u_2, u_3) 作为曲线坐标, 若对应的坐标方向矢量 (坐标面法向) $\hat{\boldsymbol{u}}_1, \hat{\boldsymbol{u}}_2, \hat{\boldsymbol{u}}_3$ 之间两两正交, 便称坐标系为正交曲线坐标系. 将 $u_i(i=1,2,3)$ 看作笛卡儿坐标 (x, y, z) 的函数, 坐标面法向相互正交的条件是

$$\partial_x u_i \partial_x u_j + \partial_y u_i \partial_y u_j + \partial_z u_i \partial_z u_j = 0, \quad 若\ i \neq j.$$

如上正交曲线坐标系中, 线元分解式为

$$\mathrm{d}\boldsymbol{l} = h_1 \mathrm{d}u_1 \hat{\boldsymbol{u}}_1 + h_2 \mathrm{d}u_2 \hat{\boldsymbol{u}}_2 + h_3 \mathrm{d}u_3 \hat{\boldsymbol{u}}_3, \tag{A.50}$$

其中 $h_i(i=1,2,3)$ 称为拉梅 (Lamé) 系数, 它们一般是坐标的函数. 表 A.1 中给出了直角坐标、球坐标和柱坐标的拉梅系数. 原则上拉梅系数可以通过坐标变换关系得到. 对于 (A.50) 中的线元, 其平方为

$$\mathrm{d}l^2 = \mathrm{d}x^2 + \mathrm{d}y^2 + \mathrm{d}z^2 = h_1^2 \mathrm{d}u_1^2 + h_2^2 \mathrm{d}u_2^2 + h_3^2 \mathrm{d}u_3^2.$$

对上式中直角坐标微分进行展开, 通过比较系数便可得

$$h_i = \sqrt{\left(\frac{\partial x}{\partial u_i}\right)^2 + \left(\frac{\partial y}{\partial u_i}\right)^2 + \left(\frac{\partial z}{\partial u_i}\right)^2}. \tag{A.51}$$

表 A.1 直角坐标、球坐标和柱坐标的拉梅系数

坐标系	u_1, u_2, u_3	h_1, h_2, h_3
直角坐标	x, y, z	$1, 1, 1$
球坐标	r, θ, φ	$1, r, r\sin\theta$
柱坐标	ρ, φ, z	$1, r, 1$

正交曲线坐标系下, 对于标量场 $U = U(u_1, u_2, u_3)$, 有

$$\mathrm{d}U = \partial_{u_1} U \mathrm{d}u_1 + \partial_{u_2} U \mathrm{d}u_2 + \partial_{u_3} U \mathrm{d}u_3 = \operatorname{grad} U \cdot \mathrm{d}\boldsymbol{r}.$$

代入 (A.50) 式, 得

$$\operatorname{grad} U \cdot \mathrm{d}\boldsymbol{r} = (\operatorname{grad} U)_{u_1} h_1 \mathrm{d}u_1 + (\operatorname{grad} U)_{u_2} h_2 \mathrm{d}u_2 + (\operatorname{grad} U)_{u_3} h_3 \mathrm{d}u_3.$$

对比如上两式, 得

$$\operatorname{grad} U = \nabla U = \hat{\boldsymbol{u}}_1 \frac{1}{h_1} \partial_{u_1} U + \hat{\boldsymbol{u}}_2 \frac{1}{h_2} \partial_{u_2} U + \hat{\boldsymbol{u}}_3 \frac{1}{h_3} \partial_{u_3} U. \tag{A.52}$$

利用 (A.50) 式可以构造体元和特征方向上的面元, 进一步利用 (A.12) 和 (A.15) 式可以给出曲线坐标系中矢量场 $\boldsymbol{v} = v_1\widehat{\boldsymbol{u}}_1 + v_2\widehat{\boldsymbol{u}}_2 + v_3\widehat{\boldsymbol{u}}_3$ 的散度和旋度的分解式:

$$\nabla \cdot \boldsymbol{v} = \frac{1}{h_1h_2h_3}[\partial_{u_1}(h_2h_3v_1) + \partial_{u_2}(h_1h_3v_2) + \partial_{u_3}(h_1h_2v_3)], \tag{A.53}$$

$$\nabla \times \boldsymbol{v} = \frac{1}{h_1h_2h_3}\begin{vmatrix} h_1\widehat{\boldsymbol{u}}_1 & \partial_{u_1} & h_1v_1 \\ h_2\widehat{\boldsymbol{u}}_2 & \partial_{u_2} & h_2v_2 \\ h_3\widehat{\boldsymbol{u}}_3 & \partial_{u_3} & h_3v_3 \end{vmatrix}. \tag{A.54}$$

结合 (A.52) 和 (A.53) 式, 可以给出标量场 U 的拉普拉斯算符为

$$\nabla^2 U = \nabla \cdot (\nabla U) = \frac{1}{h_1h_2h_3}\left[\partial_{u_1}\left(\frac{h_2h_3}{h_1}\partial_{u_1}U\right) + \partial_{u_2}\left(\frac{h_1h_3}{h_2}\partial_{u_2}U\right) + \partial_{u_3}\left(\frac{h_1h_2}{h_3}\partial_{u_3}U\right)\right]. \tag{A.55}$$

附录 B　镜像变换与镜像对称性

顾名思义, 镜像变换便是“照镜子”对应的变换, 它可以被规范地写作一组坐标变换的形式. 如图 B.1 所示, 点 P 的坐标为 (x,y,z), 相对于镜面 Π (法向沿 x 轴方向), 点 P 的镜像对称点为 P', 在镜像坐标系中, P' 的坐标为 (x',y',z'), 因此相对于镜面 Π 的镜像变换可以表示为

$$\begin{cases} x \to x' = -x, \\ y \to y' = y, \\ z \to z' = z. \end{cases} \tag{B.1}$$

点 P 的位矢 $\boldsymbol{r}$ 的镜像矢量为 $\boldsymbol{r}'$, 其分量的变换规则为

$$\boldsymbol{r}'_{/\!/} = \boldsymbol{r}_{/\!/}, \quad \boldsymbol{r}'_{\perp} = -\boldsymbol{r}_{\perp}, \tag{B.2}$$

其中下标“//”和“⊥”分别代表“平行”和“垂直”镜面的分量.

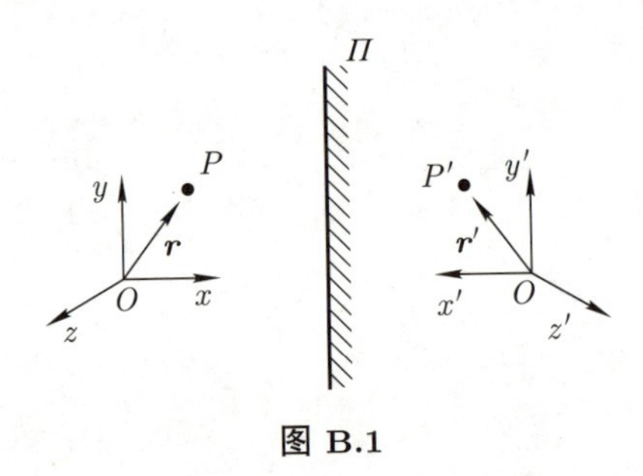

图 B.1

按照镜像变换下的变换行为, 可以将矢量区分为极矢量与轴矢量. 所谓极矢量便是按 (B.2) 式进行镜像变换的矢量. 显然, 质点的位矢 $\boldsymbol{r}$ 为极矢量, 则质点的速度 $\boldsymbol{v}(=\mathrm{d}\boldsymbol{r}/\mathrm{d}t)$、加速度 $\boldsymbol{a}(=\mathrm{d}\boldsymbol{v}/\mathrm{d}t)$ 也是极矢量. 质点 (质量为 m) 受力为 $\boldsymbol{F}(=m\boldsymbol{a})$, 所以按照牛顿第二定律定义的力是极矢量. 因为电荷 q 在镜像变换下不变, 故电场强度 $\boldsymbol{E}(=\boldsymbol{F}/q)$ 也是极矢量.

并不是所有矢量在镜像变换下均按 (B.2) 式的规则进行变换. 例如, 图 B.2(a) 中电量 $q>0$ 的带电粒子在垂直于镜面 Π 的平面内做高速的圆周运动, 其角速度 $\boldsymbol{\omega}$ 和圆心磁场 $\boldsymbol{B}$ 的方向平行于镜面, 而镜像中带电粒子的角速度 $\boldsymbol{\omega}'=-\boldsymbol{\omega}$ 和圆心磁场 $\boldsymbol{B}'=-\boldsymbol{B}$ 均发生转向, 故其平行镜面的分量在变换后反向. 图 B.2(b) 中该带电粒子在平行于镜面 Π 的平面内做高速的圆周运动, 其角速度 $\boldsymbol{\omega}$ 和圆心磁场 $\boldsymbol{B}$ 的方向相应垂直于镜面, 而它们在镜像变换下方向不变. 角速度 $\boldsymbol{\omega}$ 和磁场 $\boldsymbol{B}$ 为轴矢量, 轴矢量 $\boldsymbol{B}$

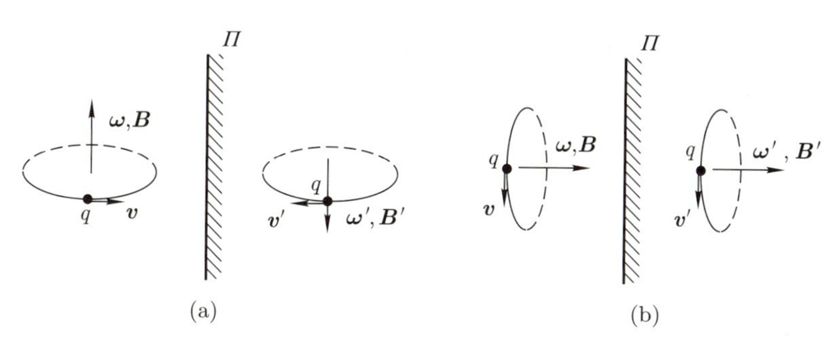

图 B.2

在镜像变换下分量变换法则与极矢量相反, 即

$$\boldsymbol{B}'_{//} = -\boldsymbol{B}_{//}, \quad \boldsymbol{B}'_{\perp} = \boldsymbol{B}_{\perp}. \tag{B.3}$$

之所以存在按 (B.3) 式变换的轴矢量, 是因为镜像变换将右手坐标系变为左手坐标系 (如图 B.1 所示), 因此由两个极矢量通过 "叉乘" 运算得到的矢量均为轴矢量, 例如角动量 $\boldsymbol{L}$、力矩 $\boldsymbol{\tau}$ 等. 因为矢量面元 $\mathrm{d}\boldsymbol{S}$ 可以由两个线元叉乘得到, 故它是轴矢量, 而线圈的磁矩 $\boldsymbol{m} = I\boldsymbol{S}$ 也是轴矢量.

若一个系统在关于镜面 Π 的镜像变换下不变, 则称该系统关于 Π 具有镜像对称性. 例如, 图 B.3 中均匀带电圆环是具有镜像对称的电荷分布结构, 镜像对称面包含 x-y 平面, 也包含过 z 轴的任意平面. 关于任意镜像对称面, 互为镜像对称点的电场强度 $\boldsymbol{E}$ 与 $\boldsymbol{E}'$ 满足形如 (B.2) 式的变换关系, 尤其是在镜像对称面上, 场强与自身互为镜像, 即 $\boldsymbol{E}' = \boldsymbol{E}$, 而根据变换规则, 镜像对称面上

$$\boldsymbol{E}'_{\perp} = -\boldsymbol{E}_{\perp},$$

因此 $\boldsymbol{E}_{\perp} = 0$, 或者在镜像对称面上极矢量仅具有平行分量. 故可以判断 x-y 平面上场强沿柱坐标径向, 而在 z 轴上, 场强沿轴向, 即 $\boldsymbol{E}(z\hat{\boldsymbol{z}}) = E(z)\hat{\boldsymbol{z}}$, 并且有 $\boldsymbol{E}(-z\hat{\boldsymbol{z}}) = -\boldsymbol{E}(z\hat{\boldsymbol{z}})$.

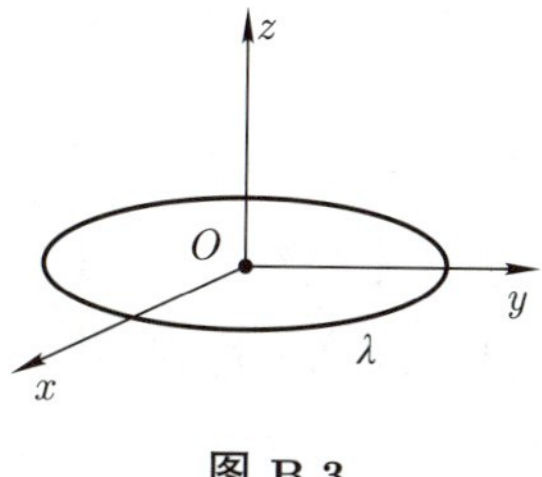

图 B.3

如图 B.4 所示的载流圆环的电流分布也具有镜像对称性, 相应的镜像对称面为 x-y 平面. 关于该镜像对称面, 互为镜像对称点的磁感应强度 $\boldsymbol{B}$ 与 $\boldsymbol{B}'$ 满足形如 (B.3)

式的变换关系, 尤其是在镜像对称面上, 场强与自身互为镜像, 即 $\boldsymbol{B}'=\boldsymbol{B}$, 而根据变换规则, 镜像对称面上

$$\boldsymbol{B}'_{//}=-\boldsymbol{B}_{//},$$

因此 $\boldsymbol{B}_{//}=0$, 或者在镜像对称面上轴矢量仅具有垂直分量. 故可以判断 x-y 平面上磁场沿 z 轴方向. 结合轴对称, 在 z 轴上, 磁场也沿轴向, 即 $\boldsymbol{B}(z\hat{\boldsymbol{z}})=B(z)\hat{\boldsymbol{z}}$, 并且有 $\boldsymbol{B}(-z\hat{\boldsymbol{z}})=B(z\hat{\boldsymbol{z}})$.

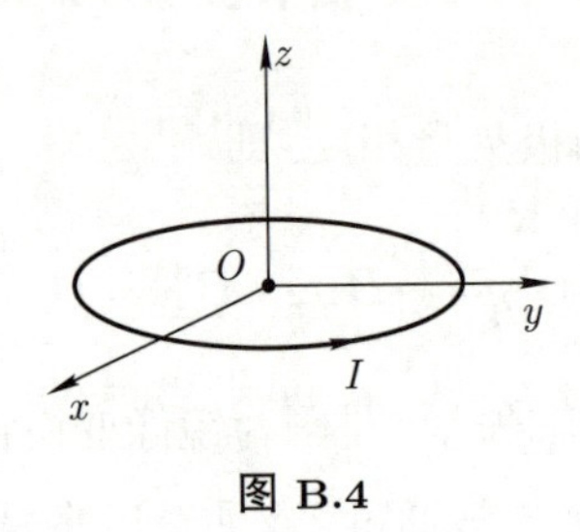

图 B.4

需要注意的是, 图 B.4 中过 z 轴的任意平面并不是电流分布的镜像对称面, 但可以称它们为电流分布的反镜像对称面. 对于这些反镜像对称面, 电流元 "照镜子" 时其平行分量反向, 垂直分量不变, 这些变换规则恰好与其镜像变换规则相反. 实际上, 如果取反镜像对称面的法向沿 x 轴的方向, 则反镜像坐标变换的符号也恰好与 (B.1) 式相反, 所以可以预期轴矢量的反镜像变换规则与其在反镜像变换下的正好相反, 例如, 图 B.4 中过 z 轴的任意平面上, 轴矢量 $\boldsymbol{B}$ 仅有平行分量.

电量为 q 的带电粒子在电磁场中受力为

$$\boldsymbol{F}=q\boldsymbol{E}+q\boldsymbol{v}\times\boldsymbol{B}. \tag{B.4}$$

等式两边, 力 $\boldsymbol{F}$ 与电场 $\boldsymbol{E}$ 均为极矢量, 虽然磁场 $\boldsymbol{B}$ 为轴矢量, 但 $\boldsymbol{v}\times\boldsymbol{B}$ 整体仍然为一个极矢量, 故 (B.4) 在镜像变换下形式不变, 即镜像变换下有

$$\boldsymbol{F}'=q\boldsymbol{E}'+q\boldsymbol{v}'\times\boldsymbol{B}'.$$

类似地, 可以证明麦克斯韦方程组在镜像变换下形式不变. 因此, 经典电动力学具有镜像对称性, 它的含义是如果在仅涉及电磁相互作用的实验过程旁摆放一面镜子, 则镜子里的过程一定对应真实物理过程, 原则上可以在实验室中复现出来.

并不是所有的相互作用都具有镜像对称性, 例如弱相互作用便可以极大地破坏这种对称性①. 1956 年, 李政道和杨振宁基于当时的一些实验事实而提出弱相互作用破

①设想一个理论方程中包含极矢量与轴矢量的求和项, 这样的方程在镜像变换下肯定不是形式不变的, 而弱相互作用理论中就包含这样的方程.

坏镜像对称性的假设[2]. 次年, 由吴健雄领导的实验小组证实了这一假说. 因为这项成果, 李政道和杨振宁一起获得了 1957 年的诺贝尔物理学奖.

[2]这一点的一个等价说法是 "宇称不守恒", 或者说空间反演对称性的破坏.

附录 C　磁矩作为浸渐不变量的证明

如 4.5.3 小节所述, 我们考虑的磁场是缓变的, 或者说在带电粒子横向回旋一个周期内磁场的变化量为一阶小量. 注意, 磁场的分布是恒定的, 但运动的带电粒子感受到的磁场 $\boldsymbol{B}(\boldsymbol{r}(t))$ 是变化的, 相应地

$$\frac{\mathrm{d}\boldsymbol{B}}{\mathrm{d}t} = \dot{x}\partial_x\boldsymbol{B} + \dot{y}\partial_y\boldsymbol{B} + \dot{z}\partial_z\boldsymbol{B} = \boldsymbol{v}\cdot\nabla\boldsymbol{B}, \tag{C.1}$$

其中 $\boldsymbol{v} = \dot{x}\widehat{\boldsymbol{x}} + \dot{y}\widehat{\boldsymbol{y}} + \dot{z}\widehat{\boldsymbol{z}}$ 为带电粒子的运动速度.

如图 C.1 所示, 我们考虑具有轴对称的磁场分布, 即

$$\boldsymbol{B} = B_r(r,z)\widehat{\boldsymbol{r}} + B_z(r,z)\widehat{\boldsymbol{z}},$$

其中 r, z 为柱坐标, 而在我们考察的范围内 $r \sim R_\perp = \dfrac{mv_\perp}{|q|\,B}$ ($R_\perp$ 为粒子的横向回旋半径) 为小量, 相应地 $B_r(r,z) \approx r\partial_r B_r \ll B_z$. 对图 C.1 中半径为 r、高为 Δz (Δz 也为一阶小量) 的小圆柱体表面应用磁高斯定理, 有

$$B_r\cdot 2\pi r\Delta z + [B_z(z+\Delta z, r) - B_z(z,r)]\cdot \pi r^2 \approx 0.$$

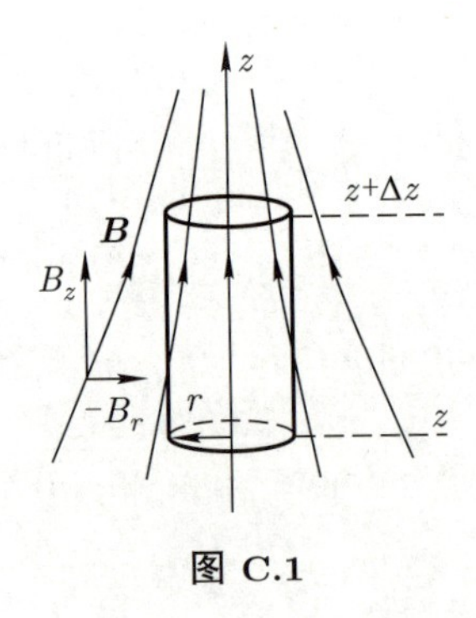

图 C.1

这里在最低阶小量近似下忽略了 $\partial_z B_r$ 和 $\partial_r B_z$ 不为零的效果. 进一步有[①]

$$B_r \approx -\frac{r}{2}\frac{B_z(z+\Delta z,r) - B_z(z,r)}{\Delta z} \approx -\frac{r}{2}\partial_z B_z. \tag{C.2}$$

考虑电量为 $q(>0)$、质量为 m 的带电粒子做环绕 z 轴磁场线的螺旋线运动, 其速度在柱坐标下分解为

$$\boldsymbol{v} = v_r\widehat{\boldsymbol{r}} + v_\varphi\widehat{\boldsymbol{\varphi}} + v_z\widehat{\boldsymbol{z}} = \boldsymbol{v}_\perp + \boldsymbol{v}_{//},$$

①这里采用的是一阶近似, 在这种近似下, (C.2) 式也可以直接由 $\nabla\cdot\boldsymbol{B} = 0$ 得到.

其中 $v_{//} = v_z$. 若 $r = R_\perp$ 的变化是缓慢的, 则 $\boldsymbol{v}_\perp \approx v_\varphi \widehat{\boldsymbol{\varphi}}$, 而且 $q > 0$ 时 $v_\varphi < 0$, 故 $v_\perp \approx -v_\varphi$. 此外, 根据 (C.1) 式, 忽略磁场沿横向的变化则有

$$\frac{\mathrm{d}\boldsymbol{B}}{\mathrm{d}t} \approx v_{//}\partial_z \boldsymbol{B} \approx v_{//}\partial z B_z \widehat{\boldsymbol{z}},$$

或者说

$$\frac{\mathrm{d}B}{\mathrm{d}t} \approx v_{//}\partial_z B_z, \tag{C.3}$$

相当于考虑磁场大小的变化时近似有 $B(t) \approx B_z(z(t))$.

带电粒子的运动方程为

$$\frac{\mathrm{d}\boldsymbol{v}}{\mathrm{d}t} = \frac{q}{m}\boldsymbol{v} \times \boldsymbol{B},$$

因此

$$\frac{\mathrm{d}v_{//}}{\mathrm{d}t} = -\frac{q}{m}v_\varphi B_r \approx \frac{q}{m}v_\perp B_r.$$

两边同乘以 $v_{//}$ 并依次代入 (C.2) 和 (C.3) 式的结果, 得

$$v_{//}\frac{\mathrm{d}v_{//}}{\mathrm{d}t} \approx -\frac{r}{2}\frac{q}{m}v_\perp v_{//}\partial_z B_z \approx -\frac{r}{2}\frac{q}{m}v_\perp \frac{\mathrm{d}B}{\mathrm{d}t}.$$

代入 $r = R_\perp = \dfrac{mv_\perp}{qB}$ 并化简, 得

$$\frac{\mathrm{d}}{\mathrm{d}t}\left(\frac{1}{2}mv_{//}^2\right) \approx -\frac{mv_\perp^2}{2B}\frac{\mathrm{d}B}{\mathrm{d}t} = -\mu\frac{\mathrm{d}B}{\mathrm{d}t}, \tag{C.4}$$

其中 $\mu = \dfrac{mv_\perp^2}{2B}$ 便是磁矩. 考虑到带电粒子的动能是守恒的, 故

$$\frac{\mathrm{d}}{\mathrm{d}t}\left(\frac{1}{2}mv_\perp^2\right) = -\frac{\mathrm{d}}{\mathrm{d}t}\left(\frac{1}{2}mv_\perp^2\right) = -\frac{\mathrm{d}}{\mathrm{d}t}(\mu B) = -\mu\frac{\mathrm{d}B}{\mathrm{d}t} - B\frac{\mathrm{d}\mu}{\mathrm{d}t}. \tag{C.5}$$

对比 (C.4) 和 (C.5) 式的结果便可得

$$\frac{\mathrm{d}\mu}{\mathrm{d}t} \approx 0, \tag{C.6}$$

即磁矩为浸渐不变量.

参 考 书

[1] 赵凯华, 陈熙谋. 新概念物理教程: 电磁学. 2 版. 北京: 高等教育出版社, 2006.

[2] 赵凯华, 陈熙谋. 电磁学. 4 版. 北京: 高等教育出版社, 2018.

[3] 钟锡华. 电磁学通论. 北京: 北京大学出版社, 2014.

[4] 陈秉乾. 电磁学. 北京: 北京大学出版社, 2014.

[5] 陈秉乾, 王稼军. 大学物理通用教程: 电磁学. 2 版. 北京: 北京大学出版社, 2012.

[6] 陆果. 基础物理学教程: 上卷. 2 版. 北京: 高等教育出版社, 2006.

[7] 梁灿彬, 秦光戎, 梁竹健. 普通物理学教程: 电磁学. 4 版. 北京: 高等教育出版社, 2018.

[8] 叶邦角. 电磁学. 北京: 高等教育出版社, 2022.

[9] 格里菲斯. 电动力学导论: 第 3 版. 贾瑜, 胡行, 孙强, 译. 北京: 机械工业出版社, 2014.

索　引

E

F

K

L

M

N

O

P

Q

R

S

T

W

X

Y

Z